国家出版基金项目
NATIONAL PUBLICATION FOUNDATION

红壤侵蚀区

HONGRANG QINSHIQU

水土保持-循环农业
耦合技术模式与应用

罗旭辉　刘朋虎　高承芳　任丽花　翁伯琦等　著

海峡出版发行集团　福建科学技术出版社
THE STRAITS PUBLISHING & DISTRIBUTING GROUP　FUJIAN SCIENCE & TECHNOLOGY PUBLISHING HOUSE

图书在版编目（CIP）数据

红壤侵蚀区水土保持－循环农业耦合技术模式与应用 /
罗旭辉等著 . —福州：福建科学技术出版社，2020.2
ISBN 978-7-5335-6143-7

Ⅰ.①红… Ⅱ.①罗… Ⅲ.①红壤－土壤侵蚀－水土
保持－生态农业－耦合作用－研究－福建 Ⅳ.①S157

中国版本图书馆 CIP 数据核字（2020）第 064302 号

书　　名　红壤侵蚀区水土保持－循环农业耦合技术模式与应用
著　　者　罗旭辉　刘朋虎　高承芳　任丽花　翁伯琦等
出版发行　福建科学技术出版社
社　　址　福州市东水路 76 号（邮编 350001）
网　　址　www.fjstp.com
经　　销　福建新华发行（集团）有限责任公司
印　　刷　福州德安彩色印刷有限公司
开　　本　889 毫米 ×1194 毫米　1/16
印　　张　24
图　　文　384 码
版　　次　2020 年 2 月第 1 版
印　　次　2020 年 2 月第 1 次印刷
书　　号　ISBN 978-7-5335-6143-7
定　　价　248.00 元（含 1DVD）

书中如有印装质量问题，可直接向本社调换

前　言

P R E F A C E

　　众所周知，基于解决人类基本生存问题诞生了农业文明，基于解决生产效率与利润最大化问题诞生了工业文明。无论是农业文明还是工业文明都为社会进步做出了贡献。然而，如何正确处理人与自然的关系，如何协调经济发展与环境保护的关系，已经成为人们亟待解决的重要命题。20世纪60年代《寂静的春天》引发了人们对环保事业的普遍关注，80年代联合国提出可持续发展概念；2009年哥本哈根气候大会，192个国家的代表商定全球减排议题，引发了全球性的发展观大讨论。

　　生态文明建设兴起与发展，让人们在新的发展观方面形成了共识。生态文明是以人与自然、人与人、人与社会和谐共生、良性循环、全面发展、持续繁荣为基本宗旨的文明形态。实际上，中华传统生态文化以"和合"为目标，孕育出儒家"天人合一"、道家"道法自然"、释家"众生平等"的中国生态伦理，并将这种思维观应用于社会治理，形成了人与自然、人与社会的平衡、节制、有序、内敛的格局。马克思指出：共产主义，作为完成了的自然主义，等于人道主义，而作为完成了的人道主义，等于自然主义，它是人和自然之间、人和人之间矛盾的真正解决。实践业已证明，社会主义在促进生态问题根本解决上具有强大制度优势。

　　习近平生态文明思想顺应工业化、城镇化、全球化进程快速推进的历史潮流，将马克思主义生态观与中华传统生态文化相结合，将生态文明纳入中国特色社会主义事业"五位一体"总体布局，将"绿色"纳入五大发展理念之中，将"美丽中国"作为建设社会主义现代化强国的目标，形成了从目标、原则到行动的生态文明建设路线图，创设了生态环境损害责任的"党政同责""一岗双责""终身追责"的制度体系，确保生态文明理论的最终贯彻落实。绿水青山就是金山银山，是习总书记对绿色发展最接地气的诠释和表达，深刻揭示了发展与保护的本质关系，指明了实现发展与保护生态的内在统一、相互促进、协调共生的方法论。绿水青山既是自然财富、生态财富，又是社会财富、经济财富。保护生态就是保护自然价值和增值自然资本的过程，就是增强经济社会发展潜力和后劲的过程。因此，我们必须树立和贯彻新发展理念，处理好发展与保护的关系，推动形成绿色发展方式和生活方式，努力实现经济社会发展和生态环境保护协同共进。

　　显然，山、水、林、田、湖、草是生命共同体。生态是统一的自然系统，是各种自然要素相互依存并实现循环的自然链条。人的命脉在田，田的命脉在水，水的命脉在山，山的命脉在上，土的命脉在林和草。生命共同体要求我们必须按照生态系统的整体性、系统性及内在规律，统筹考虑自然生态各要素、山上山下、地上地下、陆地海洋以及流域上下游，进行整体保护、宏观管控、综合治理，全方位、全地域、全过程开展生态文明建设，增强生态系统循环能力，维护生态平衡。

水土保持是生态文明建设的重要组成部分。人地关系失调是水土流失的根本原因。前辈们在生物、工程和农业三个领域研究取得丰硕成果，在新的起点上，水土流失治理向更加综合、更加系统、更加协同的方向发展，即构建山水林田湖草的文明共同体，其中生态经济耦合是十分关键的环节。水土保持学是自然科学，但又有别于自然科学，不仅是纯粹研究侵蚀规律，还应注重水土流失现象与人的关系，通过研究提出富有成效的对策建议，逐步引导人们向有利的方向发展，所以学术性与实践性是水土保持学科突出的特色。

福建山区光热充足，植被丰富，但部分乡村也存在地少人多、人地失调、生态承载不堪重负的问题，引发局部水土流失。农业文明时代，农业生产是广大山区农民赖以生存之本；工业文明时代，森林规模砍伐用于林木加工，农田规模经营以求高产高效，这是农民脱贫致富的重要途径；生态文明时代，随着城镇化进程快速推进，大量农村劳动力转场城镇，山区人地关系在一定程度上有所缓和，与此同时城镇对优质安全农产品市场需求日趋旺盛。以此为契机，统筹推进农业绿色发展与水土流失协调治理可谓恰逢其时，也是当务之急。

2012 年起，福建省农业科学院、福建农林大学、福建师范大学联合长汀、宁化、平和等地的科技人员与企业，共同承担福建省科技重大专项"水土流失初步治理区生态循环与特色产业提升技术研发与示范"，致力探索水土保持－循环农业耦合联动发展模式，后又承担中央引导地方科技发展专项"福建省宁德生态循环农业与精准扶贫技术集成应用"、福建省农业科学院创新团队（STIT2017-3-8）、中央引导地方科技发展专项（2019L3012）等项目，在山区乡村逐步完善并开发应用。经过 8 年的努力研究取得丰富成果，相关对策建议被省级相关管理部门采纳，并得到国内同行专家的认可，获得 2016 年度福建省科技进步奖一等奖，相关模式正在省内外的典型区域得到推广应用，累计推广面积超过 300 万亩次，取得了显著的经济社会与生态效益。本书正是对这些阶段性成果进行梳理，以期实现学术性与实践性的有机统一。全书内容分 9 章，主要针对南方丘陵区生产实际，阐述了水土保持－循环农业耦合理论体系，构建了植被修复与种植产业提升耦合、林分质量提升与林下养殖耦合、养殖污染防控与牧草利用耦合、茶园生产生态与生活耦合等模式，并结合案例开展耦合模式应用成效评估，同时展望特色产业绿色振兴和山水林田湖草生命共同体的发展方向，可为专家、学者和一线工作者提供参考与借鉴。

本书从初稿到成稿，历时近 2 年。在编写过程中得到翁伯琦研究员的鼓励支持与悉心指导，得到邢世和教授、陈松林教授、罗涛研究员、黄毅斌研究员、董晓宁研究员、郑开斌研究员、应朝阳研究员、王义祥研究员、卢新坤研究员、张泽煌研究员、刘明香副研究员、范小明高级工程师、赖友辉高级畜牧师的指导与帮助，得到福建省农业科学院农业生态研究所、畜牧兽医研究所、作物研究所等有关单位同事的关心支持，同时龚建军、郑熙、秦竞同志为本书提供了部分照片，傅湉湉、谢志成同志在本书的整理过程中也付出辛苦努力，在此一并表示崇高敬意和由衷感谢。水土流失治理是个大课题，水土保持－循环农业耦合系统性强，知识面宽，我们以浅薄知识开展初步探索，难免挂一漏万，敬请读者批评指正，也希望通过深入讨论与持续实践找到更合适的答案，力求为建设机制活、产业优、百姓富、生态美的新福建做出更大的贡献。

罗旭辉 刘朋虎

2019 年 12 月

目 录

C O N T E N T S

红壤侵蚀区水土保持－循环农业耦合技术模式与应用

绪　论

全国水土流失面积占国土总面积的 30.72%，其治理任务十分繁重。习近平总书记对长汀水土流失治理工作先后多次做出重要批示，强调长汀县水土流失治理正处在一个十分重要的节点，进则全胜，不进则退，应进一步加大支持力度，要总结长汀经验，推动全国水土流失治理工作。就南方水土保持而言，其核心的技术是要解决被动治理经济效益低、内在驱动能力不足的问题。以优化发展现代循环农业来有效驱动水土流失耦合联动治理是重要的研发命题。2012 年福建省科技厅设立了"水土流失初步治理区生态循环与产业提升技术研发与示范"科技重大专项，由福建省农业科学院牵头，组织福建农林大学、福建师范大学以及相关农业企业开展协同攻关，选择长汀、宁化、平和等水土流失重点治理县为实施区，因地制宜地深入开展山地水土保持与高效循环农业耦合体系构建及技术集成推广，取得明显进展与良好成效。项目组科技人员以"红壤侵蚀区水土保持 - 循环农业耦合技术模式与集成应用"为题，进行理论框架的系统整理与实践技术的总结归纳，力求为区域水土流失有效防控与山地现代农业绿色发展提供参考借鉴。

● 1 山地水土保持与高效循环农业耦合体系优化构建及重要意义

党的十八大以来，以习近平同志为核心的党中央对生态文明建设高度重视，将其作为"五位一体"总体布局的重要内容，并提出了一系列新理念新思想新战略。生态兴则文明兴，生态衰则文明衰。习近平总书记站在实现中华民族伟大复兴中国梦的战略高度，深刻回答了为什么建设生态文明、建设什么样的生态文明、怎样建设生态文明的重大理论和实践问题，形成了习近平生态文明思想，成为习近平新时代中国特色社会主义思想的重要组成部分，为生态环境保护与区域绿色发展提供了方向指引和根本遵循。

1.1 生态文明建设与高质量和谐发展

习近平生态文明思想的精髓要义是十分丰富的。我们要深刻领会"人与自然和谐共生"的本质要求，深刻领会"绿水青山就是金山银山"的发展理念，深刻领会"良好生态环境是最普惠民生福祉"的宗旨精神，深刻领会"山水林田湖草是生命共同体"的系统思维，深刻领会"最严格制度最严密法治保护生态环境"的路径抓手。习近平总书记关于生态文明的思想，在中国特色社会主义建设伟大实践的基础上，发挥中国传统文化的优势，吸取人类文明积极成果，运用并深化了马克思主义理论，不但使之在中国大地生根，而且在全球范围内积极发挥作用，成为构建人类命运共同体思想和实践的重要组成部分。福建是习近平生态文明思想的重要孕育地。习总书记在闽工作期间，就把生态环境保护与资源持续利用作为一项重大工作来抓，极具前瞻性地提出了建设生态省的战略构想。近年来，总书记对福建省生态环境保护工作多次做出重要指示，强调"生态资源是福建最宝贵的资源，生态优势是福建最具竞争力的优势，生态文明建设应当是福建最花力气的建设"。习近平生态文明思想及总书记对福建生态环境保护工作的系列重要指示，是我们建设生态文明新福建的宝贵精神财富。我们要始终牢记总书记的嘱托，认真学习习近平生态文明思想，贯彻到全省生态文明建设的全过程和各方面，努力把福建建成践行习近平生态文明思想的示范区。很显然，思想是行动的先导。我们要以习近平生态文明思想为根本遵循，认真学习领会总书记的改革创新精神、战略眼光和底线思维；始终保持壮士断腕的决心、背水一战的勇气、攻城拔寨的拼劲，扎实做好生态环境保护和国家生态文明试验区建设各项工作，大胆推进体制机制创新，为全国生态文明体制改革和构建生态文明体系积极探索、积累经验，完成好中央交给福建的光荣而艰巨任务；集中力量攻克百姓身边的突出生态问题，有效防范生态环境风险，提高环境治理水平，全面推进绿色发展。

作为农业科技工作者，我们不仅肩负科技创新与服务创业的重任，而且担当保护环境与生态文明的建设，就此，我们要结合美丽乡村振兴与农业绿色发展的实际，学深悟透精神实质，准确把握内涵要义，不断推进乡村生态文明建设迈上新台阶。实践证明，良好的生态环境是现代农业绿色发展最宝贵的资源、最重要的品牌、最核心的竞争力，巩固生态优势是区域发展之基，保护生态环境是人类生存之本，释放生态潜力是乡村振兴发展之要。要准确把握生态文明建设的新目标与新任务，正确研判乡村生态环境保护的新形势与新要求，深入查摆美丽乡村建设过程中生态环境保护的老问题与新表现。要明确乡村产业绿色振兴中存在的弱项和短板，持续放大资源禀赋和发展潜力，把现代农业绿色发展与乡村生态环境建设向更高质量、更高层次、更高效益推进。推进美丽乡村的绿色振兴，需要把握 8 个重要环节：一要打好打赢乡村污染防治攻坚战，实施精准发力，保育区域生态，治理乡村环境。二要打好打赢乡村清新田野保卫战，实施集中发力，强化基础设施，丰富田园风光。三要打好打赢维护洁净碧水持久战，实施持续发力，要保护好"活水"，要治理好"污水"。四要打好打赢防控土壤污染阵地战，实施有效发力，强化保育工程，严格污染管控。五要打好打赢种养废弃物利用战，实施聚焦发力，促进资源转化，强化有效循环。六要打好打赢农村人居环境整治战，实施协同发力，治理生活垃圾、整治村容村貌。七要打好打赢秸秆综合高效利用战，实施创业发力，发展高效菌业，促进转型升级。八要打好打赢绿色振兴机制创新战，实施统筹发力，突破制约瓶颈，破解关键难题。"绿水青山就是金山银山"已成为当代中国的发展共识，我们要在"保护"上再加力、在"利用"上拓路径、在"统筹"上下气力，以期有效保障广阔乡村环保事业大踏步地前进，有效保障美丽乡村绿色发展实现新的跨越。

我们深刻认识到，生态文明建设是习近平总书记站在人类发展命运的立场上做出的战略判断和总体部署，整个思想体系博大精深、纵横捭阖，从生态价值、生态文化、生态思维等方面直面主题，在生态经济、生态社会、生态市场等领域破茧而出。着力将生态文明建设与生态农业、美丽乡村，生态文明建设与生态生活、休闲旅游，生态文明建设与生态产品、绿色工业等有机联系起来，沿着科技创新、文化修养、现代健康与社会公平的路径开拓进取。这无疑需要建立完善管理体系，转变传统环保模式，加大乡村环保投入，培育生态循环典型，探索长效工作机制，确保打好打赢美丽乡村环境保护与现代农业绿色振兴这场持久战，打造高优绿色农业与生态优美乡村的大平台，为实现全面小康与美丽中国建设贡献更大的力量。

1.2 发展现代循环农业助力乡村振兴

很显然，乡村振兴，产业兴旺是重点。促进乡村产业兴旺发展，必须坚持"三个强农"，即科技强农、质量强农、绿色强农；要加强农业面源污染防治，必须注重把握 4 个环节，即投入品的减量化、生产过程清洁化、废弃物质资源化、产业模式生态化。事实上，乡村产业绿色振兴，发展现代循环农业，其优势在于农作系统中推进各种农业资源往复多层与高效流动，有助于实现节能减排与绿色增收。

众所周知，循环经济具有"3R"特点：减量化（Reduce），即尽量减少进入生产和消费过程的物质投入量，节约资源使用，减少污染物的排放；再利用（Reuse），即提高产品和服务的利用效率，减少废弃物排放而对环境造成污染；再循环（Recycle），即物品完成使用功能后能够重新变成再生资源。现代循环农业不仅具有"3R"特点，还体现低能耗、低排放、高效率的基本特征。作为乡村农业经济可持续发展理念的增长模式，其根本目的就是要扭转传统农业"大量生产、大量消费、大量废弃"的增长模式。成功的实践业已表明，现代循环农业与乡村绿色振兴是一个整体的两个方面，包括 6 个核心内容，即清洁生产、提质增效、"吃干榨净"、回归大地、循环利用、绿色生产。中国发展生态农业历史悠久，不仅模式多样，而且技术成熟。近年生态循环农业的兴起与发展，极大丰富了传统生态农业的内涵，使之产生了量与质的提升。传统生态农业的转型升级，其重要标志是"两型六化"，即资源节约型与环境友好型、生产管理标准化、农业产品高优化、废弃物质资源化、土地利用高效化、农牧结合循环化、开发模式工程化。

循环农业历经不断发展，早期的循环农业更多地注重农业生产过程所产生的废弃物以农家肥的方式再利用，进而有利于地力培育与连续生产，但生产能力与增产水平不高。经过改造与提升，循环农业逐步得以完善，技术体系也趋于成熟与健全，如今的生态循环农业是传统生态农业与初始循环农业的结合体，也是升级版。其作为一种资源节约与环境友好型农作方式，更加注重合理构建循环环节，实行科学合理匹配，力求不断地输入技术、信息及资金，使之成为充满活力的系统工程；更加注重社会经济效益与生态环境保护的双赢目标的实现。振兴乡村绿色产业，就是促进农村发展、农业增效及农民增收的主要任务。要使农业经济系统更容易、更和谐地纳入自然生态系统的物质循环过程并实现农业持续发展，建立乡村生态经济体系与农业绿色开发经营模式是至关重要的。

1.3 乡村振兴需要生产生态融合发展

党的十九大报告提出，实施乡村振兴战略总的要求是产业兴旺、生态宜居、乡风文明、治理有效、生活富裕。产业兴旺是重点，生态宜居是关键，产业与生态的有机结合，为乡风文明、治理有效、生活富裕提供重要支撑。推进产业生态化和生态产业化，是深化农业供给侧结构性改革、实现高质量发展与加强生态文明建设的必然选择。实施乡村振兴战略，是新时代做好"三农"工作的新旗帜和总抓手。我们要按照习近平总书记提出的"产业振兴、人才振兴、文化振兴、生态振兴、组织振兴"的要求，深入开展大学习、大调研、大胆闯、大胆试，以求全面推动乡村振兴走在前列并取得成效。

乡村振兴是一个全新的大战略，也是一幅铺展绘就的新蓝图。推动新战略的实施，要求人们要站得更高一点、看得更远一些、谋得更深一层，坚决打破固有的思维模式和传统路径的依赖，要以新的理念、新的思路、新的举措来谋划推进乡村绿色农业与生态文明融合发展，力求有所创造、有所发明、有所突破。随着人们对美好生活的需要不断增长，农业农村作为产业和生态的重要载体，其地位越显突出，作用越显重要。城乡居民不仅需要农业提供种类更多、品质更优的农产品，还需要农村更清洁的空气、更干净的水源和更怡人的风光。

不言而喻，实施乡村振兴战略，需要绿色高优产业与生态文明建设相互促进及融合发展。很显然，农业农村是一个完整的自然生态系统。尊重自然规律，科学合理利用资源进行生产，既能获得稳定农产品供给，也能很好保护和改善生态环境。在漫长的农耕历史上先后涌现出诸如南方的桑基鱼塘农业模式、浙江青田稻鱼共生系统、云南红河哈尼稻作梯田系统、贵州从江侗乡稻鱼鸭复合系统、福建的生态果（茶）园生产模式等，都是生产与生态融合发展的成功典范。实践证明，乡村生态文明与产业绿色发展是密不可分的，没有良好生态环境作为依托，产业绿色发展就是无源之水；没有产业绿色发展作为支撑，乡村生态文明建设也难以持久。就融合发展的核心要义认识，产业生态化与生态产业化是相辅相成，更是和谐共赢，其不仅可有效降低资源消耗和环境污染，还能提供更具竞争力的生态产品和服务，实现环保与发展双赢的目标。实施乡村产业绿色振兴，要紧紧围绕现代农业发展的目标，围绕一、二、三产业融合方向，构建乡村现代产业体系、绿色生产体系与高效经营体系；调整优化农业产业布局与供给侧结构性改革，推进农业由增产导向转向高产优质并重、强化高效安全的综合效益上来；全面提高农业创新能力、产业竞争实力、要素生产效率，全面提高农业产品质量、综合开发效益、乡村整体素质，让农村成为令人向往的地方，让农民成为令人羡慕的职业。

事实上，乡村是生态文明的宝库。当人们用生态文明视角审视乡村生产、生态、生活的丰富过程，就不难发现，生态理念体现在乡村的各个构成要素之中，形成完整的乡村生态文明体系，涵盖了生产方式、生活方式、社会关系以及包括信仰、习俗在内的乡村文化等各个方面。这些要素相互渗透、影响、制约，无一例外地充分体现着生态文明理念。如何促进农业绿色振兴与乡村生态文明融合发展？

就产业绿色振兴而言，要着力把握 5 个技术环节：一是要积极推进化肥农药双减双替代行动。二是要实行种养加产业的废弃物循环利用。三是要实施农业立体种养与资源综合利用。四是要强化水土保持与农业污染防控工作。五是要创新多样品种选育与产品加工技术。同时，要因地制宜依托优质资源，供给绿色高优农产品，提供农耕文化体验、生态宜居和休闲养生旅游产品，保持乡村生态产业发展良好势头。

就生态产业发展而言，要着力强化 3 个方面工作：一是推动城乡互促共进及其一体化发展，要深入挖掘乡村经济、生态、文化、生活和治理价值，精准把握着力点，实施协同攻关与统筹兼顾。二是加强管理制度建设并完善多规合一，出台财政扶持、金融支持和山海协作政策，精准把握乡村生态产业发展与生态文明建设的关键点及其落脚点。三是培育新型业态并提高科技创新能力，要结合乡村发展实际，培育乡村美丽业态，挖掘乡村景观优势，发挥多样功能作用，构建休闲农业体系。有数据显示，目前全国乡村旅游每年达 25 亿人次，消费规模超过 1.4 万亿元。

就运营管理机制而言，要因势利导建立 4 个平台：一是要构建质量导向的政策平台。二是构建合理分工的工作平台。三是构建绿色发展的考核平台。四是构建公正权威的评价平台。在新的发展时期，农业农村产业生态化和生态产业化趋势向好，无疑将为推进乡村振兴战略深入实施提供重要基础与良好条件，强化绿色农业与生态文明融合发展，必将为美丽乡村建设与农民增收致富做出更大贡献。

1.4　水土保持与循环农业耦合的意义

党的十八大报告把生态文明建设提到重要的高度，纳入"五位一体"总体布局。生态文明建设是关系国富民强的建设大业，关系山清水秀的长远大计，关系和谐稳定的发展大局。水土保持与循环农业耦合发展，在理论探索与实践创新方面都具有重要意义。

1.4.1　水土保持关系国家生态安全与农业发展

很显然，水土资源是基础性的自然资源，是人类赖以生产发展的基础条件和前提，是生态与环境不可或缺的重要组成，也是影响农业生产与生态平衡的关键因素。严重的水土流失产生的直接后果就是耕地减少，土地严重退化，泥沙淤积，导致生态环境极度恶化（福建省水土保持学会，2009）。水土流失防控事关区域稳定发展的大局。因此，水土保持是生态文明建设的重要内容之一，是保障生态安全、国土安全、防洪安全以及民生安全的基础。在生态文明建设中应该充分认识其地位与作用，紧紧围绕治理水土流失、改善发展条件、建设美丽中国的目标，加强水土保持产业建设，防控水土流失灾害发生，为生态文明建设提供有力保障。我国南方红壤区水土流失面广量大，是我国水土流失状况仅次于黄土高原的严重流失地区，该区现有水土流失面积 13.12 万 km^2，占土地总面积的 15.06%，其中轻度侵蚀面积 6.13 万 km^2、中度侵蚀 4.83 万 km^2、强度以上侵蚀 2.16 万 km^2，分别占红壤区面积的 7.03%、5.56%、2.47%，全区平均土壤侵蚀模数为 3419.8t/（$km^2 \cdot a$）（水利部等，2010）。水土流失带来的危害主要表现在土地退化、破坏耕地、河流淤积、洪涝加剧、环境恶化、生态系统功能削弱、发展停滞、贫困加剧。亚洲开发银行的研究显示，水土流失给我国带来的经济损失相当于 GDP 总量的 3.5%（孙鸿烈，2011）。

1.4.2 水土保持关系农村精准扶贫与农民致富

在水土流失比较严重的县中，国家扶贫开发重点县占45%；在国家扶贫开发重点县中，水土流失严重县占57%。水土流失重点县与贫困县存在着地理分布上的高度重叠。尤其在农村，生产发展方式依然比较粗放，农民经济收入依然比较低下，水土流失主要集中分布于偏远、贫困山区农村的现实依然没有改变。农业是基础产业，农业发展是否可持续将直接影响到区域水土流失治理成果能否得以巩固与提升。水土流失治理过程中就治理而治理、经济效益低下，已经成为困扰生态脆弱贫困山区水土保持和生产发展不可逾越的瓶颈。

1.4.3 水土保持关系全国区域生态文明建设成效

当前福建省正在着力推进生态强省建设和生态文明先行示范区建设，其中水土保持就是一项重要、常态化的工作。福建的森林覆盖率达66.8%，总体生态环境较好，但仍然存在局部地区水土流失较严峻等问题。目前，福建省水土流失面积达110.36万 hm^2，占省域面积的9.1%。92% 坡耕地和45.8% 园地存在不同程度的水土流失，30% 茶果园处于比较严重的水土流失状态（福建省统计局，2013）。长汀、安溪、宁化、诏安等22个水土流失重点县，水土流失面积达5935.30 km^2，流失率达13.12%，是福建省水土流失最为严重的区域，也是福建省水土流失治理的重点和难点（福建省水利厅，2012）。长汀县是南方红壤区水土流失最为严重县之一，该县水土流失历史之长、面积之广、程度之重、危害之大，居福建之首，经过长期治理，取得明显成效，被水利部誉为南方水土流失治理的典范。但是生态环境脆弱，生产水平落后，群众参与水土流失治理内生动力不足等问题依然存在。

● 2 山地水土保持与高效循环农业的优化耦合及其总体攻关思路

众所周知，水土保持是一门古老的学科。福建从1940年开始了水土保持研究，取得明显成效，然而一直存在边治理边流失的现象，根本原因在于缺乏有效驱动力，进而必须持续巩固与强化收益。山仑院士（2012）认为土地的合理利用一直是我国黄土高原区水土流失综合治理的核心问题，甚至认为土地利用对水土保持起主导作用。这与我们提出的"效益驱动"的理论观点是相同的。赵其国院士（2010）认为：水土流失的根本问题是人口、资源和环境的矛盾，水土保持的根本出路在于经济、社会的可持续发展。他提出了发展高值生态农业的理论。我们研究提出的水土流失防控与山地循环农业耦合发展理论观点，则与高值生态农业理论有异曲同工之处。就福建省而言，水土流失治理重点县22个，流失面积占全省水土流失总面积的48.4%；贫困县23个，有10个既是水土流失治理重点县又是贫困县。具体而言，主要有崩岗治理、稀土废弃矿区治理、马尾松林下经济开发、耕地面源污染防控4大问题。

2.1 水土流失治理的难点与攻坚方向

在国家层面上，2006—2013年经过7年的治理，我国水土流失减少61万 km^2（2006年水土流失面积356万 km^2，2013年降低到295万 km^2，占比减少6.3%，每年平均不足1%）。难点则在两个方面：一是沙漠化、荒漠化比重大，占水土流失面积54.6%。二是边治理边流失现象并存，存在不稳定性。就福建而言，其是南方红壤区的典型代表，以水力侵蚀为主，"十二五"期间，福建累计治理水土流失49.46万 hm^2，每年治理不足1.0%，难以治理的核心问题有2项：一是以被动治理经济效益低，即为治理而治理，后续运营管理与产业发展涉及不多，内在驱动能力不足，缺乏适宜的主导产业带动水土流失治理。二是耐旱耐瘠的先锋草种缺乏，加上地力难以恢复，植被恢复成效不显著。

目前福建仍有超过9.1% 的水土流失面积亟待治理。就山地植被恢复而言，北方缺水，南方缺肥。

福建省水土流失防控须从植被恢复向地力恢复转变，通过发展农牧结合来实现有机肥就近上山，同时通过栽培绿肥就地培肥地力，引导水土保持从植被恢复—地力恢复—生产恢复逐级递进，发展山地循环农业，带动农民增收致富，以经济利益驱动来反哺水土保持。就福建治理要点而言，要着力把握 3 大环节，即农牧结合—恢复地力、林草结合—恢复植被、循环农业—恢复生产力，优势在于进行综合应用与集成推广。就突破关键技术而言，需要深化 3 个方面科技创新，即引进并选育耐瘠耐旱、产量高的系列豆科牧草新品种，分别创立家庭农场与规模化农牧结合的循环农业模式，综合治理废弃矿区与林下经济耦合发展模式。例如项目组在长汀县三洲镇桐坝村实施马尾松林下种草养鸡，鸡粪回地，土壤有机质增加 1.2g/kg，1 户经营 100 亩（1 亩 =667m^2，下同）模式，年产值达 8.6 万元，平均每亩产出 860 元，马尾松生长也明显加快。

水土保持－循环农业耦合是提升水土流失治理内在驱动力的重要路径。就科学术语理解，耦合概念源于工程学的术语，可用于表达两个系统之间的相关关系并传递能量，从而产生叠加效应。事实上，不是所有的耦合都能产生正效应。水土保持是偏生态效应的系统工程，而循环农业则是偏经济效应的系统工程，其中水土保持为循环农业发展提供基础（地力支撑、植被支撑、生产支撑），循环农业为巩固水土保持成效提供驱动能力（经济效益、节能减排、就地创业）。

提出构建水土保持与循环农业耦合联动体系，主要是基于 3 个方面考虑：问题导向、调研共识、实践可行。通过协同攻关表明，理论是实践导向。有效防控山地水土流失与生态环境保育，其主要技术环节包括红壤退化阻控、治理红壤酸化、有效修复生态、培育红壤地力、发展农业生产，需要优化设计 2 个系统优化交互与有效叠加，通常要统筹实施生物措施、工程措施、技术措施、生产措施。就耦合应用效应显示，在长汀县河田镇、宁化县石壁镇构建的水土流失防控－循环农业产业耦合联动模式研发成效表明：通过集成技术实施，农业经济系统的可持续发展指数比常规系统提高了 11.09 个单位，实现了有效互补与正向耦合。就耦合联动发展意义理解，耦合联动发展是相对于耦合概念而提出的，在一个流域或者一片山地，实施水土流失防控与循环农业开发，必须予以统筹协调，既要满足循环农业生产需要，又要保障水土流失防控需要，两个系统同时运作，相互补充，相互促进，形成联动与共生发展。通俗地理解，耦合就是 2 个或者 2 个以上系统的相互联系、相互补充与相互利用的叠加效应要充分发挥出来，这是优化组合的问题，效果如何，以不同系统的耦合度大小来判断、调控、优化，比如是增加生产环节或者减少以及调整循环环节来实现。以长汀县河田镇为例，经过计算与比较显示，其水土保持与循环农业耦合后平均经济效益提升 83 元 / 亩，比传统水土流失治理模式增幅超过 59%。

如何使水土保持与循环农业系统耦合产生正效应，关键在于科学引导与合理设计。很显然，理论是设计的先导。为此，项目组科技人员查阅 10780 篇水土保持论文，其中涉及福建的 2000 多篇，进行分门别类梳理，同时深入调研，发现问题，总结经验，结合实际提出了山地水土流失防控－现代循环农业耦合联动发展的理论。就研究进展与成效而言，山地水土保持－山区循环农业耦合链接与优化发展，其核心内容包括 10 个方面：提出了优先序、构建了交互链、阐明了匹配率、分析了驱动力、计算了碳汇量、优化了循环点、强化了覆盖度、优化了能值比、评价了耦合度、形成了产业化。经集成推广与系统测算显示，以长汀县河田镇为研究单元，2015 年水土保持与循环农业 2 个系统的耦合度达 0.689，比 2000 年提高 10.2%，不仅提高了土地产出率与劳动生产率，而且提高了资源利用率与水土保持率。

2.2 水土保持与循环农业耦合模式

2013 年 12 月 2—4 日、2015 年 9 月 16—17 日举办了两次海峡两岸水土保持与循环农业学术研讨会，内容主要涵盖了有关水土保持技术集成创新与乡村循环农业转型升级的发展战略、经营对策、治理模式、配套技术、优化匹配、资源利用、循环农业、生态恢复、环境保护、地力保育、综合开发等诸多方面。通过深入调研和充分论证，项目组逐步提炼出了构建水土保持与循环农业耦合体系的总体思路：以"植被恢复—地力恢复—生产恢复—循环利用"4 个链接的递进驱动为主线，通过技术与模式、治理与开发、循环与增效、恢复与保育 4 个层次的耦合联动式开发，实施技术集成创新，力求实现持续治理与有效经营。以水土保持与农业开发的联动发展为实施目的，以合理构建山地生态 – 经济系统耦合体系为实施关键，通过创立耦合治理体系，转变发展方式；创建联动循环模式，合理利用资源；创新持续驱动机制，以提升增收水平为实施重点，开展理论体系构建、应用基础研究、链接技术研发、耦合模式构建与产学研推广机制创立（图 0-1）。

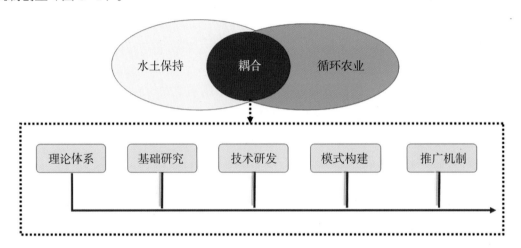

图 0-1　水土保持与循环农业耦合创新的总体思路

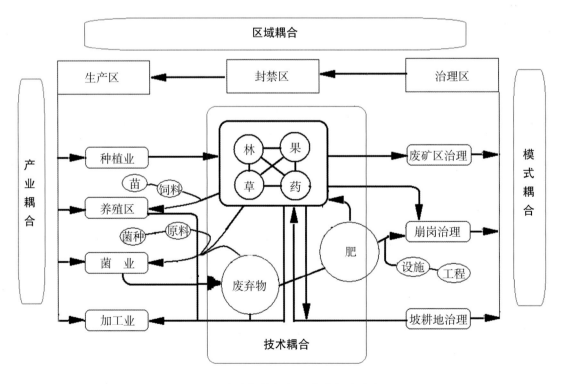

图 0-2　水土保持与循环农业耦合路径

通过研究与实践，项目组构建了南方水土保持－流域循环农业耦合联动发展的理论体系，提出了福建红壤水土流失区"植被恢复—地力恢复—生产恢复—循环利用"的优化序，构建了技术与模式、治理与开发、循环与增效、恢复与保育等4个层次耦合联动发展的理论体系。进而因地制宜优化制订了耦合开发与联动发展的循环链接、主要环节、产投要素、产业布局、优化配置等有效递进驱动的实现途径（图0-2），出版了《南方水土流失防控与现代循环农业发展——战略·对策》《南方水土流失防控与现代循环农业发展——模式·技术》《南方水土流失防控与现代循环农业发展——运营·管理》系列著作。3本系列著作，对福建水土保持的贡献在于4个观点：一是提出了福建水土流失区"植被恢复—地力恢复—生产恢复"的优化序，分析了怎么看的问题。二是确立了福建水土流失区域"生态保护—循环农业—经济驱动"的交互链，设计了怎么想的问题。三是优化了耦合开发与联动发展体系的产投要素、优化配置、产业布局、循环环节、递进耦合的技术路线，解决了怎么办的问题。四是系统整理了系列的实用技术并进行规范化，为农技人员与农户开展生态治理与科学生产提供技术参考，形成了怎么干的技术方案。

● 3 山地水土流失治理与现代循环农业耦合开发成效与推广建议

关于农业系统耦合理论与技术研究，山仑院士侧重于以黄土高原为研究对象；赵其国院士则以江南区域为研究单元，提出生态高值农业。项目组选择福建省红壤山地流域以水土保持与循环农业复合生态系统为研究单元，富有特色。就耦合技术而言，特色在于5个方面：一是选育新品种，引进并选育适生牧草品种，既可快速覆盖，治理水土流失，又可就地用于绿肥、生态养殖、食用菌栽培，其中自主选育的圆叶决明新品种2个，占全国供种量95%。二是研发27项新技术，例如研发便捷式的红壤崩岗治理专利技术3项，可降低造价67%。三是创立林下经济开发模式、家庭农场开发模式、废弃矿区治理模式、农牧结合治理模式、水土保持园区模式等5种模式。四是研发21个新产品，如精制有机肥、烤烟和水稻专用肥产品、杨梅饮料等，提高了经济效益。

3.1 模式与效益

3.1.1 以农户为生产单元的家庭农场模式

宁化县先锋牧场位于宁化县淮土乡凤山村，属于紫色土水土流失区。区内油茶是主导产业。针对土壤缺磷富钾、速效养分含量低、有机质含量较低的情况，优化形成草－牧－沼－杨梅－油茶的农业循环经济模式，包括15亩油茶、8亩杨梅、20亩狼尾草、1亩象草、5亩玫瑰茄，牧场总面积$40800m^2$，年生猪出栏200头，母猪出栏48头。其中，沼气做饭，减少了燃料的投入，减轻了对侵蚀地植被的破坏；沼液可与农药按适当比例混合，用来喷灌果树等，既可杀虫又可起到施肥的作用，从而节省了农药的支出；沼液、沼渣用来施肥，可节省肥料的投入。分析表明，2014年该牧场的能值总产出为8.40E+17sej，能值净产出率为2.68，环境负载率为1.25，环境承载力为35.64，不可更新环境资源产出率为1%，单位能值产出所消耗的土壤侵蚀较少，可持续发展指数为2.144，说明该经济系统富有活力和发展潜力。

3.1.2 以斑块为单元的废弃矿区恢复模式

引进80多种牧草品种与树种进行适应性筛选，其中8个树种与13个草种具有良好的生产性。筛选出宽叶雀稗生物量增产9.3%、粗蛋白含量提高53.5%，当年覆盖度达95%，优于类芦（85%）、百喜草（90%）。以宽叶雀稗为先锋草种搭配木豆、胡枝子、巨桉，优化匹配林草品种组合开展多层次布局与递进性种植，推动稀土废弃矿区水土流失治理，同时辅以营养袋种树播草种＋鱼鳞坎形成拦截带，快速进行生态重建，3年平均的山地植被恢复率达到86%以上，水土流失防控率达93%以上，结果表明稀土废弃矿区恢复治理后，除了土壤全钾外，土壤表层的有机质含量、全氮含量、碱解氮含量、全磷含量、有效磷含量、速效钾含量、pH 值都比对照高，分别是对照（未治理区）的 24.82 倍、2.95 倍、4.11倍、1.33 倍、3.65 倍、2.05 倍、1.05 倍。合理进行养殖，每亩林下山地可安全承载 80—120 羽河田鸡或 3 只羊，通过有效消纳农牧业废弃物，不仅有利于阻控土壤酸化，提高土壤有效养分 2.7%—8.5%（平均增幅 5.6%），而且可有效促进植被生长并防控水土流失。通过项目实施，每亩可增收节支 425 元，提高循环农业开发效益。

3.1.3 以企业为单元的循环农业联盟模式

项目组引导福建森辉农牧发展有限公司长汀生猪、肉鸡养殖基地，福建省远山惠民生物技术发展有限公司、长汀县枫林生态农业有限公司和福建森辉有机肥厂组建长汀县循环农业产业联盟，构建种植业、养殖业和菌业的循环农业模式。能值分析表明，长汀县循环农业产业联盟净能值产出率、能值投资率、环境负载率和可持续发展指数为 7.12、49.35、0.44 和 16.26，分别比长汀县农业经济系统高出 5.92、46.06、0.21 和 11.09 个单位。

3.1.4 以流域为单元的山地立体种养模式

蜜柚是平和县山地农业的主导产业。针对水土流失和土壤酸化的问题，项目组以品种选育和水肥一体化为核心技术加以突破，并构建以流域为单元的山地立体种养模式。综合实施前埂后沟、高光效修剪、病虫害生物防治、机械留草、索道运输、水肥一体、柚果套袋等技术，在平和建立山地蜜柚果园地力提升与综合治理的核心示范区，pH 值提高 0.57 个单位，有效防控土壤酸化的蔓延；同时提高综合效益37.6%—80.8%，并向建瓯、建宁等地延伸推广。

3.1.5 以区域为单元的地力精准恢复模式

通过对南方红壤水土流失核心区耕地土壤质量状况的调查，摸清了研究区耕地土壤碱解氮、速效磷、速效钾、交换性钙镁、有效硫、有效锌和有效硼等矿质养分的丰缺状况以及耕地土壤酸化和贫瘠化状况。周碧青等（2015）研究结果表明，长汀县濯田镇耕地土壤碱解氮以中等水平（水田 100—200mg/kg，旱地 100—150mg/kg）占优势，面积占全镇耕地土壤总面积的 95.47%，三洲镇耕地土壤碱解氮也以中等水平为主，面积占全镇耕地土壤总面积的 75.52%。基于野外调查和地理信息技术开展了水土流失初步治理区耕地土壤矿质养分丰缺和地力评价，制作耕地养分丰缺分区图集，并建立了区域大尺度耕地精准减量施肥数据库，创新构建了一套农作物测土优化施肥触摸屏便捷系统（图 0-3），指导农户科学施肥，降低生产成本，有效控制流域农业面源污染。

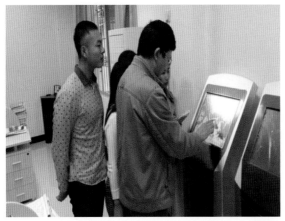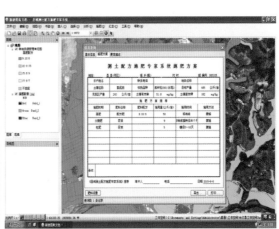

图 0-3　触摸屏施肥信息系统

3.2 机制与推广

项目组建立了"三位一体合作""三个挂钩链接""三个要素集成"的推广机制。"三位一体合作"指科技与经济、研究与推广、保护与开发"三位一体"的项目集成管理机制；"三个挂钩链接"指理论研究与实际案例、科研单位与龙头企业、实用技术与家庭农场的科技推广机制；"三个要素集成"指水土保持与循环农业耦合技术实施，其成效具有长期性与持续性，进而必须依靠项目带动，实行"项目引进—基地示范—带动农户"三要素集成式持续开发，以经济利益驱动生态保育。近年来实施成效表明，亩均增收 80.6 元，增幅达 59.2%，同时取得显著的生态效益。项目组在协同攻关与集成推广期间，累计发表系列研究论文 191 篇，出版 5 部理论著作；研发新产品 12 个并进行规模开发；研发并推广应用新型有机肥品种 3 个，授权发明专利 8 项（表 0-1），实用新型专利 19 项，制订地方标准 1 项。

表 0-1　授权发明专利与技术参数

技术内容	技术参数	知识产权
种植菌草治理崩岗的新方法	在崩口、崩壁、崩积体、坡顶面等采取不同的方式种植或育苗移植菌草综合治理的方法进行崩岗治理，形成绿色围篱，在短期内重建植被	国家发明专利
防止冻干杨梅果肉脱落的加工方法	工艺为清洗、消毒、蒸煮、软化、速冻、真空冷冻干燥、出料、包装	国家发明专利
冻干杨梅果肉及其加工工艺	保留了杨梅特有的光泽、风味保留完好、保存期可以延长到 12 个月，方便运输	国家发明专利
原味杨梅休闲食品的制作方法	鲜果经臭氧水处理，浸泡于 5% 食盐溶液，沥干后通过三温烘干至含水量 10%—18%，冷却后置入镀铝箔袋中封口	国家发明专利
提高杨梅鲜果可溶性固形物含量的技术方法	杨梅树喷施亚硒酸钠或硼酸药剂。使用时将亚硒酸钠配制成质量浓度为 20—200mg/L 的水溶液，将硼酸配制成质量浓度为 0—2g/L 的水溶液，混合施用	国家发明专利
提高优质鸡肌肉脂肪的饲料	榕树果籽应为红色或棕红色成熟落地果籽，清筛除杂后，置于 50—60℃的烘干房内连续烘干 20—28h，再采用孔径为 3.0mm 筛片进行粉碎，粉碎后的榕树果籽颗粒直径为 0.8—1.0mm，在优质肉鸡后期日粮中添加 1%—3%	国家发明专利
利用菌草栽培灵芝的菌糟生产有机饲料添加剂的方法	利用无毒、无病虫害的灵芝菌糟生产营养价值高的动物饲料添加剂，是一项节能减排可持续发展的新项目	国家发明专利
利用新鲜菌草温室瓶栽杏鲍菇的方法	直接利用新鲜象草、巨菌草、五节芒、类芦、芦竹、芒萁等鲜草为原料，省去干燥、加水环节，从而节省生产成本，而且具有成品率高、生长周期短等优点	国家发明专利

2012—2015 年，在长汀、宁化、平和等地建设核心区 5845 亩，接待省内外考察人员 2000 多人次；技术集成与综合示范推广 5.88 万亩次，累计培训农民 30 多万人次；同时累计辐射推广新品种、新技术、新模式、新设施等 300 多万亩次，累计获得社会经济效益 4.08 亿元，并取得显著的生态效益。

3.3 深化与发展

生态文明建设是中国特色社会主义事业的重要内容，水土保持是生态文明建设必不可少的环节。当前，土壤侵蚀治理手段正在从综合治理向生态调控跨越（史志华等，2018）。针对水土流失治理经济效益不高、内在驱动能力不足的问题，项目组以水土保持与农业开发的联动发展为目的，以合理构建山地生态－经济系统耦合体系为实施关键，以"种植—养殖—园区—乡镇—流域"5 个层面为递进主线开展联合攻关，取得了阶段性成效，主要得益于以下几个方面：一是在水土流失防控上要注重统筹兼顾；二是在典型区域治理上要实施耦合联动；三是在循环农业发展上要突破协同创业；四是在模式推广上要引导产业园区建设；五是在成果集成推广上要实施综合配套；六是在工作进展交流中要结合学术研讨；七是在农技人员培训方式上要务求实效；八是在学术理论体系构建上要注重应用；九是在项目实施过程要注重产学研结合。但是，新时代赋予我们新的使命，水土保持与循环农业耦合联动发展仍需予以不断深化与发展。

3.3.1 在更大的尺度上实现水土流失区农业绿色发展

习近平总书记曾于 2013 年在《之江新语》一书中系统阐述了科学发展的要义，明确指出坚持科学发展必须实现和谐发展、绿色发展。"发展，说到底是为了社会的全面进步和人民生活水平的不断提高"；要在"腾笼换鸟"中实现转型升级，在"凤凰涅槃"中激发创新活力，在"爬坡过坎"中不断进取，走出一条科学发展道路。强调"经济增长不等于经济发展，经济发展不单纯是速度的发展，更不能以牺牲生态环境为代价""不能光追求速度，而应该追求速度、质量、效益的统一；不能盲目发展，污染环境，给后人留下沉重负担，而要按照统筹人与自然和谐发展的要求，做好人口、资源、环境工作"。"十三五"以及今后一段时间，逐步开展剩余 9.1% 的水土流失区的治理以及初步治理区水土保持成果的巩固依然是福建省开展生态文明先行示范区建设的重要内容。当前，农村发展比较落后、水土流失区人民生活比较贫困、水土流失被动治理的局面依然没有根本发生改变。面对未来 22 个水土流失治理重点县的治理工作，面对水土流失治理重点从县延伸至乡镇，从乡镇延伸至建制村，无论是在项目资金、项目实施管理、治理成果巩固上都面临巨大的压力。为此，不断深化水土流失区生态－经济耦合体系研究，以经济效益驱动水土流失治理，促进乡村水土保持与绿色农业联动发展具有深远的意义。建议组织有关力量，深化已有研究，在更大的尺度上实现水土流失区绿色农业发展，助推生态文明先行示范区建设，其主要内容包括以下 5 个方面。

一是结合山地农业发展需求，强化实用技术集成创新。当水土流失治理重点从县延伸至乡镇，从乡镇延伸至建制村，一批易懂、好学、效果好的实用技术必不可少。就特色农产品的绿色发展而言，在模式构建的基础上，亟须创新实用技术，尤其是在运输、收获、管理的小型机械化作业，废弃物的利用，崩岗简易治理，特色农作物生态栽培技术等方面予以加强。

二是创建水土保持产业园区，促进生态资产绿色经营。通过项目实施，在宁化县建立了紫色土多功能水土保持科教园区，在下一阶段应当逐步深化各功能园区的项目实施，并应用科学评价各功能园区的生态存量与生态流量，为项目区生态资产估算、生态补偿机制建立、推动初步治理区生态资产的保值增值、实现绿色发展提供科技支撑。

三是全面防控农业面源污染，推动流域农业清洁生产。通过项目带动，大力实施有机肥上山工程，有效提高了土壤有机质含量。然而，不平衡施肥问题凸显，尤其是在平和县的蜜柚产业、长汀县的槟榔芋产业中，肥料、农药的过量施用导致农业面源污染问题突出，严重影响流域水质。建议以中小流域为单元，开展试点，监测主要污染物含量，以精准减量施肥触摸屏系统、径流阻控为核心技术订立区域农业面源污染防控技术体系，分析并提出生态补偿方案，为水土流失区农业面源污染防控提供技术支撑。

四是完善生态补偿评价机制，构建流域绿色农业体系。在水土流失治理和绿色农业发展过程中，要注重利益驱动，建立有利于治理开发的体制机制。在项目前期模式构建的基础上，持续跟踪评价生态、经济效益，应用机会成本法等方法，创立并试点有关模式的生态补偿机制，以求鼓励家庭农场、农民合作社、农业企业等新型生产经营主体投入到山地治理与综合开发之中，充分发挥有效承包经营、农业综合开发、资源循环利用以及山地设施农业、产业园区带动等方面优势与作用，促进水土流失治理成果的持续巩固和流域特色农业的绿色发展。

五是阐明生态恢复内在规律，发展特色现代循环农业。在项目实施的基础上，开展典型耦合模式能值、物质流的跟踪分析评价，同时开展深入调研，以农户、斑块、园区、小流域、区域尺度系统开展水土保持与循环农业的耦合度分析，提升理论水平，切实丰富和发展水土保持学科的理论内涵。

新时代，深入践行"绿水青山就是金山银山"绿色发展理念正成为乡村产业振兴的热点，有效推进质量兴农及绿色兴农的产业体系建设也成为现代农业发展的重点。很显然，福建山区现代农业绿色发展定位明确，即着力发展区域绿色农业，生产高优高效生态产品，在保护绿水青山之中，实现金山银山的转化，满足人民日益增长的美好生活需要。结合区域发展实际，充分发挥比较优势，走出富有山区特色的现代农业绿色发展路子，是新时代赋予的新使命。就此，我们要把握以下5个方面重要环节。

一要立足新起点。以习近平新时代中国特色社会主义思想为指导，以满足人民日益增长的美好生活需要为落脚点，以践行"绿水青山就是金山银山"绿色发展理念为原则，结合山区乡村发展实际，充分发挥区域优势，努力实现机制活、产业优、百姓富、生态美的目标。

二要实现新跨越。要注重结合现代农业的绿色发展实际，深化农业供给侧结构性改革，力求重点突破：通过特色农业产业化与规模化、龙头企业带动性与引领力、产品加工高值化与精深度、优势产业集约化与聚集度、生态农业智能化与品牌化等方面的转型升级，实现向农业强省的奋力跨越。

三要聚集新优势。福建山区实施农业绿色发展战略，具有得天独厚的优势。以南平市为例，其森林覆盖率、耕地面积、非粮作物和茶园果园等面积均在全省遥遥领先。谋求转型升级，实现跨越发展，无疑要聚集新优势，实现绿色发展新跨越，这是新时代赋予山区乡村现代农业发展的新使命。

四要优化新布局。山区乡村要全面推动创新驱动、要素耦联、三产融合，应统筹城乡、民生共享、协同攻关，着力推动新兴业态转型升级、绿色增长、全面小康、生态文明联动发展。以南平市为例，建议优化构建"一带两区"布局：建立富有特色的闽江上游高效生态农业经济带，建设农牧菌业高度融合且具有全国一流水平的现代化生态循环农业示范区，建设产、加、文、旅有机耦合并引领美丽乡村与增收致富的生态文明集成区。可结合区域实际，布局八大"绿色农业开发集群"，即绿色种植（优质大米、绿色蔬菜）、健康养殖（畜禽产品、优质蛋奶）、特色水产（传统渔业、新兴渔业）、食品加工（精深加工、品牌产品）、休闲观光（森林人家、乡村旅游）、康悦健身（田园生活、农事体验）、生物医药（林下药业、集成加工）、优质种业（珍稀林木、种苗繁育），全面打造生态资源与人文历史相得益彰的现代绿色农业发展升级版，实现新跨越。

五要着力新突破。近期优先推进3个项目转型升级，实现新突破：一是山区"三生"（高效生产、美丽生态、茶旅生活）耦合茶园建设与绿色开发；二是山地"三益"（优质生产效益、绿色覆盖效益、碳汇交易效益）融合果园建设与转型升级；三是山区耕地绿色保育工程与优质米业，全面实施"双减双替代一种植"工程，即减少化学肥料与化学农药施用量，进行有机肥料与生物农药替代，实施冬季种植开发与绿肥种植利用工作。

3.3.2 结合乡村振兴战略布局谋求新的跨越

2018年2月，中共中央、国务院发布了《关于实施乡村振兴战略的意见》（下称《意见》）。《意见》明确指出"乡村振兴，产业兴旺是重点……必须坚持质量兴农、绿色兴农"；同时要"加强农业面源污染防治，开展农业绿色发展行动，实现投入品减量化、生产清洁化、废弃物资源化、产业模式生态化。推进有机肥替代化肥、畜禽粪污处理、农作物秸秆综合利用、废弃农膜回收、病虫害绿色防控"。

实践表明，发展现代循环农业，有助于乡村产业绿色振兴。现代循环农业与传统农业相比，其差别与优势何在？顾名思义，现代循环农业就是实施循环生产方式与技术的农业经营模式，即在农作系统中推进各种农业资源往复多层与高效流动，以此实现节能减排与绿色增收。现代循环农业拥有循环经济的3个基本特点："减量化"，即尽量减少进入生产和消费过程的物质量，节约资源使用，减少污染物的排放；"再利用"，即提高产品和服务的利用效率，减少一次性用品污染；"再循环"，即物品完成使用功能后能够重新变成再生资源。现代循环农业是以低能耗、低排放、高效率为基本特征，其不仅是符合经济可持续发展理念的增长模式，而且相对于"大量生产、大量消费、大量废弃"的传统农业增长模式来说，是一个根本性的变革。就实践意义而言，现代循环农业具有3个"结合"的叠加优势：清洁生产和提质增效的有机结合；"吃干榨净"与回归大地的有机结合；循环利用与绿色生产的有机结合。现代循环农业更强调产品的安全性、使用的高效性、资源的节约性、环境的友好性。实际上，我国传统生态农业采用的是一种初级的循环生产方式，其基本经验是农业生产过程所产生的废弃物以农家肥的方式再利用，进而有利于地力培育与连续生产，但生产能力与增产水平不高，需要进行改造与提升。作为一种资源节约与环境友好型农作方式，现代循环农业要实现转型与提升，则需要合理地构建循环环节与科学匹配模式，力求不断地输入技术、信息及资金，使之成为充满活力的系统工程，以利于更好地推进农村废弃资源循环利用和现代农业持续发展，实现社会经济效益与生态环境保护的双赢目标。促进农村发展、农业增效及农民增收，其主要任务就是要振兴乡村绿色产业。农业高优生产与自然生态环境是密不可分的，要使农业经济系统更容易、更和谐地纳入自然生态系统的物质循环过程并实现农业持续绿色发展，建立现代循环经济的农业开发经营模式是重要举措。就此，深化探索山地水土流失防控与现代循环农业耦合发展，需要注重把握6个方面的重要环节。

一是结合发展实际，强化政策引导。按照乡村振兴战略的规划部署与实施要求，政府相关部门要因势利导地配套制定加快发展现代循环农业的政策，把治理山地水土流失与发展乡村现代循环农业作为产业生态化复合工程予以有效推进，其无疑是振兴农业绿色发展与乡村生态经济的重要组成部分。要结合乡村实际，明确发展方向；实施科学规划，谋划重点项目；制定激励政策，予以重点扶持；引导乡村经营主体在发展现代循环农业产业过程中自觉节约物质能源、综合利用资源和有效保护环境。

二是立足新的起点，制订发展规划。本着因地制宜、分类指导、突出重点的原则，制订科学合理、可操作性强的山地水土流失防控与山区循环农业有序发展的规划，以山地水土流失有效防控为耦合点，注重建设富有山区特色的现代循环农业示范工程，因地制宜推广应用水土流失防控与现代循环农业耦合模式与先进技术，解决山地水土流失防控问题、化肥农药等农业投入品减量化问题、农作物秸秆综合利用问题、人和畜禽粪便资源化利用及农产品综合加工转化问题等。

三是创新经营机制，加强多元投入。在进一步加大对山地水土流失防控与现代循环农业耦合开发多元投入力度的同时，建议在各级财政预算中设立引导性建设与创新性项目专项经费，鼓励农业科研单位与各类农业企业参与水土保持型的现代农业循环经济基础建设及技术推广应用，力求起到示范引领作用。

四是发挥区域优势，培育经营主体。结合各地乡村实际，着力培育山区水土保持型的循环农业经济主体是发展山地现代循环农业的关键环节。必须坚持政府推动、协会带动和市场拉动原则，确立农民主体地位，调动农民积极性，充分发挥专业协会和中介服务机构的作用，形成政府推动、市场主导、农民和企业参与的新机制。要大力发展农业产业化龙头企业，扩大农业生产规模，加快农业企业化进程，延长产业链条，正确引导农村土地流转，在初步实现土地规模化经营的基础上，组织专业合作社成员大力发展山区水土保持型的现代循环农业。

五是组织协同攻关，强化科技创新。要紧紧围绕乡村振兴战略的总体目标，大力推进山区水土保持与现代循环农业耦合发展，组织协同创新，攻克技术难点；优化生产模式，形成良性循环；研发先进装备，提高生产效率；分类制定标准，促进规模生产；创新加工技术，创立产品品牌；以科技创新带动科技创业，促进山区水土流失防控区域的现代循环农业转型升级与绿色发展。

六是强化科技扶贫，助力乡村振兴。山区水土流失防控区域，大多属于贫困山区，实施生态恢复工程与循环农业开发，具有广阔前景与巨大潜力。进而要实施项目带动，帮扶家庭农场；要实施规划设计，引导有效开发；要实施科技扶贫，推动高优生产；要实施统筹兼顾，开发保护并重；要实施科技培训，提高技能水平。力求把科技成果转化为现实生产力，把先进技术转化为劳动生产率，为农民增收致富提供强有力的支撑。

深入贯彻乡村振兴战略与区域绿色发展要求，需要注重统筹协调，强化绿色引领；注重科技创新，强化集成推广；注重品牌建设，强化持续推进。充分发挥山区现代农业绿色发展与乡村特色品牌优质产品重要引领作用，山区绿色农业之花一定会更加绚丽多彩。

参考文献：

[1] 福建省水利厅. 2011 年福建省水土保持公报 [R]. 福建水土保持公报，2012.

[2] 福建省统计局. 2013 福建省统计年鉴 [M]. 北京：中国统计出版社，2013.

[3] 福建水土保持学会. 福建水土保持学科发展报告 [J]. 海峡科学，2009（1）：36-41.

[4] 山仑. 水土保持与可持续发展 [J]. 中国科学院院刊，2012，27（3）：346-351.

[5] 史志华，王玲，刘前进，等. 土壤侵蚀：从综合治理到生态调控 [J]. 中国科学院院刊，2018，33（2）：198- 205.

[6] 水利部，中国科学院，中国工程院. 中国水土流失防治与生态安全（南方红壤区卷）[M]. 北京：科学出版社，2010.

[7] 孙鸿烈. 我国水土流失问题与防治对策 [J]. 中国水利，2011（6）：16.

[8] 习近平. 之江新语 [M]. 杭州：浙江人民出版社，2013.

[9] 赵其国. 生态高值农业是我国农业发展的战略方向 [J]. 土壤，2010，42（6）：857-862.

[10] 周碧青，张黎明，邢世和，等. 水土流失区农用地地力提升与优化利用 [M]. 北京：中国农业科学技术出版社，2015.

（翁伯琦 罗旭辉 王义祥 刘朋虎）

第一章

水土保持—循环农业耦合
理论体系

耦合指两个以上系统要素之间，通过自由能的流动而形成的紧密依存、相互促进、相互演变的关系，最后构成高一级的新系统。水土保持重生态效益，偏于生态系统类型，循环农业重经济效益，偏于经济系列类型。当前，生态系统与经济系统之间的耦合是农业领域研究的热点，其关注的焦点在系统耦合模式、系统耦合态势、系统耦合效应、系统耦合过程等方面。在生产力上，力求以营养物质的高效循环利用，缓和系统局部养分不平衡之间的矛盾；在生产关系上，力求以经济效益增加水土流失治理内生动力，破解系统中生产开发与生态保护之间的矛盾。基于这两个方面的考虑，本章重点阐述水土保持 - 循环农业耦合理论体系，用于指导耦合模式构建。

第一节　生态文明建设背景下南方水土保持新路径

生态文明是人类为保护和建设美好生态环境而取得的物质成果、精神成果和制度成果的总和，是贯穿于经济建设、政治建设、文化建设、社会建设全过程和各方面的系统工程，反映了一个社会的文明进步状态。300 年的工业文明以人类征服自然为主要特征，世界工业化的发展使征服自然的文化达到极致，一系列全球性的生态危机说明地球再也没有能力支持工业文明的继续发展，需要开创一个新的文明形态来延续人类的生存，这就是"生态文明"。如果说农业文明是"黄色文明"，工业文明是"黑色文明"，那生态文明就是"绿色文明"。

在传统农业文明时期，人类对自然界的破坏停留在生态系统自我恢复的阈值之内，自然界能够在一定的时间尺度内实现自我恢复。现代农业虽然满足了人们丰衣足食的愿望，但是严重污染了环境。当代农业污染量占整个污染的 47%，畜牧业污染量占大气有机污染物的 48%，这两组数字说明了农业污染的严重性。人类 300 年来的工业革命带来科学技术上的突飞猛进，使我们的物质生活水平得到了极大的改善，但是对自然环境造成非常大的压力。

在工业文明时代，人类与自然界成为严重的掠夺与被掠夺的关系，人类依靠不断的技术创新摆脱了对大自然的依附，开始征服自然、改造自然，利用自然为人类服务，造成资源日益枯竭和环境不断恶化的困局。正是这些生态问题让人类反思，要生存下去、发展下去，人类必须走向生态文明。

生态文明是以可持续发展为核心观念，在物质生产和精神生产中充分发挥人的主观能动性，按照自然生态系统和社会生态系统运转的客观规律建立起人与自然、人与社会的良性运行机制，以及和谐协调发展的社会文明形式。生态文明是对工业文明与农业文明的约束与匹配，生态保护产业必然也是一个永恒的产业。人类已经通过农业文明和工业文明解决了商品的问题，但是却处于生态短缺的时代。生态文明要对农业文明和工业文明重新进行塑造和约束，是可持续发展的必要条件。三者之间在文明史上是相互促进、相互匹配、相互约束和相互支撑的关系。生态文明和农业文明、工业文明有物质和能量转换，通过建设良好的生态系统来吸收排放物和污染物，这样才能形成一个良性的循环系统，才能构成生态系统和整个工业、农业和谐发展的局面，实现自然界物质的循环和能量守恒。

● 1 南方水土保持的新挑战

1.1 洪灾事件日趋频繁

随着经济社会的发展，人类活动影响不断加剧，防洪形势发生新的变化。近年来洪水水情的发展过程表明，过多地利用洪泛区或逐渐地侵占江、河、湖滩地，与洪水争地，减小了江湖调蓄场所，削弱了江湖对洪水的调蓄能力，势必使同样量级洪水的水位越壅越高。中小河流治理的实施，在提高本流域防洪能力的同时，也加快了汇流速度，使小流域洪水更多更快地进入干流。以长江中下游平原地区为例，在大力开展防洪工程建设的同时，城镇化建设不断推进、城市快速扩张，基础水利设施也不断建设，汛期排涝（渍）水入江，增加了江河额外洪量，抬高了外江洪水位。1998 年洪水期间，仅湖北、湖南两省排涝入江水量即达 176 亿 m³，最大流量为 5284 m³/s。目前，沿江城镇规模快速扩张，城区面积增长迅速，农田水利设施逐步实现现代化和自动化，相应的城乡排涝能力大增。以武汉市为例，1998 年和 2016 年排渍流量分别为 397 m³/s 和 970 m³/s，增长了 144%。此外，每年 4 月初上中游各梯级水库开始陆续腾空库容准备迎战汛期洪水，一般在 6 月底前各水库坝前水位均消落至汛限水位。水库群腾空库容期间，出库流量大于入库流量，必然会增加下游流量，抬高中下游江河及湖泊水位。截至 2016 年底，长江干支流主要水库（含上游已纳入联合调度的 21 座梯级水库和汉江、清江、洞庭湖水系及鄱阳湖水系等支流上的控制性水库）总调节库容约 800 亿 m³，防洪库容约 557 亿 m³。据分析，4 月 1 日至 6 月 10 日梯级水库群库容消落期间，长江上游、螺山以上、汉口以上、大通以上干支流控制性水库需要消落的库容分别达 363 亿 m³、405 亿 m³、530 亿 m³ 和 557 亿 m³，干流宜昌、螺山、汉口、大通站平均流量分别约增加 4620 m³/s、5160 m³/s、6740 m³/s 和 7090 m³/s，水位分别约抬升 1.8 m、1.6 m、2.2 m 和 1.3 m。由于天然河湖调蓄洪水能力的减弱，加之水库下泄引起的底水偏高和沿岸泵站抽排入江造峰等因素的影响，一旦降雨集中，暴雨洪水遭遇组合恶劣时，出现持续的高洪水位将成新常态。中游汉口站有实测记录的高洪水位序列中，排最前的 5 位中，20 世纪 90 年代以来的 20 余年就占了 4 次，新常态可见一斑。

闽江上游的闽北近年来洪灾周期越来越短、强度大、范围广。1470—1949 年，三明市、南平市发生中涝及中涝以上的周期分别是 2.8 年、2.7 年；1950—1986 年，周期分别是 3.6 年、2.0 年；1987 年至今，周期分别是 1.7 年、1.5 年。据《闽北典型洪灾集》资料，南平从 1224 年至 1900 年，平均 34 年发生一次大洪灾；从 1939 年至 1968 年，平均 5.8 年发生一次大洪灾；从 1982 年至 1999 年，平均 2.1 年发生一次大洪灾。1998 年南平市的"6·22"洪灾就波及该市 10 个县（市、区），142 个乡镇、街道办事处，1039 个行政村，占全市行政村 65%，全市直接经济损失 74.93 亿元，相当于 1997 年全市国内生产总值 53.5%。

1.2 森林生态功能下降

闽江流域森林覆盖率 64.96%，从闽江流域森林资源的连续清查分析看，流域森林面积与林木蓄积量虽然呈上升的趋势，但是林分质量呈总体下降的趋势，天然林比重减少，针叶林化趋势上升，林分低龄化、稀疏化。以闽江源头南平市森林植被状况为例，其植被的顶级群落是常绿阔叶林，但是由于长期过度砍伐，原生常绿阔叶林残留极少，所占比例不到 10%，且多零星分布在边远高山地区，尤其是成熟林和近成熟林面积下降明显。天然林砍伐后营造的多为人工杉松纯林，人工阔叶林只占 1.2%。目前 90% 是人工植被，主要有马尾松、杉木、竹、油茶、板栗、果园、茶园等，而人工植被土壤贮水量仅为天然阔叶林 35.3%—54.5%。原生阔叶林植被破坏，人工植被取而代之；针叶林面积大，阔叶林面积少，林种比例和龄组结构不合理（用材林、竹林面积占到 68%，中幼林占 65%），以及不合理的炼山、全垦营林措施，致使森林土壤退化，涵养水源、调节气候等生态功能大大降低。根据推算，1984 年和 2000 年闽北森林土壤一次贮水量分别比 20 世纪 50 年代初下降了 54% 和 34%。

1.3 污染风险不断提高

面源污染、电源污染突出。水土流失夹带大量泥沙和土壤中有毒化学成分，形成"面源污染"源。闽江流域水土流失涉及 6.1 万 km^2，流域山地坡度陡，地表径流量大，汇流时间快，污染物极易随水土流失下泄聚集水体，对闽江污染影响日益突出。南平境内闽江流域多年平均输沙量 20 世纪 50 年代为 560 万 t，现在猛增到 1350 万 t，危害越来越大。据朱秀端和蔡国隆（2007）测算，每年因此流入闽江污染水体的氮（N）、磷（P_2O_5）、钾（K_2O）元素分别达 5.7 万 t、6.56 万 t、36.08 万 t。闽江上游南平市规模畜牧业发展迅速，每年畜禽粪便及粪水的排放给流域污染治理带来巨大压力（2018—2019 年养殖场经过大规模整治后，情况好转）。与此同时，每年排入闽江的生活污水近 4 亿 t、工业废水近 4 亿 t。另外，工业固体废弃物、生活垃圾数量巨大，成分复杂，大部分都在城乡结合部露天堆放，其渗滤液污染了大面积的地表水和地下水。

2 水土流失防控的新目标

2.1 寻求水沙物质平衡

水沙变化是流域系统最为敏感的一部分，水沙的变化间接体现了一个动态流域系统对气候变化和人类活动的综合响应。长江流域水土流失治理的长期研究表明，长江流域河湖体系是一个侵蚀—搬运—沉积的动态平衡系统。长江地区的水土流失除了与流域自然地理因素有关外，在本质上与人类的各种掠夺性经营活动密切相关。人类的耕作过程使得土壤变得更加疏松和更易于被侵蚀，直接的工程建设，改变了流域局部地区的坡度及河流的演变过程，矿山开采过程产生的碎屑物质分布也直接可导致侵蚀加剧。长江流域特别是长江上游植被的人为破坏，使得大量土壤被侵蚀，水土流失极为严重。为此，调控水沙平衡仍需在以下 3 个方面开展扎实有效的工作。

一是坚持中小流域水土流失治理。

以小流域为单元，开展切实有效的坡耕地治理措施，防控水土流失，是阻控源头水土流失的重要工作。在开展以河道堤防治理为重点的大规模防洪工程建设的同时，暴露出了中小河流治理规划单一、目标不系统、方案不完整等问题，忽视了中小河流治理，缩短了支流洪水汇入干流的时间，减小了支流调蓄洪水的能力，其结果不可避免地加大了干流的防洪压力。今后极端的天气现象还会经常发生，中小流域治理工作任重道远，理应避免过去单点规划思路，要从流域整体规划出发，以河流为载体，以多目标治理为措施，依托信息、遥感等现代科技优势，构建系统性治理方案。同时进一步加强灾情监控，多尺度分析流域格局演变，并合理评估中小河流治理对干流防洪的影响。

二是切实提高河流的行洪能力。

自 1998 年长江发生全流域性大洪水以来，国务院提出"平垸行洪，退田还湖"的治江政策性措施。虽经多年努力，已实现平退长江中下游河段约 1460 多处圩垸，使河道行蓄洪能力有了一定程度提高，但 2016 年洪水期间，仍然有众多行蓄洪区的民垸阻碍行洪。为确保重点地区防洪安全，从水文角度看，"平垸行洪，退田还湖"的措施应长期坚持，尤其是两岸干堤间的蓄洪民垸应充分发挥高水位时的行蓄洪功能。要加强洲滩管理，一方面因地制宜地确定"双退"和"单退"方式，制定行洪准则，把洲滩民垸行蓄洪运用和经济社会发展纳入法制化、规范化、科学化的轨道。要实行风险管理，将保险机制纳入洲滩民垸的开发利用中，从而保障洲滩行蓄洪作用的有效发挥。

三是防洪工程与排涝规划有机结合。

随着江湖防洪工程日益完善，在城市抵御外来洪水能力增强的同时，内涝成为城市的通病，严重制约着经济社会发展并影响居民生活。多年防洪经验告诉我们，在城市市政排涝设计时，理应重视设计暴雨、产汇流计算；同时，在开展城市规划时，应首先考虑相应区域内洪水的出路问题。鉴于未来极端暴雨事件及空间分布的不确定性，城市防洪规划需具有前瞻性、长远性和策略性。在构筑海绵城市的道路上，需因地制宜制定城市分区暴雨计算标准，积极研究典型年作为设计标准的新思路。可借鉴长江干流以1954年典型洪水为防洪设计标准，研究武汉1998年或2016年典型暴雨作为城市排涝设计暴雨标准的可能性，并充分利用当地的地形地貌特点，蓄泄兼筹，采用经济科学的理念治理城市洪涝灾害。

2.2 寻求生态系统平衡

山水林田湖草是一个生命共同体。水土流失是生态系统退化的重要表现。由于人类对自然资源过度和不合理利用而造成的生态系统结构破坏、功能衰退、生物多样性减少、生物生产力下降以及土地生产潜力衰退、土地资源丧失等，造成了生态退化。受东南季风的影响，南方红壤区形成温暖湿润的自然环境，具有丰富的光、热、水、土和生物资源以及很强的生物循环再生和土地更新能力，而且土地利用方式多种多样，是我国自然生产潜力最高的地区之一，在我国农业和经济发展中占有举足轻重的地位。但是长期以来，由于自然因素和人类长期不合理的开发利用，导致南方红壤丘陵区生态系统的结构与功能发生演变，水土流失极其严重、地力水平低下、生态稳定性和生物多样性锐减、自然灾害频繁，该区域成为我国主要生态脆弱带之一。学者们逐渐意识到，解决水土流失问题，需以小流域为单元，系统解决生态恢复，尤其是植被恢复的问题。

2.2.1 植被恢复

红壤是发育于热带、亚热带的地带性土壤类型，其成土母质主要有花岗岩、沙页岩、变质岩、石灰岩和第四纪红黏土等。成土过程受到地形地貌以及高温多雨气候条件的影响，生态系统具有潜在的脆弱性，主要表现在以下几个方面：一是该区域地势不平，丘陵面积比重大，山多坡陡，重力梯度大，土壤侵蚀的潜在危险性高。二是该区域具有高温多雨、水热资源丰富、湿热同季的特点，降雨量大且年内分布不均。大部分地区年均降雨在1400mm以上，主要集中在4—9月，达到全年的70%—80%。这种短时间集中的强降雨，为土壤侵蚀提供了强大的侵蚀动力。三是该区湿热同季使得岩石矿物风化强烈，盐基淋失严重，形成疏松深厚的风化层，以高岭石为主（30%—60%）的次生黏土矿物，其本身养分含量较低，而且保肥、供肥能力不高，土壤抗蚀性低。四是该区降雨季节性分配差异使得干湿季节明显，再加上平均温度高，地形地貌、土壤母质与类型的复杂多样，使得土壤保水能力差，易形成旱灾，严重影响植被的生长与恢复。

植被恢复是生态系统恢复的首要任务，即恢复原有天然植被结构，组成和谐的生态关系。在恢复构建植被过程中，无论是采取工程措施与生物措施相结合的方法促进退化生态系统的恢复与构建，还是借助封育措施消除外力干扰为自然生态系统恢复创造适宜的条件，其基本前提都必须依赖所在地区的天然植被及其优势种，充分利用天然植被的自然恢复力，发挥本土植被优势种的生态经济功能。在南方红壤丘陵区，应采取自然恢复、人工促进自然恢复与人工构建相组合的植被恢复生态对策，具体应以自然恢复为主，辅以人工措施促进自然恢复；在村落附近以及沟谷等土壤较为肥沃、土地的生产潜力尚未充分发挥、作物群落与天然植被的过渡区域等，构建生态经济群落。

一是充分利用自然恢复力实施封育措施。

南方红壤丘陵区自然条件优越，雨量充沛，气候温和，植被类型繁多，大部分地区植物可全年生长，具有生态自我修复的自然资源优势。充分发挥生态系统的自然恢复能力，实施封育措施，是费省效宏的植被恢复有效途径。封育是我国传统培育森林的方法，常用于灌丛林地、稀疏林地和天然林采伐迹地更新等，尤其适宜于交通不便、人口较少、经济发展落后以及不宜人工造林的山区。实施封禁措施后，可借助天然植被的自然恢复力，形成与小尺度空间异质性相适应的密度和均匀度多变的自然群落。经过植物定居、竞争、竞争弱化和互惠依赖，到后期的群落聚合，群落内物种之间的生态关系更为和谐。这不仅所需的经济投入相对较少，而且形成的植物群落对于空间和资源的利用更充分，自然恢复的结构与功能更趋于完美精细。

实施封禁措施需要一定的条件。封禁区的选择必须是具有一定恢复能力的退化地，并且要尽量减少人为的干扰。阮伏水等（1997）的研究表明：花岗岩坡地生态系统植被覆盖度30%以上，土壤剖面B层尚残存，有机质含量为5g/kg左右的生态系统经过封禁治理，基本可以靠系统本身能力恢复。因此，对于红壤丘陵区立地条件较好、人迹罕至的远山、陡坡、荒坡地等中轻度水土流失退化地，可以利用南方水热条件好、植被生长快、自然恢复能力强的特点，充分发挥生态自我修复能力，辅以必要的人工抚育措施，进行封山育林，快速恢复植被。

在广西丘陵区进行的4种不同地类封山育林措施，通过保护母树马尾松，促进天然更新，采取人工补植或补播等措施，封育6年后，林分郁闭度明显提高，灌草盖度明显增加，水土保持功能增强。福建长汀县在封禁地区实施必要的配套管护措施，颁布法令、公约、民规，出台补贴政策等，彻底解决封而不禁的问题，保证了治理效果。2000—2004年，长汀封育治理面积共计2.8万hm^2，封育治理面积占水土流失治理总面积的80.2%。江西千烟洲、广东鼎湖山也通过封禁治理取得很好的效果。可以看出封禁治理模式是红壤侵蚀退化地的远山、陡坡、荒坡地恢复植被最有效、最经济、最科学的选择。

二是采取人工措施促进植被恢复进程。

对于退化严重的生态系统，群落环境已发生质变，仅凭生态系统的自然恢复能力，不可能或难以实现进展演替，必须采取人工措施，促进植被在短期内得以恢复，应以生物–工程措施为主，首先控制土壤侵蚀。结合水土保持工程措施布局，因地制宜选择耐贫瘠、耐旱及抗逆性强的草种，尽快覆盖地表，防止降雨径流冲刷，固结土壤；同时，采取以草促树、工程造林、施用基肥、营养袋育苗造林、经常性施肥和灌溉等措施，通过不断向生态系统输入物质与能量，维持植被的生长。

退化生态系统恢复成功的关键是乔、灌、草复层结构的优化配置，良好的树种合理互补关系的建立。因而，在物种的选择上，既要注重物种对土壤的适应性，又要注重对改良土壤及防止水土流失等多功能性；应根据不同区域、不同类型、不同程度侵蚀退化生态系统的特点，确定各自恢复过程所需的物种。在植被恢复过程中，要正确认识植物的属性，根据不同自然环境、不同的模式，因地制宜地配置适宜的植物物种。在物种配置上，要多采用乡土草种、树种，优化配置乔、灌、草复层结构，利用多层次、多格局、多树种的植物群落的整体作用，建立起树种间良好的互补关系，营造生境的多样性，增加固土防冲能力，逐步恢复已退化的生态系统。

福建省长汀县在2000年以来的水土流失综合治理过程中，根据坡面径流调控理论，采用坡面工程与生物措施相结合等高草灌带造林技术，有效地削减了坡面径流泥沙，控制了水土流失。治理区植被盖度提高63%，侵蚀模数下降了4398t/（km^2·a），径流系数减少为0.27，促进了植被快速覆盖地表，使退化生态系统得到较好的恢复（岳辉，2007）。

三是小流域综合治理模式。

我国于 1980 年提出了小流域综合治理的构想。近 40 年来，小流域综合治理在理论、实践、技术、体制、机制等方面不断创新和发展，已成为我国水土保持生态建设的一条重要技术路线，为改善我国水土流失地区生态与环境、发展农村经济、促进经济社会可持续发展做出了显著的贡献。小流域综合治理成为我国治理水土流失的一种成功模式。在南方红壤区，结合自身的特点，以小流域为单元，做到山、水、田、园、林、路、村统一布局，林、果、茶、竹、粮、加工、旅游等全面规划，打造出一批精品小流域，树立了典型。江西赣县小流域建设取得明显成效，通过实施立体开发模式、生态治理模式、开发式崩岗整治模式、生态休闲开发模式，提高了小流域治理效益，加快了水土流失治理步伐。

2.2.2 地力恢复

地力恢复是生态系统恢复的重要环节。南方丘陵山区仍处于资源制约型农业阶段，人口、资源、环境、粮食间的矛盾是该区农业持续发展面临的主要问题，特别是资源的不合理利用，造成资源的退化与巨大潜力的浪费，限制了这一地区农村经济的协调发展。在各种资源中，土地资源的退化十分严重，尤其是土壤养分的贫瘠化现象十分普遍。总的说来，这一地区土壤的综合肥力大多处于中下水平，高、中、低肥力土壤的面积比例分别为 25.9%、40.8% 和 33.3%（孙波，1995）。

退化的主要原因在于：一是森林的开垦和退化。热带、亚热带森林林冠茂密，结构层次多，根系发达，其巨大的蒸腾作用和选择吸收性能是各种养分元素运动的动力，最终通过凋落物的分解促进了土壤的"生物自肥"速率，这种生物富集过程是土壤肥力不断提高的基础。一旦开垦利用，森林即开始退化，引起水土流失增加，养分大量损失，土壤水热状况恶化，凋落物分解加快，土壤肥力退化。研究表明（何园球，1992），林下土壤耕垦后，土壤养分迅速降低。主要表现为土壤有机质的下降幅度很大，氮、磷、钾的下降幅度较小。在从次生林演变到人工林的过程中，表土（0—20cm）有机质下降 32.4%—62.9%，全氮下降 25.6%—42.7%，全磷下降 13.3%—18.2%，全钾下降 15%—31%。

二是土壤侵蚀与地表径流。土壤侵蚀是引起土壤养分降低的主要因素。随着侵蚀程度的增加，土壤有机质和全氮的含量不断下降，土壤严重缺磷。据研究（中国科学院红壤生态实验站,1993），在第四纪红黏土区，每年每公顷随地表径流流失的水解氮（N）为 84.04kg，磷（P_2O_5）为 0.83kg，钾（K_2O）为 42.2kg。即使是林地，土壤中的元素也随地表径流不断流失。研究发现，雨林、季雨林、常绿阔叶林和人工幼林中，土壤各种元素（氧化物）总量每年每公顷随地表径流流失量分别为 46.7kg、4.8kg、28.5kg 和 85.3kg。

三是土壤淋失。淋失是一种自然过程，它引起土壤中营养元素的大量损失。何园球等（1992）试验发现，雨林、季雨林、常绿阔叶林和人工幼林中，土壤各种元素（氧化物）每年每公顷的深层渗漏量分别为 61.3kg、69.8kg、34.0kg 和 23.8kg。在江西余江，无论裸地还是种植了植物的土壤，矿质元素的淋失量均较同一地区人工林下第四纪红黏土发育的红壤中的淋失量要高。不种作物时，不同质地每年土壤中钙、钾、镁和 NO_3-N 的平均淋失量分别为 41.4kg/hm^2、16.7kg/hm^2、7.9kg/hm^2 和 32.5kg/hm^2；种植作物后，淋失量明显减少，每年平均值分别为 29.1kg/hm^2、10.5kg/hm^2、5.0kg/hm^2 和 18.59kg/hm^2（沈仁芳，1993）。

土壤地力恢复路径主要有：一是构建农林生产模式。应从景观生态学角度出发，建立适合当地条件的高效益生态－经济型农林牧复合立体农业布局，构建高效立体农业生态模式，提高系统资源利用率和产出率，并采用生物措施和工程措施相结合的办法，减少水土流失，提高土壤养分水平。特别是"顶林、腰果、谷农、塘渔"的利用模式，发挥经作、经林、果树的优势，充分利用光、热、水、土资源。生物措施主要是采用合理的种植制度，增加地面覆盖，减少地表冲刷，增加土壤有机质含量。坡度大于10°，尤其是大于30°的陡坡必须退耕还林。当山丘上的次生林被砍伐后，在山丘中上部，必须首先保护灌木和草被，然后穴栽经济林果（如速生林、食用竹等）；而在山丘的下坡与低丘岗地，可以等高种植经果经作（如柑橘、油茶等），特别应发展复合农林系统（如套种、间作绿肥、药材、牧草、作物等），在防治水土流失、提高土壤养分含量的同时增加农民的经济收入。

二是集成应用水保措施。应用生物措施和工程措施相结合，特别是在土壤严重侵蚀区的治理初期，主要依靠工程措施，如等高开垦、修筑拦水坝、挡水墙等。工程措施费用较高，费用低、见效快的一种措施是结合少、免耕技术进行地面覆盖（如秸秆覆盖、残茬覆盖、活体覆盖和塑料薄膜覆盖等）。

三是提高养分循环利用水平。以建立土壤养分的良性循环和平衡为目标，实施因土种植和土壤养分提升工程，调节养分投入比例，并收集、优化和推广适合不同地区、不同土壤条件的施肥方法，不断提高土壤养分水平。具体为：首先是充分利用各种有机废弃物（如作物残茬、家畜粪便、城市生活垃圾等）和有益的天然生物过程（如固氮作用），并合理施用化肥。其次，在立体大农业布局下，根据土壤的养分特性，选择适种的林木与作物品种。如红壤地区普遍缺磷、缺钾，可以选择一些耐低磷（萝卜菜、食用甜菜等）和耐低钾（白菜等）的作物。在新开垦的贫瘠土壤上，只能种植抗逆性强的先锋植物（如马尾松、胡枝子、猪屎豆、甘薯、花生等）。最后随着土壤的不断熟化，扩大种植的范围（如油菜、豆类、烟草、中药材等），形成推广态势。

2.3 寻求生态经济平衡

水土流失的根本原因是人地矛盾突出。南方红壤区包括广东、广西、云南、贵州、福建、台湾、江西、湖南、浙江等九省区，以及安徽、湖北、江苏、四川、西藏等五省区的部分地域。2004年末，红壤区人口总数为4.08亿，占全国总人口数的31.4%，各省的人口密度都远远大于全国平均人口密度，且绝大多数省份人口的自然增长率高于全国平均水平，农村人口比例过大。解决水土流失的根本途径在于生态恢复，实现区域生态经济平衡。

农村经济发展，依赖坡地开发。除了部分经济较好的地区逐渐实现改煤代柴外，广大农村靠国家供应商品能源还很困难。农民为解决燃料问题，强度超限采伐薪材，甚至出现铲草皮、挖树根等现象，彻底破坏植被，加剧了水土流失。伴随着整个区域人口持续增长，人地矛盾更为突出。人们不断向山上要粮、要柴，森林受到强度采伐，尤其是在农田与林地交错地带，人口相对密集，人为干扰的频度和强度更大，毁林开荒、陡坡种植较为普遍。大面积的坡地被开发利用，许多山地丘陵植被被坡耕地、果园、茶园等替代，加之粗放耕作，山地植被遭到了严重破坏，在水土流失面积不断扩大的情况下，生态系统进一步退化，甚至丧失了植被恢复所需的土壤肥力和种子库，生态退化极为严重，生态恢复极为困难。

基础设施建设，产生土体破坏。随着近年来的开山采矿、采石及基础建设规模不断扩大，一些生产建设项目没有采取必要的水土保持措施，水土流失愈演愈烈，山地涵养水源和调节地表径流能力逐渐衰退甚至丧失，进一步加剧了区域生态退化。此外，农民在对土地强度开发利用的同时，重施化肥、农药，偏施氮肥，忽视土杂肥、有机肥和钾肥，导致土壤肥力下降，且种植物种单一，降低了生态系统自我调节功能。

水电站建设，影响行洪能力。张洪波（2018）研究表明，人类活动对径流序列的影响具有空间规律性，即人类活动只能影响到距其较近的河流，且随距离增加，影响趋小，而距其较远的河流基本不受影响，但受分流口条件影响，各站点径流变异略有差异。河道裁弯驱动了 1969—1971 年沙道观站、弥陀寺站、康家岗站和管家铺站的均值跳跃变异和方差变异。三峡水库蓄水驱动了 2001—2006 年新江口站、沙道观站和弥陀寺站的均值跳跃变异。上车湾裁弯影响站点包括沙道观站、弥陀寺站和康家岗站，影响程度（径流均值变化幅度减少量）分别为 43.64%、34.05%、78.12%。中子洲裁弯主要影响管家铺站和康家岗站，其中管家铺站径流均值减小 24.15%，康家岗站径流序列方差减小 74.23%，管家铺站径流序列经 1966 年和 1971 年两次跳跃变异后，径流量减小了近 73%。三峡水库蓄水的影响主要涉及新江口站、沙道观站和弥陀寺站，影响程度分别为 27.30%、41.68% 和 36.52%。荆南三河地区的河道裁弯影响沙道观站、弥陀寺站、康家岗站和管家铺站，减少流入洞庭湖水量约 $614 \times 10^8 \mathrm{m}^3$，而上游三峡水库蓄水影响荆南三河新江口站、沙道观站和弥陀寺站，减少流入洞庭湖水量约 $174 \times 10^8 \mathrm{m}^3$，两者合计约 $788 \times 10^8 \mathrm{m}^3$，占 1966 年之前荆南三河流入湖水量的 59.37%。

实际上，区域经济发展带来的问题要用协调发展来解决。史志华等（2018）提出了现阶段水土流失治理重心应从遏制面积扩张转向生态功能提升为主，治理手段应从综合治理转向生态调控，变对抗为利用，变控制为调节，寻求土壤侵蚀防治与农业高效生产和环境可持续发展的协同途径。生态调控主要以生态系统功能与生态安全为前提，强调长期和整体的生态系统服务功能，侧重于通过措施来加强生态系统本身的健康程度，改变生态系统的物质、能量和信息流的关系。

一是优化产业布局。

根据生态功能区的划分，流域上游以生态保护为主，重点实施针叶林改造和发展阔叶林林下经济项目（养蜂和中药材），因地制宜发展生态银行，实施源头管控。福建省永泰县、泰宁县、周宁县、柘荣县、永春县、华安县、屏南县、寿宁县、武夷山市等 9 个县市列入第一批国家重点生态功能区。对于重点生态功能区，实施生态功能重要区域保护、生态系统治理修复和重点生态功能区转移支付三大工程，创新生态增绿模式，加强生态保护。比如，国家生态文明试验区建设、武夷山国家公园体制试点、国家储备林质量精准提升工程、"生态银行"试点工作、全省林业碳汇交易试点、国家山水林田湖草生态保护修复试点建设，以及水环境生态补偿基金和提高生态公益林补偿标准等，努力把生态优势、资源优势转化为经济优势、产业优势。

对于水土流失治理重点县而言，植被破坏程度较重，要正确区分水土流失特点，科学制定区域生态经济发展策略，减缓经济发展与生态保护之间的矛盾。如长汀水土流失治理：一是应积极发展循环农业，如发展林下生态养殖河田鸡，实施有机肥上山工程，提升侵蚀林地的土壤有机质。二是实施老头林林分改造，通过撒播阔叶树种子带，营造实施阔叶树林带，防控松毛虫。三是发展绿色产业替代稀土产业，有效防控稀土开采带来的水土流失。

对于城郊、沿海优先发展区而言，依托便利交通条件，结合河长制、湖长制执行，发展设施果蔬业、观光田园业。如宁德福安市发展设施果蔬业，既满足城镇居民对蔬菜水果的需求，同时建设避雨和微喷灌设施，减少降雨直接作用于地表，避免蔬菜地的氮（N）、磷（P）排放到河道，防控面源污染。如福清三华农业有限公司，依托稻田发展水稻彩绘、观光旅游，既是稻田经济，又是湿地公园。同时，严格保护和提升饮用水源林地的涵养水源功能。对保护区域实施林分改造，同时实施高标准的生态补偿。

二是提高劳动生产效率。

首先可以从资源方面提升劳动生产效率。耕地长期过度开发利用超过了其承载力，导致越来越严重的土壤退化问题。水资源方面，一边是工程老化失修严重，一边是水体污染性破坏，加上农业水资源利用效率低下，使得农业用水的缺口进一步加大。今后，以下几个方面应该作为主要任务去完成：一是建设旱涝保收高标准农田，要平整田地，提升耕地质量，兴修水渠和机耕道，田间水利设施要配套，田间道路要通畅。二是加强技术集成创新，科学施肥，提高土壤肥力，高效集成土壤质量提升技术。三是根据农产品优势产区的分布做好水土资源的科学匹配，并做到农业用水规范化、高效化。

其次可以从生态方面提升劳动生产效率。农业是个生态产业，生态系统破坏和功能持续下降必然长期限制农业发展后劲的提升，从而影响农业可持续生产力的提升。一段时间以来，我国农业生态系统总体生态功能不断退化，不仅农田生物多样性面临威胁，甚至对作物、畜禽、水产都形成了不利的影响。今后这方面工作的主要任务有：一是遏制植被退化并保护和恢复植被，提升涵养水源及水土保持能力。二是发展农业经济，多元化提高农民收入，如可通过发展经济林果、高效生态农业（如蔬菜大棚）和开办乡村农家乐等，以提高农民的收入。

此外，加大土地流转，进一步提高农业产业化、机械化、规模化。加大植树造林力度，提高森林的覆盖面积，植树与护林相结合。林业资源既可以减少水土流失，也可以影响小气候，还是一笔不小的财富。进行农业套种和多季种植，实现土地充分利用，发展循环农业，采取种果、养鸡、养鸭、养鱼一体化，鸡鸭粪养鱼，鱼粪肥土，肥土种果，进行循环和立体种养。这些进行套种、循环种养和多季种植的农业生产方式，也可有效提高劳动生产效率，增加农民收入。

三是提高农业资源利用效率。

首先是科学利用耕地资源。要想提高农业资源利用效率，必须制订合理且科学的计划从而充分利用耕地资源。从具体的实施方法上看，可以运用现代化的科学技术，通过综合治理和耕地改造，建立起高效农作物生产基地，这在很大程度上可以实现耕地的高效利用，同时也会创造出更多的财富。同时，应该积极建立耕地保护区，种植树木从而减少水土流失现象，通过对耕地资源的保护和充分利用，可以不断促进现代农业的进步和发展。

其次是积极发展生态农业。生态农业工作的开展对于实现农业资源的有效利用有着重要的帮助作用，为此积极发展生态农业是当前的工作重点之一。发展生态农业应充分保护农业资源，并以环境优化、提高经济效益为出发点，不断推广生态农业以降低环境污染，逐步推动我国农业的可持续发展。例如在水资源的保护上，可以大力发展节水农业或者其他水利工程、引水工程来实现对水资源的充分利用。生态农业的建设是当前现代化农业的重点项目，必须要给予充分的重视。

再次要大力推行绿色生产方式，发展资源节约型、环境友好型农业。必须切实推动农业空间布局方式、资源利用方式、生产管理方式的变革。推进农业绿色发展，要在减量增效、变废为宝上下功夫，实现投入品减量化、生产清洁化、废弃物资源化、产业模式生态化。要完善农产品产地环境监测网络，加大农业面源污染治理力度。同时落实最严格水资源管理制度，逐步建立农业灌溉用水量控制和定额管理制度。进一步完善农田灌排设施，加快大中型灌区续建配套与节水改造、大中型灌排泵站更新改造，推进新建灌区和小型农田水利工程建设，扩大农田有效灌溉面积。大力发展节水灌溉，全面实施区域规模化高效节水灌溉行动。分区开展节水农业示范，改善田间节水设施设备，积极推广抗旱节水品种和喷灌滴灌、水肥一体化、深耕深松、循环水养殖等技术。积极推进农业水价综合改革，合理调整农业水价，建立精准补贴机制。开展渔业资源环境调查，加大增殖放流力度。统筹推进小流域水生态保护与综合治理，加大对农业面源污染综合治理的支持力度。

四是提高污染防控效率。

目前，我国农业内源性污染加上工业、城市的外源性综合污染导入导致农产品产地环境问题突出，严重约束了农业可持续生产力的提升。首先，化学肥料和化学农药等的过量使用已成为农产品产地环境污染的主要因素。其次，工业废弃物和城市生活垃圾等污染物向农村地区扩散，一些重金属不断危害动植物，从水、土、气三个方面损害着农产品产地环境。今后可围绕以下 6 个方面开展工作：一是对耕地污染状况进行准确监测和彻底调查，并在此基础上落实耕地污染治理任务，同时根据耕地污染状况调整种植业结构，集成组装耕地质量修复技术。二是推广粪尿分离、雨污分流，加快规模化畜禽养殖场粪便的资源化利用，尤其是通过种养结合提高畜禽粪便的利用效率。三是扶持建设农田残膜资源化利用企业及回收网点，调动农户的主动性和积极性，建立完善市场化运行机制，推广农田残膜捡拾回收技术。四是针对农药废弃物处置研发安全可靠、简便易行的技术和设备，构建废弃农药、废弃包装物等的存放、回收、处置系统。五是建立完善的秸秆收集、储运体系，推广秸秆多元化利用技术，形成秸秆综合利用产业格局。六是严格控制农业化学投入品的使用，推广畜禽生态养殖和水产健康养殖模式，推进化学肥料和化学农药替代品的创新和应用。以福建省光泽县为例，近年来，光泽县依托圣农集团着力打造循环经济产业链，形成废弃物综合利用的循环经济模式，基本实现固体废物综合利用，主要采取以下措施：一是发挥产业优势，提升区域工业废物资源化利用水平。二是推动区域农业高质量发展，提高主要农业废弃物资源化利用水平。三是推动践行绿色生活方式，促进生活垃圾源头减量和资源化利用。四是推动危险废物全过程规范化管理，实现全面安全掌控。五是推动固体废物精细化综合管理与三产发展协同融合，同时在全县积极推广清洁的能源和原料，采用先进的工艺技术与设备，从源头消减污染，提高资源利用效率，减少生产过程中固体废物的产生和排放。

第二节　红壤侵蚀区水土流失有效治理与农业生产

降雨是南方红壤区水土流失极其重要的驱动因子。降雨年际分布不均、年内分布不均给土壤侵蚀带来剧烈的变化。尤其是福建、广东、浙江等地受到季风降雨和台风降雨的双重影响，水土流失防控任务重，农业生产损失大。本节依托长期定位研究，摸清坡耕地水土流失的特征与规律，有效指导农业生产。

● 1 红壤侵蚀区的降水与径流

南方红壤丘陵区土层薄、土壤供肥能力差，坡度大、降雨侵蚀力大，土壤生态环境较为脆弱，加上开发强度大，植被遭受严重破坏，表土易遭受侵蚀，形成了大面积的侵蚀退化区，是我国仅次于黄土高原的严重侵蚀区，其分布面积为 $118 \times 10^4 km^2$，约占国土面积的 12.3%（谢锦升，2008）。其中福建省长汀县是我国红壤丘陵区土壤侵蚀最严重的地区之一，虽然经过多年的治理有了较大改善，但由于水土流失治理的难度大、任务艰巨，长汀县还需完成 $3.20 \times 10^4 hm^2$ 水土流失治理任务。

我国南方丘陵区降雨丰沛，依赖雨水自然资源化和集雨利用来维系生态系统的水循环平衡。一般是利用对坡地雨水地表径流的集蓄来支撑农田的生产灌溉，因此，利用坡地集雨是红壤丘岗生态系统水平衡过程不可缺少的部分。红壤坡地的雨水地表径流，其时间变化特征取决于降雨量的时间变化；径流量与年降雨量呈正相关。受雨垫面是影响雨水地表径流产量的主导因子，不同受雨垫面的雨水地表径流产量存在着显著差异，产生这种差异的主要因素有人为干预（耕作）的强度和垫面植被的构成（谢小立，2004）。研究表明：①径流随雨强增大而增大；同一雨强下，有松散堆积物的地表径流量最大、开挖裸地次之、有植被覆盖的最小。②土壤侵蚀量随降雨强度增大，先减小、后增大、再减小；同一雨强下，有松散堆积物的侵蚀量最大、开挖裸地次之、有植被覆盖的最小。降雨（时间分布及其强度）是影响地表径流特征的主导因素；年降雨量与地表径流量和系统侵蚀量呈正相关。不同垫面地表径流产量有显著性差异，产径流量的排列顺序为：农作区＞茶园区＞湿地松＞甜柿园＞柑橘园＞退化区＞恢复区。雨水径流过程的系统侵蚀有相似的表现（李建生，2006；谢小立，2004）。同时土壤中的矿物质、有机质等营养物质随降雨产生的径流流失，导致土壤生产力下降，制约着农业可持续发展；另一方面随径流流失的泥沙进入江河、湖泊和水库，造成大量淤积，引起河道变迁、湖容减少，引发洪涝灾害；此外，大量有害元素吸附在泥沙表面随径流进入湖泊，经吸附解析过程进入水体，污染水质（王全九，2007；王全九，2010）。

长汀红壤区最主要的土壤侵蚀原因之一是水力侵蚀，这和中亚热带湿润季风气候、年均降雨量大、水系发达、地质结构复杂有关。降雨的季节性分布十分明显，主要集中在 3—9 月，占全年降雨量的 60% 以上，且降雨强度大、集中时间短，是泥石流、滑坡、崩岗产生的主要原因，水土损失量与降雨集中季节趋同。红壤是长汀主要土壤类型，分布广，面积大，占该县土地总面积的 79.8%，土层较浅薄，酸性强，保水保肥能力低（黄文娟，2009）。红壤坡耕地多位于低山丘陵岗地上，或在林地的中下部及低山丘陵荒地上，坡面径流以上游坡面径流和坡耕地自身坡面径流为主，坡度较大，坡长较短，产流较强，加上高强度的降雨时间与农忙时节吻合，不科学的耕作手段常常加剧了坡耕地的水土损失（林松锦，

2014）。

　　南方红壤区在近几十年的水土流失治理进程中，取得了一定的成绩。经过无数水土保持工作者的科学创新，在针对不同区域水土流失治理的过程中，探索出了许多有效的治理模式，积累了大量治理经验，这些经验和模式值得推广借鉴，可以为今后南方红壤区水土流失防治和土地开发、利用、保护与决策提供科学的指导。针对强度侵蚀区水土流失特点，采取布设等高水平沟，能截短坡面长度，减小径流冲刷力，起到拦截坡面径流泥沙、利于水分渗透和养分沉淀的作用，进一步改善侵蚀区土壤水分和养分条件，给植被提供一个良好的生长环境；沟内的灌草在短期内覆盖地表，形成一条条沿着水平方向生长的茂密灌草丛即等高草灌带，随着地表植被的逐渐恢复，等高水平沟工程有利于泥沙的沉积，减少坡面泥沙量，达到水土保持的目的。在坡面工程的基础上，将等高草灌带以品字形分布种植，可以起到良好的生态恢复与蓄水保土效果，是强度侵蚀区水土流失治理的新思路（林盛，2016）。

　　例如在尤溪县监测小区周边设围埂，下坡位设集水槽、集水池，应用径流小区法观测地面径流、土壤侵蚀，用雨量计观测降雨，以测定植草对侵蚀果园地面径流的影响来反映该措施的减水效应，结果表明：1997—2008 年侵蚀果园清耕处理（T_3）的年径流系数达 0.0370—0.1494，均值为 0.0688；而套种平托花生（T_1）、套种圆叶决明（T_2）处理的年径流系数为 0—0.0136，均值仅为 0.007 左右，仅为清耕处理的 1/10 左右（图 1-1），具明显地减少径流、增加土壤入渗的作用。径流系数与年份的关系分析表明：清耕处理在试验前 3 年，径流系数较平稳，3 年至 12 年则有上升趋势，虽年际间差异较大，回归关系呈指数曲线变化，回归方程为：$y=0.285e^{0.1252x}$，$R^2=0.5672$；而植草处理在试验前 5 年，径流系数从 0 有所递增，5 年后径流系数则较平稳，在 0.006—0.012 间变化，呈对数曲线变化，回归方程：$y=0.0057\ln(x)-0.0012$，$R^2=0.6987$。

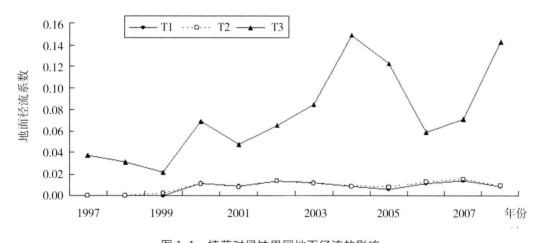

图 1-1　植草对侵蚀果园地面径流的影响
注：T1. 套种平托花生；T2. 套种圆叶决明；T3. 清耕。

　　果园植草处理地面径流少，而且在台面、前埂分别套种匍匐型、丛生型牧草，形成贴地草层、密集草篱，抑制了地面径流的侵蚀作用，该处理基本不发生土壤侵蚀。果园清耕处理，地面径流多，台面、前埂部分基本裸露，地面径流的侵蚀作用较为明显。随试验时间的增长，侵蚀强度呈如下变化趋势（图1-2）：试验 1—2 年（1997—1998 年），果园前埂设置较稳固，降雨时多数产流均控制于台面内，少数产流溢出前埂，造成梯壁冲刷，程度甚微，土壤侵蚀模数小于 500t/（$km^2 \cdot a$）；试验 3—9 年（1999—

2005 年），溢出前埂的产流累积次数逐渐增多，果园前埂土体的稳定性下降，侵蚀作用不断加强，且向果园前埂、梯壁的纵深方向发展，土壤侵蚀模数达 1316—6216t/（km²·a）；试验 10—12 年（2006—2008 年），果园梯台的前沿基本被冲刷殆尽，梯台呈半梯台半顺坡状态，虽径流系数有所加大，但土壤侵蚀作用有所趋缓，土壤侵蚀模数达 2914—3108t/（km²·a）。

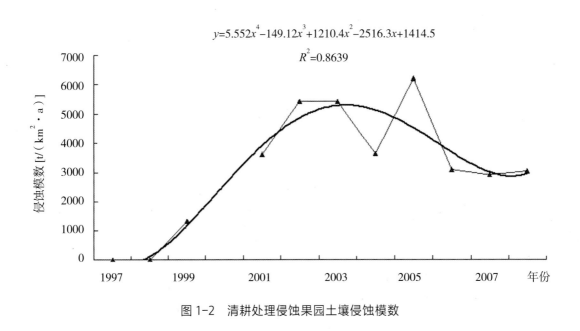

$$y=5.552x^4-149.12x^3+1210.4x^2-2516.3x+1414.5$$
$$R^2=0.8639$$

图 1-2　清耕处理侵蚀果园土壤侵蚀模数

● 2 红壤侵蚀区土壤肥力恢复

我国红壤退化是人为破坏与自然条件长期影响的结果。红壤本身所具有的富铝化、酸化、铁质化及抗蚀性弱等特征是导致土壤退化的内在原因（赵其国，1995）。以马尾松综合治理为例，马尾松的综合改造要因地制宜，即在强度和极强度土壤侵蚀区，近地表植物量过少的情况下，水平沟种草的改造效果比单纯施肥好；但近地表植物覆盖率在 40% 以上时，单独施肥改造就能取得明显效果（林盛，2016）。长汀县经过多年努力，开展了一系列红壤强度侵蚀区水土流失治理工作，形成了以马尾松人工林为主的强度侵蚀初步治理区，植被得到一定程度的恢复，土壤侵蚀面积逐年减小，但出现了植被树种单一（以马尾松纯林为主）、林分结构不合理的现象，林地下的枯枝落叶分解并产生养分的过程较慢，大量水土流失导致土壤养分输入能力变弱（赵其国，2006）。

胡宪涛（2019）在江西省九江市德安县江西水土保持生态科技园开展了侵蚀红壤理化性质变化及对作物产量的影响实验，研究结果表明，土壤侵蚀使土壤理化性质均有不同程度变化。对土壤物理性状的分析显示，轻度侵蚀、中度侵蚀、重度侵蚀、剧烈侵蚀处理土壤容重较无明显侵蚀分别增加了 7.01%、6.33%、7.98%、9.64%，而土壤饱和含水率分别减少 3.80%、0.55%、5.42%、9.33%。对土壤化学性质的分析显示，土壤有机质、全氮、铵态氮、硝态氮、速效磷、速效钾含量随着土壤侵蚀的加剧呈现减少趋势，相较无明显侵蚀，轻度侵蚀、中度侵蚀、重度侵蚀、剧烈侵蚀处理土壤有机质含量分别减少 20.67%、47.90%、65.56%、78.19%，土壤全氮含量分别减少 19.02%、37.02%、58.64%、60.57%，土壤速效磷含量分别减少 21.49%、33.35%、34.53%、67.38%，而土壤速效钾含量分别减少了 14.02%、22.13%、

24.31%、25.63%。

2.1 林地土壤侵蚀与土壤肥力

就不同林分而言，李生宝等（2006）通过对宁夏宁南山区采取不同恢复措施的土壤水分、理化性质及酶活性的研究，结果表明：土壤平均含水量最高的是农田18.61%，其次为林地16.73%，人工草地9.90%，最小的为天然草地9.20%；土壤总孔隙度、土壤碱解氮排列顺序为林地＞农田＞人工草地＞天然草地；土壤毛管孔隙度、土壤速效磷平均含量排列顺序为人工草地＞林地＞农田＞天然草地；土壤有机质平均含量为灌木林地＞农田＞天然草地＞人工草地；土壤速效钾的平均含量为天然草地＞农田＞人工草地＞灌木林地；土壤尿酶含量为人工草地＞天然草地＝农田＞林地；土壤蔗糖酶、多酚氧化酶的含量为人工草地＞天然草地＞林地；过氧化氢氧化酶的含量为人工草地＞天然草地＝农田＞林地。莫江明（2005）研究了广东鼎湖山生物圈保护区不同林地类型土壤全磷和有效磷浓度的变化，结果表明：随林型和季节不同而异，其大小顺序为季风常绿阔叶林＞混交林＞马尾松林（林型），全磷浓度为夏季＞冬季＞春季＞秋季（季节），有效磷浓度为秋季＞春季＞冬季＞夏季（季节）。收割林下层和凋落物这种人为干扰活动对土壤全磷含量的影响不明显，但对土壤有效磷含量具有显著的影响。卢其明等（1997）研究车八岭不同的林地类型发现：随着群落的进展演替，土壤养分含量表现为季风常绿阔叶林＞针阔叶混交林＞马尾松林。

杨武德等（1999）在浙江省德清县三桥乡排溪冲小流域红壤坡地分析红壤氮、磷、钾的空间分异可知，土壤侵蚀导致土壤氮、磷、钾等土壤速效养分含量减少，稀疏马尾松林地氮、磷、钾空间分布也呈现明显坡顶到坡底逐渐增加趋势，和侵蚀模数呈负相关关系。氮、磷、钾的坡顶坡底变幅分别为29.9%、14.6%和39.8%，也说明3种养分易流失程度为钾＞氮＞磷，侵蚀导致土壤氮、磷、钾速效养分在坡面上部的相对贫乏和下部的相对富集。稀疏马尾松林地土壤有机质和土壤颗粒也表现明显的坡向分布规律。从坡顶到坡底，有机质含量递增，4个坡段分别为2.39%、2.42%、2.43%和2.47%，变幅为3.3%；沙粒含量递减，变幅为7.7%；粉粒和黏粒递增，变幅分别为9.7%和8.0%。除沙粒外，均与土壤侵蚀模数呈负相关，这说明侵蚀导致土壤有机质含量降低、土壤沙化，侵蚀使土壤机械组成中沙、粉、黏粒比率发生变化，表现为土壤沙化。研究表明，土壤有机质和土壤黏粒是侵蚀因子，和土壤侵蚀密切相关，有机质和黏粒含量的降低会削弱土壤的抗蚀性，反过来又有利于侵蚀的发生，形成与土壤侵蚀的互为因果关系。

刘政等（2019）在福建省长汀县河田镇选取坡度、坡向等立地条件基本相同的未治理裸地、10年生马尾松人工林、20年生马尾松人工林、30年生马尾松人工林以及地带性天然次生林等5种类型森林生态系统，研究结果显示0—10cm土壤氮、磷比值为1.97 ± 0.63、5.24 ± 1.39、4.54 ± 0.87、4.75 ± 1.40和6.81 ± 0.96。张秋芳（2016）等研究发现长汀红壤水土侵蚀区未恢复裸地、不同恢复年龄马尾松人工林（2—33年）和天然次生林0—10cm土壤氮、磷比值分别为4.55、6.45、4.97、7.53、7.52和11.53。姜超等（2016）研究发现红壤水土侵蚀区不同覆盖度植被恢复崩岗生态系统土壤氮、磷比值变化范围为3.73—7.90。可见，在南方红壤侵蚀区植被恢复过程中土壤氮养分提高，而土壤磷养分并未显著变化。与土壤磷养分限制相比，随着南方红壤侵蚀区植被逐渐恢复，土壤氮养分限制可能逐渐缓解。刘政等（2019）在长汀县河田镇开展土壤碳库储量试验，研究发现马尾松人工林植被恢复能够显著提高植被和土壤碳库储量。10年、20年、30年生马尾松人工林与裸地相比生态系统碳库储量分别增加2.80、3.54、8.56倍，但依然低于天然次生林；马尾松人工林植被恢复能够显著提高表层（0—10cm）土壤碳库储量，而对深层土壤碳库储量影响不显著；不同恢复阶段植被和土壤碳库增加速率不同，呈现非线性增加。

项目组以长汀县河田镇罗地村马尾松林分为例，对 1.2 万亩林地，开展不同坡位林地土壤理化性质调查。分析表明（表 1-1、1-2、1-3、1-4）：一是 A 坡向（东偏北，下同）不同坡位 0—20cm 土层 pH 4.63—5.03，B 坡向（东偏南，下同）不同坡位 0—20cm 土层 pH 4.90—5.07，C 坡向（西偏北，下同）不同坡位 0—20cm 土层 pH 4.70—5.00，D 坡向（西偏南，下同）不同坡位 0—20cm 土层 pH 4.87—5.37。

二是 A 坡向不同坡位 0—20cm 土层有机质 5.39—13.40g/kg，B 坡向不同坡位 0—20cm 土层有机质 7.12—12.72g/kg，C 坡向不同坡位 0—20cm 土层有机质 2.71—18.95g/kg，D 坡向不同坡位 0—20cm 土层有机质 2.45—8.85g/kg。

三是 A 坡向不同坡位 0—20cm 土层氮含量 0.18—0.30g/kg、硝态氮 1.26—2.85mg/L、铵态氮 13.05—64.54mg/L，B 坡向不同坡位 0—20cm 土层氮含量 0.15—0.31g/kg、硝态氮 1.31—2.41mg/L、铵态氮 12.20—77.37mg/L，C 坡向不同坡位 0—20cm 土层氮含量 0.19—0.49g/kg、硝态氮 1.34—2.84mg/L、铵态氮 33.99—46.74mg/L，D 坡向不同坡位 0—20cm 土层氮含量 0.11—0.32g/kg、硝态氮 0.78—1.64mg/L、铵态氮 16.59—39.67mg/L。

四是 A 坡向不同坡位 0—20cm 土层磷含量 0.06—0.35g/kg，B 坡向不同坡位 0—20cm 土层磷含量 0.07—0.09g/kg，C 坡向不同坡位 0—20cm 土层磷含量 0.06—0.10g/kg，D 坡向不同坡位 0—20cm 土层磷含量 0.04—0.09g/kg。

五是 A 坡向不同坡位 0—20cm 土层钾含量 22.17—27.27g/kg，B 坡向不同坡位 0—20cm 土层钾含量 19.27—23.27g/kg，C 坡向不同坡位 0—20cm 土层钾含量 25.97—36.30g/kg，D 坡向不同坡位 0—20cm 土层钾含量 35.17—40.40g/kg。

六是 A 坡向不同坡位 0—20cm 土层阳离子交换量 CEC 7.72—13.10cmol/kg、K^+ 37.13—46.39mg/L、Ca^{2+} 0.47—4.43mg/L、Na^+ 15.61—52.69mg/L、Mg^{2+} 5.32—26.68mg/L，B 坡向不同坡位 0—20cm 土层 CEC 4.73—10.47cmol/kg、K^+ 39.95—97.98mg/L、Ca^{2+} 0.41—1.98mg/L、Na^+ 18.04—63.49mg/L、Mg^{2+} 3.84—21.28mg/L，C 坡向不同坡位 0—20cm 土层 CEC 8.55—10.18cmol/kg、K^+ 51.92—85.04mg/L、Ca^{2+} 0.06—2.11mg/L、Na^+ 12.28—25.81mg/L、Mg^{2+} 9.28—18.68mg/L，D 坡向不同坡位 0—20cm 土层 CEC 5.09—6.35cmol/kg、K^+ 48.03—60.56mg/L、Ca^{2+} 1.82—4.77mg/L、Na^+ 16.52—65.40mg/L、Mg^{2+} 25.36—41.30mg/L。

2.2 红壤侵蚀对耕地土壤氮磷富集的影响

红壤水土流失及土壤养分贫瘠化等土地退化问题已经达到十分严重的程度，严重制约了该区农业持续发展和生态环境建设（胡宪涛，2019）。坡耕地土壤侵蚀所造成的危害十分严重，它会引起土壤性质的一系列变化，进而导致土壤生产力降低、农业生态系统崩溃。土壤侵蚀的发生，往往通过改变土壤理化性状，破坏土体结构，降低肥力，进而造成作物产量下降（陈奇伯，2001；胡婵娟，2014）。但降雨冲刷的土壤相当于大量营养元素流入大田中，反而造成低处田地的土壤氮磷过量富集。项目组对长汀县濯田镇、三洲镇开展了耕地土壤氮磷成分分析。

表 1-1　A 坡向不同坡位的土壤化学性质

土层深度	坡位	pH	有机质(g/kg)	全氮(g/kg)	硝氮(mg/L)	铵氮(mg/L)	全磷(g/kg)	全钾(g/kg)	CEC(cmoL/kg)	K^+(mg/L)	Ca^{2+}(mg/L)	Na^+(mg/L)	Mg^{2+}(mg/L)
0—5cm	TOP	4.63±0.12	13.40±1.61	0.28±0.04	2.85±0.55	23.10±4.94	0.06±0.01	27.07±3.39	10.77±0.79	38.11±18.34	4.43±3.82	22.30±4.09	5.76±2.80
	MID	4.83±0.19	9.43±1.87	0.19±0.04	1.55±0.70	22.41±11.91	0.35±0.36	24.87±5.07	10.90±1.84	41.28±6.05	0.48±0.16	16.37±1.28	5.36±0.48
	BOT	4.80±0.22	12.04±5.63	0.30±0.10	2.65±1.28	30.68±8.74	0.07±0.01	22.53±7.52	13.10±4.11	45.51±11.04	3.76±3.54	15.61±2.16	5.32±0.96
5—20cm	TOP	4.83±0.05	5.39±0.38	0.18±0.02	1.50±0.33	13.05±2.27	0.06±0.01	27.27±6.72	9.87±0.63	37.13±7.19	4.29±3.34	16.70±0.96	26.68±32.55
	MID	5.03±0.17	5.63±0.92	0.18±0.02	1.26±0.26	24.99±15.00	0.07±0.005	23.50±6.20	9.36±3.80	39.69±10.89	0.74±0.59	39.01±25.76	5.73±3.59
	BOT	5.00±0.16	6.56±3.57	0.21±0.05	1.67±0.75	64.54±41.08	0.07±0.01	22.17±7.81	7.72±3.16	46.39±8.13	0.47±0.10	52.69±31.46	8.27±4.70

表1-2 B坡向不同坡位的土壤化学性质

土层深度	坡位	pH	有机质 (g/kg)	全氮 (g/kg)	硝氮 (mg/L)	铵氮 (mg/L)	全磷 (g/kg)	全钾 (g/kg)	CEC (cmoL/kg)	K^+ (mg/L)	Ca^{2+} (mg/L)	Na^+ (mg/L)	Mg^{2+} (mg/L)
0—5cm	TOP	4.93 ± 0.09	12.11 ± 2.66	0.26 ± 0.08	2.41 ± 0.18	77.37 ± 10.81	0.09 ± 0.02	23.17 ± 2.10	4.73 ± 1.26	67.34 ± 8.19	—	63.49 ± 8.74	21.28 ± 24.19
	MID	5.00 ± 0.16	12.72 ± 3.07	0.31 ± 0.08	2.22 ± 0.08	61.87 ± 23.88	0.08 ± 0.01	19.03 ± 4.91	5.52 ± 0.49	82.18 ± 29.15	1.51 ± 0.00	50.43 ± 7.04	13.43 ± 12.55
	BOT	4.90 ± 0	10.99 ± 2.55	0.23 ± 0.03	2.36 ± 0.78	22.77 ± 13.51	0.07 ± 0.01	19.27 ± 2.18	8.72 ± 2.80	50.44 ± 13.20	—	32.77 ± 20.08	3.84 ± 0.50
5—20cm	TOP	5.03 ± 0.12	8.38 ± 2.36	0.15 ± 0.03	1.83 ± 0.27	37.40 ± 18.90	0.07 ± 0.02	23.27 ± 3.32	5.40 ± 0.59	74.96 ± 19.89	—	53.98 ± 13.03	4.28 ± 1.23
	MID	5.07 ± 0.17	7.12 ± 4.71	0.21 ± 0.04	1.40 ± 0.15	41.72 ± 15.45	0.08 ± 0.01	20.10 ± 5.51	6.41 ± 3.84	97.98 ± 32.13	0.41 ± 0.01	43.83 ± 25.67	8.39 ± 2.15
	BOT	4.90 ± 0.08	10.36 ± 3.04	0.21 ± 0.029	1.31 ± 0.29	12.20 ± 1.54	0.07 ± 0.01	19.70 ± 3.48	10.47 ± 2.18	39.95 ± 4.95	1.98 ± 1.65	18.04 ± 2.52	4.30 ± 0.69

表1-3 C坡向不同坡位的土壤化学性质

土层深度	坡位	pH	有机质 (g/kg)	全氮 (g/kg)	硝氮 (mg/L)	铵氮 (mg/L)	全磷 (g/kg)	全钾 (g/kg)	CEC (cmoL/kg)	K⁺ (mg/L)	Ca²⁺ (mg/L)	Na⁺ (mg/L)	Mg²⁺ (mg/L)
0—5cm	TOP	4.80 ± 0.10	18.54 ± 11.27	0.49 ± 0.23	2.05 ± 0.01	46.74 ± 2.66	0.10 ± 0.02	33.50 ± 0.10	9.14 ± 1.41	59.21 ± 14.99	1.14 ± 0.96	13.22 ± 0.25	18.68 ± 2.29
	MID	4.90 ± 0.43	11.49 ± 9.30	0.33 ± 0.16	2.27 ± 0.48	46.02 ± 15.70	0.10 ± 0.04	25.97 ± 5.41	10.01 ± 0.98	61.59 ± 8.30	2.11 ± 1.50	25.81 ± 15.65	12.03 ± 3.02
	BOT	4.70 ± 0.10	18.95 ± 4.35	0.40 ± 0.02	2.84 ± 0.05	43.86 ± 8.12	0.08 ± 0.01	36.30 ± 1.30	9.63 ± 0.10	85.04 ± 8.89	0.28 ± 0.07	23.35 ± 8.36	17.44 ± 1.04
5—20cm	TOP	5.00 ± 0.10	4.88 ± 4.86	0.19 ± 0.03	1.46 ± 0.68	33.99 ± 16.27	0.06 ± 0.02	36.25 ± 3.35	10.18 ± 0.82	53.45 ± 3.31	—	17.60 ± 0.66	14.88 ± 8.53
	MID	4.93 ± 0.05	4.04 ± 3.47	0.22 ± 0.07	1.68 ± 0.65	40.13 ± 7.91	0.06 ± 0	30.57 ± 4.78	8.55 ± 1.02	51.92 ± 16.61	0.42 ± 0.12	14.76 ± 0.95	9.28 ± 3.54
	BOT	4.75 ± 0.25	2.71 ± 1.01	0.225 ± 0.005	1.34 ± 0.13	38.23 ± 8.87	0.075 ± 0.15	31.80 ± 4.20	8.91 ± 0.46	55.38 ± 5.44	0.06 ± 0.01	12.28 ± 0.84	10.98 ± 3.71

表1-4 D坡向不同坡位的土壤化学性质

土层深度	坡位	pH	有机质 (g/kg)	全氮 (g/kg)	硝氮 (mg/L)	铵氮 (mg/L)	全磷 (g/kg)	全钾 (g/kg)	CEC (cmoL/kg)	K^+ (mg/L)	Ca^{2+} (mg/L)	Na^+ (mg/L)	Mg^{2+} (mg/L)
0—5cm	TOP	5.27 ± 0.12	6.58 ± 3.34	0.18 ± 0.03	1.64 ± 0.51	23.48 ± 4.21	0.06 ± 0.01	38.83 ± 2.15	5.23 ± 2.33	49.96 ± 7.87	2.88 ± 1.30	36.14 ± 10.83	27.73 ± 1.99
	MID	5.07 ± 0.34	7.33 ± 5.11	0.29 ± 0.10	1.13 ± 0.32	38.07 ± 6.25	0.08 ± 0.03	37.80 ± 8.98	5.44 ± 0.74	50.48 ± 4.12	3.83 ± 1.57	16.52 ± 1.33	41.30 ± 4.96
	BOT	4.87 ± 0.21	8.85 ± 7.08	0.32 ± 0.19	1.18 ± 0.24	39.67 ± 13.08	0.09 ± 0.02	38.10 ± 4.23	5.73 ± 1.11	48.03 ± 6.16	1.82 ± 1.74	27.34 ± 12.45	25.36 ± 2.68
5—20cm	TOP	5.37 ± 0.12	2.45 ± 0.70	0.12 ± 0.02	0.78 ± 0.13	16.59 ± 9.64	0.04 ± 0.01	40.23 ± 1.84	5.09 ± 1.71	54.10 ± 19.61	4.07 ± 2.78	65.40 ± 46.12	35.92 ± 14.42
	MID	5.37 ± 0.05	4.54 ± 2.24	0.11 ± 0.005	0.97 ± 0.41	18.31 ± 7.95	0.07 ± 0.01	40.40 ± 1.36	6.35 ± 1.60	60.56 ± 17.05	4.77 ± 0	42.16 ± 16.69	35.78 ± 24.20
	BOT	5.17 ± 0.05	4.92 ± 3.95	0.16 ± 0.05	0.96 ± 0.15	17.05 ± 3.17	0.07 ± 0.01	35.17 ± 1.92	6.04 ± 2.94	53.31 ± 15.99	2.68 ± 0.09	44.52 ± 22.43	35.57 ± 14.94

2.2.1 耕地土壤速效氮丰缺情况

耕地土壤养分丰缺分区评价结果表明（表1-5、表1-6），濯田镇耕地土壤碱解氮以中等水平（水田100—200mg/kg，旱地100—150mg/kg）占优势，面积占全镇耕地土壤总面积的95.47%，处于丰富水平（水田＞200mg/kg，旱地＞150mg/kg）和缺乏水平（＜100mg/kg）的耕地面积仅分别占全镇耕地土壤总面积的0.02%和4.51%。三洲镇耕地土壤碱解氮也以中等水平为主，面积占全镇耕地土壤总面积的75.52%，其余耕地土壤碱解氮含量均处于缺乏水平，全镇无碱解氮处于丰富水平的耕地。可见，濯田和三洲镇耕地土壤碱解氮含量不高，整体均处于中等水平。

从濯田和三洲镇各行政村耕地土壤碱解氮的丰缺状况分析来看（表1-5、表1-6），就碱解氮含量丰缺面积大小而言，碱解氮含量处于丰富水平的耕地全部分布于濯田镇的美西村。耕地土壤碱解氮处于中等水平、面积较大的行政村主要有濯田镇的东山、刘坑、陈屋、磜头、羊赤、李湖、山田、安仁、龙田、湖头、升平、左拔、塅上、横田、永巫、连湖、南安和水头等村和三洲镇的兰坊、三洲、桐坝、戴坊和丘坊等村，合计面积分别达2889.86hm^{2}和762.77hm^2，分别占濯田和三洲镇碱解氮含量处于中等水平耕地总面积的62.87%和89.31%；而碱解氮含量处于缺乏水平的耕地主要分布濯田镇的梅迳、长高和升平村以及三洲镇的三洲、小潭和小溪头村，合计面积分别达132.38hm^{2}和253.83hm^2，分别占濯田和三洲镇碱解氮处于缺乏水平耕地总面积的68.04%和91.69%。就各行政村耕地碱解氮丰缺面积占各自耕地总面积的比例大小而言，除濯田镇的美西村外，其余行政村耕地碱解氮处于中等和缺乏水平的耕地面积比例均达100%，其中濯田镇的长高、丘坑和梅迳村以及三洲镇的三洲、小潭和小溪头村碱解氮中等水平的耕地面积比例较小而碱解氮缺乏的耕地面积比例明显高于其余行政村，表明这些行政村的耕地土壤碱解氮相对缺乏，其余行政村耕地土壤碱解氮含量中等水平的面积比例均达80%以上。可见，研究区绝大多数行政村的耕地土壤碱解氮含量水平不高，其中濯田镇的长高、丘坑和梅迳村以及三洲镇的三洲、小潭和小溪头村多数耕地土壤碱解氮相对缺乏，应根据农作物氮素需求合理施用氮肥。

2.2.2 耕地土壤速效磷丰缺情况

从表1-5和表1-6结果可见，濯田和三洲镇耕地土壤速效磷均以丰富水平（＞25mg/kg）占绝对优势，面积分别占相应乡镇耕地土壤总面积的97.93%和87.62%，速效磷处于中等水平（水田12—25mg/kg，旱地15—25mg/kg）的耕地面积仅分别占相应乡镇耕地土壤总面积的2.07%和10.50%，而速效磷处于缺乏水平（水田＜12mg/kg，旱地＜15mg/kg）的耕地仅在三洲镇有少量分布，仅占全镇耕地土壤总面积的1.88%。可见，濯田和三洲镇耕地土壤速效磷含量丰富，这与南方土壤固磷能力较强且长期以来农业生产上大量施用磷肥导致耕地土壤磷素富集密切相关，表明研究区在农业生产上可适当控制或减少耕地磷肥的施用量。通过比较濯田和三洲镇耕地土壤速效磷丰缺面积所占比例大小可以看出，三洲镇耕地土壤速效磷含量中等和缺乏的面积比例高于濯田镇，表明由于水土流失相对严重，致使三洲镇部分耕地土壤磷素状况相对较差。

从研究区各行政村耕地土壤速效磷的丰缺状况分析来看（表1-5、表1-6），就速效磷含量丰缺面积大小而言，速效磷含量处于丰富水平的耕地土壤主要分布于濯田镇的安仁、长兰、长巫、陈屋、东山、塅上、丰口、横田、湖头、李湖、连湖、刘坑、梅迳、南安、磜头、山田、升平、水头、羊赤、永巫和左拔村以及三洲镇的戴坊、兰坊、丘坊、三洲和桐坝村，合计面积分别达2917.58hm^{2}和831.24hm^2，分别占濯田和三洲镇速效磷含量丰富耕地土壤总面积的68.93%和83.89%；耕地土壤速效磷处于中等水平、面积较大的行政村主要有濯田镇的龙田、长高村和三洲镇的三洲、小溪头村，合计面积分别达86.13hm^{2}和

105.43hm^2，分别占濯田和三洲镇速效磷含量处于中等水平耕地总面积的96.35%和88.81%；而速效磷含量处于缺乏水平的耕地主要分布于三洲镇的三洲、小潭村，合计面积达17.83hm^2，占三洲镇速效磷处于缺乏水平耕地总面积的83.79%。就各行政村耕地速效磷丰缺面积占各自耕地总面积的比例大小而言，除濯田镇的长高和龙田村以及三洲镇的三洲、小潭、窑下和小溪头村的耕地速效磷含量处于丰富水平的比例相对较低外，其余各行政村耕地速效磷处于丰富水平的耕地面积比例均达98%以上，表明研究区大多数行政村的耕地土壤速效磷含量相当丰富。由此可见，研究区除濯田镇的长高和龙田村以及三洲镇的三洲、小潭、窑下和小溪头村部分耕地速效磷含量相对较低、可根据农作物对磷素的需求合理施用磷肥外，其余行政村多数耕地土壤磷素含量十分丰富，应适当控制或减少磷肥的施用。

表1-5 濯田镇耕地土壤矿质养分丰缺分区面积（hm^2）

行政村	碱解氮			速效磷			行政村	碱解氮			速效磷		
	丰富	中等	缺乏	丰富	中等	缺乏		丰富	中等	缺乏	丰富	中等	缺乏
安仁村	—	135.00	17.23	152.23	—	—	露潭村	—	86.25	—	86.25	—	—
坝尾村	—	51.25	—	51.25	—	—	罗坑头村	—	1.81	—	1.81	—	—
白头村	—	1.04	—	1.04	—	—	梅迳村	—	40.48	73.23	113.70	—	—
长高村	—	59.91	34.25	70.81	23.35	—	美西村	1.06	64.33	—	65.39	—	—
长兰村	—	92.08	—	92.08	—	—	美溪村	—	61.22	—	61.22	—	—
长巫村	—	88.80	18.06	106.86	—	—	南安村	—	198.51	—	198.51	—	—
陈屋村	—	112.99	—	112.99	—	—	磜头村	—	114.75	—	114.75	—	—
塍背村	—	61.03	—	61.03	—	—	丘坑村	—	—	0.32	0.32	—	—
戴坊村	—	1.28	—	1.28	—	—	三八茶场	—	9.46	—	9.46	—	—
当坑村	—	2.64	—	2.64	—	—	山田村	—	120.76	—	120.76	—	—
东山村	—	110.78	—	110.78	—	—	上庙村	—	64.61	—	64.61	—	—
塅上村	—	153.16	—	153.16	—	—	上塘村	—	85.11	—	85.11	—	—
丰口村	—	97.93	—	97.93	—	—	升平村	—	146.57	24.90	171.47	—	—
河东村	—	62.10	—	62.10	—	—	水口村	—	78.85	—	78.85	—	—
横田村	—	153.17	—	153.17	—	—	水头村	—	198.67	2.87	201.54	—	—
湖头村	—	140.84	—	140.84	—	—	桐睦村	—	62.63	—	62.63	—	—
街上村	—	59.34	—	59.34	—	—	五四果场	—	0.49	—	0.49	—	—
李湖村	—	124.79	—	124.79	—	—	下洋村	—	58.86	—	58.86	—	—
连湖村	—	201.51	—	201.51	—	—	巷头村	—	58.92	—	58.92	—	—
刘坊村	—	60.78	14.41	74.57	0.62	—	羊赤村	—	114.12	—	111.81	2.32	—
刘坑村	—	111.00	2.33	113.33	—	—	永巫村	—	165.34	0.32	165.34	0.32	—
刘坑头村	—	89.10	—	89.10	—	—	园当村	—	75.19	—	75.19	—	—
龙田村	—	139.49	—	76.71	62.78	—	中坊村	—	53.76	—	53.76	—	—
左拔村	—	148.40	6.63	155.03	—	—							

表1-6　三洲镇耕地土壤矿质养分丰缺分区面积（hm^2）

行政村	碱解氮			速效磷		
	丰富	中等	缺乏	丰富	中等	缺乏
戴坊村	—	158.37	—	158.37	—	—
兰坊村	—	119.54	19.20	138.74	—	—
连湖村	—	2.31		2.31	—	—
马坑村	—	0.16		0.16	—	—
丘坊村	—	221.77		221.77	—	—
三洲村	—	123.80	119.54	169.52	61.74	12.08
桐坝村	—	139.29	3.55	142.84	—	—
小潭村	—	—	70.82	51.79	13.28	5.75
小溪头村	—	34.93	63.47	51.52	43.69	3.18
窑下村	—	—	0.27	—	—	0.27
永巫村	—	25.73		25.73	—	—
曾坊村	—	28.14		28.14	—	—

● 3 红壤侵蚀区农业生产恢复

3.1 红壤侵蚀对林分生长的影响

陈钟卫（2008）研究认为，长汀县河田镇和三洲乡马尾松林分主要立地影响因子大小排序为侵蚀强度＞坡位＞海拔＞腐殖质层厚＞坡向＞坡度。由于侵蚀区土壤侵蚀严重，使得马尾松的生长状况与其他地区相比生长比较缓慢，而从径阶分布来看，多以中小径阶的株数为主。不同的立地因子对马尾松的生长影响不同，其中以侵蚀强度、坡位和海拔影响较大。由于马尾松林地土壤贫瘠，在增加地表覆盖的基础上进行育肥，是行之有效的措施。通过小老头松林治理地和对照地的立地环境、生长状况的差异可以看出，在水土流失比较严重的林地，因地制宜地采取相应的治理措施，促进马尾松的生长，无论在理论上还是实践上都是切实可行的。

长期严重的水土流失造成了当地整个生态环境的持续恶化，也制约当地的经济发展。河田镇水土流失面积占该镇土地总面积的44.65％，强度流失面积占流失面积58.93％，年平均流失厚度1—1.8cm，侵蚀模数达5000—12000t/（km^2·a），侵蚀强度大、类型多、程度深（谢锦升，2000）。20世纪40年代以来，河田镇长期是福建省重点水土流失治理的试点，尤其是近20年来的几次大规模治理，河田镇生态环境状况得到很大程度的改善，区域生态系统整体上不断向良性方向发展，为本区今后水土流失的彻底治理和农村经济的发展打下了良好基础。在长汀水土流失区生态恢复重建过程中，马尾松是目前该地区重建植被群落乔木层的主要树种。

马尾松是我国重要的速生用材树种之一，也是我国主要造林树种中分布最广的一种，因其耐瘠薄、分布范围广、喜温暖湿润等特点，是亚热带东南部湿润地区典型的针叶树代表种（洪伟，1999）。根据植被演替规律，与长汀水土流失区气候条件相对应的地带性植被应该是亚热带常绿阔叶林，但由于自然和人为的原因，本地区的植被出现了逆向演替，即常绿阔叶混交林—针阔混交林—马尾松和灌丛—草被—

裸地的逆向演替。由于土壤严重侵蚀，导致生态环境恶化，形成大面积的严重退化生态系统，土层浅薄，土壤极端贫瘠，土地生产力低下，生物多样性锐减，植物生长不良，严重的地方甚至形成"光板地"。马尾松生长对土壤要求不严，在石砾土、沙质土、黏土、山脊及岩石裸露的石缝里都能生长，成为本水土流失区荒山造林的先锋树种。在生态恢复的实践中，结合对马尾松的改造，形成了多种治理模式，取得了显著的效果。

由于立地条件的不同，马尾松的生长状况具有明显的差异，本区总体上蓄积量比较低，在一些土壤侵蚀比较严重的地区，一些马尾松形成了小老头树，难以成材，蓄积量更低，其作为水土保持林的作用也极为有限。马尾松单位面积蓄积量之所以较低，除了与土壤侵蚀因素有关外，与龄组结构也有关，马尾松林以中、幼林居多，成熟林所占比重小，因此，马尾松单位面积蓄积量低。在侵蚀区如何根据不同立地条件马尾松生长的差异规律进行科学的治理和管理，促进其生长水平，增强其水土保持效益，具有重要的现实意义。

刘鑫鼎（2014）研究认为，长汀红壤强度侵蚀区不同植物恢复阶段的土壤容重随土壤深度增加而呈增加趋势，表现为草地＞针阔混交林＞草灌＞常绿阔叶林＞针叶林；土壤孔隙度随土壤深度增加而递减，土壤孔隙度表现为针叶林＞常绿阔叶林＞针阔混交林＞草灌＞草地；土壤含水量表现为针阔混交林＞常绿阔叶林＞草灌＞针叶林＞草地。可见随着植被的恢复，林地土壤物理性质得到逐步恢复。

在同样降雨条件下，红壤强度侵蚀区不同植被恢复阶段林地水土流失存在明显差异，表现为草地＞草灌＞针叶林＞针阔混交林＞常绿阔叶林，其中草地阶段到草灌阶段的水土流失变化最为明显，侵蚀模数达 $287.24t/（km^2·a）$，草灌阶段植被种类有 7 种，较草地阶段增加了 3 种，物种多样性指数较低，说明随着植被的恢复，林地水土流失呈逐渐减少的趋势，植被恢复对于林地保水固土功能有较大促进作用。

自然条件下从群落初级阶段的草地演替到顶极群落的常绿阔叶林，需要 150 年左右的时间。首先，前 5 年人工飞播马尾松以促进先锋树种生长；其次，10 年后形成以马尾松纯林为主、芒萁为其林下植被的针叶林纯林阶段；再次，25 年后在马尾松林地内套种阔叶树种，促进其向针阔混交林群落方向发展，最终形成常绿阔叶林。温远光等研究认为对南亚热带山区退化森林生态系统的修复，可直接引入对立地要求高的阔叶树种，而不需要经过喜阳耐旱马尾松作为先锋树种改善环境。温光远等研究证实在马尾松林内补植枫香和木荷，并套种百喜草、胡枝子等灌草，发挥乔木、灌木、草本的综合作用，对提高马尾松低效林的进程有良好的效果，在 1—2 年后就会出现原生植被。

3.2 土壤侵蚀对大田作物生长的影响

土壤侵蚀区农田土壤存在着氮磷富集风险，为此以长汀县濯田镇槟榔芋用地土壤改良与优化施肥研究为例，开展了利用废弃菌棒的土壤调节与减肥研究。分析结果表明，供试土壤发育于河流冲积母质，沙粒、粉粒和黏粒含量分别为 25.37%、54.25% 和 20.38%，质地类型为粉沙黏壤土；土壤 pH 为 4.95，属强酸性土壤；土壤有机质含量为 22.68g/kg，处于中等水平；土壤全氮、全磷和全钾分别为 2.04g/kg、0.64g/kg 和 13.61g/kg；碱解氮含量达 188mg/kg，属于中等水平；有效磷含量高达 71mg/kg，属于丰富水平；速效钾含量为 97mg/kg，属于中等水平；交换性钙含量为 710mg/kg，属于丰富水平；交换性镁含量为 89mg/kg，属于中等水平。相对于槟榔芋生长发育较理想的土壤条件而言，供试土壤质地稍偏黏，土壤严重偏酸，有机质、氮和钾含量不足，而磷、钙含量则十分丰富，故生产上在重视土壤酸性改良和重视有机肥施用的同时，应注意科学增施氮、钾肥，适当减施磷肥，以平衡土壤矿质养分供给，降低肥料投入成本。

表 1-7 分析结果表明，供试废菌棒有机质含量丰富，pH 接近于中性，氮磷含量较丰富，而钾素含量不高，故废菌棒农用有助于改善土壤有机质和氮磷含量状况，既可变废为宝，又可改良土壤肥力。

表 1-7　供试土壤和废菌棒理化性质

土壤理化性质	供试土壤	供试废菌棒
质地	粉沙黏壤土	—
pH	4.95	6.42
有机质（g/kg）	22.68	562.31
全氮（g/kg）	2.04	19.60
全磷（g/kg）	0.64	30.99
全钾（g/kg）	13.61	6.70
碱解氮（mg/kg）	188	—
有效磷（mg/kg）	71	—
速效钾（mg/kg）	97	—
交换性钙（mg/kg）	710	—
交换性镁（mg/kg）	89	—

3.2.1 不同处理土壤理化性状变化

试验前后土壤理化性质列于表 1-8。经两年石灰和废菌棒改良以及磷肥减量施用后，施用石灰的处理②、④、⑥和⑧土壤 pH 6.00—6.06，比土壤初始 pH 值提高 1.04—1.07 个单位，而未施用石灰的各处理土壤 pH 值均较初始略有下降，pH 4.75—4.86，表明施用适量石灰后供试土壤 pH 得到较明显改善，为槟榔芋的生长发育提供较适宜的 pH 条件。施用废菌棒的处理③、④、⑦和⑧土壤有机质含量变化于 23.76—24.53g/kg，比土壤初始有机质含量提高，而未施用废菌棒的各处理土壤有机质含量变化不明显，表明施用废菌棒对改良土壤有机质状况具有一定效果。由于供试土壤速效磷含量十分丰富，采用磷肥减量处理后供试土壤全磷和速效磷含量变化不明显，表明适当减少磷肥施用量对供试土壤磷素状况影响不大。表 1-8 结果还可见，除施用石灰处理的供试土壤交换性钙含量有所提高外（较土壤初始交换性钙含量提高 21—28mg/kg），其他处理土壤全氮、碱解氮、全钾、速效钾、交换性钙和镁含量变化均不明显。

综上所述，供试土壤实施石灰和废菌棒改良以及磷肥减量施用后，土壤 pH、有机质和交换性钙含量得到不同程度改善，而其他土壤属性变化不明显，可为槟榔芋的生长发育提供较为理想的土壤条件。

3.2.2 不同处理槟榔芋产量差异分析

槟榔芋田间测产数据统计结果表明（表 1-9），在常规施肥条件下，与处理①（常规施肥）相比，增施石灰、废菌棒和石灰＋废菌棒的处理②—④槟榔芋产量分别比处理①增产 13.90%、9.68% 和 14.64%。差异显著性检验结果表明，在常规施肥条件下增施适量石灰和废菌棒处理的槟榔芋产量均显著高于常规施肥处理，其中增施石灰和石灰＋废菌棒处理的槟榔芋产量极显著高于常规施肥处理。在优化施肥条件下，增施石灰、废菌棒处理的槟榔芋产量也表现出相似的规律，即增施石灰、废菌棒和石灰＋废菌棒的处理⑥—⑧的槟榔芋产量分别比处理⑤（优化施肥）增产 14.36%、8.72% 和 14.29%。差异显

表 1-8　不同处理槟榔芋用地土壤理化性质的变化

土壤理化性质		处理①	处理②	处理③	处理④	处理⑤	处理⑥	处理⑦	处理⑧
pH	1	4.95	5.00	4.92	4.97	4.92	4.93	4.94	4.98
	2	4.86	6.05	4.84	6.06	4.83	6.00	4.75	6.03
有机质（g/kg）	1	22.86	22.53	22.71	22.43	22.62	22.82	22.60	22.88
	2	22.55	22.72	24.10	24.20	22.49	22.64	23.76	24.53
全氮（g/kg）	1	2.03	2.10	2.01	2.06	2.00	2.14	2.02	1.98
	2	2.06	2.18	2.18	2.19	2.06	2.15	2.12	2.16
全磷（g/kg）	1	0.63	0.63	0.64	0.65	0.65	0.66	0.63	0.63
	2	0.66	0.67	0.72	0.74	0.67	0.68	0.72	0.70
全钾（g/kg）	1	13.59	13.56	13.97	13.32	13.90	13.32	13.80	13.46
	2	13.76	13.60	14.32	13.75	13.95	13.29	13.87	13.41
碱解氮（mg/kg）	1	185	189	191	189	189	182	186	190
	2	190	190	195	190	190	190	189	194
有效磷（mg/kg）	1	70	71	72	73	65	70	70	71
	2	76	77	78	79	63	69	68	70
速效钾（mg/kg）	1	89	98	106	89	91	105	87	107
	2	100	102	109	92	95	108	94	110
交换性钙（mg/kg）	1	710	711	697	714	692	726	712	721
	2	711	732	700	740	695	749	715	749
交换性镁（mg/kg）	1	92	90	88	93	87	81	92	88
	2	88	86	86	90	82	78	87	86

注：处理①：常规施肥（对照）；处理②：常规施肥＋石灰；处理③：常规施肥＋废菌棒；处理④：常规施肥＋石灰＋废菌棒；处理⑤：优化施肥；处理⑥：优化施肥＋石灰；处理⑦：优化施肥＋废菌棒；处理⑧：优化施肥＋石灰＋废菌棒。

表 1-9　不同处理槟榔芋产量及差异显著性检验

处理	小区产量（kg/24m²）				产量（kg/hm²）	增减产（kg/亩）	差异显著性	
	I	II	III	均值			5%	1%
①	54.3	53.3	53.6	53.7	22390.65	-	b	B
②	62.7	58.3	62.6	61.2	25502.10	3111.45	a	A
③	60.0	57.8	59.0	58.9	24557.55	2166.90	a	AB
④	65.8	59.4	59.6	61.6	25668.75	3278.10	a	A
⑤	54.8	52.8	54.0	53.9	22446.30	55.65	b	B
⑥	62.3	59.2	63.3	61.6	25668.75	3278.10	a	A
⑦	56.4	58.1	61.2	58.6	24404.70	2014.05	a	AB
⑧	63.9	58.9	61.9	61.6	25654.80	3264.15	a	A

注：处理①：常规施肥（对照）；处理②：常规施肥＋石灰；处理③：常规施肥＋废菌棒；处理④：常规施肥＋石灰＋废菌棒；处理⑤：优化施肥；处理⑥：优化施肥＋石灰；处理⑦：优化施肥＋废菌棒；处理⑧：优化施肥＋石灰＋废菌棒。

著性检验结果表明，在优化施肥条件下增施适量石灰和废菌棒处理的槟榔芋产量均显著高于优化施肥处理，其中增施石灰和石灰＋废菌棒处理的槟榔芋产量极显著高于优化施肥处理。可见，无论在常规或优化施肥条件下，供试土壤适量增施石灰和废菌棒对槟榔芋具有显著或极显著的增产效果，这是因为适量增施石灰和废菌棒后，改善了供试土壤养分平衡。

土壤的酸性和有机质含量状况，为槟榔芋生长发育提供了较理想的土壤条件。表 1-9 统计结果还可看出，常规与优化施肥条件下对应处理之间的槟榔芋产量差异均不显著，表明磷肥适当减量施用后，供试土壤的槟榔芋产量与常规施肥的对应处理差异不大，即磷肥适当减量施用对供试土壤的槟榔芋产量影响不大，这是因为供试土壤的磷素含量十分丰富，即使适当减施磷肥，土壤磷素供给仍可满足槟榔芋生长发育的需求，说明供试土壤在槟榔芋生产过程中可以适当减施磷肥，降低肥料投入成本。

3.2.3 经济效益分析

槟榔芋用地土壤改良和磷肥减量施用的成本和效益核算结果表明（表 1-10、表 1-11），常规施肥（处理①，对照）肥料成本 15345 元 /hm^2，每公顷产槟榔芋 22390.65kg，每公顷产值为 89562.60 元。处理②由于施用适量石灰改良土壤酸性，肥料成本增加 270 元 /hm^2，但由于土壤酸性的改善有利于槟榔芋生长发育，槟榔芋每公顷产量比对照增产 3111.45kg，产值增加 12445.80 元，利润增加 12175.80 元。处理③采用废菌棒还田，肥料成本增加 1500 元 /hm^2，但由于有机质状况的改善有利于槟榔芋生长发育，槟榔芋每公顷产量比对照增产 2166.90kg，产值增加 8667.60 元，利润增加 7167.60 元。处理④同时采用石灰和废菌棒改良土壤，肥料成本增加 1770 元 /hm^2，槟榔芋每公顷产量比对照增产 3278.10kg，产值增加 13112.40 元，利润增加 11342.40 元。处理⑤由于采取磷肥减量施用，肥料成本降低 360 元 /hm^2，但由于丰富的土壤磷素状况仍可满足槟榔芋生长发育的需要，故槟榔芋单位面积产量与对照相近，每公顷产量、产值和利润分别比对照提高 55.65kg、222.60 元和 582.60 元。处理⑥在磷肥减量施用下结合石灰改土，肥料成本比对照低 90 元 /hm^2，但槟榔芋产量比对照提高 3278.10kg/hm^2，每公顷增加产值和利润分别达 13112.40 元和 13202.40 元。处理⑦在磷肥减量施用下结合废菌棒还田，肥料成本增加 1140 元 /hm^2，但槟榔芋每公顷产量比对照增产 2014.05kg，产值增加 8056.20 元，利润增加 6916.20 元。处理⑧在磷肥减量施用下同时采用石灰和废菌棒改良土壤，肥料成本增加 1410 元 /hm^2，槟榔芋每

表 1-10 不同处理肥料成本核算

肥料	施用量（kg/hm^2）							
	处理①	处理②	处理③	处理④	处理⑤	处理⑥	处理⑦	处理⑧
过磷酸钙	975	975	975	975	675	675	675	675
三元复合肥	1725	1725	1725	1725	1725	1725	1725	1725
碳酸氢铵	975	975	975	975	975	975	975	975
硫酸钾	975	975	975	975	975	975	975	975
石灰	0	900	0	900	0	900	0	900
废菌棒	0	0	15000	15000	0	0	15000	15000
肥料成本（元 /hm^2）	15345	15615	16845	17115	14985	15255	16485	16755

注：处理①：常规施肥（对照）；处理②：常规施肥＋石灰；处理③：常规施肥＋废菌棒；处理④：常规施肥＋石灰＋废菌棒；处理⑤：优化施肥；处理⑥：优化施肥＋石灰；处理⑦：优化施肥＋废菌棒；处理⑧：优化施肥＋石灰＋废菌棒。

表 1-11 不同处理槟榔芋产值及利润核算

项目	处理①	处理②	处理③	处理④	处理⑤	处理⑥	处理⑦	处理⑧
单产（kg/hm²）	22390.65	25502.10	24557.55	25668.75	22446.30	25668.75	24404.70	25654.80
单位产值（元/hm²）	89562.60	102008.40	98230.20	102675	89785.20	102675	97618.80	102619.20
比处理①增加产值（元/hm²）	0	12445.80	8667.60	13112.40	222.60	13112.40	8056.20	13056.60
成本（元/hm²）	60270	60540	61770	62040	59910	60180	61410	61680
利润（元/hm²）	29292.60	41468.40	36460.20	40635	29875.20	42495	36208.80	40939.20
比处理①增加利润（元/hm²）	0	12175.80	7167.60	11342.40	582.60	13202.40	6916.20	11646.60

注：①肥料单价：过磷酸钙 1.2 元/kg，三元复合肥 4.6 元/kg，碳酸氢铵 1.6 元/kg，硫酸钾 4.8 元/kg，石灰 0.30 元/kg，废菌棒 0.10 元/kg；槟榔芋单价 4 元/kg。②成本中除肥料成本外，还包括：田租 7500 元/hm²，工资 28275 元/hm²（其中犁田工资 1875 元/hm²，整畦工资 1200 元/hm²，种植工资 2400 元/hm²，盖膜工资 1200 元/hm²，施肥工资 6000 元/hm²，除草工资 7200 元/hm²，喷农药工资 2400 元/hm²，收获工资 6000 元/hm²），运输费用 1500 元/hm²，种苗 2400 元/hm²，地膜 750 元/hm²，农药 4500 元/hm²。

公顷产量比对照增产 3264.15kg，产值增加 13056.60 元，利润增加 11646.60 元。因此，供试的槟榔芋用地实施石灰、废菌棒改土和磷肥减量施肥的效益以"磷肥减量施肥 + 石灰改良"的处理最高，其次是"常规施肥 + 石灰改良"处理，位于第三、四位的处理分别为"磷肥减量施肥 + 石灰改良 + 废菌棒改良"和"常规施肥 + 石灰改良 + 废菌棒改良"，表明供试的长汀县濯田镇槟榔芋用地土壤酸性太强、有机质中等而磷素丰富，可大力提倡石灰、废菌棒改土和磷肥适量减施技术，不仅有利于改善土壤肥力性状，而且可以取得较显著的经济效益。

适当的施肥有利于作物生长，反之，过量施肥会使农作物吸收营养元素时离子之间颉颃作用增强，即某种高浓度的养分离子能够抑制另一种或多种养分离子的活性，从而影响农作物对另一种营养离子的吸收。如在酸性土壤中氮肥的施入量过多，作物就很难吸收钙离子，同理，过量施用钙肥会诱发农作物的锌、硼、铁、镁、锰等微量元素缺乏，钾肥用量过多又会影响农作物对钙离子、镁离子的吸收。施入大量肥料则易引起农作物中毒，土壤溶液的浓度增加，使农作物根系吸收水分困难，造成地上部萎蔫，植株枯死。农作物的减产或品质下降都会影响我国农业经济的发展，科学施肥方可促进作物生长，提高品质，使生态农业和高效农业迅速发展。

第三节　红壤侵蚀区发展循环农业潜力与优势分析

农业是一个国家发展的基础，也是一个国家赖以生存的保证，农业的可持续发展是一个国家实现可持续性发展的根本因素和主要原因，同时也是一个国家经济繁荣的重要组成部分。传统的农业形式，在当今已经无法满足社会的需要和科技水平的要求。传统农业形式对环境生态影响虽然较小，但是生产率相对较低，不能满足人们日益增长的物质文化需求。现在高度开放的社会，需要更高的农业生产力来进行物质支撑。但是，先进的农业生产必定会对生态环境造成大量的影响，会产生废物同时引发各种环境的问题。因此，如何发展循环农业成为人们日益关注的问题。

循环农业是继精准农业、生态农业和可持续农业之后兴起的一大新的农业发展思路。以循环经济为基础的循环农业，是利用先进的科学技术原理、国内外优秀的科技经验以及现代管理理念来实现自然资源与经济环境的有机结合，以达成农业经济良性循环和可持续发展目标的一种新型农业发展模式。循环农业是通过建立农业经济增长与生态系统环境质量改善的动态平衡机制，以绿色 GDP 核算体系和可持续协调发展评价体系为指导，以减量化、再利用和资源化为原则，以低消耗、低排放、高效率为基本特征的低碳农业发展模式。

在资源层面，发展循环农业，可以有效降低自然资源的物理消耗，统筹农业发展多方面、全过程，综合利用循环模式实现资源利用效益最大化，把资源浪费降至最小，最大限度地实现农业资源循环利用、降低成本，以实现经济增长。

在环保层面，循环农业是一种高效综合的新型农业发展模式，其以先进科技为支撑，以现代化生产设备为辅助，可实现提高资源利用率且有效分解处理残余物质、减少废弃物排放的目的，符合新时期下的环保要求，对农村生态建设贡献巨大。

在产业发展方面，循环农业体现的是资源的循环利用，发展循环农业有利于农业经济的全面发展，有利于降低农业生产成本、实现生态建设可持续发展，是对农业产业结构的优化，也是实现我国现代化农业建设目标的重要手段，是我国农业发展模式中农业现代化发展的一部分。

● 1 生态脆弱区发展循环农业的挑战与机遇

1.1 循环农业发展的挑战

生态脆弱区发展循环农业主要面临 3 大挑战。

一是农业结构长期不合理，循环农业发展先天条件不足。我国自古就是农业大国，传统的农业发展模式已经根深蒂固，农民农业生产自给自足的固有观念难以改变。发展循环农业，其结构需做出巨大调整，这就使得有着传统农业思维的农民一时难以接受。

二是农业配套设施低下，难以维持循环农业的有效推广。发展循环农业必须借助大量的先进农业设备，以农业现代化设备和完善的配套设施推进农田结构、农业经营管理、农业基础工程建设等方面的全面变革和优化。而当前，由于我国农业科技水平发展不足，农业资源分散、农业科技化程度较低，农业配套设施建设和配置率低下等，制约了农业现代化发展，同样制约着循环农业的全面发展。

三是对循环农业认知不足，接受力较低。任何事物创新发展的首要条件都是要有较强的改革意识，要有积极的、进步的思想观念，这样才能更好地理解和接受新事物，如果不思进取、墨守成规，那么新政策的落实和推广则难以实施。基于长期的"小农思想"限制，农民或多或少还存在一些守旧思维，对于新的农业结构调整，以及农业生产模式的巨大改变还不能在短时间内理解接受。这也就需要在新政策推行前加强思想教育和培训，以排除实际实施的思想阻碍。

1.2 循环农业发展的机遇

循环农业以其实用、经济、科学合理的特点，自在农村试点推行以来就获得了巨大的发展。循环农业是有效推进农业农村科学发展的一大创新型发展模式，对于实现农村小康、农业发展现代化和维护良好的生态环境都具有远大的意义，加快循环农业发展进度，加大循环农业发展力度，也是现阶段党和政府农村农业工作的重心。发展循环农业存在重大机遇。

一是农业发展悠久，农业基础较好。虽然我国传统农业对于现代化农业发展具有一定的阻碍作用，但在长期的农业建设和生产经验的积累中，劳动人民的农业技术和生产水平得到了很大提高，一些先进的生产经验在现代农业生产中依然值得借鉴和运用。

二是资源丰富，可利用性高。我国地域辽阔，覆盖面积广，自然资源储备深厚。例如，南方地区水利条件良好，利于农业灌溉和发展水利事业；北方地区风力及光照资源丰富，对于发展新型农业和多种经济作物具有较大优势。

三是有方可寻，有法可依。我国循环农业相比于其他发达国家起步较晚，现代农业科技水平整体不高，相应的政策法规不完善。需要借鉴发达国家循环农业的成功经验，如美国"低投入可持续农业模式"、瑞典"轮作型生态农业模式"、德国"绿色能源农业模式"、日本"环保型可持续农业模式"以及以色列"无土农业模式"，因地制宜地探索适合我国的循环农业发展模式。

发展循环农业有利于缓解资源利用冲突。一直以来，我国就有着"集约栽培"的优良农业传统和文化传承，这是在深刻理解农业文化的基础上形成的。在农业领域，古代农民很早就会综合利用资源，把农资分作食用和非食用、饲养动物及回土养田，这体现了生态农业的早期形态。现代循环农业依据不同区域具体的地质及气候等差异特点，综合利用经济、生态环境学的多种理论知识建立起了适应环境环保、符合产业协调、满足农业发展实际需求的新的发展模式，主要表现为产业复合循环发展型、资源循环利用型2种模式。

将沼气工程与种植业相结合，构建以沼气为纽带的种养结合的循环农业模式是当前处理猪场粪水的循环农业新模式。以福清市海口镇星源农牧开发有限公司为研究区，该研究以"生猪养殖—沼气工程—固废处理—沼液利用"循环农业模式为研究对象，记为模式Ⅱ，以单纯的生猪养殖为参照，记为模式Ⅰ，应用能值分析方法对2种模式进行分析比较。

通过实地调查和资料收集的方式获得2008年研究区完整年度生产记录数据及当地气象部门的气象数据（表1-12），根据以下公式计算太阳能值。

$$EM=OD \times UEV$$

式中，EM为太阳能值，sej；OD为原始数据；UEV为能值转换率。

表 1-12 模式 I 和 模式 II 的原始数据表

项目		模式 I	模式 II
可更新资源	太阳光能（J）	0	6.30×10^{14}
	雨水化学能（J）	0	1.23×10^{10}
不可更新资源	表土损失能（J）	0	6.63×10^{9}
可更新有机能	饲料（J）	1.11×10^{14}	1.11×10^{14}
	稻草（J）	0	4.25×10^{11}
	土（J）	0	2.03×10^{11}
	水（J）	4.37×10^{11}	5.61×10^{11}
	牧草（J）	5.10×10^{12}	0
	人力（美元）	1.46×10^{5}	1.89×10^{5}
	种苗（美元）	1.36×10^{2}	1.70×10^{4}
不可能更新工业能	电力（J）	9.00×10^{11}	1.11×10^{12}
	柴油（J）	0	4.17×10^{10}
	化肥（kg）	0	224300
	农药（kg）	0	1.51×10^{3}
	辅助原料（kg）	0	1.50×10^{6}
	其他（美元）	4.88×10^{5}	5.81×10^{5}
反馈能值	牧草（J）	0	5.10×10^{12}
	污水（J）	0	3.45×10^{11}
	猪粪渣（J）	0	3.84×10^{12}
	菌糟（kg）	0	5.00×10^{5}
	沼液（kg）	0	1.92×10^{7}
	沼渣（kg）	0	1.53×10^{6}
	有机肥（kg）	0	2.00×10^{4}

● 2 福建水土流失区循环发展的趋势与潜力

2.1 福建丘陵区发展循环农业的必要性

进入 21 世纪以后，如何推进和实现社会经济跨越式发展，真正贯彻可持续发展战略、促进和实现生态环境与社会经济的协调发展，是摆在我们面前的一项重要而又紧迫的任务。改革开放以来，福建省丘陵区农业取得了巨大的发展，但应清醒地认识到，福建省丘陵区农业虽然已进入新增长阶段，但农业经济基础依然薄弱，农业环境污染扩展，农业生产"两高一低"（高消耗、高排放、低产出）依然制约着丘陵区农业生产的转型，全球气候变暖对福建省农业的冲击也将更为剧烈。循环经济作为一种先进且实用的经济发展模式，让人们可以站在一个全新的整体视角看待现代农业的发展问题。研究和运用循环经济理论指导农业生产，依托资源优势和特色构建福建丘陵区循环农业生产模式，加快农业产业结构调整，走出一条低消耗、低排放、高效益、高产出的新型现代化农业道路，其对实现福建农业可持续发展及高碳农业向低碳农业的转型具有积极的推动作用。

丘陵山地农业可持续发展的主要制约因素有：生态环境退化，外侵物种危害严重；生态环境脆弱，农业污染日益严重；传统农业体系破坏，废弃物资源利用率低；生态保护意识薄弱，技术支持有待加强。福建丘陵区发展循环农业符合国家和福建省农业科技发展规划纲要，是解决农业废弃物资源污染问题的有效途径、促进农业和农村节能减排的重要手段、加快福建省低碳农业快速发展的现实路径、实现生态强省的必然选择。

2.2 福建丘陵区循环农业未来发展方向

发展丘陵区循环农业产业是为了实现"一高两低"的目标，即资源利用的高效率、资源的低消耗、污染物的低排放。循环农业的发展必须遵循"4R"的原则，即减量化（Reduce）、再利用（Reuse）、再循环（Recycle）、可控化（Regulate）。减量化原则为循环经济的首要原则，主要是实现来自农业系统外部化肥、农药、机械等消耗化石能源的购买性资源的最少化投入体系。再利用原则就是尽可能多次或多种方式使用循环系统的资源，包括实现秸秆、畜禽粪便、菌糟等农业生产废弃物多级利用。再循环原则就是要对循环生产系统中的光热水等可更新资源，尽量进行周年循环化高效能地利用。可控化原则是对于农业系统向外部排放的有害有毒的各种物质要实现技术的可控制化，减少污染排放，包括温室气体排放、农业生产要素污染等（高旺盛，2007；高旺盛，2010）。

循环型农业是把农业经济活动与自然生态循环融为一体，注重农业清洁生产和废弃物综合利用，通过物质能量的多级循环利用达到节约资源与减轻污染的目的，促使农业生态系统和经济系统逐渐向良性循环方向转变。必须依靠福建山地资源和农业发展的自身特色，福建省丘陵山地循环农业未来发展方向应是现代化、高效化、安全化和产业化。现代化体现了循环农业技术发展的与时俱进，依靠生物技术、信息技术、空间技术等现代高新技术的引进，促进技术改进和升级，它是新型循环模式建立和发展的核心内容和主体模式。高效化体现了循环农业技术的发展应以不断提高资源生产率和能源利用效率为目标，减少进入生产和消费过程的物质流和能源流，它是循环农业能否长久发展的决定性因素。安全化体现了循环农业技术的发展应立足于环境安全、资源安全和食品安全，实现人、自然和社会的和谐。产业化则体现了循环农业技术的发展最终是要为经济服务，农业产业化是福建省农业和农村发展的根本取向，也是发展循环型农业的重要途径。农业产业化的重点是培育龙头企业和优势产业，农业产业化经营有利于清洁生产技术和废弃物资源化技术在农业中的广泛应用，便于区域内相关产业之间的耦合，同时，循环型农业技术的发展也会加快农业产业化升级，循环农业技术可作为一种强有力的技术支撑服务于社会经济的发展。

循环农业作为一种新型农业发展模式，显示出巨大的发展效益。总体而言，福建省丘陵区循环农业发展仍处于探索性和起步阶段。因此，推进福建丘陵循环农业发展，还需要我们加大对循环农业的生态学关系、循环经济理论等各方面的研究，突破循环农业模式各接口的关键技术。同时加强循环农业发展的支撑"软技术"研究，包括区域循环农业发展规划关键技术、区域循环农业发展评价技术、循环农业示范推广机制研究和循环农业相关政策研究（高旺盛，2010）。尤其在制度建设层面，必须实施一系列相互配套、切实有效的法律和政策激励，建立健全政府、企业、科技、市场、农户共同实施的管理体制和运行机制，形成循环农业发展过程技术、政策、法律等多点支撑，实现福建丘陵区循环农业的现代化、高效化、安全化和产业化的目标。黄秀声（2011）根据循环农业减量化、再循环、再利用的"3R"原则，从资源减量化和环境安全性两个方面构建能值指标，指标细分为：①资源减量化指标：自然资源能值自给率、购买能值比率、系统能值自给率、废弃物资源利用率。②环境安全性指标：环境负荷率、可持续性指数、废弃物与可更新能值比（表1-13）。

表1-13 研究区主要的能值指标

项目	能值指标	计算表达式	代表意义
资源减量化	自然资源能值自给率	$EIR=(E_{mR}+E_{mN})/E_{mU}$	评价自然资源的支持能力
	购买能值比率	$(E_{mF}+E_{mT})/E_{mU}$	评价对外界资源的依赖程度
	系统能值自给率	$E_{mF''}/E_{mU}$	评价系统资源减量率
	废弃物资源利用率	$E_{mW}/(E_{mF}+E_{mT})$	评价废弃物资源化利用率
环境安全性	环境负荷率	$ELR=(E_{mF}+E_{mN}+E_{mW})/(E_{mR}+E_{mT})$	评价环境承受的压力
	可持续性指数	EYR/ELR	评价农业生产的可持续性
	废弃物与可更新能值比	E_{mW}/E_{mR}	评价废弃物对环境的压力
生产效率	净能值产出率	$EYR=(E_{mO}-E_{mW})/(E_{mF}+E_{mT})$	评价系统的生产效率

注：E_{mR}为可更新资源，sej；E_{mN}为不可更新资源，sej；E_{mT}为可更新有机能，sej；E_{mF}为不可更新工业能，sej；$E_{mF''}$为系统投入反馈能值，sej；E_{mU}为总投入，sej；E_{mO}为总输出能值，sej；E_{mW}为产出废弃物，sej；EIR为自然资源能值自给率；ELR为环境负荷率；EYR为净能值产出率。

2.3 福建发展现代循环农业的对策思考

基于生态强省建设的循环农业发展，首先要通过分析与运作，摸清全省各地域特点以及与发展循环农业有关的自然、经济、社会条件，选择龙头企业与优势项目作为突破口，制定和设计良性互动有效链接的循环农业工程，因地制宜地构建和创立运作模式，创新和推广适宜的配套技术，完善监测和保障体系，其关键在于因地制宜建模式，发挥优势善经营。从循环农业区域发展的层次性划分，主要包括农户层次、乡村层次和区域层次（翁伯琦，2012）。

要发展具有福建特色的现代生态循环农业，应采取主动防控技术措施与提升土壤质量行动，力求从根本上扭转农业面源污染被动治理与种地养地难以有机结合的局面，从而保证优地优产优质的高度统一，力求从根本上保障粮食安全、食品安全与农业生态安全。基于福建省现代生态循环农业科技与协同创新视角进行深入思考，结合区域农业生产实际与成功实践经验，研究者提出了防控农业面源污染与提升农田土壤质量的若干对策，以期为福建省乃至南方地区现代生态循环农业发展提供参考与借鉴。

2.3.1 研究思路与主要内容

针对福建区域耕地土壤质量需要着力提升、土壤氮磷面源污染与土壤重金属污染有蔓延和加重趋势等问题，以环境生态学和土壤农业化学理论为指导，以提高土壤肥力为切入点，以农牧菌废弃物为主料的高效有机肥创制为重要措施，以化肥农药科学减量化为关键技术，以氮磷增效剂及重金属钝化剂产品的筛选与示范应用为突破口，构建福建区域农产品安全及环境友好的农业生产实用技术体系，最终形成农田土壤健康、生态环境安全、资源高效利用、农业生产成本降低、产品品质提升等集成技术体系并示范推广，有效带动福建区域农业可持续发展的技术协同创新，提升行业竞争力，促进农业增效，强化农民增收。

就科技协同攻关的技术路线（图1-3）而言，注重围绕专项发展目标，开展技术联合攻关，采用

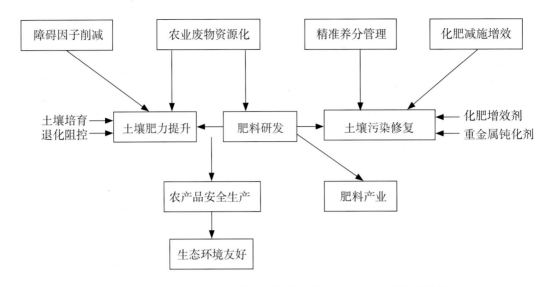

图1-3　实施农业面源污染与土壤能力提升工程建设的技术路线

"科学合理减少肥药施用—源头防控污染产生—农牧废弃物资源化—高效轻便还田机械—土壤肥力综合保育—作物精准施肥设施—防控及其治理并举"技术策略。通过科技创新带动产业化开发，从根本上扭转土壤退化、污染修复方法传统的被动治理局面，实现源头阻控、安全生产与过程管理结合的主动防控目标，促进种田养地的有效统一与现代生态农业的持续发展。

就研究思路而言，重点开展6个方面的协同攻关：一是农田肥力障碍因子削减与土壤质量提升技术。二是主要特色农作物精准养分管理与有效经营技术。三是农田土壤重金属污染源头控制与修复技术。四是农牧菌业废弃物资源化循环利用与高效有机肥创制技术。五是山地水土流失防控与保护性立体种养开发技术。六是农田化肥农药减施与替代以及面源污染阻控技术。着力构建3个方面技术集成体系：一是创立适于福建区域农业面源污染主动防控技术体系。二是创立富有特色的现代循环农业模式与集成技术体系。三是创立土壤质量提升与肥药减量替代的集成技术体系。

2.3.2 水土保持型乡村循环农业发展策略

南方山地水土流失防控的经验给我们以深刻启示，无论是进行生态恢复的工程型措施，还是采用生态经济型农业开发模式，致力于合理利用山地资源与保护乡村生态环境之重要性是不言而喻的。就南方红壤丘陵山地的生态农业综合开发而言，要着力抓住3个重点：一是适度开发。要避免人为过度利用造成进一步水土流失。二是优化模式。山地农业综合开发与资源循环利用要因地制宜、因势而变。三是循环利用。由过度竭取利用向互利共生的生态资源循环开发转变，最终实现生态环境有效保护与自然资源合理利用，扎实推进山区农村循环农业发展。

黄颖等（2015）认为综合治理南方红壤丘陵山地水土流失，创立水土保持型的乡村循环农业发展新格局，其总体思路是：以乡村生态文明建设为引领，支持创新驱动，发展循环农业，保护生态环境，着力绿色增收，让南方山区的经济、社会、生态效益得以充分体现，使乡村居民的生产、生活、生态红利得以充分体现。同时要优化产业布局，推动转型升级，转变发展方式。具体的战略是：要以山地水土流失防控为重点，以山地资源循环利用为主线，以山地生态环境保护为重要环节，着力将南方山区建设成为资源节约型与环境友好型的美丽山乡。实践证明，实施水土保持型的山地农业综合开发，是富有山区特色的乡村循环农业模式，其主要环节是修复土壤、恢复植被、培肥地力、种养结合、循环利用，力求从单一开发型农业转向立体生态农业，从单纯资源消耗型农业转向资源环境节约型农业，从粗放增长型农业转向集约增值型农业。水土流失的治理要有防控和发展相结合的战略眼光，南方山区乡村循环农业的发展要有环境保护与优质经济统筹发展的战略高度。

2.3.3 坚持开创循环型大农业道路

开创循环型大农业道路，必须正视三个认识问题。其一是生态阈值不可忽视。环境的净化能力和承载力是有限的，一旦社会经济发展超越了生态阈值，就可能发生波及整个人类的灾难性后果，并且这个后果是不可逆的。循环型农业经济模式，强调在生态阈值的范围内合理利用自然资源，即要求人们从原来的仅对人力生产率的重视转向在根本上提高资源生产率，以求达到经济发展和环境保护的"双赢"目的。其二是自然资本应受重视。循环型农业经济模式强调，任何一种经济都需要四种类型的资本来维持运转：人力资本、金融资本、加工资本和自然资本。农业循环经济各种模式将自然资本列为最重要的资本形式。不可否认，自然资本是人类社会最大的资本储备，提高资源生产率是解决环境问题的关键。发挥自然资本的作用，一是通过向自然资本投资来恢复和扩大自然资本存量；二是运用生态学模式重新设计农业；三是开展服务和流通经济，改变原来的生产和消费方式。其三是整体协调至关重要，实际上应抓住从浅生态论向深生态论的转变。农业污染的末端治理模式是基于一种浅生态论而呈现的，它关注环境问题，但就环境论环境，处于被动治理之中，花费巨大，收效往往甚微。而循环型农业经济模式是一种深生态论，它不仅强调技术进步，而且通盘考虑制度、体制、管理、文化等因素，注重观念创新和生产、消费方式的变革。推动循环型农业发展，有利于防微杜渐，标本兼治，从源头上防止破坏环境因素的出现。突出整体协调是循环型农业模式的核心内容，其有序运作必然是积极、和谐的，是可持续、稳定发展的。

从运作层面上划分，发展循环型大农业，主要包括农业生产、农村企业、产业园区、城乡建设和区域发展等层次，这些层次是由小到大依次递进的，前者是后者的基础，后者是前者的平台。在循环型企业层次，主要是通过在企业内部交换物流和能流，建立生态产业链，使得加工企业内部资源利用最大化、环境污染最小化的集约性经营和内涵性增长获得综合效益。在产业园区层次，生态产业园是一种新型生产组织形态，通过模拟自然生态系统来设计产业园区的物流和能流。园区内采用废物交换、清洁生产等手段把一个产业生产的副产品或废弃物作为另一个产业的投入或原材料，实现物质闭路循环和能量多级利用，形成相互依存、优势互补之格局，模拟自然生态系统食物链的原理构建工业生态系统，达到物质能量利用最大化和废物排放最小化的目的。在城乡建设和区域发展层次，循环型城乡和循环型区域通常以污染预防为出发点，以物质循环流动为特征，以社会、经济、环境可持续发展为最终目标，最大限度地高效利用资源和能源，减少污染物排放。

多年来农业经济由于偏重于追求实物产出量和经济效益，生态环境不断恶化，已经严重地影响了未来农业经济的发展。要修复破坏的生态环境，扭转目前农业经济增长方式带来的负面效应，实现经济、社会、生态协调发展，必须大力推进农业循环经济的发展。就此，翁伯琦等（2005）提出应具体制订6项综合对策，因地制宜强化推广：一是树立农业循环经济发展理念，二是打造农业循环经济发展框架，三是加强农业循环经济载体培植，四是发挥农业循环经济示范作用，五是完善农业循环经济法规体系，六是强化行政管理与政策的引导。

2.3.4 农业循环经济与新农村建设协同发展

国内外农业发展的成功经验证明，走循环经济之路，促现代农业发展，不仅是实现我国农业可持续发展的必由之路，也是新农村建设的最佳途径之一。新近兴起的高效农业、精效农业、集约农业、有机农业、环保农业、观光农业、城郊农业、立体农业和庭院农业等，无不包含农业循环经济范畴之中。从理论定义上理解，农业循环经济首要的就是低耗节约，诸如：节地、节水、节肥、节药、节电、节油、节粮以及节约各类自然农业资源和人力资源等。无论是种植、养殖生产环节，还是加工环节，都要力求做到消耗最小、效益最大。面对我国农业大国人口多、耕地少、成本高、效率低、农业资源匮乏和污染日益严重的现实，积极推进和发展循环农业是新农村建设必不可少的重要内容，势在必行。

新形势下，党中央在全面把握我国经济社会发展阶段性特征基础上，做出了贯彻科学发展观，发展循环经济，建设资源节约型、环境友好型社会以及建设社会主义新农村的重大战略部署。各级农业管理部门与高校、院所等单位要进一步解放思想，抓住机遇，乘势而上，通过机制创新与技术创新来遏制农业污染，提高农业资源利用效率，以求能够搭建起和谐农业发展的新平台，以新理念催生新举措，以新举措带动新变化，以新变化促进新发展。

第四节　水土保持－循环农业有效耦合与联动发展

生态脆弱区的发生发展是人为因素与自然因素共同作用的结果，实施复合生态系统工程是生态恢复的重要途径。复合生态系统理论要求我们通过生态规划、生态工程与生态管理，将单一的生物环节、物理环节、经济环节和社会环节组装成一个具有强生命力的生态经济系统，运用系统生态学原理去调节系统的主导性与多样性、开发性与自主性、灵活性与稳定性，调节发展的力度与稳度，促进社会、经济与环境目标的耦合，实现生态恢复与生产耦合联动发展。

● 1 生态脆弱区生态经济耦合历程

1.1 黄土高原侵蚀区

中科院／水利部水土保持研究所组织地方部门开展黄土高原丘陵区农业生态经济系统协调发展研究，取得明显成效。以纸坊沟流域为例，该流域面积 8.27km^2。近 70 年来，该区经历了破坏—治理的生态恢复漫长过程。

1938 年，纸坊沟流域有 24 户 94 人，耕垦指数 13.4%，农林牧比例为 1：3.83：1.89，粮食产量 154t，林草茂盛，生产活动未超过农业资源的供给能力，农业生态经济系统处于自然良性耦合状态。

此后，由于战争（抗日战争、解放战争）和人口迁入，对粮食需求明显提高，林地滥伐，陡坡开荒，水土流失日趋严重，到 1958 年土壤侵蚀模数达到 18000t/（km^2·a）。到 1975 年粮食产量由 154t 提高到 191.2t，增长 24%，其粮食生产面积由 106.3hm^2 扩大到 340.9hm^2，经济作物种植面积由 4.4hm^2 提升至 14.2hm^2，果树面积由 1.4hm^2 提升至 6.0hm^2。与此同时，林地面积大幅减少，其中薪炭林面积由 333.3hm^2 下降至 13.1hm^2，用材林面积由 88.9hm^2 下降至 8.8hm^2，农林牧的比例由 1：3.83：1.89 变为 1：0.08：0.98。土地利用性质的变化，已经超越了系统阈值，系统相悖，加上自然灾害，1978 年粮食产量甚至又回到了 156t。

1978—1984 年，实施家庭联产承包责任制，单位面积粮食产量有所提升，陡坡地粮食产量低，林地资源有所恢复。截至 1985 年底，薪炭林面积由 13.1hm^2 提高至 46.1hm^2，用材林面积由 8.8hm^2 提升至 79.9hm^2，农林牧的比例为 1：0.46：0.92。

1984 年开始，该流域被列入陕西省科技攻关试验示范区，1986 年被列入国家科技攻关试验示范区。通过 13 年系统外的科技、物质、能量输入进行干扰，以保护生态环境、控制水土流失为目标，大力实施退耕还林工程，至 1998 年，粮食生产面积缩小至 140.3hm^2，经济作物面积 16.5hm^2，果树种植面积 25.3hm^2，经济林 13.3hm^2，生态林 227.5hm^2，人工改良草地面积 73.9hm^2，农林牧的比例恢复至 1：1.82：2.14。

2000 年起，继续开展科技攻关试验示范，调整目标为增加收入和改善环境的综合调控，以退耕还林还草和增加畜牧生产为措施。至 2005 年，粮食生产面积缩小至 47.3hm^2，经济作物面积 5.6hm^2，设施大棚蔬菜 0.6hm^2，果树 27.8hm^2，育苗地 3.8hm^2，经济林面积 21.6hm^2，生态林面积 336.3hm^2，大牲畜 91 头，羊 107 只，猪 176 头，农林牧的比例达 1：6.21：3.92。虽然农户从事畜牧生产的热情以及污染物循环利用的滞后所带来的问题还需进一步优化，但是纸坊沟流域基本实现了农业与生态经济系统的耦合，人口承载由1938年的94人提升至560人，其中设施大棚蔬菜、育苗地、牧业发展等局部集约生产带来高值回报，是提升经济效益、增加人口承载的重要因素。

1.2 西南喀斯特石漠化区

石漠化是我国西南喀斯特地区所面临的最严重的生态问题之一。该区域是我国最大面积的连片贫困区域（据2014年国家公布的592个贫困县中有246个分布在西南喀斯特地区），占全国贫困县总数的42%，其中又以贵州为典型。喀斯特地区石漠化的根本原因是不合理的人地矛盾关系，其发生发展总体分为3个阶段。

明代以前贵州省的人地关系中，人口密度不足16人/km^2，人地矛盾应该较小，环境压力和环境破坏程度应不超过自然生态的恢复速度。清代贵州人口密度有所增加，中前期人口密度为30人/km^2，中后期人口密度提升至60人/km^2，并引种了玉米、马铃薯、番薯等高产作物。由于玉米等作物适应坡地旱作，耐瘠薄，造成毁林开荒，对自然环境的破坏产生一定影响，但依然保持在可控的范围。该时期（明末清初）为石漠化的发生阶段。

民国时期，因交通路线的开通，军阀混战及抗战期间作为抗战大后方，人口及工业的迁入导致人地矛盾日渐突出，贵州省人口约1200万人，人口密度在75人/km^2左右。加上局势动荡、连年战争、自然灾害和战时外来人口的涌入，石漠化问题已成一个环境问题，人口承载接近饱和，超越了系统阈值，形成经济与生态系统相悖的格局。该时期（清末民国）为石漠化的发展阶段。

新中国成立后贵州省人口数量仍在不断增长，其数量从1949年的1416万人猛增到1998年3653万，人口密度从80人/km^2跃升到206.4人/km^2。人口生存压力，再次转化为开荒种植，耕地面积从1949年180万hm^2提升至1957年209万hm^2，达到极限，这种高压负荷一直持续到1998年。该阶段的农业生产保持以粮食生产为主的方针，深刻加剧了经济与生态矛盾，人均耕地面积从1961年的0.13hm^2持续下降到1998年的0.05hm^2。贵州省人口85%以上为农业人口，播种面积中80%用以播种粮食作物，粮食产量从1949年的2.97×10^6t跃增到1998年的1.10×10^7t，粮食产量中40%左右由玉米构成，以粮食换经济的方式，引发生态环境破坏与贫困人口剧增的双重压力，造成大面积的石漠化。该时期为石漠化的加剧恶化阶段。

进入2000年后，贵州省人口自然增长率持续下降（2000年为1.306%，2008年为0.668%），人口素质不断提高，交通便利程度的增加使人口向城镇集中和向外迁移，从事非农产业等成为可能，将减轻其迁出地的环境压力。同时，国家对于石漠化环境问题的重视和财政支付能力的极大增强，缓解了一定压力。2008年批复了《岩溶地区石漠化综合治理规划大纲（2006—2015年）》，2012年又批复了《滇黔桂石漠化片区区域发展与扶贫攻坚规划（2011—2020年）》，进一步加快了石漠化治理步伐。中科院亚热带农业生态研究所牵头，组织多单位多部门开展石漠化治理与生态恢复模式探索，不断改进农业生产方式和生产条件，调整种植结构和改良农作物品种，不断减轻农业对于耕地等土地资源的压力。

其中，位于贵州花江峡谷的"顶坛模式"，充分利用岩溶环境及适生植物资源，建立了"猪-沼-椒（经果林）"模式，在恢复生态环境的前提下调整产业结构，实现了石漠化治理与经济的同步发展；位于广西果化县的"果化模式"，建立复合式立体生态农业，陡峭山坡封山育林，垭口发展保持水土功能较强的植物，山麓发展经济林果，洼地发展旱作粮食及种草养畜，不但改善了生态环境，更提高了经济水平；位于广西环江县的"古周模式"，建立了种草养牛的复合生态农业模式，引进"桂牧1号"牧草来代替玉米为主的种植方式，并用牧草养牛。种植牧草不用翻耕，既保持了水土，又获得了收益，提高了群众参与水土流失治理与生产恢复的积极性。

1.3 南方红壤侵蚀区

南方红壤区土层弱，水土流失面广量大，是我国水土流失状况仅次于黄土高原的严重流失地区。南方红壤区共有水土流失面积 13.12 万 km²，占土地总面积的 15.06%，其中轻度侵蚀面积 6.13 万 km²、中度侵蚀 4.83 万 km²、强度以上侵蚀 2.16 万 km²，分别占红壤区面积的 7.03%、5.56%、2.47%，全区平均土壤侵蚀模数为 3419.8t/（km²·a）。与此同时，南方红壤区是我国粮食、水果、茶叶等经济作物的重要产区，也是工业发展的重要基地，担负全国经济发展的重要任务，土地利用变化十分明显。调查表明，1995—2000 年，区内水田平均减少 126.78 km²/a，林地平均减少 250.08 km²/a，旱地平均增加 898.2 km²/a，多是山坡毁林开荒形成的坡耕地。以福建为例，94.7% 的坡耕地存在水土流失，矿山、基建用地由于大面积开挖，侵蚀面积几乎达 100%，1991—1993 年龙岩市因矿山开发造成 4000hm² 的土壤侵蚀，直接经济损失达 1807.6 万元。

总体而言，南方红壤区水土流失成斑块状分布，局部水土流失突出，如福建长汀、宁化片，江西兴国片。人地矛盾突出，大规模毁林开荒是水土流失的起始，近代战争、人口密度增长是水土流失加剧阶段，稀土开发则是 20 世纪 80 年代引发水土流失的新形式。

以福建长汀为例，1985 年遥感普查显示，全县水土流失面积达 146.2 万亩，占全县国土面积的 31.5%，给当地自然生态环境、农民生产生活和经济社会发展造成严重影响。

1983 年福建省委、省政府把长汀县列为水土流失治理试点。1999 年时任福建省代省长的习近平专程到长汀视察水土保持工作，2000 年批示：同意将长汀县百万亩水土流失综合治理列入省政府为民办实事项目。由此掀起长汀水土流失治理的高潮。

经过十几年的治理，长汀县水土流失面积大为减少，生态环境明显好转，农业种植业、养殖业、加工业得到了协调发展，当地农民收入水平明显提高，取得了较好的生态、经济和社会效益，被水利部誉为南方地区水土流失治理的典范。如何坚持山地水土流失防控与区域绿色农业综合开发协调发展，无疑是一个重要的命题。

福建省农业科学院牵头，组织福建农林大学、福建师范大学等单位针对红壤区山地水土流失初步治理区生态系统依然脆弱、农业生产低效等突出问题，在系统总结红壤区水土流失治理经验的基础上，以水土流失初步治理区的生态种植技术、生态养殖技术、优良作物品种与林下产业发展、区域单元与产业提升技术、流域单元治理与综合配套技术为主线，创建了红壤山地水土保持与循环农业联动发展理论体系、山区水土流失防控与循环农业耦合开发的技术模式，长汀县水土流失治理取得明显成效。

一是在生态效益方面，治理区植被覆盖率已由 2001 年的 15%—35% 提高到 65%—91%，植物种类由 7 科 7 属 8 种增加到 17—20 科 22—26 属 22—30 种，多样性指数由 1.016 上升到 1.324—1.925，年土壤侵蚀模数由 4836 t/km² 下降到 438—605 t/km²，径流系数由 0.52 下降到 0.27—0.35，输沙模数由 226 t/km² 下降到 182 t/km²，河流含沙量由 0.35kg/m³ 下降到 0.21kg/m³，年保水量、保土量分别增加 6526.4 万 m³、128.47 万 t，群落正向演替加速，生态环境大为改善。

二是在经济效益方面，经过十几年的综合治理，不仅发展了种植养殖业，培育了经济林果产业，还促进了加工业的发展，使长汀县的产业得到了进一步的提升。

三是在社会效益方面，将开发性治理纳入县域水土流失防控体系之中，使种植业、养殖业、加工业合为一体，培育一批农业龙头企业。逐渐成长起来的一些中小型生产企业不仅带动了长汀县经济的发展，还为更多的剩余劳动力提供了就业岗位，增加农民的收入，提升了农民的生活水平，实现水土流失初步治理区的生态保护与循环农业的协同发展，以此推动南方水土流失治理重点县生态经济发展与农村精准脱贫工作。

● 2 生态经济耦合联动发展的关键

2.1 辩证分析治理与开发的关系

党的十八大报告把生态文明建设纳入社会主义现代化建设的总体布局。党的十九大报告指出：坚持人与自然和谐共生。建设生态文明是中华民族永续发展的千年大计。必须树立和践行"绿水青山就是金山银山"的理念，坚持节约资源和保护环境的基本国策，像对待生命一样对待生态环境，统筹山水林田湖草系统治理，实行最严格的生态环境保护制度，形成绿色发展方式和生活方式，坚定走生产发展、生活富裕、生态良好的文明发展道路，建设美丽中国，为人民创造良好生产生活环境，为全球生态安全做出贡献。就生态脆弱区而言，生态保护提到了前所未有的高度。治理与开发常常成为了争论的焦点，要注重处理以下3个方面的关系。

一要正确处理点上治理与面上预防的关系。水土流失大多是人为造成的，如果只治不防，或者只防不治，势必造成点上治理面上破坏，治理工作将事倍功半。为此要采取防治并举、标本兼治的办法，一方面加大治理力度，另一方面依靠自然修复能力严格封禁，引导农民用沼气、煤、电、液化气等燃料取代柴草，并通过发展产业，增加农民收入，同时大力发展林下经济，以短补长，长短结合，使之持续发展。

二要正确处理重点突破与整体推进的关系。项目区是水土流失治理工作的重点，但工作不是停留在治理项目区，应当积极组织形式多样的培训推介，把项目区成功的治理经验辐射推广。

三要正确处理长远利益和短期利益的关系。水土流失治理功在当代，利在千秋。为调动水土流失治理积极性，要精心设计、科学规划，在确保长远的生态效益的基础上，因地制宜进行山地综合开发，把水土流失治理与培植果业、养殖业、旅游业发展结合起来，发展循环农业、高效农业、绿色农业，壮大全县的经济总量，使农民在治理水土流失的同时，实现脱贫致富奔小康。

在实践中，长汀县逐渐总结出了一条治理与开发有机统一的新路子，包括以下3个方面：一是把技术与科学管理有机地结合起来。一方面严格封育保护，对生态公益林实施最严格的封禁管理，另一方面，规划发展"草-牧-沼-果""草-牧-沼-菜"等生态养殖模式，提升经济效益。同时，制定群众燃料补贴等制度，切实解决群众生活需求。二是把治理与合理开发有机地结合起来。水土保持的最终目的是为区域生产发展服务，在保证生态效益的前提下，把治理与发展农业产业结合起来，在水土流失区发展果业、养殖业、加工业，注重发挥治理的经济效益。变水土流失区的劣势为开发型治理的优势，既解决了治理及管理问题，又推动了农民产业的发展，带来了经济效益。三是把治理与农民增收有机地结合起来。强化封禁是治理的最有效措施，但是山区农民的就业问题就随之出现。长汀县通过引进发展以针纺织业为主的劳动密集型产业，转移农村剩余劳动力。据统计，2000年以来通过发展针织、轻纺等劳动密集型产业，已转移出剩余劳动力3万余人，有效解决了水土流失区的农村剩余劳动力等就业问题。

2.2 科学预测未来人地关系

改革开放40年来，中国经济高速增长，人均GDP增长了20倍，城镇化迅猛推进，大量资源（基础设施、教育、医疗、信息、二三产业等）禀赋于城镇，大量农村劳动力由农村转移到城市，农村发展相对滞后，村庄格局也发生深刻变化。毗邻城镇的村庄飞速发展，而许多原来人地矛盾突出的老村、大村逐渐衰退成空壳村、薄弱村，甚至是贫困村。党的十九大报告提出实施乡村振兴战略布局，城镇化与逆城镇化将成为新时期影响包括生态脆弱区在内的人地关系新格局。要根据区位优势、资源禀赋、人口增长率、人口素质来科学预测未来人地关系。总体而言，区位优势明显、毗邻城镇的地区人地关系紧张，劳动力素质提升快，如浙江省；交通偏远、资源不足的地区人地关系舒缓，劳动者素质较低，如云南省。但是不同的区域，仍然有所不同，这就需要我们进行科学研判，并针对这些问题制定调整措施。对于经济高速增长的人地矛盾区，一要提高集约用地水平，二是有效实施水、电资源节约措施，三是扩容垃圾、废水处理容量。对于人地关系舒缓地区，进一步退耕还林还草，并建设农业示范区，努力提高劳动者素质，提高劳动产出率。

2.3 推进农业绿色发展

农业绿色发展，就是要依靠科技创新和劳动者素质提升，提高土地产出率、资源利用率、劳动生产率，实现农业节本增效、节支增收。环境友好是农业绿色发展的内在属性。稻田是人工湿地，菜园是人工绿地，果园是人工园地，都是"生态之肺"。 生态保育是农业绿色发展的根本要求。山水林田湖是一个生命共同体，培育可持续、可循环的发展模式，将农业建设成为美丽中国的生态支撑，也是缓解人地矛盾的重要举措。产品质量是农业绿色发展的重要目标，促进农产品供给由主要满足"量"的需求向更加注重"质"的需求转变。包括以下4个实施重点。

一是着力解决农业资源趋紧问题。耕地、淡水等资源是农业发展的基础。我国人多地少水缺，人均耕地面积和淡水资源分别仅为世界平均水平的 1/3、1/4。要实施"藏粮于地、藏粮于技"战略，坚持最严格的耕地保护制度和最严格的水资源管理制度，全面划定永久基本农田，统筹推进工程节水、品种节水、农艺节水、管理节水、治污节水。力争到 2020 年建成高标准农田 10 亿亩，农田灌溉水有效利用系数超过 0.55（现有为 0.52）。

二是着力解决农业面源污染问题。农业农村部提出了到 2020 年实现农业用水总量控制，化肥、农药使用量减少，畜禽粪便、秸秆、农膜基本资源化利用的"一控两减三基本"目标（"一控"即严格控制农业用水总量；"两减"即减少化肥和农药使用量，实施化肥、农药零增长行动；"三基本"指基本解决畜禽粪便、农作物秸秆、农膜基本资源化利用）。要坚持投入减量、绿色替代、种养循环、综合治理，力争到 2020 年，化肥、农药利用率均达到 40% 以上，畜禽养殖废弃物综合利用率达到 75% 以上，秸秆综合利用率达到 85% 以上，农膜回收率达到 80% 以上。

三是着力解决农业生态系统退化。农业生态系统是整个生态系统的重要组成部分。农田、草原、渔业等生态系统退化，农业生态服务功能弱化的问题仍然突出。要优化农业生产布局，坚持宜农则农、宜牧则牧、宜渔则渔、宜林则林，逐步建立起农业生产力与资源环境承载力相匹配的生态农业新格局。加快推进退牧还草、退耕还林还草，到 2020 年，全国草原综合植被盖度达到 56%。

四是着力解决产品质量安全问题。农产品质量安全是关系老百姓身体健康和生命安全的重大民生工程。2016 年全国主要农产品例行监测总体合格率达到 97.5%，但问题和风险隐患仍然存在。要坚持"产出来""管出来"两手抓、两手硬，大力推进质量兴农，加快标准化、品牌化农业建设，强化质量安全监管，实现"从田头到餐桌"可追溯，保障人民群众"舌尖上的安全"。

推进农业绿色发展应当建立相应保障机制，包括如下4个方面。

一是健全农业绿色发展引导政策。落实好《建立以绿色生态为导向的农业补贴制度改革方案》，健全粮食主产区利益补偿、耕地保护补偿、生态补偿制度，建立促进农业绿色发展的补贴政策体系。完善农业保险政策，健全农业信贷担保体系，加快构建多层次、广覆盖、可持续的农业绿色发展金融服务体系。

二是强化科技支撑农业绿色发展。优化农业科技资源布局，推动科技创新、成果、人才等要素向农业绿色发展领域倾斜，研究提出适应不同区域、不同产业的绿色发展技术集成创新方案。遴选推广绿色环保、节本高效的重大关键共性技术，提高应用水平。

三是培育农业绿色发展经营主体。大力培育新型农业经营主体和服务主体，开展统测统配、统供统施、统防统治等专业化服务。支持规模种养企业、专业化公司、农民合作社等建设运营农业废弃物处理和资源化设施，采取政府统一购买服务、企业委托承包等形式，推动农业废弃物第三方治理。

四是建立农业绿色发展评价体系。建立农业资源台账制度，开展调查监测，搞好分析评价。探索建立农业绿色发展指标体系，推动将监测评价结果纳入地方政府绩效考核内容，建立财政资金分配与农业绿色发展挂钩的激励约束机制。

参考文献:

[1] 陈钟卫. 红壤侵蚀区不同立地条件马尾松生长状况研究 [D]. 福州: 福建师范大学, 2008.

[2] 福建省统计局. 2010 福建省统计年鉴 [M]. 北京: 中国统计出版社, 2010.

[3] 高旺盛. 坚持走中国特色的循环农业科技创新之路 [J]. 农业现代化研究, 2010, 31 (2): 129-133.

[4] 高旺盛, 陈源泉, 梁龙. 论发展循环农业的基本原理与技术体系 [J]. 农业现代化研究, 2007, 28 (6): 731-734.

[5] 何园球. 我国南方林地退化过程中的生态环境效应 [M]. 北京: 中国科学技术出版社, 1992: 198-203.

[6] 何园球, 赵其国, 王明珠, 等. 我国热带、亚热带森林土壤养分循环特点与成土过程研究 [J]. 土壤, 1993, 25 (6): 292-298.

[7] 洪伟, 吴承祯. 马尾松人工林经营模式及其应用 [M]. 北京: 中国林业出版社, 1999.

[8] 胡宪涛. 侵蚀红壤理化性质变化及对作物产量的影响 [D]. 南昌: 南昌工程学院, 2019.

[9] 黄文娟. 典型红壤侵蚀区农业生态经济系统能值分析 [D]. 福州: 福建师范大学, 2009.

[10] 黄秀声, 翁伯琦, 徐国忠, 等. 福建丘陵区循环农业发展战略与体系构建 [J]. 福建农业学报, 2011, 26 (4): 664-670.

[11] 黄颖, 罗旭辉, 钟珍梅, 等. 南方丘陵山地水土保持与循环农业发展策略研究 [J]. 福建农业学报, 2015, 30 (8): 817-824.

[12] 姜超, 陈志彪, 陈志强, 等. 红壤侵蚀区崩岗土壤养分化学计量特征分异规律 [J]. 水土保持学报, 2016, 30 (6): 193-200.

[13] 李建生. 不同雨强下红壤坡地径流及土壤侵蚀监测 [A]. 中国环境科学学会 2006 年学术年会优秀论文集 (下卷) [C]. 中国环境科学学会, 2006: 3.

[14] 李生宝, 王占军, 王月玲, 等. 宁南山区不同生态恢复措施对土壤环境效应影响的研究 [J]. 水土保持学报, 2006, 20 (4): 20-22.

[15] 林盛. 南方红壤区水土流失治理模式探索及效益评价 [D]. 福州: 福建农林大学, 2016.

[16] 林松锦. 红壤丘陵区水土流失保护性开发治理模式及对策研究 [D]. 福州：福建农林大学，2014.

[17] 刘朋虎，赵雅静，翁伯琦. 防控农业面源污染与提升农田土壤质量的对策研究——基于福建省现代生态循环农业科技与协同创新视角的思考 [J]. 农学学报，2016，6（8）：33-40.

[18] 刘鑫鼎. 长汀红壤侵蚀区不同植被恢复阶段群落组成及土壤特性研究 [D]. 福州：福建农林大学，2014.

[19] 刘政，田地，黄梓敬，等. 南方红壤侵蚀区不同恢复年限马尾松人工林土壤和叶片氮磷养分含量及生态化学计量特征 [J]. 应用与环境生物学报，2019，25（4）：768-775.

[20] 刘政，许文斌，田地，等. 南方红壤严重侵蚀地不同恢复年限马尾松人工林生态系统碳储量特征 [J]. 水土保持通报，2019，39（1）：37-42.

[21] 卢其明，林琳，庄雪影，等. 车八岭不同演替阶段植物群落土壤特性的初步研究 [J]. 华南农业大学学报，1997（3）：51-55.

[22] 莫江明. 鼎湖山退化马尾松林、混交林和季风常绿阔叶林土壤全磷和有效磷的比较 [J]. 广西植物，2005（2）：186-192.

[23] 阮伏水，朱鹤健. 福建省花岗岩地区土壤侵蚀与治理 [M]. 北京：中国农业出版社，1997：31-32.

[24] 沈仁芳. 红壤营养元素的淋溶特征 [D]. 南京：中国科学院南京土壤研究所，1993.

[25] 史志华，王玲，刘前进，等. 土壤侵蚀：从综合治理到生态调控 [J]. 中国科学院院刊，2018，33（2）：198-204.

[26] 王全九，王辉. 黄土坡面土壤溶质随径流迁移有效混合深度模型特征分析 [J]. 水利学报，2010，41（6）：671-676.

[27] 王全九，王力，李世清. 坡地土壤养分迁移与流失影响因素研究进展 [J]. 西北农林科技大学学报（自然科学版），2007（12）：109-114，119.

[28] 翁伯琦，雷锦桂. 以发展现代循环农业推动生态强省建设的思考 [J]. 鄱阳湖学刊，2012（6）：93-102.

[29] 翁伯琦，刘用场. 农业循环经济与社会主义新农村建设 [J]. 农业环境与发展，2008（2）：12-15.

[30] 翁伯琦，罗涛，黄毅斌，等. 生态强省建设与循环农业发展 [M]. 北京：中国农业科学技术出版社，2010.

[31] 翁伯琦，曾玉荣，刘用场. 开创循环型大农业道路 [J]. 发展研究，2005（10）：60-61.

[32] 谢锦升，李春林，陈光水，等. 花岗岩红壤侵蚀生态系统重建的艰巨性探讨 [J]. 福建水土保持，2000（4）：3-6，11.

[33] 谢锦升，杨玉盛，解明曙，等. 植被恢复对退化红壤轻组有机质的影响 [J]. 土壤学报，2008（1）：170-175.

[34] 谢凯，罗旭辉，翁伯琦，等. 南方红壤区水土流失治理与循环农业发展对策研究 [J]. 福建农业学报，2013，28（11）：1159-1163.

[35] 谢小立，王凯荣. 红壤坡地雨水地表径流及其侵蚀 [J]. 农业环境科学学报，2004（5）：839-845.

[36] 杨武德，王兆骞，眭国平，等. 土壤侵蚀对土壤肥力及土地生物生产力的影响 [J]. 应用生态学报，1999（2）：48-51.

[37] 岳辉，曾河水. 等高草灌带在长汀水土流失治理中的应用与成效 [J]. 亚热带水土保持，2007，19（1）：

31-33.

[38] 张炳荣，陈森庆. 高岭土洗矿沙山绿化技术 [J]. 林业科技，2003，28（4）：6-9.

[39] 张洪波，曹巍，张双虎，等. 人类活动对洞庭湖区荆南三河径流变化的定量影响 [J]. 地球科学与环境学报，2018，40（1）：91-100.

[40] 张秋芳，陈奶寿，陈坦，等. 不同恢复年限侵蚀红壤生态化学计量特征 [J]. 中国水土保持科学，2016，14（2）：59-66.

[41] 赵其国. 我国红壤的退化问题 [J]. 土壤，1995（6）：281-285.

[42] 赵其国. 我国南方当前水土流失与生态安全中值得重视的问题 [J]. 水土保持通报，2006（2）：1-8.

[43] 赵其国，黄季焜，段增强. 我国生态高值农业的内涵、模式及其研发建议 [J]. 土壤，2012，44（5）：705-711.

[44] 郑诗樟，肖青亮，吴蔚东，等. 红壤丘陵不同人工林型对土壤理化性状的影响 [J]. 安徽农业科学，2006，34（11）：2455-2457.

[45] 中国科学院红壤生态实验站. 红壤生态系统研究 [M]. 南昌：江西科学技术出版社，1993：283-360.

（罗旭辉　邢世和　翁伯琦）

第二章

植被修复与种植产业提升耦合技术模式

人地矛盾是水土流失的根源，缓解人地矛盾是水土流失治理的根本。福建省长汀县、宁化县、平和县，人口多，经济不发达，不合理的坡耕地种植导致陡坡越开越贫，越贫越垦，使地表裸露，植被遭受破坏，水土流失严重。近年，通过封禁管护以及城镇化建设，大量劳动力转移至城镇，有效减缓了农村地区的人地矛盾。但是部分乡镇人口依然稠密，优势经济作物栽培管理生态负荷过重的问题依然存在。

为此，项目组积极探索以立体种植、延伸产业链等方式，实现种植模式优化，谋求生态经济平衡。其中，蜜柚是平和县特色产业，重点突出当地特色产业发展，建立规模化脱毒蜜柚良种基地，重点加强水肥一体化、机械化运输网、山地生态果园等技术研发，严格防控水土流失和面源污染，保护产地环境，建立仓储物流配送中心，积极发展品牌农业，加强产前、产中、产后的优化管理。以紫色土为代表的宁化县，因紫色土成岩时间短，组成复杂，结构较为疏松，容易分化，土壤发育弱，土层分化不明显，容易被侵蚀，结合当地土壤实际，建立产业发展模式及示范园区的策略，研发紫色土壤流失防控技术，构建"草-牧-沼-油茶"模式。杨梅作为长汀县水土流失区开发品质尚不高的主要品种之一，项目组主要开展杨梅品种的优选、典型区域杨梅林地生态经济关键技术和典型区域杨梅精深加工关键技术研发，以发挥当地自然资源优势为抓手，以市场需求为导向，以先进科学技术集成为支撑，以生态环境持续改善和农业产业持续提升为目标，通过基础地力提升、农产品品质提升、农业内部结构调整优化和农产品附加值提升，实现区域农业产业的整体提升。

第一节　红壤山地水保型蜜柚高优栽培模式

南方红壤区作为我国热带、亚热带经济林果、经济作物及粮食生产的重要基地，同时也是我国生态脆弱地带，种植蜜柚是平和县用于植被恢复的重要措施。目前，平和县蜜柚种植面积超过 $6 \times 10^4 hm^2$，种植面积占全国 1/3。全县水土流失面积占土地总面积比例为 16% 左右，水土流失面积居全省第三位，是省定 5 个重点治理 I 类县之一。截至 2012 年 12 月 31 日，全县共投入水土保持资金 11731 万元，其中国家重点治理项目投入 2548 万元，省级重点治理项目投入 3751 万元，省直有关单位及县自筹投入 5432 万元，完成综合治理面积 8045hm²，水土保持工作实现长足进步。

表 2-1　平和县水土流失面积变化

时间	水土流失面积（km²）					占土地总面积（%）
	轻度	中度	强度	极强度	合计	
1984 年	283.75	111.35	139.70		534.80	23.04
2000 年	253.03	155.95	65.23	2.76	476.97	20.56
增减	-30.72	44.60	-74.47	2.76	-57.83	

平和蜜柚经过 30 多年的大规模发展，从单一的白肉蜜柚发展到如今的 6 个品种：琯溪蜜柚（白肉）、红肉蜜柚、红绵蜜柚、三红蜜柚、黄金蜜柚、香红蜜柚（暂名）。如今的平和漫山遍野的蜜柚，已经从深山小镇到如今远销欧美，琯溪蜜柚产业成为平和县农村经济发展、农民增收致富的优势主导产业。但

是平和琯溪蜜柚产业发展也面临着一系列问题，制约着琯溪蜜柚产业健康、可持续发展，主要体现在以下几个方面：一是不合理的种植方式，导致水土流失严重。随着蜜柚种植面积的增多，市场也供不应求，一些种植户选择了高坡种植，导致果园水土流失严重，保水保肥能力下降，生态环境遭受严重破坏。再加上长期以来过度的化肥农药施用导致土壤有害残留和水体污染。不合理的施肥用药导致土壤肥力日趋衰竭，更导致土壤酸化、板结、肥力下降、养分不平衡、障碍性缺素，有益微生物濒灭，土壤日趋失去活力，持续供肥能力不足，导致琯溪蜜柚的产量和品质无法保障。二是生产管理水平低，产业链条不完整。在蜜柚栽培上依然使用较为传统的方式，肥料与农药的使用不可避免，但是种植户对农药的功能一知半解，使得蜜柚在生长过程中存在质量问题；深加工能力不足导致蜜柚果品的综合利用率较低；随着科学技术的发展，果实套袋技术因成本比较高的原因，果农未掌握相应的科学种植管理技术，使蜜柚的产量和质量达不到市场越来越严格的要求。在平和县琯溪蜜柚生产与营销的发展过程中，科学技术的推广途径与手段较为单一，致使外贸、信息以及产业化经营的管理人才比较缺乏，科技信息化程度偏低就会严重制约琯溪蜜柚的质量以及市场竞争力。三是生产组织化程度与品控水平不匹配。蜜柚农资市场良莠不齐，存在高毒高残留农药以及伪劣农资现象。假冒名牌、伪造产地、商标侵权、伪造条形码等违法违规经营蜜柚行为时有发生，质量安全和品牌保护工作有待加强。长期蜜柚种植导致营养失衡、土壤酸化、面源污染突出等问题。应因地制宜，巩固提升当地特色蜜柚产业，从品种、技术以及关键链接技术实施集成创新，持续支撑水土保持型蜜柚产业发展。

● 1 蜜柚品种及其改良研究

1.1 黄金蜜柚选育过程

黄金蜜柚系从琯溪蜜柚芽变单株选育，生育期明显延长，经过多年连续观测（表2-2），黄金蜜柚物候期与琯溪蜜柚相比，春梢萌发期、花期和幼果期两个品种间均无明显差异，但黄金蜜柚成熟期在10月上中旬，比琯溪蜜柚提早10d左右。

表 2-2　黄金蜜柚与琯溪蜜柚的物候期比较

品种	春梢萌发期	花期	幼果期	成熟期
黄金蜜柚	2月中下旬	3月中旬至4月上旬	4月上旬至5月上旬	10月上中旬
琯溪蜜柚	2月中下旬	3月中旬至4月上旬	4月上旬至5月上旬	10月中下旬

注：均在平和县小溪镇观测（林旗华等），观测时间2003—2013年。

对黄金蜜柚和琯溪蜜柚的果肉汁胞色素成分定性定量分析（卢新坤，2014），结果表明两者存在明显差异（表2-3），不仅黄金蜜柚的果肉汁胞色素种类与琯溪蜜柚不一样，而且相同色素间的含量更是差异巨大。黄金蜜柚的果肉汁胞色素共检测出5种，分别是β-胡萝卜素、八氢番茄红素、α-胡萝卜素、β-隐黄素和番茄红素，而琯溪蜜柚只有2种，是β-胡萝卜素和番茄红素，且番茄红素的含量极微。黄金蜜柚的β-胡萝卜素和类胡萝卜素总量分别是琯溪蜜柚的250.1倍和287.7倍。

黄金蜜柚的花与琯溪蜜柚相比，花瓣、花丝和花萼等相似，主要差异是花柱头（表2-4），黄金蜜柚的花柱头呈橙黄色，而琯溪蜜柚是淡黄色。另外，黄金蜜柚的果皮和果瓤颜色等与琯溪蜜柚相同，差异体现在黄金蜜柚的果肉从幼果期至成熟期均为橙黄色，而琯溪蜜柚果肉颜色从幼果期的黄绿色逐渐转变到成熟期的蜡黄色。

表 2-3　黄金蜜柚与琯溪蜜柚果肉汁胞类胡萝卜素组成及含量（μg/g）

品种	α-胡萝卜素	β-胡萝卜素	β-隐黄素	番茄红素	八氢番茄红素	类胡萝卜素总量
黄金蜜柚	4.17	218.83	2.96	2.86	22.95	251.77
琯溪蜜柚	未检出	0.88	未检出	极微	未检出	0.88

表 2-4　黄金蜜柚与琯溪蜜柚的花柱头、果肉颜色比较鉴定

品种名称	花柱头颜色	幼果期果肉颜色	成熟期果肉颜色
黄金蜜柚	橙黄色	橙黄色	橙黄色
琯溪蜜柚	淡黄色	黄绿色	蜡黄色

1.2 黄金蜜柚鉴定研究

1.2.1 SRAP 引物筛选与 SRAP-PCR 扩增

为了鉴定两个品种的遗传差异，我们运用 SRAP 分析手段，通过 208 对 SRAP 引物对黄金蜜柚和琯溪蜜柚进行 PCR 扩增，两品种间的谱带基本相同，但均存在黄金蜜柚和琯溪蜜柚特有的谱带，其中引物 me11-em13（图 2-1a 的 7、8 泳道），me7-em15（图 2-1b 的 7、8 泳道），me5-em4（图 2-1c 的 5、6 泳道）均扩增出差异条带，这表明了黄金蜜柚遗传背景不同于琯溪蜜柚，两品种间存在真实的遗传差异。

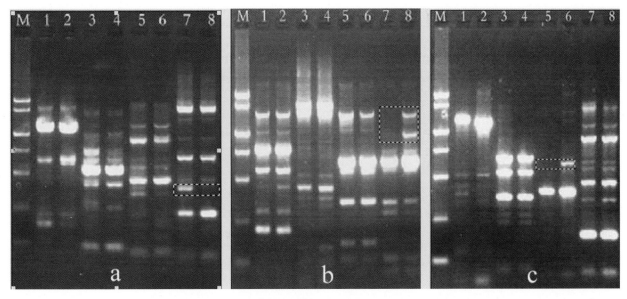

图 2-1　部分引物扩增柚子材料的 SRAP-PCR 图谱

注：泳道 1、3、5 和 7 为黄金蜜柚，泳道 2、4、6 和 8 为琯溪蜜柚。

根据已发表的 208 对 SRAP 引物组合（正向引物 13 条、反向引物 16 条），共筛选出多态性好、条带清晰且重复性好的 19 对引物组合（见表 2-5）。通过筛选到的 19 对引物组合对 10 份样品进行 SRAP-PCR 扩增，19 对引物组合均能扩增出清晰的扩增条带，大小在 200—2000bp，共扩增 172 条谱带，其中多态性谱带 78 条，平均每对引物扩增谱带数 9.1 条，平均每对引物多态性谱带 4.1 条，10 份柚子样品基因组 DNA 扩增谱带的多态性比率为 45.3%。不同引物扩增出 DNA 片段数不同，其中引物组合

P7 扩增出来的 DNA 片段最多，为 17 条；引物组合 P3 扩增产物最少，只有 5 条。多态性比率最高的是引物组合 P17，达到 71.4%，P3 扩增产物的多态性比率最低，只有 20%。

表 2-5 对 SRAP 引物组合及扩增结果

引物组合	引物（正 - 反）	扩增位点数	多态性位点数	多态性比率 (%)
P1	me2-em3	12	6	50.0
P2	me2-em5	8	3	37.5
P3	me2-em6	5	1	20.0
P4	me3-em4	8	2	25.0
P5	me3-em11	8	3	37.5
P6	me3-em16	10	5	50.0
P7	me4-em5	17	9	52.9
P8	me5-em6	8	2	25.0
P9	me5-em8	7	4	57.1
P10	me6-em7	7	3	42.9
P11	me7-em15	9	4	44.4
P12	me9-em4	12	5	41.7
P13	me11-em7	13	6	46.2
P14	me11-em10	11	5	45.5
P15	me11-em11	6	3	50.0
P16	me11-em12	6	2	33.3
P17	me11-em14	7	5	71.4
P18	me11-em16	11	7	63.6
P19	me12-em8	7	3	42.9
总计		172	78	
平均		9.1	4.1	45.3

图 2-2 和图 2-3 为引物组合 P1（me2-em3）和 P7（me4-em5）扩增的 10 份柚子种质资源的 SRAP 图谱。从图中可以看出，柚子 SRAP 扩增的带纹清晰，条带主要集中在 300—1500bp。

1.2.2 遗传相似性分析

10 份柚子种质资源间的遗传相似系数为 0.79—0.98，表现较为亲密的遗传关系（表 2-6）。其中矮晚柚和翡翠柚相似系数最小，为 0.79，表明两者的亲缘关系较远；琯溪蜜柚、黄金蜜柚、红肉蜜柚和三红蜜柚这 4 个柚子品种间的遗传相似系数均高于 0.90，其中黄金蜜柚与琯溪蜜柚的遗传距离最为接近，达到 0.98，4 个品种都是在福建平和县选育出的优异品种，遗传相似系数也较高，这从分子水平上证明了其亲缘关系非常紧密。综合 SRAP-PCR 扩增的 172 个检测位点进行系统聚类分析，得到 10 份柚子样品的聚类分析树状图（图 2-4）。总体看，福建漳州柚子资源遗传相似系数比较近，在遗传相似系数 0.88 处，可将 5 份福建漳州柚子资源与其他柚子资源区分开。在遗传相似系数 0.84 处，可将供试的 10 份柚子种质资源分为 3 大类群。A 类共 6 份，分别是琯溪蜜柚、黄金蜜柚、红肉蜜柚、三红蜜柚、坪山柚和矮晚柚；B 类共 3 份，分别是泰国金丝柚、迎春香柚和强得勒红心柚；C 类共 1 份，是翡翠柚。

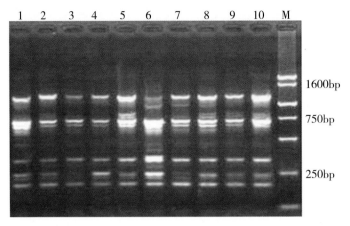

图 2-2　引物组合 me2-em3 对 10 份柚子种质 SRAP-PCR 产物电泳结果

注：1-10 依次为泰国金丝柚、强得勒红心柚、翡翠柚、迎春香柚、三红蜜柚、矮晚柚、坪山柚、红肉蜜柚、琯溪蜜柚和黄金蜜柚。

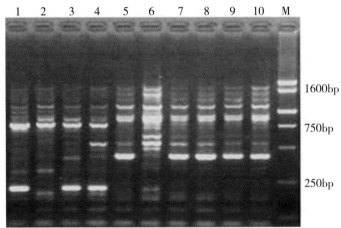

图 2-3　引物组合 me4-em5 对 10 份柚子种质 SRAP-PCR 产物电泳结果

注：品种名称 1-10 同图 2-2。

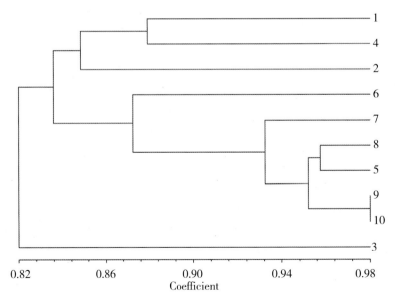

图 2-4　黄金蜜柚与其他柚类品种间的 SRAP 聚类分析树状图

注：品种名称 1-10 同图 2-2。

表 2-6　柚类不同品种间的遗传相似系数矩阵

品种	泰国金丝柚	强得勒红心柚	翡翠柚	迎春香柚	矮晚柚	坪山柚	红肉蜜柚	琯溪蜜柚	黄金蜜柚	三红蜜柚
泰国金丝柚	1.00									
强得勒红心柚	0.87	1.00								
翡翠柚	0.82	0.81	1.00							
迎春香柚	0.88	0.83	0.84	1.00						
矮晚柚	0.84	0.83	0.79	0.84	1.00					
坪山柚	0.84	0.84	0.84	0.87	0.90	1.00				
红肉蜜柚	0.84	0.82	0.81	0.87	0.88	0.93	1.00			
琯溪蜜柚	0.81	0.80	0.80	0.84	0.85	0.92	0.95	1.00		
黄金蜜柚	0.83	0.80	0.81	0.84	0.87	0.94	0.95	0.98	1.00	
三红蜜柚	0.80	0.81	0.81	0.85	0.86	0.94	0.96	0.95	0.96	1.00

● 2 蜜柚产业提升关键技术

2.1 黄金蜜柚优质高效栽培技术

2.1.1 黄金蜜柚果实经济性状

黄金蜜柚是柚类优特新品种，系福建省农业科学院果树研究所与平和县经作站从平和县小溪镇内林村张胜民、李春生果园的芽变单株选育而成，2013 年 4 月 26 日通过福建省农作物品种审定委员会新品种认定（闽认果 2013005）。黄金蜜柚的最大特点为花柱头呈橙黄色，果肉从幼果期至成熟期均为橙黄色，性状稳定，适应性广。黄金蜜柚成熟柚果外表呈黄色，单果重 1100—2250g，可食率 67.5%—72.3%，皮薄，瓤为白色，瓤瓣肾形、12—17 瓣，籽退化成瘪子。果实可溶性固形物含量 11.4%，总糖 8.8%，可滴定酸 0.54%，维生素 C 35.4mg/100g。肉质爽口化渣，清甜适口、有橙香味，品质佳。水果中类胡萝卜素含量和组成不仅决定果实色泽及商品性，其在人体内还具有清除自由基、延缓衰老、保护眼睛及防癌抗癌等功能（黄彬城，2006）。黄金蜜柚中类胡萝卜素主要有 β-胡萝卜素、八氢番茄红素、α-胡萝卜素、β-隐黄素和番茄红素。类胡萝卜素总量为 251.77μg/g DW，分别是红肉蜜柚和琯溪蜜柚的 2.6 倍和 287.7 倍。其中含量最高的为 β-胡萝卜素，高达 218.83μg/g DW，分别是红肉蜜柚和琯溪蜜柚的 5.3 倍和 250.1 倍；其次分别为八氢番茄红素、α-胡萝卜素和 β-隐黄素，含量分别为 22.95μg/g DW、4.17μg/g DW 和 2.96μg/g DW，而在红肉蜜柚和琯溪蜜柚中均未检测到这 3 种成分。

2.1.2 黄金蜜柚生长特征特性

黄金蜜柚主干及骨干枝灰褐色；芽为复芽，一年可抽梢 4—6 次，除冬梢外，各次梢均能成为结果母枝，但以春梢为主要结果母枝；叶为单身复叶，长椭圆形，叶主脉明显，翼叶大、心脏形；花序为总状花序，少量单花，花药黄色，花柱头为橙黄色；果形倒卵圆形，成熟时果皮为黄色，海绵层、囊衣为白色，果实皮薄，籽粒退化成瘪子，果肉从幼果期至成熟期均呈橙黄色。春梢萌芽期在 2 月中下旬，夏梢在 5 月上中旬和 6 月下旬至 7 月上旬抽生，秋梢在 7 月下旬至 8 月上旬抽生，晚秋梢 9 月下旬至 10 月上旬抽生。初花在 3 月中旬，盛花期在 3 月下旬至 4 月上旬，终花期在 4 月上中旬。果实发育期在 4 月上旬至 10 月上旬。黄金蜜柚适应性较强，柚类适宜区均可种植，最适宜生长的温度在 22—35℃。对土壤的适用范围较广，尤以土层深厚疏松、富含有机质、排水良好的微酸性至微碱性土壤最适宜。在平和县低海拔地区，嫁接苗种植第三年即可开花结果，6 年生进入盛产期。黄金蜜柚喜湿、怕涝、耐旱，抗病力较强，主要病害有疮痂病、煤烟病、黄斑病和炭疽病；虫害有蚜虫、潜叶蛾、锈壁虱、红蜘蛛、蚧类和蛾类等。

2.1.3 嫁接繁育

黄金蜜柚繁殖分定植柚树嫁接换种和小苗嫁接繁育两种方法。

定植柚树嫁接换种：是指利用生产柚园现有的其他品种柚树作砧木，选用健壮的黄金蜜柚接穗，通过嫁接换成生产黄金蜜柚的树冠。定植柚树嫁接方法要根据树龄（或树冠大小），分为低位嫁接（幼年树）和中位嫁接（成年树）。

幼龄柚树嫁接是指对定植 1—3 年的未投产柚树进行嫁接换种。在福建省漳州地区，每年的 8 月至翌年的 2 月均可进行嫁接，嫁接时于柚树主干离地面 20—40cm 处截断，接穗选用当年生长健壮的黄金蜜柚投产树春梢，采用切接法进行嫁接，嫁接后应注意及时抹除砧木芽，嫁接芽刚萌发时要及时喷药防治潜叶蛾等蝶蛾类幼虫，冬季应覆盖保护防止新梢受冻。

成年柚树嫁接是指对定植 4 年以上的投产柚树进行嫁接换种。在福建省漳州地区，每年柚果采收后（即 10 月至翌年的 2 月）均可进行嫁接，嫁接时于柚树第一级分枝距离主干 10cm 左右处截断，接穗选用当年生长健壮的黄金蜜柚投产树春梢，采用双单芽侧接法（即每个削接口方 2 个单芽）进行嫁接，每株柚树嫁接 2—3 个分枝，同时砧木树应选留 1—2 个带有叶片的小分枝作抽水枝，并对嫁接部位以下的主干进行包裹保护，防止主干树皮冻裂或暴晒干裂。嫁接后应注意及时抹除砧木芽，嫁接芽刚萌发时要及时喷药防治潜叶蛾等蝶蛾类幼虫，冬季应覆盖保护防止新梢受冻。

小苗嫁接繁育：新植黄金蜜柚多采用嫁接苗定植。嫁接苗繁育方法为：苗圃应选择土壤肥沃、水源充足、交通方便且前茬为非柑橘类育苗的耕地；砧木苗选用酸柚或沙田柚种子于 12 月播种，实生苗长至 4—6 片叶时，于 3 月中旬至 4 月上旬移至育苗圃按株行距 10cm×25cm 定植，注意薄肥勤施，当砧木苗长至主干离地面 5cm 处直径达 0.8cm 以上即可进行嫁接。嫁接一般采用单芽腹接法，嫁接前砧木苗于离地面 10cm 处截断，嫁接位选在砧木主干距地面 5—6cm 处，砧木嫁接处及以下的叶片全部抹除，嫁接后应及时抹除砧木芽，嫁接 10d 后应及时检查，对嫁接芽干枯或霉烂的苗进行补接，嫁接成活后及时剪去嫁接口以上的砧木主干，嫁接芽萌发后应及时防治潜叶蛾、木虱、食叶虫等。待第一次梢转绿后，要及时施肥，采用薄肥勤施，冬季要搭盖薄膜大棚进行保温防冻，嫁接苗抽长二、三次梢时要及时摘心，促进叶片转绿，加快苗木生长；当苗木第三次梢成熟且苗高达 40cm 以上即可出圃定植。

2.1.4 建园定植

园地选择：黄金蜜柚适宜种植地区应选择年均温度 16—22℃、绝对最低温度≥-3℃、≥10℃的年积温 5000℃以上，无严重周期性冻害，交通方便，坡度小于 25° 且背风向阳的丘陵山地或耕地。

建园定植：黄金蜜柚果园开垦过程要合理应用"山顶戴帽、山腰系带、山脚穿靴"的模式，要求建设保土、保水、保肥的"三保"等高水平梯田，严禁砍伐上部的林木建园，保持生态平衡。使用挖掘机进行开垦建园时，先将原坡面上生长的植被和表土集中于一侧，待用心土构筑好梯埂后再回填入种植沟（穴）。梯田应先构筑成前埂后竹节沟、中间挖种植沟（穴）的等高水平梯田，再按株行距 3.5m×4.0m 堆筑种植土墩，将有机肥、钙镁磷等基肥放入种植沟（穴），并与表土混拌，然后堆筑长、宽各 0.8—1.0m 的定植土墩，土墩应高出梯田水平地面 20—30cm。每年的 1—6 月均可进行定植，嫁接苗要求主干高≥35cm、径粗≥1.0cm、有 3—4 个分枝、根系发达、新叶已完全转绿且无病虫害。定植时嫁接口应浮出土面 5cm 以上，浇足定根水，定植后要用杂草等覆盖树盘保湿。

2.1.5 幼年树管理

黄金蜜柚生长势旺盛，在肥水充足且不受病虫为害的条件下，黄金蜜柚在漳州地区1年可长5—6次梢。小苗定植后，遇久旱要每周浇水1次；定植半个月后开始薄施水肥或雨天撒施，隔半个月施肥1次。以氮肥为主，氮（N）、磷（P₂O₅）、钾（K₂O）施用比例以1：（0.3—0.4）：0.6为宜，用硫酸铵＋氯化钾、复合肥、磷酸二铵、碳酸氢铵＋过磷酸钙等轮替施用；要重施基肥，于每年的冬季（春梢萌发前），挖沟每株埋施腐熟的畜禽粪肥7.5—15kg、复合肥0.75—1.0kg。新种植果园由于树冠小，土壤裸露部分面积大，不利于保湿保肥，因此果园应套种绿肥，既可保湿，又可提高土壤有机质含量，可套种与蜜柚无共生性病虫害、浅根、矮秆植物，以豆科作物和禾本科牧草为宜，如花生、黄豆、印度豇豆、旋扭山绿豆、苜蓿、藿香蓟、百喜草等。1—3年生的黄金蜜柚幼龄树，以尽快培养多主枝的高大树冠为主，即从主干的一、二级分枝中选留各方位分布较均衡的4—6枝作主干枝，并培养以各主枝为结果支撑主干的丰产树冠。黄金蜜柚幼龄树除剪除萌蘖、重叠枝条外，应尽量多留枝梢、少修剪。为害黄金蜜柚新梢的主要病虫害有潜叶蛾、蚜虫、橘粉虱、蝶蛾幼虫、溃疡病、疮痂病等，只要适时施药，就能有效控制病虫害，最适施药时间是在新梢长至1—2cm长时喷第一次，隔5—7d再喷1次即可。若在每年的4月于柚树蔸撒施吡虫啉粉剂，则可有效防治潜叶蛾对嫩梢的为害。

2.1.6 投产树管理

肥水管理：施肥以有机肥为主，株产50kg的黄金蜜柚树全年施用有机肥15—25kg、纯氮1.2—1.5kg。氮、磷、钾、钙、镁等要合理配施，比例按1.0：（0.6—0.7）：1.0：（1.0—1.2）：0.28为宜。每年分4次施用，第一次是促梢壮花肥，于2月中下旬雨后撒施，以速效氮、磷、镁肥为主，占全年施用量的25%；第二次是定果肥，于4月上中旬施用，以速效氮、钾肥为主，占全年施用量的20%，于雨后撒施；第三次是壮果肥，于5月中旬至6月上旬施用，以氮、磷、钾复合肥为主，占全年施用量的25%，挖沟或穴埋施；第四次是采果肥，于采果后进行，以有机肥和速效磷、钾、钙肥为主，占全年施用量的30%，结合扩穴改土埋施。

有条件的果园应安装滴灌，遇干旱可每5—7d浇滴水肥1次，既利于果实生长发育，又可减少裂果。同时果园要套种绿肥或留草覆盖，既可保湿，又可增加土壤有机质，提高土壤肥力。遇多雨季节和台风暴雨后，若果园积水应及时排除；在春梢萌动至开花期（3—4月）和果实定果、膨大期（5—9月）遇干旱应及时浇水。

树冠管理：投产树要适时进行整形修剪，培养多主枝的高大丰产树冠。修剪主要在冬季进行，于每年的11月下旬至翌年1月下旬对树冠进行全面修剪，选留4—6个分布合理、间隔约1m的主干枝，疏除重叠枝、交叉枝、枯枝、病虫枝，回缩过长枝。修剪整形后树冠应是：上部枝梢稀疏，主干枝明显，树冠中下部枝叶茂盛，结果母枝短且粗壮，通风透光良好。

促花保果：环剥于每年的11月中旬至12月下旬进行，生长健壮的柚树在主干基部离地面20—50cm处环剥1圈，宽3—5mm，去皮不伤木质，环剥15d后用深色塑料布包扎伤口，促进伤口愈合；长势较弱树在主干基部平行环割2圈（相距1—2cm，不去皮），深达木质部即可。

控梢疏蕾：黄金蜜柚投产树发现10月以后萌发冬梢应及时抹除，减少树体养分消耗；春梢抽长过多要进行疏控，疏除春梢总量的1/3左右；花穗过多的柚树要进行疏蕾，每个结果枝留1个花穗，每个花穗只留中部3—4个花朵。

保果疏果：在春梢叶片展叶时，进行第一次根外追肥，用量为50kg水加尿素150g、磷酸二氢钾

150g、硝酸钙 200g、硼砂 100g；在谢花 2/3 时，健壮树在主枝基部全闭环割 1 圈（深达木质部），并进行第二次根外追肥，用量为 50kg 水加磷酸二氢钾 150g、硫酸镁 200g、硫酸锌 75g、硫酸铁 75g。黄金蜜柚果实以单果重 0.9—2.0kg 的品质最佳，因此初投产树若结果太少要疏除；结果多的树，在套袋前（6—7 月）要疏去过大、过小的柚果，以确保生产优质果实。

病虫害综合防治：具体措施如下。

农业防治。实施翻土、修剪、清洁果园、及时排水、控梢等农业措施，减少病虫源，加强栽培管理，增强树势，提高树体自身的抗病虫能力。

套袋保护。柚果发育中后期进行套袋保护，既可预防日灼伤，防止病虫危害，又可减少用药，避免农药残留，提高果实优级率。

生物防治。因地理条件和果园情况，进行繁殖释放捕食螨等天敌，挂黄色粘虫板、利用性诱剂进行诱杀，应用生物农药进行防治。

化学防治。黄金蜜柚的主要害虫有红蜘蛛、锈壁虱、介壳虫类、潜叶蛾、蚜虫、橘粉虱等，病害主要有炭疽病、黄斑病、溃疡病、疮痂病等。对虫害应选在适宜期施药，病害则以预防为主。严禁使用高毒、高残留的农药，注意不同作用机理的农药要交替使用和合理混用，避免产生抗药性。

2.2 黄金蜜柚的植物营养需求分析

黄金蜜柚成熟果实含钾 145.15mg/100g、磷 19.08mg/100g、钙 12.98mg/100g、镁 10.57mg/100g、钠 4.20mg/100g、铁 0.17mg/100g、锌 0.21mg/100g；钾、磷、钙、镁含量比为 13.73 ∶ 1.87 ∶ 1.23 ∶ 1.00。从表 2-7 可以看出，黄金蜜柚果实积累了大量钾元素，说明其对钾的需求量较大，而对磷、钙、镁等元素的需求量较小。

表 2-7　黄金蜜柚鲜果无机矿物成分（mg/100g）

品种	钾	钙	磷	镁	钠	铁	锌
黄金蜜柚	145.15	12.98	19.08	10.57	4.20	0.17	0.21

2.3 套袋对黄金蜜柚果实贮藏品质的影响

2.3.1 套袋对果实贮藏失重率的影响

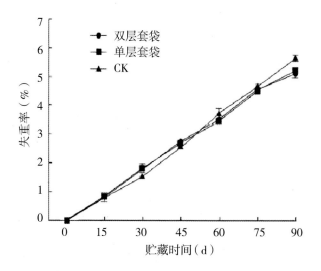

图 2-5　套袋对黄金蜜柚果实贮藏失重率的影响

黄金蜜柚贮藏期间，果实失重率呈上升趋势（图2-5），相对于对照，套袋果失重率增长平缓，这与关于新都柚的贮藏失重报道一致。从开始贮藏至60d，套袋果的失重率始终略高于对照果。随着贮藏时间的延长，柚果表皮及海绵层枯水明显，果皮变薄易剥；且对照果比套袋果更易失重，套袋果失重率为5.12%（双层套袋）和5.23%（单层套袋），而对照果高达5.63%，与套袋果差异显著（$P < 0.05$），双层套袋和单层套袋处理则差异不显著。

2.3.2 套袋对果实贮藏好果率的影响

柚果是八九成熟时采摘，采收时还未完全转色，贮藏期会继续转色。试验结果表明，贮藏期内套袋果的果皮转色较快且均匀，于采后15d转至浅黄色至金黄色，达到优质商品果要求，而对照果则要延长至30d左右，且外观品质较套袋果差，部分果皮褐斑明显。贮藏至后期，随着失重增加，对照果的饱满度不如套袋果，果皮干疤多，说明生育期套袋对柚果采后迅速转色和保护果面光洁度有明显的促进作用。整个贮藏期内，三次处理的病虫果分别为2、3、6个，好果率为96%、94%和88%。套袋果病虫为害部位为海绵层及外层果肉，而对照有的深及内部果肉，出现烂果现象。可见在贮藏过程中，套袋处理的好果率均高于对照，可能是果实发育期套袋减少了田间病虫害的潜伏侵染。

2.3.3 套袋对果实贮藏主要品质和风味的影响

果实裂瓣木质化：果实裂瓣和汁胞木质化是柚类特别是琯溪蜜柚及其变异品种（系）普遍发生的一种现象，严重影响食用品质和商品价值。本试验中，黄金蜜柚套袋果和对照果均出现裂瓣和木质化现象。从裂瓣率和木质化率看，套袋处理和对照差异不明显，且贮藏前后期差异不大。但从木质化程度来看，随着贮藏时间的延长，汁胞木质化现象加重，而且对照更严重，主要表现为汁胞异常变粗变硬，呈木质化，汁味变淡，造成柚果食用品质下降，甚至丧失商品价值（表2-8）。

表2-8　套袋对黄金蜜柚果实裂瓣木质化的影响

指标	处理时间	双层套袋	单层套袋	CK
裂瓣率（%）	0d	22.8	23.2	23.4
	15d	22.6	23.3	24.2
	30d	23.5	23.3	24.3
	45d	24.0	24.2	24.3
	60d	24.2	24.5	24.6
	75d	24.5	24.5	24.8
	90d	24.8	25.3	25.5
木质化率（%）	0d	23.2	23.3	23.5
	15d	22.8	23.5	24.0
	30d	23.3	23.6	24.2
	45d	24.2	24.3	24.5
	60d	24.4	24.4	24.7
	75d	24.8	24.5	24.8
	90d	25.2	25.0	25.3

指标	处理时间	双层套袋	单层套袋	CK
木质化程度	0d	+	+	+
	15d	+	+	+
	30d	++	++	++
	45d	++	++	+++
	60d	+++	+++	+++
	75d	+++	+++	++++
	90d	+++	+++	++++

注：木质化程度列中，＋表示粒化程度，＋越多表示粒化程度越严重。

果实可溶性固形物含量：果实可溶性固形物含量决定了柚子的口感和品质。从图 2-6 可以看出，3 个处理的可溶性固形物含量呈现下降—上升—下降趋势，贮藏前期（0—30d）均呈现下降趋势，但含量均高于 11.0%，并于 30d 开始上升，45d 达到峰值，后急剧下降，贮藏后期（60—90d）则下降较平缓，且低于贮藏前期水平。从变化轨迹来看，贮藏前期对照果的可溶性固形物含量均高于套袋果，可能因为对照果挂树期吸收更多阳光所致；单层套袋果最低，至 30d 时，显著低于另外 2 个处理（$P < 0.05$）。贮藏中期，双层套袋果始终高于另外 2 个处理，于 45d 显著高于单层套袋果和对照果（$P < 0.05$），此时也是柚子全面上市的高峰期，说明双层套袋对贮藏期柚果品质的影响显著。贮藏后期，套袋果略高于对照果，但差异不显著。

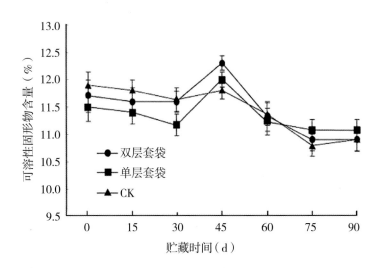

图 2-6　套袋对黄金蜜柚果实贮藏期可溶性固形物含量的影响

总糖含量：贮藏过程中，黄金蜜柚总糖含量的变化规律与可溶性固形物含量基本一致，呈现下降—上升—下降的变化趋势（图 2-7）。但不同套袋处理略有差异，双层套袋果在贮藏前期低于对照，中期开始上升，高于对照水平，并于 45d 达到高峰（11.1%），显著高于单层套袋果和对照果（$P < 0.05$），此后开始下降。单层套袋除了贮藏后期高于双层套袋，前中期则明显低于后者。而对照果前期高于套袋果，中期与单层套袋果相当，低于双层套袋果，后期则明显低于 2 个套袋果，但差异不显著。总糖与可溶性

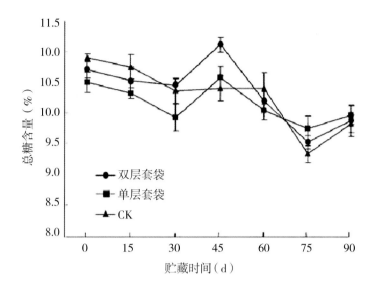

图 2-7 套袋对黄金蜜柚果实贮藏期总糖含量的影响

固形物含量变化轨迹明显不同的是，后期 75d 时出现了反弹式上升。

可滴定酸含量：可滴定酸是影响果实风味品质的重要因素之一（张小红，2010）。本试验中，黄金蜜柚在室温贮藏中出现"返酸"现象。由图 2-8 可见，3 个处理的可滴定酸基本呈现先升后降的趋势，双层套袋和单层套袋均在贮藏 60d 达到高峰，而对照则在 45d，此时显著高于套袋处理，这与关于琯溪蜜柚室温贮藏可滴定酸高峰出现在 70d 的报道有所差异。在贮藏前期，对照的可滴定酸含量始终高于 2 个套袋处理，至 55d 以后，基本与双层套袋没有差异，而单层套袋则显著高于二者（$P < 0.05$）。

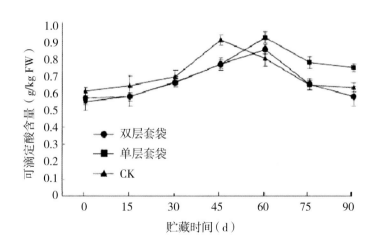

图 2-8 套袋对黄金蜜柚果实贮藏期可滴定酸含量的影响

固酸比：固酸比是衡量果实风味的重要指标（张小红，2010）。本试验中，黄金蜜柚在贮藏期的固酸比均高于 13，呈下降—上升的趋势。2 个套袋处理的固酸比在贮藏 60d 内平缓下降，而后上升，而对照则在 45d 达到最低（13.1），显著低于另外 2 个处理（$P < 0.05$）。从整个贮藏期看，双层套袋处理的固酸比高于单层套袋，后期尤为明显；单层套袋果的固酸比后期显著低于双层套袋果和对照果（$P < 0.05$），说明不同套袋对柚果贮藏后期影响较大，双层套袋明显优于单层套袋（图 2-9）。

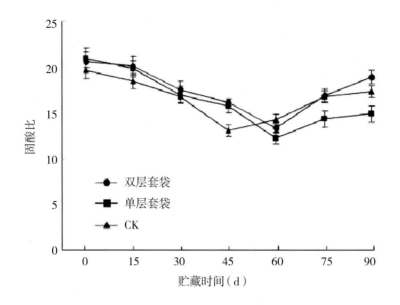

图 2-9　套袋对黄金蜜柚果实贮藏期固酸比的影响

维生素 C 含量：随着贮藏时间的延长，柚果抗氧化性减弱，衰老不断加剧，维生素 C 含量逐渐下降。本试验中，黄金蜜柚在贮藏过程中 3 个处理果实的维生素 C 含量逐渐下降，从第一次测定的 54.08—55.28 g/kg FW 下降至 90d 的 38.08—40.83 g/kg FW，且套袋果高于对照，但差异不显著（图 2-10）。

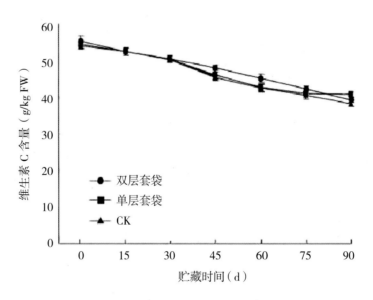

图 2-10　套袋对黄金蜜柚果实贮藏期维生素 C 含量的影响

2.4 红肉蜜柚品质提升关键技术

2.4.1 影响红肉蜜柚品质的主要因素

红肉蜜柚特异性状：遗传基因虽然能稳定遗传，但果肉中呈色色素（主要是类胡萝卜素）是在果实发育过程逐渐积累的，受外界条件影响较大，并且果肉糖酸含量、木质化程度、水分含量、口感和果实耐贮性也与栽培条件、土壤、环境条件等关系密切。

气温、光照和海拔：在红肉蜜柚果实膨大至成熟期（即6月中旬至10月中旬），日平均气温越高、平均日照时间越长越有利于果肉类胡萝卜素的形成和积累，成熟时果肉红色就越深；反之，果肉类胡萝卜素的形成和积累就越少，果肉颜色就越淡。在同一地区，海拔越高，日平均气温越低，则果肉类胡萝卜素的形成积累就越少，果肉颜色就越淡。

苗木、树龄和树势：多个地方出现了红肉蜜柚变异单株，其遗传稳定性有差异。因此，不同接穗来源，其果肉呈色程度也有差异。不同砧木对果肉呈色也会产生一定影响。据观察，同一地块种植的红肉蜜柚，投产初期会随着树龄的增加，成熟果肉红色也会随着加深。同一地点种植的红肉蜜柚，衰弱树不但果肉着色较差，果肉甜度、口感也差；树势较强壮的果实不但果肉着色较好，品质也佳。

果实大小和采收时间：据观察，同一株红肉蜜柚树的果实大小不同，果肉着色程度也不同。一般单果重大于2.25kg或小于1.00kg的果肉着色较差，单果重1.00—2.25kg的果肉着色较好。单果重在2.00kg以上时，果实愈大，果肉木质化愈严重。单果重在1.25kg以下时，果实愈小，酸度愈高。红肉蜜柚太早采收，则果肉糖分、类胡萝卜素积累都较少；太迟采收，则果肉有退糖现象，大果易木质化，较阴冷处果肉颜色还会变淡。

土壤和栽培条件：在土壤肥沃、透气性好的沙壤土种植的红肉蜜柚，果实不但糖度较高，果肉颜色也较深。在贫瘠、易板结的土壤中种植的红肉蜜柚，果实品质就较差。在同一地区，多施有机肥、应用测土配方施肥、采用病虫害综合防治、配套完善的水利设施等的果园生产的果实品质较好，土壤有机质含量少、偏施氮肥、滥施化肥、滥用植物生长调节剂和农药、排灌条件差的果园生产的果实品质较差。偏施氮肥易使果肉品质下降，土壤含氯较多易引起果实出现异味，缺硼易发生果实"流胶"或出现"石头果"现象，缺钙易发生裂果。

病虫害：病虫害发生严重的果园，不但果实外观差，果实品质也会受影响。如受天牛、根线虫、黄龙病等为害出现"黄化"的红肉蜜柚树，所结果实基本失去商品和食用价值。

2.4.2 提升红肉蜜柚果实品质的关键技术

园地与苗木选择：应选择在年平均日气温20℃以上、晴天平均日照时间8h以上、海拔400m以下、土壤较肥沃地方建园，山地则应选择东南向或西南向的坡面种植。选择接穗来源清楚且经福建省非主要农作物品种审定委员会认定的纯种红肉蜜柚，所用砧木以沙田柚或酸柚实生苗为佳，苗木质量要求无检疫性病虫害的优级苗。

树体培育投产：树冠应培育成有4—6个分布均衡主枝的开心形，且树冠中下部及内膛的枝叶均能被阳光照射到，树高要基本一致且一般不超过3.0m。投产树在每年的冬季都要进行1次重修剪，时间在11月下旬至翌年1月下旬。修剪顺序为由树冠上部往下剪，先定留4—6个分布均衡的主枝，然后将所留主枝上部的过强、过长分枝剪去，中下部则剪去交叉枝、荫蔽枝、病虫枝和徒长枝，留下的分枝应层次分明且上下错开不重叠，使每个主枝形成上窄下宽的塔形结构，保证树冠中下部及内膛均能被阳光照射。

施肥：以有机肥为主，每年株施有机肥15—30kg，株产50kg树全年施用纯氮1.2—1.5kg。氮、磷、钾、钙、镁等要合理配施，比例按1.0 :（0.6—0.7）:1.0 :（1.0—1.2）:0.28为宜（卢新坤，2013）。在埋施有机肥时，应结合施用有益的微生物菌肥，既能改善土壤结构，提高肥料利用率，又可抑制根线虫的为害，利于根系生长。

温光调节：红肉蜜柚果实膨大期和充实期的温度和光照条件，是影响果肉类胡萝卜素、糖分等养分积累的主要因素。在果实发育期对果园进行地面薄膜覆盖，既可提高土壤温度，又可利用薄膜反射光增加树冠下部光照。水利条件好的果园，可除净杂草，让土壤暴晒以提高果园气温及土温，促进果实"红色素"（类胡萝卜素）和糖分含量的增加。

果实大小调控：在做好促花保果后，对结果多的树要进行二次疏果。第一次在定果期，疏去单个花穗结果过多的果及病虫果、畸形果等。第二次在果实膨大中期，疏除发育过大或特别弱小的果，使整树果实能较均衡发育、大小较一致。

套袋护果：果实发育中后期进行套袋保护，可防止日灼伤、减少裂果、防止病虫鼠害、减少用药和促进均匀转色。套袋起始时间为 7 月下旬至 8 月下旬，低海拔、气温较高的地区宜早套双层纸袋，海拔较高、气温较低的地区宜迟套单层纸袋。套袋前要对全园喷药防治病虫害。采收时才解除套袋。

适时采收：红肉蜜柚成熟期一般在 9 月下旬至 10 月下旬，低海拔、气温高的地方采摘期要早些，海拔高、气温低的地方采摘期要迟些。同一果园，可根据果实大小分两次采收，1.25kg 以上成熟果先采，未采的小果会继续长大，间隔 20—30d 后可将第二批果全部采收。

分级保鲜：红肉蜜柚果实大小不同，其耐贮性不同。一般根据果实大小分 3 级，单果重大于 2.00kg 的果要在采收后 1 个月内销售，单果重 1.25—2.00kg 的果可贮藏 30—60d，单果重小于 1.25kg 的果可贮藏 60—90d。同一地区不同海拔生产的果实耐贮性也不同，在适度范围内，种植地海拔越高，果实耐贮性越强，但果肉酸度也越高。

红肉蜜柚的病虫害防治及其他栽培技术可参照琯溪蜜柚进行。

第二节　红壤山地水保型杨梅高优栽培模式

福建省长汀县是我国南方红壤区水土流失最为严重的县份之一。近年来，在政府部门及相关科研单位的不懈努力下，已治理水土流失面积117.8万亩，减少水土流失面积63.3万亩，取得明显的生态效益。杨梅树根具固氮根瘤，能固定空气中的游离氮，因此适应干旱瘠薄的土壤。杨梅枝叶繁茂，四季常青，生物量大，覆盖面广，保水力强，每年有大量的枯枝落叶回落地面，是改良土壤、快速提高土壤肥力的树种。同时杨梅又是经济果树，嫁接苗6—8年即可进入盛产期，株产可达15-30kg，商品果每千克售价达6—10元，可为果农带来丰厚的经济收入，果农种植积极性高，是一种非常适宜南方水土保持应用的优良树种。长汀县三洲镇杨梅种植从1993年开始启动，在三洲镇三洲村严重水土流失的3.73hm² 荒山上试种。1997年试种杨梅进入试产期，2000年起进入盛产期；试种的杨梅不仅成活率高，而且品质好、果大、甜度高，成熟期也提前10—15d，取得了良好效果。2001年起在附近水土流失区域逐渐扩大杨梅种植规模，至2004年，在三洲和河田2个镇8个村共种植杨梅780hm²以上。在种植杨梅的过程中，做到开发、保护与治理并举，不仅保护好松树和芒萁骨等原有植被，还对崩岗和崩沟采取"上疏下堵中种树"的工程化改造措施，为果园营造出良好的生态环境。同时为解决干旱贫瘠导致的成活难、生长慢的问题，探索了"早种、重剪、深栽、覆盖、套种"的10字方针，以及采用前埂后沟等蓄水抗旱措施，形成了一套科学有效的管理模式。三洲杨梅是长汀水土流失综合治理中"十年治荒花果飘香"的典范。

1991—2012年长汀县杨梅种植面积变化主要分为3个阶段（图2-12）。第一阶段为起步发展期，1991—2000年，全县杨梅种植面积从99hm²增加到124hm²，9年增加25hm²。其中1993年的种植总面积最大，达到了193hm²；1997年的种植总面积最小，只有78hm²。第二阶段为快速增长期，从2001—2006年，杨梅种植面积从2000年的124hm²增加到2006年的926hm²，6年共增加了6.5倍。第三阶段为稳定期，从2007—2012年，杨梅种植总面积基本稳定在930hm²。1991—2012年长汀县杨梅种植总面积增加了8.4倍，而同期全省只增加了0.3倍，长汀县杨梅种植面积增速远大于全省平均值（图2-11、图2-12）。

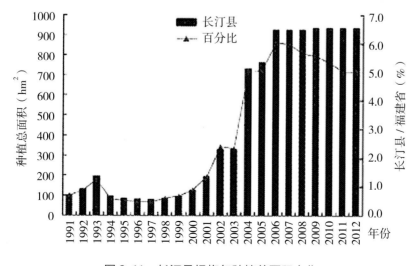

图2-11　长汀县杨梅年种植总面积变化

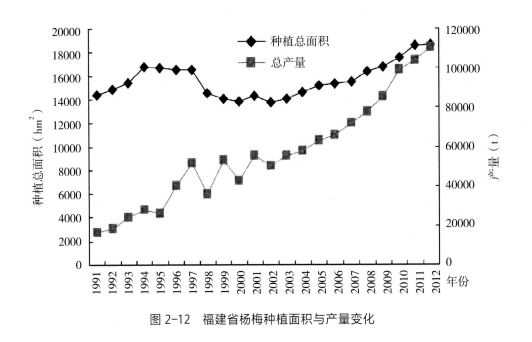

图 2-12　福建省杨梅种植面积与产量变化

然而水土流失恢复区的农业生态环境仍十分脆弱，存在着退化土壤肥力尚未完全恢复、主要农产品（如杨梅等）品质不高、农业内部结构缺乏优化以及农产品附加值低等影响农业产业进一步提升的诸多问题。本节以长汀县水土流失恢复区为研究区域，深入剖析小区域自然资源的优劣势以及制约农业产业发展的关键问题或瓶颈，开展典型区域杨梅林地生态经济关键技术集成与应用和典型区域杨梅精深加工关键技术集成与应用，实现区域农业产业的整体提升。

● 1 杨梅品种及其改良研究

1.1 高香杨梅品种筛选

1.1.1 不同杨梅品种果实的香气成分种类分析

经 GC-MS 分析鉴定，在 10 个品种杨梅果实中共鉴定出 141 种挥发性成分，各品种果实中挥发性香气成分情况见表 2-9。果实中含有香气成分种类最多的品种是深红种，共含有 42 种；荸荠种含有的香气成分也较多，达到了 40 种；含有香气成分最少的是软丝安海变和八贤道，均只含有 12 种。

10 个杨梅品种果实的香气成分均含有烷烃和烯烃，表明这 2 种香气成分是杨梅香气成分的主体，这 2 种香气总含量除了二色杨梅（35.81%）外，其他 9 个杨梅品种均超过 70%，其中深红种最高，达到了 97.31%，浮宫 1 号也较高，达到了 95.53%。10 个杨梅香气成分中只有 5 个品种含有酮类和芳香烃物质，酮类相对含量从 0.26%（浮宫 1 号）至 1.76%（东魁）；芳香烃相对含量从 0.24%（二色杨梅）至 15.76%（东魁）。醇类和酯类存在于 8 个品种中，醇类相对含量从 0.82%（晚稻杨梅）至 42.49%（二色杨梅），酯类相对含量从 0.25%（深红种）至 21.46%（二色杨梅）。

1.1.2 不同杨梅品种果实的主要香气成分分析

10 个品种杨梅果实的主要香气组成及相对含量分析见表 2-10。软丝安海变的 3 种最主要香气成分占挥发性成分总量的 86.75%，其中相对含量最高的 1- 石竹烯为 77.71%；晚稻杨梅的 3 种最主要香气成分占挥发性成分总量的 80.99%，其中相对含量最高的 1- 石竹烯为 70.09%；荸荠种的 3 种最主要香气成分占挥发性成分总量的 77.89%，其中相对含量最高的 1- 石竹烯为 70.86%；深红种的 3 种最主要

表 2-9　不同杨梅品种香气成分分类

品种	类别	醇类	酯类	酮类	烷烃	烯烃	芳香烃	其他	共计
软丝安海变	数量	1	3	0	5	2	0	1	12
	相对含量（%）	1.69	6.00	0	6.16	83.10	0	3.05	100
八贤道	数量	2	1	0	6	2	0	1	12
	相对含量（%）	17.34	7.81	0	34.25	36.76	0	3.84	100
二色杨梅	数量	2	3	0	6	3	1	0	15
	相对含量（%）	42.49	21.46	0	20.87	14.94	0.24	0	100
东魁	数量	0	0	1	7	1	5	3	17
	相对含量（%）	0	0	1.76	77.80	0.50	15.76	4.18	100
浮宫 1 号	数量	0	1	1	13	1	2	2	20
	相对含量（%）	0	2.61	0.26	78.95	16.58	0.46	1.14	100
硬丝安海变	数量	1	0	1	16	3	0	0	21
	相对含量（%）	7.47	0	1.06	82.26	9.22	0	0	100
晚稻杨梅	数量	1	3	0	11	8	1	7	31
	相对含量（%）	0.82	3.06	0	6.17	85.08	0.43	4.45	100
水晶杨梅	数量	2	3	1	17	7	0	8	38
	相对含量（%）	6.49	7.53	0.61	31.08	47.37	0	6.92	100
荸荠种	数量	2	4	2	11	13	1	7	40
	相对含量（%）	1.71	3.95	1.60	6.41	81.69	1.68	2.95	100
深红种	数量	2	1	0	17	13	0	9	42
	相对含量（%）	1.15	0.25	0	18.02	79.29	0	1.28	100

表 2-10　不同杨梅品种果实的主要香气成分及相对含量

品种	主要成分及相对含量（%）			共计
软丝安海变	1- 石竹烯	环氧石竹烯	棕榈酸乙酯	86.75
	77.71	5.59	3.45	
晚稻杨梅	1- 石竹烯	环氧石竹烯	环庚烯	80.99
	70.09	5.56	5.34	
荸荠种	1- 石竹烯	α- 石竹烯	石竹素	77.89
	70.86	3.70	3.33	
深红种	1- 石竹烯	环氧石竹烯	二十七烷	77.40
	70.37	3.92	3.11	

品种	主要成分及相对含量（%）			共计
东魁	二十四烷	二十烷	2，5- 二特丁基对苯二酚	73.22
	41.31	26.83	5.08	
二色杨梅	4- 萜烯醇	乙酸乙酯	（1R）-（+）-α 蒎烯	62.69
	36.00	19.01	7.68	
八贤道	1- 石竹烯	十八烷	α- 松油醇	55.55
	32.61	14.17	8.77	
浮宫 1 号	十八烷	二十七烷	1- 石竹烯	52.34
	18.05	17.71	16.58	
硬丝安海变	二十七烷	二十六烷	二十烷	42.87
	15.39	13.75	13.73	
水晶杨梅	(1R)-(+)-α 蒎烯	1- 十八烷烯	1- 石竹烯	41.72
	17.65	16.26	7.81	

香气成分占挥发性成分总量的 77.40%，其中相对含量最高的 1- 石竹烯是 70.37%；东魁的 3 种最主要香气成分占挥发性成分总量的 73.22%，其中相对含量最高的二十四烷是 41.31%；二色杨梅的 3 种最主要香气成分占挥发性成分总量的 62.69%，其中相对含量最高的 4- 萜烯醇为 36.00%；八贤道的 3 种最主要香气成分占挥发性成分总量的 55.55%，其中相对含量最高的 1- 石竹烯是 32.61%；浮宫 1 号的 3 种最主要香气成分占挥发性成分总量的 52.34%，其中相对含量最高的十八烷为 18.05%；硬丝安海变的 3 种最主要香气成分占挥发性成分总量的 42.87%，其中相对含量最高的二十七烷为 15.39%；水晶杨梅的 3 种最主要香气成分占挥发性成分总量的 41.72%，其中相对含量最高的（1R）-（+）-α 蒎烯是 17.65%。10 个品种杨梅果实中，只有 1- 石竹烯在所有品种中都被鉴定出，但 1- 石竹烯在不同品种中相对含量差异较大，在软丝安海变、荸荠种、深红种和晚稻杨梅中的相对含量均超过了 70%，分别达到了 77.71%、70.86%、70.37% 和 70.09%，东魁和硬丝安海变的相对含量均低于 3%，分别只有 0.50% 和 2.28%，相对含量从高到低依次为软丝安海变、荸荠种、深红种、晚稻杨梅、八贤道、浮宫 1 号、水晶杨梅、二色杨梅、硬丝安海变和东魁。二十烷在 8 个杨梅品种中被鉴定出，其他 139 种被鉴定出的香气成分均在少于 8 个杨梅品种中同时出现。

1.1.3 不同品种杨梅果实特征香气成分分析

10 个杨梅品种的香气成分差异较大，每个品种均含有其他品种所没有的特征香气成分，数量在 3—20 种（表 2-11）。八贤道果实特征香气成分数最少，只有 3 种，其他香气成分数比较少的还有硬丝安海变、二色杨梅和软丝安海变，均为 5 种；果实特征香气成分数最多的是深红种，共有 20 种，特征香气成分数较多的还有晚稻杨梅和水晶杨梅，均为 16 种。特征香气成分数占比最低的是硬丝安海变，只有 23.81%，其次是八贤道为 25.00%；特征香气成分数占比最高的是晚稻杨梅，达到 51.61%，其次是深红种，也达到了 47.62%。不同品种杨梅中最主要的特征香气成分及相对含量分别是：八贤道为 6,6- 二甲基二环［3.1.1］庚 -2- 烯 -2- 甲醇，8.56%；硬丝安海变为十四甲基六硅氧烷，2.61%；二色杨梅为乙酸乙酯，19.01%；软丝安海变为棕榈酸乙酯，3.45%；浮宫 1 号为三十一烷，3.23%；东魁为 2,5- 二特丁基对苯二酚，5.08%；荸荠种为 2,6- 二乙基吡啶，0.51%；水晶杨梅为 1- 十八烷烯，16.26%；晚稻杨梅为金刚烷，0.77%；深红种为碘代十六烷，2.67%。

表 2-11　不同杨梅品种果实特征香气成分及占比

品种	特征成分数（种）	占比（%）	品种	特征成分数（种）	占比（%）
八贤道	3	25.00	东魁	6	35.29
硬丝安海变	5	23.81	荸荠种	11	27.50
二色杨梅	5	33.33	水晶杨梅	16	43.24
软丝安海变	5	41.67	晚稻杨梅	16	51.61
浮宫 1 号	6	30.00	深红种	20	47.62

1.1.4　10 个品种杨梅果实香气成分的聚类分析

杨梅果实含有的香气成分较丰富，数量也较多，不同品种之间含有的香气成分和数量差异较大，具有丰富的多样性。采用 NTSYSpc2.1 软件对 10 个品种杨梅果实的香气成分进行聚类分析。从图 2-13 可以看出：产自福建的软丝安海变、硬丝安海变、浮宫 1 号、八贤道、二色杨梅和东魁 6 个品种较好地聚在一类，与另外 4 个产自浙江的品种遗传差异较大；在相似系数为 0.82 附近可将产自福建的 6 个品种分为两类，东魁与浮宫 1 号聚在一类，另外 4 个品种聚在一类；深红种与其他 9 个品种的遗传距离最远，相似系数只有 0.64；本试验唯一的白色品种水晶杨梅与其他品种间的遗传差异也较大。10 个品种中，浮宫 1 号、软丝安海变、硬丝安海变、八贤道和二色杨梅为福建品种，荸荠种、深红种、水晶杨梅、晚稻杨梅和东魁为浙江品种。东魁虽为浙江品种，因其产自福建，与另外 5 个产自福建的品种较好地聚在一类，与另外 4 个浙江品种的遗传差异较大。

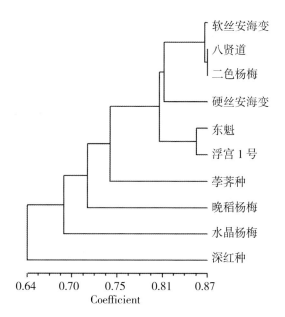

图 2-13　10 个杨梅品种果实香气成分的聚类结果

1.2 杨梅种质资源遗传距离分析

1.2.1 18 份杨梅种质资源遗传多样性的 SRAP 分析

根据 Li 已发表的 90 对 SRAP 引物组合（Li 等，2001），选出 56 对引物进行筛选，共筛选出多态性好、条带清晰且重复性好的 8 对引物组合（表 2-12）。通过筛选到的 8 对引物组合对 18 份样品进行 SRAP-PCR 扩增，8 对引物组合均能扩增出清晰的扩增条带，大小在 150—2000bp，共扩增 89 条谱带，其中多态性谱带 43 条，平均每对引物扩增谱带数 11.1 条，平均每对引物多态性谱带 5.4 条，18 份杨梅样品基因组 DNA 扩增谱带的多态性比率为 48.6%。不同引物扩增出 DNA 片段数不同，其中引物组合 P3 和 P5 扩增出 DNA 片段最多，均为 13 条；引物组合 P4 和 P7 扩增出 DNA 片段最少，只有 9 条。多态性比率最高的是引物组合 P5，达到 61.5%，P2 的多态性比率最低，只有 40.0%。18 份杨梅种质 SRAP-PCR 产物的电泳结果见图 2-14 和图 2-15。从图 2-14、图 2-15 中可以看出，杨梅 SRAP 扩增的带纹清晰，条带主要集中在 300—1200bp。此外，不同杨梅种质资源间存在的多态性条带可作为鉴定特定杨梅资源的特征带，引物组合 P7（me3-em5）扩增出 1 条 580bp 左右的条带，其余 17 份杨梅种质资源均无此条带，可作为浮宫 1 号与福建省的其他主要杨梅栽培品种区别的参考标记。

表 2-12　供试 SRAP 引物序列及扩增特征

引物组合	引物（正 - 反）	扩增位点数	多态性比率（%）
P1	me1-em2	12	50.0
P2	me1-em3	10	40.0
P3	me1-em4	13	46.2
P4	me2-em5	9	44.4
P5	me2-em6	13	61.5
P6	me3-em1	12	41.7
P7	me3-em5	9	44.4
P8	me3-em6	11	54.5
总计		89	
平均		11.1	48.6

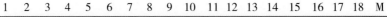
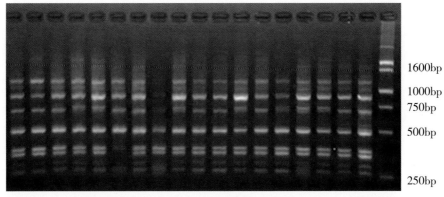

图 2-14　引物组合 me1-em4 对 18 份杨梅种质 SRAP-PCR 产物电泳结果

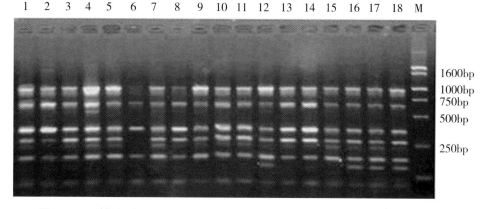

图 2-15　引物组合 me3-em5 对 18 份杨梅种质 SRAP-PCR 产物电泳结果

1.2.2 遗传差异分析

18 份杨梅种质资源间的遗传相似系数为 0.709—1.000，表现较为亲密的遗传关系。其中软丝安海变和东魁种相似系数最小，为 0.709，表明两者的亲缘关系最远，东魁和闽魁的相似系数最大，暗示它们的亲缘关系非常接近。硬丝安海变和软丝安海变同属于安海变杨梅，两者的遗传相似系数为 0.921；新南 1 号、新南 3 号和新南 5 号为同一地区筛选出的优异株系，三者的遗传相似系数也较高，这从分子水平上证明了其亲缘关系非常紧密。综合 SRAP-PCR 扩增的 89 个检测位点进行系统聚类分析，得到 18 份杨梅样品的聚类分析树状图（图 2-16）。浙江杨梅资源与福建杨梅资源遗传相似系数存在一定距离，在遗传相似系数 0.780 处，可将 15 份福建杨梅资源与浙江杨梅资源区分开。除去浙江的 3 份杨梅种质资源，其他的 15 份福建杨梅资源遗传差异较少。在遗传相似系数 0.820 处，可将供试的 18 份杨梅种质资源分为 3 大类群。A 类共 9 份，分别是新南 1 号、新南 3 号、新南 5 号、长桥特早、硬丝安海变、软丝安海变、大叶种、洞口乌和土变；B 类共 6 份，分别是浮宫 1 号、特早梅、狗屎梅、胶钓、龙海白水晶和长桥早；C 类共 3 份，分别是荸荠种、东魁和闽魁。

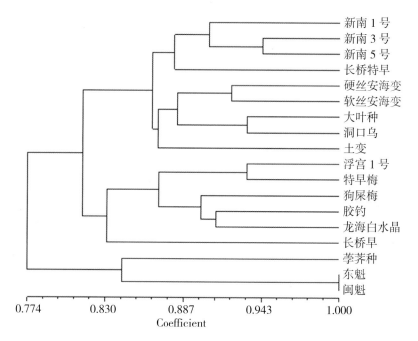

图 2-16　18 份杨梅种质资源遗传相似系数的 UPGMA 聚类

1.3 高香杨梅潜力品种的特征特性

1.3.1 生物学特性

以优质品种浮宫 1 号为例，明确生物学特性。观测表明，杨梅树势较旺，树姿开张，树冠为不整齐圆头形，分枝较多，抽梢能力较强，节间较短，一年抽梢 2—3 次。叶形倒卵形，叶缘平滑无锯齿，主叶脉明显，侧叶脉稀疏、较明显。根系分布较浅，主根不甚明显，须根较发达。雌花为柔荑花序，每花序一般有 5—19 朵花，多数为 7—12 朵，柱头二裂，以夏梢为主要结果枝，中长果枝果实品质较好。在福建省龙海市种植，果实成熟期在 5 月上旬，比当地主栽品种软丝安海变提早 7—10d。果实成熟时呈紫红色，近圆球形，果形指数为 0.94，果顶微凹，果基平广，果实缝合性较明显，肉柱先端圆钝。

1.3.2 果实主要经济性状

浮宫 1 号杨梅果实平均单果重 9.8—10.5g，可溶性固形物 11.3%—12.2%，平均核重 0.58—0.61g，可食率达 93.7%—94.3%，肉质细腻汁多，风味酸甜可口（表 2-13）。

表 2-13　浮宫 1 号杨梅与其他杨梅品种的果实性状比较

品种	盛果期	单果重（g）	可溶性固形物（%）	可食率（%）	品质
浮宫 1 号	5 月 5—15 日	9.8—10.5	11.3—12.2	93.7—94.3	细腻汁多、酸甜可口
软丝安海变	5 月 16—22 日	12.5—12.9	10.9—11.7	93.2—93.8	柔嫩汁多、酸甜可口
硬丝安海变	5 月 20—28 日	12.1—12.8	10.1—10.9	92.9—93.5	肉质稍粗、酸甜可口
东魁	6 月 2—9 日	20.6—21.3	10.9—11.9	93.1—93.6	柔嫩汁多、酸甜可口

注：2006—2009 年，龙海。

经委托福建省分析测试中心测定，浮宫 1 号杨梅果实可溶性固形物含量 11.9%，总糖 9.27%，可滴定酸 1.49%，粗纤维 0.6%，维生素 C 6.80mg/100g。

1.3.3 物候期

花期：在龙海市浮宫镇种植，初花期在 1 月下旬，盛花期在 2 月上旬，盛花期 8—10d，终花期在 2 月中上旬，花期 23—28d。

落果期：在龙海市浮宫镇种植，第一次生理落果高峰在 3 月中旬，第二次生理落果高峰在 3 月下旬到 4 月上旬。

果实发育期：在龙海市浮宫镇种植，初果期在 3 月上旬，4 月上旬果实进入第一次生长高峰期，然后进入硬核期，4 月下旬加速生长，进入转色期，为第二次生长高峰，重量增加最为显著，5 月上旬进入果实成熟期。从果形指数的生长变化来看，浮宫 1 号杨梅幼果期果实呈近偏圆周形，侧径前期较小，在 4 月下旬进入生长高峰，并在成熟时超过纵径（图 2-17、图 2-18）。

花芽分化期：在龙海市浮宫镇种植，花序原基形态分化期开始于 7 月中上旬，生理分化期较形态分化期早半个月到 1 个月。花原基形态分化期从 8 月上旬开始至 10 月底 11 月初花芽分化完毕。花原基分化期长达 3 个多月，因此春梢和夏梢都能形成结果枝。

新梢生长期：成年树一年可抽 2—3 次，春梢萌芽期在 2 月上旬至 3 月上旬，进入结果期的成年树，在果实生长期间抽生的春梢一般抹除，以免影响幼果生长。夏梢在 5 月中旬至 6 月上旬抽生，秋梢一般在 7 月中旬至 8 月上旬抽生。

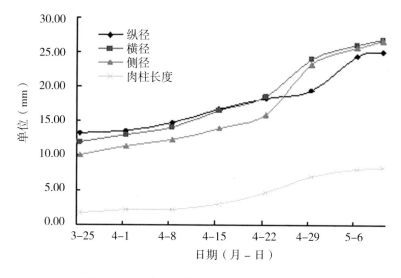

图 2-17　浮宫 1 号杨梅果实生产发育动态曲线

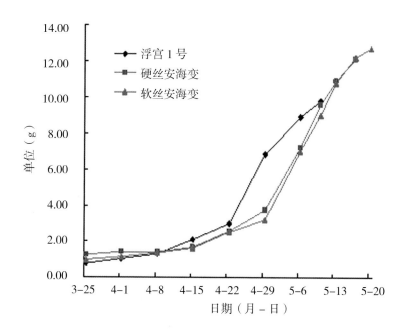

图 2-18　3 个龙海杨梅品种果实单果重发育动态曲线

1.3.4 抗逆性和丰产性

该品种适宜在红黄壤山地种植，对气候和土壤适应性较强，尤喜微酸性的山地土壤，其根系与放线菌共生形成根瘤，吸收利用天然氮素，耐旱耐贫瘠，省工省肥。田间调查发现的病虫害有杨梅癌肿病、杨梅褐斑病和杨梅干枯病、杨梅毛虫、白蚁和卷叶蛾类，以杨梅癌肿病、白蚁较易发生，比安海变轻，病虫害较少。

该品种发枝力中等，开花结果早，高接换种后第二年少量开花结果，高接树第三年枝梢抽穗率70%—80%，株产量 5.0—6.0kg；高接树第四年枝梢抽穗率 95% 以上，株产量可达 15kg；嫁接苗定植树第三年始果，第四年产量 5.7kg，第五年 11.6kg，第六年产量 23.8kg，早结丰产性能稳定（表 2-14至表 2-16）。

表 2-14　浮宫 1 号杨梅无性子一代高接树结果情况

指标	第二年	第三年	第四年
结果枝数（枝）	20—50	80—150	250—300
果枝比率（%）	20—50	70—80	≥ 95
株产量（kg）	0.5	5.0—6.0	15.0

表 2-15　浮宫 1 号杨梅嫁接苗定植树结果情况

指标	第三年	第四年	第五年	第六年
可溶性固形物 (%)	11.6	11.6	11.8	11.7
单果重（g）	9.8	9.8	10.3	10.2
冠幅 (m × m)	1.2 × 1.1	2.3 × 1.8	3.2 × 3.1	4.0 × 3.4
株产量（kg）	0.31	5.7	11.6	23.8

表 2-16　龙海基地浮宫 1 号杨梅现场测产结果

编号	株高 (m)	干周 (cm)	株行距 (m × m)	冠幅 (m × m)	株产 (kg)	亩株数	折亩产量 (kg)	备注
1	3.7	98.0	3.9 × 3.3	6.3 × 5.0	41.4	—	—	高接 9 年生
2	3.8	94.0	6.0 × 3.6	6.6 × 5.1	26.4	—	—	高接 9 年生
3	2.2	50.0	4.1 × 3.1	3.9 × 3.2	19.4	—	—	高接 6 年生
平均	3.6	80.7	4.7 × 3.3	5.6 × 4.6	29.1	42.9	1248.4	—

● 2 杨梅品质改良关键技术

2.1 杨梅果肉和果核干物质含量变化

从 3 月 27 日杨梅果实黄豆粒大小至 5 月 22 日完全成熟（图 2-19），杨梅果核的干物质含量均高于果肉。果核与果肉干物质含量差值最小是 3 月 27 日，两者相差 6.09 个百分点，干物质含量差值最大出现在 4 月 24 日，达到了 50.56 个百分点，5 月 22 日果实成熟时，两者干物质含量相差 44.69 个百分点。果核干物质变化主要可分为 3 个阶段，3 月 27 日至 4 月 24 日为上升期，并在 4 月 24 日达到最高值 62.10%；4 月 24 日至 5 月 8 日为下降期；5 月 8 日至 5 月 22 日为平稳期，在成熟采摘时干物质含量为 55.16%。果肉干物质变化主要可分为 2 个阶段，第一阶段从 3 月 27 日至 5 月 1 日为下降期，第二阶段从 5 月 1 日至 5 月 22 日为平稳期，果肉干物质含量最高值出现在 3 月 27 日，为 16.47%，在 5 月 22 日成熟采摘时为 10.47%。

2.2 杨梅果肉和果核氮含量变化

杨梅果肉和果核中氮含量的变化趋势基本一致，总体呈下降趋势（图 2-20）。在果实生长发育阶段，果肉的氮含量均高于果核。果肉氮含量最高值出现在 4 月 17 日，为 2780mg/100g，最低值出现在 5 月 22 日成熟采摘时，为 1420mg/100g；果核氮含量最高值出现在 3 月 27 日，为 2250mg/100g，最低值与果肉一样出现在 5 月 22 日成熟采摘时，为 1140mg/100g。

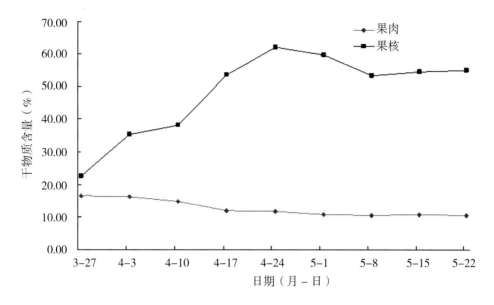

图 2-19　杨梅果肉和果核中干物质含量的变化

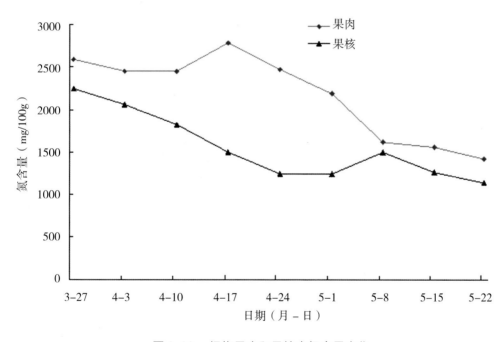

图 2-20　杨梅果肉和果核中氮含量变化

2.3 杨梅果肉和果核磷含量变化

　　磷元素含量变化可分为两阶段（图 2-21），第一阶段从 3 月 27 日至 5 月 1 日，杨梅果肉和果核中磷元素的变化趋势基本一致，呈倒"N"形，先下降，后升高，后再下降；5 月 1 日到 5 月 22 日的第二阶段，果肉中磷元素变化呈下降趋势，果核中磷元素变化呈倒"V"形。果肉中磷元素含量最高值出现在 3 月 27 日，为 165.74mg/100g，最低值出现在 4 月 17 日，为 41.58mg/100g；果核中磷元素含量最高值出现在 3 月 27 日，为 181.65mg/100g，最低值出现在 5 月 22 日，为 30.51mg/100g。

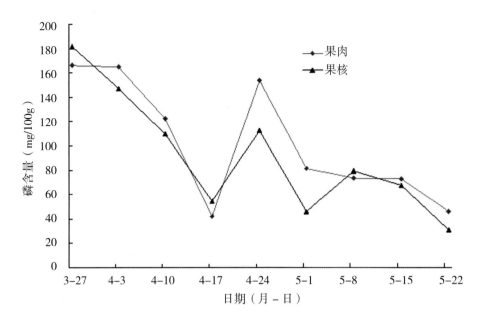

图 2-21 杨梅果肉和果核中磷含量变化

2.4 杨梅果肉和果核钾含量变化

果肉钾含量除了 3 月 27 日低于果核外，其他时期果肉钾元素含量均高于果核（图 2-22）。果肉中钾元素含量变化可分为两个阶段，第一阶段从 3 月 27 日至 4 月 24 日，呈 "N" 形上升，并在 4 月 24 日达到最高值 1721mg/100g，第二阶段从 4 月 24 日至 5 月 22 日，呈下降趋势，并在 5 月 22 日降到最低值 952mg/100g。果核中钾元素含量变化呈波动下降趋势，最高值出现在 3 月 27 日，为 1385mg/100g，最低值出现在 5 月 8 日，为 131mg/100g。

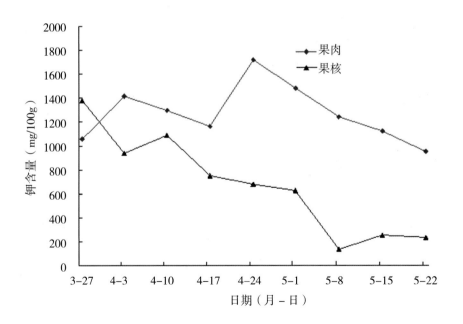

图 2-22 杨梅果肉和果核中钾含量变化

2.5 杨梅果肉和果核钙含量变化

果肉钙含量除了4月17日和5月22日与果核相近外,其他阶段果肉钙含量均高于果核(图2-23)。果肉中钙元素含量变化可分为两个阶段,第一阶段从3月27日至4月17日呈倒"N"形下降;第二阶段从4月17日至5月22日呈倒"V"形,最高值出现在3月27日,为276.18mg/100g,最低值出现在5月22日,为24.10mg/100g。果核中钙元素含量变化也可分为两个阶段,第一阶段从3月27日至4月10日,钙含量从最高值137.30mg/100g迅速下降到36.05mg/100g,第二阶段从4月10日至5月22日,钙含量变化呈近倒"V"形。

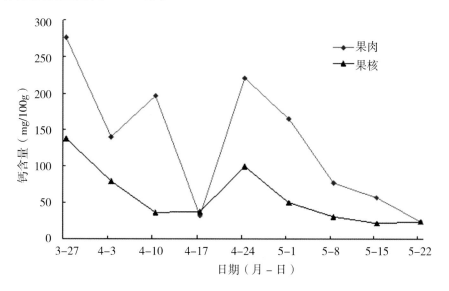

图 2-23 杨梅果肉和果核中钙含量变化

2.6 杨梅果肉和果核镁含量变化

从图2-24可见,果肉镁含量在发育过程呈近"M"形变化,最高值在4月24日,达到102.30mg/100g,最低值出现在4月17日,只有29.43mg/100g,在5月22日成熟采摘时为66.43mg/100g。果核镁含量变化呈波动下降趋势,并在5月22日降到最低值26.96mg/100g。

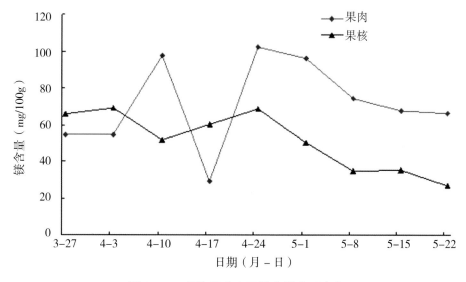

图 2-24 杨梅果肉和果核中镁含量变化

2.7 杨梅果肉和果核铁含量变化

除了 4 月 17 日和 5 月 15 日外，其他时期果肉铁含量均高于果核（图 2-25），在 3 月 27 日为最高值 6.82mg/100g，而后逐渐下降并在 4 月 17 日降到最低值 1.35mg/100g，5 月 22 日成熟采摘时为次低点 2.36mg/100g。果核铁含量 3 月 27 日至 5 月 15 日在一个较小范围内波动，5 月 15 日至 5 月 22 日迅速下降，并在 5 月 22 日时降到最低值 1.13mg/100g。

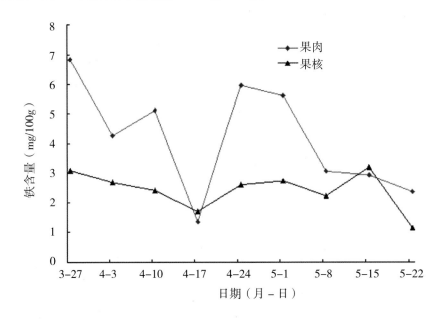

图 2-25　杨梅果肉和果核中铁含量变化

2.8 果肉和果核硒含量变化

硒在杨梅果肉和果核中的变化趋势基本一致，总体呈近"M"形，除 5 月 22 日外，其他时期果肉硒含量均高于果核（图 2-26）。果肉硒含量最高值在 5 月 1 日，达到 0.39mg/kg，最低值在 5 月 22 日，只有 0.07mg/kg；果核硒含量最高值在 4 月 10 日，达到 022mg/kg，最低值在 3 月 27 日，只有 008mg/kg。

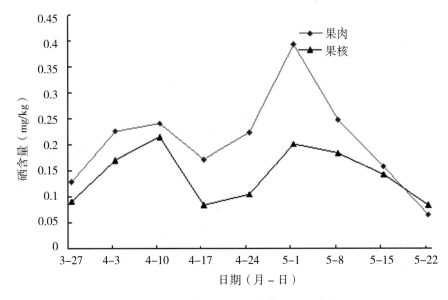

图 2-26　杨梅果肉和果核中硒含量变化

2.9 不同生长阶段果肉和果核营养元素含量差异分析

研究结果表明（表2-17），在杨梅生长不同阶段，7种营养元素含量的变异系数均较大，在杨梅果肉中从大到小依次为钙、磷、硒、铁、镁、氮和钾。变异系数最大的钙变异系数达到了68.19%，最大值是最小值的11.5倍；变异系数最小的钾变异系数也达到了18.74%，最大值是最小值的1.8倍。杨梅果核的变异系数从大到小依次为钙、钾、磷、硒、镁、铁和氮，变异系数最大的钙变异系数达到了69.59%，最大值是最小值的6.3倍；变异系数最小的氮变异系数达到25.45%，最大值是最小值的2.0倍。这表明在杨梅果实生长过程不同阶段，细胞生理代谢对氮、磷、钾、钙、镁、铁和硒等元素的需求差异较大。

表2-17 不同生长阶段杨梅果肉和果核营养元素含量差异分析

营养元素		极值 （mg/100g DW）	极差 （mg/100g DW）	平均值 （mg/100g DW）	果肉平均值/ 果核平均值（倍）	变异系数 （%）
N	果肉	2780—1420	1360	2170	1.39	23.23
	果核	2250—1140	1110	1559		25.45
K	果肉	1721—952	769	1272	1.88	18.74
	果核	1385—131	1254	677		62.32
P	果肉	165.74—41.58	124.16	102.21	1.11	48.96
	果核	181.65—30.51	151.14	92.04		47.47
Ca	果肉	276.18—24.10	252.08	131.72	2.31	68.19
	果核	137.30—21.67	115.63	57.11		69.59
Mg	果肉	102.30—29.43	72.87	71.47	1.39	33.56
	果核	68.98—26.96	42.02	51.49		30.84
Fe	果肉	6.82—1.35	5.47	4.16	1.72	44.35
	果核	3.19—1.13	2.06	2.42		27.20
Se	果肉	0.039—0.007	0.032	0.021	1.50	44.56
	果核	0.022—0.008	0.014	0.014		36.84

3 杨梅品质改良配套技术

3.1 建立果园

园地选择：选择交通便利、坡度在30°以下、土层深厚、土壤pH 4—6、水湿条件较好、土壤疏松的丘陵红壤山地建园。

排灌设施建设：成片种植的杨梅园，要在半山腰开拦洪沟，沟面宽为1.0—1.5m，沟底宽0.8—1.0m，沟深1.0—1.5m，同时开宽0.3m、深0.2m竹节状排水沟，排水沟与排洪沟相连；每公顷建一个贮水10m^{3}左右的蓄水池。

3.2 苗木培育

苗圃地选择：选择地面平整、开阔、背风、向阳的苗地育苗，以土层深厚、疏松、排水良好、pH 5.5—6.0的沙质黄壤或红壤为宜。

砧木培育：在每年 5 月下旬至 6 月上旬，选择健壮、无病虫害的当地野生杨梅采集果实，用水洗净附着物，将种子摊于阴凉处晾干。将晾干的种子密播于苗床上，以细沙或细肥土盖没种子（厚度≤1cm），用清水淋湿苗床后平盖农膜，膜上覆土或杂草（厚度＞10cm）。立春前后定期抽查种子的生理动态，发现种子在立春前后发出根芽，即适时轻除膜上覆盖物，并改平膜为拱膜。待苗 3—4 叶 1 心时，选阴天或晴天早晚移栽至大田培育，当第三年春季小苗径粗长至 0.7cm 以上时，就可用于嫁接。

接穗：接穗宜从进入盛果期、丰产、稳产、无病虫害的优良植株采集，选取树冠上部向阳面、粗度 0.5—0.8cm 的上年生枝条，接穗最好随采随用。

嫁接时期与方法：嫁接一般于每年 2 月下旬至 3 月中下旬进行，选择无东北风、气温回暖的天气进行，嫁接采用"切接法"。

3.3 果园定植

开垦方式：采用鱼鳞坑、等高梯田等开垦方式开定植穴。

定植规格：定植株行距为 3.5m×4.5m，每亩种植 40—45 株。

定植时期：可采用春植（春梢萌芽前）、秋植（秋梢成熟后）两种方式。

定植方法：定植穴要求长、宽、深各 1m，每穴施 50kg 腐熟猪牛粪、1.5kg 饼肥、0.5kg 磷肥，与土壤拌匀，分层填满压实再培高定植土堆。定植前苗木要求根部进行蘸红泥浆处理或带土出苗。栽植时，根系应舒展，不能触及肥料，覆盖细土并压实，干旱天气要浇足水。

3.4 果园管理

排灌水：果园做到旱能灌、涝能排。雨季来临时，应做好果园排水工作，遇到干旱要及时浇水。

中耕除草：幼年果园每年进行 1—2 次中耕除草。

土壤改良：定植 2 年后进行全园土壤改良，时间在 6—7 月进行。位置逐年沿树冠外围扩展，丘陵山坡地挖宽 60cm、深 50cm 的条沟，每穴分层填入绿肥 50kg、石灰粉 1—2kg、土杂肥或饼肥 5—10kg。成年果园每年或隔年在采果后进行一次培土工作。多施含钾量高的有机肥和化肥，增加树体的抵抗力。

施肥技术：具体措施如下。

幼年树施肥：根据杨梅树龄、生长势及土质特点等情况，掌握薄肥勤施，每年施肥 3—5 次，在萌芽前或萌芽后施用。注重速效性肥料的施用，以氮为主，配合磷钾肥，促进枝梢生长，尽快扩大树冠。

壮年树施肥：壮年树全年施用纯氮量 3.5—4kg，施肥时氮、磷、钾三要素的比例以 1：（0.3—0.35）：（2—3）为宜。

基肥：每年 10 月份以腐熟厩肥、堆肥及饼肥为主。

壮果肥：果实生理落果后至疏果前施入，以速效氮钾肥料为主，成年树每株施草木灰 5—7.5kg 或尿素 1kg、硫酸钾 2—3kg。

促梢肥：每年 6 月底至 7 月上旬以复合肥为主，成年树要求株施复合肥 1kg 或草木灰 10kg，加饼肥 1.5kg。严格掌握磷肥使用量，一般每株每年施用量不宜超过 0.3kg。注意硼、锌、锰等微量元素的施用。

施肥方法：施肥时，以雨后全园撒施为主，也可采用挖穴、挖沟深施的方法。

3.5 整形修剪

整形：杨梅树形多用自然圆头形，幼年时在每年的 2—3 月和 7—8 月进行轻度修剪就可形成自然圆头形树冠。

修剪：包括疏枝、短截、除萌、摘心等修剪方法。对树冠外围及顶部的结果枝组，采用疏删或回缩的方法减少枝量；对下部或内膛过衰弱的结果枝组，可短截部分枝条，促进抽生强壮枝，以便更新结果枝组，保持内膛结果旺盛，使整个树冠的枝梢分布为上少下多、外疏内密的立体结果格局，从而达到生长健壮、丰产稳产的目的。当杨梅树势衰老、产量品质明显下降，可采用对中心主干进行短截，更换新主干枝，短截要注意培施肥料，促使隐芽萌发新枝。结果盛产树的主干或主枝上的徒长枝要全部删除，树冠下部的下垂枝应逐渐剪除。过密枝、交叉枝、病虫枝、枯枝要不断修剪，适当删掉过密枝，促稳产，提高品质。

拉枝撑枝：拉枝一般用绳子或铅丝系在骨干枝的中部，按枝条要求角度把枝条向水平方向拉开，系着枝条的部位必须有橡皮或其他软韧材料铺垫，以免树皮擦伤感染癌肿病。撑枝用坚固的短木条撑大主枝和主干。

3.6 环割、环剥、倒贴皮、断根

对于长势强、坐果率低、产量少的旺长树，可采用环割、环剥、倒贴皮和断根。环割采取螺旋状环割，深达木质部。环剥的宽度控制在树干直径的 1/8 左右。倒贴皮的宽度控制在树干直径的 1/4 左右。

3.7 花果量调控

化学调控：采用化学药物调控杨梅花果量，必须严格按照剂量要求操作，掌握因地因树制宜的原则。对弱树和花芽过多的树，在果实采收后喷赤霉素 200—300mg/L，每隔 10d 喷一次，连续喷 2—3 次，以增加秋梢数量，减少花芽形成数量。对旺长树、坐果率低的树，可在夏、秋梢长度达 1cm 时，喷多效唑 300—500mg/L，抑制夏、秋梢生长，促进花芽形成。

人工疏果：试验表明，留果数及结果枝大小对杨梅果实具有重要影响（表 2-18 至表 2-22）。

在浮宫 1 号杨梅栽培过程中，短果枝（9cm 以下）保留 1 个果可保证果实达二级果标准（单果重 >8.0g，可溶性固形物 >8.0%）；对于中果枝（9—16cm），粗枝可以保留 3 个果，中等粗度结果枝可保留 2 个果，细结果枝保留 1 个果，可以保证果实达到一级果标准（单果重 >9.0g，可溶性固形物 >9.0%）；对于长果枝（16cm 以上），任何粗度的枝条保留 3 个果都可达到一级果标准以上，如果保留 2 个果则可达到特级果标准（单果重 >10.0g，可溶性固形物 >10.5%）。

表 2-18　不同结果枝粗度留果处理对杨梅短果枝（ <9cm）果实的影响

留果数（个）	结果枝粗度级别	单果重（g）	可溶性固形物（%）
1	细	8.42 ± 0.87	10.93 ± 0.06
	中	8.48 ± 0.83	11.87 ± 1.10
	粗	8.95 ± 0.29	11.70 ± 0.36
2	细	7.91 ± 0.31	11.45 ± 0.48
	中	8.09 ± 0.91	11.33 ± 0.56
	粗	8.29 ± 0.75	11.20 ± 0.76
3	细	7.66 ± 0.16	11.03 ± 0.55
	中	7.76 ± 0.16	11.33 ± 0.21
	粗	8.18 ± 0.73	11.87 ± 0.80

表 2-19 不同结果枝粗度留果处理对杨梅中等长度结果枝（9—16cm）果实的影响

留果数（个）	结果枝粗度级别	单果重（g）	可溶性固形物（%）
1	细	9.17 ± 1.19	11.57 ± 0.91
	中	9.40 ± 0.28	11.80 ± 0.44
	粗	10.16 ± 0.68	11.83 ± 0.65
2	细	8.80 ± 0.43	11.10 ± 0.46
	中	9.00 ± 0.70	11.48 ± 0.39
	粗	9.32 ± 0.73	11.38 ± 0.58
3	细	7.75 ± 0.99	11.35 ± 0.60
	中	8.32 ± 0.40	11.89 ± 0.59
	粗	9.19 ± 0.78	11.87 ± 0.25

表 2-20 不同结果枝粗度留果处理对杨梅长果枝（16—25cm）果实的影响

留果数（个）	结果枝粗度级别	单果重（g）	可溶性固形物（%）
1	细	11.18 ± 1.73	12.23 ± 0.49
	中	11.37 ± 0.72	11.87 ± 0.40
	粗	11.10 ± 0.72	12.13 ± 0.65
2	细	10.32 ± 0.88	12.12 ± 0.76
	中	10.28 ± 0.99	12.25 ± 0.23
	粗	10.08 ± 0.64	11.45 ± 0.22
3	细	9.50 ± 0.80	11.80 ± 0.67
	中	9.84 ± 1.27	12.11 ± 0.09
	粗	10.04 ± 0.19	11.94 ± 0.30

表 2-21 留果数与杨梅果实的关系分析

留果数（个）	单果重（g）	可溶性固形物（%）
1	9.94 ± 1.52 [aA]	11.77 ± 0.64 [aA]
2	9.12 ± 1.09 [bB]	11.53 ± 0.58 [aA]
3	8.69 ± 1.09 [bB]	11.69 ± 0.54 [aA]

注：同列中小写字母不同表示差异显著，大写字母不同表示差异极显著。

表 2-22 结果枝长度与杨梅果实的关系分析

结果枝长度分级	单果重（g）	可溶性固形物（%）
短果枝	8.19 ± 0.65 [cC]	11.41 ± 0.61 [bA]
中果枝	9.01 ± 0.90 [bB]	11.59 ± 0.54 [abA]
长果枝	10.55 ± 1.15 [aA]	11.99 ± 0.47 [aA]

注：同列中小写字母不同表示差异显著，大写字母不同表示差异极显著。

3.8 病虫害综合防治

杨梅主要病虫害防治方法见表 2-23。

表 2-23 杨梅主要病虫害防治方法

病虫名称	防治方法及药剂
杨梅癌肿病	①药剂防治：3—4 月份，在癌瘤中的病菌传出去以前，用刀割除癌瘤，再涂以 20% 叶青双可湿性粉剂 50 倍，或硫酸铜 100 倍液，或 80% "402" 抗菌剂 50 倍液，或农用链霉素 500 单位。 ②新梢抽生前剪除有癌瘤的小枝，喷 1：2：200 的石灰倍量式波尔多液。 ③清园收集病枝烧毁。 ④加强杨梅培育管理。果实采收季节，宜赤脚或穿软鞋上树采收，避免穿硬底鞋等损坏树皮，从而增加伤口感染病菌的机会。实行果园深耕，多施含钾量高的有机肥和化肥，增加树体的抵抗力。 ⑤禁止在病树上采接穗，采用无病苗木种植
杨梅褐斑病	①药剂防治：在杨梅采收前 1 个月和果实采收后各喷 1 次药效果较好。杨梅褐斑病属真菌性病害，常用药剂及用量：1：2：200 波尔多液、50% 托布津可湿性粉剂 700 倍液、50% 多菌灵可湿性粉剂 800 倍液、65% 代森锌可湿性粉剂 600 倍液。 ②冬季清扫果园内落叶，集中烧毁或深埋，以减少越冬病源，重病树可喷 3 波美度石硫合剂
杨梅干枯病	①加强栽培管理，增施有机肥和钾肥，增强树体抗病力。 ②积极防除害虫，保护树体，防止或减少伤口。 ③早期刮去病斑，在伤口处涂抹抗菌剂或石硫合剂。 ④锯去枯死枝条，集中烧毁，枝条锯除处刮平，再涂抹抗菌剂
杨梅枝腐病	①增施有机肥料和各种钾肥，增强树势，增强对病菌侵染的抵抗力。 ②割去病枝，枝条割除处刮平后涂抗菌剂或石硫合剂，使伤口愈合
杨梅毛虫	①苗地或杨梅树上发现有幼虫时，采用人工捕杀，防止扩散。 ②成虫有趋光性，可于 5 月中下旬点灯诱杀。 ③发现幼虫时，可用 90% 晶体敌百虫 800—1000 倍液进行喷雾
白蚁类	①堆草诱杀、蚁路喷药、放包诱杀。也可用 40% 毒死蜱乳油 1000 倍或 5% 氟虫腈悬浮剂 2000 倍喷雾防治。 ② 4—6 月份点灯诱杀成虫
卷叶蛾类	①人工摘除卷叶或剪除被害枝梢。 ②幼虫期用 90% 晶体敌百虫 1200 倍液或 20% 杀灭菊酯乳油 2000 倍液喷施
蓑蛾类	①及时人工摘除虫囊。 ②在幼虫孵化盛期和幼龄幼虫期，喷用 90% 晶体敌百虫 800—1000 倍。 ③生物防治：喷洒每克含 100 亿个孢子的青虫菌 1000 倍液

注：农药安全使用按照 GB 4285 和 GB 8321.1、GB 8321.2、GB 8321.3、GB 8321.4、GB 8321.5 的规定执行。

3.9 采收

当全树有 20% 果实成熟时开始分批采收。采收方法与注意事项如下。

（1）采前剪去指甲，以免刺伤果实。

（2）掌握正确的采收方法，用 3 个手指握住果柄，果实悬于手心，连柄采下。

（3）轻采轻放，禁止剧烈摇动。

（4）选用可盛 3—5kg 果实的浅果篮盛果，果篮底部及四周垫以狼蕨草或松叶等。

（5）采收时间宜在清晨或傍晚，此时气温低，损失少。下雨或雨后初晴不宜采收，否则果实水分多，容易腐烂。

（6）加工用的果实或高大树冠顶部的少数果实无法进行人工采摘时，可先在树下垫上草或塑料薄膜，摇树震落果实并捡拾。此法采收速度快，但果实损伤大，只能贮存 1—2d，须速送往工厂加工。

3.10 贮存保鲜

果实采后在室内摊放贮藏，低温贮藏能增加贮藏期，也可采用冷冻贮藏。

低温贮藏：在温度为 0—0.5℃、相对湿度为 85%—90% 的条件下，杨梅果实采后贮藏 7—14d 不腐烂。若再用山梨酸钾作为防腐剂，贮藏时间还可延长 5—7d。

冷冻贮藏：将适度成熟的杨梅放在塑料薄膜的容器中，在 −18℃中速冻 5min 左右，而后贮放在冷库中，可贮藏 1—2 个月。

第三节　紫色土侵蚀区林–果复合栽培模式

　　紫色土是亚热带地区由富含碳酸钙的紫红色沙页岩风化发育的一种岩成土，这类土壤矿质养分丰富，肥力较高，大部分已开垦利用，适种多种作物，是重要的旱作土壤之一。紫色土在福建省分布面积为 $1.46 \times 10^6 hm^2$，占全省面积 1.19%，主要分布于闽西北及闽东的低山丘陵。由于母岩岩性的影响以及频繁的侵蚀堆积，紫色土的形成具有如下 3 个特点：一是物理风化强烈。紫色土的成土母质来源于紫色沙页岩、紫红色沙砾岩等母岩的风化物，这类岩石矿物成分复杂，以钙质胶结为主，且岩层多以砂岩、页岩及泥岩相互成层状排列，这种岩性组合没有经过硬结成岩作用，岩石固结性不强，膨胀系数差别很大，在 CO_2 与降水影响下，碳酸钙易受溶解而失去胶结能力，因此极易进行物理分解，尤其在高温、多雨、干湿季节分明的亚热带气候影响下，岩石表面湿热膨胀、干冷收缩频繁，有助于物理崩解，由表及里剥落成碎屑物质，当水分尚未破坏岩体化学成分时，就已松散成土。这些成土母质易被暴雨冲刷流失，不断更新堆积，致使土壤发育始终处于相对幼年阶段。二是化学风化微弱。紫色土矿物质的化学风化作用微弱，粉沙粒部分的矿物组成中，除石英外，还含有大量的长石、云母等原生矿物；黏粒部分的矿物组成则以蒙脱石和水云母为主。整个剖面上下层次间差异不大，从成土母质和土壤组成含量看，除钙、磷明显淋失外，其他元素均无明显淋失，特别是硅、铁、铝无明显变化，脱硅富铝化作用不明显，土壤风化淋溶系数 >0.3，残积系数 <4.5，表明风化淋溶强度较地带性土壤弱。三是碳酸钙不断淋溶。紫色土成土母岩除部分酸性紫色砂岩外，大部分都含有不同数量碳酸钙。由于岩体多裸露地表，游离碳酸钙在含 CO_2 降水影响下溶解、淋失作用大为加强，尤其经物理风化后的碎屑更为明显。所以，从母岩到土壤形成过程中，碳酸钙含量变化明显，沿剖面自上而下逐渐递增。

　　由于紫色土的吸热性很强，在热胀冷缩的作用下物理风化强烈，其风化产物黏结性差，抗蚀性低，透水性较差；加上南方降雨量丰富、集中且强度大，使紫色土分布区表现出极大的土壤侵蚀危险性，生态系统具有较高的潜在脆弱性，一旦植被受破坏容易诱发其潜在脆弱性，直接导致分布区特别是紫色土山地丘陵区严重的水土流失。遥感调查表明，一般紫色土分布区的土壤侵蚀模数达到 3798—9831t/（$km^2 \cdot a$），侵蚀强度仅次于黄土。紫色土分布区水土流失造成的不仅仅是当前已经暴露的生态环境压力，长远看来，强烈的水土流失不仅对区域土壤质量产生巨大的威胁，进一步给下游水体环境、水利设施和水质安全埋下了隐患。同时，水土流失导致土壤中有机质、氮、磷含量减少，难以满足作物正常生长对营养的需求。紫色土分布区植被稀疏，基岩裸露，有的区域几乎无土壤发育层，植被恢复极度困难，加之人口众多，垦殖率和复种指数较高，利用强度较大，导致紫色土区域土壤质量下降，农业环境恶化现象普遍发生，致使当地农村、农业的发展和农民收入明显滞后。总之，紫色土分布区是福建省水土流失的重灾区之一，其侵蚀面积和危害程度仅次于花岗岩红壤，强烈水土流失成为限制紫色土分布区农业发展的最重要因素之一。

　　宁化县地处闽江、汀江、赣江三江源头，是福建省仅次于长汀县的第二大严重水土流失区，水土流失面积 64.6 万亩，占土地总面积的 18.1%，年土壤侵蚀总量 136 万 t，主要以紫色土为主，水土流失面积大且集中，特别是连片分布在西部的石壁、淮土、方田、济村等 4 个乡镇的紫色土区域，水土流失面积达 30.9 万亩，占该区土地总面积的 42.7%。宁化县以紫色土水土流失面积大而集中、流失程度剧烈、治理难度大而闻名全省，严重的水土流失给当地人民生产生活及生命财产带来严重危害，也严重阻碍当地的社会经济发展。老百姓感慨地说："此山一无毛、二无皮、三无肉，只剩下光骨头（母岩）"。

宁化县紫色土山地面积虽然仅占全县山地面积的 9.2%，但因紫色土侵蚀造成的土壤退化面积却占全县山地退化总面积的三分之二强。紫色土页岩由于其吸热性强，在高温多雨季节，物理风化严重，往往形成风化一层、剥蚀一层、流失一层的恶性循环，土壤总是处于"幼龄阶段"，得不到充分发育，土层浅薄（一般不足 30cm），同时其土壤往往具有水分渗透性差、蓄水能力低的特点，遇到暴雨，极易形成严重的水土流失。因此改善紫色土的土壤结构，提高紫色土蓄水能力及快速增加其地表植被覆盖成为紫色土侵蚀流域可供采取的策略。项目组调查了两个紫色土样地，分别为新治理（淮土乡田背村）和近成熟林（河龙乡永建村）样地，比较发现：近成熟林的表层土壤较为疏松，土壤结构良好，有明显的腐殖质层，表明只要森林植被保护良好，紫色土可以进一步充分发育；然而在土壤底层，由于紫色土自身的母质特征，底层土壤无明显变化，表明由于紫色土自身的特性，对其改造将是一个漫长而又艰难的过程（图 2-27）。

图 2-27　新治理油茶林和近熟林的紫色土剖面

同时，宁化是油茶传统产区，油茶林面积达 14.5 万亩，"淮土茶油"获得国家地理标志产品保护。2012 年宁化县被国家发展和改革委员会、国家林业局联合批准为国家油茶产业发展项目重点县。项目组围绕油茶这一特色产业，探索油茶生产与紫色土水土流失治理的耦合开发模式，取得初步成效。

● 1 油茶 - 牧草 - 猪的家庭农场循环模式

1.1 基本情况

庭院经济是指农户在居住的庭院内的闲置土地上，进行全面系统规划、合理布局、充分利用不同生物生长的特点和对环境条件的要求，实行立体种养结合、加工、销售等活动，科学地利用庭院空间，创造较好的经济效益、生态效益和社会效益，以达到提高土地利用率、产出率和增加农民收入的目的。在耕地随基本建设用地增多、人口增加而相对减少的情况下，发展庭院经济具有更重要的现实意义。在当前建设社会主义新农村之际，大力开发庭院不失为一种农民增收致富的好途径，以典型农户和典型聚落为示范点，构建独立型和聚落型庭院立体农业模式。

1.2 模式构建

选择宁化县淮土乡凤山刘先锋农户为示范点，构建独立型庭院立体农业模式。该农户原有循环农业模式为"牧－沼－果"模式，即养猪场、沼气池、油茶的简单循环。原有模式循环环节较少，产品相对单一。项目组对该农户原有循环模式进行改造，构建全新的独立型庭院立体农业模式，即以农村庭院为切入点，通过种养结合，构建"草－牧－沼－果"的庭院立体农业模式。在庭院右侧的荒地种植二系狼尾草，作为养猪的饲料，沼液沼渣上山培肥地力，促油茶及杨梅果树生长。模式的改进主要在：①增加种植二系狼尾草，减少了养猪饲料的投入。②增加了一个果树品种——杨梅，增加了产出环节。③注重水土保持措施的配置。模式改进后，该农户现有母猪、乳猪600余头，年出栏500—600头，猪场2个，一为商品猪一为种猪；池塘约2亩；10m³沼气池共5个，8m³共4个；后山油茶约50亩，套种杨梅20亩，同时配套经济作物如玫瑰茄等，形成良性物质循环和优化的能量利用系统（图2-28），并通过基地示范作用促成独立型农户的生态水保模式以保持农户庭院周边水土，增加产出。

沼气管

果树

沼渣

农民住房兼农家乐旅社

图2-28　独立型庭院立体农业模式示意图

庭院周边水保措施的配置，在农户庭院周边的果园开发初期易产生水土流失，应配备相应的水土保持措施并注重各项水保措施与生态循环经济模式的结合。果园地改造采取内侧挖竹节沟、外筑田埂的"前埂后沟"工程，并采取在埂上种植起护坡作用的百喜草或香根草。果树栽种时应下适量基肥，使其快速成长，而后定期利用沼液施肥；农户庭院周边低效林可采取配置灌草并利用沼液施肥长期输送物质能量，促进低效林生长，推动植物群落向地带性植被演替。主要措施有：①油茶林油茶园隔坡梯田治理面积83.32亩，油茶施用沼气液5kg/株。②完成了杨梅坡改梯种植、补植杨梅面积5.85亩。③种植狼尾草10000株；二系狼尾草的种植技术指导由本课题组陈志彪教授提供，农户具体实施。④完成机耕道泥结石道路241.3m，路面宽3.0m，排水沟241.3m，完成道路边坡及梯地地埂、梯壁的百喜草种植。庭院周边景观及水保措施进行改造由宁化县水保生态公司实施。

1.3 关键技术

1.3.1 牧草品种选择

通过多年的草种收集、引进、试种及水土保持效果研究,筛选出一些适用于紫色土侵蚀区的适应性强、草层低、生长迅速、覆盖效果好的水土保持草种。其中冬季牧草有毛苕子、光叶苕子、箭舌豌豆及紫云英等,主要形态特征、习性等见表2-24;夏季牧草有百喜草、圆叶决明、象草、宽叶雀稗、格拉姆柱花草、狗尾草及本地杂草鹧鸪草等,主要形态特征、习性等见表2-25。

表2-24 适宜宁化地区推广的冬季绿肥及水土保持草种

草种	主要形态特征	生态习性	适宜栽种季节	用途
毛苕子 *Vicia villosa*	一年生或二年生豆科草本绿肥,全株密被长柔毛。根系发达,主根深达0.5—1.2m。茎细长,攀缘,长可达2—3m,草丛高约40cm,多分枝。双数羽状复叶,具小叶10—16对,叶轴顶端有分枝的卷须;托叶戟形。总状花序腋生,荚果长圆形,长约3cm,种子球形,黑色	耐寒性较强,耐旱力也较强,在年降雨量不少于450mm地区均可栽培。对土壤要求不严	秋季或春季	绿肥
光叶苕子 *Vicia villosa* var.	豆科匍匐蔓生型牧草,越年生或一年生草本。主根粗壮,入土深达1—1.5m,侧根发达。主茎不明显,有2—5个分枝节,枝四棱形中空,疏被短柔毛。双数羽状复叶,有卷须,具小叶8—20对,短圆形或披针形,两面毛较少,托叶戟形	耐寒性强,耐瘠性及抑制杂草的能力均强,可以在pH 4.5—5.5,质地为沙土至重黏土,含盐量低于0.2%的各种土壤上种植	秋季或春季	绿肥
箭舌豌豆 *Vicia gigantea*	多年生草本,高40—100cm,灌木状,全株被白色柔毛。茎有棱,多分支,被白柔毛。偶数羽状复叶,顶端卷须,小叶3—6对,近互生,椭圆形或卵圆形。总状花序长于叶;花期6—7月,果期8—10月	喜温凉气候,抗寒能力强	秋季或春季	绿肥
紫云英 *Astragalus sinicus*	二年生草本,多分枝,匍匐,高10—30cm,被白色疏柔毛。奇数羽状复叶,总状花序生5—10花,呈伞形;总花梗腋生,较叶长;荚果线状长圆形,种子肾形,栗褐色。花期2—6月,果期3—7月	紫云英喜温暖的气候,湿润而排水良好的土壤生长较好,幼苗期耐阴的能力较强	秋季或春季	绿肥

表 2-25　适宜宁化地区推广的夏季绿肥及水土保持草种

草种	主要形态特征	生态习性	适宜栽种季节	用途
象草 *Pennisetum purpureum*	禾本科多年生热带牧草,原产于非洲,是热带和亚热带地区广泛栽培的一种多年生高产牧草。20世纪80年代推广到福建。植株高2—4m,最高达5m;根系发达,多分布于40cm的土层,茎秆直立,粗1—2cm,分蘗性强	耐旱力强,对土壤要求不严,沙土、黏土及微酸性土壤均能生长,但以土层深厚、肥沃的土壤为宜	春季,扦插繁殖	适用于道路边坡种植
百喜草 *Paspalum notatum*	禾本科雀稗属多年生草本植物,原产于拉丁美洲,分布热带、亚热带地区,1963年引入我国台湾并广泛应用于水土保持,20世纪80年代分别从台湾和澳大利亚引入福建,是福建省首选水土保持草本植物。自然高度30—60cm,修剪高度4—8cm,质感粗,生长速度中。百喜草有宽叶型和窄叶型两种,其中窄叶型较为耐寒,是福建省的主栽品种	百喜草具有耐酸、耐瘠、耐旱、耐践踏及中等耐阴等特性	春、秋季,种子或种茎繁殖	可用于道路边坡护坡、护埂、顺坡草篱
宽叶雀稗 *Paspalum wettsteinii*	禾本科雀稗属半匍匐热带型多年生草本,原产于南美巴西、巴拉圭、阿根廷北部等亚热带多雨地区,我国于1974年从澳大利亚引进,作为一个当家品种推广应用。株高50—100cm,具短根块茎,茎下部贴地面呈匍匐状,着地部分节可长出不定根	喜高温多雨的气候和土壤肥沃、排水良好的地方生长,在干旱贫瘠的坡地亦能生长	春播,种子繁殖	适合于荒山荒坡水土流失治理
威恩圆叶决明 *Chamaecrista rotundifolia*	豆科决明属匍匐型多年生草本植物,原产墨西哥,系分布于热带、亚热带区重要的豆科牧草和水土保持植物,1996年从澳大利亚热带牧草资源研究中心(ATFGRC)引入福建。直根系,侧根较发达,主要分布在0—20cm的土层,草层高40—60cm	喜高温、耐酸、耐瘠、耐旱、病虫害少、产量高等	春播,种子繁殖	绿肥,主要应用于荒山荒坡及生态果园水土保持
格拉姆柱花草 *Stylosanthes guianensis*	柱花草又名热带苜蓿、巴西苜蓿,一年生直立型豆科牧草,原产于中南美洲及加勒比海地区,分布于世界热带、亚热带。中国于1962年引进,广东、广西、福建和云南等省(区)有栽培。株高80—100cm,主茎明显,茎粗0.3—0.9cm,分枝能力强	适应性广,耐热、耐旱、耐瘠、耐酸、抗虫害,不耐低温和浸渍	春播,种子繁殖	绿肥

草种	主要形态特征	生态习性	适宜栽种季节	用途
狗尾草 Setaria viridis	禾本科一年生草本植物，在中国广泛分布。秆直立或疏丛生，基部膝曲，株高30—100cm，生命力旺盛，主要以田间杂草形式存在	适生性强，耐旱耐贫瘠，酸性或碱性土壤均可生长	春季，种子繁殖	适合于荒山荒坡水土流失治理
鹧鸪草 Eriachne pallescens	禾本科多年生草本植物，在中国广泛分布，主要以杂草形式存在。秆细硬，株高30—50cm	适生性强，耐旱耐贫瘠，酸性或碱性土壤均可生长	春季，种子繁殖	适合于荒山荒坡水土流失治理

1.3.2 沼液合理施用

油茶对光照要求十分强烈，一般情况下，要求年日照时数在1800—2200h。好温暖、湿润的气候条件，忌严寒，年平均温度14—21℃，最低月平均温度不低于0℃，年平均降雨量在1000mm以上，≥10℃的年积温为5500—6000h。油茶适应性强，能耐贫瘠，土壤酸碱度要求以pH4.5—6.5为适宜。栽种油茶最好是在坡度15°以下的缓坡地，不宜超过30°。由于纬度不同和同纬度坡向不同，油茶适宜的海拔也不同。一般在南坡800m和北坡500m以下。

对刘先锋家种植油茶的紫色土分析表明：土壤缺磷富钾，虽然钾素含量高，但速效养分含量低，有机质含量较低（表2-26），土壤贫瘠。因此，要提高油茶产量，施肥必不可少。

表2-26　刘先锋家油茶林地土壤指标

采样点	pH	C（g/kg）	N（g/kg）	C/N	全磷（mg/kg）	速效磷（mg/kg）	全钾（mg/kg）	速效钾（mg/kg）	碱解氮（mg/kg）	稀土元素（mg/kg）
北方	4.95	10.62	1.19	8.91	209.83	2.48	16.83	0.08	54.44	0.26
东北方	4.86	7.68	0.87	8.85	179.33	0.56	16.51	0.05	35.78	0.22
西北方	4.82	4.43	0.72	6.19	216.33	0.42	23.61	0.07	43.56	0.35

项目组开展了沼液、有机肥、复合肥3组施肥处理对油茶生长的影响研究。设置样地6块，1号、2号、3号是5m×20m的标准样地，为成年油茶林，分别施有机肥、沼液和复合肥；4号、5号、6号为成片的油茶幼苗林，分别施有机肥、复合肥和沼液（表2-27）。由表2-28可知，施沼液和施有机肥、复合肥能达到同样的效果。1425株油茶如全部施沼液，按复合肥1.8元/kg，有机肥0.62元/kg，可节省1282.5元复合肥投入，或者1325元的有机肥投入。

表2-27　不同施肥方式样地设置

1号	2号	3号	4号	5号	6号
施有机肥（5m×20m）	施沼液（5m×20m）	施复合肥（5m×20m）	施有机肥（成片）	施复合肥（成片）	施沼液（成片）
1.5kg/株		0.5kg/株	0.5kg/株	0.15kg/株	

表 2-28 样地 2014 年油茶采摘结果

	1 号（有机肥）	2 号（沼液）	3 号（复合肥）
油茶株数	16	16	16
茶果数目（个）	1200	1328	1382
茶果重量（kg）	6.56	8.32	8.88

1.4 优化建议

聚落型庭院经济是家庭农场循环模式的拓展与延伸。选择宁化县石壁镇杨边村作为聚落型立体农业模式示范基地。杨边村位于福建省宁化县石壁镇西部，距镇政府 1.5km，紧邻闻名海内外的石壁客家祖地，省道 307 线贯穿境内，是革命老区基点村。全村有 9 个村民小组，共 340 户 1338 人，其中军烈属 5 户，贫困户 50 户，低保户 20 户，残疾人 39 人。土地总面积 4346 亩，其中林地 1967 亩，非林地 1049 亩，耕地面积 1330 亩。人均耕地面积 0.99 亩，农民经济收入主要以种植烤烟、烟后糯稻和外出务工为主，2013 年人均经济纯收入 5330 元。宁化县政府提出要将杨边村建设成为"生产发展、生活宽裕、乡风文明、村容整洁、管理民主"的美丽村庄，计划建成农业生态观光园，工程主要由住房改建、人工池塘、河道治理、森林公园等组成。住房改造 2013 年年底完工，森林公园 2014 年完工，所有工程项目计划在 5 年内竣工。

聚落型庭院经济模式的构建原则：一是有效耦联。不同独立型农户的生态循环经济模式的规模、循环的具体链路等存在极大的差异，从物质能量高效利用的角度出发，在不同循环环节上耦联独立型农户的生态循环经济模式，构建聚落型农户生态经济循环模式，从而进一步提高经济效益（图 2-29）。二是产业提升。基于聚落中不同农户循环经济模式的配置特征，加强农户与农户、农户与公司之间的合作，发展高附加值的农副产品加工产业，延长产业链；大力发展观光农业、休闲渔业和"农家乐"旅游，切实增加农民收入，促进生态富民。三是水保到位。聚落周边水保措施的配置，除了需要注重与生态循环经济模式的结合外，注重与聚落景观改造的结合，强调各项水保措施的景观功能。四是景观改造。结合农村环境综合整治，实行山、田、水、路、渠、库、村的综合治理；对村镇周围河道两侧，进行自然型护岸美化；构建生态聚落，协调安排各具特色的农户生态经济，形成"一院一景，院在景中，景在院中"，兼具生产、休闲功能为一体的特色生态农户聚落（图 2-30、图 2-31）；促进生态富民。构建农户之间良性互动和功能联系，形成有本聚落特色的、有市场的农产品。

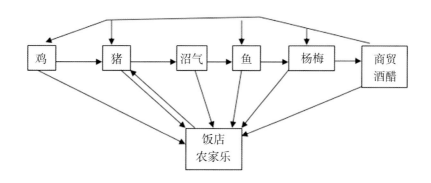

图 2-29 聚落型庭院经济模式示意图

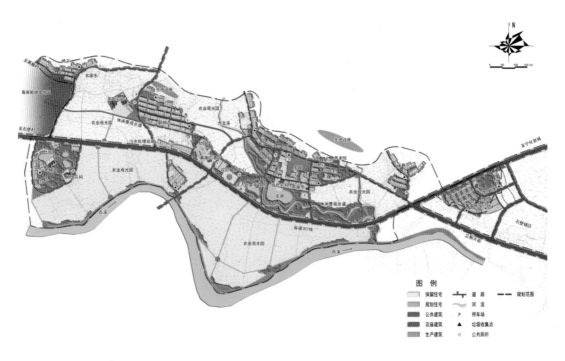

图 2-30　杨边村综合整治与规划布局图

图 2-31　建设前和建设后的杨边村

● 2 林 - 油茶 - 牧草的小流域治理模式

在宁化县紫色土水土流失初步治理区，应用生态学的基本原理，从系统整体性出发，以水土流失治理和油茶等初步治理区主要产业提升为出发点，耦联种植业、养殖业和加工业，构建初步治理区"草 - 茶（油茶）- 畜 - 加"的立体种养模式并推广，带动初步治理区生态恢复的进一步巩固、完善和现代农业产业提升。

2.1 基本情况

宁化县紫色土流失区土壤侵蚀严重，是福建省生态系统退化较为严重的地带之一。鉴于此，以位于宁化县石壁镇江家村和淮土乡吴陂村的水土保持科教园的紫色土严重流失区为研究对象，以未治理区作为对照，并选择周边未出现流失区作为恢复后的参照，开展不同林果草模式对紫色土侵蚀区土壤理化性质影响的研究，对比分析不同林果草模式对土壤水分物理性质、土壤团聚体分布特征和稳定性、土壤碳氮含量以及活性有机碳含量等方面的影响，并采用灰色关联法等评价不同林果草恢复模式的综合效益，为宁化紫色土壤流失区域植被恢复、优良模式和调控技术筛选以及在紫色土侵蚀区的推广应用提供依据。采取不同的林果草恢复模式在裸露紫色土荒坡地上进行植被恢复和重建工作，主要林果草模式有：每隔6m 沿等高线开挖水平沟，同时在沟间配套鱼鳞坑，在鱼鳞坑内种植锥栗、杨梅等果树以及木荷等乔木，株行距为 2m×3m，在水平沟的沟内、沟壁点播宽叶雀稗和百喜草，记为模式 C1；每隔 3m 沿等高线开挖水平竹节沟，同时在沟间配套鱼鳞坑，在竹节沟内种植胡枝子以及油茶等灌木以及点播宽叶雀稗，在鱼鳞坑内种植香樟和桂花等乔木，株行距 3m×3m，记为模式 C2；沿坡面每隔 5—6m 开挖一条 1.2m 的等高草带，草带间采取水平带整地，在水平带上种植油茶，株行距为 2m×2.2m，等高草带上种植百喜草，记为模式 C3；另设未治理的裸露荒地作为对照（CK），选择周边无明显水土流失的林分作为恢复后的参照（C0），其原生植被为马尾松、胡枝子和芒萁等。不同林果草模式具体详见表 2-29。

表 2-29　不同林果草模式样地基本概况

模式	海拔（m）	坡度（°）	坡位	植被覆盖度（%）	林果草模式
C0	460	15	中坡	95	周边无明显水土流失的林分，其原生植被为马尾松、胡枝子和芒萁等
C1	446	15	中坡	65	木荷 ×（锥栗 + 杨梅）×（宽叶雀稗 + 百喜草）
C2	425	13	中坡	60	（香樟 + 桂花）×（胡枝子 + 油茶）× 宽叶雀稗
C3	418	13	中坡	50	油茶 × 百喜草
CK	398	13	中坡		裸露荒坡地的未治理区

2.2 不同治理模式的土壤容重差异

由图 2-32 知，不同林果草模式下的土壤容重均随土层深度的增加而变大，表层土壤受到林果草恢复的影响较为明显，土层通透性能良好，非毛管孔隙度较大，土壤容重较小，有利于土壤的气体交换过程，提高土壤渗透性。相反，下层土壤影响较小。不同林果草恢复模式，对土壤容重的影响也存在差异。土壤容重大小依次为 C1 < C2 < C3，相比未治理区 CK 的土壤容重均显著减小。在 0—20cm 土层变化较为

明显,C1、C2和C3模式分别降低了14.27%、11.88%和4.34%;而与未破坏区C0相比,分别是C0的1.16倍、1.20倍和1.30倍。20—40cm土层也呈现相同的趋势,C1、C2和C3模式分别降低了12.05%、9.41%和3.57%。

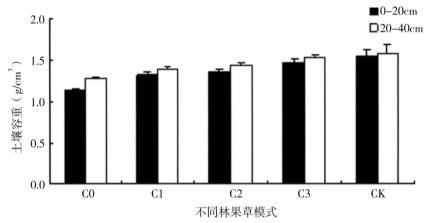

图 2-32　不同林果草模式的土壤容重

未破坏区C0有最小的土壤容重,被视为该试验区土壤结构和肥力最好的区域,被作为恢复后的参照模式。由于马尾松林分群落结构复杂,植被覆盖茂密,凋落物多,植被根系生长旺盛,使得土壤疏松多孔,通透性较好,水土保持能力强。3种林果草恢复模式中,C1的容重最小,其次是C2,最后为C3。C1和C2模式由于引入树种和地表草本较多,群落结构改善较好,形成更为复杂的群落结构,地表植被丰富,其对土壤容重改良较好。而C3模式,由于缺乏乔木的介入,缺乏乔木根系对土壤的穿插和切割作用,该模式对土壤容重的改良效果较为有限。总的来说,相对于未治理区,3种林果草恢复模式土壤容重均显著变小,表明不同植被的恢复能改良土壤的结构。

2.3 不同治理模式的土壤含水量差异

土壤含水量增加不仅提供了植被生长所需的水分条件,也有利于改善土壤的生态环境。由图 2-33可知,土壤含水量大小为C1>C2>C3。在0—20cm土层,与未治理区CK含水量相比,分别提高了4.22%、1.24%、4.01%。而与未破坏区C0相比,分别达到其94.82%、93.17%和71.41%。20—40cm土层也有相似规律。表明采取林果草恢复模式后,土壤含水量增加了。

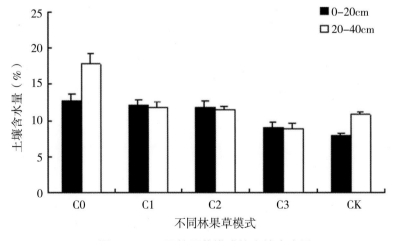

图 2-33　不同林果草模式的土壤含水量

土壤含水量的变化是地表植被的综合反映。本研究中 C1 和 C2 明显优于 C3，这可能是由于 C1 和 C2 植物种类多，群落层次较为丰富，植株根系发达，地表植被和凋落物较多，地表草本也较为丰富，能有效地截留水分，涵养水源效果明显改善。在土壤剖面垂直分布下，3 种恢复模式含水量随深度增加依次降低，两个对照模式水分依次降低。原因可能是植被恢复后林下凋落物增加，部分阻挡了蒸腾作用和截留了部分水源。总之，3 种林果草恢复模式对土壤含水量有明显的改善作用，植被恢复增加了土壤湿度，地表覆盖物的增加阻止了土壤表层水分的蒸发，体现了植被恢复对土壤水分的积极效应。

2.4 不同治理模式的土壤持水量差异

土壤持水量高低也可用来指示土壤水分物理性质，对涵养水源、治理水土流失具有重要意义。由表 2-30 可知，从整体来看：C1、C2 和 C3 不同林果草模式持水量均比未治理区 CK 有显著提高，并有逐渐接近未破坏区 C0 的趋势。其中，0—20cm 土层最大持水量相比 CK 分别提高了 49.91%、35.88% 和 12.15%；达到 C0 的 80.65%、73.10% 和 60.33%。毛管持水量相比 CK 分别提高了 41.85%、18.00% 和 7.26%；达到 C0 的 97.17%、80.83% 和 73.47%。最小持水量相比 CK 分别提高了 6.68%、4.82% 和 5.69%；达到 C0 的 80.00%、78.60% 和 79.25%。20—40cm 土层也呈现类似的规律。

上述数据表明：土壤综合持水量大小为 C1＞C2＞C3。与未破坏区 C0 相比，C1 模式对土壤持水量的改良效果最好，其次是 C2，最后是 C3。这主要与林果草模式地被植物的丰富和土壤有机质含量高有关，两者综合作用增强了土壤的持水能力。同时，3 种不同林果草恢复模式改善了原有的裸地土壤持水能力，对土壤水分物理性质有良好的恢复作用。

表 2-30　不同林果草模式的土壤持水量

模式	土层深度（cm）	最大持水量 (g/kg)	毛管持水量 (g/kg)	最小持水量 (g/kg)
C0	0—20	383.50	262.67	220.19
	20—40	313.70	250.59	222.35
C1	0—20	309.30	255.23	176.14
	20—40	302.15	261.52	172.05
C2	0—20	280.35	212.32	173.07
	20—40	273.30	220.71	168.72
C3	0—20	231.38	192.99	174.50
	20—40	228.89	190.91	172.62
CK	0—20	206.32	179.93	165.11
	20—40	209.08	190.61	177.90

2.5 不同治理模式的土壤孔隙度差异

由表 2-31 可知，不同林果草恢复模式下，孔隙度改变情况也相异，总孔隙度大小依次为 C1＞C2＞C3。土壤总孔隙度随着深度的增加而增加，主要是由于林果草恢复过程中根系深入土层进行穿插和切割所致。3 种不同林果草模式总孔隙度比未治理区 CK 分别提升了 28.51%、19.75% 和 7.28%。C1 模式 20—40cm 土层总孔隙度甚至比未破坏区 C0 高 1.91%，这也说明 C1 模式具有很好的土壤改良作用，在通透性方面有了很好的恢复作用，土壤疏松、结构优良，为土壤微生物活动和养分转移提供了更为良好的环境。

表 2-31　不同林果草恢复模式的土壤孔隙度

模式	土层深度（cm）	非毛管空隙（%）	毛管孔隙（%）	总孔隙（%）	非毛管空隙度／毛管孔隙度
C0	0—20	13.64	29.66	43.30	1：2.17
	20—40	8.07	32.04	40.11	1：3.97
C1	0—20	7.13	33.66	40.79	1：4.72
	20—40	5.65	36.37	42.02	1：6.44
C2	0—20	9.22	28.78	38.01	1：3.12
	20—40	7.53	31.61	39.15	1：4.20
C3	0—20	5.65	28.40	34.05	1：5.03
	20—40	5.79	29.11	34.90	1：5.03
CK	0—20	4.06	27.68	31.74	1：6.82
	20—40	2.92	30.14	33.06	1：10.32

非毛管孔隙度随着土层深度增加而降低；而毛管孔隙度随着土层增加而升高。这种线性的均匀变化也映衬了两类孔隙度功能上的区别。其中 0—20cm 土层非毛管孔隙度大小依次为 C2 > C1 > C3，分别比未治理区高 5.16%、3.07% 和 1.59%，达到未破坏区 C0 的 67.60%、52.27% 和 41.42%；毛管孔隙度大小依次为 C1 > C2 > C3，分别比未治理区高 5.98%、1.1%、0.72%，达到未破坏区 C0 的 113.49%、97.03%、95.75%。表明 3 种林果草模式对土壤孔隙结构有一定的改善作用。

毛管孔隙和非毛管孔隙的数量及比例一定程度上决定着土壤孔隙及水肥状况。一般认为，结构性良好、水 - 气关系协调的土壤，总孔隙度在 40%—50%，非毛管孔隙度大于 10%，而非毛管孔隙度与毛管孔隙度比例在 1：（2—4）（黄昌勇，2000）。其中，未破坏区 C0 与上述标准相吻合。而 3 种不同的林果草恢复模式，只有 C1 模式在总孔隙度达到要求，其余模式均未达到要求，这表明由于采用林果草恢复模式时间仍较短，其对土壤孔隙结构的改良作用仍较为有限。然而，与未治理区 CK 相比，3 种林果草恢复模式的孔隙结构指标均有显著的提高，在一定程度上有良好的土壤改良功效。其中以 C1 和 C2 模式改良效果较为明显，主要由于这两种模式植被群落层次丰富、覆盖广，植物种类多样，凋落物沉积分解充足，根系发达等原因所致。C3 模式由于群落结构较为单一，且缺乏林木的参与，短时间内改良土壤孔隙度较为缓慢，但仍有一定效果。

2.6 不同治理模式的土壤水稳性团聚体变化

2.6.1 干筛土壤团聚体分布变化

不同林果草恢复模式对土壤团聚体的形成与分布有较大的影响，不仅影响到表层土壤团聚体的组成、数量及质量，而且对表层以下不同深度的土壤团聚体特征也有较大影响（章明奎，1997）。由表 2-32 可知，不同林果草恢复模式 >5mm 干筛团聚体含量最高。0—20cm 土层 >5mm 团聚体含量大小依次为：未治理区 CK（51.98%）> C1（49.20%）> C3（40.94%）> C2(40.86%) > 未破坏区 C0（40.38%）；20—40cm 土层为 C1（53.48%）> CK（42.86%）> C3（42.42%）> C2（42.20%）> C0（37.76%）。其中 C2 的干筛团聚体含量明显小于其他两种模式，但均大于未破坏区 C0。0—20cm 土层 2—5mm 团聚体含量大小为 C2（36.36%）> C0（28.86%）> C1（26.10%）> C3（23.02%）> CK（17.84%）；1—2mm 团聚体含量大小为 C0（14.20%）> C3（11.84%）> CK（10.58%）> C1（9.90%）> C2（8.70%）；

0.5—1mm 团聚体含量大小为 C3（11.78%）＞C0（10.06%）＞C1（6.98%）＞C2（6.70%）＞CK（6.62%）；0.25—0.5mm 团聚体含量大小为 CK（7.84%）＞C3（4.88%）＞C2（4.08%）＞C1（3.08%）＞C0（2.78%）；＜0.25mm 团聚体含量大小为 C3（7.54%）＞CK（5.14%）＞C1（4.74%）＞C0（3.74%）＞C2（3.26%）。

综上所述，不同林果草恢复模式对土壤团聚体的形成有良好的促进作用。＞5mm 的土壤团聚体含量主要与人为活动的强度有关（刘梦云，2005），与 CK 模式相比，＞5mm 的土壤团聚体含量，3 种不同林果草恢复模式均有不同程度的降低，其中降低程度依次为 C2＞C3＞C1。其中，在 0—20cm 土层经过不同林果草恢复模式后，2—5mm 的团聚体含量均显著提高，大小依次为 C2（36.36%）＞C1（26.10%）＞C3（23.02%）＞CK（17.84%）；0.25—0.5mm 的土壤团聚体含量显著降低，大小依次为 C1（3.08%）＜C2（4.08%）＜C3（4.88%）＜CK（7.84%）。

表 2-32　不同林果草恢复模式干筛土壤团聚体组成分布（%）

模式	土壤深度（cm）	＞5mm	2—5mm	1—2mm	0.5—1mm	0.25—0.5mm	＜0.25mm
C0	0—20	40.38	28.86	14.20	10.06	2.78	3.74
	20—40	37.76	28.32	13.10	8.36	4.74	7.70
C1	0—20	49.20	26.10	9.90	6.98	3.08	4.74
	20—40	53.48	25.08	7.54	5.60	3.34	4.96
C2	0—20	40.86	36.36	8.70	6.70	4.08	3.26
	20—40	42.20	14.54	10.66	12.60	11.88	8.14
C3	0—20	40.94	23.02	11.84	11.78	4.88	7.54
	20—40	42.42	24.94	12.74	7.92	5.22	6.78
CK	0—20	51.98	17.84	10.58	6.62	7.84	5.14
	20—40	42.86	26.14	12.92	7.70	6.00	4.36

2.6.2 土壤水稳性团聚体分布变化

通过湿筛的水稳性团聚体（即通过湿筛法所测得团聚体）数量的多少更能反映土壤结构的稳定性。由表 2-33 可知，水稳性团聚体含量主要集中在 ＞5mm、2—5mm、＜0.25mm 间。相比干筛土壤团聚体，＜0.25mm 水稳性团聚体明显增加了，而 ＞5mm、2—5mm 均有不同程度的下降。水稳性土壤团聚体整体含量向更小的径级移动，但总体变化趋势和幅度存在差异。由此可见，不同林果草恢复模式间水稳性土壤团聚体含量有一定差异，各径级水稳性土壤团聚体的比例应能较好地反映土壤团聚体的质量。在 0—20cm 土层中，C0、C1、C2、C3 和 CK 模式 ＜0.25mm 水稳性土壤团聚体的含量分别为 21.56%、23.92%、17.62%、26.20% 和 43.02%。与 CK 相比，不同林果草恢复模式过程中 ＜0.25mm 水稳性土壤团聚体含量显著降低，分别降低了 19.1%、25.4% 和 16.82%；＞5mm 水稳性土壤团聚体含量分别提高 16.52%、4.3% 和 1.28%。20—40cm 土层也呈现相似规律。

根据刘梦云等（2005）的研究表明，水稳性土壤团聚体含量是衡量土壤抗侵蚀能力重要指标。＞0.25mm 水稳性土壤团聚体含量是微结构的水稳性好坏的评价标准之一，本研究中，＞0.25mm 水稳性土壤团聚体含量大小为 C2＞C1＞C3，比未治理区 CK 有显著提高，接近未破坏区 C0。表明微结构的水稳性最好为 C2 模式，其次为 C1 模式，C3 模式最差。出现这种原因主要可能是，C2 模式凋落物数量最多，而凋落物又是有机质的主要来源之一。水稳性结构与有机质的关联最为密切。

表 2-33　不同林果草恢复模式土壤水稳性团聚体组成分布（%）

模式	土壤深度（cm）	>5mm	2—5mm	1—2mm	0.5—1mm	0.25—0.5mm	<0.25mm
C0	0—20	25.02	25.90	12.08	8.76	6.68	21.56
	20—40	27.82	22.80	8.42	8.34	9.30	23.32
C1	0—20	39.68	17.40	7.46	6.08	5.46	23.92
	20—40	41.26	16.04	12.20	6.04	6.30	18.16
C2	0—20	27.46	29.12	18.08	5.74	1.98	17.62
	20—40	30.94	23.58	13.96	6.84	4.86	19.82
C3	0—20	24.44	27.00	11.78	6.60	3.98	26.20
	20—40	35.22	24.82	7.58	5.70	4.04	22.64
CK	0—20	23.16	16.40	6.88	5.36	5.18	43.02
	20—40	24.62	20.38	8.62	4.02	2.96	39.40

2.6.3 土壤团聚体稳定性变化

一般常用水稳性团聚体的平均重量直径（MWD）、>0.25mm 水稳性团聚体（WSA）含量和 >0.25mm 团聚体的破坏率（PAD）3 项指标来反映水稳性团聚体的稳定性。如表 2-34 所示，0—20cm 土层未治理区 CK 水稳性团聚体 MWD 为 1.95mm，经过林果草模式恢复后，3 种模式分别为 2.80mm、2.74mm 和 2.44mm，分别是 CK 的 1.44 倍、1.41 倍和 1.25 倍，分别是未破坏区 C0 的 1.14 倍、1.11 倍和 0.99 倍。不同林果草模式 WSA 含量分别为 C2（82.38%）>C1（76.08%）>C3（73.80%）>CK（56.98%）；PAD 大小依次为 C2（14.84%）<C1（20.13%）<C3（20.18%）<CK（39.93%）。因此，水稳性团聚体 MWD 可作为反映水稳性团聚体的稳定性的指标，3 种不同林果草土壤水稳性团聚体稳定性的强弱为 C2>C1>C3。

表 2-34　不同林果草恢复模式的水稳性团聚体的稳定性

模式	土壤深度（cm）	水稳性团聚体 MWD（mm）	>0.25mmWSA 含量（%）	>0.25mmPAD（%）
C0	0—20	2.46	78.44	18.51
	20—40	2.44	76.68	16.92
C1	0—20	2.80	76.08	20.13
	20—40	2.90	81.84	13.89
C2	0—20	2.74	82.38	14.84
	20—40	2.68	80.18	12.72
C3	0—20	2.44	73.80	20.18
	20—40	2.83	77.36	17.01
CK	0—20	1.95	56.98	39.93
	20—40	2.16	60.60	36.64

2.7 不同林果草模式土壤碳氮含量的变化

土壤碳氮含量是土壤肥力的重要指标，碳氮是植物生长发育过程必备营养元素。土壤碳氮富集不仅能为植被提供养分供应，同时还能促进生态环境，实现碳氮平衡。一般可用土壤有机碳（SOC）和全氮（TN）含量的高低，反映了土壤肥力的优劣。

2.7.1 土壤碳氮含量

由表2-35可见，在不同林果草模式下0—20cm层的表层土壤有机碳（SOC）和全氮（TN）含量均高于20—40cm层的土壤。根据研究表明，0—20cm表层土壤有机碳氮含量受地表植被覆盖度、凋落物累积与分解程度、土壤微生物分解作用和人为干扰程度等因素的影响比下层土壤大（丁访军等，2012）。

表2-35 不同林果草模式下土壤有机碳和全氮含量

不同林果草模式	总有机碳 SOC（mg/kg）		全氮 TN（mg/kg）	
	0—20cm	20—40cm	0—20cm	20—40cm
C1	22.25 ± 0.13^{Ba}	14.95 ± 0.27^{Cb}	5.04 ± 0.01^{Ba}	4.97 ± 0.04^{Aa}
C2	20.26 ± 0.05^{Ba}	17.04 ± 0.08^{Bb}	4.21 ± 0.02^{Ca}	3.94 ± 0.01^{Bb}
C3	11.68 ± 0.11^{Ca}	10.81 ± 0.06^{Da}	3.97 ± 0.02^{Da}	3.74 ± 0.02^{Ba}
C0	44.55 ± 0.15^{Aa}	32.41 ± 0.14^{Ab}	5.93 ± 0.02^{Aa}	4.85 ± 0.03^{Ab}
CK	8.42 ± 0.04^{Da}	7.46 ± 0.04^{Ea}	3.34 ± 0.01^{Ea}	2.84 ± 0.02^{Cb}

注：不同大写字母表示同一土层不同林果草模式间的差异显著（$P<0.05$）；不同小写字母表示同一林果草模式不同土层间差异显著（$P<0.05$），下同。

3种林果草模式下土壤有机碳（SOC）和全氮（TN）相比未治理区(CK)均显著提高。其中，0—20cm表层平均土壤有机碳（SOC）大小依次为C1（22.25mg/kg）＞C2（20.26mg/kg）＞C3（11.68mg/kg），相比未治理区(CK)（8.42mg/kg）分别提高了1.64倍、1.41倍、0.39倍。其中C1模式分别是其他两种林果草模式的1.10倍和1.90倍。3种林果草模式土壤有机碳（SOC）含量均显著提高。然而，相对未破坏区（C0）（44.55mg/kg）仍然较小，分别仅达到49.99%、45.48%、26.22%。相比未破坏区平均土壤有机碳（SOC）含量较低，主要原因可能是植被恢复的时间还不够长，尚处于初级阶段，对于土壤的改良效果还有待时间积累。20—40cm土层土壤有机碳的变化规律与0—20cm类似。

0—20cm表层土壤全氮（TN）大小依次为C1（5.04mg/kg）＞C2（4.21mg/kg）＞C3（3.97mg/kg），分别达到未破坏区C0（5.93mg/kg）的84.99%、70.99%、66.95%；与未治理区CK相比（3.34mg/kg），分别提高了50.90%、26.05%、18.86%。其中C1模式土壤全氮含量分别是其他两种模式的1.20倍和1.27倍。由于土壤全氮TN含量与土壤有机碳SOC含量具有相关性，因此其全氮土层分布与土壤有机碳含量变化趋势相似。20—40cm土层的变化规律相似。这表明与未治理区（CK）相比，3种林果草模式土壤有机碳（SOC）和全氮（TN）含量均显著提高。其中土壤有机碳（SOC）和全氮（TN）含量大小均为C1＞C2＞C3，其中C1和C2模式土壤有机碳和全氮含量相近，均高于C3模式。这可能是由于C1模式郁闭度较高，土壤湿度较大，林上枝叶繁茂且地表枯枝落叶较多，凋落物层和植被层较为丰富，从而导致有机物的输入量较大，土壤有机质分解速率慢，再加上根系发达，从而有利于土壤有机质的积累。而在 C3 模式，与前两种林果草模式相比改良效果较差。但是 3 种模式对比未治理区均有显著的改良作用。

2.7.2 土壤碳氮比

土壤碳氮比值（C/N）是衡量土壤中碳、氮营养平衡状况的重要指标，根据它变化趋势能够对土壤碳、氮循环进行直观监测，也是土壤中碳氮平衡和循环的主要影响因子。由表 2-36 可知，3 种林果草模式下碳氮比大小依次为 C2>C1>C3。其中 0—20cm 土层相比未治理区（CK）提高了 1.68 倍、1.92 倍、1.14 倍。C2 模式碳氮比 C1 高出约 24%，比 C3 高出约 87%。与未破坏区（C0）差距仍较明显。在垂直水平上，随着深度增加，碳氮比依次降低，这主要与表层土壤凋落物和林下潮湿情况有关。土壤碳氮比的差异与不同植被恢复模式下的 SOC 和 TN 含量大小密切相关。但与未治理区（CK）相比，3 种林果草模式均有良好的改善作用。

表 2-36　不同植被恢复模式下土壤碳氮比（%）

不同林果草模式	土壤深度（cm）	C/N
C1	0—20	4.259
	20—40	2.879
C2	0—20	4.829
	20—40	4.332
C3	0—20	2.866
	20—40	2.287
C0	0—20	7.383
	20—40	6.568
CK	0—20	2.521
	20—40	2.477

2.8 不同林果草模式对土壤活性有机碳的影响

2.8.1 不同林果草恢复措施对土壤总有机碳含量的影响

研究典型紫色土侵蚀区经 3 种林果草模式恢复后土壤有机碳及活性有机碳的变化特征，以期为退化紫色土侵蚀区的生态恢复和重建工作提供理论依据。不同林果草恢复对土壤总有机碳含量有显著的影响（吴彦，1997）。由图 3-34 可见，采用 3 种林果草恢复模式后，土壤剖面平均总有机碳含量均显著增加，其大小顺序为 C2>C1>C3，分别比 CK 增加了 137%、135% 和 42%，达到 C0 的 49%、48% 和 29%。本研究中，采用 3 种林果草恢复模式后，土壤剖面平均总有机碳含量均显著增加。表明采取林果草恢复模式后，土壤总有机碳含量迅速增加，这主要是由于植被的快速覆盖，根系的穿插和固土作用，改善土壤的结构，减少样地的碳流失量，同时枯死物的归还增加了碳输入量（安韶山等，2006；Elliott 等，1988），使土壤总有机碳含量显著提高。然而，由于采取不同林果草模式的年限较短，其土壤总有机碳含量仍不足参照 C0 的 50%。

不同林果草恢复模式和 CK、C0 各层土壤总有机碳含量均表现为随土层深度增加而减少的趋势。其中 C0、C1 和 C2 不同层次土壤总有机碳含量差异达到显著水平（$P < 0.05$），而 C3 和 CK 未达到显著水平（$P > 0.05$）。主要是由于采用 C3 措施，所种植的油茶仍为幼苗，通过其根系的穿插对土壤有机碳的累积作用仍然较为有限，而 CK 对照本身缺乏植被的参与，说明了乔木树种的参与对改变土壤总有机碳的剖面特征的重要性。

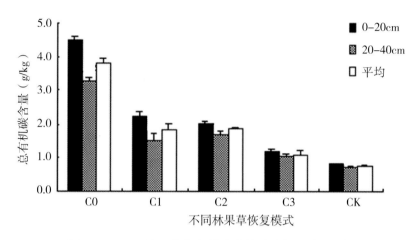

图 2-34　不同林果草恢复模式土壤总有机碳（SOC）含量

2.8.2 不同林果草恢复模式对土壤活性有机碳的影响

林果草模式的施用显著增加土壤活性有机碳。由表 2-37 可见，采用 3 种林果草恢复模式后，土壤微生物量碳、冷水浸提有机碳和热水浸提有机碳含量分别为 23.96—88.38mg/kg、13.46—45.69mg/kg 和 61.19—143.35mg/kg，均显著提高（$P < 0.05$），分别比 CK 增加 26%—195%、105%—391% 和 308%—815%，分别达到 C0 的 11%—51%、19%—68% 和 24%—60%。无论是冷水还是热水浸提，不同林果草恢复措施可溶性有机碳均表现为 C0 > C1 > C2 > C3 > CK，这与其土壤总有机碳含量的排序是基本一致的。本研究中显示，采取林果草恢复模式后土壤活性有机碳组分显著提高，这与周国模等（2004）、杨玉盛（2005）研究结果一致。周国模等报道侵蚀型红壤植被恢复后，土壤总有机碳和土壤活性有机碳均明显增加；谢锦升发现在长汀红壤侵蚀区恢复后，土壤微生物量碳分别是裸地的 2.3—7.8 倍。与土壤总有机碳相比，生态恢复措施对裸露荒坡地土壤活性有机碳的影响更为明显。

本研究结果显示热水浸提可溶性有机碳含量为冷水浸提量的 3—4 倍，明显高于万晓华等（2014）报道的杉木采造林树种转变热水浸提可溶性有机碳为冷水浸提的 2 倍，亦高于徐秋芳（2003）报道的亚热带代表性森林的 1.52 倍。这两名学者报道其林分土壤冷水浸提的可溶性有机碳含量分别在 88.8—287.4mg/kg 和 100—200mg/kg，热水浸提的可溶性有机碳含量分别为 178.2—641.6mg/kg 和 200mg/kg，均远高于本研究冷水和热水浸提有机碳水平，表明由于研究区域及对象的差异，可能改变了冷水和热水浸提的比例关系。

由表 2-37 可知，在垂直分布上，不同林果草模式可溶性有机碳 DOC 含量随着土壤深度的增加而减少。未治理区 CK 热水浸提的 DOC 在 0—20cm 和 20—40cm 土层的差异最小，未达到显著水平，而 C1 和 C3 恢复模式不同土层热水浸提的 DOC 含量差异达到显著水平（$P < 0.05$）。C1、C2 和 C3 模式下 0—20cm 土层热水浸提的 DOC 含量分别比 20—40cm 高 35.34%、19.11% 和 53.83%。不同土层深度，3 种林果草恢复模式热水浸提的 DOC 含量均呈递减趋势，其中 C3 模式递减幅度最大。

表 2-37　土壤活性有机碳含量的土壤剖面分布（mg/kg）

不同林果草恢复模式	土层深度（cm）	微生物量碳	冷水浸提的可溶性有机碳	热水浸提的可溶性有机碳
C0	0—20	210.45 ± 11.01 [Aa]	70.06 ± 7.69 [Aa]	256.66 ± 19.79 [Aa]
	20—40	90.24 ± 6.07 [Ab]	24.45 ± 2.37 [Bb]	176.70 ± 11.21 [Ab]
C1	0—20	50.75 ± 3.78 [Ca]	45.69 ± 4.18 [Ba]	143.35 ± 9.24 [Ba]
	20—40	45.79 ± 1.50 [Ba]	16.58 ± 2.87 [Ab]	105.92 ± 6.44 [Bb]
C2	0—20	37.73 ± 2.29 [Da]	35.94 ± 2.50 [Ca]	83.22 ± 7.95 [Ca]
	20—40	23.96 ± 1.07 [Cb]	15.78 ± 2.15 [Bb]	69.86 ± 6.14 [Ca]
C3	0—20	88.38 ± 5.29 [Ba]	25.33 ± 1.44 [Da]	94.13 ± 7.71 [Ca]
	20—40	28.17 ± 1.82 [Cb]	13.46 ± 1.21 [Cb]	61.19 ± 5.79 [Cb]
CK	0—20	29.99 ± 0.68 [Ea]	9.31 ± 0.81 [Ea]	15.67 ± 0.94 [Da]
	20—40	15.84 ± 0.40 [Da]	6.57 ± 0.56 [Da]	15.01 ± 0.55 [Da]

土壤可溶性有机碳 DOC 通常在表层最高，然后随着土层深度的增加呈递减趋势，这与土壤的有机碳的垂直分布相吻合，表明土壤中贮存的碳是 DOC 主要来源，在一定条件下可能与可溶性有机碳相互转化。但由于植被类型的不同，导致 3 种林果草恢复模式的 DOC 含量在垂直分布上存在差异。冷水浸提的 DOC 含量在垂直分布上亦呈现出相似的规律。

由表 2-37 可知，不同林果草模式的土壤微生物量碳 MBC 含量随土壤深度的增加而降低。经过 3 种林果草恢复模式后，没有能改变微生物量碳在土壤剖面垂直变化的趋势。但不同林果草模式间的 MBC 含量变化趋势是有差异的。

未治理区 CK 模式 0—20cm 土层的 MBC 含量比 20—40cm 高 71.20%，但其 MBC 含量均低于 30mg/kg。未破坏区 C0 模式 MBC 含量土壤剖面特征显著，0—20cm 土层 MBC 含量比 20—40cm 高 133.21%，其 MBC 含量均超过了 90mg/kg。采用不同林果草模式后，C1、C2 和 C3 模式 0—20cm 土层的 MBC 分别比 20—40cm 高 10.83%、57.45% 和 213.73%。土壤微生物量碳 MBC 的垂直分布主要受三方面影响：一是土壤有机质含量，二是土壤结构，三是土壤的温湿度情况等。由于表层土壤经过植被恢复后，有机质含量增加，能为微生物量提供更多的能量物质来源，导致底层微生物量碳明显小于上层，这很好地解释了 MBC 含量的垂直分布。未治理区 CK 多为裸地，地表植被和凋落物覆盖少，温湿度变化大，导致 MBC 含量的垂直分布差异显著。经过林果草恢复模式后，不同林果草恢复模式的地表覆盖物多，温湿度变化温和以及土壤有机质供给充裕，有利于微生物的生长繁殖，微生物量碳量在垂直分布的差异较小。

2.8.3 土壤各活性有机碳的相关性

对土壤总有机碳与各活性有机碳以及各活性有机碳间进行相关分析，如图 2-35 所示，土壤总有机碳含量与微生物量碳、冷水和热水浸提的可溶性有机碳之间关系密切，均达到了极显著相关（$P < 0.01$），这与姜培坤和王清奎等对阔叶林的研究结果类似，他们认为土壤活性有机碳与土壤总有机碳常处于动态平衡中，在一定条件下可以互相转化（姜培坤，2005；王清奎，2009），表明土壤活性有机碳依赖于土壤总有机碳含量。本研究中各活性有机碳间关系密切，均达到了极显著相关（$P < 0.01$）。这与万晓

华等（2014）的结论一致，他们在杉木采伐迹地造林树种转变的研究中发现，热水浸提的可溶性有机碳与冷水和 KCl 浸提的可溶性有机碳以及微生物量碳间均存在显著正相关。

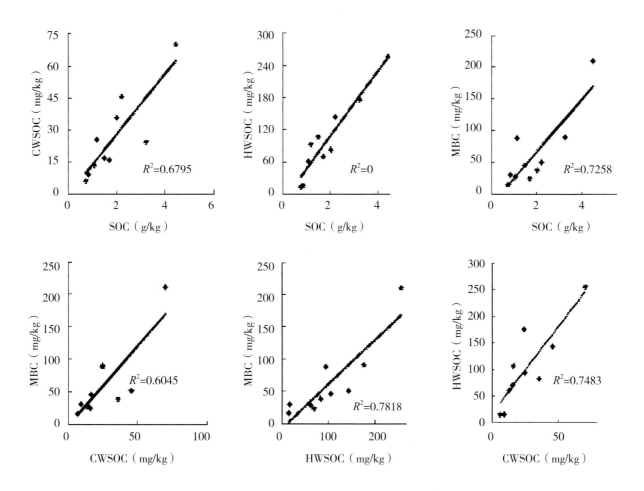

图 2-35　土壤中各种形态有机碳之间的相关性

注：SOC. 土壤总有机碳；MBC. 微生物量碳；CWSOC. 冷水浸提有机碳；HWSOC. 热水浸提有机碳。

2.8.4 土壤活性有机碳对总有机碳的贡献

如表 2-38 所示，不同林果草恢复模式土壤微生物量碳对土壤总有机碳的贡献率为 1.41%—7.65%，大小顺序依次为 C3＞C0＞CK＞C1＞C2；冷水浸提可溶性有机碳的贡献率为 0.76%—2.49%，大小顺序依次为 C1＞C3＞C0＞C2＞CK；热水浸提可溶性有机碳的贡献率为 1.88%—8.16%，大小顺序依次为 C3＞C1＞C0＞C2＞CK。

土壤活性有机碳占土壤总有机碳的比例常被作为土壤有机碳活性的指标，比例越大表示土壤有机碳活性越高，稳定性越差（赖家明，2013），对植被变化等干扰措施的响应越敏感。本研究中冷水浸提可溶性有机碳的贡献为 0.76%—2.49%，与李洁等（2013）报道的湘东丘陵区不同类型土壤活性有机碳组分的贡献率 0.35%—3.02% 结果相似；而本研究中热水浸提可溶性有机碳的贡献率则远高于徐秋芳（2003）报道的亚热带森林土壤热水浸提可溶性有机碳 1.30%—1.82% 的贡献率，这可能与本研究中较低的土壤总有机碳背景值有关。

表 2-38　土壤活性有机碳占土壤总有机碳的比例

不同林果草模式	土层深度（cm）	MBC/SOC（%）	CWSOC/SOC（%）	HWSOC/SOC（%）
C0	0—20	4.73 ± 0.32^{Ba}	1.57 ± 0.16^{Ba}	5.77 ± 0.53^{Ba}
	20—40	2.79 ± 0.25^{ABb}	0.76 ± 0.09^{Db}	5.46 ± 0.30^{Ba}
C1	0—20	2.29 ± 0.15^{Db}	2.06 ± 0.16^{Aa}	6.47 ± 0.37^{Ba}
	20—40	3.10 ± 0.37^{Aa}	2.49 ± 0.43^{Aa}	7.17 ± 0.85^{Aa}
C2	0—20	1.87 ± 0.10^{Da}	0.79 ± 0.12^{Db}	4.12 ± 0.36^{Ca}
	20—40	1.41 ± 0.06^{Db}	1.51 ± 0.11^{Ba}	4.11 ± 0.43^{Ca}
C3	0—20	7.65 ± 0.88^{Aa}	1.32 ± 0.11B^{Ca}	8.16 ± 1.10^{Aa}
	20—40	2.63 ± 0.25^{Bb}	1.25 ± 0.15B^{Ca}	5.71 ± 0.71^{Bb}
CK	0—20	3.59 ± 0.17^{Ca}	1.12 ± 0.12^{Ca}	1.88 ± 0.10^{Da}
	20—40	2.16 ± 0.11^{Cb}	0.89 ± 0.07^{CDb}	2.04 ± 0.07^{Da}

第四节　红壤区稀土废弃矿区种苗开发模式

稀土被称为"工业维生素"和新材料"金库"，因其具有独特的理化性质而被广泛应用于航天航空、电子信息、机械、钢铁、石油化工、交通、陶瓷、原子能工业、医药、新能源和新材料等 13 个领域的 40 多个行业，是现代工业中不可或缺的重要元素（周晓文，2012；伍红强，2010）。中国是稀土大国，拥有较为丰富的稀土资源，其稀土储量约占世界总储量的 23%，并且形成"北轻南重"的资源赋存格局（国务院新闻办，2012）。

●1 稀土废弃矿区水土流失及其特点

1.1 中国矿区的分布

中国已探明储量的金属矿产有 54 种，包括铁矿、锰矿、铬矿、钛矿、钒矿、铜矿、铅矿、锌矿、铝矿、镁矿、镍矿、钴矿、钨矿、锡矿、铋矿、钼矿、汞矿、锑矿、金矿、银矿、铌矿、钽矿、铍矿、锂矿、锆矿、锶矿、铷矿、铯矿、锗矿、镓矿、铟矿、铊矿、铪矿、铼矿、镉矿、钪矿等。

主要金属矿产分布为：①铜矿。已探明 910 处，主要为黑龙江省多宝山；内蒙古自治区乌奴格吐山、霍各气；辽宁省红透山；安徽省铜陵铜矿集中区；湖北省大冶—阳新铜矿集中区；广东省石菉；山西省中条山地区；西藏自治区玉龙、马拉松多、多霞松多；新疆维吾尔自治区阿舍勒等。②金矿。探明 1265 处，主要有黑龙江省乌拉嘎、大安河、老柞山、呼玛；辽宁省五龙；山东省玲珑、焦家、新城、尹格庄；河南省文峪、秦岭、上宫；四川省东北寨；新疆维吾尔自治区阿希、哈密等。③铁矿。全国已探明的铁矿区有 1834 处。大型和超大型铁矿区主要有：辽宁鞍山—本溪铁矿区、冀东—北京铁矿区、河北邯郸—邢台铁矿区、山西灵丘平型关铁矿区、山西五台—岚县铁矿区、内蒙古包头—白云鄂博铁铷稀土矿区、山东鲁中铁矿区、湖北鄂东铁矿区、江西新余—吉安铁矿区、海南石碌铁矿区、四川攀枝花—西昌钒钛磁铁矿区、云南滇中铁矿区、陕西略阳鱼洞子铁矿区、甘肃红山铁矿区、新疆哈密天湖铁矿区等。

1.2 稀土废弃矿区的分布

离子型稀土矿是我国实施保护性开采的特定稀土矿种，也是世界上稀缺的矿种，广泛分布于我国南方的江西、广东、福建、湖南、云南、广西、浙江等 7 省区，具有稀土元素配分齐全、富含中重稀土元素、放射性元素含量低等特点，其中，中重稀土储量占世界的 80% 以上（池汝安，2007）。离子型稀土矿成因独特，且开采方便、方法简单、成本较低，对世界稀土工业的发展和稀土在高科技领域的应用都做出了巨大的贡献（李天煜，2003）。然而，离子型稀土品位偏低（只有千分之三，甚至万分之几），其提取和分离技术相对落后，加之早期国家和地方的开采准入政策较为宽松，而国内外市场需求量大，出现了滥采乱挖、采富弃贫、采易弃难等资源浪费现象，形成了对离子型稀土的无序和超强度开采，也因此对矿产资源和矿区及其下游的生态环境造成了严重破坏，如矿区植被破坏严重，水土流失加剧，产生了大量弃土废渣，采矿废水使河流、农田和地下水受到不同程度的污染，并且可能诱发地质灾害。目前，对南方离子型稀土矿开采过程中的环境问题研究报道不少，但较为零散且缺乏系统性。本节针对南方离子型稀土矿开采过程中出现的环境问题，力求系统而全面地呈现出南方稀土废弃矿区生态失衡现状，并分析导致出现环境问题的成因。

1.3 稀土开采环境风险

1.3.1 矿区大面积植被破坏严重

离子型稀土矿的命名和开采历经 40 多年，在开采初期多采用池浸工艺，其稀土生产过程可简述为"表土剥离—矿体开采—入池浸矿—回收浸出液—尾矿弃排"，俗称"搬山运动"（杨芳英，2013）。由于池浸工艺开采过程中需要将覆盖于被采矿体上的植被去除，导致开采后的离子型稀土矿区出现大面积的植被破坏。据资料显示（兰荣华，2004），每生产 1t 混合氧化稀土矿要破坏 160—200m^2 的地表植被，而大面积的植被破坏会严重影响到当地生物多样性，导致稀土矿区及其周边地区的景观和生态平衡遭到破坏。

1.3.2 水土流失严重，导致滑坡和泥石流危险

南方离子型稀土矿开采也易出现大面积的水土流失严重现象。相关资料表明（袁柏鑫，2012），采用池浸工艺，生产 1t 稀土剥离 300m^2 表层土，挖矿土 1300—1600m^3，产生尾砂和尾渣 1600—3000t（容重约为 1.2t/m^3），每年造成水土流失为 1200 万 m^3。表层土的破坏致使矿区土壤有机质、有效氮和磷等营养物质大量流失，其理化性质（如 pH 值、颗粒粒度分布、土壤孔隙率等）被完全破坏，土壤的质地疏松，持水性差，加之大量尾砂、尾渣（通常为非固结或半固结状态）极易造成严重的水土流失隐患。大量尾砂在重力和降雨作用下，易出现淤塞河道和水库、抬高河床、冲毁和掩压大量农田耕地等扩大区域污染情况，威胁人民生命财产安全。据江西省信丰县资料显示（彭冬水，2005），该县开采稀土 10 年间，因尾砂下泄淤积的农田面积已达 286hm^2，全部成了荒漠沙地无法耕种；34.6km 长的公路被尾砂淹没冲毁；总库容为 65.2 万 m^3 的香山水库泥沙淤积量竟达 46.8 万 m^3，致使水库不能发挥正常效应。

离子型稀土开采过程出现的大面积植被破坏，可能会改变当地的生态演替过程。大量弃土废渣通常仅堆积在排土场和矿渣池中，不能有效处理或超过池体容量，则在南方长时间、大范围的梅雨季节时，就很容易形成泥石流，给矿山及其下游地区造成极大危害。开采后地质结构疏松的矿山在雨水淋溶和冲刷下，也潜在地存在山体坍塌、滑坡危险。此外，现今较为推崇的原地浸矿工艺，虽然比池浸和堆浸工艺降低了对矿山表面植被的破坏，也减少了水土流失，但若灌液孔布局不合理、灌注浸矿剂超量或者在强暴雨袭击等情况下，则易发生山体坍塌、滑坡，且随着时间的推移，发生地质灾害的概率不断升高，而其发生时间和区域范围上又具有不确定性和不可预判性，也导致治理目标的盲目性和不明确，难以有的放矢（刘毅，2002）。

1.3.3 重金属污染不容忽视

离子型稀土矿的开采易破坏矿区地表形态，浸矿后任意堆积的残渣和尾矿中含有大量与稀土矿物伴生的重金属元素，若不经妥善处理，则当出现降水天气情况时，在雨水淋溶、渗滤作用下，极易发生重金属元素的迁移转化，导致矿区及其下游地区的土壤和水体的重金属污染，后果不堪设想（周启星，2006）。离子型稀土矿淋出液中不仅含有主要杂质离子 Al^{3+}，还含有多种重金属离子，如 Pb^{2+}、Cd^{2+}、Cu^{2+}、Mn^{2+}、Zn^{2+}、Fe^{2+} 等。而铜、镉、锌等重金属的化学形态及迁移能力与其水环境中 NH$_4^+$ 的活度及它们各自的氨络合离子稳定常数密切相关，土壤和水中 NH$_4^+$ 的大量存在易造成铜、镉、锌的再次污染（高志强，2011）。另外，南方许多地区酸雨都很严重，较低的 pH 值会加剧重金属的溶出和毒性，并且直接危害植物生长。

1.3.4 水体污染

离子型稀土的提取需要消耗大量水，也需要使用不少化学药剂如浸矿剂氯化钠、硫酸铵，沉淀剂草

酸、碳酸氢铵等。资料显示（袁柏鑫，2012），解析 1t 稀土要消耗 7—8t 铵，沉淀阶段还需 5—6t 铵；若沉淀阶段用草酸则需 2.2t，但草酸成本较高。大量的 NH_4^+ 和 SO_4^{2-} 在完成浸矿反应之后，仍存在于浸析反应池中，不仅会通过淋溶和渗滤作用进入地下水（赵中波，2000），而且在雨水冲刷和地表径流的作用下，会流经沟渠溪涧直接排入附近的河流和湖泊等水体，进而急剧改变水的理化性质，导致水中氨氮、硫酸根离子含量剧增。原地浸矿工艺中浸矿剂注入量比一般的池浸工艺要大，故残留于矿体中的浸矿剂成分也较高，氨氮含量可达 3500—4000mg/L，即便经过地下水和地表水的稀释，春季仍达 110mg/L，冬季为 90—160mg/L，远远超过国家污水排放二级标准（高志强，2011）；水体酸性（pH 值为 2 左右）下降明显。过量氨氮排入水体中易出现水体富营养化，致使水中藻类疯长而缺氧，进而出现鱼类等水中生物的大量死亡。此外，氨氮易被氧化生成亚硝酸盐等致癌物，人体若长期饮用含硝酸盐的污染水，将严重损害身体健康。氨氮废水污染又加剧重金属的迁移转化，形成复合污染。据资料显示（杨芳英，2013），2012 年赣南地区约生产了 2 万 t 稀土，产生的废水在 2000 万—2400 万 t，若按处理每吨废水 4—6 元计算，则赣南地区仅就废水处理费就高达 8000 万—14400 万元。

1.3.5 土壤污染

离子型稀土矿的开采还会导致土壤污染问题。采用池浸工艺和堆浸工艺生产稀土，都需要使用浸矿剂（硫酸铵、氯化钠等）和沉淀剂（草酸、碳酸氢铵等），且通常会残留在浸矿池和沉淀池中；而采用原地浸取工艺时则浸矿剂会直接残留于矿山中。在南方出现季节性梅雨时，化学药剂会通过淋滤作用和地表径流等方式污染矿区的土壤。早期采用高浓度的 NaCl 作为浸矿剂，导致土壤板结和盐碱化，而草酸则加重了土壤的酸性，加之土壤中 NH_4^+ 的大量存在，易造成重金属元素的再次污染。伴随着稀土的开采，矿区及其下游地区土壤的稀土金属含量偏高，甚至造成稀土金属污染。温小军等（2012）研究了江西赣南信丰某稀土矿区耕作层土壤环境因稀土资源开发产生的影响，结果表明，稀土矿区土壤环境均为酸性（pH 3.92—5.8），矿区下游地区土壤污染以镧、铈、镨为主，且为多种稀土元素复合性污染；稀土矿区土壤环境已经受到严重污染。重金属元素常与稀土矿物伴生，故通常存在于开采稀土后的大量尾矿和残渣中，若处理处置不当，则会加重矿区土壤环境污染，形成重金属、稀土、氨氮、硫酸根离子等复合性污染。另外，原地浸取工艺可能会导致对山体土壤污染的难以控制。

1.3.6 氟污染

采矿获得的各种稀土原矿都含有一定量的氟，例如江西赣南赋存的菱氟钇钙石（$YCO_3F-CaCO_3$）就含有氟，因此，规模化开采后，原矿中的氟在选矿后的稀土精矿中均有不同程度的富集，在稀土冶炼过程中，仅有一小部分氟进入产品，其余大部分氟则进入环境中，造成了严重氟污染（兰荣华，2004）。此外，氟化物通过土壤和水等介质进入地表植物或水生动植物中，继而通过食物链威胁人体和其他动物健康。氟中毒会导致人体骨相、中枢神经系统、内分泌系统及心、肝、肾等器官受损，并引起生物酶和免疫功能的改变，损伤 DNA，并因此影响核酸合成。

● 2 长汀县稀土废弃矿区的发展现状

长汀县水土流失区的土壤中富含稀土矿资源，20 世纪 90 年代初，一些稀土矿采矿主在高额利润回报的诱惑下，不顾及对生态环境的影响，在河田、三洲等水土流失区开办了几个稀土矿采矿场，造成林地植被大面积破坏，水土流失加剧。长汀县水土流失治理被福建省委、省政府列为"全省为民办实事项目"之后，这些采矿场陆续被政府有关部门强令停产、关闭。但由于开采过稀土的废弃矿区土层结构完全被破坏，土壤中没有任何有机质，且提取过稀土的废土堆中残留了大量有害物质，生态环境恶劣，植物很难生存，加上土质疏松，极易造成山土流失，治理难度很大。近几年，对其中的一些废弃矿区进行过综合治理，虽花费了大量资金，但治理效果仍不甚理想。加快这些废弃矿区的治理，成为长汀县水土流失治理的又一个重点与难点。

2.1 风化壳淋积型稀土矿的开采工艺流程

长汀的稀土矿属于风化壳淋积型稀土矿类型，该矿床特点是：原矿呈浅红或白色松散的沙土混合物，矿体覆盖浅，矿石中的稀土元素 80%—90% 呈阳离子状态被吸附在稀土矿物上。稀土阳离子不溶于水，但在强电解质（$(NH_4)_2SO_4$、NH_4Cl 等溶液中，可被 NH_4^+ 离子置换出来并进入溶液。所以，目前较常采用的稀土提取工艺为：将采下的稀土矿石堆积在底部铺有塑料膜的堆场上，反复用 3%—5% 硫酸铵溶液淋浸矿石，将矿石堆场底部流出的硫酸铵浸出液抽吸到稀土沉淀池，加入碳酸氢铵（稀土沉淀剂），过滤后即可得到碳酸稀土，滤液补充加入一些硫酸铵后可循环利用。

2.2 废弃矿区土壤残存物分析

从以上稀土提取工艺分析可知，稀土矿在稀土提取过程中用去了大量的 $(NH_4)_2SO_4$，其中 NH_4^+ 离子置换出稀土离子后则被牢牢地吸附在废弃矿黏土中，这是一批"取之不尽"的氮素资源。只有靠科学地选择一些最适生植物，才有望将这些被废弃矿黏土吸附着的氮素资源充分利用起来。另外，稀土废弃矿区土壤中残留了大量水溶性的 SO_4^{2-} 离子，这些硫酸根离子会因雨水的淋溶、流失而不断减少，但由于堆场底部铺有塑料膜，故在废弃矿区积水区域，SO_4^{2-} 离子浓度较高。植物根系在吸收土壤水分时，会将 SO_4^{2-} 离子一起吸入植物体内。如果 SO_4^{2-} 离子浓度过高，将对植物直接造成毒害。由于 SO_4^{2-} 是水溶性的，故随着土壤水分蒸发，土壤深层的 SO_4^{2-} 会逐步上升到土壤上层。所以不同地点、不同深度土层中残存的 SO_4^{2-} 离子浓度是不同的，土壤中被矿物质吸附的 NH_4^+ 离子分布相对较均匀。

2.3 废弃矿区土壤结构

风化壳淋积型稀土矿矿床大多为裸露于地面的风化花岗岩或火山岩风化壳，主要由黏土矿物、石英砂和造岩矿物长石等组成，其中黏土矿物含量占 40%—70%，主要有埃洛石、伊利石、高岭石和极少量的蒙脱石，土质较松。经挖掘、淋浸后的废矿土质更加松散，一场大雨过后，往往会造成不同程度的地表侵蚀。在废弃矿区的坡面极易形成大量的中度、重度侵蚀沟，废弃矿区的下部则形成大面积的废矿土冲积地，冲积地土壤含沙量极高，腐殖质几乎为零，地表植被恢复较困难。

2.4 废弃矿区土壤 SO_4^{2-} 离子浓度

对长汀县三洲镇三洲村废弃 3 年的稀土废弃矿区土壤进行取样，分析了不同地点、不同深度土壤中 SO_4^{2-} 离子浓度、土壤 pH 值、碱解氮、有效磷、有效钾含量等，见表 2-39。

表 2-39 看出：① 1 区、2 区（不积水区域）的 SO_4^{2-} 离子浓度在 7.8—12mg/kg，体现的规律为表层 SO_4^{2-} 离子浓度最小，随深度增加 SO_4^{2-} 离子浓度逐步增加，90cm 处达到最大，再往深处又逐步减小。② 3 区（易积水区域）的 SO_4^{2-} 离子浓度特别高，土层深 30cm 以上的土壤 SO_4^{2-} 离子浓度达到 16.3—21.8mg/kg，尚在植物正常生长允许范围，但土层深 60cm 以下的土壤 SO_4^{2-} 离子浓度达到 66.3—123.4mg/kg（90cm 处达到最大），远远超出了植物正常生长的允许范围，这部分土壤只适宜种植浅根性草本植物，或者必须设法降低土壤 SO_4^{2-} 离子浓度后才能种植深根性植物。③三个区域的土壤碱解氮浓度都非常高，这是一项可充分开发利用的氮素资源，特别是土壤表层 30cm 内的碱解氮达到 203mg/kg 以上，可选择一些根系对 NH_4^+ 离子吸收能力强、生长快而又较耐干旱的植物，以加快形成茂密的地表

植被。④三个区域的土壤有效磷、有效钾的含量都偏低，相互间没有太大差别，属于缺磷、缺钾范围，绿化治理时应根据栽种植物不同生长期的需要，侧重施用一些磷、钾肥。

表 2-39　废弃矿区不同深度土壤的氮、磷、钾含量及 SO_4^{2-} 离子浓度

区域编号	土壤取样深度（cm）	pH	SO_4^{2-} 离子（mg/kg）	碱解氮（mg/kg）	有效磷（mg/kg）	有效钾（mg/kg）
1 区（暴雨后不积水）	10	5.2	8.1	243	4.3	50
	30	5.3	8.1	203	4.7	48
	60	5.4	9.2	153	4.5	53
	90	5.1	12	141	4.6	44
	120	5.2	10.4	138	4.3	52
2 区（暴雨后不积水）	10	5.3	7.8	232	4.8	48
	30	5.4	7.8	213	4.7	53
	60	5.1	8.9	143	4.6	51
	90	5.2	11.1	138	4.1	47
	120	5.3	10.4	141	4.4	46
3 区（暴雨后易积水）	10	5.2	16.3	248	4.5	45
	30	5.1	21.8	206	4.3	52
	60	5.2	66.3	174	4.4	48
	90	5.1	123.4	162	4.6	51
	120	5.2	74.4	157	4.7	49

3 稀土废弃矿区植被修复关键技术

3.1 废弃矿区边坡地表径流强度侵蚀区的治理方案

3.1.1 总体治理思路与策略

废弃矿区边坡土壤疏松，受地表径流的侵蚀，已形成中重度沟蚀。为有效控制住边坡侵蚀，坡面以种植类芦、香根草等草种最合适。类芦、香根草为多年生禾亚科草本植物，极耐干旱、瘠薄，它的根蔸分蘖力强、生物生长量大，在极强度水土流失区栽植，仅一年时间就能长成 2m 多高的茂密植丛，不仅能快速覆盖地表，有效地防止边坡土壤侵蚀，而且可快速改变水土流失区恶劣的生态环境，为芒萁及其他草、灌植物侵入创造有利条件，大大加快水土流失区绿化治理进程，提高治理效果。

芒萁靠孢子进行繁衍生长，类芦茂密的植丛可为芒萁孢子快速繁衍创造极有利条件。一般第二年芒萁就可大量侵入类芦林地，并快速演变成林地植被主要的建群草种。芒萁是湿热气候条件下的酸性土或酸性岩石的指示植物，在南方红壤山地，随处可见到芒萁这一植物。它不仅极耐干旱、瘠薄，而且地下茎具有无限分枝的特性，庞大的根系组成一个密集的根网后，抗冲刷、固土能力特别强，可以促使地表径流分散溢流，起到了很好的水土保持作用。因稀土废弃矿区地表完全裸露，见不到芒萁植株，芒萁孢子的天然侵入相对滞后，可采用人工收集一些芒萁孢子后在类芦植丛中散播的方法，加快芒

其繁衍生长。

稀土废弃矿区坡面已形成大面积中重度侵蚀沟，为尽快控制住坡面侵蚀，可在类芦、香根草植株间套种浅根性鸭跖草。选择种植鸭跖草有几个理由：其一，鸭跖草在地表匍匐生长速度快，并能节节生根，固土力强。其二，鸭跖草对被废矿黏土吸附着的 NH_4^+ 离子的吸收能力强。其三，稀土废弃矿区土壤表层的碱解氮浓度特别高（达到203mg/kg以上），这正好可为鸭跖草的快速生长提供了良好的营养条件。其四，鸭跖草较耐干旱，同时又喜欢适当荫蔽的环境条件，类芦、香根草植丛高大，正好为鸭跖草的生长提供较有利的生境条件。选择类芦、香根草与鸭跖草搭配种植，可充分利用各自有利的条件，快速促进地表植被间协调地生长，起到较好的护坡效果。

3.1.2 施工关键技术

采用在废弃矿区边坡先种植类芦、香根草、斑茅等高大禾本科草种的方法，快速控制住废弃矿区边坡的地表径流侵蚀。类芦根蔸栽植的具体方法为：4月上旬，挖取类芦根蔸，选取健壮的带芽苞茎秆，将尾部砍去，仅留30cm的茎秆栽植即可（每丛保留3—4个茎秆），挖小穴、下客土，栽植密度为4500—6000株/hm^2。为提高栽植成活率，类芦栽植前必须先用泥浆蘸根（泥浆中拌少量钙镁磷肥料），栽下后再适当浇定根水。5—6月份追施一次尿素（每丛50g），以加快类芦生长。

在4丛类芦或香根草植株间套种1丛鸭跖草。在强度水土流失区栽植鸭跖草应在穴内施放一些客土，施用少量垃圾土作客土效果最好。

为加快稀土废弃矿区边坡芒萁的繁衍生长，可在秋末冬初芒萁孢子囊将要成熟的时候，选取孢子囊群多的羽片，在其上套装一个直径17cm的聚丙烯塑料袋，7—10d后剪取塑料袋收存，1个月后袋内芒萁叶片的孢子囊基本脱光，此时可取出芒萁叶片，扎好袋口并集中存放。来年春季，将塑料袋内的芒萁孢子均匀撒到已种有类芦的废弃矿区边坡土壤上。

在坡度较平缓、地表只是轻度侵蚀的地段，也可以酌情采用种植葛藤护坡的方法，栽植穴稍大，穴内下足基肥，为葛藤生长创造优越条件，促进葛藤快速蔓延生长，起到良好的护坡作用。

3.2 废弃矿区部分积水区域的治理方案

从表2-39数据可知，稀土废弃矿区易积水区域的 SO_4^{2-} 离子浓度特别高，土层深60cm以下的土壤 SO_4^{2-} 离子浓度达到66.3—123.4mg/kg，这部分土壤只适宜种植浅根性草本植物，或者必须设法降低土壤 SO_4^{2-} 离子浓度。降低土壤 SO_4^{2-} 离子浓度，最经济有效的办法是挖沟排水。根据积水区域面积大小，酌情在易积水区域挖2—3条深度达100—120cm的排水沟，利用雨水的淋溶和排放来稀释土壤中 SO_4^{2-} 离子浓度，使 SO_4^{2-} 离子浓度逐步降低到12—21.8mg/kg水平。根据测定数据推测，积水区域挖沟排水处理1年后，即可以有效降低土壤 SO_4^{2-} 离子浓度，达到深根性乔木树种正常生长允许范围。故而在废弃矿区部分积水区域的治理方案是：第一年栽植宽叶雀稗和印度豇豆、巴西豇豆、饭豆、羽叶决明、圆叶决明、胡枝子等豆科植物，以改良土壤，提高土壤肥力；第二年补种耐寒桉树或杨梅果树。

3.3 废弃矿区土壤快速改良试验区治理方案

3.3.1 总体治理思路与策略

稀土矿废弃矿区之所以难治理，主要是由于土层结构遭破坏，土壤中有机质缺乏，土地太过瘠薄的缘故。如能通过一些措施快速、有效地提高土壤肥力，在水热条件优越的南方水土流失区，各种植被自然很容易长起来；必须改变过去单纯的生态治理的做法，将生态治理与废弃矿区土地资源的高效利用结合起来，通过科学的治理，取得生态与经济收益双赢，这样稀土矿废弃矿区的治理才有望获得突破性进展。

长汀县水土流失区稀土矿废弃矿区治理有其特定的有利条件：其一，为解决水土流失区群众种果的肥料问题，近年在河田镇、三洲镇水土流失区出现了许多养猪专业户，建立了几个较大型的养猪场。目前养猪场的沼液过剩，未得到充分利用，如将沼液用到稀土矿废弃矿区的土壤改良中，将是取之不尽的廉价肥源。其二，废弃矿区的交通便利，矿区原有许多大型洗矿池，只需略加修缮，即可改造成沼液贮放池，可长年提供植被生长的肥料需求。其三，废弃矿区土地集中连片，地势开阔、平缓，有利于将来沼液管道的布设与灌溉，实现集约经营管理，土地资源利用价值高。基于以上原因，从 2001 年开始在稀土矿废弃矿区内建立"耐寒桉树用材林试验地"与"杨梅生态园试验地"。

3.3.2 建立耐寒桉树用材林试验地

选择耐寒桉树为主栽乔木树种的理由是：其一，通过福建省近年的桉树科技攻关，已成功选育出邓思桉、巨桉 A3、巨桉 A4 等速生耐寒的桉树优良无性系，耐寒性可达 −4℃左右，适合在长汀县河田镇、三洲镇栽植。其二，桉树耐干旱、瘠薄，喜欢在疏松透气的土壤上生长，一年生根幅可达 2m 以上，庞大的根系使它能充分吸收利用土壤中被矿物黏土吸附着的 NH_4^+ 离子。其三，桉树高生长量，一年可达 4—5m，树冠稀疏，快速形成的高层林冠不仅不会影响林下植被生长，反而有利于形成植被茂密的复层林分结构。其四，桉树是深根性乔木树种，与浅根性的草、灌植物种间关系兼容、协调，并可使渗透到土壤深层的沼液得以充分利用，不会造成肥料流失。其五，桉树成材快，6—8 年即可砍伐利用，获得可观的木材收益，且第二代萌芽林长得更快、产量更高，从而达到生态治理与经济收益共赢的目的。

耐寒桉树用材林栽植技术：栽植密度为 3m × 2.5m（1230—1350 株 /hm^2），每穴施 25kg 垃圾土与 0.5kg 的钙镁磷肥、25g 硼锌镁混合肥，4 月底完成桉树容器苗种植，6 月初每穴追施 0.3kg 复合肥。为防止桉树徒长，种植当年只宜施用少量基肥与追肥，但栽植时应下足客土，以利苗木早期根系的生长。第二年可用沼液浇灌林地，4 月、6 月、9 月各浇 1 次，10 月后停止施肥。桉树组培苗造林两个月后即可长到 1m 左右，此时可在桉树间套种宽叶雀稗、印度豇豆、胡枝子等，可与桉树形成相对稳定的乔、灌、草混交植被群落。

3.3.3 建立珍稀种苗基地

珍稀绿化苗木（如红叶石楠），是改良土壤、快速提高土壤肥力的优良水土保持品种，在稀土废弃矿区间种，并要求在苗木株间多套种一些优良的水土保持草本、灌木植物，比如宽叶雀稗等。

3.4 废弃矿区下游水土流失冲积地治理方案

3.4.1 水土流失冲积地的土壤特点及应对措施

水土流失冲积地的土壤因经过地表径流的不断冲刷，土壤含沙量高，石英砂层较厚，养分缺失，植物生长较困难。暴雨时期容易遭到洪流冲击，前期治理难度很大。在这种恶劣生境条件下，选用的栽培植物品种要求其极耐干旱、瘠薄，而且根系要发达、生物生长量要大，在遭受洪流冲刷后仍能较快地恢复生长。按以上要求，根据多年的水土流失治理经验，初选出实肚竹、四季竹、花吊丝竹、类芦、斑茅、香根草、百喜草、胡枝子、芒萁、巴西豇豆、饭豆、印度豇豆、葛藤、爬墙虎、杨梅、马尾松，共 16 种草、灌、乔、藤植物品种，作为治理废弃矿区下游水土流失冲积地的主栽植物品种。针对土壤保肥、保水能力极差的问题，种植穴内必须加填大量的客土，以防土壤漏水、漏肥，并在基肥中多拌些磷、钾肥，促进植物根系生长，快速形成发达的须根群。再者，为有效阻止地表径流冲刷，必须横向、条带式地种植一些根系特别发达、抗冲刷能力强、不怕被局部沙埋的植物，如实肚竹、四季竹、类芦、斑茅、香根草等，有必要时还可修建若干小型谷坊，以有效切断地表径流。

3.4.2 水土流失冲积地植物品种搭配与栽植技术分析

在沟底平缓、基础较实、口小肚大的地段可因地制宜修建一些小型谷坊，以拦蓄泥沙，抬高侵蚀基准面，节制山洪，改善沟道立地条件。沟底治理以生物措施为主。如果沟底较宽、石英砂层在0.5m以下，可进行开发性治理，种植类芦、斑茅、香根草草带，以分段拦蓄泥沙，减缓谷坊压力。草带间可以套种花吊丝竹。在沟道较小且石英砂层较厚的沟段，可种植根系发达的散生型竹种，如实肚竹、四季竹等。谷坊内侧淤积的泥沙，尽管土壤质地得到改善，但因经过径流淘洗，养分相对缺乏，应进行土壤改良，再种植花吊丝竹或杨梅等经济作物，并在林下种植豆科绿肥植被。离谷坊较远处，往往为粗沙淤积区，石英砂层厚，立地条件差，可种植四季竹。在冲积地种植植物，需填入较多的客土，以防漏水、漏肥。

3.5 废弃矿区修复关键技术

稀土废弃矿区生态恢复与重建的关键在于土壤基质的重构，只有恢复土壤生态系统的应有功能，才能为稀土废弃矿区生态恢复提供根本保障。但由于土壤生态系统自身的复杂性、空间地域的差异性和有毒元素污染严重的特殊性，限制了研究的进展速度，成为学术界及工程界的一大共同难点。目前，用于矿山土壤修复的技术方法大致可分为物理化学修复方法和生物修复方法。目前常用的物理化学修复技术包括换土、客土覆盖、深耕翻土、施肥等。生物修复技术大致分为微生物修复技术、动物修复技术和植物修复技术，其与传统的物理和化学修复技术相比成本较低，在改良修复废弃矿区环境、防止水土流失的同时，可以使地表景观得到改变，生物多样性得以丰富，是一种环境友好型修复技术。尤其是植物修复技术，由于其较微生物修复技术而言，具有更好的稳定性，实际应用性强，大面积实施的可行性高，是一种低投入、可持续的绿色修复，因而备受各界学者关注。

3.5.1 物理化学修复技术

（1）换土和客土覆盖

作为植物生长媒介的地表土壤是决定植物生长优劣的主要因素之一。换土和客土覆盖是将异地熟土直接覆盖在矿山废弃地表层，通过固定表层土壤进而对土壤的理化性质进行改良，特别是植物根区土壤质量的提高，可为废弃矿区的植被恢复提供有利条件。国外有研究表明，覆盖土壤对植物修复废弃矿区土壤有一定促进作用，当覆土厚度为20cm以上，同时根据植物类型适当选择调节可以得到较好的修复效果。

尽管该技术较成熟、修复效果显著，但存在客土土源供给、工程量大、管理困难、投资高等问题。因此，对我国稀土废弃矿区重建与生态恢复的可行性较低。

（2）深耕翻土

松散的土壤结构是促进植物根系生长的重要因素之一。深耕翻土是采取深耕、松动和平整等措施增强土壤的渗透性，进而使稀土废弃矿区的土壤环境得到改良。有研究表明，稀土废弃矿区上壤修复后的作物产量和翻耕的深度呈良好的线性关系。但同样存在工程量大、耗资高的问题。

（3）施肥

稀土废弃矿区普遍存在土壤极端、氮、磷、钾比例失调和一些营养元素匮乏，以及有毒物质污染严重等问题。由于废弃矿区土壤的应有功能和生态平衡遭到破坏，因此仅仅通过漫长的自然恢复过程难以得到改善。而施肥可以在较短时间内提高土壤肥力、调节土壤pH值、缓解土壤稀土元素毒性等，使得土壤基质得以改良，最终提高植物的存活率，增加植物的生物量。有研究表明，对锑矿区施用土壤改良剂、石灰可以有效提高土壤pH值、降低土壤中有效态稀土元素含量和生物有效性,同时可以提高造林成活率。另有研究表明,酸性土壤改良剂的施加可增加花生的生物量,旱坡地花生的产量有显著增幅。尽管有研究表明,豆科类为主的植被形成后无需追肥,肥料的效果仅体现在前期,但在通常情况下,施加化肥后的修复效果通常在短期内效果显著,一旦停止施肥,植物种数、生物量及其覆盖度都会随之下降,存在长期修复效果难以得到确保、管理困难等问题。

3.5.2 生物修复技术

生物修复技术是利用土壤生物将土壤中的污染物质吸收、降解或者富集,同步实现稀土废弃矿区土壤基质重构,使土壤营养元素得以增加、有毒污染物得以治理并确保废弃矿山生态恢复与重建的一种技术。

（1）微生物修复技术

微生物修复技术是利用微生物产生的天然生物活性物质使土壤中污染物含量降低或无害化,进而使受污染土壤的微生物体系得以恢复、重建,土壤功能完全或部分恢复到原始状态的一种土壤环境污染治理技术。其应用成本低,对土壤肥力和代谢活性负面影响小,不仅可以缩短复垦周期,还可以避免因污染物转移进而对人类健康和环境产生影响。有研究表明,微生物在厌氧条件下产生的代谢物质,可降低土壤中 Cd^{2+} 的毒性。另有研究表明,抗重金属产碱菌可以净化受重金属污染的土壤水悬浮液。微生物作为微生物修复技术的核心,具有个体微小、比表面积大,繁殖快、代谢能力强,种类多、分布广,适应性强、容易培养等优点,但也存在遗传稳定性差、易变异等缺陷,在实地应用时,存在清除不彻底及其在与当地土著菌种竞争中失利进而被替代的风险。

（2）动物修复技术

土壤动物是土壤生态系统中的分解者和初级消费者,直接或者间接作用于土壤物质及能量转换,影响着微生物的生命活动及其生物量,在完善废弃矿山生态系统功能的同时缩短恢复周期。有研究表明,蚯蚓在土壤中的代谢活动不仅可以增强土壤的保水透气能力,改善土壤的理化性质,其代谢产物还可以促进植株的生长发育和生物量的提高,而且对土壤中稀土元素有一定的富集作用,通过灌水、电击等方式将蚯蚓从土壤中驱出集中处理,能有效减少土壤的稀土元素含量,降低土壤稀土元素污染,以此达到废弃矿区生态环境恢复与重建的双重目的。尽管如此,放养过程中由于土壤的极端环境条件或者动物自身对恶劣环境的耐性差,存在动物逃逸、死亡等问题。

（3）植物修复技术

植物修复技术是指通过植物的清除、转化、稳定作用,降低土壤有害物质的含量,逐步改善土壤养分状况,恢复土壤质地和结构,促使矿区局部气候得以改善,微环境得以优化。有相关研究报道表明,植被恢复可以有效地控制稀土废弃矿区的土壤侵蚀现象,没有植被恢复的尾矿堆上的土壤侵蚀模数为原状植被条件下的50倍,同时对水土流失现象及土壤培土培肥有一定促进作用。有研究表明,马尾松、竹、草及木荷的乔、灌、草混种模式对水土流失的控制效果最好,且可以大幅提高土壤有机质的含量。

较微生物修复技术而言,植物修复技术具有更好的稳定性,实际应用性强,大面积实施的可行性高,是一种低投入、可持续的土壤修复方法。而植物修复技术的关键是耐性植物和超累积植物的选择。目前,耐性植物的种类多种多样。有研究表明,抗旱性杨树在干旱条件下可将干物质优先分配给茎部,灌木梭梭的叶片在干旱炎热的荒漠可退化成极小的鳞片状,顶坛花椒借助其强大的浅根系可以在荒漠化严重、保水能力差和松散贫瘠的土壤中生长。另有研究表明,百喜草和弯叶画眉草的抗旱能力较强,是适宜在稀土废弃矿区进行植被恢复的理想草本植物；在南方稀土尾砂植被恢复试验中，狼尾草从耐旱性、耐贫瘠和生长力三方面综合表现最好，是适宜在南方稀土尾砂地种植的草本植物；高羊茅是适宜在南方稀土矿区生长的根部囤积型植物。

植物修复受稀土元素污染土壤的技术，主要包括植物提取、根际过滤和植物钝化3种。

①植物提取是利用稀土元素超累积植物从土壤中吸收有毒金属污染物，并通过收获地上部分削减土壤中稀土元素的含量。连续的种植和收割，土壤中稀土元素污染物的含量可以减少。

②根际过滤是利用植物根系吸附污染土壤或水体中的稀土元素。其优点是无论陆生或水生植物都可以作为根际过滤的材料，且目标污染物不会转移至地上部。特别是陆生植物由于其具有较长的纤维状根际系统，根际比表面积更大，因此常常作为根际过滤材料的首选。

③植物钝化是利用植物根系分泌物固定、钝化土壤中的稀土元素，使其从有毒形态转化成低毒或无毒形态，限制其在土壤中的流动性，但土壤中的稀土元素含量不变，当土壤环境发生改变，钝化的稀土元素很有可能被活化，再次以有毒形态在土壤中迁移转化。

除此以外，植物还可把土壤中的可挥发性污染物转化为可挥发的气态形式，再通过植物的蒸腾作用挥发去除。有研究表明，部分植物可将土壤中的硒转化为可挥发态从而去除，尤其是在根际细菌的作用下，不仅能增强对硒的吸收率亦能提高对硒的挥发率。同时，植物的根际作用对土壤有培土培肥的效果。

目前，约360种植物物种已被鉴定为重金属元素的超累积植物（沈振国和刘友良，1998）。就国内而言，对重金属镉的超富集植物研究较多，现已发现狼尾草（陈锦等，2019）、龙葵（魏树和等，2004）、三叶鬼针草（Wei and Zhou，2008）等对重金属镉的富集效果较佳。就稀土而言，目前判定植物是否超富集稀土元素需要满足两个条件：一是地上部稀土元素含量达到或超过 1000 μg/g，二是植物地上部稀土富集系数（植物地上部的稀土浓度与土壤中相应稀土浓度的比值）达到或超过 1。目前国内外已发现稀土超富集植物及稀土富集植物 20 多种，主要分布在蕨类植物，以及胡桃科、商陆科和大戟科等双子叶植物中。其中蕨类植物芒萁是目前叶片中稀土积累浓度最高的植物，可达 3358 μg/g，大生物量双子叶植物美洲商陆，叶片稀土含量最高可达 1040 μg/g（陈莺燕等，2019）。

● 4 稀土废弃矿区种苗开发模式构建

4.1 废弃矿区植物品种选择与栽培技术

4.1.1 平坦地段适宜种植速生耐寒的桉树

稀土废弃矿区由疏松的矿土堆积形成，具有土壤有机质含量较低、土层深厚、NH_4^+ 丰富、透水性较好等特点，可选择需氮量大、根系发达、生长快的乔木树种（巨桉、邓恩桉），该区域土壤能够满足其对氮素的需求。

福建省新选育出的优良无性系巨桉，年生长量可达 4m 以上，可耐 $-4°C$ 左右的严寒，具有耐瘠薄、吸收 NH_4^+ 能力强、耐干旱、喜疏松透气的土壤、根幅生长量较大等特点，但桉树幼树耐寒性较差，为防止桉树徒长，种植当年宜施用少量的基肥与追肥，但栽植时应下足客土，以利苗木早期根系的生长。

桉树栽植密度为 1200—1350 株/hm^2，肥料施用量为垃圾土 25kg/穴、钙镁磷肥 500g/穴、硼锌镁混合微肥 25g/穴，桉树容器苗种植于 4 月底完成，6 月初追施复合肥 300g/穴。第二年可开始用养猪场的沼液浇灌林地（4月、6月、9月各1次），10月后停止施肥。

由于部分废弃矿区底部及边沿铺过的塑料薄膜保存较完好，暴雨后易积水。该区域深60—120cm 的土层中，较易形成高浓度 SO_4^{2-} 区。积水区域种植的桉树几乎均受到 SO_4^{2-} 不同程度的危害，长势较差。当桉树地下根系扩展到深约60cm，树高达1.5m时，高浓度 SO_4^{2-} 会导致植株叶片卷曲、落叶。所以在稀土废弃矿区积水区域，前期不宜种植深根性的乔、灌类植物，并应加强废弃矿区积水区的排水处理措施，经过多次排水处理、有效降低了土壤中 SO_4^{2-} 浓度后，才可栽植一些深根性的植物。

4.1.2 废弃矿区边坡适宜栽植复合型的草本植被

地表径流对废弃矿区边坡土壤的侵蚀，造成重度沟蚀。坡面种植根系发达、耐旱性强、株丛高大的禾本科草种（香根草、类芦等），并套种浅根性的鸭跖草，可有效控制边坡侵蚀。鸭跖草的优点为：固土力强，匍匐生长速度快，吸收 NH_4^+ 能力强，可节节生根，废弃矿区的碱解氮浓度较高可以满足鸭跖草快速生长的需要。此外，鸭跖草耐干旱，喜适当荫蔽条件，禾本科草种（香根草、类芦等）可为其生长提供较有利的生境条件，从而达到发挥各自优势、促进地表植被快速生长的护坡效果。

4.1.3 桉树林间套种草、灌植物

桉树生长速度快，组培苗种植后2个月即可达到1m左右，宽叶雀稗、印度豇豆、胡枝子较适宜在桉树间套种。由于桉树林内透光度好，株间距又大，枝叶稀疏，而胡枝子、印度豇豆、宽叶雀稗等耐阴性强，相互配合可形成相对稳定的草、乔、灌混交植被群落。间套种方法：挖松表土，撒种，覆盖少量垃圾土，点播种植1—2丛/m² 即可。

2014年8月26日对长汀县三洲镇三洲村稀土矿区草种适应性研究项目草种生长情况进行调查（表2-40），表明宽叶雀稗鲜重和盖度最高，类芦次之，百喜草第三，但类芦的根系最长，耐旱性明显。

表2-40　不同草种在稀土矿区生长状况和适应性

品 种	鲜重（kg/m²）	根系长（cm）	高 度（cm）	盖 度（%）
百喜草	2.13	10	40	90
金鸡菊	0.82	15	90	60
宽叶雀稗	4.15	31	170	95
类芦	2.47	47	180	85
黑麦草	0	0	0	0
黄花菜	0.64	17	43	55
平均值	1.7	20	87.2	64.2

4.1.4 以沼液为主要肥源，促进林下植被生长

2001年以来，长汀县在水土流失区推广种植杨梅，取得极显著的生态效益，为解决杨梅果园有机肥供应难题，在水土流失区引进、建立了大量的养猪场，猪粪与沼液资源取之不尽。这一沼液资源不但给稀土废弃矿区桉树林分生长提供了充足的肥源，而且由于稀土废弃矿区土质疏松，浇灌的沼液可快速渗透到土壤深层，促进了深层土壤中桉树根系生长，进一步加大了桉树根系对土壤中 NH_4^+ 的吸收与利用，使耐寒桉树的林分生长量获得持续增产。施用沼液也有效地促进林下植被的茂盛生长，提

升了土壤肥力，从而在稀土矿废弃矿区快速形成茂密的草、灌、乔植被群落，加快了稀土废弃矿区植被生态修复进程。

4.2 稀土废弃矿区治理成效分析

4.2.1 植被生长

2007 年 4 月下旬种植桉树 33.3hm^2，至 2007 年 12 月末，桉树平均株高为 3.1m，最高的达 5.2m，可形成桉树林。2008 年春季的特大霜冻危害导致巨桉尾梢遭受冻害，但于 4 月全部恢复生长，至 2008 年 12 月末桉树长势非常茂盛，平均株高为 6.25m。桉树是需氮量较高的植物，但桉树种植的第一年，氮肥的用量非常少，即表明土壤中 NH_4^+ 可满足其生长需要。第二年开始灌施沼液后，不需施用氮肥，只需补充少量磷钾肥即可。

由表 2-41 可以看出，香根草与鸭跖草混交种植条件下，两者生长均较快，仅 6 个月就可覆盖稀土废弃矿区裸露的地表。因此，采用香根草与鸭跖草混交模式治理稀土废弃矿区边坡效果较好。鸭跖草较不耐寒，但其萌生小苗的能力强，从而保持鸭跖草的不断繁衍生长。

表 2-41　三洲村稀土废弃矿区边坡香根草、鸭跖草生长状况

栽植模式	香根草高度（m）	分蘖数（丛）	鸭跖草覆盖面积（m^2）	边坡水土流失情况
香根草、鸭跖草混种	1.2	62	90	无流失
单纯栽植香根草	1.0	44		出现少量浅沟侵蚀

2013—2015 年在稀土废弃矿区开展乔、灌、草种植试验，经 3 年调查考种，乔木枫香和红叶石楠的树高、地径、冠幅 3 个主要性状生长呈递增趋势；灌木毛杜鹃的株高、冠幅生长呈递增趋势；草宽叶雀稗的株高生长也呈递增趋势（表 2-42）。枫香和红叶石楠、毛杜鹃的株高和冠幅 2015 年均明显高于前两年；宽叶雀稗的株高 2015 年亦高于前两年。表明在废弃矿区种植乔、灌、草生长良好，速度快，有利于取得快速绿化的效果（图 2-36）。

表 2-42　稀土废弃矿区乔灌草品种生长情况

类型	树种	性状	2013 年	2014 年	2015 年
乔木	枫香	树高（cm）	243.33	338.33	521.12
		地径（cm）	2.20	4.62	6.89
		冠幅（cm）	70.33	167.78	365.42
	红叶石楠	树高（cm）	164.33	198.67	275.83
		地径（cm）	1.30	2.19	2.72
		冠幅（cm）	44.33	71.21	87.22
灌木	毛杜鹃	株高（cm）	25.00	52.33	91.56
		冠幅（cm）	13.33	43.28	70.42
草	宽叶雀稗	株高（cm）	146.00	155.00	162.10

建设前 建设后

图 2-36 稀土废弃矿区绿化前后对比

4.2.2 植物多样性和覆盖度

据 2015 年 7 月调查（表 2-43），经过 3 年的治理，地表植物种类由零星的野枯草分布改变为地表植物达到 22 种，其中草本种类占到 45.45%。植被覆盖率由治理前的 5% 上升为 95%，比治理前增加了 90 个百分点。植被覆盖度的增加，一方面是乔木层如红叶石楠、枫香、马尾松的生长，另一方面由于环境的改善，促进了近地表面灌草如毛杜鹃、宽叶雀稗的生长，加速了覆盖的形成。

表 2-43 治理前后稀土废弃矿区植物多样性和覆盖度

处理	乔木类型	灌木类型	草本类型	覆盖度（%）
治理前	0	0	2	5
治理后	7	5	10	95

4.2.3 土壤养分

由图 2-37 可以看出：稀土废弃矿区恢复治理后除了土壤全钾外，土壤表层的有机质含量、全氮含量、碱解氮含量、全磷含量、有效磷含量、速效钾含量、pH 值都比对照高，分别是对照的 24.82 倍、2.95 倍、4.11 倍、1.33 倍、3.65 倍、2.05 倍、1.05 倍。说明地表植被的增加有利于增加地表枯落物，进而有效地补充土壤表层有机质、全氮、碱解氮、全磷、有效磷、速效钾来源，促进植物的生长，使稀土废弃矿区逐渐向良性方向发展。也说明恢复治理后植被吸收大量钾，土壤属于缺钾范围，因此在栽种植物时，应结合植物特性及生育期要求，合理施用钾肥。

从表 2-44 可见，土壤表层有机质、全氮、碱解氮、有效磷的变异系数分别为 102.26%、116.76%、105.86%、97.50%，均比深度为 30cm、60cm、100cm 的变异系数大，属于强变异程度。说明恢复治理后不同采样点的土壤表层有机质、全氮、碱解氮、有效磷的含量差异显著，地被植物种类不同影响土壤表层有机质、全氮、碱解氮、有效磷的含量。

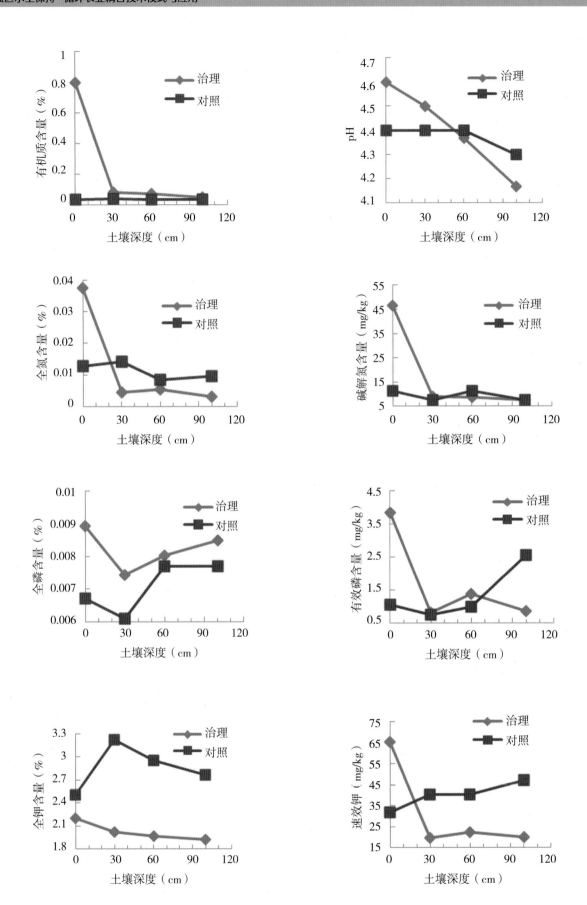

图 2-37　乔灌草治理模式对稀土废弃矿区土壤养分含量的影响

表 2-44　乔灌草模式治理后不同深度土壤养分变异系数

深度（cm）	有机质（%）	全氮（%）	碱解氮（%）	全磷（%）	有效磷（%）	全钾（%）	速效钾（%）	pH
0	102.26	116.76	105.86	19.14	97.50	0.52	29.00	5.75
30	33.49	41.52	22.06	37.12	24.14	11.72	43.95	4.44
60	43.04	49.88	49.46	8.47	47.06	22.70	56.30	3.50
100	35.60	76.81	49.98	6.11	16.08	17.50	62.92	10.00

通过比较恢复治理后各项土壤养分之间的相关性，结果表明（表 2-45）：有机质、全氮、碱解氮、有效磷、速效钾之间的相关性极显著，而 pH 值、全磷与其他指标的相关性不明显。

表 2-45　乔灌草模式治理后土壤养分含量的相关系数

变量	有机质	全氮	碱解氮	全磷	有效磷	全钾	速效钾	pH
有机质	1	0.999**	1.000**	0.708	0.983*	0.960*	0.998**	0.710
全氮		1	0.999**	0.712	0.989*	0.957*	0.999**	0.710
碱解氮			1	0.713	0.984*	0.958*	0.998**	0.706
全磷				1	0.740	0.481	0.743	0.013
有效磷					1	0.924	0.991**	0.675
全钾						1	0.943	0.875
速效钾							1	0.678
pH								1

注：** 表明在 0.01 水平（双侧）上显著相关；* 表明在 0.05 水平（双侧）上显著相关。

4.2.4 草被利用价值分析

宽叶雀稗营养丰富，生长速度快，对土壤有培肥效果，可促进良好土壤结构的形成，是一种优良的禾本科牧草兼绿肥。宽叶雀稗在稀土废弃矿区长势尤其旺盛，测定宽叶雀稗生物量和营养成分，包括标准样地 5m×5m 的鲜草产量、粗蛋白、粗纤维、粗灰分、磷、钙，以非废弃矿区种植的宽叶雀稗为对照。通过比较废弃矿区与非废弃矿区宽叶雀稗的鲜草产量和营养成分，以期对稀土废弃矿区的适应性、有效治理提供科学依据。由表 2-46 可见，废弃矿区宽叶雀稗的鲜草产量高于非废弃矿区，且粗蛋白质明显高于非废弃矿区，为非废弃矿区的 1.54 倍，废弃矿区与非废弃矿区宽叶雀稗其他营养成分无明显差异。说明宽叶雀稗能够充分利用稀土废弃矿区的 NH_4^+，提高鲜草产量和粗蛋白质含量，适合在废弃矿区种植与推广。

表 2-46　稀土废弃矿区应用后宽叶雀稗的营养成分变化

项目	指标	稀土废弃矿区	非废弃矿区	变化量
生物量	鲜草产量（g/25m^2）	656.67	600.70	55.97
营养成分	粗蛋白质（%）	8.37	5.45	2.92
	粗纤维（%）	33.37	35.20	−1.83
	粗灰分（%）	7.73	8.90	−1.17
	钙（%）	0.29	0.38	−0.09
	磷（%）	0.06	0.06	0

参考文献：

[1] Wei S H, Zhou Q X. Screen of Chinese weed species for cadmium tolerance and accumulation characteristic. International Journal of Phytoremediation, 2008（10）: 584-597.

[2] 陈锦, 卓桂华, 王珊, 等. 狼尾草属植物在南方典型镉污染土壤修复机制研究 [J]. 海峡科学, 2019（4）: 29-38.

[3] 陈莺燕, 刘文深, 袁鸣, 等. 超富集植物对稀土元素吸收转运解毒与分异的研究进展 [J]. 土壤学报, 2019, 56（4）: 785-795.

[4] 池汝安, 田君. 风化壳淋积型稀土矿评述 [J]. 中国稀土学报, 2007, 25（6）: 641-650.

[5] 高志强, 周启星. 稀土矿露天开采过程的污染及对资源和生态环境的影响 [J]. 生态学杂志, 2011, 30（12）: 2915-2922.

[6] 国务院新闻办. 中国的稀土状况与政策 [R]. 2012.

[7] 黄彬城, 季静, 王罡, 等. 植物类胡萝卜素的研究进展 [J]. 天津农业科学, 2006, 12（02）: 17-21.

[8] 黄昌勇. 土壤学 [M]. 北京: 中国农业出版社, 2000.

[9] 黄成思, 苏智先, 胡进耀, 等. 套袋对新都柚果实贮藏品质影响的研究 [J]. 西南农业学报, 2008, 21（6）: 1661-1663.

[10] 姜培坤. 不同林分下土壤活性有机碳库研究 [J]. 林业科学, 2005, 41（01）: 10-13.

[11] 赖家明, 周广华, 胡庭兴, 等. 基于RS和GIS的川西天然林保护区土壤侵蚀动态研究 [J]. 水土保持通报, 2013, 33（5）: 276-279.

[12] 兰荣华. 赣南离子型稀土矿环境问题及防治对策 [J]. 求实, 2004（5）: 174-175.

[13] 李洁, 盛浩, 周萍, 等. 湘东丘陵区不同类型上壤活性炭组分的剖面分布与差异 [J]. 生态环境学报, 2013（11）: 1780-1784.

[14] 李天煜, 熊治廷. 南方离子型稀土矿开发中的资源环境问题与对策 [J]. 国土与自然资源研究, 2003（3）: 42-44.

[15] 刘梦云, 安韶山, 常庆瑞, 等. 宁南山区不同土地利用方式土壤质量评价 [J]. 水土保持研究, 2005, 12（03）: 42-44.

[16] 刘毅. 稀土开采工艺改进后的水土流失现状和水土保持对策 [J]. 水利发展研究, 2002, 2（2）: 30-

32.

[17] 卢新坤, 林燕金, 林旗华, 等. 红肉蜜柚品质提升关键技术 [J]. 中国南方果树, 2013, 42 (6): 96-97.

[18] 陆修闽, 刘庆, 徐娟, 等. 红肉蜜柚果肉红色色素鉴定 [J]. 亚热带植物科学, 2006, 35 (01): 41-43.

[19] 彭冬水. 赣南稀土矿水土流失特点及防治技术 [J]. 亚热带水土保持, 2005, 17 (3): 14-15.

[20] 沈振国, 刘友良. 重金属超量积累植物研究进展 [J]. 植物生理学通讯, 1998, 34 (2): 133-139.

[21] 万晓华, 黄志群, 何宗明, 等. 杉木采伐迹地造林树种转变对土壤可溶性有机质的影响 [J]. 应用生态学报, 2014, 25 (1): 12-18.

[22] 王清奎, 范冰, 徐广标. 亚热带地区阔叶林与杉木林土壤活性有机质比较 [J]. 应用生态学报, 2009, 20 (7): 1536-1542.

[23] 魏树和, 周启星, 王新, 等. 一种新发现的镉超积累植物龙葵 (Solanum nigrum L.) [J]. 科学通报, 2004, 49 (24): 2568-2573.

[24] 温小军, 张大超. 资源开发对稀土矿区耕作层土壤环境及有效态稀土的影响 [J]. 中国矿业, 2012, 21 (2): 44-47, 54.

[25] 吴彦, 刘世全, 付秀琴, 等. 植物根系提高土壤水稳性团粒含量的研究 [J]. 水土保持学报, 1997 (1): 45-49.

[26] 伍红强, 尹艳芬, 方夕辉. 风化壳淋积型稀土矿开采及分离技术的现状与发展 [J]. 有色金属科学与工程, 2010, 1 (2): 73-76.

[27] 徐秋芳, 徐建明, 姜培坤. 集约经营毛竹林土壤活性有机碳库研究 [J]. 水土保持学报, 2003, 17 (4): 15-17.

[28] 杨芳英, 廖合群, 金姝兰. 赣南稀土矿产开采环境代价分析 [J]. 价格月刊, 2013 (6): 87-90.

[29] 杨玉盛, 陈光水, 王小国, 等. 中国亚热带森林转换对土壤呼吸动态及通量的影响 [J]. 生态学报, 2005, 25 (7): 1684-1690.

[30] 袁柏鑫, 刘畅. 江西赣州稀土之痛 [J]. 中国质量万里行, 2012 (6): 48-52.

[31] 章明奎, 何振立. 利用方式对红壤水稳定性团聚体形成的影响 [J]. 土壤学报, 1997 (4): 359-366.

[32] 张小红, 赵依杰, 潘东明, 等. 琯溪蜜柚果实采后有机酸代谢 [J]. 果树学报, 2010, 27 (2): 193-197.

[33] 赵中波. 离子型稀土矿原地浸析采矿及其推广应用中值得重视的问题 [J]. 南方冶金学院学报, 2000, 21 (3): 179-183.

[34] 周国模, 姜培坤. 毛竹林的碳密度和碳贮量及其空间分布 [J]. 林业科学, 2004, 40 (6): 20-24.

[35] 周启星. 土壤环境污染化学与化学修复研究最新进展 [J]. 环境化学, 2006, 25 (3): 257-265.

[36] 周晓文, 温德新, 罗仙平. 南方离子型稀土矿提取技术研究现状及展望 [J]. 有色金属科学与工程, 2012, 3 (6): 81-85.

（罗旭辉 卢新坤 张泽煌 陈松林）

第三章

林分质量提升与林下养殖耦合技术模式

马尾松是我国南方分布十分广泛的用材林树种，也是水土流失区的重要水土保持树种，在推动南方水土流失治理中发挥着重要作用，但是也面临新的挑战。一是土壤立地条件差，导致林分生长不良，如福建省长汀县的"老头松"。二是树种过度单一，造成松毛虫、松材线虫暴发。三是划归生态公益林后，经济效益不高，群众参与治理驱动力不足。就技术而言，原因是土壤肥力问题，就实践而言，则是经济效益低的问题。通过发展林下养禽，实现有机肥上山，既有望解决土壤肥力的问题，又能增强群众积极性，是该区水土保持的重要内容，也拓展了林下经济的内涵。本章通过介绍研究区的基本情况、林下养殖耦合模式、种养耦合关键技术，分析了模式实施后的生态、经济效益，为水土流失区种养结合循环农业发展提供参考。

第一节　马尾松低效林林分质量提升研究进展

南方红壤丘陵区以大别山为北屏，巴山、巫山为西障，西南以云贵高原为界，包括湘西、桂西地区，东南直抵海域并包括台湾、海南岛及南海诸岛，总土地面积 118 万 km^2，约占国土总面积的 12.3%。红壤区雨热条件好，植被类型种多量大，植被覆盖度高，同时年平均降雨量大（达 1200mm 以上），且雨量分布不均，多以暴雨形式出现，单位时间内强大的降雨构成巨大的侵蚀动力（赵其国，2002），加上南方红壤区土壤的可蚀性（K 值）较高的内在因子（张桃林，1999），过度的人类活动使得红壤地区成为我国水土流失范围最广、程度较高的地区，严重程度仅次于黄土高原（赵其国，1995）。

马尾松作为森林演替的先锋树种，由于其抗干旱、耐贫瘠、栽植简单、成活率高和松材用途广等特点，广泛分布于广东、广西、云南、福建、湖南、湖北、安徽、四川、贵州、河南、陕西、江苏、浙江、江西等 14 省（区），是我国南方最具代表性的森林类型之一，同时也是我国南方森林系统结构中面积最大的退化类型。洪利兴（2000）指出马尾松林退化主要表现在生物多样性丧失、森林群落结构性差、调节小气候效能低、地力衰退等方面。Cairns（1991）、李兴东（1993）分别在生态恢复的目标和常绿阔叶林次生演替方面的研究，为马尾松退化生态系统的恢复改造提供了重要依据。张淼（2009）针对目前治理模式存在的问题，提出了应从结构、功能、调控机制及适宜性方面开展红壤侵蚀退化地治理范式的研究。

● 1 马尾松林地退化与土壤侵蚀

1.1 马尾松林的群落结构研究

针对马尾松林的群落结构研究主要集中在特征描述和森林生态系统修复两方面。首先，马尾松林作为南方退化面积最大的森林生态系统，其群落结构非常简单，上层乔木只是单纯的马尾松种群，几乎无明显的亚层可分，林分郁闭度通常在 0.6—0.7，林地透光度较大。

林下灌木层种类相对较多，常见的有乌药、映山红、格药柃、白栎、山莓、栀子、盐肤木等，以及少量的木荷、苦槠、青冈、石栎等常绿阔叶树种的萌蘖幼苗；灌木层高度通常在 1.5m 以下，盖度在 30%—50%。草本层种类常见的有芒萁、蕨、白茅、疏花野青茅草、刺芒野古等；草本层盖度通常在 20%—50%，差异较大，高度一般在 80cm 以下。但马尾松林下植被的种类和数量，主要取决于干扰的频度和损害的强度。据此洪利兴（2000）将马尾松群落概括为 4 种类型：马尾松—常绿木本植物优势类型、马尾松—落叶木本植物优势类型、马尾松—草本植物优势类型和马尾松—裸露地表优势类型。而东部地区的常绿阔叶林在 $400m^2$ 的样地中，植物总丰富度平均有 49 种，其中乔木层 15 种，灌木层 26.1 种，草本层 7.9 种；各层次的物种多样性指数表现为灌木层（包括幼树和幼苗）＞乔木层＞草本层（马志阳，2008）。可见马尾松林物种多样性的缺失严重，群落结构失衡，但保护土壤不受侵蚀不能单靠树木本身，而应该更多地依赖于林下的枯枝落叶层、腐殖质层以及低矮的下木灌草或苔藓层的立体庇护。

其次，马尾松林生态系统修复的研究较多，根据退化程度不同，修复方法主要分为封山育林护林、混交阔叶树种改造、间伐改造和工程措施改造等。郑本暖等（2002）在福建省长汀县河田镇对未治理的侵蚀地（严重退化生态系统）、封禁管理措施恢复的马尾松林和村边残存的乡土林（风水林）群落进行植被调查的基础上，研究指出严重退化生态系统经封禁管理措施恢复后，生态系统的植物物种多样性有了很大程度的恢复，但与乡土林相比，还有较大差距。但不同退化程度的马尾松群落恢复能力不同，植被盖度大于 30%，土壤有机质含量大于 5g/kg，通过封禁治理可以得到恢复，且以盖度大于 40% 的退化群落恢复效果明显（郭志民，2000）。王二朋（2002）发现福建省长汀县河田镇八十里河流域严重侵蚀地经过整地、施肥、混交胡枝子等措施治理 18 年后，林下植物种类由未治理时的 7 科 8 属 8 种增加到 22 科 30 属 33 种，群落的地理成分以热带成分占优势，生活型以常绿灌木最多。童丽丽等（2009）于 2007—2008 年对江苏省溧水县无想寺森林公园马尾松林样地进行了弱度、中度、重度、强度间伐试验前后的群落学调查，结果表明：间伐 2 年后的马尾松林分平均胸径、树高、冠幅明显大于间伐前，且与间伐强度呈正比关系；群落结构尚无明显改变，植物种数增多，群落开始向针阔混交林演替。此外对严重退化地进行整地、挖穴、施基肥、种植果树，将退化林地改造成经济林，植物多样性也会明显增大，林地土壤肥力得到一定程度恢复，对于靠近村镇的地带可采取这种以经济效益为主的开发和治理相结合的集约经营措施（杨玉盛等，1999）。

1.2 马尾松林下土壤侵蚀过程

土壤侵蚀是土壤及其母质在水力、风力、冻融、重力等外营力作用下，被破坏、剥蚀、搬运和沉积的过程。土壤侵蚀过程的研究方法主要有室内、室外两种。室外方法通常是选择比较规则、具有代表性的坡面，在坡面上根据研究目的的需要，建立相应的观测小区。试验时多采用模拟降雨结合放水冲刷，或者在自然降雨条件下观测，测定径流量和泥沙量，同时采集径流样和泥沙样，用于各种试验目的的分析。室内则采用模拟降雨装置，对室内有控条件下二维坡面降雨过程中的产流规律、土壤水分运动规律、土壤溶质迁移及其相互作用进行模拟试验，研究各因子的内在机理。

针对南方红壤丘陵区马尾松林下土壤侵蚀过程的研究较少，目前国内大部分侵蚀过程的研究都集中在坡耕地上，利用人工模拟降雨实验和野外观测数据对坡面的产流产沙、泥沙迁移等进行研究。郑粉莉（1998）将坡面侵蚀产沙过程分为 4 个明显阶段，即溅蚀阶段、细沟间侵蚀阶段、细沟侵蚀为主阶段、雨后径流侵蚀阶段。李朝霞等（2005）研究了人工模拟降雨条件下红壤表土结构和侵蚀产沙的关系，结果表明，泥质页岩红壤土壤结构极不稳定，易形成结皮，增大径流，降低产沙量。第四纪红黏土红壤结构变化缓慢，侵蚀产流产沙量随结构的破坏逐渐增加。花岗岩红壤侵蚀过程中径流泥沙随土壤粗化程度的增大而增大。侵蚀过程中，不同母质土壤侵蚀泥沙的颗粒组成随着土壤结构的变化有所不同。

闫峰陵等（2007）通过野外人工模拟降雨试验，研究了红壤团聚体稳定性对土壤坡面侵蚀和侵蚀泥沙特性的影响，结果表明：坡面土壤侵蚀量和径流强度与土壤团聚体稳定性存在显著负相关关系，且不同团聚体稳定性指标与二者相关程度存在差异。郭伟（2007）等以湖北省咸宁市的3种典型红壤为研究对象，在室内人工模拟降雨条件下，研究土壤团聚体粒径对坡面径流和侵蚀的影响以及泥沙特性。结果表明，在前期含水量、坡度一致的条件下，随着团聚体粒径的增大其稳定性减小，坡面初始产流时间缩短；侵蚀量也随着团聚体粒径的增大而减小。侵蚀泥沙平均重量直径随着坡面表土团聚体初始粒径的增大而减小。

吴发启和范文波（2005）依据250场次人工降雨和相应的径流、泥沙资料，分析得出非结皮土壤的平均入渗率是结皮土壤的1.25倍，平均产沙总量为1.28倍，而结皮土壤的平均产流总量是非结皮土壤的1.15倍；指出土壤结皮具有减缓降雨入渗、增大地表径流和抑制产沙的作用，且雨强愈小影响作用愈大，雨强愈大影响作用愈小。黄志刚等（2008）等2002—2005年在典型的杜仲人工林设置径流小区，进行定位观测，阐明人工杜仲林地表径流和土壤侵蚀的特征及其与降雨特征的关系。

2 林地放牧与地上部植被变化

2.1 放牧时间与放牧密度

丁路明等（2009）研究表明适当放牧可以提高草地植物生产能力，对于研究牧食行为，最小的畜群数量是3只羊，但是4只更适宜。最佳的管理措施是使家畜在最少的时间内获取足够的饲草。苜蓿地放牧的适宜时间是牧草返青后的15—18d，结束放牧是在牧草停止生长1个月前。与其他密度相比，在低密度下（20只绵羊/hm^2），每荚结有更多的种子。随着放牧时间（0、2、4、6周）的增加，种子产量显著降低。放牧密度和放牧时间对苜蓿草地产量有显著影响（Chaichi等，2018）。

2.2 放牧对草群成分的影响

放牧时间与放牧密度对牧草成分有一定的影响，具有表现在以下3个方面：一是放牧鸡对放牧场中植物的消耗量主要是对禾本科牧草的消耗（迟晖，2006）。放牧还决定了植物群落中的优势关系，学者研究了挪威绵羊和驯鹿放牧对山地雪山栖息地的生物量和植被结构的影响，发现在围栏区域内，主要冬季食物苔藓的总生物量增加。15年封闭后，苔藓和地衣不存在或生物量低（Virtanen R.，2010）。绵羊对食物的选择性较高，会优先采食具有较高营养物质含量的杂类草。二是在休牧后牧地表现主要为缓慢改善，学者分析了地中海草原放牧后物种丰富性和功能性状的变化，发现在休牧后群落的功能性状消失，物种丰富度未发生变化，伴生物种消失，高大种和禾本科种增加（Peco B.等，2012）。三是草群中高大草类将消失，同时为下繁草类的生长发育创造了有利条件。借种子繁殖的草类数量会大大减少或完全消失。适口性好的牧草数量减少或衰退，而适口性差的牧草或家畜不吃的牧草数量增加。

2.3 放牧对植被物种多样性的影响

放牧对植被物种多样性的影响主要表现在4个方面。

一是放牧强度影响物种多样性。周伶等（2012）研究表明，适度干扰可以提高群落物种多样性和均匀度，随着放牧强度的增加，旱生植物呈增加趋势。金晓明和韩国栋（2010）研究发现，群落优势种贝加尔针茅和羊草呈降低趋势，物种丰富度指数先增加，而后降低，多样性指数和均匀度指数均呈增加趋势，优势度指数则相反。高放牧密度有利于植物物种丰富度和对鹅掌楸的抑制，而低放牧密度有利于田鼠、传粉者和花朵的丰富（Klink R. V.等，2016）。重度放牧，草地植物多样性减少、植被盖度降低、养分资源趋于匮乏，草地出现退化的迹象（崔树娟等，2014）。史印涛等（2013）利用黑龙江省三江平原宝清县东升湿地的小叶樟草甸进行试验，结果表明放牧改变了小叶樟群落植物种类的组成和比例，放牧对小叶樟群落植被的高度、盖度和密度有明显的影响，放牧对小叶樟群落的地上、地下现存量有明显影响，放牧使小叶樟群落地上现存量的植物组成结构发生改变，其中轻度、中度和重度放牧下禾本科分别减少了12.45%、16.36%和11.41%，豆科分别减少了98.14%、99.33%和97.10%，莎草科分别增加194.04%、7.12%和166.14%，藜科分别增加了0、0.01%和0.02%，其他植物分别增加了20.78%、93.20%和85.01%。

二是放牧与生产力。学者研究表明，放牧与围封草地各组分碳、氮、磷贮量的季节动态模式与其对应生物量变化规律一致。董晓玉等（2010）研究表明，草地的碳、氮、磷贮量均与生物量呈极显著正相关。乌尼尔和海棠（2015）研究放牧利用对典型草原羊草植株形态特征及土壤理化性质的影响，结果表明，放牧影响典型草原羊草植株形态特征及地上、地下生物量，围栏区羊草植株高度、叶片长度和宽度、每穗小穗数及羊草地上、地下生物量都显著高于放牧区，同时放牧影响羊草高度、叶片长度和宽度、每穗小穗数的变幅，放牧区羊草形态特征的变异系数低于围栏区。

三是放牧时间与群落多样性。崔树娟等（2014）研究表明，不同季节适度放牧对植物群落物种丰富度、多样性指数以及均匀度指数的影响均不显著。不同放牧方式能够引起草地植物物种多样性的变化，牛羊混牧能够缓解植物生长的光限制作用以及来自禾本科植物的竞争压力，促进植物物种多样性增加，但要引起多样性的显著改变需要较长的时间。羊单独放牧会对草地多样性产生负面影响，会导致物种多样性显著下降（王镜植，2017）。林下养鸡降低了植物多样性，多样性指数与丰富度指数均表现为距离鸡舍越近多样性指数越低（邬枭楠等，2013）。

四是土壤环境与群众多样性。Cingolani A. M. 等（2010）研究了阿根廷中部山地草原放牧情况表明，随着土壤湿度的增加，物种丰富度降低。在长期放牧强度较低的退化地，矮多年生植物被一年生植物取代，均匀度降低。Harrison S. 等（2010）研究了美国加利福尼亚州蛇纹石、非蛇纹土的放牧和火灾对物种多样性的影响，发现放牧和野火火烧两种干扰都增加了两种土壤的总物种丰富度。火灾增强了非腐质土壤上的总物种和外来物种的丰富度，增强了本地物种的丰富度，放牧增加了蛇纹石土壤中的本地物种丰富度。

● 3 林下生态养殖及其水土保持

林下生态养殖是一种可持续发展的生态型养殖方式，它以林下资源为依托，遵循生态学规律，将生物安全、清洁生产、生态设计、物质循环和资源的高效利用等融为一体。发展林下生态养殖能维持生态平衡，降低环境污染，提供安全食品。生态养殖是一种以低消耗、低排放、高效率为基本特征的可持续畜牧业发展模式。它涵盖林学、农学、畜牧学、生态学等多门学科，强调不同产业的融入及人的主动参与，主要目的是协调产业和谐发展，保护和利用林业资源，保护生态环境，提高林业发展的经济、社会和生态效益。

近年来，林下生态养殖与林下循环模式的构建对福建省生态经济的可持续发展发挥着越来越重要的作用。林下生态养殖具有减少饲料投入、节约养殖成本、提高养殖经济效益、减少疾病发生等优点，在饲养环境好、无污染的环境条件下能够生产出安全、无公害、品质优异、风味佳的畜禽产品，满足广大消费者的需求。目前林下经济的发展已占林地面积的50%以上，而林下生态养殖不足3%，大部分地区单单以种植或养殖来谋取利益最大化，忽视了多种经济的和谐并存，生态环境被破坏，导致水土流失。我国因林下养殖造成的水土流失占全国水土流失的10%，所以，发展林下种养结合，建立多种经济并存的林下生态养殖模式已势在必行。

3.1 林地植被与水土保持

林地植被具有保护生态环境、减少水土流失的作用。徐明岗等（2001）研究表明，林下套种牧草具有能改善土壤理化性质、提高土壤肥力、影响土壤微生物及酶活性、减少径流量和泥沙量、载留雨水、降低高温干旱季节地表温度、培育土壤的作用。林下种植苇状羊茅和白三叶等草种，其地面覆盖率有显著提高，有效减轻雨水对地表的溅蚀作用，拦蓄地表径流达 30% 以上；苇状羊茅单播及其与白三叶混播草地鲜草产量高，营养丰富（龙忠富等，2002；罗天琼等，2006）。

我国南方地区以果园套种牧草的研究相对较集中，果园中的残根落叶能增加土壤有机质含量，使土壤疏松、肥力提高；套种牧草可明显提高果园土壤中的主要微生物类群数量，尤其是对细菌中固氮菌影响更大（郑仲登等，2003）。套种牧草在夏季高温期有利于阻止土壤温度的迅速上升，在冬季和夜晚则起到保温作用，缩小果园土壤温度的年温差和日温差，增强果园的抗逆能力。在果园梯壁上种植百喜草，其平均径流系数减少 85.19%，土壤侵蚀量减少 98.85%，并随着百喜草匍匐茎郁闭度的增大，其防治水土流失效果更佳（刘士余等，2000；潘伟彬等，2008）。枇杷园套种牧草不仅增加园地植被的覆盖度，改善果园生态环境，同时豆科牧草本身能固定空气中的游离氮，可以把氮肥提供给果树（刘韬，2007；曾日秋，2010）。幼龄荔枝园套种百喜草后，土壤细菌、放线菌、真菌数量均有明显增加，分别是对照地的 3.16 倍、2.22 倍和 6.33 倍（林桂志，2006）。

林下植被起着拦截和过滤地表径流的作用，有利于水土保持；在涵养水源、保护环境等方面也有重要的作用。林下植被保持水土的能力与其盖度有密切关系。大岗山 9 年生的杉木纯林，从实施间伐后，林下植被的盖度从 1988 年的 5%，增加到 1989 年的 16.7% 和 1990 年的 40%，地表径流中的含沙率相应为 0.20%、0.022%、0.0161%（徐宪立等，2006）。林下植被的存在还影响了土壤的孔隙度，可以降低土壤中大孔隙率、中孔隙率和土壤硬度。林下植被发育好的林地，其土壤的渗透能力比林下植被少的或几乎为裸地的林分强。

研究红壤侵蚀区马尾松林下植被特征与土壤侵蚀关系发现，马尾松人工林郁闭度低，林木生长状况差，林地阳坡半阳坡植被总盖度仅为 36.9%；林下灌草生物量低，物种丰富度、多样性、均匀度差，物种较为单一；林下植被以草本为主，草本以芒萁为主，其生物量占草本总生物量的 75% 以上；马尾松林下细沟、浅沟发育，土壤侵蚀严重，仅细沟、浅沟流失的土壤厚度达 71.2mm；不同坡位的侵蚀沟发育相关性显著，侵蚀沟与坡面的微环境差异明显，尤其是土壤密度和土壤水分差异显著；马尾松林下土壤侵蚀量对植被恢复具有抑制作用，但沟壑密度的发育能够提高灌草物种丰富度、多样性，以及促进灌草均匀性分布。

3.2 马尾松低效林质量提升的限制因子

3.2.1 土壤养分

相关研究表明，我国东南红壤丘陵区每年估计有近 7×10^8 t 的表土、1.6×10^5 t 的有机质和 1.8×10^5 t 的矿质养分因遭侵蚀而损失（赵其国，1995），由此引起的土壤退化使得我国南方红壤的养分水平普遍较低（鲁如坤，2000），甚至已经接近低谷（全氮为 0.4g/kg 左右，有效磷为 1.0mg/kg，钾的最低含量甚至在 58mg/kg 以下）（张桃林等，1998）。其中土壤养分处于轻度、中度和严重贫瘠化的面积分别为 21.5%、49.5% 和 29%，林地土壤养分的贫瘠化则基本都处于中度以上水平（孙波等，1995）。以闽西地区为例，由于长期严重的水土流失，致使该地区很大一部分马尾松林地土壤养分的大量流失和高度贫瘠化：林地土壤有机质含量低于5g/kg，全氮含量平均仅为0.15g/kg，最低仅为0.04g/kg；全磷含量平均为0.1g/kg，最低的只有0.02g/kg（杨玉盛等，1999）。陈志彪等（2006）认为福建省长汀县因水土流失严重，土壤质地太粗，土壤养分全量与速效含量都较低，尤其是全磷（0.01—0.39g/kg，平均为0.1g/kg）和速效磷（0.01—15.5mg/kg，平均仅1.47mg/kg）的缺乏已经成为侵蚀区退化生态系统恢复的一个主要限制因子。

3.2.2 土壤物理性状

红壤的微团聚体高度发育使其具有较大的通透库容，而贮水库容相对较小，有效水库容则仅仅占其贮水库容的1/3，明显低于相同质地的黑土和潮土；而土体中的毛管孔隙发育程度较低、贯通性较差又使得红壤的供水能力较差。红壤由于所含黏粒较高，当其受到雨滴的击溅侵蚀时，表层土壤的孔隙容易遭到堵塞，增加地表径流，加剧水土流失；在干旱时表层土壤水分容易蒸发散失，却不能较好地得到补充，又易变得板结坚硬，严重制约了植被的生长。而长期的水土流失和不合理的人类活动则导致了一些马尾松林地土壤的严重退化，这部分退化严重的马尾松林地表层土壤沙砾化严重（其中>1mm石砾质量分数超过40%），土壤孔隙性变差，特别是较大孔径的孔隙减少，土壤容重明显增加（达1.38g/cm^{3}以上，显著高于原始植被下土壤容重0.79g/cm^3）。土壤孔隙度的减少，将进一步削弱马尾松林地土壤的蓄水和保水能力。土壤容重变大则将导致土壤紧实度增加，造成林地土壤的硬化。土壤适当的紧实度，能够增加植物根系和土壤的密接度，但土壤过于紧实乃至硬化则会降低土壤有效持水量，同时造成植物根系因土壤机械阻力过大而不能在土体中均匀分布，将严重制约植物根系吸收、利用土壤的水分和养分，成为侵蚀区退化生态恢复的一个障碍性因子。

3.2.3 夏季高温和季节性干旱

南方红壤丘陵区主要受热带、亚热带季风气候的控制，部分地区最热的7月平均气温可达30℃以上，极端最高气温接近或者超过40℃；缺少植被覆盖的裸地地表温度高达60℃以上，极端地表温度则高达70℃以上。由于红壤保水性和供水性较差，加之南方红壤丘陵区水热同季不同步，光温降水不甚协调，容易造成季节性干旱。特别是在7—8月高温和干旱共同作用下，裸地的含水量可低至10.6%，有植被覆盖的坡地含水量也在20%以下，低于一般植被的萎蔫点，极易导致林下浅根系的草本植物凋萎死亡（谢锦升等，2002）。尽管森林的存在可以在时间和空间上对林内热量和水分的交换产生显著的影响，进而使林内的热量和水分重新分配，并由此形成的森林小气候对缓解极端高温和季节性干旱具有一定的作用，但由于退化马尾松群落结构简单，种类单纯，林冠的遮蔽作用相对较差，林下植被稀少，致使林内温度高，湿度条件差，各气象要素波动较大，因而这些马尾松群落的小气候特点在本质上与空旷裸地的变化规律相接近，没有显著的小气候特性。由此可见，夏季的极端高温和季节性的干旱也势必将成为今后这些退化群落生态恢复的一个重要限制因子。

3.2.4 土壤酸化

南方红壤丘陵区林旱地土壤养分水平普遍较低，特别是磷，约有15.5%的林旱地土壤有效磷处于中度贫瘠化水平（5—10mg/kg）（孙波等，1995），77.8%的林旱地土壤有效磷处于严重贫瘠化水平（<5mg/kg），且富铁铝化程度较高，由此产生的养分胁迫（例如低磷胁迫）和铝毒胁迫势必会诱导马尾松分泌大量的有机酸（俞元春等，2007；王水良等，2010）。大量有机酸的分泌又会促进硅铝矿物的风化与分解，加速土壤溶液中阳离子的淋失，促进土壤的酸化。与此同时，土壤的酸化又将反过来降低一些养分的有效性，从而进一步加剧土壤酸化。再者，马尾松的凋落物分解较慢（年分解速率为

42.7%），林下凋落物的积累容易形成酸性粗腐殖质，也可能造成土壤酸化。故与红壤地区其他植被类型（例如，枫香、麻栎、毛竹、杉木以及荒草等）相比，马尾松林地土壤的 pH 值显得更低（Wang Xiaojun 等，1995）；并且随着马尾松种植时间的增加，土壤酸度也明显增加，例如从荒山经马尾松一代林地、马尾松二代林地，最终演变为马尾松成林林地时，表层（0—20cm）土壤的 pH 值比原先荒山下降了 15.3%，土壤酸性显著增强（黄付平等，1994）。赵汝东等（2011）有关退化马尾松林下土壤障碍因子的研究同样表明，土壤全磷的缺乏及土壤酸化是马尾松退化生态系统恢复的主要土壤障碍因子。因此，长期种植马尾松而不重视其林下土壤酸度的改良，势必会导致严重的土壤酸化问题，最终影响马尾松自身以及其他林下植被的生长和发育。

3.2.5 人为干扰

随着林业部门森林防护措施的落实，南方红壤丘陵区马尾松林滥垦滥伐现象得到了较好的控制，但当地农民出于日常生活所需的燃料需求，诸如劈枝、搂除林下凋落物、收获林下植被层等人为干扰仍时有发生。过度的人为干扰一方面直接对马尾松林下植被造成严重的破坏，例如长期收获林下植被层、铲草皮等将导致马尾松林下植被稀少甚至缺失；另一方面则通过影响马尾松林生态系统养分归还，直接减少土壤有机物质和养分的输入量（Dzwonko Z. 等，2002），间接地限制林下植被的生长和恢复。莫江明等（2004）以鼎湖山马尾松为例，马尾松研究样地在 5 年内（1990—1995 年）因人为干扰而直接损失的各元素养分量，在林下层为：132.72kg/hm^2（N）、4.72kg/hm^2（P）、63.32kg/hm^2（K）、23.51kg/hm^2（Ca）和 7.00kg/hm^2（Mg），在地表凋落物为：48.93kg/hm^2（N）、1.85kg/hm^2（P）、17.28kg/hm^2（K）、19.25kg/hm^2（Ca）和 2.92kg/hm^2（Mg），人为干扰成为造成林地贫瘠化加剧的一个重要原因。由于林下凋落物不仅是森林生态系统养分的基本载体和主要的归还途径，同时也是影响森林水土保持功能的重要层次；长期清除林下的凋落物同样将加剧林地水土流失，进而致使林地土壤更加贫瘠甚至退化，从而反过来制约林下植被的恢复和生长。

3.3 养殖废弃物回用技术进展

农业面源污染已经取代点源污染，成为水环境污染最重要的来源，其主要的污染物为各种途径排放的氮和磷。根据国家环境保护部 2010 年发布的《全国第一次污染源普查公报》数据（中华人民共和国环境保护部，2010），全国畜禽养殖业粪便年产量为 2.43 亿 t，尿液产生量 1.63 亿 t，未经处理利用而直接排放到环境中的化学需氧量（COD）、总氮（TN）、总磷（TP）分别为 1268.3 万 t、102.5 万 t、16.0 万 t，畜禽养殖场氮磷等大量排放，既对水体环境构成了威胁，又造成了养分资源的极大浪费。规模养殖场粪污治理已成为农业面源污染防治的重中之重（黄红英等，2013）。此外，农村普遍存在的秸秆焚烧及随意丢弃现象，不仅造成了大气污染，秸秆中的氮磷养分也流失到水环境中，造成了水体污染（常闻捷等，2012）。加上小型分散农村生活污水未经处理排放，或达标排放的农村生活污水处理工程尾水、农田排水等，也直接导致了水环境的恶化。

3.3.1 固体有机肥的农田回用技术

以固体畜禽粪便、秸秆等农业废弃物为主要原料，添加微生物发酵菌，经堆制、发酵、粉碎等工艺，达到行业产品质量标准的商品有机肥，不仅肥效好、施用方便，也是规模化处理畜禽粪便的有效方法（刘秀梅等，2007）。但由于有机物料中养分释放缓慢，对于生育期较短的作物，单纯施用有机肥会导致作物减产等问题。因此，采用有机肥、无机肥配施可保证作物产量，同时减少面源污染物的排放。稻麦轮作系统采用有机肥和无机肥配施，可减少稻季径流损失 6%—28%，麦季径流和渗透损失减少 25%—

46%（俞映倞等，2011；薛利红等，2011）。菜地有机、无机肥配施可削减地表径流氮损失 40% 以上，削减磷损失 40%—48%（黄东风等，2009）。在稻麦轮作系统、玉米地、菜地和经济作物（烟草）中，有机肥替代量分别以 20%—30%（薛利红等，2013）、<50%（黄涛等，2013）、10%—20%（张雪艳，2013）和 <20%（邹芳芸等，2012）为宜。同时，以基肥施入既能维持土壤肥力和作物产量，又控制了成本投入，是减少农业面源污染的主要施用技术。除了施肥模式，应用有机肥替代减量技术时，还应考虑作物类型、土壤类型、气候特征、径流发生时间等问题。

3.3.2 养殖肥水和沼液的农田回用技术

除了固体粪便，养殖场还产生大量的动物尿液和冲洗水。由于其化学需氧量、总氮、总磷等含量高，目前国内外的普遍做法是将其直接还田利用或者进行厌氧发酵后还田。试验结果表明，养殖肥水和沼液替代化肥 25%—75%，可提高水稻、小麦、玉米等作物产量 7% 左右（吴华山等，2012）；沼液施用可提高萝卜等 5 种蔬菜、水蜜桃及玉米籽粒的品质。在水稻、水芹等水田中施用沼液或养殖肥水，田面水中氮和磷的浓度可达 110.6mg/L 和 20.0mg/L（赵莉，2013），此时减少排水可降低氮磷污染物进入水体的风险；在水蜜桃、蔬菜等旱作植物上施用时，应充分考虑与水分管理相结合（汪吉东，2013），达到施肥与灌溉的双重目的。此外，畜禽粪便沼液中较高的铵态氮及厌氧形成的腐殖物质对植物有良好的抑菌作用（马艳等，2011；曹云等，2013），利用沼液制备的生物药肥可防治土传病害，不仅可以增加其消纳途径，而且可提高沼液的附加值。

养殖肥水和沼肥在农田施用时，需要采取不同的田间运筹方式，以降低其中的氮、磷损失。沼液在农田施用中应避高温、高 pH 土壤以及降水前或灌溉后施用。一次性施肥比分次施肥能有效减少 NH_3 挥发量。麦季将沼液一次性作为基肥施入可降低 23.0% 的氮素损失。直接滴灌是减少液体肥料入田后氮素挥发损失及磷素径流最有效的方式。但因沼液中颗粒物和微生物絮凝体含量较高会堵塞滴灌设备，肥水或沼液中氮磷浓度过高会伤害植物根系，造成作物减产等问题，因此需要设置防堵装置，并选用配备前处理装置的沼液滴灌设备。

● 4 林下生态种养及其主要模式

林下生态种养包含"林-菌""林-草""林-蔬""林-粮""林-药""林-花"等 6 种林下种植模式，包括林下养鸡、鸭、鹅等 3 种"林-草-禽"养殖模式和山鸡、七彩鸡、火鸡、珍珠鸡、贵妇鸡等"林-草-特禽"养殖模式，还包括特种经济动物养殖，如林下养殖蚯蚓、林下养殖中国林蛙、林下养蝉、林下养殖蚂蚱等，以及林游模式等几种林下经济模式。应根据不同地区的地域条件和地形特点进行适当种养，以保护生态为主，合理开发利用林地资源。

福建省适宜的林下生态养殖为"林-草-禽"和"猪-沼-果"生态养殖模式，"林-草-禽"是在饲养环境好、无污染的林地环境条件下，通过林间种植优质牧草，饲养家禽家畜，从而形成的一种养殖模式。它所生产出的产品不仅具有无公害、品质优异、风味佳的特点，能满足广大消费者的需求，而且养殖的畜禽可采食林下昆虫，减少草地和林地病虫害的发生。此外，畜禽排泄物还可以为牧草和树木提供肥料，促进牧草和树木的生长，从而形成"草—畜（禽）—草"的良性循环系统。

"猪-沼-果"生态养殖模式是以农户为生产主体，通过发展养殖业，将畜禽粪便接入沼气池进行厌氧发酵，利用发酵残余物种果来提高产量和品质，达到无公害生产的目的；利用沼液喂猪，可提高沼液的利用率，减少猪的育肥周期，降低成本。该模式操作简单，投资少，生产出的农产品可达到无公害农产品的要求。利用农业废弃物进行综合利用，可减少污染，促进农业可持续发展。

4.1 林下养殖模式在蛋鸡生产中的应用

林下生态养殖模式在家禽中的应用相对于其他动物较为广泛。大量研究表明，林下蛋鸡养殖模式可显著改善蛋品质、提高蛋鸡健康水平。杨芷等（2014）比较林下散养与舍内平养两种模式下的蛋鸡脏器指数、蛋品质和血清生化指标，研究结果表明，林下放养模式显著降低蛋鸡产蛋率、蛋壳强度、肝脏指数、直肠指数、血清白蛋白及葡萄糖含量。另外，显著提高蛋黄颜色、哈氏单位、肌胃指数、盲肠指数、血清球蛋白、血红蛋白含量和红细胞比容等，但对繁殖系统指标均无显著差异。

王健等（2014）观察不同精料补饲量对林下生态养殖模式下蛋鸡产蛋性能、蛋品质以及繁殖器官的影响，结果表明，补饲70%和80%精料对鸡只的蛋白高度、蛋壳强度、蛋壳相对重量、哈氏单位和蛋壳厚度无影响；补饲80%精料可显著提高产蛋率，显著降低平均蛋重；补饲70%精料可显著提高蛋黄比例、降低蛋黄颜色。此外，补饲80%精料显著降低蛋形指数。与补饲70%和90%精料相比，补饲80%精料可显著提高腺胃指数、回肠指数和心脏指数；补饲60%精料血小板数量显著高于补饲70%精料和80%精料；补饲70%精料可显著提高三酰甘油含量。赵晓钰等（2011）在山地林下生态牧养条件下，探究蛋鸡对日粮中人工补料的依赖程度。结果表明，补料1.25%可显著提高蛋鸡的产蛋率、减低蛋形指数，显著提高鸡蛋中的维生素、矿物质等营养成分总体含量，但不补料和补料0.5%、0.75%、1%对蛋形指数无显著影响。

4.2 林下养殖模式在肉鸡生产中的应用

肉鸡林下养殖模式可显著改善肉鸡福利，降低死亡率，改善鸡肉品质。Potowicz K.等（2011）比较放养模式对鸡肉胴体品质和生理生化指标的影响，结果提示放养模式显著降低公肉鸡体重，但对胴体品质（半净膛重、全净膛重、胴体重、腹脂率、胸肌率、腿肌率）、肉质（肉色、滴水损失、剪切力、持水力、熟肉率）影响不显著。王万霞等（2015）在相同条件下林下放养大恒699肉鸡（DH）、大恒199肉鸡（WS）、四川山地乌骨鸡（WG）3个品种优质肉鸡，测定0—21周龄生长性能，并分析生长发育规律、最佳上市日龄。结果为：WS、DH公母鸡体重无差异，3个品种公鸡体重均显著大于母鸡体重，DH和WS公母鸡体重分别显著高于WG公母鸡体重；10周龄前，3个品种的饲料转化率不稳定趋势，11周龄开始随周龄增大而增加，且母鸡大于公鸡；3个品种肉鸡每周增重在生长前期呈逐渐增大趋势，在10周龄达到最大值，且公鸡增重大于母鸡；3个品种公鸡经济效益高于母鸡，DH公鸡和母鸡最佳上市周龄都在21周龄；WS公鸡、母鸡最佳上市周龄分别为21周龄和20周龄；WG公鸡、母鸡最佳上市周龄分别为21周龄和17周龄。

姜娜等（2008）分析了林下轮牧放养模式下岭南黄羽肉鸡的屠体性状、肉品质及脂类代谢相关血液生化指标，结果显示，林下轮牧的岭南黄羽肉鸡的半净膛率、全净膛率、屠宰率、腿比率、肌胃率、肌肉色亮度、胸肌蛋白和脂肪含量都显著提高；腹脂率和血清总胆固醇水平显著降低，但对红度值、黄度值、血清三酰甘油、低密度脂蛋白、高密度脂蛋白无显著影响。该试验结果提示，林下种植牧草环境下轮牧放养，可显著提高优质肉鸡屠宰性能、改善肌肉品质以及调节脂类代谢。

姜贺等（2015）在饲粮中添加黄芪粉、刺五加粉和松针粉复合制剂，观察对采取林下养殖模式的肉鸡生产性能、血液生化指标的影响，结果表明，添加中草药制剂可显著提高林下鸡的个体平均体重和日增重，其中2%黄芪粉、1%刺五加粉、1%松针粉复合制剂效果最好。此外，饲粮中添加中草药制剂可显著降低滴水损失、剪切力、黄度、血清总胆固醇、低密度脂蛋白、三酰甘油的含量和谷丙转氨酶及谷草转氨酶活性，提高血清总蛋白、亮度，但对免疫球蛋白 A、G 和 M 浓度无差异影响。结果提示，林下规模化生态养殖模式可显著改善肉鸡肌肉品质、脂肪代谢和免疫力。

4.3 林下养殖模式在羊生产中的应用

目前，林下养殖模式在山羊和绵羊生产中的应用尚处于起步阶段，相关报道屈指可数。雷鑫等（1993）对延安南部次生林林间草地四季放牧的安哥拉公羊的采食量和消化率进行测定，结果显示，成年公羊四季干物质平均采食量分别为（每千克代谢体重）99.6g、102.0g、71.9g 和 61.6g；周岁公羊分别为 91.4g、118.1g、94.0g 和 82.5g。成年公羊四季牧草干物质消化率分别为 76.2%、75.72%、58.16% 和 36.05%；周岁公羊分别为 77.1%、79.84%、68.43% 和 36.6%。因此，推测放牧成年安哥拉公羊的补饲时间应开始于 9 月下旬，结束于次年 4 月底，而周岁公羊延长至 5 月上旬。

孟虹艳等（2008）在基础日粮中添加 1.5% 中草药添加剂进行饲养试验，观察山羊的腹泻指数、血清生化指标、生长性能和寄生虫数量的变化。结果显示，添加中草药添加剂可显著提高平均日增重，提高血清总蛋白、白蛋白，降低饲料转化率、腹泻率和血清尿素氮、尿酸。添加中草药显著降低寄生虫感染强度，给药 6 周后，虫卵转阴率为 67%，虫卵减少 68%。

4.4 林下养殖模式在特种经济动物生产中的应用

特种经济动物是指除家畜、家禽和家鱼以外的其他有较大经济价值且不同程度被人工驯养，又能进行人工养殖的各种野生动物。因其具有较高的经济价值，颇受外界关注。迄今为止，林下养殖模式虽然在特种经济动物生产中有一定的应用，但相关的研究停留于起步阶段。Cha S. S. 等（2012）为探究林下野猪生产由于野猪拱土习性对林地生态系统的影响，测定了土壤物理特性、土壤呼吸、微生物碳和土壤酶活力。结果表明，高坡处土壤有机物含量（20.22%）显著高于低洼处（15.52%）。低洼处的土壤容重显著高于高坡处。低洼处土壤微生物 C 和 CO_2 生成显著高于干扰点。微生物 C 和 CO_2 生成与土壤有机物含量呈正相关。纤维素酶和转化酶活力与土壤微生物 C 和 CO_2 生成呈相同的影响。土壤有机物含量看似影响土壤酶活力。硝酸还原酶活性在低洼处最高，且与土壤容重呈正相关。该研究结果表明，林下放养野猪拱地刨根改变了土壤特性，从而影响土壤微生物活性。

孙金艳等（2012）观察野家杂交猪 F1 在林下放养与圈养条件下生产性能的变化。结果为：圈养条件下的野家杂交猪 F1 平均日增重显著高于林下放养（22.85%）；林下放养的野家杂交猪 F1 的采食量显著低于圈养（57.95%）；林下放养的野家杂交猪 F1 的料重比显著低于圈养（45.63%）。林下放养野家杂交猪 F1 的平均每头猪日效益显著高于圈养（31%）。

Olofsson J. 等（2010）探究林下放养驯鹿能引起北方林下植物类型的转变。结果表明，围栏外围的地衣数量比放牧地带显著提高 2 倍甚至是 5 倍。与预测相反，围栏外围的净氮矿物化、植物产量显著高于放牧地带。在生物量测定试验中，由于植物蒸腾作用的缺乏诱导土壤湿度变化，从而驱动在松柏林体系中驯鹿活动对植物产量的正效应。

第二节　马尾松林分群落多样性背景值分析

土壤肥力和林下植物物种多样性是评价长汀县马尾松林分群落结构改善状况的重要指标。以流失区周边未破坏的林分作为背景值，植被恢复还要经历十分漫长的过程。为此，选择以强度侵蚀区恢复到一定程度的样地作为当前的背景值，结合循环农业模式示范点的物种多样性调查，有助于了解循环农业模式对马尾松林分群落改善的作用。

● 1 基本概况

福建省长汀县河田镇年均气温 19℃，极端最高气温 39.8℃，地表极端最高温达 76.6℃（1983 年 7 月 23 日），年均降雨量 1628.2mm，其中 4—6 月降雨量占全年的 52.2%，且降雨强度大。土壤为粗晶花岗岩风化壳上发育的山地丘陵红壤，含沙量大（＞1mm 石砾占 45% 左右），风化壳深厚。

试验地治理前水土流失程度为强度—极强度，表层土壤流失殆尽，以耐旱、耐瘠薄著称的马尾松，年高生长仅为 5—25cm，盖度 5%—10%，成为名副其实的"小老头林"，地表仅有十分稀少的野草、芒萁等。试验地位于八十里河流域。1981 年冬在原侵蚀地采用小水平沟整地，沟距 1.5m，面宽 0.6m，深 0.4m，底宽 0.4m。整地时保留原有马尾松、木荷等乔木，沟长 2—3m，留一土埂，每公顷实际沟长约 5250m。

● 2 植物区系分析

根据王二朋（2002）的野外样地调查显示，八十里河乔灌群落的植物区系组成见表 3-1。群落植物种类有 22 科 30 属 33 种，其生物多样性高于一直未治理的荒地群落的植物种类（7 科 8 属 8 种），低于乡土林的植物种类组成（28 科 50 属 56 种）。被子植物在群落中占据优势，尤其是双子叶植物占明显优势。蕨类植物在演替过程能有一定发展，有 4 科 5 属 5 种，裸子植物仅有杉木（表中统计未包括马尾松）。群落植物含有 2 属 2 种以上的科为禾本科、山茶科、鳞始蕨科、蔷薇科和茜草科，其中山茶科有 4 属 4 种，茜草科 3 属 3 种，蔷薇科 2 属 3 种，禾本科和鳞始蕨科各 2 属 2 种，百合科 1 属 2 种，其他科只有 1 属 1 种。

表 3-1　群落植物区系组成

类群	科数	属数	种数
蕨类植物	4	5	5
裸子植物	1	1	1
双子叶植物	15	21	23
单子叶植物	2	3	4
合计	22	30	33

注：资料来源于王二朋（2002）。

植物的地理成分具有明显的亚热带特征（表3-2），15个类型中有11个类型有分布，热带成分累计达68%，以泛热带分布所占比重最大，为5属，占20%，热带亚洲分布属占16%，旧世界热带分布属占12%，北温带分布属、东亚和北美洲间断分布属、东亚分布属各占8%，中国特有分布属占4%，没有占绝对优势的分布区类型。

表3-2 群落种子植物属的分布区类型

公布区类型	属数	比例（%）
世界分布	1	4
泛热带分布	5	20
热带亚洲和热带美洲间断分布	1	4
旧世界热带分布	3	12
热带亚洲至热带大洋洲分布	2	8
热带亚洲至热带非洲分布	2	8
热带亚洲分布	4	16
北温带分布	2	8
东亚和北美洲间断分布	2	8
旧世界温带分布	—	—
温带亚洲分布	—	—
地中海区、西亚至中亚分布	—	—
中亚分布	—	—
东亚分布	2	8
中国特有分布	1	4
热带分布小计	17	68
合计	25	100

注：资料来源于王二朋（2002）。

● 3 植物生活形态

生活型是植物对于外界综合环境条件长期适应而形成的生活形态。根据外貌生活型统计结果（表3-3、表3-4），该群落以常绿灌木种数最多，所占比重最大，为39.39%；常绿乔木、常绿藤本和蕨类植物次之，均占总数15.15%；多年生草本植物极少，占6.06%；一年生草本则没有发现。群落以高位芽植物占绝对优势，有26种，占78.78%。高位芽植物中，小高芽所占比重达45.45%。地面芽和地上芽植物各有1种，分别占3.03%；隐芽植物有5种，占15.15%，一年生植物没有。

● 4 植物叶的特征

对该群落的叶特征分析表明（表3-5）：小型叶植物在群落中占优势，所占比重最大，为51.52%；

其次为中型叶占36.36%，而巨型叶和无叶植物没有。群落的生态环境与未治理前相比虽有所改善，但生境仍然还较为严酷，为减少蒸腾消耗水分，可能造成叶级较小的植物所占比重较大。叶型中以单叶占绝对优势，所占比例为78.79%。而植物的叶质中革质叶有19种，所占的比例为57.58%；草质叶有10种，占30.30%。叶缘则为全缘叶比非全缘叶略多，分别占54.55%和45.45%。

表3-3　群落植物生活型

生活型	常绿乔木	落叶乔木	常绿灌木	落叶灌木	常绿藤本	落叶藤木	草质藤本	多年生草本	一年生草本	蕨类
种数	5	1	13	2	5	0	0	2	0	5
比重（%）	15.15	3.03	39.39	6.06	15.15	0	0	6.06	0	15.15

注：资料来源于王二朋（2002）。

表3-4　群落植物生活型谱

生活型谱	巨高芽	大高芽	中高芽	小高芽	矮高芽	地上芽	地面芽	隐牙	一年生
种数	1	3	3	15	4	1	1	5	0
比重（%）	3.03	9.09	9.09	45.45	12.12	3.03	3.03	15.15	0

注：资料来源于王二朋（2002）。

表3-5　群落植物叶特征

叶特征	叶级							叶型		叶质				叶缘	
	无叶	鳞叶	微型叶	小型叶	中型叶	大型叶	巨型叶	单叶	复叶	薄中	草质	革质	厚革质	全缘	非全缘
种数	0	1	2	17	12	1	0	26	7	2	10	19	2	18	15
比重（%）	0	3.03	6.06	51.52	36.36	3.03	0	78.79	21.21	6.06	30.30	57.58	6.06	54.55	45.45

注：资料来源于王二朋（2002）。

第三节　林－草－禽生态养殖模式构建与应用

　　我国的林业资源十分丰富，但林下生态养殖的巨大潜力和优势尚未得到充分发挥，生物资源和生物能源未得到充分利用，农林系统类型较为单一，对林下生态养殖缺乏系统的理论研究。根据不同生态区的特点和不同目的，应用生态学原理，构建相关耦合模式，最充分挖掘农林系统的潜力，以实现环保有效利用资源。从发展趋势来看，要加强林下生态养殖模式的研究，对当前全国各地自发出现的一些林下养殖系统模式进行研究，结合农民、农村、农业的需求进行有力的研究，最大限度地减小农户生产的盲目性，注重研究机构与生产基层的有机联系，综合考虑自然、社会、经济条件，建立实验示范区和实验示范点，使林下生态养殖模式更容易被基层生产者所接受，因地制宜地发展林下生态养殖，进而带动当地生态环境的改善及经济水平的提高，进一步加强多学科深层次、实质性的交流与合作，加强理论基础研究，用以指导林下生态养殖的发展取向及应用研究。

● 1 基本概况

　　试验基地位于福建省长汀县三洲镇垌坝村林下种草养鸡示范基地内，属亚热带季风气候，夏季高温多雨，冬季温和湿润，北纬 24°47′—25°35′，东经 116°40′—117°20′，山头面积约 110 亩，山头坡度大于 50°，土壤质地偏沙，林地以天然马尾松为主，其中的郁闭度在 35%—70%，林地内草被植物以蕨类为主，采光和透气性能好。

　　"林－草－禽"生态养殖模式建设包括林地选择、耕作管理、草品种选择、种植模式、种植方式、播种时间、田间管理、禽品种选择、鸡舍建设、放牧方式、饲养规模等。通过选择适应林下种植的耐阴、耐践踏、抗逆性强的优良牧草品种，改良放牧养鸡林地，形成林下牧鸡草地；在放养场地内采用等高草灌带模式，采取高秆与矮秆牧草搭配，禾本科与豆科牧草混播，暖季型牧草与冷季型牧草相结合的方式，种植优良牧草与中草药，形成人工生态草场；在草场中间建鸡舍，划区轮牧，各个小区用生物围栏隔开；在轮牧小区内种植中草药，供牧鸡自由采食；放牧地内产生的鸡粪通过牧草的吸收而被自然消纳，舍内鸡粪制成有机肥，用于等高草灌带、生物围栏和林下牧鸡草地。高生物量的放牧草地，生成大量昆虫蛋白饲料，供给牧鸡丰富营养，并减少草地各林木病虫害的发生，形成马尾松低效林下林－草－禽循环模式（图 3-1）。

● 2 研究方法

2.1 土壤侵蚀量

　　用侵蚀针法，每个样方埋设 20 根侵蚀针。

2.2 土壤理化性质

　　在 10m×10m 样方内，选择 0—20cm 土层有代表性的土壤样方 3 个，用环刀法取土壤样品，然后将取后的土样混合均匀，带回实验室后，风干、去杂、过筛后分别测定土壤 pH 值、土壤硝态氮、铵态氮、土壤容重、沙砾含量、自然含水量、饱和含水量、田间持水量等指标。同时用环刀和铝盒分别取样，用于土壤含水量测定。

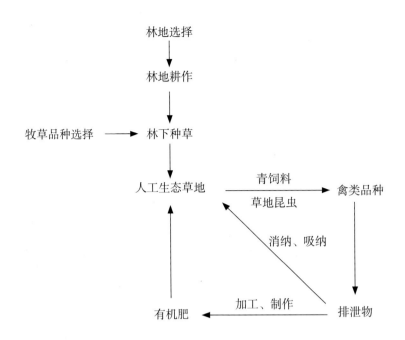

图 3-1　马尾松低效林下林 - 草 - 禽循环模式

将 10g 土壤样品置于 50mL 烧杯中，加入 50mL 蒸馏水，搅动悬浮液几次，每次间隔约 1h，停止搅拌后立即浸入 pH 复合电极测量 pH 值。用酚二磺酸比色法和 2mol/L KCl 浸提—靛酚蓝比色法测定土壤硝态氮和铵态氮。土壤含水量、容重用环刀法测定。

2.3 群落物种多样性的测定

于 2015 年 6 月，分别在种草养殖区与非种草区（对照）选择有代表性的（10m×10m）的小区样方各 3 个，作为 3 次重复，分别测定小区内除马尾松、人工种植的牧草品种以外的物种，记录其数量及种类，通过以下公式计算物种多样性。

物种多样性采用多样性指数、物种丰富度、均匀度指数等来表征。

Simpson 多样性指数（D）：$D=1-\sum_{i=1}^{s} P_i^2$。

Shannon-Wiener 多样性指数（H）：$H=1-\sum_{i=1}^{s} P_i \ln P_i$。

Patrick 丰富度指数（R）：$R=S$。

Pielou 均匀度指数（Js）：$Js= H/\ln S$。

其中：$P_i=n_i/N$，n_i 为样方内某物种的个体数，N 为样方内所有物种的个体数，S 为样地内物种数。

2.4 林木蓄积量的测定

观测 10m×10m 样方内所有马尾松株高、胸径指标，结合林分密度通过查询林木蓄积量对照表来计算林分蓄积量。

株高：用标尺量取小区内出现的每株乔木品种的高度。

胸径：用卷尺量取小区内出现的每株乔木品种 1.3m 处的树径围，作为胸径的测定数据。

2.5 植被生物产量

观测 10m×10m 小区内鲜草、干草产量，草层覆盖度，草层高度与平均株高等指标。

在各处理内随机选择有代表性的 2m×2m 的样方 3 个，测定样方内全部鲜草的产量，分别记录，取 3 个样方鲜草产量的平均值，将各鲜草烘干至恒重后记录其干草产量，并折算成 10m×10m 面积的鲜、干草产量。草层覆盖度采用直接目测法。

● 3 结果分析

3.1 林下生态养殖对马尾松林地土壤侵蚀的影响

在林下生态养殖模式区内分别选取非种草区（对照）与种草养殖区两个处理，每个处理分别在上坡位、中坡位、下坡位选取有代表性的 10m×10m 样地 1 个，用侵蚀针法测定土壤侵蚀量。

结果表明，马尾松林下水土流失主要发生在下坡位，其中自然修复处理在下坡位土壤侵蚀模数达 2430t/km^2，林下种草处理在下坡位土壤侵蚀模数 120t/km^2，局部土壤侵蚀量仅为自然修复的 5%，总体土壤侵蚀量下降 770t/km^2，降幅为 95.1%（图 3-2）。分析表明，林下种草处理对马尾松林地土壤的容重、沙砾含量、自然含水量、饱和含水量、田间含水量无显著影响（表 3-6）。

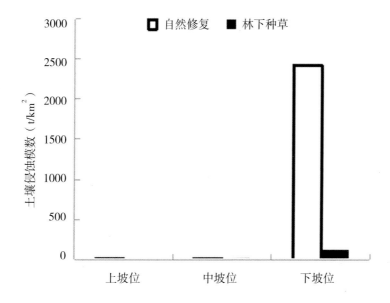

图 3-2　不同处理马尾松林地的土壤侵蚀模数

表 3-6　不同处理马尾松林地土壤的主要物理指标

处理	容重（g/cm^3）	沙砾含量（%）	自然含水量（%）	饱和含水量（%）	田间含水量（%）
自然修复	1.38 ± 0.03	79.94 ± 3.52	11.58 ± 1.18	31.66 ± 1.64	25.36 ± 2.30
林下种草	1.33 ± 0.02	77.76 ± 3.59	10.99 ± 0.63	30.06 ± 1.36	24.80 ± 0.69
P-value	0.204	0.686	0.681	0.496	0.827

3.2 林下生态养殖对土壤理化性状的影响

表 3-7 为林下生态养殖区与对照区的土壤理化性状，分别是在 5 月、6 月和 7 月观测的土壤理化性状，林下生态养殖区的土壤 pH 值、硝态氮和铵态氮的含量与对照相比均有所提高，林下生态养殖区 3

个月的平均土壤硝态氮含量为3.90mg/kg,铵态氮平均含量为21.55mg/kg,分别是对照区的2.30倍和1.59倍。土壤容重、沙砾含量、自然含水量、饱和含水量、田间含水量与对照区相比均无显著差异($P > 0.05$)。

不同月份的土壤pH、硝态氮和铵态氮表现不同,林下生态养殖区以5月份的土壤硝态氮和铵态氮含量最高,分别为4.85mg/kg和56.91mg/kg,对照区以5月份的铵态氮含量和7月份的硝态氮含量最高,分别为33.67mg/kg和3.15mg/kg。

表3-7 林下生态养殖对土壤理化性状的影响

处理	月份	pH	硝态氮(mg/kg)	铵态氮(mg/kg)	容重(g/cm³)	沙砾含量(%)	自然含水量(%)	饱和含水量(%)	田间含水量(%)
林下生态养殖区	5	5.14	4.85	56.91					
	6	5.28	3.31	4.06	1.33 ± 0.02[a]	77.76 ± 3.59[a]	10.99 ± 0.63[a]	30.06 ± 1.36[a]	24.80 ± 0.69[a]
	7	5.36	3.54	3.67					
对照区	5	5.03	0.48	33.67					
	6	5.24	1.45	4.44	1.38 ± 0.03[a]	79.94 ± 3.52[a]	11.58 ± 1.18[a]	31.66 ± 1.64[a]	25.36 ± 2.30[a]
	7	5.27	3.15	2.45					

注:不同小写字母代表对照与林下生态养殖模式区之间差异显著。下同。

3.3 林下生态养殖对林木蓄积量的影响

表3-8为林下生态养殖区与对照区的林木蓄积量统计表,可知林下生态养殖区的林木蓄积量,3个统计小区分别为45.99m³/hm²、34.00m³/hm²、37.20m³/hm²,分别是对照区的2.66倍、3.28倍和2.15倍。

表3-8 林下生态养殖模式对林木蓄积量的影响(m³/hm²)

处理	1	2	3	平均
林下生态养殖区	45.99	34.00	37.20	39.06 ± 6.21[a]
对照区	17.28	10.34	17.28	14.97 ± 4.01[b]

3.4 林下生态养殖对灌木层生物产量的影响

表3-9可知,种草放牧区的植被平均鲜草产量为2.55kg,与对照相比达显著水平($P < 0.05$),高出对照区72.6%,平均干草产量为1.08kg,与对照相比达显著水平($P < 0.05$),高出对照区190%;种草放牧区的平均植被覆盖度为91.67%,与对照相比达显著水平($P < 0.05$),高出对照区111.7%。

表3-9 林下生态养殖模式对草本生物产量、覆盖度的影响

名称		林下生态养殖区				对照区			
		1	2	3	平均	1	2	3	平均
生物量	鲜草重(kg)	2.47	2.73	2.45	2.55[a]	1.39	1.45	1.60	1.48[b]
	干草重(kg)	1.07	1.16	1.00	1.08[a]	0.32	0.36	0.43	0.37[b]
覆盖度(%)		90	85	95	91.67 ± 5[a]	35	45	50	43.33 ± 7.64[b]

3.5 林下生态养殖对植物多样性的影响

物种多样性恢复是生态系统恢复最重要的特征之一，它不仅反映了群落组成中物种的丰富程度，也反映了不同自然地理条件与群落的相互关系以及群落的稳定性与动态，是群落组织结构的重要特征。大量的研究证明生物多样性的提高会增强生态系统的稳定性，在众多的研究中也普遍把生物多样性作为衡量生态系统稳定性的一个重要指标。林下草本植物作为森林的重要组成部分，其生长发育程度对于提高森林水土保持能力及评估人工林生态功能有显著影响。

物种多样性是群落结构的重要指标，通过 Simpson 多样性指数和 Shannon-Wiener 多样性指数可以间接反映出群落功能的特征。Pielou 均匀度指数（Js）表示群落均匀度的指标，它可以反映群落中个体数量分布的均匀程度。当物种数目越多，Patrick 丰富度指数就越大，相反，物种数目越少，Patrick 丰富度指数越小。

表 3-10 为林下生态养殖模式对地上部植被多样性的影响，在同一年的 6 月份调查了地上部植被多样性情况，林下生态养殖模式下植被的 Patrick 丰富度、Simpson 多样性、Shannon-Wiener 多样性与 Pielou 均匀度指数与对照相比无显著差异（$P > 0.05$）。林下生态养殖模式下植被的 Patrick 丰富度指数为 4.667，与对照相比提高 40%；Simpson 多样性指数为 0.455，与对照相比提高 100.4%；Shannon-Wiener 多样性指数为 1.739，与对照相比提高 33.4%；Pielou 均匀度指数为 1.167，与对照相比提高 13.3%，差异均不显著（$P > 0.05$）。

表 3-10　林下生态养殖区植物多样性

处理	Patrick 丰富度指数	Simpson 多样性指数	Shannon-Wiener 多样性指数	Pielou 均匀度指数
林下生态养殖区	4.667[a]	0.455[a]	1.739[a]	1.167[a]
对照	3.333[a]	0.227[a]	1.304[a]	1.030[a]

4 试验小结

根据长汀县马尾松低效林特性，因地制宜构建"林 – 草 – 禽"生态养殖模式，通过 2 年的试验，林木蓄积量、植被地上部鲜草产量、植被覆盖度均显著高于对照，Patrick 丰富度与对照相比提高 40%，Simpson 多样性指数与对照相比提高 100.4%，Shannon-Wiener 多样性指数与对照相比提高 33.4%，林下生态养殖区的土壤 pH 值、硝态氮和铵态氮的含量与对照相比均有所提高，林下生态养殖模式在下坡位的土壤侵蚀模数为 120t/km^2，总体土壤侵蚀量与对照相比下降 770t/km^2，降幅为 95.1%，取得积极而明显的生态经济效益。

为适应国内农业及林业发展的新形势，以及研究尺度、手段、方式和地域的发展趋势，结合国内现有林业资源，我国林下生态养殖尚需进一步加强和完善。研究内容主要包括：林下种植与养殖业的有机结合，养殖密度与植被恢复，养殖和休牧周期与水土保持，林下养殖业废弃物的循环利用，林下生态绿色产品的开发与销售，林下生态养殖新技术的研发与推广应用。要在发展的基础上，统一规范林下生态养殖技术规程，如在品种、生产环境、林地承载量等方面确定技术参数，科学制定林下生态养殖不同模式的技术规程，作为林业的指导性文件，规范林下经济行为，协调林下种植和养殖关键技术，促进畜禽养殖等资源向林下经济领域流动，构成大农业复合经营和产供销纵向产业链条，形成优质高效的现代化生态农业。

第四节　林下牧鸡养分循环高效利用技术研究

在退耕还林政策的大力扶持下，人工种草面积逐年增加。利用人工种草规模化放养生产优质肉鸡，达到草养畜禽，畜禽粪便肥草，是可持续循环发展的有效途径之一。近年来，林下生态养殖与林下循环模式的构建对福建省生态经济的可持续发展发挥着越来越重要的作用。林下生态养殖具有减少饲料投入、提高养殖经济效益、减少疾病发生和因此带来的损失等优点，在饲养环境好、无污染的环境条件下能够生产出安全、无公害、品质优异、风味佳的畜禽产品，满足广大消费者的需求。

● 1 林下人工种草

1.1 林地选择

林地选择人口密集区 500m 以外、未经寄生虫病原体或传染病污染的山地，要求通风光照良好、水源充足且清洁、交通便利。林地土质为沙壤土或壤土，坡度 35° 以下，树、藤木龄 2 年以上，其中的郁闭度在 35%—50%，采光和透气性能好。

1.2 林地的耕作

1.2.1 全垦

适用于山地较平坦的地块（坡度<10°），将山地全部开垦，深度 30—60cm。

1.2.2 条垦

适用于山地坡度在 10°—20° 的地块，每 2—5m 开 30—60cm 的沟，沟深 50cm。

1.2.3 穴垦

适用于山地坡度在 20° 的地块，进行穴垦，穴规格 30cm×50cm×50cm，穴距 0.5—1m。

1.3 栽培管理

1.3.1 混播栽种方式

以禾本科 50%—60% 与豆科 30%—40% 的牧草、中草药，混播搭配其他科 10% 左右的草品种；一年生 20%—40% 和多年生 60%—80% 的牧草混播。

1.3.2 牧草品种的选择

选种原则为：第一，抗病虫害、抗旱、抗寒、抗热能力较强的牧草品种。第二，具有发达、密生的地下根系，能耐贫瘠的土壤，一般为多年生草种，具有极强的自我繁衍能力。第三，相对于本区域的其他草种，生育期相对较长。禾本科草本植物有宽叶雀稗、杂交狼尾草、百喜草、鸭茅、香根草、黑麦草、苇状羊茅、狗牙根等；豆科草本植物有三叶草、紫花苜蓿、扁豆、大翼豆、银合欢等。

1.3.3 播种时间

暖季型牧草适宜在 3—5 月份播种。冷季型牧草适宜在 9—11 月份播种。

1.3.4 播种方法

播种方法有条播、撒播或穴播。

条播：条播行距为 30—40cm，播幅 10—20cm，深度均匀。

撒播：种子均匀撒播在开垦松软的地块后，覆土厚度为 3—5cm。

穴播：穴距为35—50cm，穴深5—15cm。

1.3.5 播种量（表3-11）

牧草的播种量计算公式如下。

实际播种量（kg/hm^2）=种子用价为100%时的播种量/种子用价（%）

种子用价=种子发芽率（%）× 种子净度（%）

表3-11 主要牧草的播种量

牧草	播种量（kg/亩）	牧草	播种量（kg/亩）
紫花苜蓿	1.5—3	宽叶雀稗	2—3
草木樨	1—1.8	狗牙根	2—3
沙打旺	1.2—2.2	披碱草	1.5—3
红豆草	3—4	冰草	1—1.5
三叶草	1—2	扁豆	2.5—3
百喜草	1—2	黑麦草	2—3

1.4 田间管理

1.4.1 施肥

基肥以腐熟的有机肥为主，施用量为2000kg/亩。

追肥以速效性化肥为主，在牧草生长的分蘖（枝）期、拔节或现蕾期和放牧后3—5d追施10—15kg/亩的化肥。

1.4.2 灌溉

灌溉设施：在山脚打井，山顶建积水池，将管道均匀分布在林地间进行灌溉。

灌溉方法：根据气候条件和土壤含水量进行定期灌溉。

● 2 人工草地牧鸡

2.1 牧鸡品种的选择

牧鸡的品种应根据鸡在林地的适应性和市场需求来确定。应选择适应性强、抗病力强、觅食能力强、耐粗饲的地方良种鸡。福建省常见的放牧鸡品种有河田鸡、德化黑鸡、闽清毛脚鸡、金湖乌鸡、丝绒乌骨鸡、闽中麻鸡等。

2.2 划区轮牧

用杂交狼尾草、蔗草等上繁草与宽叶雀稗、百喜草等下繁草作为围栏和轮牧的分界线。为了有效预防疾病发生,50—100亩为一个放牧养殖场,养殖场内划分为3—6个饲养区,每个饲养区划分为4个牧区。每个牧区用生物围栏分隔，轮牧周期为40—60d，每个牧区放牧10—15d，休牧30—45d。

2.3 饲养规模

鸡群一般在40日龄左右放牧，每公顷林地以放养500羽左右为宜。

2.4 棚舍的搭建

场址选在高燥、干爽、避风向阳、排水良好的上坡林地；鸡舍通风、干爽、冬暖夏凉、坐北向南。

场地要有水源和电源；鸡床外侧架空 2.5m。内侧坡面，利用山坡地形斜度使鸡粪向一侧朝下滑动，便于鸡粪收集和有利于鸡的健康。

2.5 定时补饲

把饲料放在料桶内或直接撒在地上，早晚各 1 次，吃净吃饱为止。

2.6 牧区内必要的配套设施

喂料设备采用食槽或料桶，每 100 羽鸡准备 1m 的食槽 5 个。场内分散放置饮水器，供鸡随时饮水。

2.7 疫病防控

严格执行"预防为主"方针，根据该地区疫病流行情况、本场鸡群发病史、抗体水平、不同生长阶段、疫苗特点、饲养管理和季节等因素制定合理的免疫程序。利用林下放养的模式，建立严格的生物安全体系，实行严格的隔离、消毒和防疫措施。利用天然林木、地理特点和人工设施建立放牧鸡场疫病防控屏障，加强对鸡场内外人和环境的控制和隔离，切断鸡场内外病原物传播的通道，消毒灭菌，净化场内环境。

2.8 饲养期结束时的工作

严格实行全进全出制度。养殖户进雏鸡时必须引进同批次、同日龄的雏鸡，饲养期结束后将商品鸡尽可能地在短时间内同时出栏。鸡群出栏后清场处理，将鸡舍、放养场地内的一切用具彻底清洗、消毒、暴晒。对鸡舍、场内的林木、青草、放养场的地面也要严格消毒。场地闲置 30d 后再进下一批鸡。

● 3 高架鸡舍设计

我国禽类产品消费需求持续快速增长，人均禽蛋和禽肉消费量在过去 10 年分别增长了 51% 和 60%。我国禽肉产量占肉类总产量的 20.9%，人均消费量为 11.5kg，低于世界人均禽肉消费量占肉类平均消费量 25% 的水平。美国人均禽肉消费量达到 52kg，占肉类消费的 62%，巴西为 35kg，占肉类消费的 50%，我国肉鸡业的发展具备一定的空间。

影响养鸡业的发展最主要的原因是疾病，在集约化养鸡的情况下，鸡舍内不断产生氨气、一氧化碳、硫化氢、二氧化碳等有害气体，就会导致鸡出现呼吸道疾病及其他健康问题，严重时还会造成鸡大批死亡。因此，合理建造鸡舍，改善鸡的生长环境，达到预防疾病、增加效益的目的，从而促进养鸡业的健康发展。

3.1 主要设计内容

针对上述现有技术存在的问题做出改进，即本设计所要解决的技术问题是提供一种围笼高架鸡舍，改进常规鸡舍的结构，具有预防鸡疾病、促进快长、提高品质等多项功能。

为了解决上述技术问题，本设计的技术方案是：围笼高架鸡舍（见图 3-3）包括底部用支柱撑起的鸡舍本体，所述鸡舍本体包括漏缝式地板、围墙和顶盖，鸡舍本体两端设置有进出口，两侧围墙上设置有通风窗，顶盖上设置有排风设备，鸡舍本体外设置有将其笼罩的围笼装置，该装置包括用竹木或钢筋制作的栅栏状的条缝地面、竖直栅栏和顶部横杆。

竖直栅栏和顶部横杆的缝隙密度相同，缝隙密度是条缝地面缝隙密度的 2—3 倍。围笼装置的一端设置有楼梯，该处还设有出入门。

3.2 具备的特点

（1）围笼装置既能保证鸡晒到充足的阳光，又能为鸡提供室外运动的场所，十分有利于鸡的健康

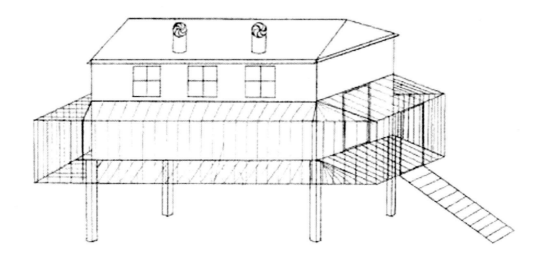

图 3-3　围笼高架鸡舍整体模式图

和加快鸡的生长，并且提高鸡产品的质量。

（2）高架漏缝式地板和条缝地面，将鸡粪漏到鸡舍下方，鸡舍内干燥清洁，大部分有害气体从鸡舍下方流走，及时清除鸡舍下方的鸡粪，就能减少有害气体的产生。

（3）窗门能够满足鸡舍内空气的畅通，同时，鸡舍顶盖上的排风设备将鸡舍内剩余少量的污染空气排出，从而使鸡舍内部的空气清新。

第五节　河田鸡放养药残控制关键技术研究

　　林下养殖河田鸡，疫病防控是关键。近年来，许多发达国家和地区对畜禽产品的进出口贸易增加了许多严格的技术指标。如欧洲国家对肉类食品中农药有残留限量的仅为24种。对于发达国家实施的技术性贸易限制，不仅限制了我国禽畜产品的出口量，造成严重的经济损失，而且严重影响了中国产品的国际市场信誉。针对食品质量和安全的控制，发达国家执行的标准越来越严格，2006年5月29日日本实施的《食品残留农药肯定列表制度》中对农畜产品中药物残留量的检测项目增加到15项，检测限量定为0.01mg/kg。因此，我国只有加强与国际标准接轨，提高畜牧生产的技术水平，生产无药物残留的肉类产品，才能促进出口贸易效益的提高。河田鸡是福建省传统家禽良种，是《中国家禽品种志》收录的全国八个肉鸡地方品种之一。经过长期人工选择，河田鸡品种形成了以稻谷、玉米等粗粮为主要食物，适合在果园、竹山、松林等纯天然的环境中放养的一个地方品种。2006年，国家质检总局批准对长汀河田鸡实施地理标志产品保护。然而，河田鸡在长期饲养过程中主要是通过放养的模式进行。与规模化圈养相比，放养的河田鸡必然增加鸡群的细菌感染的危害，也导致河田鸡饲养过程中抗菌药的使用增加，不但严重影响了地方特色品种河田鸡的产出效益，还可能引起鸡肉中抗菌药物的残留。因此，寻找合适的无药物残留的中药组方替代抗生素，对地方特色品种河田鸡的保护和生态养殖至关重要。

　　20年前联合国粮农组织和世界卫生组织就成立了食品中兽药残留立法委员会来监控动物食品的安全。在美国、丹麦等发达国家也相应出台了避免残留程序（RAP）和确定药残关键控制点（HACCP）措施，以及部分抗生素在动物上使用的禁令。1999年，欧盟在《有机农业条例（2092/91）》中规定"食品动物防病治疗的兽药优先使用草药"而减少化学药物的使用，并且禁止在动物中使用喹乙醇等6种化学性药物和抗生素。国内对于无公害鸡肉生产的研究在一定时期内也取得不少成果。这些也为选用中药添加剂提供了条件。大量试验结果表明，中草药具有免疫增强作用，能提高机体的非特异性和特异性免疫功能（Chen HL 等，2003；Wang DY 等，2005；张训海等，2009；章世元等，2010；徐占云等，2013）。中药如黄芪、白术等可以补中益气，茯苓健脾利水，并且还能消热解毒和消导理气。有研究表明，黄芪、茯苓、白术等具有免疫增强作用，能显著促进鸡胸腺、法氏囊和脾脏的发育，增强肉鸡的免疫器官的相对指数（王艳华等，2008；高海等，2009）。Shi 等（2011）的研究指出中草药可较好地保护雏鸡免受细菌感染。在饲料中添加中草药还有利于肌肉品质的提升（Li，2009）。因此，研究重要添加剂对地方特色鸡的保护及开发利用具有重要作用，尤其对提高肉鸡养殖的经济效益、生态效益和社会效益具有重要意义。

● 1 中药添加剂对肉鸡生长性能的影响

　　以中药添加剂结合生物安全措施，提高试验鸡群体的抗病能力、免疫功能水平，取代肉鸡饲料中饲用抗生素，减少肉鸡饲养过程中抗菌药物和化学合成药物的应用，最终实现肉鸡屠宰胴体出栏送检无抗菌药物和有害化学合成药物残留。

1.1 材料与方法

　　中药添加剂的组方和制备：将筛选出以黄芪、党参、山楂、白术、茯苓、淫羊藿、防风、陈皮等中药组成配方的"芪苓散"，超微粉碎制成超微粉剂中药饲料添加剂成品，分装备用。

　　试验动物的选择和分组：以福建省长汀县远山河田鸡发展有限公司所属的长汀县农业部河田鸡遗传资源保种场为试验鸡场，选择1日龄河田鸡公雏900羽，随机分为5组，每组6个重复，每个重复30羽鸡，试验鸡给药方式和剂量见表3-12。

表 3-12　试验鸡分组及处理

	对照组	抗生素组	试验 1 组	试验 2 组	试验 3 组
1—28d	基础日粮	盐霉素 60mg/kg	基础日粮（1—14d） 芪苓散 0.3%（15—28d）	芪苓散 0.5%	芪苓散 1%
29—56d	基础日粮	盐霉素 60mg/kg	芪苓散 0.3%（29—42d） 基础日粮（43—56d）	芪苓散 0.5%	芪苓散 1%
57—105d	基础日粮	杆菌肽锌 30mg/kg + 抗敌素 6mg/kg	芪苓散 0.3% 加 1 周，停 1 周	芪苓散 0.5% 加 1 周，停 1 周	芪苓散 1% 加 1 周，停 1 周

　　试验基础日粮的组成见表3-13。

表 3-13　河田鸡基础日粮组成及营养成分

饲料组成成分（%）	1—4 周龄	5—8 周龄	9 周龄以上
玉米	53.63	55.13	56.23
米糠	9.50	19.50	24.50
豆粕	24.00	21.00	15.00
膨化大豆	8.00	0	0
预混料	1.50	1.50	1.50
食盐	0.37	0.37	0.37
石粉	1.50	1.40	1.40
磷酸氢钙	1.50	1.10	1.00
合计	100.00	100.00	100.00
营养成分	**1—3 周龄**	**4—10 周龄**	**10 周龄以上**
代谢能（Mcal/kg）	2.82	2.81	2.84
粗蛋白（%）	18.95	16.22	14.37
钙（%）	1.06	0.91	0.88
有效磷（%）	0.37	0.31	0.30
盐（%）	0.37	0.37	0.37
赖氨酸（%）	0.97	0.80	0.69
蛋氨酸 + 胱氨酸（%）	0.70	0.63	0.58

注：每千克预混料中含有禽用复合维生素 24g、氯化胆碱 100g、铜 2.4g、硫酸亚铁 20g、硫酸锌 23g、硫酸锰 20g、1% 亚硒酸钠 4.6g、1% 碘酸钙 4g、蛋氨酸 100g。

饲养管理与免疫程序：试验鸡在相同条件下饲养，每个饲养栏约 7.5m^2，以负压控制通风量。0—3d 光照 24h，4—7d 光照 23h，8—35d 光照 18h，36d 至出栏光照 23h，自由采食，自由饮水。采用全进全出的饲养模式。其他的日常管理相同。其免疫保健程序见表 3-14。

表 3-14 试验鸡的免疫保健程序

接种日龄（d）	接种的疫苗	接种途径
1	新城疫疫苗	喷羽
3	球虫疫苗	拌料
	新城疫 + 传染性法氏囊病二联苗	颈部皮下注射
9	禽流感疫苗（H5N1+H9）	颈部皮下注射
	Lasota+M+C	滴眼
14	法倍灵	饮水
19	新城疫疫苗	饮水
20	传染性支气管疫苗	饮水

测定项目：按试验要求实施用药、观察、记录、采血、实验室检测和数据分析等，试验在同等条件下进行。观察试验组及各对照组的生产性能、采食量等，记录每日采食量、饲料转化率；供试鸡 28d、56d、105d 和 130d 空腹称重（10 羽为一样本），试验结束当日（130d）从每个重复组各随机抽取 4 羽空腹测定屠体率、半净膛率、全净膛率、腿肌率、胸肌率。

统计处理方法：试验数据应用 SPSS16.0 软件进行单因素方差分析和 SNK 多重比较。

1.2 结果与分析

1.2.1 试验鸡体重、日采食量、日增重和料重比比较

试验鸡体重变化结果见表 3-15。由表可知，与对照组比较，中药组试验过程四个阶段的体重差异显著（$P < 0.05$）；与抗生素组比较，中药组除在 28d 时的体重差异显著（$P < 0.05$）外，其余试验过程三个阶段的体重差异不显著（$P > 0.05$）；与对照组比较，抗生素组除在 130d 时的体重差异显著（$P < 0.05$）外，其余试验过程三个阶段的体重差异不显著（$P > 0.05$）。

表 3-15 试验鸡体重的变化

项目 \ 组别	对照组	抗生素组	中药组
1d 体重（g）	32.04 ± 0.61[a]	32.25 ± 0.48[a]	32.23 ± 0.52[a]
28d 体重（g）	185.13 ± 5.67[b]	185.96 ± 6.89[b]	194.92 ± 7.19[a]
56d 体重（g）	575.04 ± 22.86[b]	580.44 ± 18.29[ab]	602.72 ± 18.78[a]
105d 体重（g）	1443.89 ± 34.46[b]	1466.09 ± 35.67[ab]	1508.48 ± 46.26[a]
130d 体重（g）	1710.91 ± 40.14[b]	1772.93 ± 46.86[a]	1773.66 ± 44.97[a]

注：同行数值后附有不同的小写字母表示差异显著（$P < 0.05$），不同的大写字母表示差异极显著（$P < 0.01$），有相同的大写或小写字母表示差异不显著（$P > 0.05$）。下同。

试验鸡日增重、日采食量情况见表 3-16。由表可知，中药组料重比均低于对照组，试验各组的料重比差异不显著（$P > 0.05$）；中药组 1—28d 日增重分别比对照组、抗生素组提高 7.38%（$P < 0.01$）、5.92%（$P < 0.05$），抗生素组 105—130d 日增重分别比中药组、对照组高 11.02%、15.12%（$P < 0.05$），日采食量分别比中药组、对照组高 11.69%（$P < 0.05$）、5.43%；中药组的日采食量均略低于对照组，但差异不显著（$P > 0.05$）。

表 3-16　试验鸡日采食量、日增重以及料重比的变化

项目＼组别		对照组	抗生素组	中药组
1—28d	日采食（g）	14.10 ± 0.27[a]	13.48 ± 0.65[a]	13.83 ± 0.28[a]
	日增重（g）	5.83 ± 0.22[Bb]	5.91 ± 0.26[b]	6.26 ± 0.26[Aa]
	料重比	2.33 ± 0.02[a]	2.28 ± 0.09[a]	2.27 ± 0.09[a]
28—56d	日采食（g）	43.16 ± 0.45[a]	42.68 ± 0.11[a]	42.44 ± 1.65[a]
	日增重（g）	14.40 ± 0.65[a]	14.60 ± 0.49[a]	15.03 ± 0.49[a]
	料重比	2.98 ± 0.10[a]	2.96 ± 0.82[a]	2.85 ± 0.12[a]
56—105d	日采食（g）	97.91 ± 1.29[a]	95.76 ± 4.31[a]	96.22 ± 3.02[a]
	日增重（g）	18.10 ± 0.73[a]	18.65 ± 0.19[a]	18.88 ± 0.28[a]
	料重比	5.35 ± 0.28[a]	5.19 ± 0.21[a]	5.10 ± 0.22[a]
105—130d	日采食（g）	114.02 ± 7.03[ab]	120.21 ± 6.47[a]	107.62 ± 7.23[b]
	日增重（g）	11.11 ± 1.41[b]	12.79 ± 0.99[a]	11.52 ± 0.06[ab]
	料重比	10.35 ± 0.76[a]	9.44 ± 0.77[a]	8.80 ± 2.68[a]

1.2.2 试验鸡屠体率比较

试验鸡屠宰性能结果见表 3-17。由表可知，与对照组和抗生素组相比，中药组腿肌率分别高 3.36%（$P < 0.01$）、2.07%（$P < 0.05$）；与对照组相比，中药组的屠宰率高 0.96%（$P < 0.05$），半净膛率、全净膛率、胸肌率有所提高，但差异不显著（$P > 0.05$）；抗生素组除全净膛率比对照组高 2.30%（$P < 0.05$）外，其他各指标差异不显著（$P > 0.05$）。

表 3-17　试验鸡屠宰性能的变化

屠宰性能	对照组	抗生素组	中药组
屠宰率（%）	88.89 ± 1.12[b]	89.55 ± 1.13[ab]	89.85 ± 0.61[a]
半净膛率（%）	60.94 ± 1.59[a]	62.46 ± 2.09[a]	62.12 ± 1.36[a]
全净膛率（%）	42.39 ± 2.21[b]	44.69 ± 2.65[a]	43.85 ± 1.87[ab]
胸肌率（%）	21.73 ± 2.96[a]	22.51 ± 1.82[a]	23.54 ± 1.97[a]
腿肌率（%）	38.65 ± 1.99[Bb]	39.94 ± 2.22[b]	42.01 ± 1.33[Aa]

1.2.3 试验鸡肌肉品质的变化

试验鸡肌肉品质结果见表3-18。由表可知，各试验组肉色45min、pH 45min、失水率45min差异不显著（$P > 0.05$）；与抗生素组比较，中药组的肉色24h、pH 24h、剪切力24h的差异显著（$P < 0.05$），失水率24h差异不显著；与对照组比较，中药组的肉色24h、pH 24h、剪切力24h、失水率24h的差异不显著。

表3-18　试验鸡肌肉品质的变化

肌肉品质指标	对照组	抗生素组	中药组（芪苓散）
肉色45min（%）	78.13 ± 13.43[a]	77.89 ± 15.16[a]	83.68 ± 7.58[a]
肉色24h（%）	77.54 ± 16.46[ab]	75.13 ± 19.93[b]	88.64 ± 1.60[a]
pH 45min	5.59 ± 0.82[a]	5.29 ± 1.02[a]	5.86 ± 0.36[a]
pH 24h	5.32 ± 0.98[ab]	4.89 ± 1.22[b]	5.69 ± 0.13[a]
剪切力24h（Kg·f）	4.16 ± 1.41[a]	6.36 ± 3.75[b]	4.07 ± 1.07[a]
失水率45min（%）	35.57 ± 6.14[a]	32.83 ± 4.75[a]	32.42 ± 6.58[a]
失水率24h（%）	40.64 ± 3.52[a]	40.76 ± 2.14[a]	40.44 ± 2.56[a]

● 2 中药添加剂对肉鸡血液指标的影响

2.1 材料与方法

2.1.1 试验材料

血清免疫球蛋白（IgG、IgM、IgA）试剂盒、补体（C3、C4）试剂盒、总蛋白和白蛋白测定试剂盒、尿素氮试剂盒由浙江伊利康生物技术有限公司提供。

超氧化物歧化酶测试盒、丙二醛测定试剂盒、总抗氧化能力测试盒、一氧化氮合酶测定试剂盒、一氧化氮试剂盒和溶菌酶检测试剂盒均由南京建成生物工程研究所提供。

天门冬氨酸氨基转移酶试剂盒、丙氨酸氨基转移酶试剂盒、碱性磷酸酶测定试剂盒、肌酸激酶测定试剂盒由上海荣盛生物技术有限公司提供。

2.1.2 试验方法

根据试验方案，分别在28d、56d、105d和130d于每个重复组随机取10羽试验鸡，早上喂料前进行翅下静脉采血，抗凝管保存，静置、3000rpm离心10min，收集血清，−20℃保存，待测。

按试剂盒的说明书进行测定。

试验数据用SPSS16.0软件进行单因素方差分析和SNK多重比较分析。

2.2 结果与分析

2.2.1 中药添加剂对河田鸡血清IgA、IgM、IgG的影响

不同试验组河田鸡血清IgA、IgM、IgG的分析结果显示（表3-19），28d时，试验1、2、3组IgA与对照组和抗生素组相比差异均不显著（$P > 0.05$）。试验1、2、3组IgG与抗生素和对照组差异均不显著（$P > 0.05$）。试验1、2组IgM显著高于对照组（$P < 0.05$），试验3组IgM与对照组相比差异不显著（$P > 0.05$）；试验1、2组IgM显著高于抗生素组（$P < 0.05$），试验3组IgM与抗生素组相比差异不显著（$P > 0.05$）。

56d 时，试验 1、2、3 组 IgA 与对照组和抗生素组相比差异均不显著（$P > 0.05$）。试验 1、2 组 IgG 与对照组相比差异不显著（$P > 0.05$），试验 3 组 IgG 显著高于对照组（$P < 0.05$），试验 1、2、3 组 IgG 与抗生素组相比差异均不显著（$P > 0.05$）。试验 2 组 IgM 显著低于对照组（$P < 0.05$），试验 1、3 组 IgM 与对照组相比差异不显著（$P > 0.05$），试验 1、2、3 组 IgM 与抗生素组相比差异不显著（$P > 0.05$）。

105d 时，试验 1、2、3 组 IgA 与对照组和抗生素组差异均不显著（$P > 0.05$）。试验 1、2、3 组 IgG 差异与对照组差异不显著（$P > 0.05$），试验 1、2 组 IgG 与抗生素组差异不显著（$P > 0.05$），试验 3 组 IgG 显著高于抗生素（$P < 0.05$）。试验 1、2、3 组 IgM 与对照组差异均不显著（$P > 0.05$），试验 1 组 IgM 显著高于抗生素组（$P < 0.05$），试验 2、3 组 IgM 和抗生素组差异不显著（$P > 0.05$）。

表 3-19 中药添加剂对 28d、56d 和 105d 河田鸡血清 IgA、IgM、IgG 的影响

分组	28d			56d			105d		
	IgA（g/L）	IgG（g/L）	IgM（g/L）	IgA（g/L）	IgG（g/L）	IgM（g/L）	IgA（g/L）	IgG（g/L）	IgM（g/L）
阴性对照组	66.14 ± 19.36	38.21 ± 30.91	61.14 ± 40.14[a]	38.31 ± 7.47	110.14 ± 54.35[a]	117.45 ± 74.32[a]	70.41 ± 16.17	101.45 ± 32.74	144.30 ± 37.47
抗生素组	79.05 ± 63.51	42.92 ± 35.99	61.14 ± 51.54	40.12 ± 8.93	148.38 ± 62.05	100.99 ± 36.75	62.34 ± 19.92	82.43 ± 25.67	116.57 ± 37.44
试验 1 组	62.67 ± 8.72	44.71 ± 31.97	101.14 ± 21.56[ab*]	44.82 ± 6.64	162.14 ± 79.71[a]	95.89 ± 43.74[a]	68.48 ± 12.63	84.02 ± 31.75	158.28 ± 24.69*
试验 2 组	68.34 ± 20.80	50.59 ± 47.77	114.14 ± 34.92[ab*]	43.71 ± 9.08	172.85 ± 57.71[a]	74.33 ± 16.15[b]	74.64 ± 17.87	79.26 ± 41.61	148.0 ± 42.97
试验 3 组	62.42 ± 193.67	25.04 ± 11.62	95.42 ± 60.06[a]	44.10 ± 9.45	185.09 ± 103.86[ab]	93.62 ± 33.33[a]	68.72 ± 23.71	115.72 ± 47.29*	135.33 ± 31.57

注：同列肩注不同小写字母表示差异显著（$P < 0.05$）；不同大写字母表示差异极显著（$P < 0.01$）。* 表示与抗生素相比，$P < 0.05$；** 表示 $P < 0.01$。

2.2.2 中药添加剂对河田鸡血清总蛋白、白蛋白、尿素氮的影响

不同试验组河田鸡血清总蛋白、白蛋白、尿素氮的分析结果显示（表 3-20），28d 时，试验 1、2、3 组白蛋白与对照组差异不显著（$P > 0.05$）。试验 1 组白蛋白显著低于抗生素组（$P < 0.05$），试验 2、3 组与抗生素组差异不显著（$P > 0.05$）。试验 1、2、3 组总蛋白和尿素氮与对照组和抗生素组差异均不显著（$P > 0.05$）。

56d 时，试验 1、2、3 组白蛋白与对照组差异不显著（$P > 0.05$）。试验 2 组白蛋白显著低于抗生素组（$P < 0.05$），试验 1、3 组白蛋白与抗生素组差异不显著（$P > 0.05$）。试验 1、2、3 组总蛋白和尿素氮与对照组和抗生素组差异不显著（$P > 0.05$）。

105d 时，试验 1、2、3 组白蛋白与对照差异不显著（$P > 0.05$）。试验 1、3 组白蛋白显著高于抗生素组（$P < 0.05$），试验 2 组白蛋白与抗生素组差异不显著（$P > 0.05$）。试验 1、2、3 组总蛋白和尿素氮与对照组和抗生素组差异不显著（$P > 0.05$）。

表 3-20　中药添加剂对 28d、56d 和 105d 河田鸡血清总蛋白、白蛋白、尿素氮的影响

分组	28d			56d			105d		
	总蛋白（g/L）	白蛋白（g/L）	尿素氮（mmol/L）	总蛋白（g/L）	白蛋白（g/L）	尿素氮（mmol/L）	总蛋白（g/L）	白蛋白（g/L）	尿素氮（mmol/L）
阴性对照组	26.29 ± 8.94	15.35 ± 1.06	178.10 ± 48.86	23.57 ± 3.32	15.97 ± 0.94	124.5 ± 29.21	26.29 ± 2.16	15.88 ± 1.36	174.0 ± 79.14
抗生素组	25.48 ± 6.83	16.26 ± 2.64	199.3 ± 79.97	24.75 ± 3.27	16.71 ± 1.23	128.5 ± 33.75	26.64 ± 3.02	14.70 ± 1.43	195.63 ± 140.71
试验 1 组	25.72 ± 4.74	14.55 ± 1.79*	170.8 ± 59.73	23.42 ± 3.27	16.23 ± 1.06	129.5 ± 45.59	25.18 ± 2.79	16.42 ± 1.49*	239.3 ± 93.59
试验 2 组	24.46 ± 6.02	15.44 ± 1.06	177.1 ± 73.58	22.28 ± 2.61	15.45 ± 0.69*	114.7 ± 34.14	22.02 ± 6.48	14.99 ± 1.82	158.9 ± 74.79
试验 3 组	24.73 ± 9.85	15.05 ± 1.16	174.3 ± 57.28	24.44 ± 3.04	16.06 ± 1.31	114.4 ± 50.37	26.69 ± 3.68	16.21 ± 1.69*	131.8 ± 28.66

注：同列肩注不同小写字母表示差异显著（$P < 0.05$）；不同大写字母表示差异极显著（$P < 0.01$）。* 表示与抗生素相比，$P < 0.05$；** 表示 $P < 0.01$。

2.2.3 中药添加剂对河田鸡血清补体 C3、C4 的影响

不同试验组河田鸡血清补体 C3、C4 的分析结果显示（表 3-21），28d 时，试验 1、2 组补体 C3 显著低于对照组（$P < 0.05$），试验 3 组补体 C3 与对照组相比差异不显著（$P > 0.05$）；试验 1、2 组补体 C3 显著低于抗生素组（$P < 0.05$），试验 3 组补体 C3 与抗生素组相比差异不显著（$P > 0.05$）。各试验组鸡血清中的 C4 含量差异不显著（$P > 0.05$）。

56d 时，试验 1、2、3 组补体 C3 与对照组和抗生素组相比差异不显著（$P > 0.05$）。试验 1、2、3 组补体 C4 与阴性对照组和抗生素组差异不显著（$P > 0.05$）。

105d 时，试验 1、2、3 组补体 C3 和对照组差异不显著（$P > 0.05$），试验 1 组补体 C3 显著高于抗生素组（$P < 0.05$）。试验 1、2 组 C4 与对照组差异不显著（$P > 0.05$），试验 3 组 C4 显著低于对照组（$P < 0.05$），试验 1、2、3 组 C4 与抗生素组差异不显著（$P > 0.05$）。

表 3-21　中药添加剂对 28d、56d 和 105d 河田鸡血清补体 C3、C4 的影响

分组	28d		56d		105d	
	C3（g/L）	C4（g/L）	C3（g/L）	C4（g/L）	C3（g/L）	C4（g/L）
阴性对照组	254.92 ± 20.83[a]	10.46 ± 8.03	82.78 ± 27.72	18.72 ± 4.28	81.99 ± 26.61	27.66 ± 8.57[a]
抗生素组	248.94 ± 25.26	11.90 ± 7.55	80.91 ± 41.49	26.87 ± 9.17	63.55 ± 14.76	19.65 ± 5.62
试验 1 组	151.66 ± 45.12[b]*	10.74 ± 3.86	67.87 ± 28.82	23.67 ± 19.74	94.58 ± 13.37*	21.95 ± 4.78
试验 2 组	178.59 ± 38.91[b]*	10.52 ± 5.51	58.92 ± 11.09	19.27 ± 7.86	78.24 ± 26.74	23.65 ± 7.01
试验 3 组	242.95 ± 22.56[a]	9.58 ± 7.02	73.79 ± 28.24	17.28 ± 4.09	74.49 ± 30.04	19.43 ± 6.02[b]

注：同列肩注不同小写字母表示差异显著（$P < 0.05$）；不同大写字母表示差异极显著（$P < 0.01$）。* 表示与抗生素相比，$P < 0.05$；** 表示 $P < 0.01$。

2.2.4 中药添加剂对河田鸡血清天门冬氨酸氨基转移酶（AST）、丙氨酸氨基转移酶（ALT）的影响

不同试验组河田鸡血清天门冬氨酸氨基转移酶、丙氨酸氨基转移酶的分析结果显示（表 3-22），28d 时，试验 1、2、3 组 ALT 与对照组和抗生素组差异均不显著（$P > 0.05$）；试验 1、2、3 组 AST 与对照组差异不显著（$P > 0.05$），试验 1、2、3 组 AST 显著低于抗生素组（$P < 0.05$）。

56d 时，试验 1、2、3 组 ALT 与对照组和抗生素组差异不显著（$P > 0.05$）；试验 1、2、3 组 AST 与对照组差异不显著（$P > 0.05$），试验 1、2 组 AST 显著低于抗生素组（$P < 0.05$），试验 3 组 AST 与抗生素组差异不显著（$P > 0.05$）。

105d 时，试验 1、2、3 组 ALT、AST 与对照组和抗生素组差异均不显著（$P > 0.05$）。

表 3-22　中药添加剂对 28d、56d 和 105d 河田鸡血清天门冬氨酸氨基转移酶、丙氨酸氨基转移酶的影响

分组	28d		56d		105d	
	ALT（U/L）	AST（U/L）	ALT（U/L）	AST（U/L）	ALT（U/L）	AST（U/L）
阴性对照组	3.00 ± 1.65	229.40 ± 39.08	2.00 ± 1.00	216.10 ± 18.59	3.00 ± 1.20	205.70 ± 19.56
抗生素组	3.75 ± 2.12	243.10 ± 38.05	2.00 ± 1.22	228.80 ± 20.55	2.17 ± 0.98	189.63 ± 19.41
试验 1 组	3.33 ± 1.00	213.00 ± 30.51*	3.17 ± 1.17	206.10 ± 23.59*	3.22 ± 1.01	211.10 ± 26.97
试验 2 组	3.25 ± 1.98	207.10 ± 22.16*	2.33 ± 1.53	206.20 ± 15.52*	2.86 ± 1.35	194.90 ± 31.07
试验 3 组	3.00 ± 1.51	201.60 ± 22.75*	1.50 ± 0.58	221.70 ± 19.75	3.20 ± 0.84	207.10 ± 31.38

注：同列肩注 * 表示与抗生素组相比，$P < 0.05$；** 表示 $P < 0.01$。

2.2.5 中药添加剂对河田鸡抗氧化能力的影响

不同试验组河田鸡抗氧化能力的分析结果显示（表 3-23），28d 时，试验 1、2、3 组与对照组相比 SOD（超氧化物歧化酶）差异不显著；试验 1、2、3 组 MDA（丙二醛）显著高于抗生素组（$P < 0.05$）；试验 1、2、3 组与对照组相比 T-AOC（总抗氧化能力）差异均不显著（$P > 0.05$）。

56d 时，试验 1、2、3 组与对照组和抗生素组相比 MDA、T-AOC 差异不显著（$P > 0.05$）；试验 1、2 组 SOD 极显著低于对照组（$P < 0.01$）和显著低于抗生素组（$P < 0.05$）。

105d 时，试验 1、2、3 组与对照组和抗生素组相比 MDA 差异均不显著（$P > 0.05$）。试验 1、2 组与对照组相比 T-AOC 差异不显著（$P > 0.05$），试验 3 组鸡血清中 T-AOC 含量显著降低（$P < 0.05$）；试验 1、2、3 组与抗生素组相比 T-AOC 差异均不显著（$P > 0.05$）。试验 1、2、3 组与对照组相比 SOD 差异不显著（$P > 0.05$）；试验 1、3 组 SOD 显著低于抗生素组（$P < 0.05$）；试验 2 组 SOD 与抗生素组相比差异不显著（$P > 0.05$）。

2.2.6 中药添加剂对河田鸡血清 NO 含量和 NOS 活性的影响

不同试验组河田鸡血清 NO 含量和 NOS（一氧化氮合酶）活性的分析结果显示（表 3-24），28d 时，试验 1、2、3 组 NO 含量极显著低于对照组（$P < 0.01$）；试验 1、3 组与抗生素组 NO 差异不显著（$P > 0.05$），试验 2 组 NO 显著低于抗生素组（$P < 0.05$）。试验 1、2 组 NOS 显著低于对照组（$P < 0.05$），试验 3 组 NOS 与对照组相比差异不显著（$P > 0.05$）；试验 1、2 组 NOS 显著低于抗生素组（$P < 0.05$），试验 3 组显著高于抗生素组（$P < 0.05$）。

56d 时，试验 1、2、3 组 NO 与对照组和抗生素组相比差异均不显著（$P > 0.05$）。试验 1、2、3 组 NOS 与对照组相比差异不显著（$P > 0.05$）；试验 1、2 组鸡血清 NOS 含量显著低于抗

生素组（$P<0.05$），试验 3 组 NOS 与抗生素组差异不显著（$P>0.05$）。

105d 时，试验 1、3 组 NO 含量显著高于对照组（$P<0.05$），试验 3 组 NO 含量与对照组差异不显著（$P>0.05$）；试验 1 组 NO 显著高于抗生素组（$P<0.05$），试验 2、3 组与抗生素组差异不显著（$P>0.05$）。试验 1、2 组 NOS 活性显著低于对照组和抗生素组（$P<0.05$），试验 3 组 NOS 与对照组和抗生素组差异不显著（$P>0.05$）。

表 3-23　中药添加剂对 28d、56d 和 105d 河田鸡抗氧化性能的影响

分组	28d			56d			105d		
	SOD（U/mL）	T-AOC（U/mL）	MDA（U/mL）	SOD（U/mL）	T-AOC（U/mL）	MDA（U/mL）	SOD（U/mL）	T-AOC（U/mL）	MDA（U/mL）
阴性对照组	167.08 ± 5.36	11.15 ± 3.68	3.83 ± 0.14[b]	175.00 ± 7.07[A]	12.58 ± 3.66	6.17 ± 1.53	173.76 ± 14.37	16.9 ± 6.91[a]	5.74 ± 1.93
抗生素组	166.63 ± 24.27	12.96 ± 4.43	3.74 ± 0.12	177.07 ± 13.2	12.14 ± 3.53	6.00 ± 0.92	184.04 ± 14.01	16.76 ± 5.2	4.66 ± 1.13
试验 1 组	160.48 ± 15.34	9.90 ± 6.59	6.73 ± 0.93[a]*	154.51 ± 17.16[B]*	10.19 ± 3.73	5.33 ± 1.35	161.95 ± 24.51*	14.22 ± 5.33[a]	6.05 ± 1.86
试验 2 组	178.35 ± 11.76	14.26 ± 3.77	8.20 ± 1.29[a]*	162.86 ± 9.85[B]*	10.38 ± 1.75	6.53 ± 1.38	170.61 ± 18.46	13.72 ± 3.28[a]	5.52 ± 1.49
试验 3 组	179.00 ± 15.22	13.27 ± 2.59	7.27 ± 1.74[a]*	172.92 ± 12.14[A]	11.27 ± 2.30	6.19 ± 2.13	165.3 ± 18.51*	12.38 ± 2.23[b]	5.32 ± 1.03

注：同列肩注不同小写字母表示差异显著（$P<0.05$）；不同大写字母表示差异极显著（$P<0.01$）。* 表示与抗生素相比，$P<0.05$；** 表示 $P<0.01$。

表 3-24　中药添加剂对 28d、56d 和 105d 河田鸡血清 NO 含量和 NOS 活性的影响

分组	28d		56d		105d	
	NO（μmol/L）	NOS（U/mL）	NO（μmol/L）	NOS（U/mL）	NO（μmol/L）	NOS（U/mL）
阴性对照组	21.36 ± 10.96[A]	58.88 ± 5.79[a]	22.26 ± 10.81	72.56 ± 5.24	11.92 ± 11.87[a]	72.56 ± 4.60[a]
抗生素组	16.57 ± 7.83	53.77 ± 6.27	21.01 ± 9.52	77.12 ± 3.40	15.88 ± 10.73	72.68 ± 7.30
试验 1 组	11.23 ± 6.85[B]	34.52 ± 4.18[b]*	21.74 ± 7.17	67.35 ± 9.95*	29.78 ± 19.18[b]*	67.51 ± 5.84[b]*
试验 2 组	8.52 ± 4.39[B]*	37.94 ± 4.33[b]*	25.31 ± 2.31	69 91 ± 8.66*	20.45 ± 10.09[a]	62.32 ± 4.35[b]*
试验 3 组	10.85 ± 6.16[B]	59.55 ± 6.09[a]*	23.89 ± 9.58	73.34 ± 4.51	26.03 ± 10.26[b]	70.30 ± 1.31[a]

注：同列肩注不同小写字母表示差异显著（$P<0.05$）；不同大写字母表示差异极显著（$P<0.01$）。* 表示与抗生素相比，$P<0.05$；** 表示 $P<0.01$。

2.2.7 中药添加剂对河田鸡血清溶菌酶和碱性磷酸酶（ALP）活性的影响

不同试验组血清溶菌酶和碱性磷酸酶（ALP）活性的分析结果显示（表 3-25），28d 时，试验 1、

2、3 组 ALP 与对照组和抗生素组差异均不显著（$P > 0.05$）；试验 1、2、3 组溶菌酶极显著高于对照组（$P < 0.01$），试验 1、2、3 组溶菌酶与抗生素组差异不显著（$P > 0.05$）。

56d 时，试验 1、2、3 组 ALP 与对照组和抗生素组差异不显著（$P > 0.05$）；试验 1、2、3 组溶菌酶与对照组相比差异不显著（$P > 0.05$），试验 1、2 组与抗生素组溶菌酶差异不显著（$P > 0.05$），试验 3 组溶菌酶显著高于抗生素组（$P < 0.05$）。

105d 时，试验 1、2、3 组 ALP 与对照组和抗生素组差异均不显著（$P > 0.05$）；试验 1、2、3 组溶菌酶与对照组和抗生素组差异均不显著（$P > 0.05$）。

表 3-25　中药添加剂对 28d、56d 和 105d 河田鸡血清 ALP 和溶菌酶活性的影响

分组	28d		56d		105d	
	ALP（U/L）	溶菌酶（μg/mL）	ALP（U/L）	溶菌酶（μg/mL）	ALP（U/L）	溶菌酶（μg/mL）
阴性对照组	1085.5 ± 826.8	1.013 ± 0.66[A]	1257.2 ± 441.9	1.862 ± 0.46	945.6 ± 448.3	0.86 ± 0.48
抗生素组	1762.7 ± 610.9	1.91 ± 0.67	949.9 ± 154.9	1.571 ± 0.74	868.0 ± 237.9	1.23 ± 0.57
试验 1 组	1591.8 ± 419.3	2.394 ± 0.28[B]	989.3 ± 411.6	1.683 ± 0.46	918.1 ± 470.8	0.98 ± 0.35
试验 2 组	2729.2 ± 2595.0	2.096 ± 0.67[B]	1019.3 ± 205.5	1.592 ± 0.52	781.8 ± 361.3	1.28 ± 0.63
试验 3 组	2011.4 ± 847.8	1.968 ± 0.34[B]	1130.5 ± 353.0	2.094 ± 0.50*	717.7 ± 147.7	1.18 ± 0.61

注：同列肩注不同小写字母表示差异显著（$P < 0.05$）；不同大写字母表示差异极显著（$P < 0.01$）。* 表示与抗生素相比，$P < 0.05$；** 表示 $P < 0.01$。

3 中药添加剂对鸡肉药残指标的影响

应用中药添加剂饲喂河田鸡，测定屠宰后其肉质能否达到无公害鸡肉 NY5034—2005 所规定的标准，以评价中药添加剂对河田鸡的终端产品的安全性。

3.1 材料与方法

按相关的屠宰操作，对 130d 中药试验组肉鸡按放血、脱毛、开膛、分离胸腿肌等工序进行屠宰。取腿肌肉 20g，剔除筋膜后用新购无毒包装薄膜妥为包装，送福建省产品质量检验研究院检测鸡肉的药物残留情况。

土霉素、金霉素和呋喃唑酮代谢物（AOZ）的检测参照 GB/T 21317—2007、GB/T 21311—2007 动物源性食品中四环素类兽药残留量和硝基呋喃类药物代谢物残留量检测方法进行；磺胺类的检测参照 GB/T20759—2006 畜禽肉中十六种磺胺类药物残留量检测方法进行。

3.2 结果与分析

中药添加剂试验组河田鸡屠宰检测结果见表 3-26。结果显示：中药添加剂试验组屠宰测试结果不仅完全达到无公害鸡肉标准（NY5034—2005），而且在土霉素、金霉素、磺胺类药物（以磺胺类总量计）、氯羟吡啶（克球酚）和呋喃唑酮代谢物（AOZ）等项目未检出，此结果实际达到 GB 标准。

表 3-26　中药添加剂试验组鸡肉中药物残留检测结果

项目	实测结果	备注（检出限）
土霉素（mg/kg）	未检出	0.05
金霉素（mg/kg）	未检出	0.05
磺胺类（以磺胺类总量计）（mg/kg）	未检出	0.01
氯羟吡啶（克球酚）（mg/kg）	未检出	0.01
呋喃唑酮代谢物（AOZ）（μg/kg）	未检出	0.5

4 河田鸡生态养殖药残控制技术规范

4.1 鸡场选址

鸡场应选择在地势高、干燥、采光充足、排水良好、隔离条件好的场所，同时符合以下条件：

（1）鸡场建设范围 3km 内无大型化工厂、矿场等污染源，距其他畜牧场 1km 以上。

（2）鸡场距离干线公路、村和镇居民点 1km 以上。

（3）鸡场不应建在饮用水源、食品厂上游。

（4）河田鸡运动的林地、果园在养鸡期间不能喷洒农药。

（5）鸡场应严格执行生产区和生活区相隔离的原则。

4.2 鸡苗来源与选择

（1）鸡苗应来自有种鸡生产许可证、无疫情的种鸡场，或由该种鸡场提供种蛋所生产的检疫合格的健康雏鸡。所有鸡苗应来源于同一种鸡场。

（2）选择的雏鸡应出壳准时；腹部收缩良好；羽毛干后整洁、富有光泽；泄殖腔附近干净；脐带愈合良好，脐孔紧而干燥、无血痕，其上覆盖绒毛；喙、眼、腿爪等无畸形；雏鸡精神活泼、反应灵敏，两脚结实，两脚站立较稳，关节不红肿。

4.3 饲粮配制要求

（1）河田鸡生态养殖饲粮配制应符合《无公害食品　肉鸡饲养兽药使用准则》（NY5035）、《无公害食品　肉鸡饲养兽医防疫准则》（NY5036）、《无公害食品　肉鸡饲养饲料使用准则》（NY5037）和《饲料药物添加剂使用规范》（农业部公告第〔2001〕168 号）的要求。

（2）河田鸡生态养殖全程日粮中用福建农林大学研制的芪苓散中药饲料添加剂代替饲用抗生素促生长剂，添加量为雏鸡 2—3kg/t；中大鸡（56 日龄起）为 4—5kg/t。

（3）1—2 日龄雏鸡用球虫疫苗（Cocciva-B）进行滴嘴接种免疫。除在 17—25 日龄期间，如因免疫反应过大，出现血粪，可在饲料、水中添加抗球虫药物 2—3d 外，饲养全程日粮中不添加抗球虫药物。

（4）河田鸡生态养殖中后期日粮中少用鱼粉、肉粉等动物性饲料，限量使用菜籽粕、棉籽粕等影响肉质、肉色和风味的原料。饲料中不添加人工合成色素、化学合成的非营养性添加剂及药物。应尽量选择黄玉米、苜蓿草粉、玉米蛋白粉等富含叶黄素的饲料，并加入适量的松针粉、大蒜、茴香、桂皮、茶叶末及某些中药等，以改善肉色、肉质和增加风味。

4.4 饲养环节要求

4.4.1 育雏期饲养管理

（1）基本要求

预热：进雏前 24h 育雏舍开始预热加温，使雏鸡活动范围内的温度达到 30—33℃。

备齐饲料器和饮水器：雏鸡入舍前应预先准备好饲料盘和饮水器，并均匀放置在围栏的圈内。雏鸡第 1—3d 的食盘应用矮平料盘，以便雏鸡进入采食。饲料盘数量以每只雏鸡边长 2.5cm 为宜，饮水器则以每只鸡边长 1.5cm 为宜。

育雏的环境条件：温度，见表 3-27。

表 3-27　各周龄育雏的合适温度

周龄	1	2	3	4	5
温度（℃）	30—32	27—29	24—26	21—23	18—20

育雏舍内适宜相对空气湿度为 50%—60%。

通风：育雏舍除要注意保温外，还要适当通风，使有害气体在安全浓度以下（NH_3 浓度低于 0.002%，H_2S 浓度低于 0.001%，CO_2 浓度低于 0.5%）。

光照：育雏期的第一周光照强度 20—40 lx，以后逐渐降至 5—10 lx 弱光照强度（每平方米平均用 2.7W 灯泡，约为 10 lx 光照度）。雏鸡每天的光照时间以 23h 为宜。

适宜的密度：地面平养 20—50 羽 /m^2；网上平养 24—60 羽 /m^2；笼养 40—100 羽 /m^2。

环境卫生：育雏过程应保持环境、食槽、水槽清洁卫生，尽量减少幼雏受病原微生物感染的机会。

（2）雏鸡的饲养管理

雏鸡出壳后 24h，或有 2/3 雏鸡有啄食行为时开食较好。开食可用营养全价、平衡、适口性好、易消化、便于采食的碎粒料；1—3d 饮水中可以考虑加入 4%—8% 葡萄糖、适量的抗生素、复合维生素、电解质；提供充足清洁的水；加强日常看护；分群；及时断喙。

（3）笼养期间的管理

育雏笼的检查：在育雏之前必须检查育雏笼底网、侧网和笼门是否严实，水槽、料槽是否完整、牢固。

上笼：开始上笼时，可将雏鸡放在温度较高且便于观察的上一二层。上笼时先捉健雏，剩下的弱雏放另外的笼饲养。在笼底铺纸，撒些饲料，再在笼门外的料槽内加满并堆高饲料，便于雏鸡在笼内啄食。

分雏：育雏笼内的幼雏养到 15—20 日龄，应将原来集中饲养在一二层的幼雏分散到下层各层笼。分雏时一般将弱小的雏鸡留在原先养的笼内，较大、较壮的雏鸡分到下层笼内。

调整采食位置：根据育雏笼前网箱门的采食空档调整采食位置，使雏鸡既能方便地伸颈到笼外采食，又不能钻出笼外。

捉回地面雏鸡：笼养育雏应及时将逃雏捉回笼内。

4.4.2 生长期饲养管理

生态养殖中放牧转群的注意事项：①放牧以前，首先要停止人工保温，使鸡群适应外界气温。②开始放养时应选择晴天在小范围进行试牧，以后逐步扩大放牧范围和延长放牧时间。③在 3—7d 内将饲料从小鸡料过渡到中鸡料。④在转群放养的前后 3d，最好在饲料或饮水中添加适量维生素和抗生素。⑤林地、果园养鸡密度以每公顷放养 500—1000 羽为宜。可用丝网等围栏将场地分区限定鸡群活动范围并轮牧。⑥放养期注意防御和消除老鼠、鹰、鹞、蜈蚣、蛇、黄鼠狼、野猫等天敌。⑦公母分群饲养。⑧加强生长鸡的日常管理，观察鸡群状态、活动规律、健康状况，检查饮水器是否有水、清洁，防止饲料浪费，注意天气预报，避免鸡被雨淋而受凉或遭受意外。禁止放牧期间在放牧场地喷洒农药。做好湿度、密度、耗料量、用药、健康状况、死亡数量等各项记录。

4.4.3 育肥期饲养管理

生态养殖的河田鸡应在生长高峰期后、上市前 15—20d，开始肥育；公鸡在阉割 3—4 周后进行肥育。

生态养殖的河田鸡后期育肥技术：①提高日粮能量供给，降低日粮蛋白质含量，其营养要求达到代谢能 12.0—12.9 MJ/kg，粗蛋白质在 15% 左右；在饲粮中添加 3%—5% 的动物性脂肪，可供给富含淀粉的红薯、木薯和大米饭等饲料。②肥育的河田鸡应限制其活动。③提高饲料的适口性。④鸡舍环境应阴凉干燥，光照强度低。

适时上市：应根据河田鸡的营养水平、气候条件、性发育程度、市场价格综合决定适宜的上市日龄，一般以 120—150 日龄上市为宜。

出栏期间应减少售鸡应激：河田鸡出栏前 6—8h 停喂饲料，但可以自由饮水，减少售鸡应激。

4.4.4 饮水管理

采用自由饮水。确保饮水器不漏水，防止垫料和饲料潮湿霉变。饮水器要求每天清洗、消毒，建议使用符合《中华人民共和国兽药典》规定的百毒杀、漂白粉和卤素类消毒剂。水中可以添加葡萄糖、电解质和多维类添加剂。

4.4.5 喂料管理

上市前 7d，饲喂不含任何药物及药物添加剂的饲料。期间可自由采食或定期饲喂，在饲料中拌入多维类添加剂。每次添料按需添加，尽量保持饲料新鲜，防止饲料霉变。随时清除散落的饲料和喂料系统中的垫料。饲料存放在干燥的地方，存放时间不能过长，不应饲喂发霉、变质和生虫的饲料。

4.5 废弃物处理

饲养过程中清出的垫料和粪便，应在固定地点进行高温堆肥无害化处理。

4.6 生产记录

建立生产记录档案，包括进雏的日期和数量、雏鸡来源、饲养员；每日的生产记录包括：日期、温度、湿度、免疫记录、消毒记录、用药记录、喂料量，肉鸡日龄、肉鸡存栏数、肉鸡死亡数、死亡原因，鸡群健康状况，出售日期、数量和购买单位。

第六节　林下生态养殖耦合系统及其评价分析

福建省长汀县是我国南方花岗岩红壤水土流失最严重和最具代表性的地区之一，经过多年治理，植被覆盖度达 0.7 以上，基本完成了植被覆盖（江小钦等，2016；周伟东等，2016；王文辉等，2017），但是林下水土流失依然严重。研究表明，长汀县林下水土流失面积达 311.66 km²，13.35% 为中度侵蚀（徐涵秋，2013；徐涵秋等，2017），是下一步治理的重点任务之一，尤其是马尾松低效林林下水土流失严重。学者们普遍认为，林下覆盖度低是导致林下水土流失的直接原因（何圣嘉等，2011；何圣嘉等，2013；何绍浪等，2017；江邦稳等，2014）。在林下植被重建过程中发现侵蚀坡面土壤养分低、土壤结构差是导致林下植被和马尾松生长困难，出现"老头松"现象的根本原因（谢锦升等，2000；江邦稳等，2016）。研究结果显示，在人为增施有机肥、封禁等人工干预条件下，马尾松生长得到明显改善（谢锦升等，2001），因此，土壤有机质重建是林下植被恢复和马尾松林分改良的重要物质基础。在实践过程中，由于侵蚀区马尾松林基本无经济收入，如何实施有机肥上山工程是当前林下水土流失治理面临的直接问题。通过构建林下种草与生态养鸡的耦合模式，应用林下生态养鸡获得的经济效益来驱动有机肥上山，是进一步推动马尾松低效林林下水土流失治理的重要途径（高承芳等，2014；郑诗樟等，2008；夏自兰等，2012；翁伯琦等，2015）。林下种草养鸡是一种生态种养模式，通过划区轮牧，林下种草，适度养殖，鸡粪还田，建立稳定林下植被，实现林下水土流失治理（刘兴元等，2017；张攀，2011）。

生态经济效益的科学评价是林下种草养鸡耦合模式构建的重要内容。能值分析是定量分析系统结构、功能与生态经济效益的研究方法之一，已广泛应用于生态脆弱区生态系统的可持续性评价（卢远等，2006；黄文娟等，2008；周萍等，2009；方芸芸等，2016；朱基杰等，2017）。近些年来能值评价相关研究在国内外发展迅速，在农业研究领域已经得到一定程度的应用。由于能值评价方法对于环境资源价值的考虑，使该方法特别适用于分析同时涉及自然环境和人类经济活动的生态经济系统（Castellini C 等，2012；Wilfart A 等，2013）。王小龙等（2015）采用能值分析方法对无公害设施蔬菜生产系统两种蔬菜栽培模式进行系统效率和可持续性评价，并与一般蔬菜生产模式进行对比。杨滨娟等（2017）采用能值分析理论评价水旱轮作条件下稻田生态系统的可持续性。孙卫民等（2013）基于能值分析方法对江西省水稻（早稻和晚稻）、棉花、油菜种植系统的经济效益、生态经济综合效益进行分析和评价。韩玉等（2013）表明有针对性地构建适于不同层面的循环农业评价体系，才能为制定科学合理循环农业发展规划提供参考。由此可知，能值分析方法已广泛应用于农业、工业领域，并且应用于"猪－沼－果""四位一体""猪－沼－菜""稻－鸭"及其他沼气循环农业等模式的评估（Wang XL 等，2017；Lu HF 等，2011；高雪松等，2014；Lefroy E 等，2003；Cheng H 等，2017；Yi T 等，2016；税伟等，2016；席运官等，2006），同时还出现了一些由能值分析与生命周期评价、生态足迹等方法结合而成的新方法（王红彦，2016；Fang W 等，2017；Wang XL 等，2015；He J 等，2016；周淑梅等，2017；Buonocore E 等，2015），极大地丰富了循环农业系统评价理论的内涵。

总体来看，尽管能值评价作为众多生态经济系统分析方法之一，其出现时间较晚，但无论在国内或国外学术界，其应用都相当广泛。因此，本研究运用 Odum（1986）和蓝盛芳等（2002）的能值分析方法，对典型红壤区林下生态养殖和林下传统养殖模式进行能值分析，旨在分析两种模式对生态经济效益与生态环境可持续发展指数的影响，为今后林下养殖模式提供借鉴。

● 1 研究区域概况

研究的马尾松林地位于福建省长汀县三洲镇垌坝村（24°47′—25°35′N，116°40′—117°20′E），海拔 250—450m，属亚热带季风气候，年均温度 18.8—19.2℃，年均降雨量 1500—1700mm，无霜期 282d 左右。马尾松林龄 3 年，林分以马尾松为主，面积为 6.67hm^2，林分郁闭度 35%—70%，林龄 12 年，陡坡地，平均坡度 37°，土壤为花岗岩红壤。林地土壤贫瘠，0—20cm 土层 pH 5.0—5.3，土壤容重 1.33—1.38g/cm^3，有机质含量为 0.32g/kg，沙砾含量 77%—80%。

在试验地设置传统林下养鸡试验区和林下种草养鸡试验区，并开展了林分质量、土壤侵蚀量、物种多样性等调查，调查方法和结果详见文献（高承芳等，2017），林下生境基础条件与土壤条件基本相同。林下种草养鸡模式的伴生树种有杨梅、乌饭树、茶树、光叶石楠、岗松、秤星树，林下灌草主要有芒萁、鹧鸪草、野古草、五节芒和槵树。传统林下养鸡模式伴生树种与灌草有杨梅、茶树、野古草、五节芒。

● 2 研究方法

2.1 系统界定

传统林下养鸡模式：在传统林下养殖区内（选择有代表性的马尾松林地），每年散养河田鸡 3 批，每批 6000 羽，2014 年共饲养 18000 羽，鸡苗 60 日龄存活率 95.3%，饲养周期 100d 左右，鸡采食饲料、虫子、沙砾，建设简易鸡舍。2014 年测得土壤侵蚀量（用侵蚀针法测定）890t/km^2（高承芳等，2017）。

林下种草养鸡模式：在上述面积为 6.67hm^2 的马尾松林地内，林下种植宽叶雀稗、百喜草、印度豇豆、钝叶决明、杂交狼尾草，几种牧草按宽叶雀稗 50%、其他牧草各 10% 的比例混合种植，于 2013 年 4 月份播种，2014 年各牧草形成草场后进行观测分析。其中杂交狼尾草草篱种植，共分 10 个大区，每个大区面积约 0.67hm^2，放牧河田鸡密度为 900 羽 /hm^2；每个大区设 4 个小区，实施轮牧，饲养周期 100d 左右，鸡采食饲料、牧草、虫子、沙砾，配套建设高架鸡舍、水管、电力设施。2014 年共饲养 18000 羽，存活率 95.9%。2014 年测得土壤侵蚀量（用侵蚀针法测定）30t/km^2（高承芳等，2017）。

2.2 能值分析及数据处理

本研究的基础数据是根据系统内 2014 年度的投入和产出，以及记录当地气象部门的气象数据计算得出，并绘制传统林下养鸡和林下种草养鸡模式的能值流程图。将调查的原始数据转化成以 J、g、¥ 为单位的能量或物质数据，将不同度量单位转换为统一的能值单位（sej），编制能值分析表。列出系统的主要能量来源和输出项目，以及各能量或物质的太阳转化率，太阳能值转化率主要参考蓝盛芳等（2002）和 Odum（1986）的方法（骆世明，2001；钟珍梅等，2012），其中能值货币比参考方芸芸等（2016）的研究结果（1.69E+11 sej/ ¥）。

能值理论的相关计算公式如下：

能值自给率（ESR）= 环境的无偿能值（R+N）/ 能值总投入（T）

能值投资率（EIR）= 经济的反馈能值（F+R$_1$）/ 环境的无偿能值（R+N）

净能值产出率（*EYR*）＝系统产出能值（*Y*）/ 经济的反馈能值（*F*+*R*₁）

环境负载率（*ELR*）＝系统不可更新能值总量（*F*+*N*）/ 可更新能值总量（*R*+*R*₁+*R*₀）

可持续发展指数（*ESI*）＝净能值产出率（*EYR*）/ 环境负载率（*ELR*）

能值反馈率（*FYE*）＝系统产出能值反馈量（*R*₀）/ 经济的反馈能值（*F*+*R*₁）

● 3 结果分析

3.1 能值流分析

与传统林下养鸡模式相比，林下种草养鸡系统内部有林地与牧草，外部投入增加了生产用水、肥料、草种、鸡舍建设等 4 个部分（图 3-4、图 3-5）。林地与牧草作为整个系统的生产者，其中，用于交换货币流的有生产用水、肥料、疫苗、饲料、种子、鸡苗、鸡舍等部分，反馈能有粪便与牧草两部分。系统产出主要有肉产品与马尾松。林下种草养鸡系统：一是提供饲草，供鸡采食，节约饲料成本（根据鸡每天的采食量，计算出林下种草可替代 30% 饲料）。二是覆盖地表，调节地面温度，为马尾松生长、河田鸡休憩提供良好条件（尤其是夏季高温，侵蚀地土壤沙砾比例大，地表温度高）。三是林下种植牧草，减少土壤侵蚀和消纳排泄物，大大减少土壤系统的能量耗散。

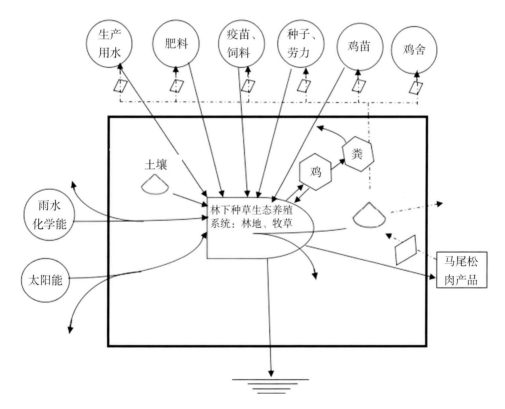

图 3-4　林下种草养鸡耦合模式能量流动

注：能值系统符号语言

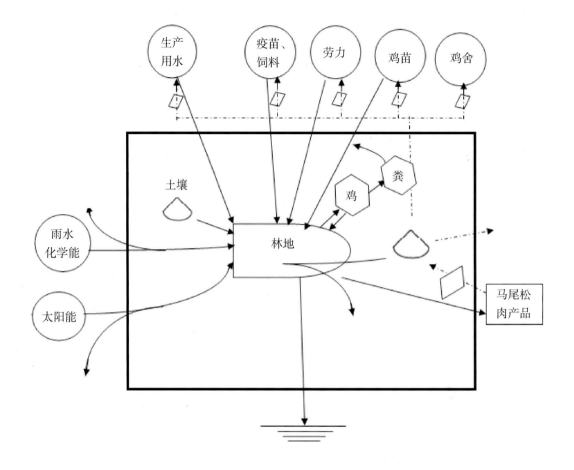

图 3-5　林下养殖河田鸡（传统养殖）模式的能量流动图

3.2 能值投入分析

传统林下养鸡与林下种草养鸡模式的能值投入分析结果表明（表 3-28），两种模式总投入能值分别为 9.55E+16sej、5.75E+16sej，后者比前者下降 39.8%。就不同类型能值投入比例而言，传统林下养鸡模式可更新环境资源、不可更新环境资源、工业辅助能、可更新有机能投入分别占总投入能值的 14.6%、71.1%、6.1%、8.2%。不可更新环境资源投入占主要比例，尤其是表层土损耗能巨大，损失高达 6.79E+16sej，占总投入能值 71.1%。林下种草养鸡模式可更新环境资源、不可更新环境资源、工业辅助能、可更新有机能投入分别占总投入能值的 24.3%、16.0%、43.1%、17.9%。与传统模式相比，林下种草养鸡模式的不可更新环境资源投入明显下降，降幅达 5.87E+16sej,表层土流失控制发挥主要作用；工业辅助能明显提高，增幅达 1.89E+16sej,化肥投入贡献了大部分能值；可更新有机能小幅提升，增幅达 2.49E+15sej,主要是劳动力、牧草种苗等方面的投入增加。就系统反馈能而言，传统林下养鸡模式、林下种草养鸡模式分别为 3.53E+14sej、4.79E+14sej，无明显变化，虽然林下种草养鸡模式产生了部分可供河田鸡采食的牧草，但鸡粪是反馈能值的主要贡献者。

表 3-28　马尾松林下两种养鸡模式的能值投入

投入	原始数据		能值转换率	太阳能值（sej）		占总投入的比例（%）	
	传统林下养鸡	林下种草养鸡		传统林下养鸡	林下种草养鸡	传统林下养鸡	林下种草养鸡
可更新环境资源（R）				1.40E+16	1.40E+16	14.6	24.3
太阳能	5.96E+14J	5.96E+14J	1.00E+00	5.96E+14	5.96E+14	0.73	1.36
雨水化学能	4.68E+11J	4.68E+11J	1.54E+04	7.21E+15	7.21E+15	8.88	16.42
雨水势能	4.76E+11J	4.76E+11J	8.89E+03	4.23E+15	4.23E+15	5.21	9.64
地球转动能	6.67E+10J	6.67E+10J	2.90E+04	1.93E+15	1.93E+15	2.38	4.40
不可更新环境资源（N）				6.79E+16	9.21E+15	71.1	16.0
表层土损耗能	1.07E+12J	1.44E+11J	6.35E+04	6.79E+16	9.14E+15	83.62	20.82
生产用水	5.0E+08g	8.0E+08g	8.99E+04	4.50E+13	7.19E+13	0.06	0.16
工业辅助能（F）				5.84E+15	2.48E+16	6.1	43.1
电力	–	2.88E+09J	1.6E+05	–	4.61E+14	–	1.05
氮肥	–	3.00E+06g	3.8E+09	–	1.14E+16	–	25.97
复合肥	–	3.00E+06g	2.8E+09	–	8.40E+15	–	19.13
疫苗	2.60E+03¥	2.60E+03¥	1.69E+11	4.39E+14	4.39E+14	0.54	1.00
饲料	2.50E+04¥	1.75E+04¥	1.69E+11	4.23E+15	2.96E+15	5.20	6.74
鸡舍	6.96E+03¥	6.96E+03¥	1.69E+11	1.18E+15	1.18E+15	1.45	2.68
可更新有机能（R_1）				7.81E+15	1.03E+16	8.2	17.9
劳力	6.36E+08J	7.41E+08J	1.02E+07	6.49E+15	7.56E+15	7.99	17.22
鸡苗	7.83E+03¥	7.83E+03¥	1.69E+11	1.32E+15	1.32E+15	1.63	3.02
种子	–	1.16E+03¥	1.69E+11	–	1.96E+14	–	0.35
牧草种苗	–	7.25E+03¥	1.69E+11	–	1.23E+15	–	2.79
系统反馈能（R_0）				3.53E+14	4.79E+14		
牧草	–	7.50E+02¥	1.69E+11	–	1.26E+14	–	0.29
鸡粪	2.09E+03¥	2.09E+02¥	1.69E+11	3.53E+14	3.53E+14	0.43	0.80
总投入能值（T）				9.55E+16	5.75E+16	100.00	100.00

注：表层土损耗能 = 耕地面积 × 土壤侵蚀率 × 单位质量土壤的有机质含量 × 有机质能量 [有机质能量 2.26E+4J/g，两种模式的土壤侵蚀率分别为 890t/（km² · a）和 120t/（km² · a），两种模式土壤有机质平均含量为 7.97g/kg]。劳力 = 总劳力数 × 工作日 × 热工当量。林下种草模式氮肥用量 450kg/（hm² · a），复合肥用量为 450kg/（hm² · a）。林下种草电力 = 800kW · h × 3.6E+6J/（kW · h）。传统林下养殖与林下种草养鸡两种模式的生产用水量分别为 500t/a 和 800t/a。疫苗、饲料、鸡苗、种子、牧草种苗、鸡粪根据价格换算成人民币（疫苗 1 元 / 羽，饲料 1.6 元 /kg，鸡苗 3 元 / 羽，种子 450 元 /hm²，牧草种苗 8250 元 /hm²，干鸡粪 400 元 /t），林下种草养鸡模式被鸡采食的牧草按替代 30% 饲料换算。鸡舍建设面积 400m²，建设成本 600 元 /m²，按 5 年使用期折算。2014 年长汀能值货币比参考方芸芸等（2016）研究结果。总投入 = R+N+F+R_1。

3.3 能值产出分析

传统林下养鸡与林下种草养鸡两种模式的能值产出分析结果表明（表3-29），传统林下养鸡、林下种草养鸡模式的能值产出分别为2.89E+16sej、3.07E+16sej，后者较前者提高6.2%。在两种模式中，肉产品与马尾松仍是主要的能值产出组分，林下种草养鸡模式的优势在于马尾松长势明显加快，能值产出是传统林下养鸡模式的1.71倍。

表 3-29　马尾松林下两种养鸡模式的能值产出

产出	原始数据		能值转换率	太阳能值（sej）		占总产出的比例（%）	
	传统林下养鸡	林下种草养鸡		传统林下养鸡	林下种草养鸡	传统林下养鸡	林下种草养鸡
草地	1.5E+6g	2.5E+6g	7.78E+07	1.17E+14	1.95E+14	0.40	0.63
肉产品	1.6E+5¥	1.6E+5¥	1.69E+11	2.65E+16	2.65E+16	91.70	86.00
马尾松	1.4E+4¥	2.4E+4¥	1.69E+11	2.33E+15	4.00E+15	8.06	13.00
总产出能值（Y）				2.89E+16	3.07E+16	100.00	100.00

经过实地测产，传统林下养鸡、林下种草养鸡的鲜草产量分别为1476kg/hm^{2}和2548kg/hm^2。养殖河田鸡平均净重1.5kg/羽，2014年河田鸡肉产品价格为40元/kg。两种模式马尾松木材蓄积净增量分别为21.24m^3/hm^2（2014年数据）和36.35m^3/hm^2（2017年数据），价格按650元/m^{3}计算。

3.4 能值指标分析

能值自给率指本地环境资源能值投入与系统能值总投入之比。分析表明（表3-30），传统林下养鸡、林下种草养鸡模式能值自给率分别为0.860、0.400，低于全国平均水平，也表明长汀马尾松林生态系统处于十分脆弱的状态，自身的环境资源条件难以维持生态系统的平衡。林下种草养鸡模式从系统外导入大量的肥料弥补土壤肥力不足的问题，导致能值自给率低于传统林下养鸡模式0.46个单位。传统林下养鸡、林下种草养鸡模式的能值投资率分别为0.166和1.510，后者比前者高1.344个单位，表明林下种草养鸡发展水平更高，经济活力更强。传统林下养鸡、林下种草养鸡模式的净能值产出率分别为2.125和0.870，林下种草养鸡模式低于前者1.255个单位，这与该模式中工业辅助能投入高，尤其是化肥投入量大，同时侵蚀区土壤结构性差，能量从化肥、牧草、鸡的循环流动中损失比例高有关。环境负载率体现农业模式对环境的依赖性，传统林下养鸡伴随着大量的水土流失，对环境影响大，环境负载率高达3.380，而林下种草养鸡模式的环境负载率为1.370，低于前者2.01个单位。作为能值分析的核心指标，可持续发展指数代表农业模式的可持续发展水平。表3-30显示，林下种草养鸡模式的可持续发展指数为0.635，高于传统林下养鸡模式0.005个单位，是该区林下养鸡的发展趋势。两种模式的能值反馈率分别为0.026、0.290，林下种草养鸡模式高出传统林下养鸡模式0.264个单位，说明林下种草养鸡模式的系统反馈能值高于传统林下养鸡模式。

表 3-30　马尾松林下 2 种养鸡模式的能值指标

能值指标	表达式	传统林下养鸡	林下种草养鸡
能值自给率（ESR）	$(R+N)/T$	0.860	0.400
能值投资率（EIR）	$(F+R_1)/(R+N)$	0.166	1.510
净能值产出率（EYR）	$Y/(F+R_1)$	2.125	0.870
环境负载率（ELR）	$(F+N)/(R+R_1+R_0)$	3.380	1.370
可持续发展指数（ESI）	EYR/ELR	0.630	0.635
能值反馈率（FYE）	$R_0/(F+R_1)$	0.026	0.290

● 4 试验小结

（1）系统能值分析结果表明：林下种草养鸡模式系统与传统模式系统相比投入部分增加了牧草、种苗与肥料部分，而产出部分与传统模式系统相比也有较大的差异。传统林下养鸡模式系统的产投比为 0.30，而林下种草养鸡模式系统的产投比为 0.53，说明林下种草养鸡模式的产出效益大于传统林下养鸡模式，这主要归功于系统反馈能值增加与不可更新资源中表土损耗能降低的结果。这也就导致后续的林下种草养鸡模式系统中能值自给率、净能值产出率和环境负载率低于传统模式系统，能值投资率和可持续发展指数高于传统模式系统。总体而言，林下种草养鸡系统显示了更强的经济活力，不仅减少了环境压力，而且增加了系统反馈率，有一定的可持续发展指数。

传统林下养鸡的能值自给率仅为 0.860，远低于全国平均水平，也表明长汀马尾松林生态系统仍处于十分脆弱的状态。林下种草养鸡模式实施后，土壤侵蚀量下降 95%，植被覆盖度由 46% 提升至 90%，林分蓄积量明显增加（高承芳等，2017）。从而使林下种草养鸡模式系统的能值投资率提高 1.344 个单位，环境负载率降低 2.01 个单位，可持续发展指数提高 0.005 个单位，这佐证了实际生产应用成效。

（2）系统构建分析表明：林下种草养鸡模式的核心技术在于林下种草、控制饲养密度、合理轮牧。前人研究结果表明，林下养鸡密度超过 450 羽 /hm^2，对植被产生破坏（张海明等，2016）。本研究的放牧密度 900 羽 /hm^2，加上种植草篱休牧，对植被无明显破坏，还明显促进马尾松生长。其原因：一是牧草吸引了鸡的活动范围，减轻对本地灌草的破坏。二是鸡排泄的氮、磷对土壤养分严重不足的林地有益。说明该林下种草养鸡系统有一定的应用价值与发展前景，但要重点控制好养殖密度与轮牧时间。

（3）系统不足之处：南方红壤侵蚀重点区的生产恢复仍面临巨大挑战。本研究中传统林下养鸡模式的可持续发展指数为 0.630，方芸芸等（2016）研究结果低至 0.2，本研究结果低于长汀县的平均水平（5.17）（罗旭辉等，2017）。林下种草养鸡耦合模式的可持续发展指数也低于李双喜（2009）的研究结果。土壤结构差是导致林下植被生长不良的重要原因，也是导致林下种草养鸡耦合系统中能量在从化肥—牧草—鸡的循环流动中损失比例偏高的重要原因，表现为净能值产出率低于对照 1.255 个单位，而能值反馈率高出对照 0.264 个单位。因此，下一步林下种草养鸡耦合的优化，一是积极增加劳力，收集鸡粪，并结合牧草凋落物深施于土壤中，以改善土壤结构。二是延伸肉鸡产品精深加工，开展个性营销，提升种草养鸡肉产品的附加值。

（4）本研究结论：通过测评长汀县三洲镇垌坝村传统林下养鸡（对照）与林下种草养鸡两种模式的能值投入产出分析表明，林下种草养鸡模式的能值投资率、可持续发展指数比对照提高 1.344 和 0.005

个单位；能值自给率、环境负载率比对照下降 0.46、2.01 个单位，林下种草养鸡模式的净能值产出率低于对照 1.255 个单位，而能值反馈率高出对照 0.264 个单位。

参考文献：

[1] Buonocore E，Vanoli L，Carotenuto A，et al. Integrating life cycle assessment and emergy synthesis for the evaluation of a dry steam geothermal power plant in Italy[J]. Energy，2015，86：476−487.

[2] Cairns，J R. The status of the theoretical and applied of restoration ecology[J]. The Environmental Professional，1991，13（3）：1−9.

[3] Cao Y，Chang Z，Wang J，et al. The fate of antagonistic microorganisms and antimicrobial substances during anaerobic digestion of pig and dairy manure[J]. Bioresource Technology，2013，136：664−671.

[4] Castellini C，Boggia A，Cortina C，et al. A multicriteria approach for measuring the sustainability of different poultry production systems[J]. Journal of Cleaner Production，2012，37：192−201.

[5] Cha S S，Lee S H，Chae H Y，et al. Effects of grubbing by wild boars on the biological activities of forest floor[J]. Korean Journal of Environment and Ecology, 2012，26（6）：902−910.

[6] Chaichi M R，Tow P G. Effects of stocking density and grazing period on herbage and seed production of Paraggio Medic[J]. Journal of Agricultural Science & Technology，2018，2：271−279.

[7] Cheng H，Chen C D，Wu S J，et al. Emergy evaluation of cropping，poultry rearing，and fish raising systems in the drawdown zone of Three Gorges Reservoir of China[J]. Journal of Cleaner Production，2017，144：559−571.

[8] Cingolani A M，Cabido M R，Renison D，et al. Combined effects of environment and grazing on vegetation structure in Argentine granite grasslands[J]. Journal of Vegetation Science，2010，14（2）：223−232.

[9] Dzwonko Z，Gawrofiski S. Effect of litter removal on species richness and acidification of a mixed oakpine woodland[J]. Biological conservation，2002，106（3）：389−398.

[10] Fang W，An H Z，Li H J，et al. Accessing on the sustainability of urban ecological-economic systems by means of a coupled emergy and system dynamics model：A case study of Beijing[J]. Energy Policy，2017，100：326−337.

[11] Harrison S，Inouye B D，Safford H D. Ecological Heterogeneity in the Effects of Grazing and Fire on Grassland Diversity[J]. Conservation Biology，2010，17（3）：837−845.

[12] He J，Wan Y，Feng L，et al. An integrated data envelopment analysis and emergy-based ecological footprint methodology in evaluating sustainable development, a case study of Jiangsu Province，China[J]. Ecological Indicators，2016，70：23−34.

[13] Klink R V，Nolte S，Mandema F S，et al. Effects of grazing management on biodiversity across trophic levels - The importance of livestock species and stocking density in salt marshes[J]. Agriculture Ecosystems & Environment，2016，235：329−339.

[14] Lefroy E，Rydberg T. Emergy evaluation of three cropping systems in southwestern Australia[J]. Ecological

Modelling，2003，161（3）：195-211.

[15] Lu H F，Wang Z H，Campbell D E，et al. Emergy and eco-exergy evaluation of four forest restoration modes in Southeast China[J]. Ecological Engineering，2011，37（2）：277–285.

[16] Odum H T，Emergy in ecosystems[M]//Polunin N. Ecosystem Theory and Application. New York：Wiley，1986.

[17] Olofssona J，Moena J，Stlund L. Effects of reindeer on boreal forest floor vegetation：Does grazing cause vegetation state transitions[J]. Basic and Applied Ecology,2010,11（6）：550-557.

[18] Peco B，Carmona C P，De P I，et al. Effects of grazing abandonment on functional and taxonomic diversity of Mediterranean grasslands[J]. Agriculture Ecosystems & Environment，2012，152（10）：27-32.

[19] Potowicz K，Doktor J. Effect of free-range raising on performance,carcass attributes and meat quality of broiler chickens[J]. Animal Science Papers and Reports,2011（2）：139-149.

[20] Virtanen R. Effects of Grazing on Above-Ground Biomass on a Mountain Snowbed，NW Finland[J]. Oikos，2010，90（2）：295-300.

[21] Wang X L，Dadouma A，Chen Y Q，et al. Sustainability evaluation of the large-scale pig farming system in North China：An emergy analysis based on life cycle assessment[J]. Journal of Cleaner Production，2015，102：144-164.

[22] Wang X J，Gong Z T. Ecological effect of landuse patterns in red soil hilley region[J]. Pedosphere，1995,5（2）：163-170.

[23] Wang X L，Li Z J，Long P，et al. Sustainability evaluation of recycling in agricultural systems by emergy accounting[J]. Resources，Conservation and Recycling，2017，117：114-124.

[24] Wilfart A，Prudhomme J，Blancheton J P，et al. LCA and emergy accounting of aquaculture systems：Towards ecological intensification[J]. Journal of Environmental Management，2013，121：96-109.

[25] Yi T，Xiang P A. Emergy analysis of paddy farming in Hunan Province，China：A new perspective on sustainable development of agriculture[J]. Journal of Integrative Agriculture，2016，15（10）：2426-2436.

[26] 曹云，常志州，马艳，等. 沼液施用对辣椒疫病的防治效果及对土壤生物学特性的影响[J]. 中国农业科学，2013，46（3）：507-516.

[27] 常闻捷，边博，蔡安娟，等. 太湖重污染区麦季养分输入与流失规律研究[J]. 环境科学与技术，2012，35（2）：8-13.

[28] 陈志彪，朱鹤健. 不同水土流失治理模式下的土壤理化特征[J]. 福建师范大学学报（自然科学版），2006，22（4）：5-9.

[29] 迟晖. 放牧鸡行为学研究及其对草地生态的影响[D]. 北京：中国农业大学，2006.

[30] 崔树娟，布仁巴音，朱小雪，等. 不同季节适度放牧对高寒草甸植物群落特征的影响[J]. 西北植物学报，2014，34（2）：0349-0357.

[31] 丁路明，龙瑞军，郭旭生，等. 放牧生态系统家畜牧食行为研究进展[J]. 家畜生态学报，2009，30（5）：4-9.

[32] 董晓玉，傅华，李旭东，等. 放牧与围封对黄土高原典型草原植物生物量及其碳氮磷贮量的影响[J].

草业学报，2010，19（2）：175-182.

[33] 方芸芸，陈志强，陈志彪，等. 基于能值分析的红壤侵蚀区农业循环经济研究 [J]. 福建师范大学学报（自然科学版），2016，32（3）：109-115.

[34] 高承芳，刘远，张晓佩，等. 福建省"林-草-禽"生态养殖模式的构建 [J]. 家畜生态学报，2014，35（10）：85-89.

[35] 高承芳，罗旭辉，张晓佩，等. 生态养殖河田鸡对林下植被多样性及土壤的影响 [J]. 亚热带植物科学，2017，46（2）：137-141.

[36] 高雪松，邓良基，张世熔. 基于能值方法的成都平原农田生态系统秸秆循环利用模式研究 [J]. 中国生态农业学报，2014，22（6）：729-736.

[37] 郭伟，史志华，陈利顶，等. 红壤表土团聚体粒径对坡面侵蚀过程的影响 [J]. 生态学报，2007，27（6）：2516-2522.

[38] 郭志民. 退化马尾松群落恢复与重建途径的研究 [J]. 林业科技，2000，25（6）：1-3.

[39] 韩玉，龙攀，陈源泉. 中国循环农业评价体系研究进展 [J]. 中国生态农业学报，2013，21（9）：1039-1048.

[40] 何绍浪，何小武，李凤英，等. 南方红壤区林下水土流失成因及其治理措施 [J]. 中国水土保持，2017（3）：16-19.

[41] 何圣嘉，谢锦升，杨智杰，等. 南方红壤丘陵区马尾松林下水土流失现状、成因及防治 [J]. 中国水土保持科学，2011，9（6）：65-70.

[42] 何圣嘉，谢锦升，周艳翔，等. 南方红壤侵蚀区马尾松林下植被恢复限制因子与改造技术 [J]. 水土保持通报，2013，33（3）：118-124.

[43] 洪兴利，王泳. 我国南方马尾松林生态系统的退化特征和改造对策研究 [J]. 浙江林业科技，2000，20（2）：1-9.

[44] 黄东风，王果，李卫华，等. 不同施肥模式对小白菜生长、营养累积及菜地氮、磷流失的影响 [J]. 中国生态农业学报，2009，17（4）：619-624.

[45] 黄付平，蔡灿星，黎向东. 马尾松连栽对其幼林生长的影响 [J]. 广西农业大学学报，1994，13（4）：373-380.

[46] 黄红英，常志州，叶小梅，等. 区域畜禽粪便产生量估算及其农田承载预警分析——以江苏为例 [J]. 江苏农业学报，2013，29（4）：777-783.

[47] 黄涛，仇少君，杜娟，等. 碳氮管理措施对冬小麦/夏玉米轮作体系作物产量、秸秆腐解、土壤 CO_2 排放的影响 [J]. 中国农业科学，2013，46（4）：756-768.

[48] 黄文娟，陈志彪，蔡元呈. 南方红壤侵蚀区农业生态系统的能值分析——以福建长汀县为例 [J]. 中国农学通报，2008，24（9）：401-406.

[49] 黄志刚，曹云，欧阳志云，等. 南方红壤丘陵区杜仲人工林产流产沙与降雨特征关系 [J]. 生态学杂志，2008，27（3）：311-316.

[50] 姜贺，夏泽，李洪龙. 中草药添加剂对林下鸡生长性能、肉质性状和血液生化指标的影响 [J]. 饲料研究，2015（5）：39-43.

[51] 姜娜，孟虹艳，李志刚，等. 林下轮牧放养对优质肉鸡屠体性状及肉品质的影响 [J]. 中国家禽，

2008, 30（08）：34-37.

[52] 金晓明，韩国栋. 放牧对草甸草原植物群落结构及多样性的影响 [J]. 草业科学, 2010, 27（4）：7-10.

[53] 蓝盛芳，钦佩，陆宏芳. 生态经济系统能值分析 [M]. 北京：化学工业出版社, 2002.

[54] 雷鑫，张永平. 安哥拉公羊在延安南部次生林林间草场四季放牧采食量及消化率测定 [J]. 甘肃农业大学学报, 1993, 28（3）：30-34.

[55] 李双喜. 上海崇明地区"林－草－禽"林牧复合生态系统研究 [D]. 南京：南京林业大学, 2009.

[56] 李兴东，宋永昌. 浙江东部常绿阔叶林次生演替的随机过程模型 [J]. 植物生态学与地植物学学报, 1993, 17（4）：345-351.

[57] 李朝霞，王天巍，史志华，等. 降雨过程中红壤表土结构变化与侵蚀产沙关系 [J]. 水土保持学报, 2005, 19（1）：2-5, 10.

[58] 林桂志，丁光敏，许木土，等. 幼龄荔枝园种植百喜草改良土壤效果的研究 [J]. 亚热带水土保持, 2006, 18（4）：4-8.

[59] 刘士余，董闻达，李德荣. 果园水土保持在生态环境建设中的作用初报 [J]. 水土保持研究, 2000, 7（3）：198-200.

[60] 刘韬. 山区果园套种圆叶决明对红壤生态环境及果树生长的影响 [J]. 中国农学通报, 2007（7）：322-327.

[61] 刘兴元，蒋成芳，李俊成，等. 黄土高原旱塬区果－草－鸡生态循环模式及耦合效应分析 [J]. 中国生态农业学报, 2017, 25（12）：1870-1877.

[62] 刘秀梅，罗奇祥，冯兆滨，等. 我国商品有机肥的现状与发展趋势调研报告 [J]. 江西农业学报, 2007, 19（4）：49-52.

[63] 龙忠富，唐成斌，钱晓刚，等. 几种草被植物保持水土效益的研究 [J]. 水土保持学报, 2002, 9（4）：136-138.

[64] 卢远，韦燕飞，邓兴礼，等. 岩溶山区农业生态系统的能值动态分析 [J]. 水土保持学报, 2006, 20（4）：166-169.

[65] 鲁如坤，时正元. 退化红壤肥力障碍特征及重建措施：I. 退化状况评价及酸害纠正措施 [J]. 土壤, 2000, 32（4）：198-209.

[66] 罗天琼，罗绍薇，莫本田，等. 退耕花椒林下种草保持水土效益研究 [J]. 草业科学, 2006, 23（5）：61-64.

[67] 罗旭辉，黄颖，方芸芸，等. 长汀县循环农业产业联盟模式能值分析 [J]. 中国水土保持科学, 2017, 15（5）：117-126.

[68] 骆世明. 农业生态学 [M]. 北京：中国农业出版社, 2001.

[69] 马艳，李海，常志州，等. 沼液对植物病害的防治效果及机理研究 I：对植物病原真菌的抑制效果及抑菌机理初探 [J]. 农业环境科学学报, 2011, 30（2）：366-374.

[70] 马志阳，查轩. 南方红壤区侵蚀退化马尾松林地生态恢复研究 [J]. 水土保持研究, 2008, 15（3）：188-193.

[71] 孟虹艳，张艳玲，安元，等. 中草药对林下养殖山羊生产和防病的研究 [J]. 饲料研究, 2008（5）：55-57.

[72] 莫江明，彭少麟，Brown S，等. 鼎湖山马尾松林植物养分积累动态及其对人为干扰的响应 [J]. 植物生态学报，2004，28（6）：810-822.

[73] 潘伟彬，应朝阳，陈恩，等. 套种牧草对果树根系生长及果园生态的影响 [J]. 中国农学通报，2008，24（3）：279-284.

[74] 史印涛. 不同放牧强度对小叶樟群落特征和土壤理化性状的影响 [D]. 哈尔滨：东北农业大学，2013.

[75] 税伟，陈毅萍，苏正安，等. 基于能值的专业化茶叶种植农业生态系统分析——以福建省安溪县为例 [J]. 中国生态农业学报，2016，24（12）：1703-1713.

[76] 孙波，张桃林，赵其国. 南方红壤丘陵区土壤养分贫瘠化的综合评价 [J]. 土壤，1995，27（3）：119-128.

[77] 孙金艳，彭福刚，李忠秋，等. 野家杂交猪林下养殖模式的研究 [J]. 黑龙江畜牧兽医，2012（20）：144-145.

[78] 孙卫民，欧一智，黄国勤. 江西省主要作物（稻、棉、油）生态经济系统综合分析评价 [J]. 生态学报，2013，33（18）：5467-5476.

[79] 童丽丽，许晓岗，等. 间伐强度对溧水无想寺森林公园马尾松林群落结构的影响 [J]. 金陵科技学院学报，2009，25（1）：70-73.

[80] 汪邦稳，段剑，王凌云，等. 红壤侵蚀区马尾松林下植被特征与土壤侵蚀的关系 [J]. 中国水土保持科学，2014，12（5）：9-16.

[81] 汪邦稳，夏小林，段剑. 中国南方红壤丘陵马尾松林下侵蚀坡面的土壤特性 [J]. 水土保持通报，2016，36（3）：13-17.

[82] 汪吉东，曹云，常志州，等. 沼液配施化肥对太湖地区水蜜桃品质及土壤氮素累积的影响 [J]. 植物营养与肥料学报，2013，19（2）：379-386.

[83] 汪小钦，刘亚迪，周伟东，等. 基于TAVI的长汀县植被覆盖度时空变化研究 [J]. 农业机械学报，2016，47（1）：289-296.

[84] 王二朋. 福建省八十里河流域人工恢复马尾松群落植物多样性 [J]. 水土保持通报，2002，22（1）：14-18.

[85] 王红彦. 基于生命周期评价的秸秆沼气集中供气工程能值分析 [D]. 北京：中国农业科学院，2016.

[86] 王健，杨芷，侯庆永，等. 不同补饲量对林下散养蛋鸡产蛋性能、蛋品质及繁殖器官的影响 [J]. 江苏农业科学，2014，42（12）：240-242.

[87] 王健，杨芷，张得才，等. 不同补饲量对林下散养蛋鸡内脏器官、血常规及血清生化指标的影响 [J]. 中国家禽，2014，36（23）：33-36.

[88] 王镜植. 大型草食动物采食与粪便对大针茅草原植被特征及氮矿化的作用 [D]. 长春：东北师范大学，2017.

[89] 王水良，王平，王趁义. 铝胁迫下马尾松幼苗有机酸分泌和根际pH值的变化 [J]. 生态与农村环境学报，2010，26（1）：87-91.

[90] 王万霞，张增荣，李强，等. 林下养殖优质肉鸡生产性能及经济效益分析 [J]. 中国家禽，2015，37（11）：55-58.

[91] 王文辉，马祥庆，田超，等. 福建长汀植被覆盖度变化的主要驱动影响因子及影响力分析 [J]. 福建农林大学学报（自然科学版），2017，46（3）：277-283.

[92] 王小龙，韩玉，陈源泉，等. 基于能值分析的无公害设施蔬菜生产系统效率和可持续性评价 [J]. 生态学报，2015，35（7）：2136-2145.

[93] 翁伯琦，罗旭辉，张伟利，等. 水土保持与循环农业耦合开发策略及提升建议——以福建省长汀县等3个水土流失重点治理县为例 [J]. 中国水土保持科学，2015，13（2）：106-111.

[94] 乌尼尔，海棠. 放牧对典型草原羊草形态特征及土壤理化性质的影响 [J]. 内蒙古农业大学学报（自然科学版），2015（4）：71-76.

[95] 邬泉楠，缪金莉，郑颖，等. 林下养鸡对生物多样性的影响 [J]. 浙江农林大学学报，2013，30（5）：689-697.

[96] 吴发启，范文波. 土壤结皮对降雨入渗和产流产沙的影响 [J]. 中国水土保持科学，2005，3（2）：100-104.

[97] 吴华山，郭德杰，马艳，等. 猪粪沼液施用对土壤氨挥发及玉米产量和品质的影响 [J]. 中国生态农业学报，2012，20（2）：163-168.

[98] 吴全聪，郑仕华，周国华. 山地果园套种牧草种类筛选 [J]. 中国农学通报，2010，26（9）：335-338.

[99] 席运官，钦佩. 稻鸭共作有机农业模式的能值评估 [J]. 应用生态学报，2006，17（2）：237-242.

[100] 夏自兰，王继军，姚文秀，等. 水土保持背景下黄土丘陵区农业产业-资源系统耦合关系研究——基于农户行为的视角 [J]. 中国生态农业学报，2012，20（3）：369-377.

[101] 谢锦升，陈光水，何宗明，等. 退化红壤不同治理模式马尾松生长特点分析 [J]. 水土保持通报，2001，21（6）：24-27.

[102] 谢锦升，李春林，陈光水，等. 花岗岩红壤侵蚀生态系统重建的艰巨性探讨 [J]. 福建水土保持，2000，12（4）：3-6.

[103] 谢锦升，杨玉盛，陈光水，等. 封禁管理对严重退化群落养分循环与能量的影响 [J]. 山地学报，2002，20（3）：325-330.

[104] 徐涵秋. 水土流失区生态变化的遥感评估 [J]. 农业工程学报，2013，29（7）：91-97.

[105] 徐涵秋，张博博，关华德，等. 南方红壤区林下水土流失的遥感判别——以福建省长汀县为例 [J]. 地理科学，2017，37（8）：1270-1276.

[106] 徐明岗，文石林，高菊生. 红壤丘陵区不同种草模式的水土保持效果与生态环境效应 [J]. 水土保持学报，2001，15（1）：77-80.

[107] 徐宪立，马克明，傅伯杰，等. 植被与水土流失关系研究 [J]. 生态学报，2006，26（9）：3137-3143.

[108] 薛利红，杨林章，施卫明，等. 农村面源污染治理的"4R"理论与工程实践：源头减量技术 [J]. 农业环境科学学报，2013，32（5）：881-888.

[109] 薛利红，俞映倞，杨林章. 太湖流域稻田不同氮肥管理模式下的氮素平衡特征及环境效应评价 [J]. 环境科学，2011，32（4）：222-227.

[110] 闫峰陵，史志华，蔡崇法，等. 红壤表土团聚体稳定性对坡面侵蚀的影响 [J]. 土壤学报，2007，44（4）：

577-583.

[111] 杨滨娟, 孙松, 陈洪俊, 等. 稻田水旱轮作系统的能值分析和可持续性评价 [J]. 生态科学, 2017, 36 (1): 123-131.

[112] 杨玉盛, 何宗明, 邱仁辉, 等. 严重退化生态系统不同恢复和重建措施的植物多样性与地力差异研究 [J]. 生态学报, 1999, 19 (4): 490-494.

[113] 杨芷, 张得才, 杨海明, 等. 林下散养对产蛋鸡生产性能、蛋品质、内脏器官指数、繁殖系统和血常规指标的影响 [J]. 动物营养学报, 2014, 26 (7): 1935-1941.

[114] 俞映倞, 薛利红, 杨林章. 太湖地区稻麦轮作系统不同氮肥管理模式对麦季氮素利用与流失的影响研究 [J]. 农业环境科学学报, 2011, 30 (12): 2475-2482.

[115] 俞元春, 余健, 房莉, 等. 缺磷胁迫下马尾松和杉木苗根系有机酸的分泌 [J]. 南京林业大学学报 (自然科学版), 2007, 31 (2): 9-12.

[116] 曾日秋, 黄毅斌, 洪建基, 等. 枇杷园套种豆科牧草的生态效应 [J]. 福建农业学报, 2010, 25 (4): 517-519.

[117] 张海明, 乔富强, 张鸿雁, 等. 不同养殖密度的林下养鸡对林地植被及环境质量影响 [J]. 北京农学院学报, 2016, 31 (4): 98-102.

[118] 张淼, 查轩. 红壤侵蚀退化地综合治理范式研究进展 [J]. 亚热带水土保持, 2009, 21 (4): 34-39.

[119] 张攀. 复合产业生态系统能值分析评价和优化研究 [D]. 大连: 大连理工大学, 2011.

[120] 张桃林, 鲁如坤, 李忠佩. 红壤丘陵区土壤养分退化与养分库重建 [J]. 长江流域资源与环境, 1998, 7 (1): 18-24.

[121] 张桃林, 史学正, 张奇. 土壤侵蚀退化发生的成因、过程与机制 [M]// 南方红壤退化机制与防治措施研究专题组. 中国红壤退化机制与防治. 北京: 中国农业出版社, 1999.

[122] 张雪艳, 田蕾, 高艳明, 等. 生物有机肥对黄瓜幼苗生长、基质环境以及幼苗根系特征的影响 [J]. 农业工程学报, 2013, 29 (1): 117-125.

[123] 赵莉. 施用沼液对水芹产量、品质及土壤氨挥发的影响 [D]. 南京: 南京农业大学, 2013.

[124] 赵其国. 我国红壤的退化问题 [J]. 土壤, 1995, 27 (6): 281-286.

[125] 赵其国, 张桃林, 鲁如坤, 等. 我国东部红壤区土壤退化的时空变化、机理及调控对策 [M]. 北京: 科学出版社, 2002.

[126] 赵汝东, 樊剑波, 何园球, 等. 退化马尾松林下土壤障碍因子分析及酶活性研究 [J]. 土壤学报, 2011, 48 (6): 1287-1292.

[127] 赵晓钰, 张学刚, 林洋, 等. 山地林下生态牧养蛋鸡日粮中人工补料添加量的研究 [J]. 中国家禽, 2011, 33 (24): 12-15.

[128] 郑本暖, 杨玉盛, 谢锦升, 等. 亚热带红壤严重退化生态系统封禁管理后生物多样性的恢复 [J]. 水土保持研究, 2002, 9 (4): 57-63.

[129] 郑粉莉, 康绍忠. 黄土坡面不同侵蚀带侵蚀产沙关系及其机理 [J]. 地理学报, 1998 (5): 422-428.

[130] 郑诗樟, 肖青亮, 吴蔚东, 等. 丘陵红壤不同人工林型土壤微生物类群、酶活性与土壤理化性状

关系的研究 [J]. 中国生态农业学报，2008，16（1）：57-61.

[131] 郑仲登，黄毅斌，翁伯琦，等. 福建山地综合开发中的红壤保育研究——I. 不同垦殖方式对果园生态系统的影响 [J]. 中国生态农业学报，2003，11（3）：149-151.

[132] 钟珍梅，黄勤楼，翁伯琦，等. 以沼气为纽带的种养结合循环农业系统能值分析 [J]. 农业工程学报，2012，28（14）：196-200.

[133] 周伶，上官铁梁，郭东罡，等. 晋、陕、宁、蒙柠条锦鸡儿群落物种多样性对放牧干扰和气象因子的响应 [J]. 生态学报，2012，32（1）：0111-0122.

[134] 周萍，刘国彬，侯喜禄. 黄土丘陵区退耕前后典型流域农业生态经济系统能值分析 [J]. 农业工程学报，2009，25（6）：266-273.

[135] 周淑梅，武菁，王国贞. 华北平原农田生态系统服务评价及灌溉效益分析 [J]. 中国生态农业学报，2017，25（9）：1360-1370.

[136] 周伟东，汪小钦，吴佐成，等. 1988—2013 年南方花岗岩红壤侵蚀区长汀县水土流失时空变化 [J]. 中国水土保持科学，2016，14（2）：49-58.

[137] 朱桂才，席嘉宾，李兴祥. 国内水土保持型草本植物的研究与应用现状 [J]. 四川草原，2006（6）：35-39.

[138] 朱基杰，饶良懿. 基于能值理论的水土保持生态效应评价——以山西省长治市为例 [J]. 中国水土保持科学，2017，15（4）：78-86.

[139] 邹芳芸，李建伟，党先碧. 烟草农艺性状、经济性状及化学性状对不同营养调控措施的响应 [J]. 江苏农业科学，2012，40（8）：96-99.

（高承芳　罗旭辉　董晓宁　黄小红）

第四章

养殖污染防控与牧草多级耦合利用模式

红壤侵蚀区水土保持-循环农业耦合技术模式与应用

畜禽粪便是优质的有机肥料，在我国传统农业生产中，主要是将畜禽粪便简单堆沤后施用。Bailey和Lazarovits（2003）研究表明，新鲜猪粪中的挥发性脂肪酸具有抑制和消除植物土传病害的功能。因此，将新鲜的猪粪作为肥料直接施入大田，既可以为作物提供营养元素，又可以消除一些土壤中的病害。这些直接施用的方法不需要很大的投资，操作简便，易于被农民接受和利用。土壤贫瘠、有机质含量低是制约长汀县植被修复的重要障碍，为此，在长汀县委县政府的大力支持下，福建省森辉农牧发展有限公司落户长汀，由规模养猪场制造大量人工有机质，助力区内山地土壤有机质提升工程。

但是，规模养猪场同时也带来沼液处理与排放的难题。2018年我国生猪出栏数达6.94亿头，牛存栏数达1.08亿头，生猪和牛、禽类等养殖年产生粪便约38亿t（农业农村部，2017）。目前畜禽养殖业向着规模化、集约化发展，但养殖业废弃物的治理和开发利用工作却相对滞后，虽然一些规模化养殖场基本按环保要求配套了沼气池等污染物处理系统，但处理后的沼液废水中化学需氧量（COD）、氮、磷等含量依然较高，未能达到有关排放标准。大中型沼气工程产生的沼液若不及时充分利用，会给周边环境造成二次污染，客观上已经形成了比较严重的农牧脱节，因此其处置和利用问题已引起普遍关注。

目前我国正在逐步推进畜禽粪污资源化利用工作，现已有部分大型规模化养殖企业将肥料化与能源化相结合，开展畜禽废弃物资源化利用的"链融体"技术模式，将畜禽废弃物资源化利用的链条向上下游拓展，打造全产业链条，将饲料业、种植业、养殖业、屠宰业、能源环保等产业相互融合（胡曾曾，2019）。由国家发改委和农业农村部共同制定的《全国畜禽粪污资源化利用整县推进项目工作方案（2018—2020年）》，总结归纳出畜禽粪污资源化利用的主要推广模式，为我国畜禽粪污资源化利用指明了方向。

就沼气化利用而言，畜禽粪便生产沼气是利用受控的厌氧细菌分解作用，将粪便中的有机物转化成简单的有机酸，然后再将简单的有机酸转化为甲烷和二氧化碳。沼气燃烧或发电，沼渣和沼液可以作为肥料或饲料。王真真等（2008）研究指出，反应中添加活性炭纤维载体，可显著提高牛粪厌氧消化反应器的沼气产量和化学需氧量（COD）去除率。魏世清等（2008）研究指出，水葫芦与猪粪2∶1混合厌氧发酵，沼气产量与质量较好。周岭等（2006）研究指出，用2.5%的NaOH溶液处理牛粪，反应效果相对较好，与水处理组相比，NaOH处理组产气量增加34%。畜禽粪便的沼气化利用可在多方面代替煤、石油、天然气等不可再生资源，既节约资源又保护环境，一举多得，具有广泛前景（张振都，2010）。但是近年来，国家大力发展核电，电力价格日趋稳定，加上沼气生产存在明显季节性，管理不规范，安全隐患较大，沼气有效利用程度不高。

沼液含有丰富的有机营养液，但是随意排放不仅造成浪费，而且还污染环境。唐丹等（2017）研究表明，14.69%的农户认为随意排放对自己影响很大，27.12%的农户认为影响较大，45.76%的农户认为有一定的影响。87%的农户愿意对畜禽粪便资源化利用，而只有13%的农户选择不愿意。通过对农户采用一项畜禽粪便资源化利用技术所考虑因素的排序情况来看，花费成本和收益是首先考虑的因素，其次是政府是否给予补贴和技术操作的便利，而邻里是否采用所占比重较小。

狼尾草属牧草是热带、亚热带地区广泛应用的多年生禾本科牧草，具有抗逆性强、生物量大、适口性好等特点，是高质高效的畜禽青饲料。近年来，一些养殖场引进种植狼尾草属牧草，利用它来消纳养殖场沼液（黄秀声，2008），构建"畜-沼-草-畜"的循环利用途径，取得了良好的经济和生态效益。但是，不同区域有不同的生产特点，本章重点旨在明确狼尾草属牧草低温耐受极限、有关栽培技术，以及狼尾草属牧草消纳沼液、培肥土壤、多级开发利用技术环节研究，构建以狼尾草属牧草为纽带的农牧匹配循环模式，为区域经济可持续发展提供科学依据。

第一节　猪（牛）沼草循环模式与优化设计

规模猪场在生猪养殖过程中产生大量富含营养物质的废水，直接排放水体，富营养化风险极高，给流域水生生态系统带来深刻影响。经过污水处理厂净化后排出，能耗和成本并不低，据不完全统计成本达 200 元 / 头出栏数。以循环农业的视角解决环境保护的问题是解决问题的关键。如何利用这些废水？这些废水含铵态氮、硝态氮、总磷以及铜和锌，可以用于种植生产，同时废水中含有大量的盐类和有害微生物，浓度过高，又影响作物的生理代谢和土壤健康。因此需要适宜浓度的废水预处理工艺，同时需要选择耐肥、适应当地气候的植物品种，辅以合理匹配，成为猪（牛）- 沼 - 草循环模式设计的关键。

●1 规模养猪（牛）废水排放

1.1 规模养猪（牛）场废水排放量

通过对 600 头基础母猪父母代猪场粪污量进行调研，结果表明规模猪场每天粪便排放量 12073.3 kg，每天尿水排放量 28897.1kg（表 4-1），该猪场一年饲养 2 批，生猪出栏数达 6000 头。按此计算年万头出栏猪场干清粪方式的污水排放量为 17508.8t/a，水冲粪方式 52526.3—70035.0t/a，水泡粪方式 21010.5—22761.4t/a（表 4-2），异位发酵床污水排放与干清粪相当。不少规模猪场节水管理不善，废水排放量远高于估算值。

对于牛场而言，干清粪处理的百头牛场污水日排放量达 14—27t，年污水排放量达 5100—9900t，经过水冲粪处理，污水日排放量达 29—42t，年污水排放量达 10600—15000t（表 4-3）。

表 4-1　规模猪场粪便、尿水排放量

类别	数量（头）	粪便产生系数 [kg/（d·头）]	尿水产生系数 [kg/（d·头）]	粪便 （kg/d）	尿水 （kg/d）
哺乳母猪	120	3.50	8.50	420.0	1020.0
妊娠母猪	312	3.00	7.20	936.0	2246.4
空怀配种母猪	150	3.00	7.20	450.0	1080.0
哺乳仔猪	920	0.50	1.20	460.0	1104.0
保育仔猪	1260	1.30	3.00	1638.0	3780.0
育肥猪	3000	2.70	6.50	8100.0	19500.0
后备母猪	16	2.70	6.50	43.2	104.0
后备公猪	3	2.70	6.50	8.1	19.5
公猪	6	3.00	7.20	18.0	43.2
小计				12073.3	28897.1

注：600 头基础母猪父母代猪场，冲水方式为干清粪。

表4-2　年万头出栏猪场污水排放量

项目	每天（kg）	每年（t）
粪便	20041.7	7315.2
尿水	47969.2	17508.8
污水		
干清粪	47969.2	17508.8
水冲粪	143907.6—191876.8	52526.3—70035.0
水泡粪	57563.0—62360.0	21010.5—22761.4
原位发酵床	—	—
异位发酵床	47969.2	17508.8

注：水冲粪尿水量按干清粪3—4倍估算，水泡粪尿水量按干清粪1.2—1.3倍估算，异位发酵床尿水量与干清粪相当。

表4-3　年百头出栏牛场污水排放量

处理方式	每天（t）	每年（t）
干清粪	14—27	5100—9900
水冲粪	29—42	10600—15000

1.2 废水水质特征

调查表明（表4-4），废水未经处理的规模猪场pH值为7.5—8.1，悬浮物含量1500—12000mg/L，BOD_5（5日生化需氧量）2000—6000mg/L，COD（化学需氧量）5000—10000mg/L，氯化物含量100—150mg/L，氨氮含量100—600mg/L，硝酸盐含量1.0—2.0mg/L。废水未经处理的规模牛场pH值为7.22—7.40，悬浮物含量1192—7823mg/L，BOD_5 685—2663mg/L，COD 2048—12828mg/L，氨氮含量59.5—138.0mg/L，总磷含量90—216mg/L。

表4-4　固液分离废水水质特征

指标	猪场粪污	牛场粪污
pH	7.50—8.10	7.22—7.40
悬浮物含量（mg/L）	1500—12000	1192—7823
透明度（cm）	0.7—1.0	—
BOD_5（mg/L）	2000—6000	685—2663
COD（mg/L）	5000—10000	2048—12828
氯化物含量（mg/L）	100—150	—
氨氮含量（mg/L）	100—600	59.5—138.0
总磷含量（mg/L）	55—148	90—216
硝酸盐含量（mg/L）	1.0—2.0	—
细菌总数（个/L）	1×10^5—1×10^7	—
蛔虫卵数（个/L）	5.0—7.0	—

当前规模养殖场普遍采用固液分离—厌氧产沼—二级生化处理的废水处理工艺。赖伟铖等（2017）研究表明，经过常规二级生化处理后，氨氮、总氮、总磷的下降幅度分别达89.6%—94.2%、75.2%—82.9%、63.8%—71.9%。但是这些污染物浓度依然较高，其中氨氮达37.9—108.7mg/L，总氮达179.1—203.4mg/L，总磷达20.1—41.6mg/L，依然难以达标（表4-5）。将这些污染物做进一步化学混凝沉淀，虽然可以实现达标，出水无色无味，但是又存在大量化学污泥的二次污染，并且增加处理成本。

表4-5　常规二级生化处理后废水主要污染物下降幅度

指标	固液分离（mg/L）	二级生化处理（mg/L）	下降幅度（%）
氨氮	652.3—1044.0	37.9—108.7	89.6—94.2
总氮	721.3—1187.0	179.1—203.4	75.2—82.9
总磷	55.5—148.1	20.1—41.6	63.8—71.9

● 2 养殖场沼液的多元化利用

2.1 沼液浇灌牧草地

沼液含氮量高，利用价值也高，禾本科牧草是一种优质的氮素转化器，将沼液中的氮转化为植物蛋白。前人研究表明（表4-6）：沼液灌溉黑麦草、鸭茅、高羊茅及白三叶可替代肥料163kg/hm²，换算为总氮消纳量为74.9kg/hm²，按沼液池含氮量179.1—203.4mg/L，每公顷年可消纳368.2—418.2t沼液。沼液灌溉杂交狼尾草可替代肥料112.5—2222kg/hm²，换算为总氮消纳量为51.7—333.3kg/hm²，按沼液池含氮量179.1—203.4mg/L，每公顷年可消纳270.3—1742.7t沼液。沼液灌溉"南牧一号"牧草可替代肥料750kg/hm²，换算为总氮消纳量为127.5kg/hm²，按沼液池含氮量179.1—203.4mg/L，每公顷年可消纳626.8—711.9t沼液。沼液灌溉皇竹草可替代肥料2500kg/hm²，换算为总氮消纳量为400kg/hm²，按沼液池含氮量179.1—203.4mg/L，每公顷年可消纳1966.5—2233.3t沼液。随着沼液中氮素水平的提高，也将加大牧草地硝态氮淋失的风险，同时牧草有较强的季节性，夏季需肥量大，消纳沼液多，冬季基本不需肥，消纳沼液少。

表4-6　牧草地消纳沼液估算

牧草品种	沼液消纳量（kg/hm²）	替代化肥量（kg/hm²）	文献来源
黑麦草、鸭茅、高羊茅及白三叶	N 74.9	尿素 163	范彦等，2012
杂交狼尾草	N 51.7	尿素 112.5	陈钟佃等，2005
南牧一号	N 127.5	碳酸氢铵 750	谢善松等，2010
杂交狼尾草	N 333.3	复合肥 2222	李彦超等，2007
皇竹草	N 400	复合肥 2500	何玮等，2011

注：数据以含氮量计，替代和消纳量为年度数据，下同。

2.2 沼液浇灌菜地

叶菜类蔬菜生物量相对较高，硝态氮的利用效率高，适宜作为冬季的沼液消纳作物。前人研究表明（表4-7）：沼液灌溉黑甘蓝、大白菜可替代肥料 525kg/hm²，换算为总氮消纳量为 125.25kg/hm²，按沼液池含氮量 179.1—203.4mg/L，每公顷年可消纳 615.78—699.33t 沼液。沼液灌溉草莓可替代肥料 1050kg/hm²，换算为总氮消纳量为 357kg/hm²，按沼液池含氮量 179.1—203.4mg/L，每公顷年可消纳 1755.16—1993.29 沼液。沼液灌溉芥菜可替代肥料 435kg/hm²，换算为总氮消纳量为 225kg/hm²，按沼液池含氮量 179.1—203.4mg/L，每公顷年可消纳 1106.19—1256.28t 沼液。

在沼液浇灌菜地的应用中应当注意以下 3 个方面：一是沼液作为一种自制有机肥，但是组分含量因投料种类、投料量的不同而有很大差异。二是有些禽畜场的粪便粪水在消毒时会投入较多药物，含有少量重金属，带来食品安全风险。在蔬菜生产中，需对沼液来料严格管控。三是沼液需发酵完全，盐度要严格控制。

表4-7　冬闲菜地消纳沼液估算

蔬菜品种	沼液消纳量（kg/hm²）	替代化肥量（kg/hm²）	文献来源
甘蓝、大白菜	N 125.25	尿素 150	孙广辉，2006；倪亮等，2008
		复合肥 375	
草莓	N 357	尿素 600	祁连弟和苗林，2014
		磷酸二铵 450	
芥菜	N 225	N 225	梁斌东等，2019
		P_2O_5 75	
		K_2O 135	

2.3 沼液浇灌果园

沼液经发酵后富含氮磷钾元素、各类氨基酸、维生素、蛋白质、生长素、糖类、核酸及抗生素等，在果园长期施用沼液有利于改善土壤肥力，同时沼液所含有赤霉素、吲哚乙酸以及维生素 B_{12} 等，能够破坏单细胞病菌的细胞膜和体内蛋白质，有效控制有害病菌的繁殖。长期施用沼液能明显提高幼树成活率，促进果树生长发育，提高果品产量，改良果品品质。前人研究表明（表4-8）：沼液灌溉红富士苹果树可替代肥料 1650—1875kg/hm²，换算为总氮消纳量为 247.5—513.75kg/hm²，按沼液池含氮量 179.1—203.4 mg/L，每公顷年可消纳 1294.11—2686.27t 沼液。沼液灌溉龙眼树可替代肥料 2025kg/hm²，换算为总氮消纳量为 303.7kg/hm²，按沼液池含氮量 179.1—203.4mg/L，每公顷年可消纳 1493.12—1695.70t 沼液。沼液灌溉荔枝树可替代肥料 1000kg/hm²，换算为总氮消纳量为 356.6kg/hm²，按沼液池含氮量 179.1—203.4mg/L，每公顷年可消纳 1753.19—1991.06t 沼液。沼液灌溉香蕉可替代肥料 3984kg/hm²，换算为总氮消纳量为 597.6kg/hm²，按沼液池含氮量 179.1—203.4mg/L，每公顷年可消纳 2938.05—3336.68t 沼液。

表 4-8 果园消纳沼液估算

牧草品种	沼液消纳量	替代化肥量	文献来源
红富士苹果树	N 0.46kg/株	尿素 750kg/hm²	杨道庆等，2019
	N 513kg/hm²	复合肥 1125kg/hm²	
龙眼树	N 0.75kg/株	复合肥 7.5kg/株	利丽群和戴德球，2006
	N 303.7kg/hm²	复合肥 2025kg/hm²	
红富士苹果树	N 0.3kg/株	复合肥 2kg/株	李晓宏，2009
	N 247.5kg/hm²	复合肥 1650kg/hm²	
妃子笑荔枝树	N 1.03g/株	尿素 2 kg/株	胡福初等，2014
		磷酸铵 1 kg/株	
	N 356.6kg/hm²	尿素 666 kg/hm²	
		磷酸铵 333.3kg/hm²	
香蕉	N 0.3g/株	复合肥 2kg/株	高刘等，2017
	N 597.6kg/hm²	复合肥 3984kg/hm²	

2.4 沼液浇灌林地

人工林物种组成较为单一，普遍存在林地生产力下降的现象。沼液作为高效有机肥，可以有效改善土壤中的有机质含量，促进土壤微生物的活动和土壤团粒结构的形成，丰富土壤中氮磷钾养分及微生物群落。前人研究表明（表 4-9）：沼液灌溉巨尾桉可替代肥料 250.01—1450.02kg/hm²，换算为总氮消纳量为 50—216.67kg/hm²，按沼液含氮量 179.1—203.4mg/L，每公顷年可消纳 261.5—1134t 沼液。沼液灌溉毛竹林可替代肥料 240kg/hm²，换算为总氮消纳量为 240kg/hm²，按沼液池含氮 179.1—203.4mg/L 量，每公顷年可消纳 1179.94—1340.03t 沼液。

表 4-9 林地消纳沼液估算

牧草品种	沼液消纳量	替代化肥量	文献来源
巨尾桉 广林 9 号	N 0.03kg/株	复合肥 0.15kg/株	伍琪等，2015
	N 50.00kg/hm²	复合肥 250kg/hm²	
巨尾桉 广林 9 号	N 0.13kg/株	复合肥 0.87kg/株	李金怀等，2012
	N 216.67kg/hm²	复合肥 1450kg/hm²	
毛竹林	N 240kg/hm²	NPK 240kg/hm²	柴彦君等，2019

● 3 猪（牛）沼草循环模式构建

3.1 规模生猪场循环农业模式

基于干清粪处理背景下年出栏万头规模生猪场日废水排放量 47.9t，年废水排放量 17508.8t，经过二次生化处理后，尾水依然含有大量的有机营养物质，这些营养物质可以用于牧草地、菜地、园地和林地浇灌（图 4-1）。项目组根据长汀县河田镇乡村生产实际和就近优先的原则，选择种植杂交狼尾草，菜地为槟榔芋，果园为百香果，林地为马尾松。1 座万头规模猪场匹配牧草地 10hm²，夏季消纳纯氮

333.3kg/hm²，折合废水约 17427t；槟榔芋 25hm²，冬季消纳纯氮 125kg/hm²，折合废水约 17000t；百香果 1hm²，消纳纯氮 500kg/hm²，折合废水 2458t；林地面积 600hm²，用于作物不需肥季节的浇灌，基本全部消纳沼液。

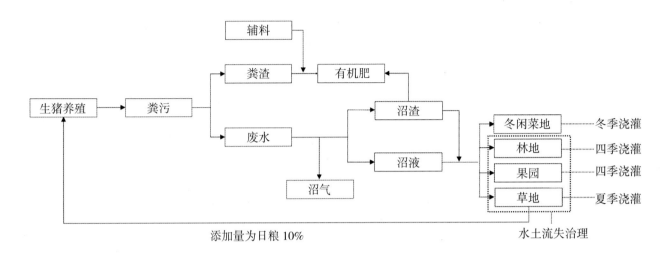

图 4-1　规模生猪场多级循环模式图

3.2 规模牛场循环农业模式

基于干清粪处理背景下年出栏百头规模牛场日废水排放量 14-27t，年废水排放量 5100-9900t。项目组根据建阳区水吉镇生产实际，对存栏千头的奶牛场在周边种植"南牧一号"杂交狼尾草、饲用玉米和芥菜，实施沼液浇灌（图 4-2）。种植草地 66hm²，菜地 120hm²，林地 10hm²，基本消纳奶牛场沼液。草产品饲喂奶牛，芥菜用于酸菜加工，形成循环农业产业链条，同时控制周边水土流失。

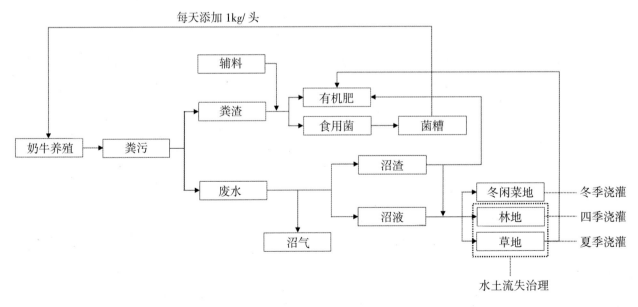

图 4-2　规模牛场多级循环模式图

第二节　循环模式耦合链构建及其关键技术

禾本科优质牧草是一类将土壤氮素消纳转化为优质蛋白的生物，是猪 – 沼 – 草或牛 – 沼 – 草循环农业模式的关键链条。在高产优质高效的牧草品种筛选的基础上，项目组选择杂交狼尾草等作为猪（牛）– 沼 – 草循环农业模式的主要牧草类型（表 4-10、表 4-11）。但是各水土流失区的土壤、气候存在着较大的差异，尤其是闽西北山区冬季寒冷、夏季季节性干旱影响这些多年生草类的生长，加上水土流失区土壤贫瘠酸瘦，有机质含量低。因此，针对这些区域的气候、土壤条件，着重开展适应性强的牧草品种创制，成为猪（牛）– 沼 – 草循环农业模式构建的关键。项目组开展了狼尾草属牧草低温胁迫、干旱胁迫、沼液消纳参数方面的技术攻关，明确了关键环节，为循环农业模式构建和配套栽培技术优化提供理论支撑。

● 1 狼尾草属牧草低温胁迫研究进展

1.1 低温胁迫对 5 种菌草的电解质渗透率的影响及半致死温度计算

5种菌草电解质渗透率随温度的降低总体上呈上升趋势，5 种菌草电解质渗透率在温度 −20℃时达到峰值，与其他温度差异显著，与 3℃的电解质渗透率比，芦竹高 158.5%、莱竹高 198.6%、稗草高 185.1%、象草高 160.3%、狼尾草属牧草高 133.1%。稗草、芦竹、莱竹、杂交狼尾草、象草等 5 种菌草半致死温度 LT_{50} 分别为 −1.98、−21.28、−12.05、0.69、0.18℃，5 种菌草抗寒性强弱顺序为：芦竹 > 莱竹 > 稗草 > 象草 > 杂交狼尾草（表 4-12、表 4-13、表 4-14）。

绿洲 1 号

绿洲 4 号

巨菌草

莱牧 1 号

莱牧 2 号

野生蔗

图 4-3　部分菌草草种

表 4-10　狼尾草属牧草种质资源名称及来源

编号	品种名	学名	种质来源
1	紫象草	*P. purpureum* cv. Purple	中国热带农业科学院品资所
2	莱牧 1 号象草	*P. purpureum* cv. Laimu NO.1	福建农林大学
3	细茎象草	*P. purpureum* cv. Xijing	福建农林大学
4	桂闽引象草	*P. purpureum* 'Guiminyin'	福建农林大学
5	热研 4 号王草	*P. purpureum* × *P. tyhoideum* cv. Reyan NO.4	中国热带农业科学院品资所
6	闽牧 1 号	*P. purpureum* × *S. arundinaceum* cv. Minmu NO.1	福建农科院甘蔗所
7	狼尾草属牧草	*P. purpureum* cv. Jujun cao	福建农林大学
8	杂交狼尾草	*P. americanum* × *P. purpureum*	福建省南平市农科所
9	象草	*P. purpureum*	福建农林大学
10	桂牧 1 号杂交象草	*P. americanum* × *P. purpureum*	福建省南平市农科所

表 4-11　芦竹属种群代号及来源

编号	种群代号	学名	种质来源
1	绿洲 1 号	*Arundo donax* cv. Lvzhou No.1	莱索托
2	绿洲 2 号	*Arundo donax* cv. Lvzhou No.2	中国山东
3	绿洲 3 号	*Arundo donax* cv. Lvzhou No.3	中国福建
4	绿洲 4 号	*Arundo donax* cv. Lvzhou No.4	墨西哥

表 4-12　低温胁迫 5 种菌草的电解质渗透率（%）

温度（℃）	稗草	莱竹	芦竹	杂交狼尾草	象草
3	23.83 ± 4.41^{d}	18.93 ± 1.36^{c}	20.10 ± 0.26^{e}	30.71 ± 0.25^{d}	27.17 ± 8.43^{d}
0	38.72 ± 1.33^{c}	28.65 ± 8.02^{bc}	20.99 ± 0.71^{e}	46.51 ± 2.01^{c}	45.93 ± 1.08^{c}
−5	46.64 ± 0.60^{b}	35.75 ± 2.29^{b}	28.45 ± 1.14^{d}	50.74 ± 0.13^{c}	48.9 ± 0.80^{bc}
−10	50.51 ± 0.31^{b}	40.47 ± 1.27^{b}	35.68 ± 0.49^{c}	56.53 ± 1.85^{b}	54.83 ± 0.20^{bc}
−15	54.01 ± 0.82^{b}	42.46 ± 0.99^{b}	43.86 ± 1.01^{b}	61.19 ± 0.55^{b}	60.2 ± 1.10^{ab}
−20	68.00 ± 0.87^{a}	56.53 ± 0.94^{a}	51.96 ± 0.85^{a}	71.6 ± 2.03^{a}	70.71 ± 0.73^{a}

注：同列不同的小写字母表示差异显著（$P < 0.05$），下同。

表 4-13　低温胁迫 5 种菌草的电解质渗透率 Logistic 方程参数和半致死温度

物种	方程参数与曲线拟合度					半致死温度（LT_{50}，℃）
	k	a	b	r	P	
稗草 *E. crusgalli*	75.729	1.215	−0.098	0.956	$P < 0.01$	−1.98
莱竹 *Arundo* sp.	85.617	2.269	−0.068	0.965	$P < 0.01$	−12.05
芦竹 *A. donax*	109.113	3.904	−0.064	0.998	$P < 0.01$	−21.28
杂交狼尾草 *Pennisetum* sp.	79.152	0.937	−0.094	0.962	$P < 0.01$	0.69
象草 *P. purpureum*	76.787	0.982	−0.102	0.950	$P < 0.01$	0.18

表 4-14　低温胁迫 5 种菌草的死亡率（%）

物种	不同温度					
	3℃	0℃	-5℃	-10℃	-15℃	-20℃
稗草 *E. crusgalli*	0	2.0	71.0	100.0	100.0	100.0
莱竹 *Arundo* sp.	0	0	0	54.0	93.0	100.0
芦竹 *A. donax*	0	0	0	0	8.0	55.0
杂交狼尾草 *Pennisetum* sp.	3.0	63.0	100.0	100.0	100.0	100.0
象草 *P. purpureum*	4.0	67.0	100.0	100.0	100.0	100.0

1.2　5 种菌草抗寒性综合评价

通过各种生理指标的隶属函数分析可知，5 种菌草抗寒能力为：芦竹＞莱竹＞稗草＞象草＞杂交狼尾草（表 4-15）。

表 4-15　5 种菌草的抗寒能力综合评价

物种	各指标的隶属函数值						隶属平均值	抗寒力排序
	半致死温度	POD活性	CAT活性	MDA含量	SS含量	SOD活性		
稗草 *E. crusgalli*	0.12	0.42	0.15	0.67	0.25	0.16	0.30	3
莱竹 *Arundo* sp.	0.57	0.47	0.24	1	0.43	0.68	0.57	2
芦竹 *A. donax*	1.00	1.00	1.00	0.76	1.00	1.00	0.96	1
杂交狼尾草 *Pennisetum* sp.	0	0	0	0	0	0.14	0.02	5
象草 *P. purpureum*	0.02	0.09	0.11	0.01	0.10	0	0.06	4

● 2 狼尾草属牧草干旱胁迫研究进展

2.1　干旱胁迫对杂交狼尾草光合色素含量的影响

随着 PEG 质量浓度的增大，叶绿素 a、叶绿素 b、总叶绿素含量总体呈下降趋势，其中胁迫浓度较低时（50g/L、100g/L）三者均与 CK 无显著差异，当胁迫浓度达到 150g/L 时，与 CK 相比分别显著降低 21.59%、20.08%、21.25%（$P < 0.05$）；Chla/Chlb 在胁迫浓度为 50—150g/L 与 CK 差异不显著，胁迫浓度达到 200g/L 显著降低 15.20%（$P < 0.05$）（表 4-16）。

表 4-16　PEG 胁迫下杂交狼尾草幼期的叶绿素含量

PEG 浓度	光合色素（mg/g）				
	叶绿素 a	叶绿素 b	叶绿素 (a+b)	叶绿素 a/ 叶绿素 b	类胡萝卜素
CK	1.598 ± 0.104[a]	0.474 ± 0.014[a]	2.074 ± 0.114[a]	3.369 ± 0.166[a]	0.212 ± 0.026[a]
50g/L	1.355 ± 0.118[ab]	0.408 ± 0.030[ab]	1.763 ± 0.147[ab]	3.314 ± 0.044[a]	0.203 ± 0.013[a]
100g/L	1.276 ± 0.178[ab]	0.400 ± 0.030[ab]	1.676 ± 0.208[ab]	3.178 ± 0.219[a]	0.162 ± 0.007[b]
150g/L	1.253 ± 0.183[b]	0.379 ± 0.042[b]	1.632 ± 0.225[b]	3.295 ± 0.111[a]	0.204 ± 0.016[a]
200g/L	1.153 ± 0.101[b]	0.412 ± 0.035[ab]	1.566 ± 0.128[c]	2.802 ± 0.193[b]	0.197 ± 0.005[a]
250g/L	—	—	—	—	—

注：“—”表示幼苗已死亡；同列不同字母表示处理内浓度间在 0.05 水平差异显著。

2.2 干旱胁迫对杂交狼尾草丙二醛（MDA）和渗透调节物质积累的影响

随着 PEG 质量浓度的增大，MDA 含量表现为先增后降的趋势。当 PEG 质量浓度为 150g/L，MDA 含量达到最大值（3.91mmol/g），与 CK 相比增加 32.56%。随着 PEG 质量浓度的增大，脯氨酸（Pro）含量呈现先降后升的趋势。50g/L、100g/L 浓度胁迫下的 Pro 含量与 CK 比较差异不显著；当胁迫浓度达到 150g/L、200g/L 时，Pro 含量分别比 CK 显著增加 156.51%、459.91%（$P < 0.05$）。表明随着 PEG 胁迫浓度加大，狼尾草属牧草表现出明显的脯氨酸积累现象，而且胁迫程度越强，脯氨酸的积累现象越明显。不同质量浓度 PEG 胁迫下，可溶性多糖含量呈现先升后降的趋势，当胁迫浓度为 200g/L 时，可溶性多糖含量达到最大值，与 CK 相比显著增加 49.76%（$P < 0.05$）。由此可见，PEG 胁迫对狼尾草属牧草的可溶性多糖含量影响较大，可溶性多糖在其抵御干旱逆境时起到了重要的调节作用。狼尾草属牧草可溶性蛋白含量随着 PEG 胁迫程度的加剧而逐渐下降。当胁迫浓度较低（50g/L）时，与 CK 相比没有显著差异；随着胁迫程度的逐步加剧，可溶性蛋白含量显著降低，当胁迫浓度达到 200g/L 时，与 CK 相比显著降低 49.14%（$P < 0.05$）。结果表明，可溶性蛋白在狼尾草属牧草幼苗抵御干旱逆境时可能没有起重要调节作用（表 4-17）。

表 4-17　PEG 胁迫下杂交狼尾草苗期的 MDA 和渗透物质含量

PEG 浓度	丙二醛（MDA）		脯氨酸（Pro）		可溶性多糖		可溶性蛋白	
	含量（mmol/g）	增幅（%）	含量（µg/g）	增幅（%）	含量（mg/g）	增幅（%）	含量（mg/g）	增幅（%）
CK	2.95 ± 0.11 [d]		5.81 ± 0.44 [cd]		10.38 ± 0.28 [d]		3.12 ± 0.25 [a]	
50g/L	3.30 ± 0.09 [c]	11.93	5.02 ± 0.08 [d]	-13.60	11.59 ± 0.53 [c]	11.67	3.00 ± 0.20 [a]	-3.93
100g/L	3.63 ± 0.12 [b]	22.95	6.81 ± 0.28 [c]	17.24	15.99 ± 0.78 [a]	54.06	2.50 ± 0.15 [b]	-19.94
150g/L	3.91 ± 0.17 [a]	32.56	14.90 ± 0.66 [b]	156.51	13.49 ± 0.31 [b]	29.97	2.32 ± 0.19 [b]	-25.84
200g/L	3.49 ± 0.09 [bc]	18.49	32.52 ± 1.09 [a]	459.91	15.54 ± 0.49 [a]	49.76	1.59 ± 0.18 [c]	-49.14
250g/L	—	—	—	—	—	—	—	—

2.3 干旱胁迫对杂交狼尾草保护酶活性的影响

狼尾草属牧草 SOD 活性随 PEG 质量浓度升高呈先降后升趋势，当胁迫浓度达到 200g/L 时，SOD 活性与 CK 相比显著提高（$P < 0.05$）；POD 活性的变化趋势与 SOD 活性不同，随着胁迫浓度的增加则表现出先升后降的趋势。胁迫浓度在 50—150g/L 时，POD 活性分别比 CK 显著增高 14.47%、15.99%、30.61%（$P < 0.05$）；随着 PEG 胁迫浓度增加，CAT 活性表现出先升后降的趋势，并在胁迫浓度为 100g/L 时达到最大值 472.23U/（g·min）。当 PEG 浓度达到 200g/L 时，狼尾草属牧草的抗氧化能力逐渐衰退，但是 SOD、POD、CAT 活性能维持在较高水平，三者与 CK 相比分别显著提高 12.33%、15.7%、8.12%（$P < 0.05$）。该结果表明，狼尾草属牧草幼苗受到 200g/L PEG 胁迫时，3 种抗氧化酶仍能保持较强的清除效应，从而将活性氧的伤害控制在一定的范围内，抵御干旱逆境对其造成的伤害（表 4-18）。

表 4-18　PEG 胁迫下狼尾草属牧草苗期的保护酶活性

PEG 浓度	超氧化物歧化酶（SOD）		过氧化物酶（POD）		过氧化氢酶（CAT）	
	活性 [U/（g·min）]	增幅（%）	活性 [U/（g·min）]	增幅（%）	活性 [U/（g·min）]	增幅（%）
CK	728.50 ± 10.67[b]		2257.78 ± 29.86[c]		369.03 ± 10.89[d]	
50g/L	647.34 ± 32.31[c]	−11.14	2584.44 ± 44.91[b]	14.47	435.33 ± 10.34[b]	17.97
100g/L	689.86 ± 22.82[bc]	−5.31	2618.89 ± 25.14[b]	15.99	472.23 ± 8.29[a]	27.90
150g/L	683.09 ± 18.38[bc]	−6.23	2948.89 ± 88.54[a]	30.61	445.46 ± 8.98[b]	20.59
200g/L	818.36 ± 10.93[a]	12.33	2612.22 ± 20.06[b]	15.7	399.19 ± 12.33[c]	8.12
250g/L	—	—	—	—	—	—

注："—"表示幼苗已死亡；同列不同字母表示处理内浓度间在 0.05 水平差异显著。

2.4 干旱胁迫下杂交狼尾草生理指标的相关性

PEG 胁迫质量浓度与 SOD 活性呈显著正相关（$P < 0.05$）；与 MDA 含量、脯氨酸含量、可溶性多糖含量及 POD 活性呈极显著正相关（$P < 0.01$）；与叶绿素总量、可溶性蛋白含量呈极显著负相关，与 CAT 活性不相关。结果表明随干旱胁迫的增强，MDA 急剧增加、叶绿素受到破坏含量下降、可溶性蛋白含量持续降低，狼尾草属牧草受到的干旱害程度加深；同时，狼尾草属牧草通过快速增加脯氨酸和可溶性多糖含量，来维持细胞正常渗透压，并通过增强 POD、SOD、CAT 活性来清除活性氧等有害物质，从而抵御干旱逆境对其造成的伤害（表 4-19）。

表 4-19　PEG 胁迫下杂交狼尾草生理指标的相关性分析

生理指标	PEG 浓度	MDA 含量	叶绿素总量	脯氨酸含量	可溶性蛋白含量	可溶性多糖	POD 活性	SOD 活性	CAT 活性
PEG 浓度	1								
MDA 含量	0.700**	1							
叶绿素总量	−0.658**	−0.585*	1						
脯氨酸	0.861**	0.317	−0.451*	1					
可溶性蛋白	−0.910**	−0.484*	0.651**	−0.878**	1				
可溶性多糖	0.773**	0.600**	−0.494*	0.533*	−0.734**	1			
POD	0.677**	0.903**	−0.504*	0.291	−0.445*	0.446*	1		
SOD	0.492*	−0.155	−0.030	0.792**	−0.598**	0.378	−0.211	1	
CAT	0.262	0.609**	−0.423	−0.233	−0.121	0.523*	0.619**	−0.503*	1

注：** 表示指标在 0.01 水平显著相关；* 表示指标在 0.05 水平显著相关。

3　狼尾草属牧草废水消纳能力研究

试验地点在龙岩市龙马畜牧饲料有限公司原种猪场（图 4-4）。牧草种植地类型为丘陵红壤山地，面积为 10hm²，土壤 pH 为 6.76，土壤营养成分为：有机质 31.22%、全氮 1.41g/kg、全磷 0.65g/kg、全钾 7.03g/kg、碱解氮 87.50g/kg、速效磷 330.45mg/kg、速效钾 65.20mg/kg。种植牧草品种为"闽牧 6 号"杂交狼尾草，为种植多年的牧草品种。生产试验开始时对杂交狼尾草全部进行刈割，每次刈割后浇灌沼液。

长期定位观测站土壤取样

观测站建设中

观测站建设后

图 4-4　狼尾草属牧草消纳猪场废水效果试验

3.1 沼液不同氮素水平对狼尾草生长及土壤氮素富集的影响

3.1.1 狼尾草产量

图 4-5 表明，T1、T2、T3 刈割期和全年牧草干草产量均随着沼液氮素水平的增加而增加。在 3 个刈割期中，相同处理间均以 T2 刈割期产量最高。与不施沼液相比，不同刈割期均表现为 N1 和 N2 增产不显著（$P > 0.05$），N3—N6 增产显著（$P < 0.05$）。全年牧草产量以 N6 为最高，达 27.51t/hm²，显著高于 N0—N5（$P < 0.05$）。与对照相比，施用沼液全年牧草产量增加了 42.88%—276.8%，其中 N3—N6 增产显著（$P < 0.05$）。

3.1.2 狼尾草植株硝酸盐含量

牧草硝酸盐累积量是衡量牧草品质的重要指标之一。由图 4-6 可见，3 个刈割期牧草地上部硝酸盐含量虽均随着沼液氮素水平的提高呈递增趋势，但均低于牧草畜牧利用的硝酸盐限量指标 0.25%。不同刈割期相同处理均以 T1 刈割期硝酸盐含量最高。与 N0（CK）相比，浇施沼液后 T1、T2 和 T3 刈割期牧草硝酸盐含量分别增加了 13.47%—27.36%、0.13%—25.07% 和 10.66%—41.78%。T1 和 T3 期 N1—N6 处理牧草地上部硝酸盐含量均显著高于对照 N0（$P < 0.05$），T2 期 N1—N3 处理与对照差异不显著（$P > 0.05$），N4—N6 处理与对照差异显著（$P < 0.05$）。

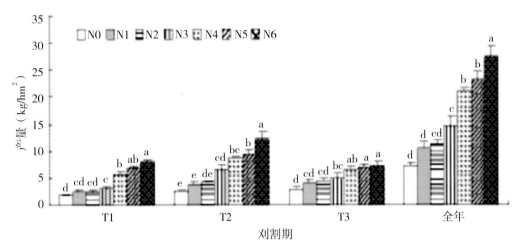

图 4-5　沼液氮素水平对狼尾草干草产量的影响

注：N0（CK）、N1、N2、N3、N4、N5、N6 分别表示每次浇灌折纯氮 0、5、10、20、40、80、160kg/hm²，不同英文字母表示有显著性差异（$P < 0.05$）。

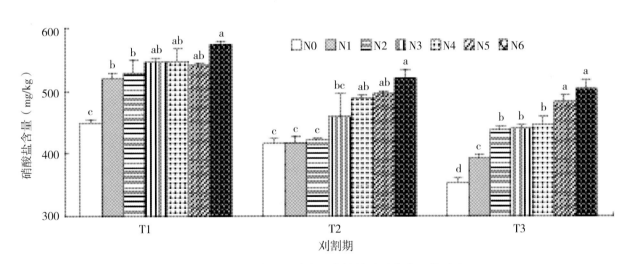

图 4-6　沼液氮素水平对狼尾草植株硝酸盐含量的影响

注：N0（CK）、N1、N2、N3、N4、N5、N6 分别表示每次浇灌折纯氮 0、5、10、20、40、80、160kg/hm²，不同英文字母表示有显著性差异（$P < 0.05$）。

3.1.3 狼尾草植株全氮含量及粗蛋白产量

植株氮素含量是影响牧草品质的重要因素之一，从表 4-20 看出，3 个刈割期相同处理间均以 T3 期牧草全氮含量最高，相同刈割期不同处理间均以 N6 处理为最高，分别为 1.10%、1.15% 和 1.88%。在 T1 刈割期，N6 处理显著高于 N0—N5 处理（$P < 0.05$），而 N0—N5 处理间差异均不显著（$P > 0.05$）。在 T2 刈割期，N0—N6 各处理间的植株全氮含量差异均不显著（$P > 0.05$）。在 T3 刈割期，N6 处理显著高于 N0—N4 处理（$P < 0.05$），而 N0、N1、N3 和 N4 间差异尚不显著（$P > 0.05$）。

表 4-20　各刈割期狼尾草植株全氮含量（%）

处理	T1	T2	T3
N0	0.71 ± 0.03 [bc]	1.01 ± 0.06 [a]	1.26 ± 0.01 [d]
N1	0.63 ± 0.01 [c]	1.10 ± 0.05 [a]	1.42 ± 0.01 [bcd]
N2	0.75 ± 0.02 [b]	1.09 ± 0.04 [a]	1.51 ± 0.08 [bc]
N3	0.71 ± 0.04 [bc]	1.09 ± 0.06 [a]	1.33 ± 0.09 [cd]
N4	0.71 ± 0.04 [bc]	1.06 ± 0.06 [a]	1.46 ± 0.07 [bcd]
N5	0.73 ± 0.04 [bc]	1.15 ± 0.05 [a]	1.66 ± 0.11 [ab]
N6	1.10 ± 0.07 [a]	1.15 ± 0.01 [a]	1.88 ± 0.07 [a]

注：N0（CK）、N1、N2、N3、N4、N5、N6 分别表示每次浇灌折纯氮 0、5、10、20、40、80、160kg/hm²，同一列数值不同英文字母表示有显著性差异（$P < 0.05$）。

由图 4-7 可知，随着沼液氮素水平的增加，T1、T2、T3 刈割期和全年牧草粗蛋白产量均上升。与对照相比，T1、T2、T3 刈割期粗蛋白产量分别增加了 18.31%—610.4%、57.18%—272.7% 和 75.49%—315.0%。其中 T1 期的 N4—N6 处理，T2 和 T3 期的 N2—N6 处理与对照差异显著（$P < 0.05$）。从全年收获的植株粗蛋白产量比较看出，N1—N5 处理全年粗蛋白产量比对照 N0 增加了 58.82%—343.3%，其中 N6 处理显著高于其他处理（$P < 0.05$），结合硝酸盐和全氮含量可推知，狼尾草有较强的吸收和转化氮的能力。

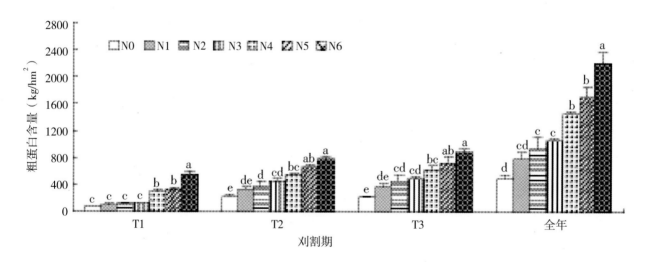

图 4-7　各刈割期牧草粗蛋白产量

注：N0（CK）、N1、N2、N3、N4、N5、N6 分别表示每次浇灌折纯氮 0、5、10、20、40、80、160kg/hm²。

3.1.4 对狼尾草氮素利用效率的影响

氮素利用率、粗蛋白生产效率、氮素生理利用率、氮素生产效率和氮素偏生产力等 5 个指标分析结果表明（表 4-21），除氮素生理利用率以 N4 处理为最高外，其余 4 个指标均随着沼液氮素水平的增加而呈降低的趋势。氮素利用率、粗蛋白生产效率、氮素生产效率和氮素偏生产力分别从 N1 处理的 45.34%、17.84%、59.45% 和 255.0% 降低到 N6 处理的 20.08%、1.72%、14.15% 和 20.26%。表明随着沼液氮素水平的增加，狼尾草植株全氮含量增加，但并不能提高牧草植株的氮素利用效率。沼液中的氮素利用效率越低，牧草地氮素残留和损失率将越高。

表 4-21　沼液氮素水平对狼尾草氮素利用效率的影响（%）

处理	氮素利用率	粗蛋白生产效率	氮素生理利用率	氮素生产效率	氮素偏生产力
N0	—	—	—	—	—
N1	45.34 ± 5.10[ab]	17.84 ± 3.63[a]	90.20 ± 20.38[ab]	59.45 ± 8.83[a]	255.01 ± 75.89[a]
N2	48.37 ± 8.14[a]	10.40 ± 3.38[b]	65.15 ± 12.46[c]	42.30 ± 12.22[ab]	140.08 ± 40.35[b]
N3	39.04 ± 0.80[bc]	5.55 ± 1.05[c]	83.48 ± 17.32[abc]	32.05 ± 8.78[ab]	80.94 ± 18.49[bc]
N4	34.14 ± 0.31[cd]	3.36 ± 1.12[c]	94.76 ± 3.24[a]	26.57 ± 0.95[b]	51.01 ± 26.21[c]
N5	26.57 ± 0.92[de]	2.35 ± 0.40[c]	80.17 ± 4.05[abc]	19.69 ± 4.22[b]	31.92 ± 4.22[c]
N6	20.08 ± 4.98[e]	1.72 ± 0.31[c]	67.60 ± 2.38[bc]	14.15 ± 3.77[b]	20.26 ± 3.77[c]

注：N0（CK）、N1、N2、N3、N4、N5、N6 分别表示每次浇灌折纯氮 0、5、10、20、40、80、160kg/hm²。

3.2 施用沼液对土壤剖面全氮和硝态氮含量的影响

如表 4-22 所示，0—20cm、20—40cm、40—60cm 土层氮素含量总体随着沼液氮素水平的增加而增加，随着土壤剖面深度的增加而降低。0—20cm 土层 N5—N6 处理，20—40cm 和 40—60cm 土层 N4—N6 处理显著高于对照（$P < 0.05$），表明浇施沼液可提高土壤氮素残留量，且较高的沼液氮素水平（N5—N6）可显著提高土壤氮素残留量。

表 4-22　土壤不同土层全氮含量（%）

处理	0—20cm	20—40cm	40—60cm
N0	0.1424 ± 0.0102[c]	0.0457 ± 0.0078[c]	0.0355 ± 0.0168[b]
N1	0.1443 ± 0.0110[c]	0.0447 ± 0.0112[c]	0.0403 ± 0.0049[b]
N2	0.1384 ± 0.0094[c]	0.0605 ± 0.0157[c]	0.0335 ± 0.0027[b]
N3	0.1495 ± 0.0045[c]	0.0448 ± 0.0124[c]	0.0495 ± 0.0089[b]
N4	0.1594 ± 0.0513[bc]	0.1184 ± 0.0154[b]	0.0972 ± 0.0380[a]
N5	0.1955 ± 0.0210[ab]	0.1195 ± 0.0083[b]	0.1061 ± 0.0046[a]
N6	0.2211 ± 0.0115[a]	0.1450 ± 0.0102[a]	0.1214 ± 0.0015[a]

注：N0（CK）、N1、N2、N3、N4、N5、N6 分别表示每次浇灌折纯氮 0、5、10、20、40、80、160kg/hm²。

从土壤剖面硝态氮分布来看（表 4-23），土壤硝态氮含量随着剖面深度的加深而降低。不同处理间，土层硝态氮含量随着沼液氮素水平的增加而增加。与对照 N0 相比，0—20cm 和 20—40cm 的 N3—N6 处理，以及 40—60cm 的 N5—N6 处理的硝态氮含量显著升高（$P < 0.05$），表明随着沼液中氮素水平的提高，也将加大牧草地硝态氮淋失的风险。

表 4-23   土壤剖面硝态氮含量（mg/kg）

处理	0—20cm	20—40cm	40—60cm
N0	0.61 ± 0.16 [d]	0.56 ± 0.05 [e]	0.47 ± 0.01 [c]
N1	0.63 ± 0.06 [d]	0.59 ± 0.06 [de]	0.46 ± 0.06 [c]
N2	0.68 ± 0.11 [d]	0.62 ± 0.08 [de]	0.54 ± 0.05 [c]
N3	1.27 ± 0.24 [c]	0.92 ± 0.08 [d]	0.57 ± 0.04 [c]
N4	3.14 ± 0.06 [b]	2.61 ± 0.25 [c]	0.68 ± 0.07 [bc]
N5	5.97 ± 0.29 [a]	5.00 ± 0.01 [b]	0.80 ± 0.06 [b]
N6	6.35 ± 0.20 [a]	6.53 ± 0.08 [a]	2.35 ± 0.16 [a]

注：N0（CK）、N1、N2、N3、N4、N5、N6 分别表示每次浇灌折纯氮 0、5、10、20、40、80、160kg/hm² 。

第三节 牧草配套栽培技术体系与草地管理

牧草地是消纳沼液的重要场地。在实际应用中，沼液能否按照理论设计有效利用，取决于草地的第一性生产力是否得到正常发挥。牧草生长季节性强，种植密度、种植时间、刈割时间、土壤水分状况以及其他营养的均衡搭配均影响牧草生长。本节重点叙述福建中亚热带区猪（牛）－沼－草循环模式下牧草配套栽培技术以及长期沼液浇灌背景下草地的土壤健康。

● 1 牧草合理栽培模式及其配套技术

1.1 不同种植方式对狼尾草属牧草出芽时间、出芽率、成活率的影响

双节斜插的出芽时间最早，分别比单节斜插、单节平埋、双节平埋缩短 33.3%、66.6%、116.7%，且差异显著。4 种种植方式的狼尾草属牧草出芽率依次为双节平埋＞双节斜插＞单节斜插＞单节平埋，双节平埋与双节斜插的出芽率差异不显著，单节斜插与单节平埋的出芽率差异不显著。4 种种植方式中双节平埋的成活率最高，分别比双节斜插、单节平埋、单节斜插高 3.2%、13.3%、17.5%，与双节斜插的成活率差异不显著，与单节斜插、单节平埋的成活率差异显著（表 4-24）。

表 4-24 不同种植方式对狼尾草属牧草出芽时间、出芽率、成活率的影响

指标	单节斜插	双节斜插	单节平埋	双节平埋
出芽时间（h）	96.0 ± 3.6^c	72.0 ± 2.7^d	120.0 ± 4.1^b	156.0 ± 5.3^a
出芽率（%）	92.5 ± 1.9^b	98.1 ± 1.1^a	90.3 ± 2.1^b	99.0 ± 0.6^a
成活率（%）	83.6 ± 3.3^b	95.2 ± 1.8^a	86.7 ± 3.2^b	98.2 ± 0.9^a

1.2 密度对狼尾草属牧草生长特性及产量的影响

随种植密度增大，分蘖数、茎粗增加，株高、产量先升后降。株行距 20cm×20cm 时产量最低；株行距 80cm×60cm 时产量最高，与 120cm×80cm 差异不显著，与其他差异显著，比株行距 20cm×20cm 产量高 28.9%；株行距 40cm×30cm 与 120cm×160cm 产量差异不显著。结果表明狼尾草属牧草最适宜的种植密度为 80cm×60cm（表 4-25）。

表 4-25 不同种植密度对狼尾草属牧草生长特性和产量的影响

指标	120cm × 160cm	120cm × 80cm	80cm × 60cm	60cm × 40cm	40cm × 30cm	20cm × 20cm
株高（cm）	284.7 ± 4.3^b	289.2 ± 2.9^b	299.4 ± 3.3^a	304.1 ± 5.5^a	290.0 ± 2.3^b	268.3 ± 5.4^c
分蘖数	14.1 ± 0.1^a	13.8 ± 0.4^a	11.1 ± 0.3^b	8.9 ± 0.5^c	6.6 ± 0.4^d	4.2 ± 0.6^e
茎粗（mm）	19.0 ± 0.2^a	18.9 ± 1.0^a	16.6 ± 0.7^b	14.7 ± 0.5^c	12.1 ± 0.3^d	10.3 ± 0.2^e
产量（t/hm²）	170.5 ± 3.2^c	191.3 ± 4.2^a	198.1 ± 9.1^a	181.5 ± 2.9^b	167.8 ± 2.1^c	153.7 ± 3.3^d

1.3 施肥对狼尾草属牧草生长特性及产量的影响

1.3.1 不同基肥对狼尾草属牧草生长的影响

随着有机肥、废菌料施肥量增大，株高、分蘖数、茎粗、产量增加，且与对照（CK）差异显著，但施肥量3000kg/hm² 与 4500kg/hm² 差异不显著，表明随施肥量增大，肥料报酬率下降，适宜的施肥量 3000kg/hm²。有机肥施肥量为 3000kg/hm² 时，株高、分蘖数、茎粗、产量分别比对照高29.5%、38.7%、28.3%、39.0%，废菌料施肥量为 3000kg/hm² 时，株高、分蘖数、茎粗、产量分别比对照高27.6%、35.1%、27.1%、37.3%，废菌料与有机肥对狼尾草属牧草生长特性及产量影响差异不显著（表 4-26）。

表 4-26　不同基肥对狼尾草属牧草生长特性和产量的影响

指标	CK	有机肥（kg/hm²）			废菌料（kg/hm²）		
		1500	3000	4500	1500	3000	4500
株高（cm）	299.4 ± 3.3ᶜ	360.4 ± 11.8ᵇ	392.0 ± 16.5ᵃ	394.2 ± 19.0ᵃ	356.9 ± 13.3ᵇ	386.3 ± 15.4ᵃ	388.7 ± 12.7ᵃ
分蘖数	11.1 ± 0.3ᶜ	13.6 ± 0.4ᵇ	15.4 ± 0.2ᵃ	16.1 ± 0.6ᵃ	13.3 ± 0.3ᵇ	15.0 ± 0.3ᵃ	15.6 ± 0.5ᵃ
茎粗（mm）	16.6 ± 0.7ᶜ	19.6 ± 0.5ᵇ	21.3 ± 0.4ᵃ	21.9 ± 0.7ᵃ	19.4 ± 0.2ᵇ	21.1 ± 0.5ᵃ	21.6 ± 0.4ᵃ
产量（t/hm²）	198.1 ± 9.1ᶜ	231.6 ± 21.2ᵇ	275.4 ± 10.2ᵃ	277.1 ± 13.4ᵃ	228.2 ± 23.5ᵇ	272.0 ± 15.4ᵃ	274.3 ± 12.5ᵃ

1.3.2 追肥对狼尾草属牧草生长的影响

有机肥作基肥基础上进行追肥对狼尾草属牧草生长的影响试验表明，随尿素、复合肥追肥量增大，株高、分蘖数、茎粗、产量增加，且与对照（CK）差异显著，但追肥量 750kg/hm² 与 1125kg/hm² 差异不显著。随追肥量增大，肥料报酬率下降，适宜的追肥量 750kg/hm²。尿素追肥量为 750kg/hm² 时，株高、分蘖数、茎粗、产量分别比对照高23.4%、61.7%、12.2%、45.5%，复合肥追肥量为 750kg/hm² 时，株高、分蘖数、茎粗、产量分别比对照高24.7%、26.9%、14.1%、48.5%，尿素与复合肥对狼尾草属牧草生长特性及产量影响差异不显著（表 4-27）。

表 4-27　有机肥作基肥基础上进行追肥对狼尾草属牧草生长特性和产量的影响

指标	CK	尿素（kg/hm²）			复合肥（kg/hm²）		
		375	750	1125	375	750	1125
株高（cm）	392.0 ± 16.5ᶜ	452.7 ± 8.9ᵇ	487.2 ± 13.3ᵃ	495.5 ± 8.0ᵃ	461.3 ± 10.3ᵇ	492.7 ± 15.4ᵃ	503.2 ± 13.6ᵃ
分蘖数	15.4 ± 0.2ᶜ	20.1 ± 1.1ᵇ	24.9 ± 1.4ᵃ	26.0 ± 1.5ᵃ	21.3 ± 1.3ᵇ	25.5 ± 1.7ᵃ	27.1 ± 2.1ᵃ
茎粗（mm）	21.3 ± 0.4ᶜ	22.7 ± 0.2ᵇ	23.9 ± 0.3ᵃ	24.1 ± 0.3ᵃ	23.0 ± 0.4ᵇ	24.3 ± 0.1ᵃ	24.9 ± 0.7ᵃ
产量（t/hm²）	275.4 ± 10.2ᶜ	331.3 ± 21.1ᵇ	400.8 ± 25.7ᵃ	404.8 ± 27.6ᵃ	340.5 ± 17.5ᵇ	409.0 ± 14.9ᵃ	411.5 ± 12.3ᵃ

废菌料作基肥基础上进行追肥对狼尾草属牧草生长的影响试验表明，随尿素、复合肥追肥量增大，株高、分蘖数、茎粗、产量增加，且与对照（CK）差异显著，但追肥量 750kg/hm² 与 1125kg/hm² 差异不显著，表明随追肥量增大，肥料报酬率下降，适宜的追肥量 750kg/hm²。尿素追肥量为 750kg/hm² 时，株高、分蘖数、茎粗、产量分别比对照高29.5%、38.7%、28.3%、44.9%，复合肥追肥量为 750kg/hm² 时，株高、分蘖数、茎粗、产量分别比对照高27.6%、35.1%、27.1%、47.4%，尿素与复合肥对狼尾草属牧草生长特性及产量影响差异不显著（表 4-28）。

表 4-28　废菌料作基肥基础上进行追肥对狼尾草属牧草生长特性和产量的影响

指标	CK	尿素（kg/hm²）			复合肥（kg/hm²）		
		375	750	1125	375	750	1125
株高（cm）	386.3 ± 15.4ᶜ	444.3 ± 13.1ᵇ	484.6 ± 9.3ᵃ	490.1 ± 10.4ᵃ	452.2 ± 12.4ᵇ	485.5 ± 11.7ᵃ	493.4 ± 9.6ᵃ
分蘖数	15.0 ± 0.3ᶜ	19.6 ± 1.9ᵇ	24.1 ± 1.4ᵃ	25.3 ± 1.8ᵃ	20.3 ± 1.2ᵇ	25.2 ± 1.8ᵃ	25.9 ± 2.1ᵃ
茎粗（mm）	21.1 ± 0.5ᶜ	22.1 ± 0.2ᵇ	23.0 ± 0.1ᵃ	23.6 ± 0.3ᵃ	22.8 ± 0.3ᵇ	23.9 ± 0.2ᵃ	24.4 ± 0.6ᵃ
产量（t/hm²）	272.0 ± 15.4ᶜ	327.8 ± 19.2ᵇ	394.1 ± 15.8ᵃ	397.0 ± 17.9ᵃ	336.3 ± 17.3ᵇ	400.8 ± 18.6ᵃ	403.8 ± 18.1ᵃ

● 2 沼液浇灌对草地土壤环境的影响

2.1 草地生产力

从对狼尾草属牧草生长表现观测，闽牧 6 号狼尾草较杂交狼尾草耐寒，在闽西山区，狼尾草从 3 月底开展返青，以 40d 为刈割间隔开展刈割，从 5 月 20 日进行第一次刈割，闽牧 6 号狼尾草共刈割 5 次，闽牧 6 号鲜草产量为 354.88t/hm²，干草产量为 38.04t/hm²（表 4-29）。闽牧 6 号狼尾草从 12 月初到 12 月中下旬地上部逐渐枯死，能抵抗薄霜，但不能抵抗强霜和连续霜降。翌年春，随着地温升高和雨水增多，牧草地下部又开始萌发新芽，重新分蘖。

表 4-29　长期浇施沼液狼尾草产量测定（t/hm²、%）

日期	5 月 20 日		7 月 1 日		8 月 10 日		9 月 20 日		11 月 1 日		全年	
	鲜草	折干率	鲜草	折干率	鲜草	折干率	鲜草	折干率	鲜草	折干率	鲜草	折干率
杂交狼尾草	69.65	8.32	58.58	10.23	75.20	10.12	95.92	9.53	57.33	19.50	356.99	11.13
闽牧 6 号	67.65	9.48	58.29	8.66	78.48	10.44	96.91	9.62	53.55	16.93	354.88	10.72

2.2 草地土壤理化性质变化

2.2.1 土壤基本理化性状

草地通过 3 年时间沼液的浇灌，生产出大量可饲喂家畜的牧草，沼液对草地改良效果明显（表 4-30），施用沼肥可使草地土壤疏松，色泽加深，保水保肥能力增强。龙马猪场有施沼液的草地比对照有机质提高了 189.9%，全氮提高了 51.6%，碱解氮提高了 72.4%，全磷提高了 209.5%，速效磷提高了 148.9%，但全钾和速效钾都降低了，这可能是由于沼液中钾的含量比氮和磷的含量低，且杂交狼尾草生物量大，生长过程中过量吸收了土壤中的钾，造成施用沼肥的土壤全钾和速效钾都降低。

表 4-30　草地浇灌沼液后对土壤理化性状的影响

施肥处理	pH	有机质（%）	全氮（%）	全磷（%）	全钾（%）	碱解氮（mg/kg）	速效磷（mg/kg）	速效钾（mg/kg）
对照组	6.19	1.077	0.093	0.021	1.592	50.75	132.77	147.23
施沼肥组	6.76	3.122	0.141	0.065	0.703	87.50	330.45	65.20
比对照提高（%）	+9.2	+189.9	+51.6	+209.5	−55.8	+72.4	+148.9	−55.7

2.2.2 土壤硝酸盐含量

从土壤剖面硝态氮分布来看（表 4-31），经过 3 年沼液浇灌的草地，在 0—20cm、20—40cm 及 40—60cm 土壤剖面的硝态氮含量分别为 6.44mg/kg、5.61mg/kg 和 2.92mg/kg，均明显高于没有浇沼液的对照草地相应土层，但土壤硝态氮含量均没有达到较高值，同时可以看出在 60cm 以下土壤剖面硝态氮并没有呈下渗的趋势，说明利用草地吸纳适量的沼液对防止养殖场废弃物排放造成地下水硝酸盐污染的效果还是相当明显的。

表 4-31　草地浇灌沼液对土壤硝酸盐含量的影响

处理	土层高度（cm）	硝态氮含量（mg/kg）
不浇沼液草地（CK）	0—20	1.05
	20—40	1.03
	40—60	0.92
	60—80	0.98
沼液浇灌草地	0—20	6.44
	20—40	5.61
	40—60	2.92
	60—80	0.86

2.2.3 草地渗透

从 2009 年开始，龙岩市畜牧兽医水产局委托福建省水环境监测中心连续两年对龙马猪场狼尾草草地渗透水检测，由表 4-32 可见，在悬浮物（SS）、化学需氧量（CODcr）、5 日生化需氧量（BOD$_5$）、铵态氮（NH$_4^+$-N）、总磷（TP）等指标方面，均达到合格排放标准。其中在 2009 年，与排放安全指标相比较，在 SS、CODcr、BOD$_5$、NH$_4^+$-N、TP 指标方面分别降低了 80.2%、79.0%、79.2%、44.8%、55.4%。2010 年检测效果更好，均达到排放安全标准。

表 4-32　猪场排放指标监测

年份	猪场	SS (mg/L)	CODcr (mg/L)	BOD$_5$ (mg/L)	NH$_4^+$-N (mg/L)	TP (mg/L)
2010	龙马猪场	12.3	12.4	22.6	3.17	0.78
2009	龙马猪场	39.6	83.9	31.2	44.2	3.57
	龙岩 2 家猪场（平均）	64.6	280.5	50.2	146	22.3
	与排放安全指标相比（%）	-80.2	-79.0	-79.2	-44.8	-55.4
排放安全指标		＜200	＜400	＜150	＜80	＜8.0

注：悬浮物（SS）、化学需氧量（CODcr）、5 日生化需氧量（BOD$_5$）、铵态氮（NH$_4^+$-N）、总磷（TP）。

2.3 侵蚀地的土壤改良

除 3 年生狼尾草属牧草的速效钾含量外，不同生长年限狼尾草属牧草的土壤的 pH 值及有机质、碱解氮、有效磷、速效钾的含量总体上均比未种植菌草的土壤（CK）高，其中 3 年生狼尾草属牧草的土壤有机质最高，比对照高98.20%，除1年生狼尾草属牧草外，与对照比均差异显著；5年生狼尾草属牧草土壤的碱解氮为160.40mg/kg，比对照高93.2%，除1年生狼尾草属牧草外，与对照比均差异显著；1年生、5年生狼尾草属牧草土壤的有效磷含量与对照差异显著，2年生、3年生狼尾草属牧草土壤的有效磷含量与对照差异不显著；不同生长年限狼尾草属牧草土壤的速效钾与对照差异不显著。结果表明，种植狼尾草属牧草能在一定程度上提高土壤肥力（表4-33）。

表4-33 不同生长年限狼尾草属牧草的土壤肥力测定

生长年限	pH	有机质（%）	碱解氮（mg/kg）	有效磷（mg/kg）	速效钾（mg/kg）
CK	4.46 ± 0.08^{b}	1.69 ± 0.64^{b}	83.00 ± 18.23^{c}	7.00 ± 4.50^{b}	115.27 ± 97.57^{a}
1年生	4.61 ± 0.32^{b}	2.14 ± 0.13^{b}	91.30 ± 8.30^{bc}	19.80 ± 2.00^{a}	123.30 ± 16.10^{a}
2年生	4.86 ± 0.47^{b}	3.14 ± 0.17^{a}	158.50 ± 11.10^{a}	11.30 ± 1.20^{b}	145.60 ± 45.83^{a}
3年生	6.82 ± 0.18^{a}	3.35 ± 0.15^{a}	108.70 ± 8.10^{b}	8.19 ± 0.16^{b}	104.20 ± 5.50^{a}
5年生	4.61 ± 0.28^{b}	3.12 ± 0.22^{a}	160.40 ± 7.50^{a}	18.10 ± 2.10^{a}	128.00 ± 12.50^{a}

图4-8 长汀种植狼尾草属牧草控制水土流失、培肥地力

2.4 土壤微生物群落

2.4.1 碳源平均颜色变化率（AWCD）

随着培养时间延长，土壤微生物对不同碳源的利用程度增大，培养72—96h变化最明显，培养144h后各土壤AWCD值均达到最大值。不同生长年限狼尾草属牧草土壤微生物对多聚物、氨基酸代谢

的 AWCD 值大小依次为：2 年生＞3 年生＞1 年生＞5 年生＞ CK，最高的是 2 年生，培养 144h 多聚物、氨基酸代谢的 AWCD 分别是 CK 的 1.98 倍、1.75 倍；对羧酸、酚酸代谢的 AWCD 值大小依次为：2 年生＞1 年生＞5 年生＞3 年生＞ CK，最高的是 2 年生，培养 144h 羧酸、酚酸代谢的 AWCD 分别是 CK 的 1.68 倍、2.00 倍；对糖类代谢的 AWCD 值大小依次为：3 年生＞2 年生＞5 年生＞1 年生＞ CK，最高的是 3 年生，培养 144h 的 AWCD 是 CK 的 2.18 倍；对胺类代谢的 AWCD 值大小依次为：3 年生＞2 年生＞1 年生＞5 年生＞ CK，最高的是 3 年生，培养 144h 的 AWCD 是 CK 的 2.96 倍。综合看不同生长年限的狼尾草属牧草土壤 AWCD 值大小依次为：2 年生＞3 年生＞1 年生＞5 年生＞ CK，不同生长年限的狼尾草属牧草土壤 AWCD 值均比对照高，且差异显著，2 年生 AWCD 值最高，其次为 3 年生，1 年生、5 年生狼尾草属牧草土壤 AWCD 值差异不显著（图 4-9）。

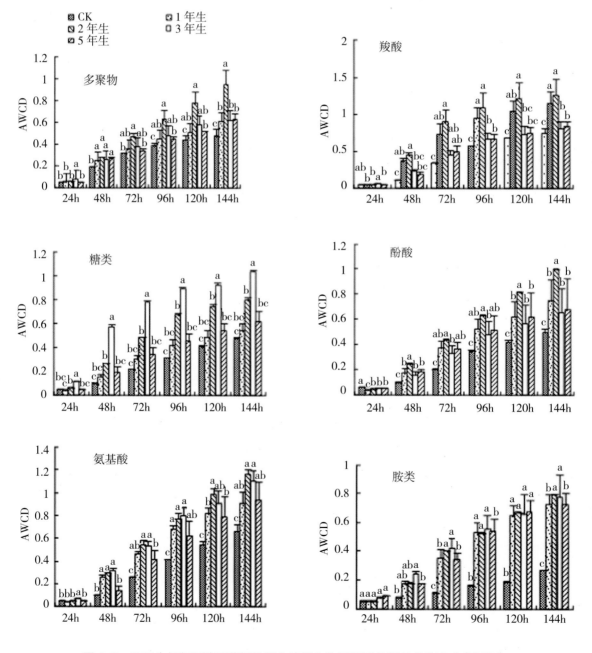

图 4-9　不同生长年限狼尾草属牧草土壤微生物碳源平均颜色变化率（AWCD）

2.4.2 不同生长年限狼尾草属牧草土壤微生物利用碳源主成分分析

根据培养 96h 土壤微生物利用单一碳源的 AWCD 值，对不同土壤微生物利用单一碳源特性进行主成分分析，结果表明，从 31 个碳源中提取的与土壤微生物碳源利用相关的主成分 8 个，其中主成分 1 至主成分 8 分别能够解释变量方差的 25.39%、18.89%、11.28%、9.31%、6.84%、5.60%、5.26%、4.71%，合计解释变量方差的 87.27%。CK 全部分布于主成分 1、2 的负端，除了 5 年生狼尾草属牧草外，1 年生、2 年生狼尾草属牧草主要分别于主成分 1 的负端和主成分 2 的正端，3 年生狼尾草属牧草主要分布于主成分 1 的正端和主成分 3 的负端，均与 CK 差异显著（$P < 0.05$），主成分 1、主成分 2 能够区分不同生长年限狼尾草属牧草土壤的微生物群落特征，2 年生、3 年生狼尾草属牧草土壤微生物功能多样性与 CK 相比，发生了显著的变化（图 4-10）。对主成分的得分系数与单一碳源 AWCD 进行相关分析表明，与主成分 1 显著相关的碳源主要是糖类（D-木糖、β-甲基-D-葡萄糖、葡萄糖-1-磷酸），氨基酸（L-精氨酸、谷氨酰-L-谷氨酸），羧酸（D-苹果酸）和多聚物（D-甘露醇），与主成分 2 显著相关的碳源主要是氨基酸（L-丝氨酸）（图 4-10）。

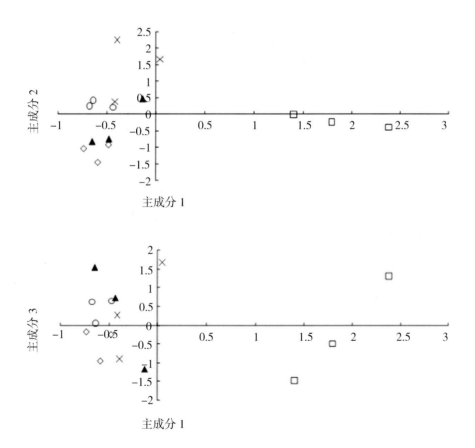

图 4-10　不同生长年限狼尾草属牧草土壤微生物利用碳源主成分

2.4.3 不同生长年限狼尾草属牧草土壤微生物利用培养基的多样性指数

土壤微生物群落利用碳源类型的多与少可以用各种的多样性指数表示。McIntosh 指数不能区分不同生长年限狼尾草属牧草土壤微生物群落利用碳源类型的多与少差异，Simpson 指数不能区分不同生长年限狼尾草属牧草土壤微生物群落利用碳源类型的差异，Shannon（H）、均匀度、Brillouin 指数均能在一定程度上反映不同生长年限狼尾草属牧草土壤利用碳源类型的差异，不同生长年限的狼尾草属牧草在 Shannon（H）、均匀度、Brillouin 指数均高于 CK，且差异显著（$P < 0.05$），2 年生与 3 年生差异不显著，1 年生与 5 年生差异不显著（表 4-34）。

表 4-34　不同生长年限的狼尾草属牧草土壤微生物利用培养基多样性指数

生长年限	Simpson（J）	Shannon（H）	均匀度	Brillouin	McIntosh（D_{MC}）
CK	0.9781 ± 0.0103[a]	4.2733 ± 0.0615[c]	0.8626 ± 0.0124[c]	2.6708 ± 0.0916[c]	0.9819 ± 0.0022[a]
1 年生	0.9992 ± 0.0015[a]	4.3699 ± 0.0597[b]	0.8942 ± 0.0121[b]	3.061 ± 0.1726[b]	0.9979 ± 0.0048[a]
2 年生	0.9937 ± 0.001[a]	4.5701 ± 0.104[a]	0.9225 ± 0.021[a]	3.2807 ± 0.0836[a]	1.0434 ± 0.024[a]
3 年生	0.9941 ± 0.0028[a]	4.4589 ± 0.0065[ab]	0.9 ± 0.0013[ab]	3.168 ± 0.0428[ab]	0.9842 ± 0.0074[a]
5 年生	1.0061 ± 0.0008[a]	4.3445 ± 0.0439[b]	0.8969 ± 0.0089[b]	2.8668 ± 0.034[b]	1.0153 ± 0.0021[a]

注：小写字母表示差异显著（$P < 0.05$）。

3 沼液浇灌对林地植物种群的影响

规模猪场的沼液除了浇灌牧草地外，在牧草非需肥期，还可浇灌侵蚀林地，有效促进林木生长。在长汀规模猪场周边，项目组选择万亩林地，实施沼液轮灌，并开展林分群落监测，取得初步成效。

3.1 试验地概况

试验地位于长汀县河田镇罗地村的低效马尾松林，根据县气象台资料记录，年平均气温 16.8℃，1 月平均气温 5.8℃，7 月平均气温 16.8℃，极端最高气温 35.6℃，极端最低气温 -4.5 ℃，全年日照时数 1942h，平均霜期 105d，年均降水量 1750mm，年均蒸发量 1400mm，常年相对湿度在 80% 以上。土壤多为红壤，山坡为质地疏松的沙壤土，土层和腐殖质较厚，肥力中下。

3.2 浇灌方案（表 4-35）

在长汀县河田镇罗地村的低效马尾松林地，利用周边养猪场，实施沼液浇灌。从山顶漫灌沼液，每 15 天 1 次，1 次 3h。灌溉 2 年后，根据不同海拔、不同坡度、不同坡位同坡向采取典型抽样方法共设置样地（10m×10m）48 块，在样地内以对角线的二分之一、三分之一、四分之一处为中心分别设置灌木样方（2m×2m）144 块，草本（1m×1m）144 块。

表 4-35　生态修复后长汀废矿区调查样地的基本特征

样地	海拔（m）	坡度（°）	坡位	坡向	经纬度
A1	327	35	上	东偏北	N: 25° 37′ 114″ ; E: 116° 25′ 034″
A2	320		中		N: 25° 37′ 119″ ; E: 116° 25′ 037″
A3	310		下		N: 25° 37′ 114″ ; E: 116° 25′ 034″
B1	313	25	上	东偏南	N: 25° 37′ 147″ ; E: 116° 25′ 122″
B2	309		中		N: 25° 37′ 160″ ; E: 116° 25′ 119″
B3	304		下		N: 25° 37′ 130″ ; E: 116° 25′ 122″
C1	317	30	上	西偏北	N: 25° 37′ 135″ ; E: 116° 25′ 114″
C2	313		中		N: 25° 37′ 143″ ; E: 116° 25′ 162″
C3	310		下		N: 25° 37′ 110″ ; E: 116° 25′ 102″

续表

样地	海拔（m）	坡度（°）	坡位	坡向	经纬度
D1	340	30	上	西偏南	N：25°37′137″；E：116°25′092″
D2	333		中		N：25°37′135″；E：116°25′103″
D3	325		下		N：25°37′113″；E：116°25′102″
CK1	320	30	上	东偏南	N：25°37′232″；E：116°25′277″
CK2	318		中		N：25°37′243″；E：116°25′278″
CK3	315		下		N：25°37′210″；E：116°25′290″

注：表格中 A、B、C、D 代表的是用沼液灌溉过的四面山坡，对照是没有用沼液灌溉的山坡。

3.3 评价方法

本研究的物种多样性采用多样性指数、物种丰富度、均匀度指数等来表征。

Simpson 多样性指数（D）：$D=1-\sum\limits_{i=1}^{s}P_i^2$。

Shannon-Wiener 多样性指数（H）：$H=1-\sum\limits_{i=1}^{s}P_i\ln P_i$。

Patrick 丰富度（R）：$R=S$。

Pielou 均匀度指数（Js）：$Js=H/\ln S$。

其中：$P_i=n_i/N$，n_i 为样方内某物种的个体数，N 为样方内所有物种的个体数；S 为样地内物种数。

3.4 林分草本植物物种组成

在试验区共调查到 12 种草本植物，隶属 7 科 12 属，既有一些禾本科、百合科和菊科等世界性大科，又有一些少种科。其中禾本科的物种数最多，有 6 个种，占草本植物种的 50%；有 6 个科只有 1 个物种，其种均占样地的 8.3%。详细信息见表 4-36。

表 4-36　生态修复后长汀废矿区草本植物物种组成

序号	科	属	种	各科物种数所占比例
1	里白科	芒萁属	铁芒萁	8.3%
2	禾本科	芒属	五节芒	50%
3	禾本科	鸭鹄草属	鸭鹄草	
4	禾本科	野古草属	野古草	
5	禾本科	狼尾草属	杂交狼尾草	
6	禾本科	白茅属	丝茅	
7	禾本科	雀稗属	宽叶雀稗	
8	百合科	菝葜属	土茯苓	8.3%
9	菊科	蓟草属	奶蓟草	8.3%
10	猪笼草科	猪笼草属	猪笼草	8.3%
11	野牡丹科	野牡丹属	地菍	8.3%
12	茜草科	耳草属	金毛耳草	8.3%

3.5 林分草本植物物种多样性指数的变化

物种多样性是群落结构的重要指标，通过多样性指数可以间接反映出群落功能的特征。本研究选用 Simpson 指数（D）和 Shannon-Wiener 指数（H）进行物种多样性测度，由图 4-11 可知：四面山坡草本植物 D 值和 H 值随着海拔高度的升高而增加，也就是上坡位大于中坡位大于下坡位。不同坡向的指数也不同，向阳的 A 和 D 山坡的 D 值和 H 值大于阴面的 B 和 C 山坡的 D 值和 H 值。阳面坡的 D 值和 H 值均大于对照，即同为阳面坡灌溉沼液的山坡上的 D 值和 H 值大于未灌溉沼液的。

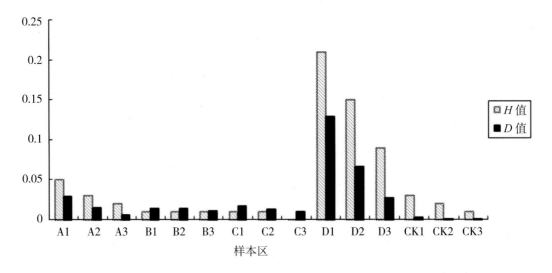

图 4-11 生态修复后长汀废矿区草本植物多样性指数 D 值和 H 值

3.6 林分草本植物均匀度指数的变化

Pielou 均匀度指数（Js）表示群落均匀度的指标，它可以反映群落中个体数量分布的均匀程度。本研究中 Js 的变化规律与 D 值和 H 值的变化规律基本一致（图 4-12）。

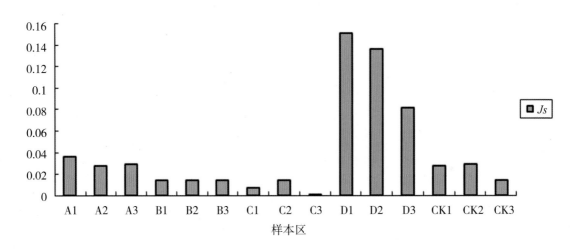

图 4-12 生态修复后长汀废矿区草本植物 Pielou 均匀度指数（Js）

3.7 林分草本植物丰富度的变化

丰富度是指群落中物种数目的多少。一般情况下，当物种数目越多，丰富度就越大；相反，物种数目越少，丰富度越小。本研究中各个处理间的物种的丰富度没有一定的变化规律（图4-13），其中物种数最多达到4个，最少的有2个。

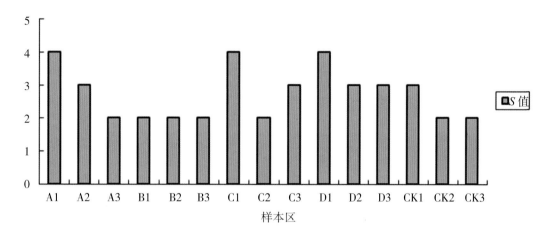

图 4-13　生态修复后长汀废矿区草本植物丰富度（s）

第四节　山地牧草多级次循环开发利用技术

牧草是水土保持－循环农业耦合链接的关键环节，消纳养殖废水产出高蛋白产品，如何将这些高蛋白产品高效利用，成为延伸产业链、提高产品附加值的重要内容。对于奶牛、肉牛饲养而言，这些优质牧草大部分可以作为青饲料利用，作为生猪饲料，添加量可达 10%—15%。但是牧草生长季节性较强。在牧草盛产期，南方山区高温、高湿的气候条件决定着盈余的牧草无法像北方牧区一样制作成干草。如何多元化、多级次利用，成为项目组攻关的重要内容。为此，项目组根据区域生产特点，开展了山地牧草混合青贮、牧草栽培食用菌、食用菌菌糟饲喂奶牛的研究，取得初步成效，基本做到牧草利用率达96% 以上。

● 1 牧草饲料化利用技术

在福建省，甚至是我国南方地区，牧草盛产季节均在夏季。然而福建省夏季丰富的降雨给调制干草甚至牧草收获都带来很大的难度。只有在最适收获期收获的牧草才能调制出优质的干草，所以受天气变化的影响，在预定最适收获期进行牧草收获、晒制干草是非常困难的。没有稳定品质的草产品就难以让用户接受。因此，青贮成为这些区域最主要的牧草生产加工方式。

青贮是保存和开发饲料资源、发展"节粮型"畜牧业的有效手段。所谓青贮，就是通过微生物发酵作用，将青绿原料中的可溶性碳水化合物转化成乳酸等有机酸，使原料的 pH 降低，从而有效抑制不良微生物的生长繁殖，获得能够长期保存、降低营养物质损失的贮存方法。青贮料对于调制干草困难、潮湿多雨地区有着特殊的意义。

传统上青贮为单一青贮，一般以禾本科牧草作为原料。单一禾本科牧草青贮料的粗蛋白质含量偏低，常不能满足草食动物哺乳期和集中育肥期的营养需求，如福建省种植推广的大宗禾本科牧草（杂交狼尾草、饲用玉米）营养期干物质粗蛋白质含量不足 20%。豆科牧草则具粗蛋白含量高的优点，但单宁和木质素等影响动物适口性的因子含量也较高。通过禾本科牧草与豆科牧草混合青贮不仅可应用高蛋白质的豆科牧草来提升牧草青贮料的营养品质，还能应用厌氧发酵来降解豆科牧草中的纤维素，均衡单宁含量，改善适口性，提高豆科牧草的利用率。总而言之，混合青贮与单一青贮相比，具更广阔的推广应用前景。

杂交狼尾草是以二倍体美洲狼尾草和四倍体象草交配产生的三倍体杂种，属禾本科牧草。鲜草粗蛋白质含量高，氨基酸含量比较平衡，是喂养禽畜和鱼类的优质饲料。圆叶决明是世界热带、亚热带地区重要的豆科牧草，因其耐旱、耐酸、耐贫瘠，已在非洲及澳大利亚、美国、巴西等地广泛种植利用。故而应用这两种牧草来混合青贮。

1.1 材料与方法

1.1.1 试验材料

闽引圆叶决明鲜草（初花期），来源于满堂香生态农业有限公司。杂交狼尾草鲜草（抽穗期），来源于田间试验地。含水量见表 4-37。

表 4-37　样品含水量

样品	青草（g）	干草（g）	样品盒（g）	含水量（%）
圆叶决明 1	30.0	28.2	23.0	25.7
圆叶决明 2	24.8	21.9	15.9	32.6
圆叶决明 3	27.4	24.5	17.5	29.3
狼尾草 1	35.2	27.3	21.5	57.7
狼尾草 2	35.7	27.2	20.3	55.2
狼尾草 3	32.4	26.5	21.7	55.1

注：原样用水加湿至 60%。

1.1.2 试验设计

试验的青贮采用桶式青贮法，就是将细细切碎的牧草，装填塑料桶并压实密封。采用圆叶决明与杂交狼尾草不同比例混合，以及加入不同的菌剂，进行不同配方的青贮，具体青贮方法见表 4-38。每个处理 3 次重复。

表 4-38　试验处理方法

	A	B
A1B1	100% 圆叶决明	无
A2B1	80% 圆叶决明 +20% 杂交狼尾草（4∶1）	
A3B1	66% 圆叶决明 +33% 杂交狼尾草（2∶1）	
A4B1	50% 圆叶决明 +50% 杂交狼尾草（1∶1）	
A1B2	100% 圆叶决明	乳酸菌
A2B2	80% 圆叶决明 +20% 杂交狼尾草（4∶1）	
A3B2	66% 圆叶决明 +33% 杂交狼尾草（2∶1）	
A4B2	50% 圆叶决明 +50% 杂交狼尾草（1∶1）	
A1B3	100% 圆叶决明	纤维素酶
A2B3	80% 圆叶决明 +20% 杂交狼尾草（4∶1）	
A3B3	66% 圆叶决明 +33% 杂交狼尾草（2∶1）	
A4B3	50% 圆叶决明 +50% 杂交狼尾草（1∶1）	
A1B4	100% 圆叶决明	乳酸菌 + 纤维素酶
A2B4	80% 圆叶决明 +20% 杂交狼尾草（4∶1）	
A3B4	66% 圆叶决明 +33% 杂交狼尾草（2∶1）	
A4B4	50% 圆叶决明 +50% 杂交狼尾草（1∶1）	

1.1.3 项目测定方法

封装 3 个月后，开封青贮桶，对青贮料进行外观评价，然后对青贮料进行浸提（弃去青贮灌 2—3cm 青贮料。称取 100g 新鲜青贮料，置于 500mL 三角瓶，加入纯水并定容至 500mL，封口，放入 4℃ 冰箱 16—24h，取出升至室温后用 4 层纱布过滤、定容，得到待测浸提滤液），测定浸提液的 pH 值、氨态氮含量、总氮含量、挥发性脂肪酸的含量，用于评价青贮料的发酵品质。

1.2 青贮料外观的评价

青贮料的外观评价有一个一般的评价标准，具体标准见表 4-39。从外观上看，由表 4-40 可知，A3B2、A3B4、A4B3、A4B4 的外观比较好，气味比较清香，属于比较优良的青贮，A2B1、A2B2、A3B1、A4B2 有醋酸味，青贮效果一般，其余的都有恶臭味，青贮效果不好。由此可知，圆叶决明与杂交狼尾草混合比例为 2：1 与 1：1，并且加入一些菌剂，这样的青贮料比较优良。

表 4-39　外观青贮评价标准

等级	颜色	气味	分辨情况
优等	绿 / 黄绿	芳香味	茎叶花能分辨
中等	黄绿 / 黄褐	醋酸味	茎叶花能分清
低	黑	霉味	分不清结构

表 4-40　试验样品的外观

样品	颜色	气味	分辨情况
A1B1-1	黄褐	恶臭味	腐烂，茎叶花不好分辨
A1B2-1	黄褐	淡淡的醋酸味	茎叶花能分清
A1B3-1	黑色	霉味 + 恶臭味	茎叶花不好分辨
A1B4-1	黄褐	恶臭味 + 醋酸味	腐烂，茎叶花不好分辨
A2B1-1	黄褐	醋酸味	茎叶花能分辨
A2B2-1	黄褐	醋酸味	茎叶花能分辨
A2B3-1	黄褐	恶臭味	茎叶花能分清
A2B4-1	黄褐	恶臭味	腐烂，茎叶花不好分辨
A3B1-1	黄褐	醋酸味	茎叶花能分清
A3B2-1	黄褐	醋酸味 + 芳香味	茎叶花能分辨
A3B3-1	黄褐 + 白斑	恶臭味	茎叶花不好分辨
A3B4-1	黄绿	醋酸味 + 芳香味	茎叶花能分辨
A4B1-1	黄褐	醋酸味 + 恶臭味	茎叶花能分辨
A4B2-1	黄褐	醋酸味	茎叶花能分清
A4B3-1	黄绿	淡淡的芳香味	茎叶花能分辨
A4B4-1	黄绿	淡醋酸味 + 淡芳香味	茎叶花能分辨

1.3 青贮料 pH 值

pH 值是衡量青贮品质好坏的重要指标之一，牧草青贮料中 pH 值受到不同牧草不同化学成分的影响。pH 在 3.8—4.2，质量为优良，pH 在 4.3—5.0 质量为中等，pH 在 5.0 以上，质量为劣等。由表 4-41 可知，加入乳酸菌的青贮料品质一般比较优良；加入纤维素酶的品质一般中等；未加入任何菌的配方中，只有圆叶决明的质量一般比较劣等，圆叶决明与杂交狼尾草比例为 4：1 和 2：1 的质量比较优良，1：1 的质量中等；然而 2 种菌都加的质量都比较中等。分析表明，圆叶决明与杂交狼尾草比例为 4：1 或 2：1，加入乳酸菌，这样青贮质量比较优良。

表 4-41 试验样品的 pH 值

样品	序号	pH	序号	pH
A1B1-1	1	7.04	2	8.07
A1B2-1	1	4.11	2	4.09
A1B3-1	1	6.41	2	4.38
A1B4-1	1	4.66	2	4.03
A2B1-1	1	4.20	2	4.16
A2B2-1	1	4.03	2	4.02
A2B3-1	1	4.21	2	4.45
A2B4-1	1	7.27	2	4.63
A3B1-1	1	4.14	2	4.11
A3B2-1	1	4.32	2	4.32
A3B3-1	1	4.70	2	4.18
A3B4-1	1	4.35	2	4.27
A4B1-1	1	4.73	2	4.63
A4B2-1	1	4.07	2	4.11
A4B3-1	1	4.46	2	4.52
A4B4-1	1	4.21	2	4.34

1.4 青贮料氨态氮和总氮含量

根据水样测得的吸光度，在标准曲线上（见图 4-14）算出氨氮含量，根据公式氨氮 NH_3-N（mg/L）=（m/v）×1000 [其中 m 为在标准曲线上查的氨氮含量（mg），v 为水样体积（mL）] 算出氨氮含量。水样在 TOCH-Control 分析仪中测出总氮含量，得出结果列于表 4-42。常规青贮料评定体系中利用氨态氮占总氮的比例进行评分，比值越大说明蛋白质分解越多，意味着青贮质量越差。所以从表 4-42 可以看出，用乳酸菌的青贮料（含 B2 的）相对被分解的比较少，用纤维素酶的被分解的量其次，未加任何菌的和两种菌都加的青贮料蛋白质被分解的量比较多。在加入乳酸菌的和加入纤维素酶的那些青贮料中，只有圆叶决明和两种牧草比例为 4：1 的青贮料相对比较好。

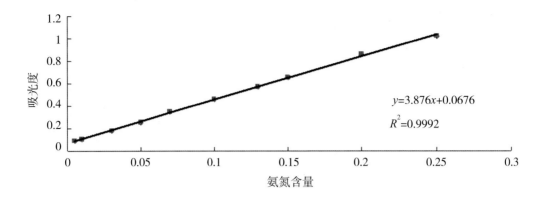

图 4-14　氨氮含量与吸光度的标准曲线

表 4-42　青贮料氨氮含量与总氮情况

样品	吸光度	氨氮	总氮	氨氮 / 总氮
A1B1-1	0.5895	269.2982	691.1	0.389296
A1B2-1	0.2605	99.5356	900.35	0.110768
A1B3-1	0.2995	119.6594	782.6	0.160077
A1B4-1	0.3355	138.2353	615.85	0.226687
A2B1-1	0.254	96.18163	983.05	0.096459
A2B2-1	0.1715	53.61197	481.45	0.109776
A2B3-1	0.2345	86.11971	553.45	0.155696
A2B4-1	0.465	205.0568	631.65	0.323304
A3B1-1	0.2335	85.60372	524.15	0.163785
A3B2-1	0.269	103.9216	674.8	0.153449
A3B3-1	0.2635	101.0836	487.55	0.207527
A3B4-1	0.29	114.7575	655.75	0.160992
A4B1-1	0.223	80.18576	496.35	0.161530
A4B2-1	0.2025	69.60784	443.75	0.156851
A4B3-1	0.2375	87.6677	515.4	0.170129
A4B4-1	0.216	111.5067	475.2	0.236258

注：吸光度值、氨氮量、总氮量均为 2 个平行样的平均值。

1.5 青贮料挥发性脂肪酸含量

每种酸的标准品在高效液相色谱仪测得的色谱图中（图 4-15 至图 4-18），都有其固定的出峰时间，测出其峰的面积。再根据样品测得的色谱图，可以知道每种酸在哪个固定时间出的峰的面积，然后根据公式测算酸浓度：酸浓度 =（样品在该酸出峰时间测得出峰面积 / 标准样出峰面积）× 标准样的浓度。从表 4-43 可以计算得到，未加任何菌剂的、加入乳酸菌的、加入纤维素酶的和两种菌剂都加的 4 种情况产生的挥发性脂肪酸总量分别是 27.26、18.96、21.68 和 20.92。所以加入乳酸菌对青贮效果相对比较好。

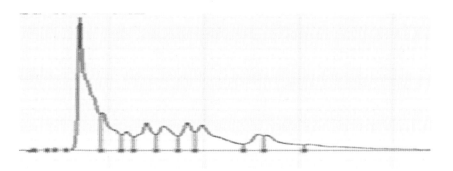

图 4-15　乳酸 1000 倍标准样色谱图

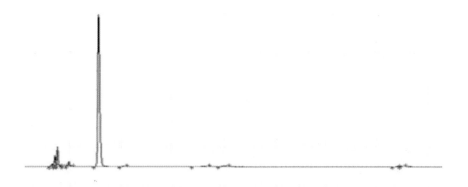

图 4-16　乙酸 1000 倍标准样色谱图

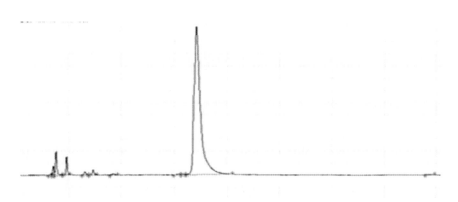

图 4-17　丙酸 1000 倍标准品色谱图

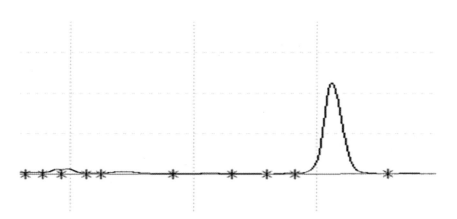

图 4-18　丁酸 1000 倍标准品色谱图

表 4-43　挥发性脂肪酸含量

样品	乳酸 (mg/L)	乙酸 (mg/L)	丙酸 (mg/L)	丁酸 (mg/L)
A1B1-1	1.2486	2.0620	0.4174	0.0000
A1B2-1	2.2828	1.8667	1.4036	0.0080
A1B3-1	1.1978	2.5328	0.5459	0.1027
A1B4-1	3.0277	3.2445	0.4486	0.0000
A2B1-1	2.9518	3.4613	2.3842	0.1919
A2B2-1	1.8426	1.0073	0.8947	0.0012
A2B3-1	1.8106	1.3587	1.2429	0.0074
A2B4-1	1.5639	2.1511	1.2284	0.0000
A3B1-1	2.3463	3.0336	1.3390	0.2158
A3B2-1	1.7663	1.2771	1.1645	0.0009
A3B3-1	1.6857	0.8039	0.9031	0.0446
A3B4-1	1.6527	1.2115	0.9716	0.0705
A4B1-1	2.1375	3.6523	1.8210	0.0000
A4B2-1	1.1607	4.0347	0.2520	0.0000
A4B3-1	2.5946	4.7283	2.1234	0.0000
A4B4-1	1.8786	2.6501	0.7365	0.0881

1.6 小结

从 A1-A4 处理，随着杂交狼尾草添加量的增加，青贮料的 pH 值更趋于稳定（4.0—4.7，是理想的青贮环境），氨氮 / 总氮趋于降低，丁酸含量趋于降低，这表明 50% 圆叶决明 +50% 杂交狼尾草可以获得成功青贮效果。添加乳酸菌后丙酸含量明显低于未添加处理和添加纤维素酶处理，表明添加乳酸有利于圆叶决明青贮。

● 2 牧草栽培食用菌技术

选择狼尾草属牧草栽培杏鲍菇，将二级试验筛选出的前 3 个配方（表 4-44），用自动拌料机拌料后，用气压式自动装袋机分装于 17cm×38cm 的低压聚乙烯塑料袋内，每一配方装袋 1000 袋，常压灭菌 10—12h，冷却后置于接种箱内接入原种，菌丝培养阶段的温度一般控制在 21—25℃，相对湿度 70%，不需要光线。菌丝长满菌袋 7—10d 后进行出菇，温度在 15—17℃，相对湿度 85%—90%，在菇蕾长到 1—3cm 时进行疏蕾，只保留个头大、位置好、菇形正的菇蕾 1—2 个，菇房内二氧化碳浓度 0.4% 左右。

表 4-44　菌草栽培杏鲍菇培养基筛选配方表（%）

配方	狼尾草	芒萁	麸皮	玉米粉	石膏	石灰
1	68	0	25	5	1	1
2	28	40	25	5	1	1
3	48	20	25	5	1	1

图 4-19　菌草栽培杏鲍菇

其中 3 号配方、2 号配方、1 号配方平均单袋鲜菇重量分别为 250.8g、257.9g、273.7g，生物学效率分别为 77.16%、75.08%、73.40%，对随机抽取的杏鲍菇菌袋生物学效率经软件单因素方差分析，3 号配方较 2 号配方与 1 号配方差异显著（$P < 0.05$），但未达到极显著水平（表 4-45）。以培养基菌丝生长速度快、生物学效率高为评判标准，菌草栽培杏鲍菇最适培养基配方为：选育材料 48%、芒萁 20%、麸皮 25%、玉米粉 5%、石膏 1%、石灰 1%，pH 自然、含水量 60%。

表 4-45　菌草栽培杏鲍菇生物学效率

配方	单袋干料重（g）	菇柄平均长（cm）	平均单袋鲜菇重量（g）	生物学效率（%）	差异显著性	
					a=0.05	a=0.01
1	372.8	16.00	273.7	73.40	b	A
2	343.5	15.32	257.9	75.08	b	A
3	325	15.57	250.8	77.16	a	A

注：不同小写字母代表差异显著（$P < 0.05$），不同大写字母代表差异极显著（$P < 0.01$）。

3 菌糟饲料化利用技术

3.1 菌糟营养价值

3.1.1 杏鲍菇菌糟与奶牛常用粗饲料营养成分

菌草杏鲍菇菌糟粗蛋白在风干样与绝干样中的含量分别是 8.61%、9.42%，粗纤维含量分别是

28.69%、31.42%，根据国际饲料分类法，菌草杏鲍菇菌糟应属于粗饲料范畴。同奶牛饲养中其他常见粗饲料相比，菌草杏鲍菇菌糟营养成分接近于甜菜粕的营养成分，粗蛋白含量略低于甜菜粕，粗纤维含量略高于甜菜粕。但其营养成分高于干稻草、羊草等常见牧草类粗饲料。其无氮浸出物、钙、磷含量均高于甜菜粕、干稻草、羊草等常见饲料用粗饲料（表4-46）。

表4-46　菌草杏鲍菇菌糟与奶牛常用粗饲料营养成分测定结果（%，风干基础）

材料	干物质	粗蛋白	粗脂肪	粗纤维	无氮浸出物	酸性洗涤纤维	中性洗涤纤维	灰分	Ca	P
菌草杏鲍菇菌糟	91.31	8.61	0.48	28.69	68.43	49.23	64.29	7.35	1.45	0.24
甜菜粕	88.00	9.23	0.72	25.32	54.34	25.62	43.25	4.00	0.86	0.13
干稻草	88.00	0.92	3.90	2.10	31.80	44.80	63.50	4.30	0.50	0.15
羊草	88.00	6.00	2.70	30.00	49.30	41.00	62.00	4.60	0.43	0.21

3.1.2 杏鲍菇菌糟部分矿质元素含量

菌草杏鲍菇菌糟矿质元素含量比较丰富（表4-47），铁和锌的含量分别达到了607mg/kg和40mg/kg，其含量均高于甜菜粕、羊草、稻草中铁和锌的含量，铜、锰含量分别为6.6mg/kg和5.1mg/kg，低于甜菜粕、羊草、稻草中铜、锰的含量。

表4-47　菌草杏鲍菇菌糟部分矿质元素含量测定结果

材料	Zn（mg/kg）	Fe（mg/kg）	Cu（mg/kg）	Mn（mg/kg）
菌草杏鲍菇菌糟	40	607	6.6	5.1
甜菜粕	0.7	300	12.5	35
羊草	32	328	25.3	19
稻草	6	300	6.9	191

注：表中数据除菌草杏鲍菇菌糟外，甜菜粕、羊草、稻草数据引自《中国饲料成分及营养价值表》（中国农业科学院畜牧研究所，1985）。

3.1.3 杏鲍菇菌糟氨基酸含量

从菌草杏鲍菇菌糟中共检出17种氨基酸，氨基酸总量为4.36%，其中11种奶牛必需氨基酸占氨基酸总量的44.27%，谷氨酸的含量最高为0.69%。

3.1.4 杏鲍菇菌糟粗多糖含量

以最佳提取工艺条件提取粗多糖，即以浸提温度90℃、料液比1∶20、提取时间2h、提取3次，其粗多糖含量为3.62%。

3.2 杏鲍菇菌糟菌饲用安全性毒理学评价

3.2.1 小白鼠急性毒性评价

用菌草杏鲍菇菌糟水提浓缩液进行小白鼠急性毒性试验灌胃后，开始时小白鼠活动减少，行动缓慢，身体有少量颤抖，2h后恢复正常，连续观察一周，小白鼠无死亡、中毒等不良现象发生。菌草杏鲍菇菌糟急性毒性试验最大灌胃剂量为20g/kg，根据急性毒性试验剂量分级标准，菌草杏鲍菇菌糟属于无毒级。

3.2.2 杏鲍菇菌糟 30d 喂养对小白鼠体重影响

在 30d 的试验周期内，各组小白鼠均无不良反应发生，日常行为活泼，毛色顺滑光亮、雌雄间无差异。对照组与试验组小白鼠体重增长趋势基本一致，菌草杏鲍菇菌糟在小白鼠日粮中的比例越高，小白鼠的总增重量越低（表 4-48 及图 4-20）。

表 4-48　各组小白鼠体重增重情况（g/ 只）

测试时间	试验 1 组（B）	试验 2 组（C）	试验 3 组（D）	对照组（A）
试验开始前	19.17 ± 0.54	19.03 ± 0.66	19.15 ± 0.77	19.17 ± 0.54
第一周	31.64 ± 2.72	31.06 ± 2.07	30.22 ± 2.67	31.37 ± 2.74
第二周	34.42 ± 3.45	34.27 ± 2.51	33.92 ± 3.94	34.72 ± 3.41
第三周	36.60 ± 3.93	36.33 ± 3.38	35.51 ± 3.44	36.50 ± 3.97
试验结束时	39.40 ± 2.43	38.78 ± 3.55	37.83 ± 3.70	39.57 ± 3.47
总增重量	20.23 ± 2.47	19.75 ± 3.19	18.68 ± 3.13	20.40 ± 3.17

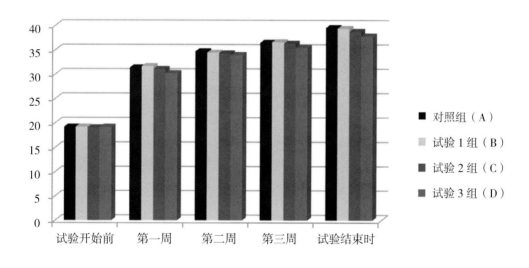

图 4-20　各组小白鼠周期内平均体重变化情况（g/ 只）

试验组各组试验期内平均日采食量均高于对照组，其大小顺序是 C ＞ D ＞ B ＞ A，菌草杏鲍菇菌糟含量越高，其料重比越高，可能与改变其饲料的营养价值有关（表 4-49 及图 4-21）。

表 4-49　试验周期内各组小白鼠料重比分析

项目	对照组（A）	试验组		
		B	C	D
小白鼠平均采食量[g/（只·30d）]	182.94	205.38	230.31	228.93
平均日采食量[g/（只·d）]	6.10	6.85	7.68	7.63
总增重量（g）	20.40 ± 3.17	20.23 ± 2.47	19.75 ± 3.19	18.68 ± 3.13
料重比	8.97：1	10.15：1	11.66：1	12.26：1

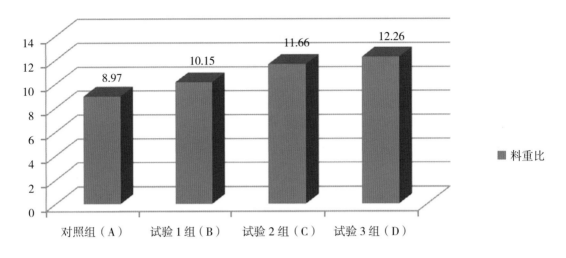

图 4-21 试验周期内各组小白鼠料重比分析

3.2.3 菌草杏鲍菇菌糟 30d 喂养对小白鼠病理学的影响

各组小白鼠胸腺、甲状腺和心、肝、脾、肺、肾等器官外观正常，病理学检查未见异常、无特殊的病理学变化。各组小白鼠胸腺系数及脏器系数经方差分析差异不显著（$P > 0.05$），见表 4-50。

表 4-50 各组小白鼠脏器系数变化

组别	心系数	肝系数	脾系数	肺系数	肾系数	胸腺系数
A 组	0.51 ± 0.05	4.99 ± 0.46	0.26 ± 0.08	0.51 ± 0.03	1.37 ± 0.25	0.29 ± 0.12
B 组	0.52 ± 0.04	5.42 ± 0.37	0.27 ± 0.06	0.54 ± 0.08	1.42 ± 0.22	0.34 ± 0.14
C 组	0.54 ± 0.08	5.42 ± 0.50	0.26 ± 0.03	0.52 ± 0.04	1.35 ± 0.15	0.31 ± 0.11
D 组	0.50 ± 0.06	5.29 ± 0.61	0.26 ± 0.05	0.56 ± 0.05	1.30 ± 0.23	0.33 ± 0.10

3.2.4 杏鲍菇菌糟 30d 喂养对小白鼠血常规的影响

试验 B 组的血红蛋白、红细胞含量略高于对照组与其他试验组，但试验组与对照组血液中血红蛋白、红细胞、白细胞、淋巴细胞含量差异不显著（$P > 0.05$），说明菌草杏鲍菇菌糟对小白鼠血常规中 4 项指标基本无影响（表 4-51）。

表 4-51 各组小白鼠血常规检测变化表

项目	对照组（A）	试验组		
		B	C	D
血红蛋白（g/L）	143.80 ± 12.68	151.1 ± 8.93	143.1 ± 10.17	142.0 ± 11.94
红细胞（$\times 10^{12}$/L）	9.64 ± 0.78	9.84 ± 0.74	9.34 ± 1.20	9.09 ± 2.04
白细胞（$\times 10^{9}$/L）	4.47 ± 1.73	4.28 ± 1.56	4.25 ± 1.66	4.27 ± 1.49
淋巴细胞（%）	77.71 ± 6.03	79.11 ± 5.84	80.43 ± 6.34	79.98 ± 5.95

3.3 杏鲍菇菌糟饲喂奶牛的应用效果

选择 15 头产奶量在 21—23kg/d，胎次 2—4 胎，泌乳中期，体重无显著性差异，健康无疾病，遗传组成基本相似的荷斯坦黑白花奶牛（表 4-52 及图 4-22）。

表 4-52　试验牛基本情况

组别	产奶量（kg/d）	胎次	泌乳天数（d）
对照组	22.17 ± 1.16	2.3 ± 0.15	150.6 ± 2.93
试验 1 组	21.80 ± 2.37	2.6 ± 0.55	152.8 ± 3.95
试验 2 组	21.98 ± 2.47	2.4 ± 0.55	147.0 ± 2.18

对照组饲喂奶牛基础日粮；试验 1 组每天每头添加杏鲍菇菌糟 2kg，代替基础日粮中的甜菜粕 1.5kg，其他日粮与对照组相同；试验 2 组在基础日粮的基础上添加 1kg 杏鲍菇菌糟。每天饲喂上料时将菌糟用少量水在盆中拌湿后，添加于奶牛常规饲料中进行饲喂。试验期 37d，其中，预饲期 7d，正试期 30d。试验组预饲期从第一天开始添加菌糟日喂量的 1/7，逐日增加，直至第七天按试验设计全量添加。供试奶牛采取拴系圈养的饲养方式，奶牛饲喂采取先粗后精再粗的饲喂方法，每天于 8：00、14：00、20：00 饲喂 3 次，于 8：20、14：20、20：20 挤奶 3 次。供试奶牛均采取白天单独舍饲拴系饲养，晚上运动场自由活动放养。

图 4-22　菌草菌糟喂饲奶牛

3.3.1 杏鲍菇菌糟对奶牛产奶量的影响

对照组、试验 1 组、试验 2 组试验前产奶量分别为 22.40kg/d、21.48kg/d、21.32kg/d，各组间产奶量差异不显著（$P > 0.05$）；试验后产奶量分别为 20.56kg/d、20.68kg/d、21.58kg/d，对照组和试验 1 组分别较试验前下降了 8.21%、3.72%，试验 2 组较试验前产奶量提高了 1.21%，组间差异不显著（$P > 0.05$）（表 4-53）。

表 4-53　杏鲍菇菌糟对奶牛产奶量的影响

组别	试验前日均产奶量（kg/d）	15d 日平均产奶（kg/d）	试验后日均产奶量（kg/d）	产奶量较试验前提高（%）
对照组	22.40 ± 3.26	20.85 ± 3.55	20.56 ± 3.25	−8.21
试验 1 组	21.48 ± 2.54	20.75 ± 1.05	20.68 ± 0.76	−3.72
试验 2 组	21.32 ± 2.06	21.10 ± 3.00	21.58 ± 1.54	1.21

3.3.2 杏鲍菇菌糟对牛奶常规成分的影响

试验前后试验组的乳蛋白率、乳糖率、全脂乳固体、非脂固形物与对照组相比均无显著差异（$P > 0.05$）；乳脂肪率试验前后试验 1 组、2 组较对照组差异显著（$P < 0.05$）；试验组、对照组试验前后乳脂肪率变化不大。可见，杏鲍菇菌糟替代奶牛常规饲料中部分甜菜粕对乳常规成分没有显著影响（表 4-54）。

表 4-54　杏鲍菇菌糟对牛奶品质的影响

指标	组别	试验前	试验后
脂肪（%）	对照组	2.96 ± 0.22[b]	3.08 ± 0.05[b]
	试验 1 组	3.39 ± 0.11[a]	3.47 ± 0.22[a]
	试验 2 组	3.21 ± 0.20[a]	3.18 ± 0.15[a]
蛋白质（%）	对照组	3.29 ± 0.12	3.22 ± 0.33
	试验 1 组	3.78 ± 0.26	3.90 ± 0.36
	试验 2 组	3.66 ± 0.69	3.58 ± 0.69
乳糖（%）	对照组	4.85 ± 0.29	4.81 ± 0.30
	试验 1 组	4.91 ± 0.10	4.64 ± 0.59
	试验 2 组	4.82 ± 0.27	4.84 ± 0.33
全脂乳固体（%）	对照组	11.68 ± 0.29	11.58 ± 0.79
	试验 1 组	12.76 ± 0.33	12.93 ± 0.42
	试验 2 组	12.36 ± 1.12	12.26 ± 1.13
非脂乳固体（%）	对照组	8.51 ± 0.41	8.27 ± 0.37
	试验 1 组	8.33 ± 0.39	8.50 ± 0.25
	试验 2 组	8.74 ± 0.11	8.78 ± 0.41

注：不同小写字母代表差异显著（$P < 0.05$），不同大写字母代表差异极显著（$P < 0.01$）。

3.3.3 杏鲍菇菌糟对牛奶 IgG 含量的影响

试验 1 组、试验 2 组与对照组牛乳中 IgG 含量分别为 1.61g/L、1.11g/L、1.02g/L，试验 1 组、试验 2 组中 IgG 含量较对照组分别高 0.59g/L、0.09g/L，差异不显著（P＞0.05）（表 4-55）。

表 4-55 杏鲍菇菌糟对牛奶免疫球蛋白 IgG 含量的影响（g/L）

项目	对照组	试验 1 组	试验 2 组
IgG	1.02 ± 0.35	1.61 ± 0.54	1.11 ± 0.32

3.3.4 杏鲍菇菌糟对奶牛血清部分生化指标的影响

试验组血清生化指标中的总蛋白、白蛋白、血糖、胆固醇含量和谷丙转氨酶活性与对照组间的差异不显著（P＞0.05）；试验后对照组、试验 1 组和试验 2 组的尿素氮含量分别较试验前下降了 2.60%、6.57%、9.54%（表 4-56）。

表 4-56 杏鲍菇菌糟对奶牛血液指标的影响

血液指标	对照组	试验 1 组	试验 2 组
总蛋白（g/dL）	83.14 ± 5.11	82.98 ± 6.39	84.62 ± 5.23
白蛋白（g/dL）	34.64 ± 1.40	34.16 ± 1.14	33.32 ± 3.34
血糖（mg/dL）	2.96 ± 0.31	2.95 ± 0.37	2.92 ± 0.30
胆固醇（mmol/L）	5.04 ± 0.61	4.63 ± 0.79	4.95 ± 0.80
谷丙转氨酶活性（U/L）	26.20 ± 3.03	29.27 ± 2.99	25.66 ± 3.36
尿素氮（mmol/L）	6.38 ± 1.10	5.83 ± 0.73	5.12 ± 0.76

3.3.5 杏鲍菇菌糟对奶牛血清 IgG、IgM 含量的影响

对照组、试验 1 组、试验 2 组血液中的 IgG 含量分别为 11.83g/L、11.13g/L、11.41g/L，但组间差异不显著（P＞0.05）；对照组、试验 1 组、试验 2 组的 IgM 含量分别为 0.64g/L、0.76g/L、0.65g/L，试验 1 组与对照组间的差异显著（P＜0.05）（表 4-57）。

表 4-57 杏鲍菇菌糟对奶牛血清 IgG、IgM 含量的影响（g/L）

项目	IgG	IgM
对照组	11.83 ± 0.98	0.64[b] ± 0.04
试验 1 组	11.13 ± 0.31	0.76[a] ± 0.13
试验 2 组	11.41 ± 3.33	0.65[ab] ± 0.03

注：不同小写字母代表差异显著（P＜0.05），不同大写字母代表差异极显著（P＜0.01）。

3.3.6 杏鲍菇菌糟对经济效益的影响

试验 1 组月饲料成本较对照组降低了 69 元/头，试验 2 组月饲料成本较对照组增加了 15 元/头；试验 1 和 2 组的产奶量分别较对照组增加了 31.23kg/月、62.93kg/月，分别较对照组每月增收 244.27 元、197.66 元，经济效益较对照组明显提高（表 4-58）。

表 4-58　杏鲍菇菌糟对经济效益的影响

组别	菌糟饲喂量 [kg/（头·月）]	菌糟单价 （元/kg）	甜菜粕饲喂量 [kg/（头·月）]	甜菜粕单价 （元/kg）	奶量相对增加量 [kg/（头·月）]	牛奶单价 （元/kg）	经济效益 [元/（头·月）]
对照组	0	0.5	60	2.2	-55.20	4.12	-227.42
试验1组	60	0.5	15	2.2	-23.97	4.12	-29.76
试验2组	30	0.5	60	2.2	7.73	4.12	16.85

参考文献：

[1] Bailey K L, Lazarovits G. Suppressing soil-borne diseases with residue management and organic amendments[J]. Soil & Tillage Research, 2003（72）:169-180.

[2] 柴彦君, 黄利民, 董越勇, 等. 沼液施用量对毛竹林地土壤理化性质及碳储量的影响[J]. 农业工程学报, 2019, 35（8）: 214-220.

[3] 陈钟佃, 冯德庆, 黄秀声, 等. 沼液及羊粪对牧草生产力和营养成分的影响[J]. 中国沼气, 2005, 23（4）: 26-28.

[4] 范彦, 徐远冬, 何玮, 等. 不同氮素肥料对混播草地牧草生产性能的影响[J]. 草业与畜牧, 2012（11）: 12-15.

[5] 高刘, 余雪标, 李然, 等. 沼液配方肥对香蕉产量、品质及香蕉园土壤质量的影响[J]. 热带生物学报, 2017, 8（2）: 209-215.

[6] 何玮, 王琳, 张健. 沼液不同施用量对皇竹草产量及土壤肥效的影响[C]// 王健. 第五届中国畜牧科技论坛论文集. 北京: 中国农业出版社, 2011.

[7] 胡福初, 何凡, 范红雁, 等. 沼液对荔枝果园土壤肥效及果实产量与品质的影响[J]. 广东农业科学, 2014（1）: 42-45.

[8] 黄秀声, 黄水珍, 陈钟佃, 等. 不同施肥处理的杂交狼尾草打浆后饲喂育肥猪效果研究[J]. 家畜生态学报, 2008, 29（5）: 69-73.

[9] 赖伟铖, 颜成, 周立祥. 规模化猪场废水常规生化处理的效果及原因剖析[J]. 农业环境科学学报, 2017, 36（5）: 989-995.

[10] 李金怀, 赵德钦, 蒋湖波, 等. 等养分不同肥料的施用对桉树生长影响及效益分析[J]. 中国沼气, 2012, 30（4）: 52-54.

[11] 李晓宏. 苹果树沼液施用效果试验[J]. 中国沼气, 2009, 28（1）: 42-43.

[12] 李彦超, 廖新悌, 吴银宝, 等. 施用沼液对杂交狼尾草产量和土壤养分含量的影响[J]. 农业环境科学学报, 2007, 26（4）: 1527-1531.

[13] 利丽群, 戴德球. 立体种养　果树施用沼液肥效试验[J]. 广西农学报, 2006, 22（2）: 4-6.

[14] 梁斌东, 邹小文, 周丛文. 博白县芥菜施用沼液与化肥肥效对比试验研究[J]. 农业科技通讯, 2019（4）: 156-158.

[15] 倪亮, 孙广辉, 罗光恩, 等. 沼液灌溉对土壤质量的影响[J]. 土壤, 2008, 40（4）: 608-611.

[16] 祁连弟, 苗林. 沼肥对温室大棚草莓产量及品质的影响[J]. 河南农业科学, 2014, 43（3）: 121-123.

[17] 孙广辉. 沼液灌溉对蔬菜产量和品质以及土壤质量影响的研究 [D]. 杭州：浙江大学，2006：1-58.

[18] 唐丹，黄森. 农户畜禽粪便资源化利用意愿及影响因素的实证分析 [J]. 家畜生态学报，2017，38（11）：47-52.

[19] 王真真，李文哲，公维佳. 以活性炭纤维为载体厌氧处理牛粪的实验研究 [J]. 农机化研究，2008（2）：207-210.

[20] 魏世清，覃文能，李金怀，等. 水葫芦与猪粪混合厌氧发酵产沼气研究 [J]. 广西林业科学，2008，37（2）：80-83.

[21] 伍琪，魏世清，覃文能，等. 沼液灌溉对桉树苗生长的影响 [J]. 林业科技开发，2015，29（1）：23-26.

[22] 谢善松，黄水珍，林升平，等. 施用牛粪尿沼液对高秆禾本科牧草及土壤的影响 [J]. 当代畜牧，2010（10）：39-41.

[23] 杨道庆，魏伟，陈万翠. 施用沼肥对苹果树生长发育及产量的影响 [J]. 农业科技与信息，2019（17）：84-86.

[24] 周岭，祖鹏飞，齐军，等. 不同浓度 NaOH 对牛粪发酵的影响实验 [J]. 可再生能源，2006（126）：46-48.

（罗旭辉　刘朋虎　黄秀声　翁伯琦）

第五章

山区生产生态和生活耦合
茶园体系构建

红壤侵蚀区水土保持－循环农业耦合技术模式与应用

山区茶业绿色发展是乡村产业振兴的一项重要内容。如何因地制宜寻求山区茶业绿色发展途径，怎样因势利导促进山区茶园建设转型升级，必须优化发展模式与深入研究对策。通过调研与分析，项目组提出了南方山区"三生"耦合茶园与绿色发展体系构建的思路及其理论框架，主要包括强化山区茶园生态恢复、强化山区茶园高优生产、强化山区茶园康养生活功能等，以期为乡村振兴战略实施与山区农民增收致富提供可推广的绿色发展模式。实践表明，茶业发展是山区乡村振兴与农民增收致富的重要渠道。实施山区传统茶园改造升级，发挥山区茶园多样功能作用，这无疑是一个十分重要的理论与实践命题。本章通过系统分析与深入研究，提出发展山区"三生"耦合茶园与绿色生产技术体系的思路及其生产管理模式，并结合实际提出了主要发展对策，进而进一步丰富乡村茶业振兴与美丽乡村建设具体内容。按照乡村振兴战略与山区茶业绿色发展要求，提出构建山区"三生"（生产－生态－生活）耦合茶园的新型模式，阐述山区"三生"耦合茶园的发展理论内涵与模式优化构建要点，分析山区"三生"耦合茶园子系统工程与综合开发集成体系特征，提出山区"三生"耦合茶园的绿色经营与持续发展对策建议，这具有重要意义。很显然，新时期山区茶业转型升级与绿色兴茶，实施多样开发与强化增效增收，需要因地制宜进行深入探索。分析福建省山区茶园成功的经验与面临的挑战，结合以往开展红壤山地生态复合茶园的研究成果与推广经验，提出新时期发展山区"三生"耦合茶园的总体思路及其产业模式与技术体系，力求充分发挥南方山地茶园的"洁净生态—高效生产—康悦生活"生机活力与多样功能，可促进山区茶园各个要素互补链接与优势叠加，实现转型升级与绿色振兴。就山区"三生"耦合茶园建设体系构建与绿色发展而言，必须重点把握6个环节：一是立足更高起点，因地制宜制定发展规划；二是按照发展要求，优化布局茶园立体空间；三是发挥多样功能，因势利导实施梯次开发；四是促进优势叠加，合理配置层次性生态位；五是防控水土流失，持续有效培育茶园地力；六是注重过程管理，保障茶业绿色生产质量。

第一节　山区茶业绿色振兴与转型升级的持续发展思路及理论要点

众所周知，中国是一个多山的国家，山区乡村面积将近70%。在实施乡村振兴战略的热潮中，人们更多地思考：如何做好山区农村的产业振兴，怎样发挥区域特色的生态优势；如何以绿色振兴带动农民增收，怎样以高优发展保障质量兴农。这无疑是新时代赋予农业科技工作者的光荣使命，也是现代农业必须突破的理论与实践方面新命题。

通常而言，山区农村虽然地处边远，但区域生态条件优越，生产环境比较洁净，土地资源相对丰富，绿色种养潜力巨大（严立冬，2002）。随着交通等基础设施的改善，优质绿色产品变为城乡消费商品的条件将更加便捷，进而为山区乡村的农业绿色发展与农民增收致富提供了有效的支撑。很显然，在山地多于耕地的客观条件下，除了发展现代林业之外，着力开发山地经济作物是山区农民的重要选项。以茶业为例，全国茶叶种植面积大约4200万亩（陈宗懋，2017），且2/3以上面积都分布于山区农村，近年茶叶总产量达到261万t，茶叶总产值为1908亿元。就福建省而言，全省380万亩的茶园，其中90%以上分布于山地，总产量接近45万t，茶叶总产值超过235亿元，全产业链产值已经接近1000亿元。实际上，茶业开发已成为山区农民的重要开发项目，其也成为农民创业增收的主要来源之一。推进产业生态化和生态产业化,是深化农业供给侧结构性改革、实现高质量发展、加强生态文明建设的必然选择(季昆森,2013)。无论是从茶园转型升级,还是从现代农业绿色发展视角来思考山区茶业振兴,不仅具有重要的现实生产意义,而且具有深远的产业发展意义。

随着人们对美好生活的需要不断增长,农业农村作为产业和生态的重要载体,其地位更高、作用更大。城乡居民不仅需要农业提供种类更多、品质更高的农产品,还需要农村更清洁的空气、更干净的水源和更怡人的风光。山区茶园是一个完整的自然生态系统。尊重自然规律,科学合理利用资源进行生产,既能获得稳定农产品供给,也能很好保护和改善生态环境。改善山地茶园生态系统,增强可持续发展能力,需要明确保护生态环境的底线要求,转变粗放的发展方式,最大程度减少水土等基本资源消耗,恢复和提升茶园最优的生态环境是茶业绿色发展的重要基础。

● 1 强化茶园生态恢复,为山区乡村茶业绿色振兴夯实重要基础

本项目组科技人员于 2018 年 3—4 月期间开展下乡调研,连片的茶山,满目的青绿,充满着生机与活力,人们为福建省山区乡村茶产业的蓬勃发展感到十分欣慰。就茶园建设与茶业发展而言,有 4 个方面的经验值得学习与借鉴:一是注重产业规划与有序拓展;二是注重品种更新与有效替代;三是注重绿色栽培与技术创新;四是注重加工提升与品牌培育。然而,在山地茶园建设与生产方面,也显现着 3 个突出的问题:一是山地茶园不同程度存在水土流失,有部分茶山则尤为严重。二是大部分山区茶园种植形式比较单一,土地资源利用效率偏低。三是山地茶园多功能效应未充分发挥,绿色防控技术相对滞后。有鉴于此,笔者认为,要实施山区茶园建设与生态环境状况的普查工作。通过普查,汇总分类,因类施策,实施整改。显而易见,没有良好的茶园生态环境,难以生产优质茶叶产品。当务之急是要抓好山地茶园生态恢复与整治这一重要工作,为山地茶业绿色发展提供厚实的基础。

就此,要采取相应的技术对策,尤其要注重把握 3 个方面重要环节:一要分类梳理,因园定策,注重植被恢复。在工程技术对策上,实施拉后沟起前埂改造山地茶园梯台面,截留雨水,涵养水分;优化实施梯壁自然草的修剪,让根系固土,让地上部长成矮绿植被,防控水土流失;在梯埂上种植黄花菜或者百喜草,美化茶园,固埂护坡,同时也起到提高土地利用率、增加农民收入的辅助作用。二要筛选品种,套种绿肥,注重地力恢复。在农艺技术措施上,着力豆科绿肥选择,固氮增效,翻压入土,让生草全园性覆盖种植,不断培肥地力。三是立体种植,循环利用,注重生产恢复。在耕作技术应用上,着力于生物多样性与农业综合性开发,强化经济效益的驱动能力,提高资源循环利用效率与生态环境保护效应。通过上述 3 项技术的综合应用,力求从根本上扭转目前相当部分山地茶园存在较为严重的水土流失状况,以植被恢复—地力恢复—生产力恢复的优先序来予以持续推进,以求有利于生产与生态因素的有机耦合与有效叠加,进而使上述 3 个环节互相支撑与互为基础(图 5-1 为福建林-茶耦合生产体系)。山区茶园开发与生态恢复的技术实施成功与否,很大程度上取决于两个方面的耦合程度与叠加效应,即技术层面与经济层面。在技术层面之中,茶园台地的梯壁自然草修剪与保育是大面积恢复的基础,而在人工草品种的选择上,应当以豆科与多年生植物为主,进而尽可能减少人工投入,并且解决或者避免生草与茶树争肥争水的矛盾。与此同时要解决合理套种的技术,既有利于茶树生长,又利于套种牧草的生长,力求提高生物量的产出,达到生草全茶园覆盖种植的目的,为产出更多绿肥与增加绿肥翻压量提供保障。经过多年施用,一方面增加红壤有机质含量,另一方面可节省化肥用量,不仅可以减少生产成本投入,而且避免长期且大量施用化肥造成土壤板结,防控土壤酸化。

多年的实践表明，红壤山地茶园生态恢复与水土保持能否有效开展，除了取决于技术的便捷性之外，更大程度上则受经济因素有效性的明显影响。例如有效利用自然草修剪与矮化培育，力求起到护坡固壁作用，减少人工投入，可以在生草覆盖种植方面显著减少成本投入。在茶园内套种豆科绿肥或者牧草，不仅要选择多年生豆科品种，而且要注重产量高且抗逆性强的品种推广，其不但要实现不与茶树争水肥资源，还要就地解决红壤山地茶园优质有机肥不足的难点，促进土壤改良与茶树生长，进而还可以替代相当数量的化学肥料，达到直接或者间接起到节约资源与保护环境的效果，也起到节约投入而获得经济效益的驱动作用。

图 5-1　福建林 - 茶耦合生产体系

● 2 强化茶园高优生产，为山区乡村产业绿色振兴探索有效途径

实践证明，生态保护与产业发展是密不可分的，没有生态资源作为依托，产业发展就是无源之水；没有产业发展作为支撑，生态保护也难以持久。产业生态化与生态产业化相辅相成、和谐共赢，有效降低资源消耗和环境污染，还能提供更具竞争力的生态产品和服务，实现环保与发展双赢的目标（李文华，2000）。

通过调研，给人们留下 3 个方面的深刻印象：一是大部分山区茶园实施单一开发生产；二是山区生态茶园建设模式比较单一；三是绿色生产与生物药肥应用有待强化。多年前，项目组成员曾经到斯里兰卡考察山地生态茶园建设成效，有 5 点重要经验值得学习与借鉴：①山边沟开垦与大梯台种植有机结合，既能便于茶树生产经营管理，又能营造新颖景观。②机耕道设立与拦截带布置有机结合，既能便于各类机械作业介入，又能防控水土流失。③丰富多样性与立体化种植有机结合，既能便于套种果树适当遮阴，又能种苦楝树作为药源。④茶园套种草与作绿色肥源有机结合，既能便于有效保护茶园水土，又能促进地力培育。⑤配相关设施与休闲观光游有机结合，既能成为茶叶高优生产基地，又是旅游优美景点，力求让山地茶园充分发挥生产功能，同时成为城乡居民参观的生态景观与休闲生活的好去处。

就生产实践与高效经营而言，建议要着力把握好 5 个重要环节：一是注重全园规划，分区立策，分类实施。山区茶园的绿色生产与多样开发，要着力于品种选择、栽培技术、水肥管理、病虫防控、加工质量等 5 个要素的交互作用与优化调控。因地制宜地开展并实施有序更新优良品种，合理引入机械作业，全面推广生物防治，选用绿肥替代化肥，精准配施微量养分等措施，以求茶叶生产取得高产与优质的效益。二是注重合理套种，长短结合，多样开发。在山地茶园开发中，要按照美化与绿化的设计原则，有序有形地套种珍稀树种，一方面可以起到美化茶园景观的效果，另一方面也为长效开发储备珍稀树种苗木。一般设计是每 20m^2 合理种植 4 棵树种，采取横竖排列成形或者线条分明，营造靓丽景观。在 4 棵树当中有 1 棵苦楝树种，摘采其叶片浸泡，其溶液兑水可作为生物农药喷施茶叶，起到防控病虫害的良好作用。就茶叶栽培而言，在茶园中套种适量的树木，可以起到遮阴作用，尤其在夏秋季节效果更优，有利于提高夏秋茶固形物含量与品质提高。三是注重适量养禽，把握承载，茶牧结合。以南方红壤山地茶园为例，比较成功的经验是每亩放养 20—25 羽鸡为宜，或者放养 10—15 羽鹅也较为适合。有试验结果表明，茶山放养鸡或鹅，不仅每亩可增收 350—480 元，而且山地茶园虫害发生率下降 65% 以上。特别是通过适度驯化，可以在山地茶园放养蛋鸡，其经济效益比养殖肉鸡提高 40% 以上，而且可以利用鸡或鹅放养，实现禽类粪便的就地转化，达到废弃物循环利用的目的，提高土地产出率、资源利用率与劳动生产率。四是注重草菌结合，就地栽培，菇肥两收。充分利用山地茶园套种豆科牧草，并以收获的干草按照食用菌栽培要求分层次堆放到后沟里或者茶园梯台内侧，就地堆料发酵，之后接大球盖菇菌种，利用食用菌就地分解干草或者秸秆等栽培料，待收获 1—3 茬的菇产品后，将菌渣就近翻压入土作为优质有机肥，不但可减少化肥投入，而且可有效培肥地力，缓解土壤酸化。本项目组的试验结果表明，茶园套种一季大球盖菇（耐野外粗放栽培条件菇种）每亩可获得 210—230 元收入，菇渣作为有机肥可替代 35% 化肥，节约生产成本 27% 以上，连续施用菇渣 3 年，南方山地茶园红壤有机质可提高 18% 以上，山地茶园红壤的氮、磷、钾含量分别提高了 7.6%、5.3%、9.2%，可谓是一举多得。五是注重工程措施，起埂培土，种植植物。以往成功的经验表明，在红壤山地茶园梯埂上套种黄花菜较为适合，夏秋之季黄花盛开，装点山地茶园环境，远眺可呈靓丽景色，吸引众人好奇观赏。仅黄花菜种植一项每亩就可收入 190—230 元，不仅有一定的经济效益，生态效益更为可观。

综上所述，山地茶园的高效优质生产，是以高质量茶叶生产作为主线，辅以立体种养与多样开发，实现主辅开发项目相互补充，促进生态循环利用，以获得更大的经济效益并驱动生态环境保护，其根本的机制在于市场绿色需求导向与综合开发利益驱动。就具体内容而言，主要包括长短结合、相互支撑、互为基础、循环利用、优势叠加、效益驱动等方面，力求从根本上提高土地产出率、劳动生产率、资源利用率、污染防控率。与此同时，要注重配套山地茶园机械化作业设备、信息化管理网络、标准化经营技术、智能化操作系统、便捷化营销手段与品牌化加工企业，以求从根本上实现山区茶业的绿色振兴与跨越发展。

●3 强化康养生活功能，为山区"三生"耦合茶园建设开拓新路

山区"三生"（生产、生态、生活统筹）耦合茶园的体系建设，主要是按照环境经济协调发展的原则，根据生态系统内物种共生、物质循环、能量多层次利用的生态学原理，因地制宜地利用现代科学技术，运用系统工程方法，引入先进设施装备，建立能够维持山区茶园生态平衡，促进山地茶园物质和能量良性循环，实现茶叶高产、优质、高效、安全、生态的生产经营目标，达到"三益"（经济、社会、生态

效益）与"三品"（品质、品位、品牌效应）协同发展的目的。山区"三生"优化耦合茶园，无疑是绿色茶叶生产的重要载体和经营平台，是优质茶叶栽培与茶园优化建设的方向，也是实现茶业持续发展的根本出路所在。近年来，国家重视和加大了对茶业绿色发展的支持力度，中央财政将连续几年安排专项资金投资重点产茶县，大力支持并实施以生态茶园的标准化建设、茶叶加工企业转型升级、先进技术装备设施引进等为主要内容的现代茶叶绿色发展项目。很显然，在新的发展时代，随着城乡居民生活水平的提高，人们更加向往赏心悦目的自然景观，更加向往风景独好的乡村田野，更加向往清新优美的山区风光。而山区茶园地处洁净之地，构建集生产、生态、生活为一体的山区生态观光茶园，将优质绿色茶叶生产与茶旅文化体验结合起来，通过茶旅文化的发掘，开拓发展观光茶业，使传统的茶叶生产单一活动转变为人类观赏与体验茶事活动的全新过程，使茶业具有生产、生态和生活的三重属性，同时将农事活动、景观欣赏、茶艺体验、旅游休闲融为一体，实现第一、二产业和第三产业的跨越式对接和优势互补，可收到一举多得的良好成效。就此，建立山区"三生"耦合茶园体系，既可带动山区茶业的绿色振兴，也有利于乡村旅游产业的发展，两者结合必将产生双赢的社会经济效益，对实现茶业的可持续发展有积极的意义。生态观光茶园作为生态观光农业中的一个新亮点，已经成为集茶园休闲观光、茶叶自采和自制、餐饮娱乐购物、茶艺表演、茶文化参观旅游等于一体的新型休闲观光场所，其基础条件的改善与利用设施的配套，也为城乡居民健身锻炼与康养生活夯实了重要基础（图5-2为福建果–茶耦合生产体系）。

图 5-2　福建果–茶耦合生产体系

党的十九大报告提出，实施乡村振兴战略总的要求是产业兴旺、生态宜居、乡风文明、治理有效、生活富裕。产业兴旺是重点，生态宜居是关键，产业与生态的有机结合，为乡风文明、治理有效、生活富裕提供重要支撑。推进产业生态化和生态产业化，是深化农业供给侧结构性改革、实现高质量发展、加强生态文明建设的必然选择。通过考察，许多成功的经验予以人们深刻的启示。如何深化山区茶园多样功能挖掘，创立富有茶旅文化特色的康养生活新模式？就此，建议在交通较为便捷且生活条件尚好的山区茶园，耦合构建健身锻炼与康养生活项目，注重把握3个方面重要环节：①在山顶选择并划定少量面积建设小木屋，让城乡旅游与体验者留宿并参与适度劳作，配套相关旅游设施。②在山区生产茶园中划定城市消费者认养区，实施挂牌标识供消费者及其家人劳作锻炼，充分体验茶旅文化。③优化构建健康养生系统。在成功实施茶旅结合的基础上，选择1000亩以上生态景观优美、交通相对便利、基础设施较好的连片山区茶园，科学规划健康养生慢道，开辟可适度劳动锻炼的立体种养茶园小区，配套娱乐场地与医护人员，开展季节性的健康养生活动。

随着人们对美好生活的需要不断增长，农业农村作为产业和生态的重要载体，其地位更高、作用更大。城乡居民不仅需要农业提供种类更多、品质更高的农产品，还需要农村更清洁的空气、更干净的水源和更怡人的风光。实际上，山区"三生"耦合茶园是一个完整的自然生态系统。尊重自然规律，科学合理利用资源进行生产，既能获得稳定农产品供给，也能很好保护和改善生态环境。不言而喻，山区生态保护与乡村产业发展是密不可分的，如果没有山区良好生态资源作为依托，那么乡村绿色产业发展就是无源之水；而如果没有乡村绿色产业发展作为支撑，山区生态环境保护也是难以为继的。乡村产业生态化与山区生态产业化相辅相成、和谐共赢，有效降低资源消耗和环境污染，还能提供更具竞争力的生态产品和服务，同时促进山区茶业三产融合，实现茶业绿色振兴、生态环境保护、融入美好生活三赢的目标。

第二节　山区"三生"耦合茶园产业体系构建及绿色发展机制研究

中国是一个多山的国家，山区面积占全国总面积的 69%，山区人口占全国总人口的 56%（翁伯琦，2016）。山区农业高质量与高效益绿色发展，直接关系到全国乡村振兴成效与农民增收致富。有研究表明（严立冬，2002），我国大部分边远山区乡村，生态条件优越，环境质量良好，不仅适合市场需求的绿色与安全食品开发，也有利于发展休闲观光农业与健康养生农业。如何立足于高起点，因地制宜实施乡村振兴战略；如何着力于新优势，因势利导发展区域特色产业，这不仅具有深远的战略意义，且具有重要的实践价值。

事实上，山地农业开发具有巨大潜力与广阔前景，区域广阔的山区乡村，发展绿色种植业与健康养殖业具有独特的生态环境优势。发展山区茶业生产，有助于绿水青山转化为金山银山，良好生态环境是生产良好品质茶叶的根本保障。全国现有茶园主要分布于山区地域，面积占比超过 2/3（陈宗懋，2017）。俗话说，好山好水出好茶。福建省 380 万亩茶叶种植面积多半分布于山区乡村，茶叶种植面积占全国种植面积不到 10%，而福建茶叶产量占全国总产量的 17%（刘伟宏，2012），茶叶亩产高于全国平均水平。目前茶产业已经是福建省农业千亿产业集群，成为福建山区农民增收致富的重要产业之一。通过专题调研，我们深刻认识到，福建省在山地茶业发展方面有 3 个经验值得借鉴与推广：一是茶叶品种较为丰富；二是绿色生产势头强劲；三是茶叶品牌驰名中外。然而，茶产业快速扩展，也呈现了引人关注的突出问题：其一是部分茶园建设尚缺规范，其二是甚多茶园水土流失严重，其三是茶园多功能开发较欠缺，进而在很大程度上影响了山区茶产业高效与持续开发，同时也影响了南方山地茶园综合效应的充分发挥。如何构建"三生"（生产、生活、生态功能）优化耦合与"三益"（经济、社会、生态效益）综合发挥的山地茶园绿色发展体系，已成为人们关注的热点。就此，项目组科技人员通过深入调研并研究提出了山区"三生"耦合茶园优化构建与绿色发展技术实施的主要思路及其对策建议，以求进一步促进山区乡村茶产业的高质量与绿色化发展，为乡村产业振兴与农民增收致富做出更大贡献。

● 1 优化耦合与产业体系构建

就理论意义认识，耦合是一个物理学概念，其核心要点是一个系统中 2 个及 2 个以上要素相互之间保持有序的联系，起到正向叠加效应。就传统意义而言，一般的山地茶园注重生产功能的充分发挥，从品种选择开始，更多地关注茶叶产量提高，更多地关注经济效益增加。随着市场需求多样性的变化态势形成，茶农或者茶企逐步关注茶叶品质的提升，其中包括绿色栽培技术、合理施用肥药、茶园耕作管理、茶叶加工工艺、产品品牌培育等要素优化与科技创新，以期为山区茶业振兴与区域绿色发展探索新的模式，创立新的途径。

很显然，多年来传统茶园的耕作技术改良与规范，对茶叶的产量与品质的提高起到有效的作用。实际上，现代农业的不断进步，对茶业的高优化与绿色化发展也提出了新的要求，尤其是山区茶园要注重生态环境保护与综合开发体系的建设。山区"三生"耦合茶园与绿色生产体系构建，就是顺应现代农业追求高效生产、优质产品、良好生态、多样功能、综合效益的目标而兴起与发展的。其主要包含了"三圈一叠加"的主体结构，如图 5-3 所示，山区"三生"耦合茶园体系是以生产、生活、生态的三大功能交互集整为主线，在充分发挥高效生产功能的同时，充分发挥山区茶园地处洁净的区域和山清水秀的优势，配套相应的基础设施与必要的条件，开发其休闲观光与旅游康养的功能。与此同时，实施山地开发与生态保护紧密结合，在山区茶园开发之时，及时实施水土流失防控技术措施，以种草护坡固壁，以绿肥培育地力，以花树营造景观，形成生态修复与美化环境的新格局，进而以"三生"耦合茶园建设，因地制宜改造与优化传统茶园结构，因势利导丰富与发挥交互叠加功能，提高山区茶园"三品"（品质、品位、品牌效应）与"三益"（经济、社会、生态效益）的水平及其成效。

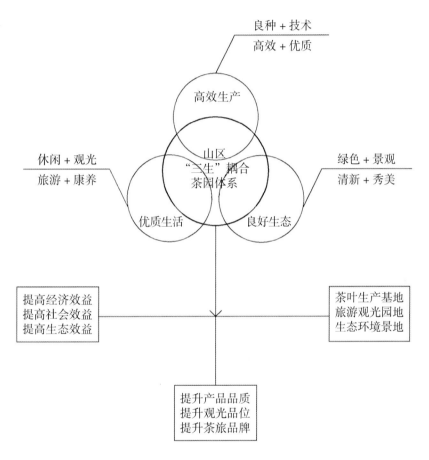

图 5-3　山区"三生"耦合茶园体系优化构建示意图

多年的山地生态茶园建设的实践，予以人们深刻启示。山区"三生"耦合茶园体系优化构建是一项较为复杂的系统工程，涉及内容多，影响因素杂。其优化构建要注重把握 5 个重要环节：一是科学分类与评价，实行整体规划。二是理清要素与链接，实行优化统筹。三是生态恢复与保育，实行有效防护。四是立体种养与增效，实行综合开发。五是景观改造与完善，实行茶旅结合。与此同时，要结合实际配套建设基础设施，合理利用山形地貌营造景观，增加生物多样性，完善茶园多功能性，让山区茶园成为生产的基地、观光的景地、康养的园地。初步探索业已表明，山区"三生"耦合茶园与绿色发展体系构建及其运营是一个相互交错的综合开发过程，按照其多样功能优化发挥与有序链接的要求，必须完成若干个子系统构建与耦合交互，进而产生正向叠加并取得相互促进的作用，以期有助于保障以"三生"耦合来促进"三品"的提升，达到获得"三益"的综合开发的目的。就整体思路而言，以构架内在驱动与相互补充的体系作为优化布局的设计依据，以生态循环与有序递进为原则，优化构建既可独立运营又能相互链接并相互支撑的若干个子系统：其主要包括绿色栽培、高效生产，立体种养，生态恢复、景观环境、茶旅结合、健康养生、观测评价等方面内容。就整个系统而言，其有效运作与经营管理是十分重要的环节。就此，要通过合理设立若干个子系统，并构架链接便利的通路，有利于要素之间联动利用或者叠加强化，使之充分发挥互补与支撑的作用，让整个系统中各个要素叠加效应得以优化体现，进而保持持续发展的驱动能力。

● 2 八个体系与绿色技术措施

实践证明，山区"三生"耦合茶园与绿色发展体系优化构建是多要素水平上交互与叠加，进而要注重构建功能各异的子系统，同时要实施有序链接与有效支撑。其中可以分生产、生态、生活三个层次与六个子系统，同时还设立便于科研与推广的两个子系统（观测与评价）。

一是绿色生产体系。其内容包括新开发茶园要优化选择茶树优良品种，老茶园要结合实际，分批分期有序地开展茶叶优良品种的更新换代，既不影响当季茶叶生产，又可以加快优良品种替代，实现新旧品种交替。对南方红壤山地茶园而言，要连续实施"沃土"培育工程，加大有机肥施用量，防控土壤酸化，培育红壤地力，改善红壤结构，增加土壤有益微生物群落与数量，为茶树健康生长夯实地力基础。在绿色栽培方面，要实施合理密植，适度矮化，科学修剪，使茶园保持旺盛的生长势。同时要注重合理调控养分，适时追施化肥，保持养分平衡，推广机械作业，尤其是要实现精准用药，大力推广应用生物农药与物理防控技术措施，有效减少农药残留，保障茶叶质量与安全，从根本上推进茶园绿色化生产。

二是立体种养体系。就南方山区茶园生产而言，一般茶农拥有50亩左右的种植面积，一般茶业企业都拥有500亩以上茶园种植面积。无论是以家庭农场或者茶业开发合作社形式，还是以茶业企业作为生产单元，开展茶园立体种养都具备良好的条件。通常包括4个方面内容：①合理套种珍稀苗木（每亩50株）。②合理套种灌木花卉（每亩20株）。③合理实施草菌结合（占35%面积）。④合理套养适量鸡鹅（每亩25羽）。进而构建一园多用的开发体系，在不增加更多劳动力投入情况下，为实现山区茶园生态循环功能发挥夯实基础。

三是生态恢复体系。目前南方红壤山地茶园开发多数以坡地梯台垦殖方式耕作（图5-4），无论是山地新茶园还是旧茶园，相当部分在不同程度上都存在水土流失现象，有的农民或企业开发山地茶园从一开始就存在开发与保护严重脱节的现象，经过雨水冲刷，山地茶园表土流失，梯台崩塌，进而破坏了山地茶园正常生产。就此，要采取3项技术措施予以防控：其一，实施拉后沟起前埂。阻控表土流失，留截雨水，涵养水分，以利于茶树生长。其二，实施生草覆盖种植。山地茶园梯壁进行自然草修剪，留草护壁，梯埂种植黄花菜或者百喜草，茶树两侧套种绿肥，秋冬季收获干草，在后沟与山地茶园梯台内侧堆放干草并就地实施自然发酵，随后接种并栽培大球盖菇，收获菇产品之后，将菇渣翻压入土作为优质有机肥，可以取得一举多得的效果，不仅提高资源利用率，而且提高土地产出率。其三，实施综合配套治理。山区茶园开发与保育涉及植被恢复、地力恢复、生产力恢复，进而必须统筹考虑山地、茶园、地力、道路、绿化、水沟、灌溉、机械、景观等要素的载体链接与功能发挥。

四是流域景观体系。在通常的茶园开发过程中，如果面积超过500亩，一般都会涉及小流域治理的范畴，进而要统筹规划山田水路沟渠与农林茶花草果等多要素交互作用。有3点经验值得学习与借鉴：

图 5-4 福建山区坡地垦殖茶园

①因地制宜设计山边沟的开垦模式，实行台地与护坡模式种植，营造形式多样的种植景观。②依照地形设计茶园内部耕作道路，实行阻控流失与耕作结合，营造功能多样的防控景观。③科学规划雨水收集及其利用系统，实行集水小池与管道结合，营造合理调控的水利景观。

五是茶旅结合体系。一般以生产经营 500 亩以上的茶业企业为单元，实行整体规划，在实施茶业生产主业的基础上，充分利用小流域的地形地貌与良好的生态景观，进行优化设计，充分开发旅游资源，实行茶园多样性与多功能开发，增加茶业企业收入。有 4 点经营经验值得借鉴与推广：①在生态恢复与流域景观整治完善条件下，实施绿化树木与特色花卉优化布局与套种，丰富旅游观光内容。②在实施茶叶常规种植与绿色生产管理中，选择山地茶园富有特色的位置种彩化茶叶，增加人们审美感观。③在山顶选择并划定少量面积建设小木屋，让城乡旅游与体验者留宿并参与适度劳作，配套相关旅游设施。④在山区生产茶园中划定城市消费者认养区，实施挂牌标识供消费者及其家人劳作锻炼，充分体验茶旅文化。

六是健康养生体系。在成功实施茶旅结合的基础上，选择 1000 亩以上生态景观优美、交通相对便利、基础设施较好的连片山区茶园，科学规划健康养生慢道，开辟立体种养茶园小区，配套娱乐场地与医护人员，开展季节性的健康养生活动，可取得一举三得的效果。

七是系统观测体系。山区"三生"耦合茶园与绿色发展体系构建及其运营，无疑是一项新生事物。从思路到设计，从理论到实践，从试验到推广，都需要进行必要的观察与测定，进而进行验证与评估。主要包括 3 个方面观测内容：①茶园生态恢复与有效保护效应观测。②茶园生态循环与资源利用效应观测。③茶园社会经济与茶农经营观测。

八是综合评价体系。无论是科研中试还是企业推广应用，必须经过生产与市场的双重验证，进而必须有农业经济方面专家与农业技术专家共同商定主要评价指标设定，其中包括涉及生产、生态、生活方面的经济、社会、生态效益的具体指标，力求形成一套比较完整且操作便捷的评价体系，以期有利于掌握实施动态并实行有效调控，避免盲目性与无序性。

● 3 主要机制与绿色发展对策

在 2018 年 5 月召开的全国生态环境保护大会上，习近平总书记提出了全面推进绿色发展的号召，阐述了新时代生态文明建设的深远意义。绿色发展是构建高质量现代化经济体系必然要求，是解决污染问题的根本之策。很显然，当生态经济与价值观念浸润企业或者人们心中，有利于在乡村振兴发展过程中构建起生态经济与生态文化体系，进而建设全面小康与美丽乡村就有了深厚的基础与推力。山区"三生"耦合茶园优化构建的主要理论机制，主要包括 5 个方面内容：①主要原则。根据环境经济协调发展原则（季昆森，2013）。②根本原理。按照生态系统内物种共生、物质循环、能量多层次利用的生态学原理（李文华，2000）。③主要方法。因地制宜地利用现代科学技术，运用系统工程方法。④发展要求。因地制宜建立能够维持生态平衡的茶园，促进茶园物质和能量良性运营与循环利用，达到茶叶高产高效与优质安全的生产要求，使产业生态化与生态产业化在发展中达到融合统一。⑤实现目标。通过人工耦合茶园与绿色发展体系优惠构建，促进"三生"茶园的统筹协调与融合发展，力求达到社会经济生态效益综合发展目标，取得良好的经济、社会与生态效益。就绿色发展的实践意义认识，山区"三生"耦合茶园是绿色茶叶生产的重要载体，是茶叶绿色栽培发展的实践方向；山区"三生"耦合茶园是绿色茶叶生产的基础平台，是实现茶园多样性与多功能持续发展的根本出路。

近年来国家正在组织开展标准化生态循环茶园建设，中央与各地财政也逐年加大对山区茶产业绿色发展的支持力度，连续几年安排专项资金，强化山地茶园水土流失治理，投资重点产茶县实施传统茶园技术改造与转型升级，帮助茶叶加工企业引进先进技术装备，新建和扩建智能化生产线，因势利导建立现代茶叶产业技术体系，设立茶叶育种与关键技术重大攻关项目等，全面引领山区茶产业绿色发展，呈现良好态势。就茶园开发实践机制而言，山区"三生"耦合茶园建设，在很大程度上是将有机茶叶生产与茶文化旅游结合起来，通过茶文化的发掘发展观光茶业，力求使传统的茶叶生产具有生产和观光的双重属性，提高生态产业化与资源高效化的利用水平，让单纯的茶园生产过程转变为人类观赏与体验茶事活动的全新过程，使茶业这一传统农事活动和旅游休闲融合成为优势互补的新体系，实现第一产业和第三产业的嵌入式耦合与跨越式对接。

山区"三生"耦合茶园，实际上是属于复合生态茶园（Compound ecology of tea garden）的建设范畴，其实质就是与生态环境相适应的多元生物的人工组合茶园。着力构建山区"三生"耦合茶园，一是注重生产性的最大发挥，力求有效驱动茶业的持续发展。二是注重多样性的有效体现，力求有利于景观性的利用与旅游业的开发。将山区茶园的生产与生态属性有效结合，必将产生多赢的经济社会生态效益，对实现山区茶业的多样性开发与持续性发展都具有积极的意义。新时期山区"三生"耦合茶园体系优化构建，不仅是一项复杂的系统工程，而且是一个多样性开发的样板。山区"三生"茶园是集茶园休闲观光、茶叶自采和自制、餐饮娱乐购物、茶艺表演、茶文化参观旅游于一体的新业态，也是新型休闲观光与健康养生的聚合体。山区"三生"茶园优化创立与持续建设，无疑是现代高质量生产与生态休闲观光农业的一个新亮点，进而需要深入探讨与示范推广。就发展对策而言，建议要把握以下 5 个重要环节。

一是强化基础理论与内在机理研究。山区"三生"耦合茶园是在茶园内种植其他生物种群，并按各种群的生理学、生态学要求，合理布置，形成一定格局，达到种群间共生、互补作用的群落。其生态型和生态价都不相同，如茶树要求具备更加耐阴的生态型，高大的乔木型植物要求具备深根的生态型，地面植物要求具备浅根的生态型等；对生物生态价则要求适应幅度大、生态价高的生物。同时山区"三生"耦合茶园生态环境受多元生物的影响，形成特定的生态、气候、土壤、动植物群落。进而必须深入开展系统研究，阐明内在变化规律，为技术创新提供理论基础。

二是强化生产技术与防控技术研究。与一般山区茶园的区别在于，"三生"耦合茶园涉及要素更多，循环路线延伸，开发内容拓展，尤其表现在光照、热量、水分、土壤肥力和动植物种群、微生物种群的动态变化与合理调控方面。就此，必须要加强植被快速生态恢复与地力培育联动，包括防控水土流失、阻截养分损失、绿肥套种技术、草茶菌的复合、生物农药肥料、物理防控方法等方面技术创新突破与推广应用。

三是强化生态循环与高效经营研究。"三生"耦合茶园构建，要在符合茶树和共生植物生态价要求之时，力求能获得最高的生物产量、生产力和对不良环境的抗御能力。以往生态茶园主要有茶－林（杉、乌桕、松、油桐）、茶－果（梨、桃、栗、柑橘）、茶－粮（小麦、玉米、黄豆）、茶－桑等单项循环模式，具有不同的经济与生态效应。遮阴的茶树多酚类物质减少，含氮化合物及锰、锌等含量增加。生产实践表明，影响茶园的主要因素有：光照强度（散射光、蓝紫光的合理比例，气温、地温的稳定程度，空气相对湿度，土壤水分含量等。要通过合理构建模式与有序引入要素，进行有序组合与循环递进，实现优化耦合。对引入耦合系统的共生植物的要求为：在生态关系上能与茶树共生互利，如树干分枝位高；有固氮根瘤菌；非茶树病虫的中间寄主树种；经济效益高，能美化和净化环境；适应性强、生长快的落叶树种；能耐阴、改良土壤、不缠绕茶树的多年生草类或绿肥、药用植物。研究耦合生态及其变化规律，可以确定不同生态环境下生物组合形式、数量和种植技术，获得复合经营的最佳效应。

四是强化政策引导与合作机制研究。山区"三生"耦合茶园不仅涉及开发内容多，参与要素杂，而且要改变传统的耕作模式，推广应用受到制约因子也比较多，尤其是前期投入比较大，效益回收周期也相对比较长。但作为一个新的发展方向，政府应予以政策鼓励与项目补助，提升鼓励科企合作，科技协同攻关，突破技术难点，加快山区"三生"耦合茶园的推广，进而推动传统茶园的生态恢复与绿色发展及其高效开发的进程。

五是强化科技培训与人才队伍建设。山区"三生"耦合茶园建设与绿色发展技术推广是一项新生事物，也是一项涉及多学科与多专业的综合技术体系构建及其推广应用，所以需要加强从业人员的技术培训，尤其是要建设一支懂专业、爱创业、爱乡村的骨干队伍，进而保障山区绿色发展与茶业转型升级的后劲，为美丽家园建设与乡村振兴发展贡献更大的力量。

第三节 山区"三生"耦合茶园绿色生产体系及科学管理规程研究

众所周知，中国茶叶种植面积与产量均位于世界前列，每年产值接近 2000 亿元。很显然，茶业生产与开发已经成为农民增收致富的重要途径（陈宗懋，2005）。如何促进传统茶业的转型升级，怎样实现山区茶园的绿色振兴，这无疑是重要的理论与实践命题。通过茶业生产专题调研，项目组结合福建山区发展实际，提出山区"三生"耦合茶园的发展模式与主要技术优化集成及其对策，以求为传统茶业转型升级与绿色振兴提供参考与借鉴。

● 1 山区"三生"耦合茶园的绿色发展内涵与生产体系构建

山区传统的茶园建设主要是单一生产模式，不仅水土保持率与土地产出率偏低，而且资源利用率与劳动生产率不高，进而必须因地制宜发挥区域优势，开展山区"三生"耦合茶园优化建设；必须因势利导依靠科技创新，促进茶园绿色振兴及其多样开发。

就实践意义认识，山区"三生"耦合茶园是"生产、生态、生活"三大功能的有序交互与正向叠加，取得更高经济、社会、生态的综合开发效益。就理论内涵认识，"耦合"是物理学的研究范畴的概念，即一个大系统中两个以上子系统之间交互作用及其衍生关系；就通俗理解，"耦合"是两种以上系统要素（或子系统）之间相互作用的正向叠加程度，或者产生有益变化及其促进发展的动态结果。生态学的观点表明，系统耦合是相对于系统相悖而言，其是高效生态农业发展问题的两个重要方面。耦合度高与低，则取决于农业系统各个要素交互过程的生态位、时间性和空间度等相互影响程度，耦合度高则显示在系统要素之间呈现了相互依存、互相促进的状态占主导，进而强化了保障功能，耦合度低则表示在系统要素之间存在相互干扰、相互阻碍的不协调关系，进而减弱了协同功能。就微观层面认识，农业系统耦合主要表现为光、水、热、气、肥等农业资源之间的耦合，而在宏观层面认识，农业系统耦合主要体现在各个具有不同功能的子系统之间的耦合。只有充分发挥农业开发过程的资源要素耦合效应，才能通过各个子系统优化耦合来实现有效调控整个农业生产开发系统各个优势要素叠加的关系。就山区"三生"耦合茶园而言，就是要力求使"茶业高优生产、茶园生态培育、茶旅有机结合"三大功能及其相互叠加关系处于有序链接的状态，力求最大限度地挖掘山区茶园系统的内在潜力，充分发挥良好生态环境与山地特色产业的优势互补作用，减少外源的投入，依靠生态循环的作用，获得少投入高产出的成效。不仅要全面达到高产、低耗、优质、高效的生产目标，而且要着力实现快速、持续、安全、和谐的发展目标（赵其国，2010）。

山区"三生"耦合茶园就是通过生产、生态、生活各功能要素在时序—空间—结构上的合理布局来实现优化构建（图5-5），其重要内涵是以要素优化布局和山地生态过程的整体耦合为目标，通过相关要素有序链接与相互促进作用，实现子系统之间的互补与叠加，提高山区茶园的资源利用率与劳动生产率，达到优化投入、增加产出、实现农业资源持续利用与山地生态环境保护的双赢目的（李文华，2000）。就运营机制而言，山区"三生"耦合茶园模式构建是以环境经济协调发展为基本原则，按照生态学原理，优化集成山区茶园系统内的物种互利共生、物质循环利用、能量高效传递等先进技术，因

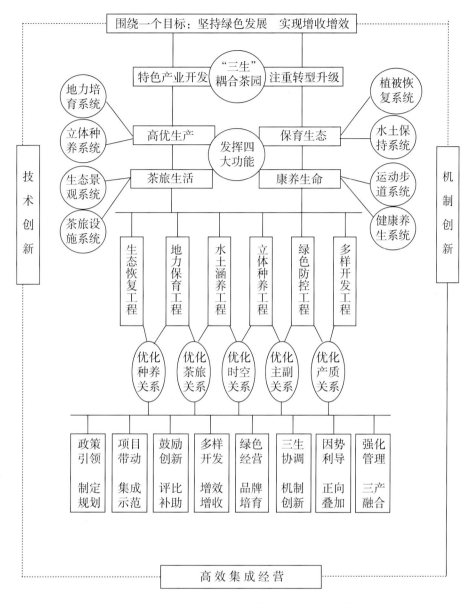

图 5-5　山区"三生"耦合茶园优化构建与高效集成经营示意图

地制宜地运用系统工程方法，促进山地茶园物能良性循环；因势利导地配套建立技术体系，着力维持山区茶园生态平衡，促进传统茶园转型升级，实现优质高效与生态安全多功能性开发目标（翁伯琦等，2008），达到社会经济生态效益协同发展目的。如图 5-5 所示，山区"三生"耦合茶园包括 8 个层次的主要框架：①围绕"坚持绿色发展与实现增效增收"重点目标。②把握"特色产业开发与促进转型升级"两个根本。③优化"保育良好生态与促进三产融合"开发体系。④发挥"高效美丽兼顾与茶旅康养结合"多样功能。⑤配套"园景茶旅文养，拓展多样经营"综合系统。⑥建设"强化生态恢复与保障三产运营"系统工程。⑦协调"促进正向交互与着力叠加驱动"内在关系。⑧制定"注重机制创新与强化科技兴茶"系列对策。

近年来国家十分重视扶持茶业重点县的转型升级工作，各级政府持续加大对茶产业发展的投入力度，中央财政连续多年安排专项资金投资山地茶园改造与加工设施更新，重点包括规模化生态茶园、智能化茶叶加工、精细化技术装备、标准化技术体系、品牌化大众产品等，力求构建支撑现代茶叶生产发展的技术服务体系。近几年来各地生态观光茶园建设兴起与发展已经成为新的趋势，多样化开发取得新的进展与新的成效，为进一步深入推进山区"三生"耦合茶园建设奠定了重要基础。国家相关部门出台了鼓励山区乡村家庭农场或者专业合作组织多样性开发茶园的优惠政策，力求充分利用山区良好的生态条件与优美的区域环境，将绿色茶叶栽培与茶业文化旅游结合起来。很显然，将山地茶园农事活动和野外旅游及休闲康养融为一体，有助于实现第一产业和第三产业的跨越式对接和优势互补。通过茶旅结合与农耕文化的发掘，促进山区观光茶业与野外健身康养新兴产业发展，使传统的茶叶生产过程转变为人类观赏与体验茶事活动的全新过程，使山区茶业具有生产开发、生态保育、生活观光的三重属性。

初步实践表明，建立山区"三生"耦合茶园，既可带动山地茶业的绿色振兴，也有利于茶园生态恢复与山区旅游茶业的发展，三者结合必将产生多赢的社会经济与生态效益，对实现山区茶业持续发展将有重要意义与积极作用。山区"三生"耦合茶园是绿色化茶叶生产的重要载体和栽培基地，是山地高优化茶园转型升级的发展方向，也是实现山区茶业持续发展的根本出路所在。就具体内容而言，主要包括了8个方面：一是明确建设目标，即茶业绿色振兴与农民增收致富。二是注重建设重点，即开发特色产业与促进转型升级。三是促进"三生"耦合，即生产生态生活与正向有序叠加。四是发挥多样功能，即茶园生态保育与茶业高优生产，美好茶旅生活与乡村生命康养。五是优化8大系统，即植被恢复系统、地力恢复系统、水土保持系统、水肥调控系统、生态景观系统、茶旅设施系统、慢道运动系统、健康养生系统。六是建设6个工程，即生态恢复工程、地力培育工程、水分涵养工程、高优种养工程、绿色防控工程、多样开发工程。七是优化4个关系，即优化主副产业关系、优化茶旅结合关系、优化时空交互关系、优化高效产投关系。八是制定8个对策，一要政策导向引领，科学制定规划；二要实施项目带动，注重集成示范；三要鼓励创新创业，强化评优补助；四要强化多样开发，促进增效增收；五要注重绿色经营，加强品牌培育；六要统筹三生关系，完善协调机制；七要讲求因势利导，优化正向叠加；八要强化过程管理，推动三产融合。

事实上，山区"三生"耦合茶园建设是一个生态系统工程。就主要技术而言，要着力把握3个重要环节：一是在栽培技术方面，必须按照茶树的生物特性，采用立体复合种养、树茶草菇共生、保持良好生态、构筑集雨设施、引水自动灌溉、实施智能监测、水肥一体调控等配套措施。二是在生态保育方面，其必须采用人工割草方法，禁止用除草剂，施用有机肥料，应用生物农药；山区茶园生长环境要力求保持原生态的自然状态，要达到空气清新、土壤洁净和水质良好的基本要求；要遵循生态学科原理，实施园内套种绿肥，改梯壁人工锄草为机械割草回园；不仅要就地使用绿肥，而且要实施全园生草覆盖种植，有效防控水土流失，山地茶园要在实现优质高效的同时，还要达到保水、保土、保肥的生态平衡与环境友好目的（黄东风等，2014）。三是在绿色防控方面，首先要保持良好的生态环境，从根本上减少病虫害发生；其次要应用便捷的物理防治方法，采用太阳能捕虫器扑杀虫害；研发高效生物农药，有效防治茶园生物病虫害。实际上，"三生"耦合茶园的集成基地建设，具有系统性与综合性，不仅要遵循生态循环理念，建成完整的生态化产业链与产业化生态链，促进优势互补并成为山地最优美的生产－生态－生活的耦合型茶园，成为山区最靓丽的休闲、观光、康养的集成型基地（图5-6为大田县茶旅融合发展基地）；而且要把握3个有效链接，即生产技术创新、管理机制创新、经营过程创新的环节，使其相互促进与相互支撑，进而实现高效开发与优势集成及其持续发展。

图 5-6　福建大田县茶旅融合发展

● 2 山区"三生"耦合茶园子系统工程与技术管理规范要点

如何构建山区"三生"耦合茶园的综合开发经营体系，这是山区茶园转型建设与绿色发展升级管理的重要内容。就此，必须建设好 6 个子系统工程，进而完成构建绿色发展技术规范体系。

（1）生态恢复与地力保育子系统工程。山区"三生"耦合茶园是以山地茶树为生产物种，按照循环经济基本原理与生态农业技术要求而优化构建的茶园。通过要素的合理组合，充分发挥茶树生产—良好环境—生态景观的功能作用，促进"三生"有效耦合，提高山地茶园内各生命体间功能互补与生物圈内环境因素的优势叠加的能力，为茶树生长创造良好的生态条件；最大限度地提高光能利用率，增强资源的循环效率。通过绿色技术实施，提高茶叶产量和质量；通过系统良性循环，丰富茶园生物多样性；通过维护良好生态，拓展茶旅与康养结合。需要强调的是，山区"三生"耦合茶园的建设选址要把握 3 点：第一，要选择空气清新、水质清澈、土壤洁净流域，应尽量避开喧闹都市、工业厂区和枢纽要道。第二，除了交通便捷与立地条件好之外，更为重要的是选择空气、水质和土壤清新洁净的园地，各项环境限值含量（污染物质）均必须符合 NY5020—2001 行业标准的基本要求。第三，对于新垦茶园的地点，还要求海拔低于 1900m，开垦茶园的坡度应小于 30°；全年平均气温 13℃以上，全年温度范围 -3℃以上 40℃以下，年有效积温 5000—6000℃；年降雨量要超过 1000mm，空气湿度 70% 以上，还应具有较好的灌溉条件（滴灌等设施）。"三生"耦合茶园既是能满足茶树生长需要的园地，又是生态良好环境优美的山地。对茶园土壤的要求有 3 个方面：其一是山地茶园土体结构良好。底土与心土呈紧而不实状态，耕作层土壤质地一般以黏土与沙壤组合较为适宜，既便于土壤通气透水，又有利蓄水保肥。其二是山地茶园土壤酸度适中。土壤 pH 值在 4.5—5.5 为佳，如果土壤有机质和主要养分含量比较低，要及时予以补充与改良，要注重提高土壤中水、肥、气、热等四因子相互协调的能力。其三是优化选择背阴朝阳园地。以云雾较多、空气清新、湿度较大、散射光强且规模在 500 亩以上的山地，可筛选作为"三生"耦合茶园建设基地。在山区茶园开垦或者改造之时，必须进行植被恢复、地力恢复、生产力恢复，进而以取得经济效益来驱动茶园生态恢复。

（2）水土保持与立体种养子系统工程。山地"三生"耦合茶园要统筹多样功能发挥，因势利导建设生产高效、生态良好、生活康悦的新型耦合茶园。进而要立足长远绿色发展，统筹兼顾；要注重生产生态融合，协同创业；要优化产业时空布局，全面规划。规划要以现代生态循环农业的绿色发展为出发点，以实现全面小康与土地高效利用为着力点，以茶树良种化、栽培绿色化、生产机械化、水利设施化、经营多样化、管理信息化为切入点，按照山地多功能茶园建设要求，要因地制宜对区、块实施优化划分，包括道路网络与链接、排灌系统与布局、生产单元与体系、行道树林与搭配、绿化景观与营造、防护林带与设置等子系统工程。就实施而言，要着力做好以下工作：其一是做好勘察设计工作。以茶、林、道、池、渠一体化综合治理为基础，实施治山、治水、治土统筹协调；以山、水、园、路、景有机结合为链接，实施生产、生态、生活整体开发；力求实现茶树有序成片，道路链接成网、园地成块开发、种养成套匹配、茶行井然成条、花草果景成套、区格递进分明。其二做好功能设计工作。规模在 500—1000 亩的山区"三生"耦合茶园建设，要注重划定功能区域与合理设计路网；茶园内设立主干道与支干道。主干道纵度小于 6°，路面宽度为 4—5m，道路两侧种植绿化树木（以落叶果树与珍稀树木为宜）。支干道纵度小于 8°，按茶园地形与实际需要进行优化设置，路面宽度为 3—4m，其不仅作为园内运输的主要通路，而且作为茶园功能划区与分块链接的界线，同时也是山地茶园水土流失的拦截道，视茶园山形及划区面积选择绿化树种与覆盖草种。主干道与支干道内侧都要配套设置水沟，力求做到保持水土、涵养水源、提高湿度、调节气温，避免茶树遭受气象灾害重大影响。对于 1000 亩以上茶园，还要就近规划建设茶叶加工厂，并充分利用山地茶园特色景观规划建设休闲观光与健身康养场地。山区"三生"耦合茶园要注重道路设置与划区分块有效链接性，路网由主干道、支干道、慢步道、环园道几部分组成；要从高效生产—保育生态—茶旅生活—康悦养生功能发挥来统筹考虑，优化空间布局和设施合理配置；要充分发挥路网作用，既要适宜山地机械化作业，便于车辆运输，又要有利于防控水土流失，坚固又要美观。干道为山地"三生"耦合茶园主体布局框架，对内是各产区的纽带，对外与公路交通衔接；步道为山地"三生"耦合茶园划区分块界线，是通向山地茶园地块便捷道路，路面宽度 1.5—2m；横向步道以 10—15 行茶树设一条为宜，其要与茶树种植条行成一定角度相接，以便作业与休闲漫步；环园道设在山地茶园四周边缘，既为茶园与农田（地）的分界，又与干道、支道、步道相链接。以步道作为立体种植与养殖分区界限，有利于便捷管理与有序轮作，尤其要充分考虑养殖废弃物的生态环境承载能力，既有利于多样开发与增收增效，又有利于循环利用与保护环境。

（3）水分涵养与茶园景观子系统工程。山地茶园的水分利用与管理有 4 个至关重要环节：一是注重优化设置水利系统。山区"三生"耦合茶园水分管理系统的规划设计，要因地制宜利用地形地貌建立蓄、排、灌的"沟 + 坑"组合系统。要根据茶树既喜湿又怕渍的生物学特性，以生态化覆盖种植，统筹协调；以便捷化水利设施，合理布局；以配套化水利设施，科学调配。二是因势利导设置水网系统。力求做到遇大雨能分流，遇干旱能滴灌，设立"沟＋坑"组合系统，既要蓄雨季之余，补旱季之不足，又能调河溪之水，补茶树之需。合理调控茶园水利，避免水土流失。茶园水利系统必须与道路相配套，做到路与沟相配，池与管衔接，沟与渠相通。茶园布设"沟＋坑"蓄排子系统，要起到 3 个作用：有效蓄水保墒，防控水土流失；雨季排除渍水，旱季引水入园；有利机械作业，便于肥药管理。三是注重分类设计分类实施。对山地小平台茶园而言，以排水沟为主，排蓄结合；对山地大平台茶园而言，以蓄水沟为主，蓄排结合。四是设立多样功能沟网系统。根据南方山地茶园条件而设计，通常山地茶园由截洪沟、隔离沟、横水沟、竹节沟、纵水沟组成沟网系统。在环园路内侧设置截洪沟与隔离沟（深 50—80cm，宽 40—60cm），防止大雨时茶园上方的洪水、杂草、泥石等侵入茶园；在梯面内侧设置竹节沟与横水沟（深 30—50cm，宽 40—60cm），积留表土与减缓径流，有效防止水从梯面浸出并避免冲刷；在茶园各片域之间设置纵水沟（深 20—30cm，宽 40—50cm），排除园内多余的水分；同时在道路两旁沟坡度大的园地或园中地形地势低的积水线上，要因地制宜设置消力池。水利设施要力求规范设立，形成一道靓丽风景，通过适当造型，营造生态景观，为茶旅结合奠定充满生机与活力的休闲观光基础。

（4）绿化环境与茶旅结合子系统工程。在茶园内部实施有规划的植树造林，绿化山地茶园环境。一是防止水土流失。在主干道旁、主渠道旁、陡坡边缘、沟谷周边种树植草（以每亩套种 20 株树木为宜，沟旁种植规格为 1.5—2m 植 1 株），固实路沟边坡，防控水土冲刷。二是营造防护林带。在有害性干寒风袭的位置进行密集绿化，以几层林木（乔木、灌木）组成，以梯次种植结构为宜，既要防御灾害，又能绿化环境。选择乔木和灌木品种的要求有 3 点：树木生长较快，抗风能力较强；适宜当地气候，适应土壤要求；同时与茶树无共同的病虫害。种植布局为：种植乔木型树种 4—6 行，行距 2—3m，种植灌木型树种 2—4 行，行距 2m；既不妨碍交通，又营造景观。如果开垦山地新茶园时，可在不影响茶园道路、排灌系统和茶园规划布置的前提下，应因势利导保留好道路边、沟渠旁的自然林木，梳理好山地茶园边缘零星地块（不宜种植茶树）的自然树木，营造自然景观。三是兼顾适度遮阴。茶园套种绿化树或者风景树，要以不影响茶叶产量、质量的覆荫度为原则，位于温凉地带且雾多的茶园，绿化树不宜种植过多，以每亩 5—10 株为宜，而在土壤干燥、湿度低的山地茶园，则可以适当提高密度。四是合理补植草被。开垦山地茶园，必然会破坏地面原有的植被，极易引起水土流失，所以要采取开发与保护相结合方式，需要按照茶园的总体规划设计，实施植被恢复与地力提升。充分利用地形地势构建富有地域特色的水土保持模式，依照不同坡度类型，合理构筑"工程措施＋生物措施"复合体系。清理山地茶园台面障碍物（包括自然杂草），应视实际情况分类处理，如地面原生杂草不多，可以收割为主，在开垦梯台时埋入种植沟内，作为绿肥使用，提高土壤肥力；若杂草高大繁茂，必须予以砍除，制作堆肥或烧成泥灰作为茶园有机肥料。结合山地茶园地貌实际，适当补植人工植被，生草覆盖梯壁与梯埂，实行"豆科草＋多年生"优化搭配，进行景观营造，让林、茶、草、花、路、渠、沟、道融为一体，井井有条，交错有序，横向有线，纵向有型，形成休闲观光与健康养生的新景点。

（5）科学开垦与水肥调控子系统工程。为了有利于水肥有效调节，必须修建保水、保肥、保土的高标准"三保"山地茶园。一是注重把握开垦方法。山地茶园开垦，要自下而上进行施工，又从上到下地整理梯台，山地茶园梯面宽度为 1.7—2m。其开垦要求是：等高面梯层，水平线环山，随山势大弯，小弯度取直；构筑梯台要求是：心土筑埂，表土回面，内低外高，内沟外埂，梯梯接路，沟沟相通。二是注重梯台构筑质量。先自下而上挖出第一梯梯面，再挖种植沟（深 60cm×宽 60cm），第一梯种植沟开好后再开第二梯，以此类推，梯次开垦。三是注重种植沟的挖掘。种植沟面积占梯面总宽的 50%，其余面积为前埂、后沟与耕作道，应酌情深挖土层板结地带；要将第二梯台上的一部分杂草、草皮削下，放入第一梯种植沟沟底，再把土壤熟化层铲下放入第一梯种植沟内，把其余部分的杂草、草皮盖严；再把第二梯台整平并继续开挖种植沟，以此类推，逐一开挖。四是注重茶园土壤改良。山地茶园开挖完成后，从最上梯开始，逐一往下回平，实行充分晒垡，使心土养分得以活化。山地茶园开垦结束，心土经过了充分晒垡，种植沟内土壤也得到沉降，有助于恢复土壤毛细活动，施入符合生态茶园和绿色茶叶生长要求的有机肥 1500—2000kg/ 亩；至茶苗定植前 10d，整理梯台种植沟并施复合肥 40kg/ 亩加磷钾肥 40kg/ 亩，与种植沟内的腐熟土壤、有机肥充分搅拌，使之混合均匀。五是进行全园规范整理。园地土壤要深挖 60cm，建成等高梯田；梯面呈 5° 斜角为宜，台面整理成外高内低；梯台内侧开设蓄水沟，山顶、山凹及道路两侧修建排水沟，排水沟要与蓄水沟相连接，并在连接处深挖积水坑，力求保障小到中雨时水不出园，大雨到暴雨时水不冲园。

（6）多样发展与康悦养生子系统工程。一是保障茶叶高效优质种植。山区"三生"耦合茶园要种植优良茶树，除了产量高品质优之外，还要兼顾抗性强特性，进而减少茶园病虫害危害，在保障经济效益的同时，可以降低农药残留。同时注重良种配套良法，实施合理密植、适时采摘、适当修剪、优化树冠、土壤改良、生物防治等技术。二是构建复合生态种植系统。为了抵御风害，要在山地茶园最高处选择设置防护林；防护林主带种植选择复合模式，即 2—3 行高大常绿乔木且两侧配以 2—3 行灌木为宜。在园内的道路、水沟两旁种植行道树（以种植银合欢等豆科树种、银杏或油柿等落叶果树为佳，规格为每 2m 种 1 株树）；园中适当套种遮阴树（以樱花等品种为宜，规格为 16—20 株 / 亩）；不宜种植浅根型树种，其易与茶树抢水争肥，也不选择与茶叶病虫害互为寄主的树种。力求改善茶叶种植的生态条件，优势互补，相互获利。三是生草覆盖防控水土流失。在园内空地或幼龄茶园中以套种平托花生、圆叶决明、紫花扁豆、印度豇豆等豆科作物为宜，可割青埋压作绿肥，降低生产成本，以草肥土；在山地茶园梯壁以种植爬地兰等匍匐性作物为宜，即可起到固壁护土的作用，防控水土流失，以草养园；通过建立以茶树为主的人工复合生态茶园，在正面布局上形成"乔木 - 灌木 - 植被"的有效防护体系，在平面结构上形成"树木 - 茶树 - 绿肥"的链接性生态位，进而起到上层树木调控下层作物生态因子的积极作用，有利于改善山地茶园的生态条件；同时促使光能和养分得到充分利用，提高物质与能量利用率，有利于提高茶叶的产量和品质。四是绿化美化茶园生态环境。要因势利导营造特色景观，配套茶园支路道（健身慢道）与机耕道（运动步道）；要因地制宜在山顶或者适当位置建设旅游小木屋，吸引更多的人来山区乡村旅游观光与体验茶事，进而发展山区茶园健康养生产业，充分发挥茶园的多样功能，提高资源利用率与土地产出率。

● 3 山区"三生"耦合茶园的高效经营与持续发展重点环节

山区"三生"茶园实质上是复合生态茶园（Compound ecology of tea garden）。就其特性与内涵而言，复合生态茶园是茶叶生产与生态环境相适应的多元生物共存与人工循环系统。要构建富有区域特色的山地茶园景观格局，在山地茶园系统中划分区域栽培与茶树共生的植物（果树、遮阴、观赏），适当套种食用菌或者养殖禽类动物；按照各生物种群的生理学要求与生态承载能力，进行合理布置，现场循环链接空间格局，达到各个种群间共生互利、优势互补。构建复合生态系统，要注重要素之间的生态型组合和生态价匹配，如茶树需要耐阴的生态型，而乔木型植物需要深根的生态型，地面植物则需要浅根的生态型等；对生态价匹配而言，山地复合生态系统要选用适应幅度大、生态价位高的生物。山地复合茶园受多元生物与环境变化的影响，在不同季节会形成特定的环境气候、土壤生态、植物群落与土壤微生物的变化规律。复合生态茶园的优化构建与经营管理，都会引发系统内部的光照、热量、水分、土壤肥力和动植物种群、微生物种群的改变。调控山地茶园复合生态系统，在很大程度上就是要统筹协调茶树和共生植物生态价的有序匹配，不仅要力求获得最高的生物量与生产力，而且要持续提高对不良环境的抵御能力。

以往的生态茶园模式多以单项组合为主，主要包括茶－林（杉木、乌桕、油桐等）、茶－果（梨树、桃树、柑橘等）、茶－粮（小麦、玉米、黄豆等）、茶－桑等生产模式。20世纪70年代之后还曾发展建立了茶－胶、茶－葡萄、茶－菇等生态茶园模式，具有不同的经济与生态效应。但过度的遮阴，在一定程度上会造成茶树多酚类物质减少，含氮化合物及锰、锌等含量增加的负面效应，这是由于光照强度成为主要影响因子。就其机理而言，由于遮阴比例不当或者过度的遮阴，光照面积内以散射光、蓝紫光为主；进而影响气温与地温的稳定程度，空气相对湿度与土壤水分含量等也产生波动，在一定程度上影响了茶树生长。就此，构建山区"三生"耦合茶园，对共生植物的选择与种植，首先应在生态关系上理顺套种植物与茶树互利共生关系；其次要配套栽培管理技术，如树干分枝修剪；再次要筛选有固氮根瘤菌、非茶树病虫的中间寄主植物。成功经验表明：山地"三生"耦合茶园的技术体系构建是至关重要的。其要素配置的合理性，主要体现在抗逆适应性强、茶园经营的综合效益高；套种药用植物，能美化环境和净化生态；套种落叶树种，力求生长较快并能耐阴；实施生草覆盖，能提供绿肥并改良土壤。研究复合生态及其变化规律，可以确定不同生态环境下生物组合形式、数量和种植技术，获得最佳效应。

很显然，山区"三生"耦合茶园构建，要遵循生态学与经济学原理，创立林果、茶叶、花草、养禽、加工、景观、旅游、健身协调发展的生态化产业体系，组织山地茶园绿色生产与高效经营，因地制宜地开发利用和管理自然资源，提高太阳能和生物能的利用率，达到茶园开发的优质、高产、高效协调与生产、生态、生活统筹的目的。就技术内涵而言，建立山区"三生"耦合茶园的重要依据有3个要点：①物质与能量有效循环。"三生"耦合茶园要有持续维持生物圈生命源支持能力。②强化并促进光合作用。优化茶园系统各要素空间布局，充分利用太阳能，力求通过茶树等绿色植物的光合作用，将无机物、二氧化碳和水转化为有机的生物能。③维护并促进生态平衡。茶园与其他生产生态系统一样，每一次的循环和发展，都将比前一次循环的丰富度有所提高，这就是自然界越发展越丰富的依据。只有促进生产体系与生态系统的统筹协调，维持山地"三生"耦合茶园生态平衡，才能使茶业生产得到持续发展。

就绿色经营而言，需要把握5个重点环节：①适度遮阴。茶树是比较耐阴的作物，夏季不利于茶树生长，日照强烈并伴随干旱，茶树会受到伤害并造成减产；冬季则常常发生冻害，低温寒风使茶树枝叶枯焦，甚至冻死。就此，山地"三生"耦合茶园选择场地以适度遮阴、有效挡风、四季温差相对小为原则。②选用良种。按照当地茶叶生产的需要，选择高产优质且兼顾抗性强的茶树良种，实施良种配套良法，必须合理密植与适时修剪，这是减少病虫害、稳定茶产量、增加效益的基础。③土肥管理。茶园要杜绝无机肥过量使用，坚持以有机肥为主（尤志明等，2017），同时选择使用生物活性肥料；有条件的茶园可养殖蚯蚓来松土增肥，改良土壤结构。南方茶园多为红壤山地，有机质含量偏低（通常为1%—1.5%），需要套种绿肥或者收割杂草予以循环利用，严禁使用各种化学除草剂。幼龄茶园要实行生草全园覆盖与免耕技术，其中生草或绿肥轮作，既能防止水土流失，又有效保育土壤。茶园可视草量铺展，厚薄不一，其目的是防寒防旱并防长杂草；增加土壤有机质并营造益虫的栖息场所，铺盖生草与施有机肥相结合，这是主导性的实用技术措施。④病虫防治。山地茶园的病虫害，必须采取综合防治措施，以实施生物防治为主，减少茶叶的药残污染。就具体实施而言，要采用农艺与生防结合措施，例如及时修剪和分批采摘，可有效抑制小绿叶蝉、茶橙瘿螨等趋嫩性强的病虫，其不仅可以兼防病虫害，而且有利于提高茶树自身抗性；采用生物防治方法，利用白僵菌防治小绿叶蝉、黑刺粉虱、茶丽纹象甲；选用苏云金杆菌等防治茶毛虫、刺蛾、尺蠖类，采用茶毛虫病毒防治茶毛虫、赤眼蜂、茶园天敌蜘蛛；充分挖掘并利用天敌昆虫、病原微生物、农用抗生素及其他生防制剂等防控茶树病虫危害。充分利用物理防治方法对部分虫害也将起到有效的防治作用，例如利用茶园某些害虫的趋光性，可用白炽灯和黑光灯进行诱杀，实施过程要避开益虫的高峰期，避免误诱益虫；同时还可以采取糖醋液诱杀、性诱杀方法与高效、低毒、低残留农药配合使用，既可有效减少化学农药用量，又能保持山地茶园生态平衡。⑤经营管理。通过"三生"要素的优化耦合，创立山地茶园人工复合生态系统。在空间结构上，形成了两个以上物种组分的生态位，如上有树木（乔木），中有茶树（灌木），下有绿肥（生草），形成树木、茶树、绿肥的"乔-灌-草"三层结构。就物质递进利用而言，有助于充分利用光能，也在不同层次上利用土壤养分，并得到持续的补充，提高了自然资源的利用率，以利用效益驱动上、中、下层生态因子的链接与互补作用。在平面结构中，要调控透光率，避免过度遮阴，因为光照不足会造成茶树减产，降低效益。在间作安排上，要注意种间结合，互生互利；以充分利用光能为原则，实施阳性树种与阴性树种的合理匹配；以充分利用养分为依据，实施深根性与浅根性树种的结合，使植物吸收不同层次的土壤水分与养分。间作植物的适生条件（气候和土壤）应与茶树基本一致，促进互生互利，并避免共生而相克。除了考虑与茶树没有共同病虫害的树种之外，优先选择经济效益和生态效益兼顾的经济作物，以达到茶、果、菌、药等产品多丰收的目的。当绿化树种的冠幅过大，根系亦庞大，必然会对茶树产生影响，进而要适时对间作树进行修枝，树冠郁闭度达到30%—35%即可，以求为茶树创造良好的通风透光条件，又能够维持一定的遮阴面积。套种树木周围的茶树要适当多施有机复合肥，以满足两树种的共同需要。

目前山地茶园人工复合生态系统探索已取得良好进展，如云南省植物研究所建造的多层次共生种植茶园，上层是橡胶树，中上层是萝芙木，中下层是茶树，下层是中药砂仁，其不仅作物覆盖度高，而且山地茶园径流量减少30%以上，冲刷量比传统单一种茶园地降低80%以上。江苏省芙蓉茶场推广茶树与梨树间作，福建省邵武市构建"林-果-茶"间作模式都取得了较好的经济、生态和社会效益，其生产模式、经营经验都值得学习和借鉴。就福建省山区"三生"耦合茶园优化构建与绿色发展对策而言，要强化8个管理环节。

一是政策导向引领，科学制定规划。坚持"一稳定、三提高"的总体发展思路，完善发展规划，促进绿色布局。预计到2022年，福建省茶叶面积将稳定在400万亩左右，要着力提高茶叶质量效益、产业竞争力、产业持续发展能力。立足当地茶业资源禀赋，坚持市场导向，深化供给侧结构性改革，完善茶产业规划，因地制宜，适地适种；适销适产，优化布局；转型升级，调整结构；在种植品种方面，要适当增加乌龙茶、红茶、白茶比例，稳定茉莉花茶生产，调减绿茶份额，大力开发名优茶和特色茶。

二是实施项目带动，注重集成示范。坚持生态保护优先的原则，突出绿色建园，推进产业与生态相协调。严禁在坡度25°以上及水土流失严重、生态脆弱的山地新开垦茶园，杜绝毁林种茶。无法进行生态改造的陡坡茶园，应当退茶还林。建设生态茶园，综合采取种树、留草、间作、套种、疏水、筑路、培土等措施，保持茶园水土，改善茶园生态，维护生态平衡，保护和增加生物多样性。到2022年，生态茶园占全省茶园面积80%以上。尤其要注重示范引领，在示范基地成功建设基础上，实施以点带面的集成推广，因地制宜建立富有特色的模式，因势利导构建新型的建设体系，有效有序推进山区"三生"

耦合茶园建设与推广。

三要鼓励创新创业，实施评优补助。加强茶树优异种质资源保护与利用，加快选育推广特色明显、抗性显著、品质优异的茶树新品种。优化农艺措施，推动绿色生产；强化茶园科学管理，倡导茶树健身栽培，及时采取适时修剪、分批采摘、中耕培土、冬季清园等措施，培育"茂大壮"茶树。严禁高度密植和过度矮化等掠夺性生产方式。全面推广有机肥替代化肥，鼓励茶园套种绿肥，增施有机肥（翁伯琦等，2008），有效改良土壤，增强地力，促进提质增效，近五年内推广"双减"（减化肥、减农药）茶园面积超过90%。全力推进茶园有机肥替代与病虫害绿色防控，加强监测预警，强化统防统治，综合应用生态调控、农艺改良、物理防控、生物防治等措施，确保产品质量安全，到2022年全省茶园绿色防控全覆盖。实施年度评比，予以优胜企业与茶园发展资金奖励。

四是强化多样开发，促进增效增收。要推行清洁生产与加工，提升绿色产品品质。要提升茶叶加工水平，按照"生产环境清洁化、加工燃料清洁化、加工设备清洁化、加工流程清洁化"的要求，制订《福建省茶叶初制厂清洁化生产规范》，组织开展茶叶初制加工厂升级改造，重点推广电、气能源的智能化加工设备，茶叶初制加工不落地机械化生产线、自动化萎凋设备、清洁化晒青设施等，提高茶叶绿色加工的能力与水平，力争到2022年全省茶叶初制加工厂全部完成升级改造。鼓励涉茶龙头企业新建或扩建清洁化、自动化、标准化的精制加工生产线，引领茶叶的系列化、多样化、品牌化开发，提升福建茶叶产品档次。推广科技创新成果，引导茶叶精深加工，重点是提取、利用茶多糖、茶色素、茶多酚等有效成分，深度开发特色茶饮、茶日用品和茶保健品。

五要注重绿色经营，加强品牌培育。要注重突出特色，发挥区域优势，加快科技创新，突出绿色支撑。加快茶产业发展核心技术的研究与推广，积极开展茶树优良品种选育与应用、生态茶园建设、有机肥替代化肥、茶树病虫害绿色防控、产地品质识别等关键技术攻关和成果转化。集成组装"有机肥＋配方肥"（王峰等，2012）、伏季休茶、光伏萎凋、茶叶初制加工自动化生产等技术模式，推广茶园耕作、栽培、采摘等先进机械。推进茶业产学研协作，加快茶叶大数据的研究和应用，应用物联网技术，建设智慧茶园，提升茶业绿色管理水平。山区"三生"耦合茶园建设是一项新的系统工程，也是一项新生事物，从一开始就要注重把好质量关口，要根据区域优势与实际条件，适当增加开发内容与优化调整链接项目，不可生搬硬套，要以实际成效为开发与建设标准，注重新的品牌培育，力求持续发展。

六是统筹三生关系，完善协调机制。要严格生产－生态－生活项目开发过程的质量管控，强化绿色保障。坚持质量兴茶，效益优先，促进茶业由增产导向向提质导向转变（江用文，2002）。进一步提升茶园投入品信息化管理水平，健全并完善省市县农资监管网络，推行投入品登记备案和实名购买制度。全面落实茶叶生产主体质量安全责任，严格执行茶叶生产和销售记录档案制度，强化原料进厂与产品出厂检验。全面推进"一品一码"全过程追溯体系建设，实行源头赋码、标识销售。加大茶叶产品抽检力度，严厉打击违法使用禁限用农药的行为。建立茶叶病虫防治监督机制，实行有奖举报制度，推动茶叶生产主体严格自律、互相监督，自觉不使用化学农药。

七是讲求因势利导，优化正向叠加。要注重培育壮大龙头，打响绿色品牌；做强做大茶叶龙头，通过合资合作、兼并重组等方式打造"茶产业航母"，增强龙头企业对产业发展的支撑带动作用。组建福建茶产业绿色发展联盟，推进行业自律、信息共享、标准统一。培育茶业新兴业态，推行多样化营销，同步推进线上线下销售。通过推广山地"三生"耦合茶园模式，延伸开展特色农业小镇、现代茶业庄园、茶旅康养等三产融合项目。深入开展"清新福建，生态闽茶"与"茗茶香，海丝行"等主题宣传与科普推介活动，加大产业特色与产品品牌培育力度，着力提升安溪铁观音、武夷岩茶、福鼎白茶、政和白茶等区域优势茶叶品牌，打造一批具有全国影响的龙头企业，扩大绿色品牌效应，增强闽茶品牌知名度、美誉度和诚信度，实现正向优化叠加与"三益"统筹协同。

八是强化过程管理，推动三产融合。各级各有关部门要围绕绿色发展、质量兴茶的总体目标，出台扶持政策，整合项目资金，着力推进茶产业绿色发展。省级财政要统筹整合涉农资金，加大对生态茶园建设、茶树病虫害绿色防控、有机肥替代化肥（黄国勤，2004）、茶叶初制厂清洁化升级改造、自动化精深加工设备引进等的扶持力度，把绿色发展、质量兴茶相关技术作为科研和成果转化的重点。要积极引导金融机构落实茶叶绿色发展的金融政策，加大信贷投放力度，推进茶叶自然灾害保险。

就绿色优质茶叶而言，不仅国际市场需求旺盛，尤其西欧、美国、日本等发达国家的绿色保健食品的消费量每年以20%—30%的速度增长，呈现了供不应求的态势；而且随着经济发展和生活水平的提高，人们的健康意识也在不断增强，消费者渴望得到营养好、品位优的绿色保健食品；国内消费者特别青睐绿色安全的茶叶及山区优质食品。在内需扩大与外销增长的背景下，我国主要的产茶区绿色种植与综合开发得到了快速发展，并产生了良好的效益。立足于新时代的高起点，全国兴起了深入实施乡村振兴战略的热潮，为茶业转型升级带来良好的发展机遇，特别是中国的绿茶占有国际市场份额超过75%，任何国家都无法取代。就此，开发山区"三生"耦合茶园势在必行，这无疑是茶业绿色发展的新趋势，其多样功能开发与山区茶农增收致富必将有更加广阔的前景。

第四节　山区"三生"耦合茶园的技术体系构建与绿色经营对策研究

实际上，福建省的茶业发展具有独特的优势，其不仅种植历史悠久，而且产业基础较好。目前福建省茶园面积占全国茶园总面积不到 1/10，但茶叶产量占全国总产量的 17%，且出口创汇居全国第一。福建省山地面积占省域面积的 85%，山区乡村区域广阔，在发展绿色种植业与健康养殖业之时，山地农业综合开发历来是山区经济发展的主要项目，尤其是做大做强山地茶产业，不仅增收潜力巨大，而且产业前景广阔。新时期茶叶生产如何再上新台阶？无疑要在产业生态化与生态产业化融合发展方面下功夫，既要挖掘高质量生产潜力，又要创综合效益新水平。这在很大程度上取决于山区茶产业的健康发展与优化壮大，力求为福建山地农业增效与山区农民增收探索有效的途径。通过专题调研，我们充分认识到，福建山地茶业发展在巩固良好基础之时，需要重视目前的短板与不足：一是要加强茶叶优良品种选育与推广应用；二是要加强高优化栽培与病虫害绿色防控；三是要加强多样性开发与综合效益的提升。通过专题调研，我们充分认识到，福建山地茶业发展要在一园多用上闯新路，在生产与技术层面需要改进与完善 5 个突出问题：山地茶园规范建设与防控水土流失；红壤茶园地力培育与防控土壤酸化；山地茶园单一生产与多功能性开发较欠缺；茶园病虫害预测及绿色防控技术；机械化设施应用与减轻劳动强度。很显然，目前存在的具体难题，不仅在很大程度上影响山区茶产业高效生产与持续开发，而且影响南方山地茶园劳动生产率提升与多样性开发效益的充分发挥。现实生产实践予以人们深刻启示，要如何构建"三生"（生产、生活、生态功能）优化耦合的新茶园，要如何创立"三益"（经济、社会、生态效益）综合发挥的山地茶园绿色发展体系，这已成为理论探讨与实践提升的重要命题。就此，通过深入调研研究，项目组科技人员提出了优化构建山区"三生"耦合茶园的主体思路与实施绿色发展技术的对策建议。国内外山地生态农业发展经验值得参考，尤其是欧盟的有机茶园与日本的环保茶园模式建设可以有效借鉴（黄国勤等，2014；Ye X J 等，2020；Batish D R 等，2001），其核心要点在于如何发挥山区绿水青山的生态优势，通过优化组配与有机融合，使之成为茶叶生产基地、旅游休闲胜地、健康锻炼场地。

● 1 山区"三生"耦合茶园建设实践意义与特征

就地理分布与空间格局而言，中国山地占全国总面积 70% 的基本国情，决定了山区农业持续发展的重要性，其不仅关系到绿色振兴与社会稳定的大局，而且关系到占全国 56% 人口的增收致富与希望（王建国等，2002；翁伯琦，2016）。在实施乡村振兴与农业绿色发展战略的热潮中，要如何充分发挥区域特色并因地制宜推动山区产业转型升级，提高土地产出率；要如何充分发挥生态优势并因势利导实施乡村绿色产业振兴，提高劳动生产率；要如何深化开发机制创新并充分保障山区高效优质农业发展，提高农民增收率；要如何实施促进质量兴农并持续有效保护山区乡村生态环境，提高污染防控率？这无疑是新时代赋予现代农业与科技引领的光荣使命，也是乡村科技兴农理论与绿色创业实践必须突破的新命题。

实际上，山区农村土地资源相对丰富，生产环境比较洁净，是发展高效生态循环农业的良好区域。大部分山区虽然地处边远并且交通不便，但区域生态条件优越，发展富有山区特色的绿色种养潜力巨大。

很显然，山区乡村最为突出的客观条件就是山地多于耕地，一方面在面积广阔的山地发展现代林业潜力巨大，另一方面着力开发山地经济作物也是重要选项。除了山地生态果业，优质茶业也是南方山区特色产业。目前全国茶叶种植面积超过 4200 万亩，其中山区农村种植面积超过总面积的 2/3，推进茶叶产业生态化发展和山区生态产业化开发，已经成为特色农业开发与农民增收致富的重要途径之一。有资料显示，目前全国茶叶产量超过 260 万 t，毛茶产值也超过 1900 亿元。不言而喻，深化产业供给侧结构性改革，以科技创新促进茶业转型升级，必须充分利用山区良好生态资源，优化构建生态循环茶园体系，发展山地高质量茶叶生产。以完善山区乡村"三生"茶园体系为依托，引领山地农业绿色振兴与农业综合开发；以科技兴农与质量兴农为重要举措，引领山区生态产业化与农民增收致富，这无疑是促进绿色化与高质量农业发展的有效模式，也是实现山区乡村小康与生态文明建设的必然选择。项目组在下乡调研中发现，福建省山区乡村茶产业蓬勃发展，茶叶种植面积超过 380 万亩，产量与产值分别达到了 44 万 t、235 亿元；就茶园建设与茶业发展而言，有 4 个方面的经验值得学习与借鉴：一是注重产业规划与有序拓展；二是注重品种选育与集成推广；三是注重绿色栽培与防控技术；四是注重加工增值与品牌培育。然而，在山地茶园建设与生产方面，同时也存在 3 个较为突出的问题：不同程度地存在山地茶园水土流失，有部分茶山还甚为严重；山区茶园种植与开发形式比较单一，土地资源利用效率偏低；山地茶园尚未发挥多功能复合效应，绿色生产技术推广滞后。就此，结合山区优势与产业发展实际，立足福建山地茶业绿色振兴的新起点，构建山区"三生"耦合茶园新体系，率先实现南方红壤山地茶业转型升级与绿色发展，无疑是一个新思路与新举措。初步实践业已证明，其有利于挖掘山区茶园多样功能，有利于取得综合效应，实现茶业增效与茶农增收。

就理论意义而言，"耦合"是一个相对于两个或两个以上主体之间物理关系衍生而来的概念（刘滨谊等，2012；翁伯琦和张伟利，2014）。从生态学视角理解，农业生态系统"耦合"的根本内涵，主要是指两种或两种以上系统要素（或子系统）之间相互作用、过程演变及其持续影响与综合发展的结果。农业的系统耦合或者系统相悖是生产生态过程的两个方面，而农业系统内的生态位、时空度与链接序这3 个重要因素将在耦合过程起到重要作用，如果起正向叠加的作用，将有效抵消系统相悖的不利影响。实际上，合理的生态位在系统要素之间表现为紧密依存、互相促进的关系，最终将强化农业系统的生产 - 生态 - 生活的功能，合理的时空度与链接序则可有效避免系统内部的要素之间的相互干扰、相互破坏的关系，最终将尽可能地减弱对农业系统的生产和生态功能破损作用。随着现代农业的持续发展，农业系统开始拓展新的功能，其在生产、生态、生活上的耦合已经呈现出新的趋势，一方面在微观上表现为农业资源内部的生物、水、光、热、气、肥等资源之间的耦合，另一方面在宏观上表现为农业系统中生产、生态、生活各个子系统呈现循环叠加作用，尤其是具有一定地域范围的子系统之间的耦合（翁伯琦和张伟利，2014）。

很显然，只有充分地把握好农业资源开发中的正向耦合的叠加效应，才能通过农业绿色发展技术措施来优化调节，促进农业系统在微观层次和宏观层次上各单元之间的有效耦合的关系，力争使各个要素之间的相互关系处于最佳的状态，力求最大限度地挖掘资源在系统的内在潜力，充分发挥农业资源循环利用的效益，从而达到减少外部资源的投入，获得少投入高产出的效果，从而在农业生产上实现高产优质、高效低耗、增收致富的目标，在生态保育上实现农业系统的快速恢复、持续保育和良性循环的目标，在生命康悦上实现景观营造、休闲旅游、愉悦养生的目标。红壤山地"三生"耦合茶园建设，就是通过茶园系统内部各结构要素的优化组合，促进其在时序有效链接、空间合理布局和生产生态匹配中产生正向联系和优势叠加作用，进而实现各个子系统的整体耗散结构与有序耦合链接，力求提高土地产出率与劳动生产率，提高资源利用率与污染防控率，实现少投入、多产出的优化叠加与耦合递进效应，以期获得良好的"三益"效应（即经济、生态、社会效益），达到产业优、机制活、生态美、茶农富的目的。

山区"三生"耦合茶园优化构建与实际运营，其本质内容是属于生态循环农业的生产经营范畴，就其核心内涵而言，就是以良好的山区生态作为保障，从事"三高"（即高产量、高品质、高效益）与"三多"（即多样性、多功能、多效应）山地茶园生产（Frissell，1997）。其不是仅仅着眼于当年的产量，或者只注重短期的经济效益，而是更多地追求山区茶业发展的综合效益（即经济效益、生态效益、社会效益）的有效统一，更多地追求山地茶园建设的多样功能（即生产功能、生态功能、生活功能）的有序叠加，使整个山地茶园的高优生产与功能挖掘步入持续发展的良性生态循环轨道，力求把人们秉承的"绿水青山就是金山银山"的绿色发展理念变为乡村振兴的实践与美好的现实。就应用理论而言，山区"三生"耦合茶园，是按照生态学原理和经济学规律（Jackson J 等，2017；刘春丽，2014），应用现代科技成果和先进管理举措，以及传统农业的精华要点与有效经验建立起来的聚合体系，力求获得更高的经济、生态和社会效益的现代茶业集约化生产与高优化经营模式。

实际上，在传统的茶业生产活动中，茶园的大部分残余物几乎都进入到公共领域中，重新返回大气圈和生物圈，不仅造成了严重的资源浪费，还将造成一定范围的环境污染，茶园生产的增长也是以资源的消耗和环境的污染为代价的。为了解决传统生产方式带来的诸多弊端，在当前山地茶业生产中，创立一种集多样功能为聚合体的新型生产模式——多样功能与生态循环茶业正日益受到人们的高度重视。山地"三生"耦合茶园模式优化构建，就是要促进形成生产因素互为条件、互为利用和合理循环的机制，促进形成封闭或者半封闭的生物链与产业化的生态循环系统，力求使整个茶园生产过程做到废弃物的减量化排放、资源再利用并将污染减少到最低程度；要通过废弃物循环利用，力求大幅降低农药、化肥及消耗品投入使用量，形成资源节约与环境友好生产模式及其技术体系，着力构建低投入、低消耗、低排放和清洁化、高优化、多样化的农业经营格局。山区"三生"耦合茶园实质是现代生态循环农业升级版，是按照生态经济学基本原理，运用现代科学技术和先进经营管理经验，在传统生态茶园有效经营基础上而进一步转型升级的新模式，其主要特征是循环经济理论与生态农业技术的有机结合体，其无疑是推广物质多层多级循环利用技术，减少废弃物的产生，实现多样功能开发并提高资源利用效率的山地茶园绿色振兴的新途径。山区"三生"耦合茶园的规范建设，其作为一种资源循环利用与生态环境友好型农作方式，不仅具有较高的社会效益与经济效益，而且具有明显的生态效益与生活趣味。只有通过不断输入先进技术、多元资金，才能持续丰富信息、保持活力，使之成为充满"生产 - 生态 - 生活"多样功能的系统工程，才能更好地推进山区茶园资源的高效循环利用和山地多样层次的创新开发。

山区"三生"耦合茶园体系构建与因素链接如图 5-7 所示，其主要包括 3 个产业形态 6 个开发层次的交错，即第一产业（种养业），第二产业（加工业），第三产业（营销业、旅游业、康养业）；通过有序耦合与有效叠加，力求发挥统筹协调作用，进而实现"多层次循环、低消耗，多功能利用、低排放，多途径减排、低污染"的目标。充分并有效地利用进入生产和消费系统的物质及其能量，提高 3 个产业的有机耦合运行，达到经济高质量发展与资源高效率利用、并与生态环境保护相协调的目的。通过有序耦合与有效叠加，既要符合生产环节的经济利益驱动要求，又要符合生态与社会持续发展战略的总体要求。其生产经营要遵循原则包括 6 个方面：一是减量化，尽量减少进入生产和消费过程的物质数量，节约使用资源，减少污染物质排放。二是再生化，提高产品和废弃物利用效率，降低一次性用品耗量，减

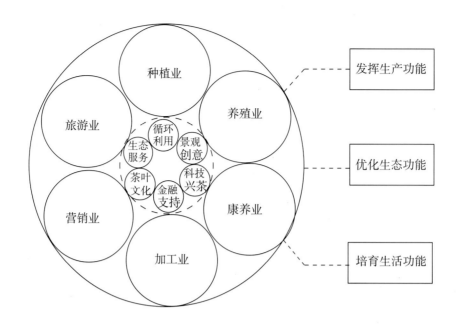

图 5-7　红壤山地"三生"耦合茶园优化构建与结构要素链接示意图

少污染与浪费。三是再循环，各类物品完成使用功能后，要应用新技术，尽可能重新变成再生资源而进入下一个生产或者开发利用环节。四是可控化，要通过优化设计，合理布局接口，形成高效循环链，使上一级废弃物成为下一级生产环节的原料，周而复始利用，有序递进开发，实现生产标准化与管理智能化，最大限度地提高劳动生产率与土地产出率。五是绿色化，在促进有益物质循环利用之时，要注重有效防控有害物质进入循环链，进而避免不利因素产生抵消作用，提高第一与第二产业的运行质量和综合效益，让山地茶业成为资源节约型与环境友好型相统一的多样功能聚合产业。六是多样化，山区茶园生态条件优越，山地景观优美，大多数都是交通便捷之地，绿色境地与旅游设施配套，无疑是茶旅结合与康悦健身的胜地，加上茶文化的感染力，其必然显示旺盛的生命力。与此同时，可以开展认养茶树形式与城市居民劳动旅游结合的活动，将更加丰富山区茶园精深开发内涵。

●2 山区"三生"耦合茶园技术体系构建与要点

现代生态茶园的建设尤其要注重科学设计和质量管理（吴洵，2014）。山区"三生"耦合茶园是注重"三产"联动的高效经营范式，更是注重"三益"统筹的持续发展模式，要着力构建技术体系，则需要把握 5 个方面要点。

一是立足新的起点，因地制宜制定发展规划。山区"三生"耦合茶园建设，需要统筹兼顾生产－生态－生活效应的互补性与叠加性的优化发挥。其建设地点要选择生态环境较为优越的山区，必须符合绿色食品产地的标准。要保障大气、水源、土壤等各项指标符合绿色产品生产要求，在选址上要把握 5 个原则：①远离污染点源。绿色茶叶生产应远离工业厂区、交通干道；休闲观光茶园与健身康悦基地也要远离山地风口；建设地附近的河道上游不能存在明显或者潜在的污染源（刘春丽，2014）。②选择洁净土壤。山地茶园不仅背景要清新，而且土壤理化性状要好，没有过量施用化学肥料、化学农药残留或者重金属污染的耕作史。③基地空气清新。茶园周边山地生态环境较好，生物植被也相对丰富，周围自然景观资源要相对比较丰富，进而便于茶旅结合项目优化设计与创新运营。④水利条件较好。山地绿色茶园需要干净水源，茶园水利设施主要建设排蓄水系统，做到有水能蓄、涝时能排、旱时能灌。南方红壤山地茶园大部分依靠雨水灌溉，经常是下大雨冲刷，没下雨干旱。为此，山地茶园的排蓄水系统建设十分重要，应根据地形地势或利用自然溪沟设置水利系统；要因地制宜在茶园上方开设防洪沟，拦截山洪，引水入沟。在山地茶园的梯台内侧开挖蓄水沟，要按照地形地貌布设竹节沟，实施有效蓄水，同时要在山地茶园区内配套建设若干个蓄水池。生产实践表明，山地茶园蓄水池是必须配套的水利设施，选择靠近水源或雨水汇集地段建造大小不一的蓄水池，一般每5—6亩建造一个中型水池（10m³），其体积可根据地形地貌或者灌溉面积来确定，并在茶园内铺设输送管道，有序引水导入后沟，力求构建智能化喷灌、自动化滴灌等水利设施体系，尽可能满足茶叶生产与茶园生态需水要求。⑤基地规模较大。作为山区"三生"茶园建设，一般规模在500—1000亩，流域清晰并相对独立，优化布局绿色生产、景观生态、康悦生活的环节，在安排茶园生产同时，可以在山顶或者山底构建小木屋，实行茶业生产、旅游观光、健身康悦结合。就此，生产者与经营者要具有良好的茶园经营经验与厚实的生产技术基础，实现山区茶园一二三产业有机融合，进而可以带动周围劳力参与并实现增收致富。

二是按照发展要求，优化布局茶园立体空间。山区茶园要因势利导创立"三生"耦合茶园，这是满足新时代产业多元化开发与城乡居民生活新需求，要让山区茶园成为绿色产品生产基地、旅游观光景地、健身康养胜地，进而需要进行"园、林、水、路"的合理规划。整体上要搭建"山顶戴帽、山腰束带、山脚穿靴"框架结构，严禁烧山开垦，防控水土流失；保留原有植被，维护自然景观。山地茶园要实行等高梯田开垦，园地种植沟一般深挖50—60cm，茶园梯台面要呈外高内低状况，同时挖内侧沟，修造前缘埂；保留梯壁状，修剪自然草。科学布局蓄水池并在梯台内侧优化布设竹节沟；在茶园山顶部与山凹部修建标准化的排水沟，并在园内主干道路两侧开挖排水沟并连接到蓄水沟，并在连接处挖积水坑，以求保障小中雨水截流存入园土，大到暴雨积沙走水不冲园土。与此同时，道路修整是重要环节之一。以往单一山地茶园道路难走，农资与茶青运输困难，生产资料也无法直接运达梯台，要人挑肩扛，劳动强度大，因此要进行道路优化与改造拓展。按照山地茶园"三生"耦合开发的实际，茶园主干道路要拓宽到2.5—3.0m，即山地运输车或者旅游观光车可并排行驶，采用螺旋递进的路径设计，草砖绿化、路面硬化相结合，形成便捷与美观的道路交通网络。统筹考虑并优化设计绿化美化系统，以防护林、行道树、遮阴树选择与种植为主要内容，进行优化设计与种植安排，高低搭配，错落有致；成行成线，井然有序。防护林、行道树、遮阴树可进行优化种植与集成管理，既要保证成活率，又要提高美化率。如树冠和根系过于庞大，要进行适当的修剪整枝，及时进行树冠控制，避免与茶树争光、争水、争肥。通过套种经济果树与珍稀树种，不仅实施一场多样开发，而且起到保持适当遮阴以及美化茶园，一方面为茶树生长创造良好的生态条件，有助于促进茶树的正常生长；另一方面则有助于实现茶-果-林-草-菇-禽多种复合经营，获得经济效益、社会效益与生态效益。

三是发挥多样功能，因势利导实施梯次开发。优化种植树木，绿化美化茶园，其目的是为休闲观光茶园奠定基础。因地制宜选择适宜本地栽种的速生优质树种，以深根树种为宜。要注重套种方法的规范性，必须避免与茶树生长争夺水肥、茶叶与套种树木之间应当不能有共同的病虫害，其中枝叶疏密适中的优质果树、经济树种、珍稀苗木可优先选择，适当搭配彩叶树木与中药树木。统筹兼顾经济效益、绿化效应、美化效果、实用效率相结合。在海拔低于600m的山区茶园内可栽种遮阴树，而在海拔高于600m地区，通常不栽种遮阴树。可选择黄花梨、印度楝树、香椿、日本油柿等作为遮阴树种；选择楝树、桂花、香椿、山茶花、塔松、香樟、罗汉松、天竺桂、紫玉兰作为空地或者道路两旁绿化树，乔灌结合，草花匹配；

间套种植，互为衬托。防护林带和山顶绿化可选择杨梅、楠木、天竺桂、香樟、木荷等常绿树种。成功的实践业已表明：山地茶园内留草种草与套种绿肥也是重要环节（图5-8），着力提高茶园保土、保肥、保水能力。要在茶园梯壁上保留原有绿草，梯壁上的杂草适应性更强，且生命力旺盛，要严格禁止除草剂使用，同时要改传统的锄草为机械割草，自然形成的绿色地毯与密集草被，不仅起到保持水土作用，而且可以美化环境。对裸露或者光秃的山地茶园梯壁要种植护坡植被或者绿肥作物，当覆盖梯壁后，可增加茶园植被覆盖度，保护并牢固梯壁，通过割青埋青作绿肥用；利用套种之草，收获之后晾干，在茶树之下或者梯台后沟铺堆干草栽培大球盖菇，菇渣直接作为茶叶生长的有机肥；种植的牧草也可作为鸡鹅饲料，茶园内低密度放养鸡鹅，不仅实现废弃物循环利用，又可以增加农民收入。

图 5-8　生态茶园留草

四是促进优势叠加，优化配置层次性生态位。就实践意义认识，生态位配置较为重要，其是在一个系统中物种在多维空间中占据并能够正常发挥有益作用的位置。在山地"三生"耦合茶园中，要根据生态位原理进行要素配置，这是典型的人工复合生态系统，具有乔灌草三层基本结构，即套种树木—主体茶树—绿肥作物（矮秆）的种植结构。茶园内套种的遮阴树每亩种植落叶乔木6—8株为宜，排列种植的株行距一般为10—12m；要结合山地茶园实际，设立防风隔离林带，宽度5—6m；茶园道路与主要沟渠两旁可种植果树，通常间隔3—5m种植1株（柚类的常绿果树为宜），其不仅起到绿化作用，同时也能收获优质果品，为旅游观光者提供景观与产品。山地茶园绿化布局，要实施乔灌结合与梯次排列种植。山地茶园的梯壁与梯埂选用黄花菜、爬地兰、三叶草、百喜草等作为种植品种。茶园梯台面主要套种印度豇豆、平托花生、圆叶决明、黄花苜子、红心花生等植物作为绿肥；实施全园生草覆盖种植，有利于为七星瓢虫等茶园益虫提供繁衍和栖息场所，进而有效抑制茶园有害生物危害，减少茶园喷洒化学农药的次数，降低农残。实际上，如何合理配置山地茶园要素空间布局与生态位，这与合理种植方式是密切相关的，也是一个十分重要的环节。生草覆盖种植的品种搭配要讲求品种适用性、季节交替性与优势互补性，一般在幼龄茶园或茶树重剪、茶叶台刈之后进行生草种植，尤其要在茶叶尚未封行之前完成生草覆盖种植。茶园套种生草，通常采用种子播种或者育苗扦插形式，应当根据不同特性草种选择种植方式。以多年生草种覆盖梯壁与园面为宜，而后通过割青铺面，晒干作为就地在茶树下栽培大球盖菇原料，之后将菇渣就近埋入土壤作有机肥用。生草种植时，以选择豆科牧草（豆科绿肥）品种为主，其套种要与茶树之间保持适当距离（10cm左右），通常是1—2年茶园种植2—3行，3年茶园可种植1—2行，对于4年以上的茶园，则在边行稀播套种即可。

很显然，土壤是生态茶园生产的基础，保水保土和培肥地力是山地茶园土壤管理的中心环节。尤其在红壤山地茶园土壤培育与生产管理方面，要注重把握4个方面：其一是防控水土流失。就简单与便捷的方法而言，在茶园行间铺草覆盖和套种绿肥是行之有效的方法。要在旱季和雨季来临前进行行间铺草，同时实施生草覆盖种植。同时在生草尚未覆盖之时，茶园可先进行合理铺草，其不仅可以防寒防旱，增加土壤有机质和生物活性，还能减少水土流失，也有益于抑制杂草滋生。其二是持续培育土壤。合理耕作山地茶园，通过施有机肥，改良土壤；通过种植绿肥，培育地力；通过疏松土壤，促进土壤微生物活动；通过挖垄晒白，加速土壤熟化，以利于茶树根系的生长和更新。茶园浅耕或者中耕，要结合各个季节锄草与中耕追肥进行，浅耕作深度为5—10cm或者10—15cm；深耕作一般每年进行1次，深度为25—30cm。一般是结合清园埋压杂草和施有机肥而进行深耕，还可以在山地茶园中放养2个不同品种蚯蚓，利用蚯蚓疏松土壤，有益于改良土壤结构和增加土壤孔隙度，从而有利于促进茶树根系生长。其三是肥水有效管理。南方山地茶园多为红壤或黄红壤土质，土壤有机质含量相对都比较低。山地耦合茶园应重点施用有机肥，其中有机肥必须经过无害化处理，类型主要是厩肥、各种饼肥、沤肥和农副产品下脚料为主成分的堆肥等，在茶叶各生育期追施速效化肥为辅。根据山地茶树生长特性，以春、秋（冬）茶质量为上好，进而应提高春、秋（冬）季节的追肥比例，春季和秋（冬）的施肥量通常占全年施肥量的70%以上。其四是推广配方施肥。氮、磷、钾是茶树生长的三大要素，镁、锌等则是必需的微量元素，通过优化施肥，提高茶树的生长和鲜叶品质，因此要实施茶叶配方施肥与绿色防控技术。对于幼龄茶树以培养壮、宽、茂、密的树冠为主，要注重提高磷肥与钾肥的施用比例。2—3年茶树的氮、磷、钾施用比例为2∶3∶3；进入盛产期比例可适当调整为3∶1∶1，在施足氮、磷、钾肥的基础上，4年以上茶树要适当补充镁、锌等微量元素。

五是注重过程管理，保障茶业绿色生产质量。首先，要注重茶树树冠管理。培育丰产树冠是增加茶叶产量的基础，也是提高茶叶质量的关键环节。茶树合理修剪也是减少茶树病虫害的重要措施。通常幼龄茶树定型要进行3次修剪，茶树定植当年的8—9月进行第一次修剪，剪去离地面20cm处的主茎；第二年春茶后和秋茶前进行第二次修剪，其位置是在上次剪口再提高15—20cm；第三次修剪可采取留大叶的打顶采摘，以采代剪；定剪后的幼龄茶树要避免过度采摘。其次，要注重茶园通风透气。一般在各季采收结束后进行茶园统一整理，剪去冠面5—10cm的鸡爪枝、细弱枝，提高茶树萌芽力，并减少茶梢蛾危害。在春茶采摘结束后，进行茶园再次梳理，可剪去15—20cm的衰弱生产枝层，促进三级骨干枝重新萌芽，复壮生产枝层；也可剪去离地面35—40cm以上的全部枝叶，促进二级骨干枝萌发，重新培养树冠。重修剪应配套重施肥。通过优化修剪，形成再生树冠后，又可以正常采摘。台刈后的茶园应结合清园深耕翻，并重施有机肥和速效肥，可取得较好效果。再次，要注重绿色防控技术。要以有机肥替代化学肥料，既能培肥地力，又能供应养分，促进茶树正常生长；要以生物农药替代化学农药，既能防治病虫害，又能避免农药残留；同时要引进物理防控设施，包括太阳能诱虫灯，选择不同波段灯光，诱捕有害昆虫，保护有益天敌。

● 3 山区"三生"耦合茶园绿色振兴的对策思考

人多地少是中国的基本国情，以占世界总面积7%的耕地，养活了占世界22%的人口，尽管成效很大，但保障粮食安全与食品供应的压力不容小视。对于一个山区乡村面积占国土近70%的中国而言，如何充分利用山区资源，怎样有效开发山地农业，始终是人们关注的热点（邓伟等，2013）。通常而言，山区农村虽然地处边远，但土地资源相对丰富，加上山区生态条件优越，生产环境比较洁净，对发展绿色种养产业具有巨大的潜力。新时期深入实施乡村振兴战略，我们要充分利用耕地资源，保障粮食作物与经济作物的高效生产，同时必须做好山地综合开发的大文章。一是因地制宜发展现代林业生产，构建区域生态屏障体系。二是着力开发山地经济作物，构建特色果业茶业体系。三是因势利导发展现代草业生产，构建区域农牧结合体系。多年来，福建山地茶园优化改造与山区茶业绿色发展始终是农民增收致富的重要选项。

进一步完善与提升山地茶园生产－生态－生活多样化功能，促进茶产业生态化发展和山区生态产业化开发，这是践行"绿水青山就是金山银山"绿色发展理念的必然选择。这需要发挥山区生态优势，依靠科技推动茶业绿色升级；这需要发挥山地资源特色，依靠质量兴茶保障持续创业。调研与前期实践，予以我们深刻启示：一要深入思考山区茶业发展战略与精心构建新的技术体系。近年来全省茶产业呈现蓬勃发展之势，在茶叶新品种与新技术集成推广方面位于全国前列，但在山地茶园建设与茶业绿色发展方面依然有一些突出问题亟待解决，主要包括强化山地茶园水土流失防控、丰富山区茶园的种植与经营模式、发挥山地茶园多样性作用与多功能效应。二要抓好山地茶园治理并为山地茶业绿色发展提供厚实基础。实践表明，没有良好的茶园生态环境，是难以生产优质茶叶产品的。进而要因地制宜构建"三生"耦合产业体系，要因势利导推进一二三产业的有机融合，着力提高土地产出效率、劳动生产效率、资源利用效率、污染防控效率、农民增收率。三要顺应新时期生态农业创新需求及茶产业绿色发展要求（卢兵友，2017；骆世明，2017），优化创立富有山区特色的"三生"耦合茶园的发展体系，力求取得显著的经济、社会、生态效益。就此，福建省山区茶业的转型升级与绿色发展要着力把握以下8个重要方面，力求打造新平台，实现新跨越。

一是稳定种植面积，强化质量兴茶。在未来5年内，要力求稳定福建省茶叶种植面积，维持在400万亩左右，重点实施绿色振兴与科技创新战略，统筹调整区域茶业发展规划，优化绿色生产空间布局，强化优良品种与技术配套实施，着力于全面提高茶叶质量效力、产业竞争实力、持续发展能力。要结合山区发展实际，立足当地茶业资源禀赋；要坚持市场需求导向，完善茶业绿色发展规划；要充分发挥山区优势，深化供给侧结构性改革；注重因地制宜统筹，扬长避短，调整茶类生产结构；注重优化时空布局，因地制宜，坚持适地适种；注重加工升级，培育品牌，实行适销适产。加快山区茶产业转型升级，全面推进绿色振兴，推进质量兴茶，着力品牌强茶。山地茶叶种植，作为第一产业要突出绿色与高效，要注重建立以茶树为主的人工复合高效生态茶园（陈炜潘，2011）。在技术方面要把握3个重点：一是合理的结构布局。以多种不同生态位，在山地茶园内外布局上，形成全园"乔木－灌木－草被"和园内"树木－茶树－作物"的优化结构。二是资源的高效利用。优化安排不同生产因子，使之有序交错，形成层次利用，让自然光能和土壤营养得到充分利用，提高土地产出率与资源利用率。三是实施有效的调控。茶园内各个因子的相互补充与相互叠加，要充分起到上层树木调控下层作物生态因子的积极作用，有利于改善茶树生产的生态条件，进而提高茶叶的产量和品质。发挥山区良好生态优势，合理规划集绿色生产、茶旅结合、景地康养为一体的"三生"茶园，使之成为绿色茶叶的生产基地、旅游观光的风景胜地、茶旅康养的愉悦场地。

二是坚持生态保护，强化循环利用。要按照生态经济与循环农业的理论构建多功能性的新型生态复合茶园（李文华，2000），坚持经济社会生态效益统筹兼顾，实施产业生态化与生态产业化协同并举策略（赵其国，2010），坚持优先保护区域生态原则，推进山区茶叶产业的发展与生态保护相协调。要严格执行督查制度，严禁在坡度25°以上的生态脆弱山地开垦茶园，在生态保护区域要禁止毁林种茶，新垦茶园要实施开发与保护相结合，防控山地水土流失，强化茶园生态修复。对难以实现生态修复与技术改造的陡坡茶园，要实施退茶还林。建设山地生态复合茶园，包括采取7个方面的核心要素优化组合，即实施种树、留草、间作、套种、疏水、筑路、培土等综合措施，既要注重防控茶园水土流失，又要着力恢复并改善茶园植被体系；既要注重维护山地生态平衡，又要不断丰富山地茶园生物多样性。实施全面技术改造，推动转型升级，力求山地生态茶园占全省茶园面积80%以上，有条件的山区茶园，要率先创立与集成推广山区"三生"耦合茶园体系，充分利用山区清新茶园的优美生态与特色景观，延伸构建茶叶生产体验园地与休闲观光境地，实现茶经结合、茶旅结合、康养结合，提高品牌效应与综合效益。

三是良种良法配套，强化绿色生产。要加强茶树优异种质资源征集，建立种质资源圃，开展系统性的保护与挖掘利用（陈炜潘，2011）；要进行农科教紧密结合，开展系统创新攻关，加快选育特色明显、抗性显著、品质优异的茶树新品种并实施集成推广应用。要在全省推广生态复合茶园建设与集成技术应用，鼓励茶园套种绿肥，应用冬季清园等技术措施，就地收集并增施有机肥。推广茶园配方施肥技术，以优质有机肥替代化肥，有效改良土壤并培育地力，提高山地茶园土壤质量，实现茶叶生产提质增效。全面推广茶树绿色栽培与防控病虫害技术，采取适时修剪与分批采摘方法，调控优质茶叶产量与质量；实施中耕培土；强化茶园生产过程的科学管理，推广适度密植技术，同时要防止过度矮化与过量施肥等不合理的生产方式；持续培肥茶园有效地力，持续培育高产优质茶树。依靠科技创新，强化监测预警；依靠机制创新，强化统防统治；依靠统筹开发，强化多样经营；力求实现全省茶园绿色防控技术的全覆盖，有效应用生态调控、农艺改良、物理防控、生物防治等综合措施，确保茶叶绿色生产与产品质量安全。

四是推行清洁生产，强化加工增值。山区"三生"耦合茶园建设与绿色茶业生产，重点依然是提升茶业高优生产与茶叶精深加工水平。重点组织茶叶初制加工厂智能化升级改造，保障产地环境洁净化与生产过程绿色化，实现加工燃料电气化与加工设备智能化，做到加工流程自动化与品牌产品标准化。尤其要按照初制加工过程茶叶不落地的要求实现智能化操作，配套标准化萎凋工艺与离地晒晾青设备，提高茶叶绿色加工的水平与效率。要鼓励大中型茶叶企业进行全程自动化与高效智能化的生产性优化改造，致力于新建、扩建标准化精制加工生产车间；结合不同县域茶叶产品的基础、潜力与竞争力进行优化布局（陈志峰等，2017），引导山区茶叶进行系列化与多样化加工开发，提升产品质量档次与进行地方品牌培育。引导与鼓励茶叶龙头企业拓展茶叶精深加工项目，重点包括利用普通茶叶提取茶多酚、茶多糖、茶色素等有效成分，延伸开发特色茶饮料、茶日用品和茶保健品，提高粗茶叶与等外品附加值，挖掘茶叶全价利用效率。

五是推动科技创新，强化绿色过程管理。加快茶产业绿色发展核心技术的研究攻关与集成推广。积极开展茶树优良品种选育与应用、生态复合茶园（山区"三生"耦合茶园）建设、有机肥替代化肥、茶树病虫害绿色防控、产地品质识别等关键技术攻关和成果转化。集成有机肥料、复合肥料、生物农药、物理诱捕、伏季休茶、光伏萎凋、茶叶初制、自动加工等连续生产模式，推广茶园耕作、绿色栽培、机械采摘配套技术等。推进茶业产学研协作，加快茶叶大数据的研究和应用，应用物联网技术，建设智慧茶园、茶旅观光茶园、健身康悦茶园，提升茶业多样功能开发水平与绿色发展管理能力。就生产企业而言，要严格建立茶叶病虫防治预测预报机制，预防为主，防控结合；生防为主，农药为辅；同时要强化茶叶生产主体严格自律、互相监督的机制，尤其是自觉杜绝在茶园使用有毒有害化学农药。

六是严格质量管控，强化科技兴茶。要按照实施乡村振兴与绿色发展战略要求，坚持绿色兴茶，强化效益优先；坚持标准兴茶，强化优化调控；坚持质量兴茶，强化品牌效应；坚持科技兴茶，强化持续发展。要按照农业绿色发展基本要求，全面落实茶叶生产经营主体任务与产品质量安全责任，严格执行茶叶生产过程和销售档案全程记录及其可追溯制度；依靠科技创新与集成推广，促进茶业生产由追求增产的单一目标向提质增效的总体导向转变。保障茶业绿色生产，要注重把握绿色投入品的重要关口，注重全面提升茶园投入品信息化管理水平，完善并强化全省茶业农资监管平台建设并配套智能化便捷化设备，力求提高茶业生产质量安全监测与保障能力，同时要全面推行投入品登记备案和实名购买制度，严格产品出厂检验制度，从源头上保障农资投入品质量。在示范推广基础上，总结经验与管理方法，全面实行源头赋码、标识销售。就省、市、县三级管理部门而言，加快推进茶叶生产与加工产品全程追溯体系建设是至关重要的。就质量管理部门而言，必须加大茶叶产品抽检力度，推广实施有奖举报制度，深入并有力打击违法行为，杜绝使用禁限农药。

七是培育龙头企业，强化品牌引领。福建是茶叶生产与质量兴茶强省，先后形成了一批区域公用品牌，如安溪铁观音、武夷岩茶、福鼎与政和白茶等已闻名海内外。在新的发展时期，如何发挥区域优势做强做大茶叶生产龙头企业，如何优化组建富有特色的茶产业绿色发展联盟，以期进一步增强龙头企业对全省乃至全国茶业绿色发展的示范带动与引领作用？就具体对策而言，要把握3个重要环节：其一是打造实力雄厚企业。通过合资合作方式、兼并重组举措，优化组合并打造"茶产业航母"，推进行业自律、信息共享、标准统一的规范经营，实现要素重组，优势叠加。其二是推进一二三产融合。结合福建山区实际，充分挖掘优美生态景观的潜力，开展特色农业小镇建设；利用山地茶园清新环境，创新开发特色茶庄园、茶旅游等三产融合发展模式，实现动能转化，增效振兴，提高多样性与多功能开发的效益。其三是推行大众化的营销。发挥山区优势，突出茶业特色，创新开展清新福建游、多彩闽茶园、闽茶海丝行等系列主题活动，不断强化茶叶品牌效应，同步推进线上线下销售；加大茶叶品牌培育力度，增强福建特色茶知名度；打造具有全球影响的企业品牌，扩大产品美誉度及其企业诚信度。

八是优惠政策引导，强化协同发展。在分析国内外生态农业建设相关政策和法规的基础上，根据整体把握、系统设计，疏堵结合、奖惩有度，因地制宜、分级管理，着眼基层、重在落实的基本原则构建农业生态转型的政策法规体系（骆世明，2015）。要紧紧围绕福建绿色发展与质量兴茶的总体目标，各级农业管理部门要注重引领全省茶产业的绿色发展，以总体规划为依据，优化调整产业布局；以市场需求为导向，出台绿色开发政策；以优势叠加为重点，整合改造投入资金；以挖掘潜力为举措，引领三产有效融合；以示范引领为样板，全面推进绿色振兴。就引领资金投向而言，省级财政部门要对涉农资金进行统筹整合，要关注并加大对山地生态茶园建设、茶病虫害绿色防控、有机肥料替代化肥、清洁生产升级改造、自动化精加工设备引进、生产过程的标准化等的重大项目扶持力度。对相关管理部门而言，要把绿色发展与质量兴茶摆在重要位置，对于相关技术要予以深入探讨，同时要将生产基地作为科研攻关和成果转化的重点。要积极引导金融机构落实茶叶绿色发展的扶持政策，加大信贷投放力度，推进茶叶自然灾害保险。实现山区茶业的转型升级，推进绿色发展技术改造，需要多元化投入机制创新，拓展融资与企业参与新途径，力求在全国率先开展山区"三生耦合"与"三益集成"的现代化茶园建设及其集约化推广应用，为区域生态文明建设与现代生态循环农业发展树立样板，为农业增效与农民增收及乡村振兴做出更大贡献。

参考文献：

[1] Batish D R，Singh H P，Kohli R K，et al.Crop allelopathy and its role in ecological agriculture[J].J Crop Prod，2001，4（2）:121−161.

[2] Ye X J，Wang Z Q，Li Q S.The ecological agriculture movement in modern China[J].Agriculture Ecosystems and Environment，2002，92（2）:261−281.

[3] 陈炜潘. 山区建设高质量生态茶园的方法与步骤 [J]. 中国园艺文摘，2011，27（3）: 190−191.

[4] 陈志峰,张伟利,严小燕,等.福建省县域茶叶产业竞争力分析与优化布局[J].经济地理,2017,37(12): 145−152.

[5] 陈宗懋. 茶叶的安全质量和清洁化生产 [J]. 广东茶业，2005(Z1): 2−4.

[6] 陈宗懋. 中国茶产业转型待破局 [N]. 中国科学报，2017−10−18（5）.

[7] 邓伟，方一平，唐伟. 我国山区城镇化的战略影响及其发展导向 [J]. 中国科学院院刊，2013，28（1）: 66−73.

[8] 黄东风，王利民，李卫华，等. 茶园套种牧草对作物产量及土壤基本肥力的影响[J]. 中国生态农业学报，2014（11）: 1289−1293.

[9] 黄国勤，王淑彬，赵其国. 广西生态农业：历程、成效、问题及对策[J]. 生态学报，2014，34（18）: 5153−5163.

[10] 黄国勤，王兴祥，钱海燕，等. 施用化肥对农业生态环境的负面影响及对策[J]. 生态环境学报，2004，13（1）: 656−660.

[11] 季昆森. 循环经济是追求"四个更"的经济 [N]. 农民日报，2013−09−10（3）.

[12] 江用文，陈宗懋，鲁成银. 我国茶叶的安全质量现状与建议[J]. 中国农业科技导报，2002，4（5）: 24−27.

[13] 李文华. 可持续发展的生态学思考[J]. 四川师范学院学报（自然科学版），2000，21（3）: 215−220.

[14] 刘滨谊，贺炜，刘颂. 基于绿地与城市空间耦合理论的城市绿地空间评价与规划研究[J]. 中国园林，2012，28（5）: 42−46.

[15] 刘春丽. 信阳休闲茶园生态旅游开发路径选择[J]. 焦作大学学报，2014（4）: 88−91.

[16] 刘伟宏. 福建省茶产业发展现状与对策研究[J]. 福建广播电视大学学报，2012（2）: 86−89.

[17] 卢兵友. 谈新形势下生态农业创新[J]. 农业环境科学学报，2017，36（10）: 1925−1928.

[18] 骆世明. 构建我国农业生态转型的政策法规体系 [J]. 生态学报，2015，35（6）：2020-2027.

[19] 骆世明. 农业生态转型态势与中国生态农业建设路径 [J]. 中国生态农业学报，2017，25（1）：1-7.

[20] 王峰，吴志丹，陈玉真，等. 提高福建茶园土壤肥力质量的技术途径 [J]. 福建农业学报，2012，27（10）：1139-1145.

[21] 王建国，杨林章，马毅杰. 经济发达地区低山丘陵土地持续利用和优化利用研究——以苏州市旺山村为例 [J]. 土壤，2002，34（4）：179-184.

[22] 翁伯琦. 发展现代生态农业 推进科技精准扶贫 [N]. 农民日报，2016-08-31（4）.

[23] 翁伯琦，吴志丹，尤志明，等. 茶树有机栽培及对土壤生态环境的影响 [J]. 福建农业学报，2008（04）：429-435.

[24] 翁伯琦，张伟利. 生态文明视阈下区域低碳经济与现代循环农业发展若干思考 [J]. 发展研究，2014 (3)：111-114.

[25] 吴洵. 试谈生态茶园的科学设计和质量管理 [J]. 中国茶叶，2014，36（12）：4-9.

[26] 严立冬. 创建贫困地区农业可持续发展的生态环境基础的基本思路 [J]. 农业经济问题，2002，22（3）：48-51.

[27] 杨如兴，尤志明，何孝延，等. 福建原生茶树种质资源的保护与创新利用 [J]. 茶叶学报，2015，56（3）：126-132.

[28] 尤志明，吴志丹，章明清，等. 福建茶园化肥减施增效技术研究思路 [J]. 茶叶学报，2017，58(3)：91-95.

[29] 赵其国. 生态高值农业是我国农业发展的战略方向 [J]. 土壤，2010，42（6）：857-862.

（刘朋虎　罗旭辉　翁伯琦）

第六章

水土保持 - 循环农业耦合模式成效评估

南方红壤丘陵区属热带、亚热带季风气候，与世界同纬度地区相比，无论在自然资源或生产潜力上，均具有得天独厚的优势，而且社会及区位条件优越，经济发展较快，是我国热带、亚热带经济林果、经济作物及粮食生产重要基地，在我国的生态安全格局中占重要地位。区域的协调发展具有十分重要的意义。在生态经济系统评价与方法综合分析的基础上，本章应用能值分析法系统分析了以家庭农场、斑块、小流域、乡村和县域为尺度的水土保持与循环农业耦合模式实施的成效，为耦合模式优化提供理论支撑。

第一节　国内外循环农业生态经济系统评价方法

区域复合生态系统、"自然－经济－社会"复合体系、协调发展的观念已深入人心，这一时期承载力研究无论理论框架还是模型方法，从概念到应用都有了很大的进步。当前生态承载力研究方法需侧重于从原理、结构、过程、功能、子块特性等方面实现对现实区域复合生态系统的模拟，最终实现尺度推绎，为未来生态承载力提升和可持续发展提供决策，将生态承载力研究上升到可持续发展的高度。如今的生态承载力研究方法虽已有很大进展，但整体水平还处在初级阶段，远未能满足以上需求。今后生态承载力研究方法的发展，将呈现出以下的发展趋势：系统过程的定量化研究将更为深入；空间决策支持系统将进一步应用于生态承载力研究；生态承载力评价模型向复合模型体系发展。

● 1 生态承载力概念及特征

生态学最早将承载力的概念转引到本学科领域内是在 1921 年，罗伯特·帕克和欧内斯特·伯吉斯就在有关的人类生态学杂志中，提出了承载力的概念，即"某一特定环境条件下（主要指生存空间、营养物质、阳光等生态因子的组合），某种个体存在数量的最高极限。"高吉喜（1999）定义了生态承载力的概念，即生态系统的自我维持、自我调节能力，资源与环境的供容能力及其可维育的社会经济活动强度和具有一定生活水平的人口数量。从生态系统的生态承载力概念可以看出，生态承载力实际上反映的是人与生态系统的和谐、互动及共生的关系。对于某一区域，生态承载力主要强调的是系统的承载功能，而突出的是对人类活动的承载能力，其内容包括资源子系统、环境子系统和社会子系统。

存在着人类经济活动的生态系统是一个开放性系统，它必然与外界存在物质流、能量流、信息流、货币流以及其他生物流（如人口流）。余丹林根据许多研究者对生态承载力的理解，总结出了生态承载力的如下特征：①资源性。生态系统是由物质组成的，而且对经济活动的承载能力也是通过物质的作用而发生的。因而从物质的特性而言，生态承载力就是表征生态系统的资源属性。②客观性。生态系统通过与外界交换物质、能量、信息，保持着结构和功能的相对稳定，即在一定时期内系统在结构和功能上不会发生质的变化，而生态承载力是系统结构特征的反映，所以，在系统结构不发生本质变化的前提下，其质和量的方面是客观的、可以把握的。③变异性。主要是由生态系统功能发生变化引起的。系统功能的变化一方面是自身的运动演变引起的，另一方面是与人类的开发目的有关。系统在功能上的变化，反映到承载力上就是在质和量上的变异，这种变异通过承载力指标体系与量值变化来反映。表明人类可通过正确认识生态承载力的客观功能本质，正确适度使用生态承载力，建立可持续发展的社会。④可控性。

生态承载力具有变动性，这种变动性在很大程度上可以由人类活动加以控制。人类根据生产和生活的需要，可以对系统进行有目的的改造，从而使生态承载力在质和量上朝人类需要的方向变化，但人类施加的作用必须有一定的限度，因此承载力的可控性是有限度的。

● 2 最优生态承载力的确定

人类对自然系统干扰时，自然系统随人为作用力发生变化（图6-1）。

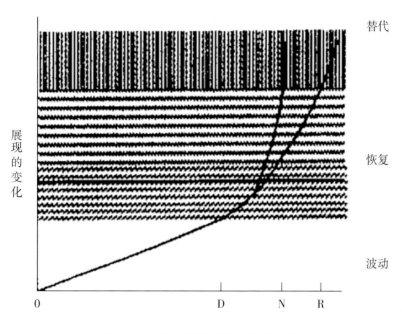

图6-1　自然系统随人类干扰的变化

R 点的值可作为生态承载力的限值，只要外力不超过 R 点，自然系统可以利用生命系统的功能恢复到新的平衡状态，这一平衡与原先的平衡有很大的差距，如果干扰仍未停止，系统将退化为下一级别的生态系统。但是，系统由 N 点回复到 D 点，对防止生态平衡恶性失调十分重要，而由 R 点回复到 N 点，新建立的平衡仍处于恶化的边缘。因此，当 R 点作为生态承载力的限值时，D 点就是生态承载力的最优值。

● 3 生态承载力的测算方法

由于区域系统的高度复杂性与不可实验性，如何定量评价和模拟区域生态承载力成为目前研究的难点。生态承载力研究是区域生态环境规划和实现区域生态环境协调发展的前提，其研究方法目前尚处于探索阶段。随着生态承载力描述的对象由简单到复杂，由外在现象到内部机制，研究方法也相应地由单一到复合、由描述统计到数学建模，体现出多角度、系统化、机制化、多元化的特色。由于每个时代对生态承载力的认识不同，承载力的研究方法有着鲜明的时代特色和阶段性。国内外生态承载力的研究方法概括起来主要有 4 类：种群数量的 Logistic 法、资源供需平衡法（生态足迹分析法、第一性生产力法和资源差量法）、指标体系法、系统模型法（统计学动态模型、系统动力学模型、多目标规划模型）。

3.1 种群数量的 Logistic 法及评述

种群数量的 Logistic 法开创了承载力研究的时代，它是对象描述性研究方法。承载力起源的一个里程碑就是逻辑斯蒂方程（Logistic equation）的提出。1838 年，比利时数学家 Pierre F. Verhulst 第一次用 Logistic 数学公式表达了马尔萨斯人口理论，为承载力理论提供了数学模型。种群数量的 Logistic 法作为承载力研究的原型还未能就承载力存在的原因、大小做进一步的探讨。它只适合于计算一个封闭式的、极为稳定的系统，研究对象的行为动态和生态学关系在人类时间尺度上变化极慢。它无法表现复杂的影响因子、多变的环境特征和作用机制，而且所模拟计算的是短期的极限潜力而非长期的可平衡的最大容量。也许由于动物或植物自身对环境和资源的反馈影响，并不像人类活动那样明显占据区域发展的主导地位，因此增长率 r 和承载力 K 的变化可能并不显著。该方法目前已经淡出了承载力研究的舞台，只作为一种经验性的描述公式。

3.2 资源供需平衡法简介及评述

资源供需平衡法（如生态足迹分析法和第一性生产力法）是一类机制描述研究方法，该方法在解释机制方面进行了许多尝试，希望通过计算承载体的功效来体现承载体和承载对象之间对资源的供需对比，表现承载力的绝对大小。由于能量和物质的转移和转化构成了生态系统作用的具体过程，于是，一大类研究方法都试图将能量或者某一物质作为衡量系统承载功能的媒介，来完成承载力计算。但由于复杂生态系统运作过程中"黑箱"或者"灰箱"大量存在，针对资源供需平衡的计算往往只能关注少数主要因素，通过忽略详细过程简化计算方法。其中，包括了广为应用的生态足迹、自然植被净第一性生产力测算法和资源差量法。但是这些方法只能进行大区域的粗略估算，不能体现生态过程机制，也没有考虑研究对象的多方面因素。

3.2.1 生态足迹分析法

生态足迹分析法（Eco logical footprint analysis）是 1992 年加拿大生态经济学家 William Rees 和其博士生 Wackernagel 提出的一种度量可持续发展程度的生物物理方法，即基于土地面积的量化指标。生态足迹的概念于 1999 年引入我国，杨开忠和张志强等分别介绍了生态足迹的理论、方法和概念及计算模型。此方法直观、简便但多侧重于理论和方法的介绍，有一定的局限性，一般以某一年或特定几年的断面资料进行分析，缺少系统动态的研究，计算中缺少处理可降解物质的生物生产面积和由于水资源所造成的附加生态足迹面积，所以计算结果是乐观的最小值。近些年，国外对生态足迹的应用也主要在生态系统的可持续方面，并针对模型本身存在的一些问题对模型进行了改进，从研究可看出，生态足迹是一种很好的衡量生态系统平衡性的绿色评价指标。生态足迹分析法在面对区域复杂生态系统，采用渗透系统最通用的因素土地和能值作为统一量纲，简化了生态过程，该方法的主要不足：①涉及因子偏少，因子之间的关系过于简单，难以体现复杂系统的非线性特征。②依靠转换率或调节因子来实现不同资源、环境因子的方法对于具体特征的特定区域显得很不准确，因为转换率或调节因子是通过更大尺度平均计算出来的，因此更适合国家或国际范围的承载力估算。

3.2.2 自然植被净第一性生产力测算法

虽然生态承载力受众多因素和不同时空条件制约，但是特定生态区域内第一性生产者的生产能力是在一个中心位置上下波动的，而这个生产能力是可以被测定的。同时与背景数据进行比较，偏离中心位置的某一数值可视为生态承载力的阈值，这种偏离一般是由于内外干扰使某一自然体系变化为另一等级自然体系，如由绿洲衰退为荒漠、由荒漠改造成绿洲。因此，可以通过对自然植被净第一性生产力的估测确定该区域生态承载力的指示值，而通过实测，判定现状生态环境质量偏离本底数据的程度，以此作为自然体系生态承载力的指示值，并据此确定区域的开发类型和强度。由于对各种调控因子的侧重及对净第一性生产力调控机理解释的不同，世界上产生了很多模拟第一性生产力的模型，大致可分为 3 类：气候统计模型、过程模型和光能利用率模型。我国的净第一性生产力研究起步较晚，研究过程中一般采用气候统计模型。国内应用较多的模型是采用周广胜、张新时根据水热平衡联系方程及植物的生理生态特点建立的自然植被净第一性生产力模型。

第一性生产力将承载力完全简化为植物性产出，无视环境、人类的作用和不同资源自身的作用差异，即便是面对当时单资源研究的需求，第一性生产力也被局限在对植被的研究上，对于其他资源或环境效应，缺乏适当的转化量度。

3.2.3 资源差量法

区域生态承载力体现了一定时期、一定区域的生态环境系统，对区域社会经济发展和人类各种需求（生存需求、发展需求和享乐需求）在量（各种资源量）与质（生态环境质量）方面的满足程度。因此，衡量区域生态环境承载力可以从该地区现有的各种资源量与当前发展模式下社会经济对各种资源的需求量之间的差量关系，以及该地区现有的生态环境质量与当前人们所需求的生态环境质量之间的差量关系进行分析。如果该差值大于 0，表明研究区域的生态承载力在可承载范围内；该差值等于 0，表明研究区域的生态承载处于临界状态；该差值小于 0，表明研究区域的生态承载力超载。该方法需要建立一套指标体系，包括社会经济系统类和生态环境系统类（包括环境资源与环境质量）指标。该方法只能根据人口变化曲线求出未来年的人口数，然后分别计算其需求量，判断该值是否在研究区域的承载力范围之内，而不能计算出未来年的确切承载力值，且不能表现出研究区域内的社会经济发展状况以及人类的生活水平。结合完整的指标体系，依据这种差量度量评价方法，王中根等人对西北干旱区河流进行了生态承载力评价分析，证明此方法能够简单、可行地对区域生态承载力进行有效分析与预测。资源差量法仅从资源的角度考虑，只体现了资源承载力的概念，并不适合生态承载力。

综上所述，资源供需平衡法对于生态过程机制的研究不深刻，没能体现出其追寻过程机制的理论优势，也没有考虑系统对象的多方面因素，显得比较简单和粗糙。

3.3 指标体系法

指标体系法主要包括 P-S-R 概念框架、P-S-I-R 概念框架、D-S-R 框架体系、D-P-S-I-R 框架。指标体系发展成为一套综合性多元化的方法，其实现的各个步骤都包含了多种方法和手段，从主观到客观，由定性到定量，可以根据承载力研究的不同目的和对象，灵活地加以组合与应用。许多方法（如层次分析法、因子分析法、灰色关联度法等）可以指导和应用于指标体系建立、筛选、运算的整个过程，也使得指标体系法有了更大的适用性和发挥空间。

3.3.1 P-S-R 概念框架

"压力—状态—响应"（Pressure-State-Response，P-S-R）是 OECD（联合国经济合作开发署）在 1991 年建立的框架模型。目前已经在生态环境领域得到了相当广泛的应用。

3.3.2 P-S-I-R 概念框架

P-S-I-R 框架最早由 Turner 等人（1998）提出，实质是 P-S-R 框架的一个变形，加入了"影响"指标。目前，这个模型框架多应用于社会－自然生态系统研究，如 Turner 等人（1998）对海岸带生态系统的社会经济研究，Rockloff 等（2004）对以水资源为代表的自然资源的经济社会研究及社会决策模型研究。

左平（2000）基于 P-S-I-R 概念框架，提出了从社会、经济、文化、生态的角度对海岸带进行综合评价的评价过程体系，为海岸带综合管理提供了决策支持依据。

3.3.3 D-S-R 框架体系

D-S-R 框架体系是联合国可持续发展委员会（UNCSD）分析社会问题的角度，在 P-S-R 概念框架的基础上，建立的驱动力（Driving force）—状态（State）—响应（Response）框架。

3.3.4 D-P-S-I-R 框架

OECD 于 1993 年提出 D-P-S-I-R 框架，是对 P-S-R 框架的进一步完善，被欧洲环境署（EEA）所采用，在 P-S-R 框架中添加了两类指标，即驱动力（Driving force）和影响（Impact）指标。1997 年，EEA 在欧洲环境评价报告中基于 D-P-S-I-R 框架体系从多个层面多角度研究了整个欧洲环境状况和期望。整体来说，D-P-S-I-R 框架表现了复合系统承载力的概念和组分，适用面较广，但较多应用是针对单资源或环境，少有对整个区域复合系统的功能评价。

综上所述，指标体系法的理论框架最初是面向可持续发展提出来的，应用于承载力研究时论述的角度难免有所不同，因此，承载力研究需要更为适宜的理论框架。另外，对区域系统机制的进一步理解还有所欠缺，理论框架不可能为区域研究提供具体手段，需要进一步计算方法的支持，这使理论框架的研究还处于比较笼统和模糊的阶段。所以指标体系法是一种相对成熟、易用的方法，也是较为简单的评价手段，其精度依赖于人的判断，计算需要大量数据，模拟相对不便。该方法可以较好体现复合系统的特征和承载力的概念，但由于设计的因子不多和计算方法的困难，实际应用受到很大限制，如果从系统角度考虑研究对象非线性和复杂性的特点，指标体系法的发展会有更大前景。

3.4 系统模型法

系统模型法主要包括统计学动态模型和系统动力学模型。虽然这类方法起步不久，却显示出了很大的潜力。

3.4.1 统计学动态模型

统计学动态模型是建立在关注数据变化的基础上的动态方法，根据分析已有数据趋势的关联，构建不同因子之间的函数方程式，最终得到一组同承载力相关的多元方程组来表示系统内部结构，加入时间自变量的影响，进而实现系统动态变化。其构建依据是数值关系，而非逻辑上的因果关系，主要有线性回归模型、非线性统计学模型、灰色关联法、人工神经网络。如赵先贵等（2005）回归拟合了陕西省未来 20 年的承载力趋势，它仅仅是现状趋势的线性延伸，而系统的非线性特征以及多个因子调整带来的多种变化是线性模型无法预测的。因此，回归分析作为动态模型直接加以应用显得过于简单。目前，非线性模型 / 灰色关联法和人工神经网络对生态系统具体、资源、环境质量方面做了建模工作。统计学动态模型以数值关系为基础进行函数关系的模拟，没能表达系统内部的过程逻辑关系，难以正确追踪系统的因果效应，模拟精度不高。

3.4.2 系统动力学模型

系统动力学（System Dynamics，SD）是美国麻省理工学院 Forrester 教授于 1956 年创立并于 1958 年奠定理论，其方法基于系统论、综合控制工程（反馈概念与调节）、控制论（信息的本质及作用）以及组织理论（人类组织的结构及人类做决策的形式）、非线性理论、大系统理论，提出了一个指导性原理和一套用来仿真非线性高阶次多重反馈时变系统的方法。20 世纪 70 年代瑞典、芬兰、挪威 3 国合作组成"社会和森林"研究小组，将 3 国林业部门作为一个整体进行描述，建立了以 SD 为基础的

SOS 模拟模型。早期 SD 的应用，主要在产业生产过程控制中，之后扩展到生态学领域，但受到当时理论的限制，早期研究对象往往是单资源或环境等较小范围的系统分析，如在土地承载力、资源承载力、环境承载力以及人口容量等方面的研究。在 20 世纪 80 年代初，英国科学家 Malcom Sleeser 教授设计的 ECCO(Enhance Carrying Capacity Options)模型应用系统动力学方法进行土地承载力的专门研究。应用系统动力学研究了人口社会与生态系统之间的交互作用，就人类活动造成的生态资源波动建立了动力学模型，应用系统动力学建模研究了基于 GIS 平台的洪水控制决策支持系统，但构建的系统范畴和复杂程度已有较大进步。

区域复合生态系统是一个多层次、开放边界、非线性的动态系统，以实现可持续协调发展为最高目标，因此，开放、动态、多目标的生态承载力研究模型是今后的研究重点，而系统动力学模型就可以承担此任。因为该模型以因果关系为基础，能够清晰表达系统的作用机制，往往较为复杂，在模拟巨系统时仍存在许多不确定因素，但随着生态学理论的不断发展和应用，系统动力学模型将实现更为准确的模拟结果，可以预见系统动力学模型是生态承载力研究发展的捷径和必然趋势。

3.5 能值分析

纵观以往承载力的研究，是由于土地退化、环境污染和人口膨胀等原因，承载力逐渐被应用于资源的合理配置、环境的评价以及社会的发展等领域，但均带有各行业的单因素的专业特点，因而使承载力研究略带有一定的片面性。生态承载力的出现在一定程度上弥补了单因素承载力的不足，但对承载力的理解仍存在行业的限制，因而出现的生态承载力的度量方法也仍然带有各自的领域特点。生态承载力研究起步较晚，但生态承载力定量研究已从最初的静态研究走向动态预测，并日趋模型化。这些定量方法的成熟与完善推动着生态承载力研究日趋深入。新方法、新技术手段将应用于生态承载力研究。生态系统的复杂性决定其承载力研究方法和手段的复杂性。可持续理论的出现和发展，大大推动了生态承载力研究对象、研究目的和评价标准的发展。能值分析是以能值为基准，把不同来源、不同性质的能量转换为统一标准的太阳能来衡量和比较。该方法是以自然价值为基础，将系统中各种生态流和经济流转换为能值，对自然环境生产与人类经济活动进行统一评价，定量分析系统结构、功能与生态经济效益的一种常用方法之一，目前已广泛应用于自然生态系统、农业生态系统、工业生产系统、城市生态系统以及区域生态系统发展可持续性的分析、评价与比较。

第二节　以家庭农场为尺度的循环模式能值分析

水土流失区的水土保持与经济发展需要依靠政府，更需要依靠经营主体，其中家庭农场就是基本单元。项目组在福建省宁化县紫色土水土流失区，发动家庭农场积极发展循环农业驱动水土流失治理，取得增收增效，极大调动当地水土流失治理的内生动力。项目组应用能值法开展了生态经济系统的评价，为循环农业模式优化与推广提供理论支撑。

● 1 研究区域概况

宁化县是紫色土水土流失区，宁化县先锋牧场位于宁化县淮土乡凤山村，该牧场目前已形成草 – 牧 – 沼 – 杨梅 – 油茶的农业循环经济模式，发展循环经济，建立生态养殖示范地，可以起到良好的示范作用。先锋牧场总面积约 $40800m^2$，种植业主要有 15 亩油茶、8 亩杨梅、20 亩狼尾草、1 亩象草、5 亩玫瑰茄等，养殖方面主要养猪，使用沼气池 4 口，共 $66m^3$，2014 年生猪出栏 200 头，母猪出栏 48 头。

● 2 研究方法

2.1 数据采集

农户调研和企业访谈是人文地理学实践的基本方法。通过农户调研（图 6-2），特别入户调研生态补偿，不仅可以了解普通农户经济收支概况和循环农业模式在研究区域的实践情况，还可以了解农户参与水保工作的基本态度和水土保持政策对农户行为的影响；通过企业访谈，获取企业经营状况等信息，了解企业基本生产过程，为改进生产线和提升产业提供基本数据。对从研究区域采集的土壤样本、油茶果样本、茶油样本及其他样本在室内进行理化性质的测试分析（图 6-3）。

图 6-2　农户调研与企业访谈

图 6-3　样品室内测试分析

2.2 指标分析

能值分析方法是 20 世纪 80 年代美国著名系统生态学家 Odum H. T. 为首创立的系统分析方法（Odum，1988、1996），该方法将不同等级的能量和物质转换为同一标准的太阳能值，再进行定量分析。能值分析方法是当前进行系统能量研究和可持续发展评估的一种重要方法（蓝盛芳和钦佩，2001；Jorge 等，2004），并被广泛应用于评估生态系统的服务功能。本研究以 9.44E+24sej/a 为能值基准，主要选以下几个指标进行分析。

（1）能值自给率（ESR）：环境资源能值投入与总能值投入的比率。衡量资源环境对系统的贡献程度的指标，值越大，表明环境资源对系统的生产贡献率越大。

（2）能值投资率（EIR）：辅助（购买）能值与环境资源能值的比率。衡量经济发展程度的指标，值越大，表示系统发展程度越高。

（3）净能值产出率（EYR）：为系统产出能值与购买能值的比率。衡量生产效率的指标，值越大，表示生产效率越高。

（4）环境负载率（ELR）：不可更新能值投入与可更新能值投入的比率。衡量环境负载程度的指标，值越大，表示生产过程中对环境的破坏越大。

（5）可持续发展指数（ESI）：净能值产出率与环境负载率的比率。值越高，表明系统的可持续发展态势越好。

● 3 能值投入产出

先锋牧场能值投入分析表明（表 6-1），能值投入主要分为 4 部分：可更新自然资源（R）、不可更新自然资源（N）、不可更新工业辅助能（F）、可更新有机能（R_1）。其中投入能值最多的是不可更新工业辅助能，其次是可更新有机能，由于施用沼液沼渣需要更多的人力投入，在牧场种植业中施用的有机肥相对增加。猪场的不可更新工业辅助能投入较多，特别是猪饲料的投入，影响到整个牧场的不可更新工业辅助能的投入。

在该模式中，沼气可用于做饭，减少了燃料的投入，也使农民改变以往砍柴的习惯，大大减轻了对侵蚀地植被的破坏；沼液可与农药按适当比例混合，用来喷灌果树等，既可杀虫又可起到施肥的作用，从而节省了农药的支出。沼液沼渣用于油茶和草施肥，可节省肥料的投入。

表 6-1　先锋牧场的能值投入

项目	原始数据（J/g）	能值转换率（sej/J 或 sej/g）	太阳能值（sej）
可更新环境资源（R）			5.78E+15
太阳光能	3.48E+14	1.00E+00	3.48E+14
雨水化学能	3.53E+11	1.54E+04	5.43E+15
雨水势能	2.24E+11	8.89E+03	1.99E+15
地球旋转能	4.08E+10	2.90E+04	1.18E+15
不可更新环境资源（N）			5.97E+15
净表土损失能	9.40E+10	6.35E+04	5.97E+15
不可更新工业辅助能（F）			1.75E+17
复合肥	1.50E+06	2.80E+09	4.20E+15
有机肥	5.37E+06	2.70E+06	1.45E+13
氮肥[①]	354	1.01E+12	3.56E+14
农药[②]	510	1.01E+12	5.14E+14
疫苗[③]	7440	1.01E+12	7.49E+15
饲料[④]	130800	1.01E+12	1.32E+17
水电[⑤]	28380	1.01E+12	2.86E+16
猪场折旧[⑥]	3000	1.01E+12	3.02E+15
可更新有机能（R_1）			1.37E+17
劳力[⑦]	135100	1.01E+12	1.36E+17
种子	0.0305	2.00E+10	6.60E+04
鱼苗[⑧]	168	1.01E+12	1.69E+14
地瓜苗[⑨]	300	1.01E+12	3.02E+14
沼液、沼渣	8.56E+06	2.70E+06	2.31E+13
能值总投入（T）			3.24E+17

注：其中①—⑨的原始数据单位为元，相应能值转换率 1.01E+12sej/ 元是 2012 年宁化县的能值货币比率。

　　先锋牧场能值产出分析表明（表 6-2），该牧场 2014 年的能值总产出为 8.40E+17sej，其中菜猪能值产出高达 7.48E+17sej，占能值总产出的 89%。

表 6-2　先锋牧场的能值产出

项目	原始数据（J/g）	能值转换率（sej/J 或 sej/g）	太阳能值（sej）
油茶籽	1.45E+10	8.60E+04	1.24E+15
杨梅	2.97E+08	5.30E+05	1.57E+14
玫瑰茄	7.43E+10	5.30E+05	3.94E+16

续表

项目	原始数据（J/g）	能值转换率（sej/J 或 sej/g）	太阳能值（sej）
草	2.49E+06	2.70E+04	6.73E+10
花生	1.15E+10	8.60E+04	9.89E+14
大豆	2.09E+09	8.30E+04	1.73E+14
地瓜	1.60E+10	8.30E+04	1.33E+15
菜猪	4.40E+11	1.70E+06	7.48E+17
母猪[1]	47800	1.01E+12	4.83E+16
猪粪猪尿	3.47E+05	2.70E+06	9.38E+11
鱼[2]	399	1.01E+12	4.03E+14
能值总产出（Y）			8.40E+17

注：其中①②的原始数据单位为元，相应能值转换率 1.01E+12sej/ 元是 2012 年宁化县的能值货币比率。

● 4 能值指标分析

4.1 净能值产出率

净能值产出率（EYR）是指农业系统的产出能值与经济反馈能值的比值，是衡量农业系统生产效率的一种标准，其值越高，表明系统在获得一定的经济能值投入下生产出来的商品能值越高，即系统的净效率越高。由表 6-3 可知，先锋牧场 2014 年的净能值产出率为 2.692，与宁化县 7.39 相比较低，可能的原因有以下几点：①由于市场猪肉价格持续较低，先锋牧场缩减了养猪规模，2014 年下半年几乎停止养猪。②由于杨梅树苗在种植后的 5 年才能正常结果，而 2014 年是先锋牧场杨梅种植的第四年，产量较低，只有 5kg，但是其施肥、除草仍需进行。这些原因使得其净能值产出率较低。

表 6-3　先锋牧场的能值评价指标

项目	计算方法一公式	数值	计算方法二公式	数值
净能值产出率（EYR）	$Y_1/（F+R_1）$	2.692	$Y_2/（F+R_1）$	1.037
能值投资率（EIR）	$（F+R_1）/（R+N）$	26.553	$（F+R_1）/（R+N）$	26.553
环境负载率（ELR）	$（N+F）/（R+R_1）$	1.267	$（N+F）/（R+R_1）$	1.267
环境承载力（ECC）	$（N+F+R_1）/R$	54.844	$（N+F+R_1）/R$	54.844
不可更新环境资源产出率（$NRYR$）	N/Y_1	1%	—	—
不可更新环境资源投入率（$NRUR$）	N/T	2%	N/T	2%
可持续发展指数（ESI）	EYR/ELR	2.124	EYR/ELR	0.818

注：Y_1 表示实际能值总产出；Y_2 表示理论能值总产出（根据能值第一规则等于能值总投入 T）；R 可更新环境资源；N 不可更新环境资源；F 不可更新工业辅助能；R_1 可更新有机能。

4.2 能值投资率

能值投资率（EIR）是来自经济的反馈能值与来自环境的无偿能值投入的比值，是衡量经济发展程度和环境负载程度的指标，其值越大表明经济发展程度越高；其值越小，说明经济发展程度越低，对环境的依赖性越强。由表 6-3 可知，先锋牧场 2014 年的能值投资率为 26.553，说明其经济发展程度较高，对环境的依赖性弱。农业投入较多，一方面会带来效益的提高，另一方面生产成本也会增加，在今后发展中可继续优化内部循环。

4.3 环境负载率

环境负载率（ELR）是指系统不可更新能值投入与可更新能值投入总量之比，反映了系统中单位可更新能值所承担的不可更新能值的量，环境负载率用来衡量自然环境的负载程度。由表 6-3 可知，先锋牧场 2014 年的环境负载率为 1.267，低于 2013 年宁化县的环境负载率，很大一部分原因是其部分环节处在初始发展阶段，投入的不可更新能源较多。

4.4 环境承载力

环境承载力（ECC）是指经济反馈能值加上不可更新资源能值与可更新资源能值的比例，较高的环境承载力说明科技发展水平较高，同时环境所承受的压力也较大。由表 6-3 可知，先锋牧场 2014 年的环境承载力为 54.844，说明其科技发展水平较高，原因可能是户主本身是兽医，具有较高的学历和技术，并且在种养方面学习较多。但需注意的是，该牧场要继续增加内部循环，在经济反馈能值方面则利用有机肥和沼液沼渣代替不可更新工业辅助能的投入。

4.5 不可更新环境资源投入率和产出率

不可更新环境资源产出率（$NRYR$）指农业系统的土壤侵蚀能值，本研究定义的不可更新环境资源产出率指不可更新环境资源投入与农业系统总产出能值的比率，反映了农业系统每单位能值的产出需要消耗的土壤能值大小，其值越大，说明农业生态系统的产出所支付的土壤侵蚀代价越高，即经济效益的实现与所牺牲的生态效益越大。由表 6-3 可知，先锋牧场 2014 年的不可更新环境资源产出率为 1%，说明其单位能值产出所消耗的土壤侵蚀较少，有利于该牧场的良性发展。

不可更新环境资源投入率（$NRUR$）指不可更新环境资源能值与系统总投入能值的比重，即土壤侵蚀能值在总能值中的比例，反映了每单位能值投入将有多少比例是来自土壤能值，其值越大，说明土壤侵蚀越严重，农业发展的外部成本较高。由表 6-3 可知，先锋牧场 2014 年的不可更新环境资源能值投入率为 2%，说明外部成本较低，其内部成本较高，人力和资本投入较多，今后需优化内部成本。

4.6 可持续发展指数

可持续发展指数（ESI）是净能值产出率与能值投资率的比值，可持续发展指数值在 1 和 10 之间，则表明经济系统富有活力和发展潜力；$ESI > 10$，则是经济不发达的象征，表明对资源的开发利用不够；当 $ESI < 1$ 时，此系统为消费型经济系统，此时环境负载率较高。由表 6-3 可知，先锋牧场 2014 年的可持续发展指数为 2.124，说明该经济系统富有活力和发展潜力，是可持续的。

第三节 以斑块为尺度的循环农业模式能值分析

相对家庭农场而言，合作联社、农业公司的经营规模更大，代表第二层次的经营主体。本节阐述项目组在福建省平和县五寨乡前岭村和宁化县中沙乡半溪村，在特色产业的基础上导入循环设计，并分析实施成效，为探索生态保护与合理开发并重的绿色发展之路提供依据。

● 1 平和蜜柚园生草模式的能值分析

果园生草是生态果园建设的重要环节，在生态脆弱区的水土流失治理、农业环境污染治理发挥着不可替代的作用（南志标，2017）。平和县人地矛盾突出，是福建省水土流失治理重点区之一，同时也是蜜柚主产区，蜜柚种植面积约占全国的 1/3（林燕金等，2016）。平和蜜柚（*Citrus grandis*）在以量取胜的产业快速发展过程中，也带来了突出的区域生态问题，包括土壤酸化严重，pH>5 的园地仅为 3.39%（钱笑杰等，2017），水土流失严重，营养失衡，黄脉病普遍，氮素流失严重，磷素盈余明显（林瑞坤等，2018）。李发林等（2017）的研究表明，蜜柚园试验区汇水全年总磷含量大于 III 类水质标准要求，总氮含量大于 V 类水质标准要求，引发了日渐严重的河流富营养化等问题，进而影响平和百姓的生活用水。为此，项目组在平和县积极探索蜜柚园生草模式，并取得初步成效。

1.1 试验区概况

示范区位于福建省平和县五寨乡前岭村（东经 117° 22′ 27″，北纬 24° 10′ 57″），海拔 150—200m，平均坡度 15°。品种"红肉蜜柚"，果树树龄 12 年，土壤为红壤。生草措施为保留自然草被，劈矮影响田间操作的高秆草类。调查表明，草层高度为 20—40cm，草被覆盖度达 95% 左右，主要草种有鸭跖草、红花酢浆草、一年蓬、一点红、藿香蓟、百喜草、白三叶、求米草、马唐、龙葵、凹头苋、刺蓼、截叶铁扫帚、鸡眼草、积雪草、含羞草、阿拉伯婆婆纳、短叶水蜈蚣。

传统清耕模式位于福建省平和县五寨乡前岭村（东经 117° 22′ 05″，北纬 24° 10′ 12″），海拔150—200m，平均坡度 12°。品种"红肉蜜柚"，果树树龄 12 年，土壤为红壤。清耕措施为果园每年喷施草甘膦 3 次，零星生长的草种主要有一年蓬和马唐，草被覆盖度为 5%—10%。

1.2 研究方法

1.2.1 系统界定

模式边界：蜜柚园生草果园面积 21.7hm²，种植蜜柚 1.2 万棵，厂房 1 座，全园布设水肥一体化设备及管道，生产用水为打井抽取。2011 年起福建天意红肉蜜柚开发有限公司实施该管理模式，生产数据为 2017—2018 年平均值。传统清耕果园面积 10hm²，种植蜜柚 5560 棵，简易管理房 8 座，全园布设水肥一体化设备及管道，生产用水为自引水源。2007 年起福建省平和县五寨乡前岭村 8 位村民实施该模式管理，生产数据为 2017—2018 年平均值。

资源分类：可更新环境资源包括太阳能、化学雨水势能、电力（水力发电中河流势能部分）；不可更新环境资源包括土壤损失和生产用水（农药含量高，无法再利用）；可更新有机能包括劳动力（日常消费部分）、有机肥；工业辅助能包括电力（水力发电基础设施投入部分）、水溶肥、农药、纸袋以及厂房和设施的当年损耗部分。系统反馈能主要包括草，主要产出为柚果。蜜柚园生产系统里，柚树为生产者，草为反馈者，土壤和留存在沟渠系统的废水为能量贮藏者。系统产出部分为商品果和废弃果。能量耗散主要存在于柚树代谢、枝条修剪、土壤侵蚀和废水排放。蜜柚园生草模式能值流动有别于蜜柚园清耕模式，表现在3个方面：一是改变传统管理方式，包括减少除草剂，增加有机肥投入。二是减少土壤侵蚀，循环利用部分废水，减少能量耗散，增加反馈能值（图6-4）。三是调节土壤水分供应，增加夏、秋季土壤保湿，减少裂果发生率，提高产出能值。

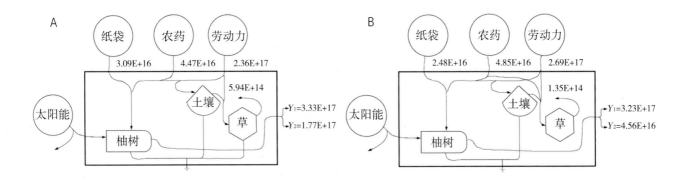

图 6-4　蜜柚园生草 (A)、清耕 (B) 模式能量流动图

1.2.2　能值分析及数据处理

本研究的基础数据是根据系统内 2017 年、2018 年度的投入和产出，以及记录当地气象部门的多年气象数据平均值计算得出，并绘制蜜柚园生草模式的能值流程图。将调查的原始数据转化成以 J、g、¥ 为单位的能量或物质数据，将不同度量单位转换为统一的能值单位（sej），编制能值分析表；并列出系统的主要能量来源和输出项目，以及各能量或物质的太阳能值转化率，能值基准为 12.0E+24sej/a（Brown等，2016a、b），太阳能值转化率主要参考蓝盛芳等（2002）的整理结果，并按新的能值基准进行转换。其中能值货币比参考 Yang 等（2010）的研究结果（以 9.44E+24sej/a 为能值基准，测算出货币能值转化率为 5.87E+12sej/¥），并按新的能值基准进行转换。

能值理论的相关计算公式如下：

能值自给率（ESR）= 环境的无偿能值（$R+N$）/ 能值总投入（T）

能值投资率（EIR）= 经济的反馈能值（$F+R_1$）/ 环境的无偿能值（$R+N$）

净能值产出率（EYR）= 系统产出能值（Y）/ 经济的反馈能值（$F+R_1$）

环境负载率（ELR）= 系统不可更新能值总量（$F+N$）/ 可更新能值总量（$R+R_1+R_0$）

有效能产出率（$EEYR$）= 商品果能量（Y'）/ 能值总投入（T）

能值反馈率（FYE）= 系统产出能值反馈量（R_0）/ 经济的反馈能值（$F+R_1$）

1.3　结果与分析

1.3.1　不同类型能值投入量

蜜柚园生草与蜜柚园清耕管理模式的能值投入分析结果表明（表6-4）：2017—2018 年蜜柚园清耕模式投入能值密度平均为 3.69E+17sej/hm^2，蜜柚园生草模式能值投入密度平均为 3.35E+17sej/

hm²，较前者（清耕模式）下降 9.21%，其中不可更新环境资源投入下降 2.57E+14sej/hm²（76.71%），工业辅助能投入下降 2.88E+15sej/hm²，可更新有机能投入下降 3.08E+16sej/hm²。反馈能值未纳入总能值投入，但是 2017—2018 年蜜柚园生草模式的反馈能值平均为 5.94E+14sej/hm²，是蜜柚园清耕模式（1.35E+14 sej/hm²）的 4.4 倍。生草栽培模式下，与面源污染密切相关的表土损失能下降 2.56E+14sej/hm²，农药投入能值下降 3.80E+15sej/hm²，生产用水下降 4.09E+11sej/hm²。

表 6-4　两种栽培模式蜜柚园系统的能值投入（2017—2018）

投入	能值转换率	原始数据		太阳能值（sej/hm²）	
		生草	清耕	生草	清耕
可更新环境资源（R）				9.06E+14	9.08E+14
太阳能	1.00 sej/J	4.72E+13 J/hm²	4.72E+13 J/hm²	4.72E+13	4.72E+13
雨水化学能	1.17E+04 sej/J	7.00E+10 J/hm²	7.00E+10 J/hm²	8.17E+14	8.17E+14
电力河流势能部分	7.81E+04 sej/J	5.33E+08 J/hm²	5.62E+08 J/hm²	4.16E+13	4.38E+13
不可更新环境资源（N）				7.81E+13	3.35E+14
表土损失能	4.74E+04 sej/J	1.17E+09 J/hm²	6.58E+09 J/hm²	5.54E+13	3.11E+14
生产用水	6.81E+04 sej/g	3.34E+08 g/hm²	3.40E+08 g/hm²	2.27E+13	2.31E+13
工业辅助能（F）				8.64E+16	8.93E+16
电力设施投入部分	7.81E+04 sej/J	4.78E+08 J/hm²	5.18E+08 J/hm²	3.73E+13	4.05E+13
水溶肥氮素	3.50E+09 sej/g	6.22E+04 g/hm²	6.30E+04 g/hm²	2.18E+14	2.21E+14
水溶肥磷素	1.35E+10 sej/g	2.49E+04 g/hm²	2.52E+04 g/hm²	3.36E+14	3.40E+14
水溶肥钾素	1.32E+09 sej/g	5.60E+04 g/hm²	5.67E+04 g/hm²	7.38E+13	7.48E+13
纸袋	7.46E+12 sej/¥	4.15E+03 ¥/hm²	3.33E+03 ¥/hm²	3.09E+16	2.48E+16
农药	7.46E+12 sej/¥	5.99E+03 ¥/hm²	6.50E+03 ¥/hm²	4.47E+16	4.85E+16
厂房	7.46E+12 sej/¥	5.99E+02 ¥/hm²	5.50E+02 ¥/hm²	4.47E+15	4.10E+15
水肥一体化设施	7.46E+12 sej/¥	6.91E+02 ¥/hm²	1.00E+03 ¥/hm²	5.16E+15	7.46E+15
水源设施	7.46E+12 sej/¥	69 ¥/hm²	5.00E+02 ¥/hm²	5.15E+14	3.73E+15
可更新有机能（R_1）				2.47E+17	2.78E+17
劳动力	7.46E+12 sej/¥	3.17E+04 ¥/hm²	3.60E+04 ¥/hm²	2.36E+17	2.69E+17
有机肥	7.82E+04 sej/J	1.41E+11 J/hm²	1.22E+11 J/hm²	1.10E+16	9.54E+15

投入	能值转换率	原始数据		太阳能值（sej/hm²）	
		生草	清耕	生草	清耕
系统反馈能（R_0）				5.94E+14	1.35E+14
草折算氮肥	3.51E+09 sej/g	7.54E+04 g/hm²	1.71E+04 g/hm²	2.64E+14	6.01E+13
草折算磷肥	1.35E+10 sej/g	1.93E+04 g/hm²	4.38E+03 g/hm²	2.60E+14	5.91E+13
草折算钾肥	1.32E+09 sej/g	5.25E+04 g/hm²	1.19E+04 g/hm²	6.94E+13	1.58E+13
总投入能值（T）				3.35E+17	3.69E+17

注：年太阳辐射取该区域中间值4723MJ，年降雨量为1700mm。表土损失能＝园地面积×土壤侵蚀率×单位质量土壤的有机质含量×有机质能量，有机质能量2.26E+04J/g，蜜柚园生草和蜜柚园清耕两种模式的2017—2018年土壤侵蚀率平均分别为1944.5kg/（hm²·a）和10936.5kg/（hm²·a），两种模式土壤有机质平均含量为26.6g/kg。用水能量＝用水量×5.0J/g，两种模式2017—2018年生产用水平均分别为333.8t/hm²、339.7t/hm²。电能＝年用电量×3.60E+06J/kW·h，两种模式2017—2018年用电量平均为276kW/hm²、300kW/hm²。有机肥能量＝有机肥用量×0.45×2.26E+04J/g，两种模式年有机肥用量分别为13.8t/a和12.0t/a。2017—2018年蜜柚园生草的年干物质草产量为2750kg/hm²，蜜柚园清耕的年干物质草产量为625kg/hm²，养分含量按N 2.74%、P₂O₅ 0.70%、K₂O 1.91%折算。总投入能值＝R＋N＋F＋R_1。

1.3.2　能值投入结构

蜜柚园生草模式总体上降低能值投入。分析两种模式的能值投入结构差异，有助于理解栽培模式的变化给生产投入带来的影响。分析表明（表6-5），与清耕模式相比，蜜柚园生草模式在购买资源部分（含工业辅助能和可更新有机能）的能值下降4.01E+16sej/hm²，在可更新资源部分（含可更新环境资源和可更新有机能）下降3.08E+16sej/hm²，能值投入结构趋于优化，其中可更新有机能下降3.08E+16sej/hm²，是影响能值投入结构变化的重要因素。

表6-5　两种栽培模式蜜柚园系统的能值投入结构（2017-2018）（sej/hm²）

类别	生草	清耕	下降幅度
自然资源	9.84E+14	1.24E+15	2.59E+14
购买资源	3.27E+17	3.68E+17	4.01E+16
可更新资源	2.48E+17	2.79E+17	3.08E+16
不可更新资源	8.65E+16	8.96E+16	3.13E+15

1.3.3　劳动力能值投入

当前，劳动力投入已经成为农业生产系统重要且关键的部分。在本系统中，劳动力和有机肥是可更新有机能的主要组成部分。分析表明，蜜柚园管理中劳动力能值投入占能值总投入70.45%—72.90%（表6-4）。果园生草模式仍在试验和小面积推广阶段，生草增加了蜜柚园管理难度和劳动力成本，在一定程度上影响该模式推广（李会科，2008）。蜜柚园生草模式的劳动力投入较蜜柚园清耕模式降低3.30E+16sej/hm²（表6-4）。研究结果显示（图6-5），劳动环节中，采摘作业所用的劳动力占比最高，达20.34%—28.46%。生草模式在草被管理、采摘、套袋环节分别增加了劳动力投入1.31E+16sej/hm²、

1.24E+16sej/hm² 和 1.16E+15sej/hm²。采用生草栽培的经营者更加注重基础设施建设布局，在肥料搬运、翻埋、水肥施用、农药施用等环节，累计降低劳动力投入 5.98E+16sej/hm²，可弥补草被管理增加的劳动力投入。蜜柚园生草栽培提高了采摘、套袋环节的劳动力投入，提高商品果率，综合产值更高。

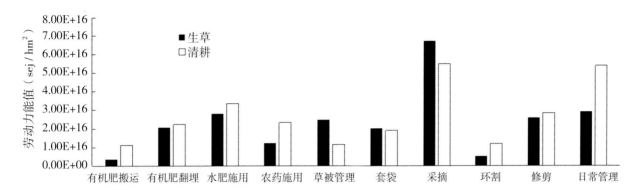

图 6-5　两种栽培模式蜜柚园系统的劳动力能值投入

1.3.4　能值产出分析

蜜柚园主要产出为蜜柚商品果和废弃果（包括裂果、幼果等）。2017 年，蜜柚园生草模式、清耕模式蜜柚商品果分别为 37.80t/hm²、29.00t/hm²，废弃果为 0.23t/hm²、4.00t/hm²，商品果产地销售均价分别为 4.4 元 /kg、4.2 元 /kg，产值分别为 16.63 万元 /hm² 和 12.18 万元 /hm²。2018 年蜜柚园生草模式、清耕模式商品果分别为 48.38t/hm²、31.30t/hm²，废弃果为 0.23t/hm²、4.50t/hm²，商品果产地销售均价均为 3.2 元 /kg，产值分别为 15.48 万元 /hm² 和 10.02 万元 /hm²。根据能值转换率换算，2017—2018 年蜜柚园生草模式的能值产出 3.35E+17sej/hm²，其中商品果能值产出为 3.33E+17sej/hm²。蜜柚园清耕模式能值产出为 3.69E+17sej/hm²，其中商品果能值产出为 3.23E+17sej/hm²。生草栽培的商品果能值产出比清耕模式提高 1.00E+16sej/hm²（30.96%）。基于能值的劳动生产效率分析表明：蜜柚园生草、清耕的劳动生产效率分别为 1.41、1.20，前者高于后者 0.21，增幅为 17.50%（表 6-6）。

表 6-6　两种栽培模式蜜柚园系统的劳动生产效率

项目	生草	清耕
产出总能值（Y）	3.35E+17	3.69E+17
商品果能值（Y_1）	3.33E+17（43.09 t/hm²）	3.23E+17（30.15 t/hm²）
废弃果能值（Y_2）	1.77E+15（0.23 t/hm²）	4.56E+16（4.25 t/hm²）
商品果能量（Y'）	1.53E+11	1.07E+11
劳动力投入能值	2.36E+17	2.69E+17
劳动生产效率	1.41	1.20

注：商品果能量 = 能量折算系数 × 产量，柚子能量折算系数取 3.55E+06J/kg（牟子平等，1999）。劳动生产效率 = 商品果能值 / 劳动力投入能值。

1.3.5 能值指标分析

能值自给率指本地环境资源能值投入与系统能值总投入之比。分析表明（表6-7），2017—2018年蜜柚园生草和清耕模式能值自给率均为0.003。低能值自给率表明蜜柚生产需要大量的养分，园地自身的土壤养分并不能满足目标产量，需要外界输入大量的有机肥满足生产，与此同时劳动力、农药的投入比例也较高。2017—2018年蜜柚园生草模式、清耕模式的能值投资率分别为339.291和295.763，生草模式与清耕模式相比，能值投资率高43.528，这也表明蜜柚园生草模式具更强经济活力。两种蜜柚园栽培模式净能值产出率均为1.003。环境负载率体现农业模式对环境的依赖性，果园生草和果园清耕的环境负载率分别为0.348、0.321。生草有效阻控果园的水土流失和农业面源污染，同时增加有机肥投入，通过绿肥翻压，增加系统反馈，有利于降低环境负载，但是通过管理大幅降低劳动力投入（$3.30E+16sej/hm^2$），劳动力投入降幅高于工业辅助能和不可更新环境资源投入下降值（$3.13E+15sej/hm^2$），导致生草模式环境负载率提升0.027。2017—2018年蜜柚园生草和清耕模式的有效能产出率分别为$4.57E-07J/sej$、$2.90E-07J/sej$，前者高于后者$1.67E-07J/sej$，增幅达57.6%。

表6-7 两种栽培模式蜜柚园系统的能值指标

能值指标	表达式	生草	清耕
能值自给率（ESR）	$(R+N)/T$	0.003	0.003
能值投资率（EIR）	$(F+R_1)/(R+N)$	339.291	295.763
净能值产出率（EYR）	$Y/(F+R_1)$	1.003	1.003
环境负载率（ELR）	$(F+N)/(R+R_1+R_0)$	0.348	0.321
有效能产出率（$EEYR$）（J/sej）	Y'/T	4.57E-07	2.90E-07
能值反馈率（FYE）	$R_0/(F+R_1)$	0.002	0.000

1.4 优化建议

1.4.1 生草栽培对蜜柚园管理体系中劳动力因子的影响

随着城镇化快速推进，农业劳动力逐渐向城镇和其他产业进行转移，劳动力在中国已是稀缺资源，在农业经营管理中的劳动力因子已逐渐成为生产关系的核心。研究表明，1986—2006年我国农民工工资水平增长了10.2倍（辛良杰等，2011）。稻田生态系统中，长期以来劳动力能值投入超过总能值投入50%（周江等，2018），本研究显示蜜柚生产的劳动力能值投入占总能值投入的70.45%—72.90%，这与蜜柚需要精耕细作的要求有关。近年水保型蜜柚高效生产模式的构建已经从注重单一控制水土流失发展到防控面源污染与提高柚果商品型并重的综合研究，其中生草栽培对劳动力投入的影响是果农关心、关注的重点。分析表明，生草栽培对劳动力投入产生3个方面的连锁反应：一是蜜柚园生草模式中，人工草被管理替代除草剂增加了劳动力投入，增量为$1.31E+16sej/hm^2$（图6-5）。二是通过基础设施建设的科学布局，实现有机肥料搬运、翻埋、水肥施用、农药施用4个环节的节能节支累计节约$2.60E+16sej/hm^2$。三是生草栽培商品果产量提高了42.92%，套袋、采果劳动力投入分别增加$1.15E+15sej/hm^2$、$1.25E+16sej/hm^2$。鉴于第三个方面的劳动力投入会带来产值增加，农户普遍乐于接受。就第一、二方面比较而言，生草措施对劳动力的节支大于增量，这为生草模式的推广应用奠定重要基础。

1.4.2 生草栽培对蜜柚园系统环境负荷的影响

蜜柚生产过程对生态环境造成的压力则是政府关心、关注的重点，其中大量用肥用药造成的面源污染问题比较突出。在我国南方山区，径流与泥沙是氮素、磷素、可溶性农药由土壤界面向水体界面输移的主要载体，降雨是主要驱动因子。梯台建设和生草栽培是果园阻控径流与泥沙运移的两个重要手段。在年降雨量1000mm左右的西南山区，以植物篱为代表的生草措施为主（蒲玉琳，2013）；在年降雨量达2000mm以上的华南山区，以梯台为代表的工程措施为主。但是，该区在丰水期梯台果园的溢流现象仍然十分明显，平时蓄积的污染物在溢流时段集中排放，引发河流水质指标发生"短时爆表"的问题，正越来越受到学者们的关注。相关研究表明蜜柚园清耕带来2921.85m³/hm²的废水（总氮浓度达4.77mg/L，总磷浓度达1.27mg/L），生草栽培也带来1531.65m³/hm²的废水（总氮浓度达2.72mg/L，总磷浓度达0.42mg/L），生草措施通过增加地表覆盖是有效解决这一问题的重要方法（李发林等，2017）。本研究分析表明：生草措施减少表土损耗能2.56E+14sej/hm²，降幅达82.22%，在一定程度上佐证了生草阻控径流的功能，同时农药投入能值下降3.80E+15sej/hm²，降幅达7.85%，发挥农药源头减量的作用，给该区域构建群众主动式参与水土流失治理和农业面源污染防控提供理论支撑。本研究结果还可为7.525万hm²南方果园间隙地（南志标，2017）的复合模式构建提供参考。

1.4.3 平和县蜜柚园生产系统的内在特征与优化方向

蜜柚是平和县主导产业，分析表明：蜜柚生产是高投入、高产出的生产系统，净能值产出率达1.003，高于江西省水稻（0.41—0.43）和茶叶（0.49—1.29）等常规农业生产系统（孙卫民等，2013；税伟等2016），低于棉花（2.88）、油菜（5.16）等经济作物系统，说明平和蜜柚具有明显的比较优势。蜜柚生产的环境负载率为0.321—0.348，高于棉花（0.17）、油菜（0.28）和茶叶（0.05），低于水稻（0.56—0.74）。分析显示蜜柚生产过程的能值自给率仅为0.003，需要依靠大量的外源养分（有机肥、水肥）输入和劳动力投入。蜜柚生产环节包括有机肥施用、追施化肥、喷施农药、套袋、采摘、环割、修剪等，每个环节均形成相对专业化的服务队，实现高效生产，劳动生产效率达1.20—1.41，部分解决了劳动力就业问题。

当前，平和蜜柚产业发展过程中面临着氮磷排放和比较优势逐渐消失的问题。随着蜜柚种植规模扩大，尤其是广西、广东、海南大力发展蜜柚（采摘期提前，竞争强），平和蜜柚生产的比较效益逐渐减弱。因此，积极推动绿色生产，提升蜜柚品质，提高柚果商品性是平和县蜜柚产业发展的必然趋势。这也为蜜柚园生草模式推广提供契机。实践表明，善于科学管理与统筹安排，蜜柚园生草栽培模式可以实现劳动力成本下降，劳动生产效率提高。有机肥合理施用也是关系产业绿色发展的重要问题。蜜柚园能值自给率低，生草模式通过增施有机肥是维持高效生产的关键措施，但是过量施用带来了土壤磷素富集和流域面源污染风险。下一阶段，将借鉴生态经济评价方法开展水生态效率、资源利用效率的深入研究，进一步提出系统性优化建议。

● 2 宁化茶-鸡耦合模式的能值分析

2.1 基本情况

研究区位于宁化县中沙乡半溪村，东经116°42′38.0″、北纬26°19′21.1″，海拔336m，坡度15°，坡向西南，土壤为山地红壤，质地为黏土，属亚热带季风性湿润气候。全年实有日照时数1897.5h，年降雨量1713mm，年均温15—18℃，7月均温24.9—27.5℃，1月均温3.7—7.0℃，无霜期214—248d。

所选系统运行周期为 2014 年 1 月 14 日至 2014 年 12 月 31 日一个完整年度。茶园面积 33.3hm²，采用坡改梯种植，前埂后沟，梯壁种植黄花菜，茶园产值 630 万元。建设标准化蛋鸡养殖大棚 2 栋，养殖蛋鸡 10 万羽，年鸡蛋产值 1800 万元，年用玉米饲料 5000t，鸡蛋销售获利 200 万元；鸡粪便经干湿分离后折合干粪 1825 t，其中茶园用 1500t，余下的以 700 元 /t 的价格出售。

2.2 研究方法

通过面上调查和定点记录数据相结合的方式收集研究区 2014 年完整年度生产记录数据（表 6-8）及当地气象部门的气象数据，根据以下公式计算太阳能值：$EM = OD \times UEV$；式中，EM 为太阳能值，OD 为原始数据，UEV 为能值转换率。本研究能值基准为 15.8E+24sej/a（Odum H. T., 1996），主要选择以下指标进行分析：能值自给率（ESR）、能值投资率（EIR）、净能值产出率（EYR）、环境负载率（ELR）、可持续发展指数（ESI）。

表 6-8　3 种循环农业系统投入和产出数据

项目		"茶园 – 加工 – 蛋鸡养殖" 循环农业系统	"茶园 – 加工" 系统	单一茶园系统
投入（T）	可更新环境资源（R）			
	太阳辐射（J）	1.57E+15	1.51E+15	1.51E+15
	雨水化学能（J）	3.08E+12	2.96E+12	2.96E+12
	不可更新环境资源（N）			
	表土损失能（J）	1.57E+11	1.51E+11	1.51E+11
	可更新有机能（R_1）			
	人力（J）	7.64E+12	7.02E+12	3.40E+12
	水量（J）	1.35E+11	8.10E+10	7.50E+10
	鸡苗（元）	3.00E+05	0.00	0.00
	饲料（J）	4.94E+13	0.00	0.00
	有机肥（g）	1.50E+09	1.50E+09	1.50E+09
	不可更新工业辅助能（F）			
	复合肥（g）	7.50E+07	7.50E+07	7.50E+07
	农药（元）	9.00E+04	9.00E+04	9.00E+04
	电量（J）	2.56E+12	1.07E+12	5.40E+10
	兽药（元）	5.00E+05	0.00	0.00
产出（Y）	鲜茶叶（J）	0.00	0.00	5.21E+12
	干茶叶（元）	9.60E+06	9.60E+06	0.00
	蛋（J）	2.14E+13	0.00	0.00
	有机肥（g）	3.25E+08	0.00	0.00

2.3 能值投入与产出

"茶园－加工－蛋鸡养殖"循环农业系统、"茶园－加工"系统和茶园生态系统的能值流投入以可更新有机能为主，其次为不可更新工业辅助能投入，表明这三个系统的生产率均较高，主要投入为购买能值（表6-9）。对"茶园－加工－蛋鸡养殖"循环农业系统而言，可更新有机能投入占总投入的74.45%，而在可更新有机能投入中，玉米饲料、人力和鸡苗3项投入最高，其中玉米饲料分别占总能值投入和可更新有机能投入的41.91% 和56.47%，人力分别占总能值投入和可更新有机能投入的21.12%和28.43%，鸡苗分别占总能值投入和可更新有机能投入的10.78%和14.51%。不可更新有机能中兽药投入最高，分别占总能值投入和可更新有机能投入的18.03%和24.22%。对"茶园－加工"系统和茶园生态系统而言，可更新有机能投入占总投入的75.01%和64.36%，主要为人力投入，其中"茶园－加工"系统人力投入占总能值投入的75%，茶园生态系统人力投入分别占总能值投入和可更新有机能投入的63.86%和99.23%，表明"茶园－加工"系统和茶园生态系统属于劳动密集型行业。

2.4 能值指标分析

3种系统的能值指标如表6-9至表6-11所示。由于购买能值投入大，导致"茶园－加工－蛋鸡养殖"循环农业系统、"茶园－加工"系统和茶园生态系统能值自给率低，其中"茶园－加工－蛋鸡养殖"循环农业系统的能值自给率最低，其值为0.43%，低于"茶园－加工"系统（1.59%）和茶园生态系统（2.80%），也远低于"茶－草－沼－畜禽"循环农业系统（11.23%），表明研究区3种系统对自然环境的利用程度均低于"茶－草－沼－畜禽"循环农业系统。研究区3种系统经济发展程度均较高，其中"茶园－加工－蛋鸡养殖"循环农业系统经济发展程度最高，达232.61，远高于其他3个对比系统。在4种系统中，除茶园生态系统的净能值产出率低于1以外，其他3种系统的净能值产出率均高于1，其中"茶园－加工"系统净能值产出率最大，为13.55，表明经过加工环节使茶叶的经济附加值大幅度增加，经济效益最高；而增加蛋鸡养殖环节后，"茶园－加工－蛋鸡养殖"循环农业系统净能值产出率较"茶园－加工"系统降低了54.69%。研究区3种系统的环境负载率均低于1，其中"茶园－加工"系统的环境负载率最低，茶园生态系统的环境负载率最高。3种系统的可持续发展指数（ESI）从高到低的顺序为："茶园－加工"系统（44.22）>"茶园－加工－蛋鸡养殖"循环农业系统（17.68）>茶园生态系统（1.06）。"茶－草－沼－畜禽"循环农业系统的ESI高于茶园生态系统，低于其他两种系统。

表6-9　3种系统太阳能值投入和产出（sej）

项目		"茶园－加工－蛋鸡养殖"循环农业系统	"茶园－加工"系统	单一茶园系统
投入（T）	可更新环境资源（R）			
	太阳辐射	1.57E+15	1.51E+15	1.51E+15
	雨水化学能	4.75E+16	4.56E+16	4.56E+16
	不可更新环境资源（N）			
	表土损失能	9.80E+15	9.42E+15	9.42E+15
	可更新有机能（R_1）			
	人力	2.90E+18	2.67E+18	1.29E+18

项目		"茶园－加工－蛋鸡养殖"循环农业系统	"茶园－加工"系统	单一茶园系统
投入（T）	水量	5.54E+15	3.32E+15	3.08E+15
	鸡苗	1.48E+18	0.00	0.00
	饲料（玉米）	5.76E+18	0.00	0.00
	有机肥	4.05E+15	4.05E+15	4.05E+15
	不可更新工业辅助能（F）			
	复合肥	2.10E+17	2.10E+17	2.10E+17
	农药	4.45E+17	4.45E+17	4.45E+17
	电量	4.07E+17	1.70E+17	8.58E+15
	兽药	2.47E+18	0.00	0.00
产出（Y）	鲜茶叶	0.00	0.00	1.04E+18
	干茶叶	4.74E+19	4.74E+19	0.00
	蛋	3.66E+19	0.00	0.00
	有机肥	8.78E+14	0.00	0.00

表 6-10　3 种系统太阳能值总投入和产出（sej）

项目	"茶园－加工－蛋鸡养殖"循环农业系统	"茶园－加工"系统	单一茶园系统
可更新环境资源（R）	4.90E+16	4.72E+16	4.72E+16
不可更新环境资源（N）	9.80E+15	9.42E+15	9.42E+15
可更新有机能（R_1）	1.02E+19	2.67E+18	1.30E+18
不可更新工业辅助能（F）	3.53E+18	8.25E+17	6.63E+17
总投入（T）	1.37E+19	3.56E+18	2.02E+18
总产出（Y）	8.40E+19	4.74E+19	1.04E+18

综合表 6-10 的指标，可得出研究区 3 种系统的优劣顺序为："茶园－加工"系统＞"茶园－加工－蛋鸡养殖"循环农业系统＞茶园生态系统。

表 6-11　3 种系统能值指标比较

项目	表达式	"茶园－加工－蛋鸡养殖"循环农业系统	"茶园－加工"系统	单一茶园系统
能值自给率	$ESR=(R+N)/T$	0.43%	1.59%	2.80%
能值投资率	$EIR=(F+R_1)/(R+N)$	232.61	61.85	34.65
净能值产出率	$EYR=Y/(F+R_1)$	6.14	13.55	0.53
环境负载率	$ELR=(F+N)/(R+R_1)$	0.35	0.31	0.50
可持续发展指数	$ESI=EYR/ELR$	17.68	44.22	1.06

2.5 经济效益分析

3种系统经济价值分析如表6-12所示。茶园生态系统的能值货币价值与现金价值的产投比均低于1，净收益均为负值，而增加茶叶加工环节后两者的产投比和净收益均增加，且为正效益。与"茶园-加工"系统相比，"茶-畜-草-加"循环农业系统的能值货币价值产投比降低，但净收益增加，表明增加循环链接后系统的生产效率降低，但仍处于盈利状态；而从现金价值分析，两种系统的产投比差异不大，净收益为"茶-畜-草-加"循环农业系统高于"茶园-加工"系统。

表6-12　3种系统经济价值分析表

农业模式	能值货币价值				现金价值			
	投入 （10^5）	产出 （10^5）	产投比	净收益 （10^5）	投入 （10^5）	产出 （10^5）	产投比	净收益 （10^5）
单一茶园系统	4.08	2.11	0.516	−1.98	47.65	30	0.630	−17.65
"茶园-加工"系统	7.20	96.00	13.30	88.8	701.50	96	1.37	25.85
"茶-畜-草-加"循环农业系统	27.82	170.01	6.11	142.19	200.51	276	1.38	75.49

2.6 优化建议

以能值货币价值转换率计算干茶叶的太阳能值，结果表明"茶园-加工"系统的净能值产出率为13.55，远高于1，较茶园生态系统提高24.57倍，这与生产实际相符。茶园生态系统增加蛋鸡养殖环节后，系统内循环利用的为蛋鸡养殖过程中产生的鸡粪有机肥，但较大幅度地增加了玉米、鸡苗等投入，其中玉米饲料的投入占总能值投入的41.91%，而人力投入比例下降至21.12%，这使茶叶生产这种传统的劳动密集型产业向生产率较高的高能耗产业发展。"茶-畜-草-加"循环农业系统的净能值产出率为6.14，还是远大于1，表明该系统仍处于高盈利状态。但与"茶园-加工"系统相比，则有降低。本研究的结果表明，"茶园-加工"系统在净能值产出率、环境负载率和可持续发展指数等多个能值指标的评估中均最优，但该系统为传统的劳动密集型系统，对人力依赖较大，属生产率较低的系统。增加循环环节后系统的净能值产出率降低54.69%，但总的经济效益增高了59.91%，因此应根据生产实际、投资需求和周边农业产业结构调整需求耦合茶业生态系统与畜禽养殖系统的生产资料，优化配置，构建具有区域产业特色、能最大幅度满足生产需求并有资金保障的循环农业模式。

第四节　以小流域为尺度的循环农业模式能值分析

小流域综合治理是水土流失治理的重要模式。本节以福州北峰山区的自然山地小流域为研究对象，开展种草养羊研究，并配套沼气发酵和沼液灌溉的长期实践，总结了循环农业模式。本节对试验基地的循环农业模式开展能值分析，为小流域的水土流失治理与综合效益提升提供理论支撑。

● 1 研究区域概况

研究区位于福州市晋安区宦溪镇创新村，东经 119° 39′，北纬 26° 03′，海拔 640m。总面积 7.067hm²，汇水面积 10.8hm²，牧草种植面积 3.787hm²。区内气候温和、潮湿，日照充足，雨量充沛，属亚热带季风气候，适合牧草生长。年均太阳辐射 4297.4MJ/a，年无霜期 316d，年均气温 19.5℃，全年 ≥ 10℃的有效积温达 6200℃，全年平均降雨量为 1200—1400mm。土壤类型为山地红壤，pH6.0—6.5，肥力状况中等。

为了循环利用牧草，提高农民收入，同时实现多种农业产业模式的优化组合，在研究区内建立以牧草种植和利用的生产环节（图 6-6）。果园套种牧草环节：在研究区内建设 1.8hm² 的果园，果园内套种禾本科牧草和豆科牧草防止水土流失，果树生长过程中施用部分化肥和沼肥。山羊分区轮牧环节：根据牧草品种的不同建植 6 个面积为 0.267hm² 的人工草地，总面积为 2hm²，引种杂交狼尾草、羽叶决明、印度豇豆、百喜草等牧草，在该草场内放养 96 只山羊分区轮牧。羊在整个生长过程中除了饲用人工草地的牧草外，还补以果园套种的牧草，同时辅以部分饲料。全年共产出肉羊 50 只，出售种羊 20 只，其余留在系统内繁殖。种草养鱼环节：利用研究区面积约 1hm² 的水涝地、山坡和旧灌溉水池，筑坝建成

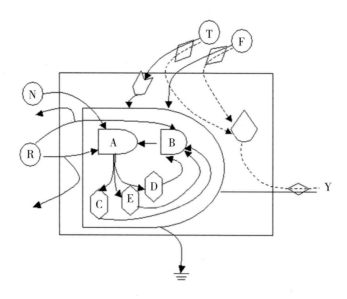

图 6-6　以牧草种植为纽带循环农业模式能值流图解

注：A.果园，B.沼气工程，C.山羊养殖，D.鱼，E.鹅、兔养殖，R.可更新环境资源能，N.不可更新环境资源能，T.可更新有机能，F.不可更新工业辅助能，Y.产出。

面积 2hm^2 的水库养鱼，周边配套 1.2hm^2 的人工草地，同时辅以饵料和果园套种的部分牧草，全年共产出鱼 5000kg。在以上 3 个生产环节的基础上，增加沼气工程消化羊粪和草渣废弃物，沼气作为燃气供居民使用，沼肥反馈至果园。为了充分利用牧草和增加经济效益，增加增益环节，将多余的饲草饲喂肉兔、鹅等，形成"果-牧草-养殖业（羊、兔、鹅等）-鱼-沼气工程"的农业循环模式。

通过实地调查和资料收集的方式获得研究区完整年度生产记录数据及当地气象部门的气象数据，将其转换为太阳能值。依据能值投入和产出的基础数据，计算能值指标，包括能值自给率、能值投资率、净能值产出率、环境负载率、可持续发展指数及系统能值反馈率等，并分析该模式的经济效益。

● 2 能值投入产出

该研究从各生产环节的能值投入和产出入手，再根据各生产环节的能值投入产出计算全系统的能值投入和产出，结果如表 6-13 所示。除牧草养鹅、兔和牧草栽培食用菌的增益环节无可更新环境资源投入和不可更新环境资源投入，以及沼气工程无不可更新环境资源投入外，其他生产环节均在系统内充分利用自然资源投入，其中果园利用自然资源最大，可更新环境资源投入和不可更新环境资源投入分别为 8.91E+15sej 和 1.15E+14sej，其次为牧草养鱼生产环节和山羊轮牧生产环节。全系统经过优化后，可更新环境资源投入为 1.58E+16sej，不可更新环境资源投入为 1.17E+14sej，不可更新工业辅助能和可更新有机能投入分别为 3.05E+16sej、4.70E+16sej，系统反馈能值高达 4.87E+16sej，能值总投入为 1.42E+17sej，其中外界能值总投入为 9.35E+16sej，产出为 1.15E+17sej。

表 6-13 以牧草种植为纽带的循环农业模式能值投入和产出总表

项目	太阳能值（sej）					
	生产环节 I	生产环节 II	生产环节 III	沼气工程	增益环节	全系统
可更新环境资源（R）	2.67E+15	4.27E+15	8.91E+15	3.98E+12	0	1.58E+16
不可更新环境资源（N）	1.13E+12	6.78E+11	1.15E+14	0	0	1.17E+14
不可更新工业辅助能（F）	6.82E+15	2.02E+16	2.19E+15	3.40E+14	9.76E+14	3.05E+16
可更新有机能（R₁）	3.28E+15	9.49E+15	1.73E+16	1.54E+16	1.62E+16	4.70E+16
系统产出反馈能值（R₀）	4.15E+15	5.56E+15	0	0	0	4.87E+16
总投入（T）	1.69E+16	3.94E+16	2.85E+16	1.57E+16	2.60E+15	1.42E+17
产出（Y）	1.35E+16	3.47E+16	4.75E+16	1.57E+16	3.84E+15	1.15E+17

注：生产环节 I：山羊分区轮牧；生产环节 II：种草养鱼；生产环节 III：果园；增益环节：牧草养兔、鹅等，下同。

从图 6-7 可知，全系统可更新环境资源能值投入占总投入的 11.15%，不可更新自然环境投入占总投入的 0.08%，说明该系统自然资源利用程度高，能值自给率达到 11.23%。不可更新工业辅助能和可更新有机能分别占总能值投入的 21.44% 和 33.08%，反馈能值比例高达 34.25%，其中牧草反馈能值占能值总投入的 25%，说明该系统通过牧草循环利用，系统反馈能值的利用效率和生产效率提高，自组织能力增强。

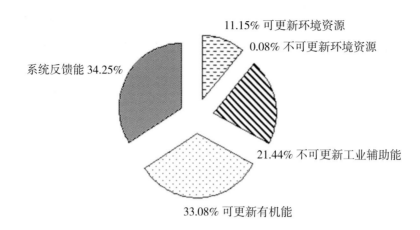

图 6-7　以牧草种植为纽带的循环农业模式投入能值比例图

3 能值指标分析

根据表 6-13、图 6-7 的数据计算出系统能值指标，结果如表 6-14 所示。全系统能值自给率为 11.23%，其中果园套种牧草能值自给率最高，达到 31.69%，山羊分区轮牧和种草养鱼的能值自给率也分别达到 15.78% 和 10.82%，表明通过种养相结合后，种植业可提高循环农业系统对自然资源的利用率。全系统的能值投资率为 4.85，在各生产环节中沼气工程的能值投资率最高，牧草养鱼能值投资率高于全系统，山羊分区轮牧和果园的能值投资率较低。

表 6-14　以牧草种植为纽带的循环农业模式能值指标分析

项目	生产环节 I	生产环节 II	生产环节 III	沼气工程	增益环节	全系统
能值自给率	15.78%	10.82%	31.69%	0.025%	0	11.23%
能值投资率	3.78	6.94	2.16	3948.11	—	4.85
净能值产出率	1.34	1.17	2.44	1.00	1.48	1.49
环境负载率	1.15	1.47	0.09	0.02	0.60	0.49
系统产出能值反馈率	41.11%	18.76%	0	0	0	62.83%
可持续发展指数	1.17	0.80	27.69	45.25	2.46	3.06

全系统的净能值产出率为 1.49，果园的净能值产出率最高，达 2.44，其次为各增益环节，沼气工程能值产出率最低。全系统环境负载率仅为 0.49。在各生产环节中，种草养鱼环境负载率较高，为 1.47。全系统可持续发展指数为 3.06，其中沼气工程可持续发展指数最高，种草养鱼的可持续发展指数最低。全系统的能值反馈率为 62.83%，仅牧草的能值反馈率高达 45.75%，表明该系统的能值投入很大部分是系统自行产出，未进入市场流通，因此系统自组织能力强，受外界环境影响较小。

将研究区构建的"果 - 牧草 - 养殖业（羊、兔、鹅等）- 鱼 - 沼气工程"的农业循环模式与其他系统的能值指标进行对比，结果如表 6-15 所示。能值投资率是衡量经济发展程度的指标，值越大，表示系统发展程度越高。本研究循环农业模式能值投资率为 4.85，高于表 6-15 中的其他系统，表明该研究区构建的循环农业模式发展程度较高。研究区循环农业模式的净能值产出率为 1.49，高于人工草地系统和稻麦轮作系统，但低于稻鸭系统、武夷山自然保护区系统和福建旅游生态经济系统，表明该系统生产效率较低，这和农业生产自身的特性相符。研究区循环农业模式环境负载率仅为 0.49，低于除武夷山自然保护区系统外的其他系统，表明该循环农业模式生产过程对环境压力小，破坏程度低，可持续性强，其可持续发展指数高于除武夷山自然保护区系统和福建旅游生态经济系统外的其他系统。

表 6-15　以牧草种植为纽带的循环农业模式能值指标与其他系统的比较

指标	"果（茶）- 草 - 沼 - 畜禽" 模式（本研究）	稻田种养系统		人工草地复合系统	武夷山自然保护区系统	福建旅游生态经济系统
		稻鸭共作	稻麦轮作			
能值投资率（EIR）	4.85	1.71	4.26	2.14	0.383	0.20
能值自给率（ESR）	11.23%	34%	19%	32%	—	—
净能值产出率（EYR）	1.49	1.82	1.16	1.47	6.12	3.60
环境负荷率（ELR）	0.49	0.87	4.75	2.27	0.38	13.21
可持续发展指数（ESI）	3.06	2.09	0.24	0.65	9.39	3.72

注：水稻种植能值指标来自文献（席运官等，2006），肉牛系统人工草地能值指标来自文献（董孝斌等，2007），武夷自然保护区系统来自文献（李洪波等，2009），福建旅游生态经济系统来自文献（姚成胜等，2007）。

● 4 主要结论

我国南方草地资源丰富，据统计，南方山地草地资源的承载能力远远超过北方的牧区草地。南方热性草丛、热性灌草丛草地资源的承载能力为 0.33hm²/ 羊单位，超出我国草地平均载畜能力（0.73hm²/ 羊单位）1 倍以上。然而由于过度开垦山地、盲目采取土地清耕、发展单一作物品种的种植业导致严重的水土流失和生态环境退化，严重阻碍了南方草地资源的可持续利用。因此，合理规划种植区牧草品种和种植面积，在果园套种牧草防止水土流失的同时拓展牧草的再利用渠道，发展南方的草地畜牧业是促进农民增收和保护环境的理性选择。该研究的结果表明，南方山地流域循环农业模式通过系统整合，在山地丘陵区边角抛荒地块及果园内套种牧草，不仅有利于减缓山地水土流失，还有利于增加系统对自然资源的利用效率、生产效率、自组织能力和可持续发展程度，降低环境压力；将牧草作为草食动物的饲料还能促进草地畜牧业的发展，增加农民收入，实现经济效益、社会效益和生态效益三大效益的统一，该模式是一种资源节约型、环境友好型，具有较高生产效率的农业生产模式，可在我国南方丘陵山地广泛推广。

种养结合有利于提高系统对自然资源的利用效率，通过增加牧草种植后可使全系统自然资源的利用效率提高，本试验区域系统能值自给率为 11.23%，高于养殖环节（养兔和鹅），但低于区域内果园及其他类似系统如稻鸭共作、人工草地。同时，系统反馈能值有利于提高整个系统的能值效益和自组织能力。研究区系统通过种植业、养殖业、渔业和沼气工程结合形成循环农业模式，系统内自产资源（主要为牧草）能值投入占总能值投入的 34.25%，能值反馈率高达 62.83%，表明该系统对外界购买能值的依赖程度低，自我调节能力强。系统内每天可产生羊粪 200kg 和牧草秸秆 150kg，这些废弃物不排入环境，直接作为生产沼气的原料，降低环境的压力，因此本研究系统环境承载力仅 0.49，远低于其他系统。草渣等用来饲养兔、鹅等，能提高牧草的利用效率，增加产出，使系统的整体效益提高，可持续发展指数提高。

第五节　以乡村为尺度的循环农业模式能值分析

新时期水土流失治理从县域向乡村延伸，水土流失治理与特色产业开发融合不仅是水土保持的重要内容，也是乡村产业振兴的重要组成部分。桃是南方高海拔丘陵山区群众发展生产的重要经济作物，为乡村产业开发与精准脱贫提供增收支撑。2017年福建省桃园面积9925hm²，部分分布在山区，地方群众通过开发本地品种，引进国外优良品种，实施精耕细作，逐步实现优质高效生产，取得一定的经济效益。福建省农业科学院科技人员积极引导古田县赖墩村植入循环农业理念，以实现整村水土流失治理与产业开发有效融合，并取得初步成效。明晰在这一转变过程中生态经济系统内在变化，对桃园管理与优化生产具有重要意义。本节以能值为评价基准，以乡村为研究尺度，应用前人最新研究结果，遵守能值分析第一规则，深入开展福建乡村两种典型桃园管理模式的生态经济效益分析，明确桃园生产从传统清耕到生草管理的转变过程中投资效益与环境负荷的变化规律，以期为该模式的优化与应用提供科学参考。

● 1 研究区域概况

赖墩村位于福建省古田县平湖镇，属中亚热带气候，年平均气温18.5℃，年平均降雨量1679mm，毗邻翠屏湖，土壤为酸性岩红壤。全村辖区面积6.34km²，海拔300—700m，耕地面积143.24hm²，山地面积490.43hm²，种植水蜜桃166.66hm²，种植主要品种为中桃五号和黄金蜜蟠桃。主要草种有胜红蓟、辣蓼、龙葵、铺地黍等。

虎头村位于福建省福安市穆阳镇，距离镇中心4.0km左右，全村辖区面积9.68km²，海拔200—600m，土壤为酸性岩红壤，属中亚热带气候，年平均气温12.0℃，年降雨量1691mm，适宜种植粮食等农作物。全村耕地面积109.73hm²，山地面积466.6hm²，人均耕地0.11hm²，主要种植水蜜桃、粮食等作物，其中水蜜桃种植面积200hm²，种植主要品种为穆阳水蜜桃。

● 2 研究方法

Odum提出了"能量系统语言"及使用规范用于绘制系统。能值图资源分类：可更新有机能包括太阳能、化学雨水势能；不可更新环境资源包括土壤损失和生产用水；可更新有机能包括劳力（日常消费部分）、有机肥；工业辅助能包括化肥、农药、纸袋、厂房和设施的当年损耗；系统反馈能为桃园废弃枝条。能量耗散主要存在于桃树代谢、土壤侵蚀。

本研究的基础数据是系统内2017—2018年度的投入和产出，以及当地气象部门的多年气象数据平均值，计算并绘制桃园模式的能值流程图。将调查的原始数据转化成以J、g、¥为单位的能量或物质数据，将不同度量单位转换为统一的能值单位（sej），编制能值分析表，并列出系统的主要能量来源和输出项目，以及各能量或物质的太阳转化率。本研究的能值基准为12.0E+24sej/a（Brown等，2016a、b）。太阳能值转化率主要参考蓝盛芳等（2002）的方法，并按新的能值基准进行转换。其中能值货币比参考Yang等（2010）的研究结果。

能值理论的相关计算公式如下：

能值自给率（ESR）= 环境的无偿能值（$R+N$）/ 能值总投入（T）

能值投资率（EIR）= 经济的反馈能值（$F+R_1$）/ 环境的无偿能值（$R+N$）

净能值产出率（EYR）= 系统产出能值（Y）/ 经济的反馈能值（$F+R_1$）

环境负载率（ELR）= 系统不可更新能值总量（$F+N$）/ 可更新能值总量（$R+R_1+R_0$）

可持续发展指数（ESI）= 净能值产出率（EYR）/ 环境负载率（ELR）

能值反馈率（FYE）= 系统产出能值反馈量（R_0）/ 经济的反馈能值（$F+R_1$）

总投入（T）= 可更新环境资源（R）+ 不可更新环境资源（N）+ 可更新有机能（R_1）+ 工业辅助能（F）= 总产出

本研究中年太阳辐射取该区域中间值 4723MJ，年降雨量为 1700mm。表土损失能 = 园地面积 × 土壤侵蚀率 × 单位质量土壤的有机质含量 × 能值转换率。2017—2018 年土壤侵蚀率：赖墩村（套种）为 $5.07×10^6$g/（hm^2·a），虎头村（清耕）为 $1.32×10^7$g/（hm^2·a）。赖墩村平均损耗有机能为 $1.06×10^{15}$J/hm^2，虎头村平均损耗有机能为 $2.00×10^{15}$ J/hm^2。有机肥能量 = 有机肥用量 ×0.45×2.26 ×10^4J/g。2017—2018 年赖墩村和虎头村有机肥用量分别为 $4.15×10^4$kg/hm^2 与 $1.51×10^4$kg/hm^2。赖墩村采用减肥措施。豆饼肥养分含量 N 5.68%、P_2O_5 0.5%、K_2O 3.25%、有机质 15.0%，沼液养分含量 N 0.023%、P_2O_5 0.025%、K_2O 0.5%、有机质 0.023%。草和废弃枝条按实际测定的 N、P_2O_5、K_2O 折算。

● 3 结果分析

3.1 桃园生产系统能量流动

3.1.1 不同类型能值投入量

两种桃园管理模式的能值流动见图 6-8。投入分析结果表明（表 6-16）：2017—2018 年古田县平湖镇赖墩村桃园模式能值投入密度为 1.16E+16sej/hm^2，福安市穆阳镇虎头村桃园模式投入能值密度为 2.36E+16sej/hm^2，前者较后者（虎头村）减少了 50.8%。其中最大的变化在于工业辅助能的投入与可更新有机能投入同步减少。

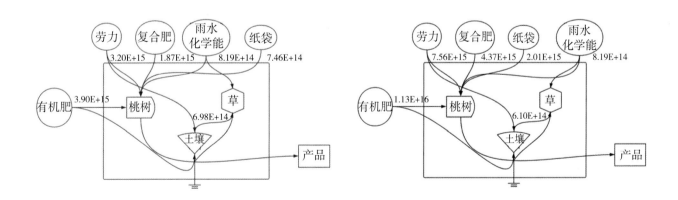

图 6-8　赖墩村（左）、虎头村（右）桃园能量流动示意图

表 6-16　赖墩村、虎头村桃园的能值投入和产出

项目	能值转换率(sej/g, sej/J, sej/¥)	原始数据 (J/hm², g/hm², ¥/hm²)		太阳能值（sej/hm²）	
		赖墩村	虎头村	赖墩村	虎头村
可更新环境资源（R）				8.66E+14	8.66E+14
太阳能（J）	1.00E+00	4.72E+13	4.72E+13	4.72E+13	4.72E+13
雨水化学能（J）	1.17E+04	7.00E+10	7.00E+10	8.19E+14	8.19E+14
不可更新环境资源（N）				1.06E+15	2.00E+15
表土损失能（J）	8.46E+04	1.70E+10	4.47E+10	1.06E+15	2.00E+15
生产用水（g）	6.81E+04	3.75E+07	1.72E+05	2.55E+12	1.17E+10
工业辅助能（F）				2.61E+15	6.37E+15
化肥氮素（g）	3.50E+09	1.02E+05	2.39E+05	3.57E+14	8.35E+14
化肥磷素（g）	1.35E+10	1.02E+05	2.31E+05	1.38E+15	3.12E+15
化肥钾素（g）	1.32E+09	1.02E+05	3.12E+05	1.35E+14	4.12E+14
纸袋（¥）	7.46E+12	2.69E+02	2.69E+02	7.46E+14	2.01E+15
农药（g）	1.49E+07	1.97E+03	1.97E+03	2.94E+10	2.94E+10
可更新有机能（R_1）				7.10E+15	1.44E+16
劳动力（J）	3.55E+15	9.00E+01	1.49E+02	3.20E+15	5.29E+15
有机肥氮素（g）	3.50E+09	2.39E+05	1.65E+05	8.35E+14	5.78E+14
有机肥磷素（g）	1.35E+10	2.12E+04	6.00E+04	2.86E+14	8.10E+14
有机肥钾素（g）	1.32E+09	1.50E+05	9.30E+04	1.98E+14	1.23E+14
有机肥有机质（J）	4.47E+04	1.38E+10	7.87E+10	2.58E+15	7.56E+15
系统反馈能（R_0）				6.98E+14	6.54E+14
草和桃树枝条折算氮肥(g)	3.50E+09	1.28E+05	1.20E+05	4.49E+14	4.21E+14
草和桃树枝条折算磷肥(g)	1.35E+10	1.14E+04	1.07E+04	1.54E+14	1.44E+14
草和桃树枝条折算钾肥(g)	1.32E+09	7.14E+04	6.69E+04	9.42E+13	8.84E+13
总投入（T）				1.16E+16	2.36E+16
产出（Y）				1.16E+16	2.36E+16

赖墩村桃园管理模式较虎头村节约 59.0% 的工业辅助能投入。调查显示（表 6-17），赖墩村应用减肥措施，氮磷钾肥使用量为 1.87E+15sej/hm²，虎头村使用较多化肥，氮磷钾肥使用量为 4.37E+15sej/hm²，前者较后者在氮磷钾肥投入方面减少 2.50E+15sej/hm²，节约比例 57.2%。分析显示，赖墩村的有机肥和劳动力投入分别是 3.90E+15sej/hm²、3.20E+15sej/hm²，分别比虎头村减少 5.17E+15sej/hm² 和 2.09E+15sej/hm²，减幅分别达 57.0%、39.5%。

表 6-17 赖墩村、虎头村桃园肥料、劳动力投入

项目	赖敦村（sej/hm^2）	虎头村（sej/hm^2）	节约幅度（%）
化肥	1.87E+15	4.37E+15	−57.2
有机肥	3.90E+15	9.07E+15	−57.0
劳动力	3.20E+15	5.29E+15	−39.5

3.1.2 反馈能值

两种桃园管理模式的反馈能值分析结果表明（表 6-16）：赖墩村和虎头村反馈能值差异不大，但是前者的工业辅助能和可更新有机能投入较后者明显降低。工业辅助能中，赖墩村化肥磷素 1.38E+15sej/hm^2，低于虎头村（3.21E+15sej/hm^2）；纸袋 7.46E+14sej/hm^2，低于虎头村（2.01E+15sej/hm^2）。可更新有机能中，赖墩村劳动力投入 3.20E+15sej/hm^2，低于虎头村（5.29E+15sej/hm^2），有机肥投入 2.58E+15sej/hm^2，低于虎头村（7.56E+15sej/hm^2）。

3.2 能值指标分析

根据能值转换率换算，2017—2018 年赖墩村桃园的能值产出密度 1.16E+16sej/hm^2，虎头村桃园能值产出密度 2.36E+16sej/hm^2。能值自给率指本地环境资源能值投入与系统能值总投入之比。分析表明（表 6-18），2017—2018 年赖墩村桃园能值自给率为 0.166，虎头村桃园能值自给率为 0.102。能值自给率低表明虎头村桃园生产需要大量的养分，园地自身的土壤养分并不能满足目标产量，需要外界输入大量的有机肥，与此同时劳动力、农药的投入比例也较高。赖墩村、虎头村桃园的能值投资率分别为 5.030 和 8.823，高于全国农业的平均水平，这也说明桃园生产带来可观的投资回报，是贫困山区农民青睐的优势产业。赖墩村桃园净能值产出率为 1.199，虎头村桃园为 1.113，赖墩村桃园环境负载率 0.425，虎头村桃园为 0.410。从净能值产出率、环境负载率可以看出虎头村桃园的劳动力投入比赖墩村桃园高，高投入的肥料能值导致较低的净能值产出率。2017-2018 年赖墩村桃园的可持续发展指数为 2.822，虎头村桃园为 2.716，前者高于后者 0.106。虎头村采用清耕的方式，而赖墩村使用的是生草方式减少土壤的有机质流失，同时也降低化肥使用量，有利于可持续发展。从能值反馈率上来看，虎头村桃园为 0.026，低于赖墩村桃园（0.072）。

表 6-18 赖墩村、虎头村桃园的能值指标

能值指标	表达式	赖墩村	虎头村
能值自给率（ESR）	$(R+N)/T$	0.166	0.102
能值投资率（EIR）	$(F+R_1)/(R+N)$	5.030	8.823
净能值产出率（EYR）	$Y/(F+R_1)$	1.199	1.113
环境负载率（ELR）	$(F+N)/(R+R_1+R_0)$	0.425	0.410
可持续发展指数（ESI）	EYR/ELR	2.822	2.716
能值反馈率（FYE）	$R_0/(F+R_1)$	0.072	0.026

3.3 单位经济产值的能值消耗

桃园主要产出为桃精品果、普通果和次果。2017—2018 年赖墩村桃园精品果、普通果、次果产量分别为 7.50t/hm²、9.00t/hm²、1.50t/hm²（表 6-19），商品果产地销售均价分别为 16 元 /kg、10 元 /kg、2 元 /kg，产值分别为 12.00 万元 /hm² 和 9.00 万元 /hm²、0.30 万元 /hm²。虎头村桃园精品果、普通果、次果产量为 1.50t/hm²、15.00t/hm²、0.75t/hm²，商品果产地销售均价分别为 21 元 /kg、16.5 元 /kg、11.5 元 /kg，产值分别为 3.15 万元 /hm² 和 24.75 万元 /hm²、0.86 万元 /hm²。2017—2018 年赖墩村桃园年产值达 21.30 万元 /hm²，总投入能值为 1.16E+16sej/hm²，万元产值的能值消耗量为 5.46E+14sej，其中可更新能值消耗量为 3.74E+14sej，不可更新能值消耗量为 1.72E+14sej。虎头村桃园年产值达 28.76 万元 /hm²，总投入能值为 2.36E+16sej/hm²，万元产值的能值消耗量为 8.22E+14sej，其中可更新能值消耗量为 5.31E+14sej，不可更新能值消耗量为 2.91E+14sej（表 6-20）。

表 6-19　赖墩村、虎头村桃园年平均产量、产值

项目	赖墩村		虎头村	
	产量（t/hm²）	产值（万元 /hm²）	产量（t/hm²）	产值（万元 /hm²）
精品果	7.50	12.00	1.50	3.15
普通果	9.00	9.00	15.00	24.75
次果	1.50	0.30	0.75	0.86
小计	18.00	21.30	17.25	28.76

表 6-20　赖墩村、虎头村桃园单位经济产值的能值消耗量

项目	赖墩村	虎头村
万元产值的能值总消耗量（sej/ 万元）	5.46E+14	8.22E+14
可更新能值消耗量（sej/ 万元）	3.74E+14	5.31E+14
不可更新能值消耗量（sej/ 万元）	1.72E+14	2.91E+14

注：单位产值的能值总消耗量 =T/ 产值，单位产值的可更新能值消耗量 =（R+R_1）/ 产值，单位产值的不可更新能值消耗量 =（N+F）/ 产值。

● 4 优化建议

4.1 传统型桃园管理模式的生态系统分析

虽然虎头村桃园使用清耕模式，投入的工业辅助能明显高于赖墩村（生草模式），其中化肥投入 4.37E+15sej/hm²，是后者 2.33 倍，纸袋投入 2.01E+15sej/hm²，是后者 2.63 倍，增加环境负载风险。分析结果显示，两种管理模式桃园系统的环境负载率相差不大。主要原因是虎头村在投入工业辅助能的同时，也投入了大量的可更新有机能，其中有机肥、劳动力分别是赖墩村的 2.32 倍、1.65 倍，从指标上缓解了环境负载压力。但就技术而言，劳动生产效率还有较大的提升空间。虎头村可在桃树下种植一些有益植物，这样有利于减少土壤流失，保持土壤湿度，向生态型逐渐过渡，赖墩村可增施有机肥提升桃子的品质，也降低环境负载。

4.2 生态型桃园管理模式的优化方向

实践表明，与传统型清耕山地果园相比较，赖墩村桃园采用生草栽培模式，突出优势在于从生态、农艺、肥料 3 个方面助力果园生产条件改善：有效防控水土流失；改善果园生态环境；就近开发使用绿肥。显然，不断优化桃园生产模式、推进绿色生产是桃产业发展的重要内容。赖墩村桃园在从注重数量到注重质与量的生产转型初期，虽然在产量和产值方面还有所落后，但是节本增效的趋势已经显现。就万元产值的能值消耗而言，赖墩村桃园比虎头村节约 33.58%，同时化肥投入能值节约 57.2%，能值反馈率提高 0.046。下一步将跟踪分析两种典型模式的桃商品性与内在品质。

能值投资率是评价农业生产模式活力的重要指标。虎头村桃园依靠工业辅助能和可更新有机能的协同投入实现了高产出，能值投资率达 8.823，产值达 28.76 万元 /hm^2，这与实际情况基本相符，同时也获得与赖墩村桃园相当的环境负载率和可持续发展指数。就长远而言，随着劳动力成本的不断提高，有机肥上山的经济压力不断加大，发展动能将不断趋弱。赖墩村桃园通过生草，循环利用沼液，可持续发展指数达 2.822。其中能值反馈率较虎头村桃园提高 0.046，万元产值的能值消耗节约 33.58%，化肥能值投入减少 57.2%，是值得拓展与集成推广的高效低耗的绿色生产模式。赖墩村桃园管理水平略高于虎头村，表现为精品果率高而劳动力成本低，但是售价却相反。根本原因是品种区域特色不明显，农户联合行动提升包装样式，政府搭台挖掘特色文化是赖墩村桃园提高产值的赋能路径。

第六节 以县域为尺度的循环农业模式能值分析

福建省总体生态环境较好，但仍然存在局部地区水土流失较严重等问题。水土流失区生态治理与可持续发展是确保福建生态优势、建设生态文明先行示范区的重要举措。就县域而言，长汀县曾是南方红壤区水土流失最严重县之一，经过初步治理，全县的森林覆盖率由1986年的59.8%提高到2012年的79.4%，治理区植被覆盖率由15%—35%提高到65%—91%，土壤侵蚀模数由8580t/（km²·a）下降到438—605t/（km²·a），径流系数由0.52下降到0.27—0.35，被水利部誉为南方地区水土流失治理的典范（翁伯琦等，2013）。经过水土流失初步治理，长汀县基本实现了植被恢复。但是，生态系统仍十分脆弱，农民收入仍较为低下，人口、资源和环境的矛盾依然突出。研究表明，长汀县资源利用效率较低，人均万元GDP足迹2.58g/hm²，是福建省的2倍多，人均生态足迹为1.318g/hm²，远小于全省平均水平（马璇等，2007）。地力恢复和生产恢复是当前和今后一段时间长汀县水土保持的重要内容（翁伯琦等，2015）。

就农业而言，长汀县牧业比重大，牧业产值占农业总产值的比例高于同期全省平均水平16.9%（翁伯琦等，2013），存在氮磷减排压力。同时，柑橘和桃等大宗经济林生产低效，单位面积产量分别低于同期全省平均水平63.06%和29.89%，其主要原因为坡耕地土壤肥力低。因此，实施种养结合，将农牧生产废弃物重新利用，并回流坡耕地培肥地力是解决这一生产矛盾的有效途径，对于缓解区域人口、资源和环境矛盾，实现区域水土流失治理成果的巩固与可持续发展具有积极意义（翁伯琦等，2014）。

选择合适的链接模式是实现循环利用的关键。循环农业产业联盟模式是介于传统循环农业模式与循环农业园区模式的过渡模式，其特点是在深入分析区域资源与产业发展现状的基础上，以项目为带动，将现有的在资源上可相互利用、可形成循环链条、经营良好的企业进行引导，组成循环农业产业联盟。项目组在长汀县水土流失初步治理区积聚种植、养殖、食用菌生产和废弃物利用等企业，构建循环农业产业联盟模式，并从能值分析的角度，剖析现阶段该模式能值流动特征，为阐明该模式的实施效果以及进一步优化模式提供科学依据。

● 1 研究区域概况

循环农业产业联盟试验区位于福建省长汀县河田镇、三洲镇（东经116°16′—116°30′，北纬25°35′—25°46′），海拔230—340m，是长汀县水土流失治理重点区（图6-9）。该区属中亚热带季风气候区，平均温度18—19.5℃，年降雨量1550—1750mm。2013年底长汀县总人口数达到51.76万，生态公益林面积达到7.75万hm²，地区生产总值为141.72亿元，财政收入10.87亿元，农民人均纯收入9222元，粮食产量2.123万t。

试验区总面积867hm²，种植业包括油茶0.13hm²、杨梅6.67hm²、互叶白千层0.67hm²、牧草13.33hm²、水稻2.67hm²，其余为马尾松，养殖业以生猪、河田鸡为主，菜猪年出栏84000头，河田鸡年出栏4.062万羽；食用菌年产量1095t。

长汀县循环农业产业联盟主要包括福建森辉农牧发展有限公司长汀生猪、肉鸡养殖基地（简称森辉养殖场），福建省远山惠民生物技术发展有限公司（简称远山惠民食用菌栽培基地）、长汀县枫林生态农业有限公司（简称枫林杨梅栽培基地）和福建森辉有机肥厂（简称森辉有机肥厂）。2013 年以福建省科技重大专项为依托，将上述公司组成循环农业产业联盟，构建种植业、养殖业和菌业的循环农业模式（图 6-10）。

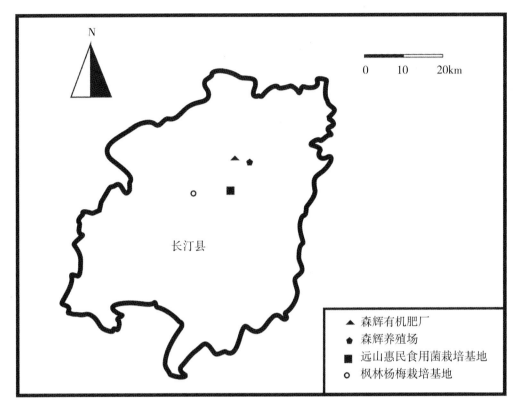

图 6-9　长汀县循环农业产业联盟企业位置

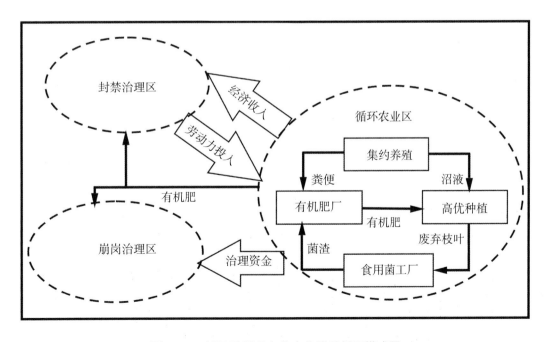

图 6-10　长汀县循环农业产业联盟循环模式图

● 2 研究方法

2.1 边界界定

分析循环农业产业联盟、长汀县农业经济两个系统，循环农业产业联盟系统的研究边界为企业联盟的生产系统，包括种植生产、养殖生产、食用菌生产和废弃物再利用，长汀县农业经济系统的研究边界为除了生态公益林部分的农业系统，包括农业（种植业）、林业、牧业和渔业等。

2.2 分析方法

采用能值分析法。以 2014 年为基准年，采用实地调查和调阅统计的方式，收集研究对象的基础数据和生产数据，以热力学定律和最大功率原则为基础，把不同种类物质转换为统一单位太阳能值，进而分析系统中的物质流和能量流等，并进行能值指标评价，定量分析生态系统的生态效益与经济效益。利用能值计算公式：太阳能值 = 原始数据 × 能值转换率，能值转换率主要参考 Odum H. T.（1996）、蓝盛芳等（2002）的研究结果，能量折算系数参考《农业经济技术手册》（1984），能值与货币价值之间的转换参考张攀（2011）的研究结果。

2.3 能值指标评价

2.3.1 净能值产出率

净能值产出率可表征经济过程是否具有向经济活动提供基础能源的竞争能力。计算公式如下：

$$EYR=Y/（F+R_1）$$

式中：EYR 为净能值产出率；Y 为能值产出，sej；F 为投入不可更新工业辅助能，sej；R_1 为可更新有机能，sej。

2.3.2 能值投资率

能值投资率可作为测定自然环境对经济活动负荷量的指标，其值越大，表明系统经济发展程度越高；反之，则说明发展水平越低，而对环境的依赖越强。计算公式如下：

$$EIR=（F+R_1）/（R+N）$$

式中：EIR 为能值投资率；F 为投入不可更新工业辅助能，sej；R_1 为可更新有机能，sej；R 为可更新环境资源能值，sej；N 为不可更新环境资源能值，sej。

2.3.3 环境负载率

Odumn 认为较高的环境负载率数值，意味着在经济系统中存在着高强度的能值利用和高水平的科技力量，同时，对环境系统保持着较大的压力，它是对经济系统的一种警示。计算公式如下：

$$ELR=（N+F）/（R+R_1+R_0）$$

式中：ELR 为环境负载率；N 为不可更新环境资源能值，sej；F 为投入不可更新工业辅助能，sej；R 为可更新环境资源能值，sej；R_1 为可更新有机能，sej；R_0 为反馈能值，sej。

2.3.4 可持续发展指数

基于能值分析的可持续发展指数，是净能值产出率与环境负载率的比值。如果一个国家或地区的经济系统能值产出率高，而环境负载率又相对较低，表明它是可持续的，反之，则是不可持续的。计算公式如下：

$$ESI=EYR/ELR$$

式中：ESI 为可持续发展指数；EYR 为净能值产出率；ELR 为环境负载率。

● 3 结果分析

3.1 能值投入

对循环农业产业联盟进行能值分析表明（表 6-21），2014 年总投入能值为 4.98E+19sej。其中，可更新有机能最多，为 3.31E+19sej，占能值总投入 66.47%；不可更新工业辅助能其次，达 1.51E+19sej，占能值总投入 30.32%。两者累计占能值总投入的 96.79%，是能值投入最主要来源。可更新环境资源、不可更新环境资源和反馈能值分别为 9.37E+17、3.97E+16 和 5.64E+17sej，分别占能值投入的 1.88%、0.08% 和 1.13%。

表 6-21 长汀县循环农业产业联盟能值投入

项目	原始数据	能值转换率	能值（sej）	占能值总投入比例（%）
可更新环境资源（R）[①]			9.37E+17	1.88
太阳光能	7.49E+16 J	1.00E+00 sej/J	7.49E+16	0.15
雨水势能	6.19E+11 J	8.89E+03 sej/J	5.50E+17	1.10
雨水化学能	6.08E+13 J	1.54E+04 sej/J	9.37E+17	1.88
地球旋转能	8.67E+12 J	2.90E+04 sej/J	2.51E+17	0.50
不可更新环境资源（N）			3.97E+16	0.08
表土损失能	1.62E+10 J	6.35E+04 sej/J	1.03E+15	0.00
地下水	5.32E+08 kg	7.28E+07 sej/kg	3.87E+16	0.08
不可更新工业辅助能（F）			1.51E+19	30.32
复合肥[②]	1.64E+03 kg	2.80E+12 sej/kg	4.58E+15	0.01
氮肥[②]	6.97E+02 kg	3.80E+12 sej/kg	2.65E+15	0.01
磷肥[②]	6.60E+02 kg	3.90E+12 sej/kg	2.57E+15	0.01
钾肥[②]	1.60E+02 kg	1.10E+12 sej/kg	1.76E+14	0.00
农药[③]	1.49E+04 ¥	1.43E+12 sej/¥	2.12E+16	0.04
猪药[③]	6.04E+06 ¥	1.43E+12 sej/¥	8.64E+18	17.35
鸡疫苗[③]	5.31E+03 ¥	1.43E+12 sej/¥	7.59E+15	0.02
松毛虫治理[③]	3.00E+05 ¥	1.43E+12 sej/¥	4.29E+17	0.86
电力[④]	4.72E+12 J	1.59E+05 sej/J	7.51E+17	1.51
固定资产损耗及维修[③]	1.35E+06 ¥	1.43E+12 sej/¥	1.93E+18	3.88
运输费用[③]	5.68E+05 ¥	1.43E+12 sej/¥	8.13E+17	1.63
机械投入	2.06E+05 ¥	1.43E+12 sej/¥	2.95E+17	0.59
燃油[④]	5.54E+11 J	5.40E+04 sej/J	2.99E+16	0.06
污水处理[③]	1.55E+06 ¥	1.43E+12 sej/¥	2.22E+18	4.46
可更新有机能（R₁）			3.31E+19	66.47
种子[④]	3.21E+11 J	6.60E+04 sej/J	2.12E+16	0.04

项目	原始数据	能值转换率	能值（sej）	占能值总投入比例（%）
鸡苗[3]	1.22E+05 ¥	1.43E+12 sej/¥	1.74E+17	0.35
菌包[4]	9.13E+12 J	2.70E+04 sej/J	2.46E+17	0.49
猪饲料[4]	5.59E+14 J	2.70E+04 sej/J	1.51E+19	30.32
鸡饲料[3]	1.00E+06 ¥	1.43E+12 sej/¥	1.44E+18	2.89
人力投入[3]	1.10E+07 ¥	1.43E+12 sej/¥	1.57E+19	31.53
苗木投入[3]	3.10E+05 ¥	1.43E+12 sej/¥	4.43E+17	0.89
反馈能值（R_0）			5.64E+17	1.13
沼渣（折有机质）[2]	3.53E+12 t	6.35E+04 sej/t	2.24E+17	0.45
沼液（折氮肥）[2]	3.67E+03 kg	3.80E+12 sej/kg	1.39E+16	0.03
沼液（折磷肥）[2]	1.76E+03 kg	3.90E+12 sej/kg	6.86E+15	0.01
沼液（折钾肥）[2]	3.34E+03 kg	1.10E+12 sej/kg	3.67E+15	0.01
有机肥	1.23E+04 kg	2.70E+09 sej/kg	3.32E+13	0.00
猪粪（折有机质）[2]	1.72E+12 J	6.35E+04 sej/J	1.09E+17	0.22
鸡粪（折有机质）[2]	5.33E+11 J	6.35E+04 sej/J	3.38E+16	0.07
菌棒[4]	5.00E+12 J	2.70E+04 sej/J	1.35E+17	0.27
牧草[4]	1.37E+12 J	2.70E+04 sej/J	3.70E+16	0.07
能值总投入（T）			4.98E+19	100.00

注：①为避免重复计算，可更新环境资源仅取最大值雨水化学能。②牲畜粪便和沼渣折算成有机质再进行能值计算，沼液折算成氮、磷、钾肥后再换算成能值。③货币与能值之间的转换系数参考张攀（2011）。④根据能量折算标准转化为能量数据（《农业技术经济手册》编委会，1984）。下同。

对长汀县农业经济系统分析表明（表6-22），2014年能值总投入为1.46E+21sej。其中，可更新有机能投入最大，能值为8.53E+20sej，占能值总投入58.42%；可更新环境资源投入其次，能值为3.35E+20sej，占能值总投入22.95%，两者累计占总投入的81.37%。不可更新工业辅助能和不可更新环境资源投入分别为2.70E+20sej和6.39E+18sej，占总投入18.49%和0.44%。

表6-22 长汀县农业经济系统的能值投入

项目	原始数据	能值转换率	能值（sej）	占能值总投入比例（%）
可更新环境资源（R）			3.35E+20	22.95
太阳光能	2.68E+19 J	1.00E+00 sej/J	2.68E+19	1.84
雨水势能	2.21E+16 J	8.89E+03 sej/J	1.97E+20	13.49
雨水化学能	2.18E+16 J	1.54E+04 sej/J	3.35E+20	22.95
地球旋转能	3.10E+15 J	2.90E+04 sej/J	8.99E+19	6.16
不可更新环境资源（N）			6.39E+18	0.44
表土层损失能	3.76E+13 J	1.70E+05 sej/J	6.39E+18	0.44

项目	原始数据	能值转换率	能值（sej）	占能值总投入比例(%)
不可更新工业辅助能（F）			2.70E+20	18.49
原煤	4.47E+14 J	4.00E+04 sej/J	1.79E+19	1.23
焦炭	1.71E+13 J	1.06E+04 sej/J	1.82E+17	0.01
汽油	5.95E+12 J	6.60E+04 sej/J	3.92E+17	0.03
煤油	3.43E+12 J	5.40E+04 sej/J	1.85E+17	0.01
柴油	3.05E+13 J	6.60E+04 sej/J	2.01E+18	0.14
电力	1.17E+15 J	1.59E+05 sej/J	1.88E+20	12.88
氮肥	9.46E+06 kg	3.8E+12 sej/kg	3.60E+19	2.47
磷肥	2.82E+06 kg	3.9E+12 sej/kg	1.10E+19	0.75
钾肥	3.26E+06 kg	1.1E+12 sej/kg	3.58E+18	0.25
复合肥	3.82E+06 kg	2.8E+12 sej/kg	1.07E+19	0.73
农药	3.85E+05 kg	1.6E+12 sej/kg	6.16E+17	0.04
农用塑料薄膜	5.58E+05 kg	3.8E+12 sej/kg	2.12E+17	0.01
可更新有机能（R_1）			8.53E+20	58.42
人力投入[①]	3.67E+08 ¥	1.43E+12 sej/¥	5.25E+20	35.96
种植业种苗投入[②]	1.40E+07 ¥	1.43E+12 sej/¥	2.00E+19	1.37
牧业种苗饲料投入[②]	2.15E+08 ¥	1.43E+12 sej/¥	3.07E+20	21.03
渔业种苗饲料投入[②]	3.63E+05 ¥	1.43E+12 sej/¥	5.19E+17	0.04
能值总投入（T）			1.46E+21	100.00

注：①人力投入＝农村居民平均纯收入（元／人）×农村居民数量（人）×近3年农村居民乡镇内工资收入占农村居民纯收入比例的平均值。②种植业种苗投入＝种植业投入资金×种植业种苗投入比重系数；牧业种苗饲料投入＝牧业投入资金×牧业种苗饲料投入比重系数；渔业种苗饲料投入＝渔业投入资金×渔业种苗饲料投入比重系数。经过问卷调查，农田种植种苗投入比重系数为0.063，牧业种苗饲料投入比重系数为0.745，渔业种苗饲料投入比重系数为0.846，林业种苗投入忽略不计。

3.2 能值产出

对循环农业产业联盟进行能值分析表明（表6-23），2014年总产出能值为3.43E+20sej。其中，猪肉产出能值最多为3.34E+20sej，其次是马尾松和鸡肉，产出能值分别为8.20E+18sej和6.07E+17sej，油茶的产出能值最少，为3.32E+15sej。

表6-23 长汀县循环农业产业联盟的能值产出

项目	原始数据	能值转换率	能值（sej）	占能值总产出比例(%)
鸡肉	3.57E+11 J	1.70E+06 sej/J	6.07E+17	0.18
猪肉	1.96E+14 J	1.70E+06 sej/J	3.34E+20	97.38

项目	原始数据	能值转换率	能值（sej）	占能值总产出比例(%)
油茶	3.86E+10 J	8.60E+04 sej/J	3.32E+15	0.00
杨梅	2.18E+10 J	5.30E+05 sej/J	1.15E+16	0.00
水稻	1.70E+11 J	8.30E+04 sej/J	1.41E+16	0.00
马尾松	1.86E+14 J	4.40E+04 sej/J	8.20E+18	2.39
互叶百千层	5.00E+04 ¥	1.43E+12 sej/¥	7.15E+16	0.02
食用菌	2.74E+12 J	2.70E+04 sej/J	7.39E+16	0.02
有机肥	1.00E+07 kg	2.70E+09 sej/kg	2.70E+16	0.01
合计			3.43E+20	100.00

注：马尾松产出数据以现金计算，有机肥产出数据以产量计算，其他项目产出数据为产量数据通过折算标准转换为能量数据（《农业技术经济手册》编委会，1984）。

长汀县农林牧渔业能值分析表明（表6-24），2014年总产出能值为1.35E+21sej。其中，肉类产出能值最多，为8.50E+20sej，其次是粮食和禽蛋，产出能值分别为2.94E+20sej和1.68E+20sej，蔬菜的产出能值最少，为1.02E+17sej。

表6-24　长汀县农业经济系统的能值产出

项目	原始数据	能值转换率	能值 (sej)	占能值总产出比例（%）
粮食	3.54E+15 J	8.30E+04 sej/J	2.94E+20	21.78
油料	6.35E+12 J	8.60E+04 sej/J	5.46E+17	0.04
糖料	5.78E+13 J	8.49E+04 sej/J	4.90E+18	0.36
蔬菜	3.78E+12 J	2.70E+04 sej/J	1.02E+17	0.01
水果	1.68E+14 J	5.30E+04 sej/J	8.91E+18	0.66
茶叶	2.66E+13 J	2.00E+05 sej/J	5.32E+18	0.39
食用菌	4.15E+13 J	2.70E+04 sej/J	1.12E+18	0.08
肉类	5.00E+14 J	1.70E+06 sej/J	8.50E+20	62.96
禽蛋	9.81E+13 J	1.71E+06 sej/J	1.68E+20	12.44
林产品	1.27E+14 J	3.49E+04 sej/J	4.43E+18	0.33
水产品	5.25E+12 J	1.96E+06 sej/J	1.03E+19	0.76
合计			1.35E+21	100.00

注：原始数据是经过折算标准转换的能量数据。

3.3 能值指标评价

长汀县农业经济系统净能值产出率、能值投资率、环境负载率和可持续发展指数分别为1.20、3.29、0.23和5.17，长汀县循环农业产业联盟净能值产出率、能值投资率、环境负载率和可持续发展指数为7.12、

49.35、0.44 和 16.26，分别高出前者 5.92、46.06、0.21 和 11.09 个单位（表 6-25）。

表 6-25　长汀县循环农业产业联盟、农业经济系统的能值评价指标比较

模式	净能值产出率（EYR）	能值投资率（EIR）	环境负载率（ELR）	可持续发展指数（ESI）
长汀县循环农业产业联盟	7.12	49.35	0.44	16.26
长汀县农业经济系统（CK）	1.20	3.29	0.23	5.17

3.4 循环农业产业联盟系统的能值流动

循环农业产业联盟模式主要环节的能值流动分析表明（图 6-11），猪场冲栏污水能值 8.12E+18sej 进入沼气池进行发酵，生产的沼肥（沼液和沼渣）可浇灌能值为 1.51E+17sej，2 项累计能值为废水能值 3%；有机肥的原料除了沼渣之外，猪粪、鸡粪和菌棒均可投入到有机肥生产环节，能值分别为 1.09E+17sej、3.38E+16sej 和 1.35E+17sej；种植业废弃枝叶和牧草可用来培育食用菌，其利用能值为 3.70E+16sej，通过物质循环与资源再利用，实际生产有机肥 2.70E+16sej。利用的沼液和沼渣能值占废水能值 3.07%，实际生产有机肥能值占可有机肥生产原料能值的 6.30%。

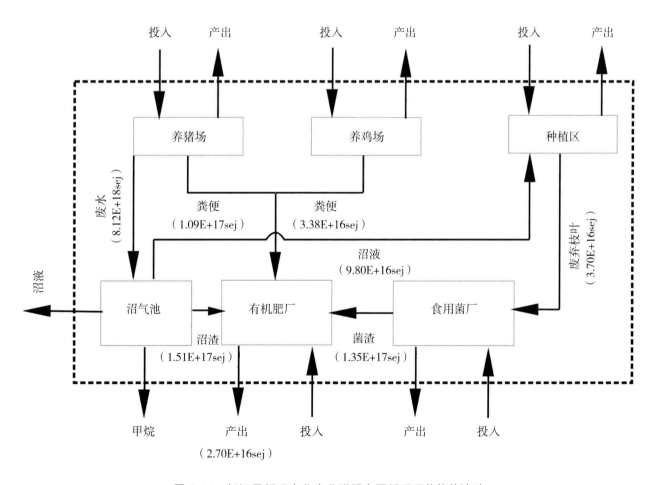

图 6-11　长汀县循环农业产业联盟主要循环环节能值流动

● 4 优化建议

4.1 倡导循环农业

长汀县是典型的水土流失初步治理区，林地立地条件差，耕地资源少，人口、资源和环境的矛盾突出。研究显示，长汀县农业经济系统净能值产出率1.20、可持续发展指数5.17（表6-25），与2004年福建省农业系统相比，净能值产出率略低于后者（1.58），可持续发展指数高于后者3.22个单位（姚成胜等，2008）。就农业结构而言，能值产出贡献以牧业为主，其能值产出占总产出62.96%（表6-24）。种植业发展滞后，林地和果园能值产出少，这与土壤侵蚀和有限耕地负荷严重有关。林惠花等（2010）研究表明，2007年长汀县土壤侵蚀的经济损失占当年农林牧副渔总产值7.02%。周碧青等（2015）抽样研究表明，长汀县耕地过度施肥，富磷明显，已经存在面源污染风险。近年来，虽然发展杨梅自助采摘，观光农业取得初步成效，但是农业生产水平总体低下的局面没有明显改变。生态环境对农业发展的限制性较强，是福建的主要特点，资源环境压力过大是未来福建生态经济发展面临的主要问题（章牧和朱鹤健，2001；姚成胜和朱鹤健，2007）。如何引导区域生态经济健康协调发展，已经成为关系水土流失初步治理区治理成果能否得以巩固提升的关键。毕安平和朱鹤健（2013）研究表明，长汀县一些村镇正从生态和经济双低，向生态低和经济高的形式跨越，即从生态经济低水平的平衡向不平衡前进。循环农业产业联盟的养殖和食用菌栽培企业经济效益较高，吸纳部分劳动力，是引导农业经济发展的主要引擎，但是也存在废弃物污染环境的特点，正是不平衡发展的代表。通过项目引导，形成循环产业联盟，净能值产出率、能值投资率和可持续发展指数为7.12、49.35和16.26，分别高出同期长汀县农业经济系统5.92、46.06和11.09个单位（表6-25），实现生态经济向高水平的平衡方向前进，具有明显的示范带动作用。

4.2 加强沼气创新利用

循环农业产业联盟的能值流动分析表明，利用的沼液和沼渣能值仅占废水能值3.07%，大量的沼气未得到有效利用，实际生产有机肥能值占可有机肥生产原料能值的6.30%，主要是因为有机肥销售渠道不畅，这些诸多循环环节亟待进一步优化。因此，在稳定的合作关系的基础上，控制牧业生产规模；积极打通有机肥销售渠道，提高产量；引进更多的种植业企业参与循环产业联盟，利用沼液；增加科技投入，提高沼气使用率。

4.3 优化循环运营管理

循环农业模式运用必须融入与循环链条相关的不同产业。如何有效结合正是循环农业推广的重点与难点。农业生产过程中，种植业、养殖业和食用菌业是不同行业，生产方式差异很大，上下游的客户群也有很大不同。在传统循环农业模式，经营者往往是其中一个行业起家，逐步介入循环链条中的其他产业，但是由于精力、人才和渠道等方面的限制，并没有很好地融入其他产业，造成经营不善，影响循环农业功能的发挥。循环农业园区模式则实现各个循环环节的独立经营，是未来循环农业的发展趋势，但对软、硬件要求高。循环农业产业联盟模式是介于传统循环农业模式与循环农业园区模式的过渡模式，既保持了企业独立经营，也保障了循环环节基本运行，适宜在基础条件薄弱的生态脆弱区先试先行。

参考文献:

[1] Brown M T, Ulgiati S. Assessing the global environmental sources driving the geobiosphere: A revised emergy baseline[J]. Ecological Modelling, 2016, 339:126-132.

[2] Brown M T, Ulgiati S. Emergy assessment of global renewable sources[J]. Ecological Modelling, 2016, 339:148-156.

[3] Odum H T. Environment Accounting: Emergy and Environmental Decision Making [M]. New York:John Wiley & Sons, 1996.

[4] Pearl R. The Growth of Populations[J].Quarterly Review of Biology, 1927, 2（4）:532-548.

[5] Rockloff M J, Schofield G. Factor analysis of barriers to treatment for problem gambling[J].Journal of Gambling Studies, 2004, 20: 121-126.

[6] William E R. Revisiting Carrying Capacity : Area-Based Indicators of Sustainability [A]. In: Wackernagel M, ed. Ecological Footprints of Nations [EB/OL] http:// www.ecouned.ae.er/ rio/ focus/ report/ english/ footprint/, 1996.

[7] Yang Z F, Jiang M M, Chen B, et al. Solar emergy evaluation for Chinese economy[J]. Energy Policy, 2010, 38（2）:875-886.

[8] 毕安平, 朱鹤健. 基于 PSR 模型的水土流失区生态经济系统耦合研究——以朱溪河流域为例 [J]. 中国生态农业学报, 2013, 21（8）: 1023-1030.

[9] 高吉喜. 区域可持续发展的生态承载力研究 [D]. 北京: 中国科学院地理研究所, 1999.

[10] 郭秀锐, 毛显强, 冉圣宏. 国内环境承载力研究进展 [J]. 中国人口·资源与环境, 2000, 10（3）: 29-31.

[11] 蓝盛芳, 钦佩, 陆宏芳. 生态经济系统能值分析 [M]. 北京: 化学工业出版社, 2002.

[12] 李发林, 谢南松, 郑域茹, 等. 生草栽培方式对坡地果园氮磷流失的控制效果 [J]. 福建农林大学学报（自然科学版）, 2014, 43（3）: 304-311.

[13] 李发林, 曾瑞琴, 危天进, 等. 平和县琯溪蜜柚山地果园径流氮磷含量变化 [J]. 中国农学通报, 2017, 33（27）: 117-123.

[14] 李会科. 渭北旱地苹果园生草的生态环境效应及综合技术体系构建 [D]. 杨凌: 西北农林科技大学, 2008.

[15] 林惠花, 武国胜, 朱鹤健. 福建长汀土壤侵蚀的动态经济度量 [J]. 四川农业大学学报, 2010, 28（2）: 159-163.

[16] 林瑞坤, 许修柱, 郑朝元, 等. 福建省平和县蜜柚园磷肥使用现状及土壤磷素平衡研究 [J]. 福建热作科技, 2018, 43（3）: 5-12.

[17] 林燕金, 卢艳清, 林旗华, 等. 福建省果业转型与创新研究——以平和县蜜柚产业为例 [J]. 东南园艺, 2016, 4（3）: 57-59.

[18] 刘徐洪. 城市土地资源承载力初步研究 [C]// 刘彦随. 中国土地资源战略与区域协调发展研究. 北京: 气象出版社, 2006.

[19] 马璇，宗跃光，刘志强. 从 GDP 和生态足迹关联角度研究生态足迹结构——以福建长汀县为例 [J]. 安徽农业科学，2007，35（24）：7540.

[20] 牟子平，雷红梅，骆世明，等. 梅县小庄园模式能流分析及综合效益评价 [J]. 山地学报，1999，17（2）：157-162.

[21] 南志标. 中国农区草业与食物安全研究 [M]. 北京：科学出版社，2017.

[22] 《农业技术经济手册》编委会. 农业技术经济手册（修订本）[M]. 北京：农业出版社，1984.

[23] 蒲玉琳，谢德体，林超文，等. 植物篱 – 农作模式坡耕地土壤综合抗蚀性特征 [J]. 农业工程学报，2013，29（18）：125-135.

[24] 钱笑杰，林晓兰，肖靖，等. 福建果园土壤 pH 值、养分关系与土壤肥力质量评价研究——以福建省漳州市平和县琯溪蜜柚园地为例 [J]. 福建热作科技，2017，42（1）：9-15.

[25] 税伟，陈毅萍，苏正安，等. 基于能值的专业化茶叶种植农业生态系统分析——以福建省安溪县为例 [J]. 中国生态农业学报，2016，24（12）：1703-1713.

[26] 孙卫民，欧一智，黄国勤. 江西省主要作物（稻、棉、油）生态经济系统综合分析评价 [J]. 生态学报，2013，33（18）：5467-5476.

[27] 王其藩. 系统动力学 [M]. 北京：清华大学出版社，1998.

[28] 翁伯琦，罗旭辉，王义祥，等. 南方水土流失防控与现代循环农业发展——战略·对策 [M]. 福州：福建科学技术出版社，2015.

[29] 翁伯琦，罗旭辉，张伟利，等. 水土保持与循环农业耦合开发策略及提升建议——以福建省长汀县等 3 个水土流失重点治理县为例 [J]. 中国水土保持科学，2015，13（2）：106-111.

[30] 翁伯琦，罗旭辉，郑开斌，等. 发展循环农业与防控水土流失的对策思考——以福建省长汀县为例 [J]. 福建农业学报，2013，28（3）：287.

[31] 翁伯琦，徐晓俞，罗旭辉，等. 福建省长汀县水土流失治理模式对绿色农业发展的启示 [J]. 山地学报，2014，32（2）：141-149.

[32] 辛良杰，李秀彬，谈明洪，等. 近年来我国普通劳动者工资变化及其对农地利用的影响 [J]. 地理研究，2011，30（8）：1391-1400.

[33] 姚成胜，朱鹤健. 福建生态经济系统的能值分析及可持续发展评估 [J]. 福建师范大学学报（自然科学版），2007，23（3）：92-97.

[34] 姚成胜，朱鹤健. 基于能值理论的福建省农业系统动态研究 [J]. 长江流域资源与环境，2008，17（2）：247-251.

[35] 章牧，朱鹤健. 福建省农业生产系统可持续评价指标体系研究 [J]. 福建师范大学学报（自然科学版），2001，17（2）：92-97，114.

[36] 张攀. 复合产业生态系统能值分析评价和优化研究 [D]. 大连：大连理工大学，2011.

[37] 赵先贵，肖玲，兰叶霞，等. 陕西省生态足迹和生态承载力动态研究 [J]. 中国农业科学，2005，38（4）：746-753.

[38] 钟永光，钱颖，于庆东，等. 系统动力学在国内外的发展历程与未来发展方向 [J]. 河南科技大学学报（自然科学版），2006（04）：101-104.

[39] 周碧青，邢世和，范协裕. 水土流失区农用地地力提升与优化利用 [M]. 北京：中国农业出版社，

2015.

[40] 周江，向平安. 湖南不同季别稻作系统的生态能值分析 [J]. 中国农业科学，2018，51（23）：
4496-4513.

[41] 左平，邹欣庆，朱大奎. 海岸带综合管理框架体系研究 [J]. 海洋通报，2000（5）：55-61.

（罗旭辉　任丽花　钟珍梅）

第七章

生态循环农业驱动产业绿色振兴研究

红壤侵蚀区水土保持-循环农业耦合技术模式与应用

发展生态循环农业是我国实现资源节约与环境友好乡村社会建设目标的重要途径之一，这是一项内容较为复杂且涉及多类学科的系统工程，需要长期坚持和协同创新，不能一蹴而就（韩长赋，2015）。生态循环农业并不是技术的复古，而是要导入现代科学技术要素，应用现代绿色理念指导与现代经营精准管理的新型农业生产业态。实践表明，有效实施生态循环农业，不仅需要绿色发展理论指导，而且需要绿色农业技术支撑，以求有效保障乡村产业绿色振兴与农民增收致富（朱琳敏等，2016）。

发展生态循环农业已成为践行"绿水青山就是金山银山"绿色理念的重要举措，同时也成为山区科技兴农扶贫与乡村绿色产业开发的有效开发模式，其成功的实践已取得良好成效。本章以农业生态与循环经济理论为依据，结合现代循环农业项目实施进展与山区乡村产业绿色开发成效，提出以发展现代生态循环农业带动乡村产业绿色开发与山区科技创业扶贫的总体思路；阐述了乡村生态循环农业与山区科技扶贫发展的理论内涵及其主要特征；研究了乡村生态循环农业与科技创业扶贫耦合发展的模式构建及其主要机制；提出了以发展生态循环农业带动乡村产业绿色振兴的技术路线及其系列对策，主要包括了需要进一步突破并提升 10 项关键技术的创新创业水平，即生态循环农业转型升级与集成应用技术、农业生态系统水循环及其高效利用技术、生态循环农业节能降耗及高效耕作技术、生态循环过程废弃物资源便捷利用技术、生态循环过程再生资源利用接口性技术、生态循环农业光热资源高效性循环技术、生态循环农业产业要素耦合关联技术、循环利用过程有害生物高效阻控技术、循环过程温室气体减排及污染防控技术、生态循环农业智能化装备与便捷化技术，以求为农业开发企业与乡村家庭农场拓展生态循环农业创业提供参考与借鉴。

第一节　生态循环农业的发展体系及其主要内涵

生态农业和循环农业是中国农业现代化建设的必然选择（朱鹏颐，2015；金晶和曲福田，2016）。近年来，生态循环农业蓬勃兴起与创新发展，为践行"绿水青山就是金山银山"绿色理念，探索了路径并积累了经验。在实施乡村振兴战略的热潮中，进一步深化生态循环农业理论探索与拓展生产实践模式及其关键技术研究是至关重要的。自 2005 年开始，项目组成员立足于循环经济理论研究和乡村现代农业调查分析基础上，曾以《循环经济与现代农业》为主题总结了系统研究成果（翁伯琦等，2006）。此后又先后主持承担了国家科技部"十一五""十二五"循环农业重大科技工程的区域攻关课题，在近 10 年生产模式研究与实用技术开发的基础上，结合当前乡村循环经济发展理论与生态循环农业实践，进一步深入讨论富有中国特色的现代生态循环农业若干理论与技术问题，以求促进山区科技扶贫与产业绿色振兴，在更高层次上实施科技兴农与质量强农，为产业转型升级与农民增收致富做出更大贡献。

● 1 基础理论与发展

近十几年来，由发达国家主导提出的循环经济和低碳经济的理论框架，旨在转变生产方式与生活方式，注重寻求便捷可行的绿色发展道路。这无疑是人们深入开展现代生态循环农业研究而必须思考的共同理论基础。从理论概念认识，发展农业循环经济的重要目的在于改变直线型农业产业发展定式，将"农业资源—生产产品—废物排放"的单向性生产转变成为"投入性资源—多样性产品—废物再利用"的多级次的高效循环利用模式，这既是发展乡村循环经济的基本遵循，也是构建循环农业产业经营体系的主导原则（王世凤，2014）。从产业视角理解，由废物回收初始技术而逐步发展为产业经济理论，则有一个不断成熟与完善的过程（黄钢等，2010）。进入 21 世纪以来，英国首先倡导低碳经济并提出相关理论概念，其主要是针对"高能耗、高污染、高排放"不可持续的经济模式而提出的发展思路（张国兴等，2018），在更广泛的层面创立"低能耗、低污染、低排放"的产业经营模式，促进绿色经济与社会持续发展（钱洁和张勤，2011）。低碳经济的发展重点是构建能源高效利用系统并减少温室气体排放。循环经济与低碳经济都是围绕经济社会可持续发展战略目标而进行的探索与实践，符合全球共同倡导的持续发展绿色理念。很显然，尽管循环经济与低碳经济提出背景点、出发点与侧重点都不尽相同，但都集中体现了既要满足当代人类生产与生活需要，又要有效保护供后代人生存与发展的资源环境的重要内涵。

回顾发展历史，美国与欧洲等国家在 20 世纪 60 年代前后就已经迈入生活富裕阶段，追求良好的生态环境已成为经济社会发达国家关注的热点（高旺盛，2010）。20 世纪 70 年代初兴起的循环经济理论，是由美国等发达国家首先提出的，其重要目的是通过发展方式的变革，有效避免或者减少由于全球能源危机而带来的一系列影响，其深入探索进一步促进了人们对线性经济发展模式的变革。如果说循环经济是应对资源过度消耗与环境污染危害的防控对策，那么由英国政府在 2003 年率先提出的低碳经济理念则是针对能源替代和新能源结构变革而制定的重要策略，其呼吁全球制定能源替代战略，全面合作以求降低温室气体排放。就不同国家的发展背景分析，发达国家历经了以高碳能源为主的快速发展，并进入后工业化阶段之后，更加注重低碳经济的发展，力求在政策上保持对民众福利化与社会和谐化的追求，在技术上则由依靠煤炭等高碳能源转向构建以天然气与生物质能等为主成分的能源体系。而大多数发展中国家正处于奋力实现工业化的进程之中，还要大量消耗钢材、水泥、石油等物质，似乎更为热衷于发展区域循环经济。循环经济与低碳经济相比较，在发展战略、技术原则、定位要求、体系建设、主导指标方面既有共性内容，但又存在明显差异性。仅就发展原则而言，发展循环经济强调遵循"再利用、再循环、减量化"的基本原则，而发展低碳经济则更为强调"低能耗、低污染、低排放"的主导原则。就发展目标而言，发展低碳经济侧重体现一个国家第一层面的战略目标，相关要求比较宏观性，内容也更为宽泛；而发展循环经济是力求实现低碳经济的途径。换言之，低碳经济具有战略层面引导性，其应当包括了低碳工业、低碳城市、低碳农业以及循环经济体系构建等，但其并不是全部的资源节约与环境友好的经济业态。就低碳经济的微观对策而言，其更为侧重优化矫正或者部分替代传统能源经济的生产与经营，但不可能完全替代现有的经济发展模式。而循环经济具有技术层面的引导性，只有有效实现物质与能量的循环利用，才有助于实现生态循环与持续发展，也才能促进资源高效利用与低碳发展目标。但循环经济发展过程，尤其在物质循环利用当中，也会产生新的非持续性矛盾，例如许多废弃物再利用过程依然存在有害物质聚集、重金属再输送、二次污染延伸等有效防控问题，克服农业废弃物循环过程的污染物积累以及生态循环农业产业化开发制约因素，是不可避免要遇到的重要实践命题。如果只有物质循环，而没有经济效益，最终还依然是不可持续的。

● 2 理论内涵与特征

在应对全球气候变化的当今，人们要深化低碳经济与循环经济互为补充及其相互促进的内在关系认识，力求在发展理论与应用技术方面予以创新及集成应用。在注重发展低碳经济之时，世界各国都在承诺到 2020 年要大幅度减少二氧化碳等温室气体的排放。有一些气候经济专家分析并提出，到 2100 年全球落实减排的投入将累计超过 40 万亿美元，这或许只能避免由气候变化带来的 1.5 万亿—2.0 万亿美元的损失，其直接的经济效益似乎是难以接受的。然而，更多的环保专家与有识之士除了认为这种估算可靠性有待验证之外，更加担心的是全球生态环境遭受破坏的不可逆性将难以用金钱来度量，这种事关生存的战略性认识已经为越来越多的国家所接受。在新的发展时期，现代农业如何实现高效与绿色发展，如何应用新的经济理论创立创新发展模式，无疑是重要理论与实践命题。实际上，循环经济与循环农业的耦合发展、低碳经济与低碳农业的紧密结合，有助于创立富有中国特色的现代生态循环农业生产与经营体系。发展生态循环农业，尤其要关注循环经济与低碳经济理论内在联系与优势互补，并将其作为深入探索现代农业持续发展的重要理论基础。值得关注的是，农业生产系统与工业生产系统有着本质的差别，在低碳发展框架中优化构建乡村循环农业经济体系，必须因势利导创立与之相适应的应用理论，必须因地制宜研发与之相配套的集成技术，要结合发展实际，建立现代生态循环农业的基础理论体系，要突出中国特色，构建乡村生态循环农业的生产经营体系。

就理论意义认识，农业生态系统演变与内在联系具有自身规律，其中以下 3 个特点则比较明显。

一是广泛社会性。农业生产体系是人工生态复合系统，农业生产活动与社会经济领域有着不可分割的密切关系。一方面化肥、农药、能源、机械等大量的投入作为辅助能量，从社会经济领域源源不断地输入到农业系统，另一方面农业系统生产的大量农产品又源源不断地输入到社会经济领域；农业生产体系的产投比例将会因投入强度、技术水平、利用模式和经营方式的各异而不同，即不同的社会经济条件与技术应用成效将明显制约农业产品数量与质量。很显然，农业生态系统的广泛社会性与变化动态性，不仅受自然变化规律的支配，还受社会经济规律的制约（黄国勤，2015）。

二是追求高产性。在人类的干预下构建的农业生态系统，其重要的目标是发展高效生产，即尽可能多地从农业生态系统中取得生产产品，着力于满足人类自身生存与不断发展的需要。人工复合生态系统显然不同于单纯自然生态系统，如自然生长条件下，除了生物种群的演化规律与繁衍速度不同以外，自然生态系统的绿色植物对太阳光能的平均利用率也不尽相同（仅约 0.1%），而在人工保障的农田生产系统中，作物生长过程的平均光能利用率为 0.3%—0.4%，合理密植条件下的水稻或小麦的光能利用率可高达 0.7%—0.8%，即每公顷产量达 4500—6000kg；实施优化耕作制度，其增产潜力更大，例如麦类 - 水稻多熟制为 18 t/（$hm^2 \cdot a$），麦类 - 甘薯多熟制可达 20.1 t/（$hm^2 \cdot a$）。通过有效的投入，并构建合理的循环体系，充分保障满足人类生活需要的生物种群的生长量，生产量则可显著高于自然条件生长的数量。以植物的产量为例，自然草地干物质平均产量为 10 t/（$hm^2 \cdot a$），而人工草地生产系统（如禾本科牧草）达 15 t/（$hm^2 \cdot a$）以上，其比自然草地生态系统具有更明显的高产性。生产者追求高产性，就意味着农业生态系统需要不断补充与投入物质和能量，以保持投入与产出的基本平衡（黄国勤，2015）。

三是产业波动性。在农业生态系统中，通常只有符合人类经济要求的生物学性状诸如高产性、优质性等被保留和发展，其优化的生物种群构成是人类选择的结果，也只有在特定的环境条件和管理措施下，农业生产的高产与优质特性才能得到体现。一旦管理措施不能及时得到满足，或者环境条件发生较大变化，农作物的适应性和抗逆性将受到影响，其生长发育就会失去有效条件的保障，最终导致产量和品质下降。现代农业高度集约化与高效规模化生产，将使人工生态系统的生物种类减少，食物链简化，进而削弱农业生态系统自我调节能力，即不同生物之间的相互制约和相互促进的平衡被破坏。这些生产要素变化或者投入不足都会导致农业生态系统的不稳定性或波动性。就此，生产者需要利用自然条件并应用相应技术，对人工复合生态系统进行生产过程优化调节与灾变因素的有效控制，以求尽可能减少系统波动性频繁产生（黄国勤，2015）。

从农业系统工程理论的视角认识，富有中国特色的生态循环农业兴起与发展具有以下4个重要特征。

一是注重整体性。生态农业生产与循环利用过程都强调资源有效利用，充分发挥农业生态系统的整体功能，其是以农业高优生产与绿色发展为出发点，按"整体、协调、循环、再生"的资源利用与绿色发展原则（黄国勤，2017），统筹规划区域布局，优化调整产业结构，合理配置生产要素，形成有序递进融合，促进资源循环利用，提高农业生产效率，实现农业持续发展。通过有效链接与有序循环，有效促进种植业与养殖业有机结合，推动农村三产融合与农民增收致富，并使种植、养殖、加工业之间互相链接，融合发展，相得益彰，提高整体优化水平与综合生产能力（Li 等，2011）。

二是注重多样性。基于乡村区域辽阔与自然地理各异的格局，发展生态循环农业要充分考虑资源分布不一、社会经济条件与产业发展基础差异的实际，需要把握因地制宜的原则，既要充分吸收我国传统农业精华，因势利导创立多种生态循环农业模式（图7-1为水稻、油菜轮作方式）；又要创新与应用现代科技及装备，创立丰富的生态循环农业的技术体系；并以先进的机械与设施武装农业，实现扬长避短与优势互补，促进乡村振兴与三产融合发展。

三是注重高效性。生态循环农业兴起与发展，其主要目的是促进现代农业高效生产并保障生态环境安全，通过有序与有效的循环转化，实现农业废弃物的资源化再利用，实现变废为宝并有效防控污染。通过生态农业多层次循环、物质多途径综合利用、初级产品多样性加工，实现生产成本降低、综合效益提高、农业产品增值的目标，为乡村农民创造更多的就地创业机会，激发人们从事农业绿色生产的积极性（李彦，2015）。

图 7-1　南方湿润平原区水稻 - 油菜轮作

四是注重持续性。发展生态循环农业，既要实现农业生产的高产目标，促进优质高效生产，又能有效地防控农业面源污染，保障产品质量安全；同时保护和改善乡村生态环境，维护区域生态平衡；全面促进传统农业向高效生态农业的绿色发展方向转型升级，推动生态环境建设与农业绿色发展紧密结合，在满足城乡居民对优质产品与良好生态的日益增长需求同时，要着力保障农业生态系统的稳定性和持续性，全面增强农业绿色发展后劲（张玉夔等，2013）。着力搞好区域生态循环农业建设与山区绿色科技扶贫发展，一方面要注重总结与完善耕地间套轮作、种植利用绿肥、有效培育地力、横坡优化打拢、山地水平梯田等有益经验（张玉坤等，2014），既让乡村农民容易接受又利于便捷应用；另一方面要集成创新并优化创立现代生态循环农业的生产模式与实用技术，如"双减量 + 双替代"技术（以生物肥料、生物农药替代化学肥料、化学农药）、机械与智能化技术（包括便捷机械、光解薄膜及其水肥一体、智能节水等设施与技术，见图7-2）。实践表明：在推动乡村生态循环农业建设与山区绿色产业扶贫联动发展中，只有生物措施与工程措施的有效结合，其实施才更富有成效（黄子强等，2014）。

图 7-2　光泽县现代智能农业园区种植高端生菜

● 3 基本原理与应用

就生态循环农业的基本原理而言，主要包括以下 5 个方面。

一是物质高效利用原理。发展乡村生态循环农业，既要实施人工投入，还要利用自然资源。通过技术创新，一方面要力求减少无效能的散逸，要着力提高农业各个循环环节的能量同化率，力求突破自然生态系统的能量"十分之一定律"限制，实现能量高效转化；另一方面要力求提高物质利用效率，要求注重农业生产过程大量废弃物质的循环利用效率。

二是生物互作互利原理。合理利用农业生产过程的植物、动物以及微生物之间相互竞争、相互利用等内在关系，构建物质循环利用与能量合理转化的优化复合体系，增加系统的生物多样性，提高物质循环利用效率。

三是资源循环利用原理。投入到农业生产系统的物质，大多都处于不完全循环或者循环链条太短状态，进而要深入研究种植、养殖、加工等不同产业环节的物质高效利用新技术，优化构建生态循环农业复合生产与经营体系，其运作的重点是着力提高系统内物质利用效率，有效防控物质无效输入与有害输出。要着力实现减量化和无害化输入目标，必须依靠农业物质的科学精准输入与生态安全防控的关键技术集成应用。

四是产业匹配链接原理。在产业开发上要优化设计链接环节，要让上一层次的生产废弃物变为下一层次生产原料，保障有序递进，防控二次排放；要深化废弃物资源化循环利用等方面的关键技术研究，优化创立物质多层级利用与要素多样性匹配的循环利用体系。

五是生态经济协调原理。区域生态循环农业体系优化构建与成功运营，其必然是一种"技术便捷性、经济高效性、环境友好型、生态安全型、农民可接受"的持续农业生产与经营发展模式（李成慧，2017）。中国农业农村发展在取得巨大成就的同时，也面临着农业资源过度开发、生态环境遭受破坏等一系列问题。面对实施乡村振兴战略的新形势和新要求，更要注重转变发展方式，提高资源利用效率，改善农村生态环境，促进三产融合发展，全面推动资源利用高效化、循环链接有序化、生产过程清洁化、产业衔接有序化、废物处理资源化，促进农业绿色发展与乡村全面振兴。

很显然，发展生态循环农业不仅符合新时代乡村振兴的目标，而且顺应绿色兴农与质量强农要求，其作为遵循循环经济理论的乡村新生产方式与发展途径探索，要注重突破合理节约资源与高效循环利用的技术瓶颈，着力拓展有效开发空间并延伸农业产业链，为建设资源节约型与环境友好型的美丽乡村做出贡献（王艳红和胡伟，2015）。需要强调的是，生态循环农业本质特征是产业高优发展与生态环境保护统一性得以充分发挥，以发展现代绿色农业来践行"绿水青山就是金山银山"的先进理念。推动现代生态循环农业发展，要注重配套现代智能设施、现代科学技术、现代管理措施、现代机械装备，同时要强化农民素质提高与科技创业辅导（彭先勇，2014）；要着力满足日益增长的乡村产业绿色振兴与生态环境保护需求，因势利导创立高产优质高效的现代生态循环农业规模发展与高效经营体系，把乡村建成具有显著经济、社会、生态综合效益的持续发展基地（王超，2013），实现产业转型升级与农民增收致富，保障乡村环境友好与区域生态安全。

● 4 模式构建与优化

坚持走中国特色的生态循环农业科技创新之路，不仅是农业绿色发展的需要，也是乡村产业振兴的基础。实际上，生态循环农业是建立在乡村循环经济理论基础之上的生产实践模式。无论是基础理论研究还是实用技术创新，中国生态循环农业还都处于深入探索与发展提高阶段。如何进一步从理论上把握生态循环农业内涵，对指导乡村生态循环农业的高质量发展具有十分重要的意义。我国生态循环农业理论体系的构建，是在不断实践过程中予以充实与完善的。就生产实践意义而言，生态循环农业是遵从循环经济的绿色理念，按照合理优化与有效管理而创立的农业生产新系统，着力实现农业生产系统的"购买性资源投入量最低、可再生废弃物利用最多、自然资源利用效率最大、有害污染物排放量最少"的双赢目标。生态循环农业是"两低一高"（即低消耗的物能投入、低排放的污染物输出、高效率的资源利用）的生产经营实践（黄钢等，2010），其无疑是实现乡村低碳农业发展的重要途径之一。农业生态系统的物质能量大多数来源于自然生态系统，有部分是生产者通过多元化与多途径提供的。就此，专家认为生态循环农业体系建设，既要尊重自然规律，又要尊重经济规律，力求形成生物要素、非生物要素有效循环与耦合链接的产业生产和优化经营体系。

4.1 优化构建的原则

顾名思义，生态循环农业就是在良好的生态条件下运营的高产、优质、高效的现代农业。其不仅要着眼于当年的高产量与高收入，而且更注重追求现代农业绿色发展的三大效益（经济、社会与生态效益）的有机统一与统筹协调。生态循环农业成功实施的标志，是有助于促进农业生产系统步入持续发展的良性循环轨道，有助于把人类梦想的"青山绿水、蓝天白云、绿色农业、安全食品、健康人生"变为美好的现实。就实践意义而言，生态循环农业不仅具有传统生态农业的"三性"特点（即社会性、高产性、波动性），还具有现代循环农业"四型"特征（综合型、多样型、高效型、持续型）。生态循环农业，可以说是种养加融合发展的大农业。因此，在充分调查研究的基础上，遵循"农林牧副渔优化并举，山水林田路综合治理"的原则，实行统筹兼顾与科学设计，制定乡村生态振兴与循环农业发展规划，因势利导地推广不同生产类型的经营模式。实践表明，尽管各地生态循环农业模式各异，通常都要实施3个重要措施，即生物措施（如植树种草、保持水土、种植绿肥等），工程措施（如江河治理、坡地改造、水平梯田等），耕作措施（如合理轮作、深松少耕、秸秆还田等）。这三大主体措施是相辅相成、缺一不可的。要促进三项结合与循环对接，即农牧结合与循环对接、农菌结合与循环对接、农林结合与循环对接。生态循环农业模式构建与有效经营，其核心要义是保障农业高效生产与实现废物循环利用，有效促进生态产业化与产业生态化融合发展，着力提高土地产出率、劳动生产率、资源利用率、污染防控率，形成并完善减量化、再利用、循环化、可控化的现代高效生态农业的绿色发展新格局。

中国是多山的国家，山区面积占国土总面积69%，山区人口占总人口56%。对边远山区而言，发展生态循环农业，不仅有助于促进脱贫致富，而且有助于保护生态环境。通过实践，人们已经深刻认识到，发展生态循环农业与山区科技扶贫工作相结合是可行的，这是以乡村生态建设促进扶贫工作协同发展的新趋向。在实施精准扶贫宏观战略之时，要统筹协调精准扶贫和生态建设目标的统一性，尤其是山区乡村生产与生态条件差别较大，需要选择并实施生产与生态效益耦合的项目，促进贫困山区绿色产业发展与生态环境建设取得双赢目标，使其相互重叠的生产与生态优势得以有效地体现。在绿色振兴与质量强农的大背景之下，贫困农户选择生态循环农业开发项目，要在更高起点上强化绿色农业发展与生态环境保护，使山区脱贫致富与乡村生态保护达到高度的一致性，将山区乡村生态农业与循环经济体系的目标合二为一加以统筹考虑，无论是生产资源配置效率方面，还是项目扶贫的技术精度方面（王超，2013），无疑要具有明显的先进技术优势。与传统的山区产业扶贫模式不同，需要统筹兼顾产业项目带动和乡村生态建设，实施山区生态循环农业扶贫开发，将有助于绿色产业发展驱动山区扶贫的持续性。事实上，基于应对气候变暖与防控环境恶化的新形势，推进循环农业产业与生态环境建设相结合的项目实施，无疑将更符合乡村振兴与绿色发展方向（图7-3为农田景观布局）。有数据显示，贫困人口大多集中在生态环境恶劣与交通条件落后的地区。30年前东、中、西部乡村贫困人口分布比例分别为25%、37%、38%（冷志明等，2018），20年前分别为20%、29%和51%，到10年前则分别为13.69%、35.46%和50.85%（张国兴等，2018），总的变化是西部贫困山区因生态环境恢复与治理滞后，贫困人口比例呈现上升趋势。而2017年末全国依然还有3000万贫困人口，其中超过90%分布于山区农村，这除了要强化基础设施建设与生态治理力度之外，发展绿色生产与农业高效开发则是精准扶贫工作的重点。

图 7-3　贫困山区农田镶嵌式景观布局

4.2 主要模式与应用

随着山区农村基础设施条件不断改善，尤其是山区乡村"五通工程"的完成，精准脱贫取得了良好成效，但根据我国农村贫困监测数据显示，在生态环境遭受严重破坏的中西部边远乡村仍然维持较高贫困人口比例，其中占总数60%绝对贫困人口集中居住在山区，大约39%贫困群体居住在深山区、石山区、高寒山区和黄土高原等环境恶劣的地区，21%的贫困人口居住在耕地资源匮乏的山区乡村（钱洁和张勤，2011）。很显然，提高山区生态治理与资源循环利用效率是重点所在。事实上，近年来生态保护政策向生态恶劣地区的贫困人口倾斜正在发挥积极的作用，关键在于坚持生态治理与农业开发的有效结合，以生态治理保障农业开发，以农业开发驱动生态治理，同时带动农民增收致富。引导政策实施范围与山区扶贫项目带动则具有较高的优势重叠度，这无疑为实施山区生态循环农业带来了新发展机遇。无论是三北防护林工程、天然林保护工程，还是退耕还林工程、退牧还草工程，以及各地正在实施的生态补偿试点工作，都与贫困地区生态建设、绿色项目开发具有密切的互补性，这为精准扶贫战略实施并在制定消除贫困和保护生态帮扶计划及其项目带动方面提供了良好的样板，同时以生态扶贫的战略思维统筹谋划并构建相关生产模式与技术体系，为山区生态循环农业的有效实施提供了平台与载体，其成功的实践也为生态扶贫项目建设与山区绿色产业开发提供了理论依据和实践基础。

实际上，山区生态建设与绿色产业扶贫工作结合是十分必要的。如果说实施农业绿色发展与山区精准扶贫的高度互补性证明了生态扶贫政策在实践上的可行性，那么生态循环农业项目的成功实施必将进一步促进两个目标紧密结合与统筹安排成效的发挥。我国许多山区农村生态保护政策实施带来了显著成效，譬如 10 年前开始实施的退耕还林和随后实施的退牧还草的生态保护政策，尤其是通过财政转移支付实施的森林生态效益补偿政策，使边远贫困山区的乡村得到较多利益。在恶劣的自然环境中，实施功在子孙后代的退耕还林政策，力求通盘考虑解决摆脱贫困和农民增收致富协同问题，要在时间跨度和生产系统实施耦合协同，既要从源头上强化生态恢复，又要从技术上支持落实开发，成功实施生态循环农业的要义在于实现生态治理与循环农业协同发展。示范项目的实施成效显示，在贫困山区集成推广生态循环农业项目，扶持一批高效生态农业的家庭农场建设，不仅有助于农民增收致富，而且有助于农业绿色发展。从生态扶贫战略意义理解，就是要立足于长远发展与持续利益，认真践行"绿水青山就是金山银山"的绿色发展理念，不断创新并深入实施生态循环农业与山区科技扶贫相结合的举措，通过统筹兼顾精准扶贫脱贫和改善生态环境的双赢目标，让生态产业化与产业生态化在协同运作中产生激发效应，积极探索富有中国特色的山区生态建设扶贫与绿色产业开发扶贫相结合的道路，在确保社会与生态可持续发展的前提下，优化资源配置（李晓龙和徐鲲，2014），降低减贫成本，提高科技扶贫与项目带动的精准度，强化精准扶贫与精准脱贫的可持续性，为乡村振兴战略实施与美丽绿色家园建设及构建和谐乡村社会做出更大贡献。

很显然，生态扶贫是精准扶贫的一种重要的方式。坚持绿色发展的理念，实施生态循环农业扶贫项目，旨在通过山区农村生态功能的提升，为绿色农业项目实施提供良好条件，促进精准扶贫工作有效地开展，进而提高精准扶贫效果和农民增收致富水平。从生态振兴角度审视山区精准扶贫与绿色产业开发，发展山区生态循环农业具有很强的创新性，山区生态扶贫举措在很大程度上弥补了山区生态建设与农业绿色发展耦合振兴的综合开发领域空白，以动态的与发展的战略眼光，因地制宜构建高效生产模式，因势利导优化资源配置，将精准扶贫和生态保护有效组合并形成乡村持续开发新格局，必将有助于促进山区农民脱贫和改善生态环境双重目标的实现，创立一条符合山区实际并富有特色的生态循环农业发展道路。

就此，在宏观上引导方面，山区生态扶贫与循环农业发展的有效结合需要创建 4 个有效模式：一是与时俱进创立双化优势互补递进模式。恢复山区良好生态，构建乡村生态产业化与产业生态化的技术体系，以项目带动为平台为载体，导入先进技术要素，创新集成开发机制，力求以经济利益驱动生态环境保护，以生态环境保护支撑农业产业开发，实现互惠互利与双赢目标。山区生态扶贫作为精准扶贫新举措，尤其是生态循环农业引进与发展，为农民增收致富提供了一种新的模式选择。二是创立山区产业与乡村生态联动耦合模式。实现山区精准扶贫与绿色产业振兴是一项系统工程，需要科学规划与项目计划，力求保障家庭农场的绿色项目实施与收入持续增长。生态扶贫与绿色开发的实施，就是要避免山区贫困乡村重蹈"先发展后治理"的覆辙，在强化生态建设与实施绿色生产中，让贫困乡村的农民收入得以持续增长。三是创立山区生态循环农业资源配置模式。实施精准扶贫和生态产业开发，两者协同发展在目标上具有很强的互补性，生态循环农业与绿色开发项目实施，可以充分利用精准扶贫和生态保护政策优势，以山区特色资源为依托，构建新模式创业，提高乡村资源配置效率；创立新机制运作，减少信息不对称的损失；应用新技术兴农，提高山区精确脱贫成效。四是创立生态建设与精准扶贫相结合模式。精准扶贫项目实施与乡村生态振兴管理，涉及管理部门较多，进而要进行统筹协调，避免条块分割管理所产生的后遗症，要强化部门之间或者地区之间有效分工和有序链接，提高项目实施过程中的管理效率。优化构建生态循环农业扶贫与实施乡村绿色振兴发展项目，要因地制宜构建生态建设与精准扶贫相结合的高效运营机制，包括项目生成、资源匹配、优势互补与农民增收等政策支持及其技术配套，从而提高管理效率。

第二节　发展乡村生态循环农业的制约因素分析

发展生态循环农业，有助于乡村产业转型升级与绿色发展（张莹和姜昊旻，2018）。从目前应用成效与未来发展需求分析，有效促进生态循环农业产业化开发，需要注重把握3个重要环节：一是政策引领（杜志雄和金书秦，2016）。要重点研究生态循环农业发展的内在规律与生产实践交互作用，既要关注发展趋势又要结合生产实际进行政策的框架设计，要从有利于引导生态循环农业发展角度来统筹制定扶持政策、法律法规并予以广泛宣传。注重乡村生态循环农业模式与技术的集成推广研究，因地制宜创立科技成果高效转化与推广应用的新机制，引入先进理念与现代技术（高旺盛，2010）；因势利导构建循环农业生产模式与高效经营新体系，实现资源节约与环境友好，开辟一条富有中国特色的现代循环农业产业发展之路。二是科技支撑（穆楠和刘巍，2007）。生态循环农业必须从理念设计与模式构建方面予以提升，在区域生态循环农业发展规划中要优化应用优化统筹、数学模型、网络信息等先进技术，尤其要优化设计适于乡村家庭农场应用以及适合于农业企业规模生产的有效模式，使之更为合理且更为有效。三是有效评价（安洁等，2018）。我们既要借鉴国外关于循环经济、低碳经济的理论，在完善与强化发展模式与技术体系的同时，要从国情农情出发，有效应用生态农业、农业经济、系统工程等理论与方法，优化构建乡村生态循环农业发展评价指标体系，分析比较开发模式与相关技术的应用成效，为探索并创立区域生态循环农业集约化开发体系提供科学根据。

生态农业生产与循环利用过程都强调发挥农业生态系统的整体功能，其是以农业高优生产与绿色发展为着力点，按循环再生、节约资源、环境友好、整体协调的原则（郭喜铭和邱长生，2014），科学制定发展规划，全面统筹产业布局，优化调整生产结构，合理配置资源要素，形成有效递进融合，促进合理循环利用，提高农业生产效率，实现乡村持续发展。通过有效链接与有序循环，实现相互支持与相得益彰，进而有效促进种植业与养殖业有机结合，促进优势互补，提高整体优化水平；同时推动三产融合发展与农民增收致富，促进联动递进，提高综合生产能力（王艳，2013）。很显然，我国乡村区域辽阔，地理地貌各异，资源禀赋不同，农业经济与农村发展差异较大，发展生态循环农业需要把握因地制宜的原则，既要充分吸收我国传统农业精华，完善并丰富生态循环农业生产模式，又要引进应用现代科学技术，探索并创立生态循环农业技术体系，更要配套先进设施及其装备，保障生态循环农业既能扬长避短又能发挥优势，促进乡村产业振兴与三产融合发展（图7-4）。生态循环农业兴起与发展，其主要目的是促进现代农业高效生产并保障生态环境安全，通过有序有效的循环转化，实现农业废弃物的资源化再利用；通过合理设计与构建途径，实现变废为宝并有效防控污染；通过生态农业多层次循环，降低生产成本；通过物质多途径综合利用，提高综合效益；通过初级产品系列深加工，实现产品增值；通过增加乡村的就业机会，实现增收致富；进而引导更多农民从事农业绿色生产，有效保护农民就地创业的积极性（李彦，2015）。发展生态循环农业，既要实现农业生产的高产优质与高效的目标，促进绿色发展，又能够在农业生产中有效防控农业面源污染，保障产品安全；同时要保护和改善环境并维护区域生态平衡，促进转型升级；推动乡村环境保护同农业经济建设紧密结合，力求在满足城乡居民日益增长的多样性产品与高质量食品需求同时，提高生态系统的稳定性，强化循环农业的持续性（席建峰等，2012），提高绿色农业多功能性，增强农业高优发展后劲（张玉夔等，2013）。要在近年研究与推广的基础上，进一步顺应

图 7-4　产业绿色振兴与乡村融合发展

未来乡村循环经济产业与现代生态农业联动发展趋势，深化探索适合我国国情的现代生态循环农业的发展理论与关键技术，以求促进山区科技创业与产业绿色振兴，在更高层次上实施科技兴农与质量强农，为产业转型升级与农民增收致富做出更大贡献。

事实上，生态循环农业在发展过程也存在一些突出问题，主要包括以下 4 个方面。

一是多元化投入显不足，生态循环农业的整体发展受到制约（李君茹，2003）。规范化发展生态循环农业是一项系统工程，前期需要开展相关基础设施建设（包括水电、道路、设施等）。以往单一投入与资金短缺则明显影响现代循环农业产业化体系建设与规模化发展。生态循环农业技术的创新研发要起到引领作用，无疑需要农业龙头参与技术的推广应用，通过企业开发基地的投入建设与集成应用，才能起到带动与催化作用。由于生态循环农业技术开发不仅具有显著经济效益，同时更具有巨大的生态效益和社会效益，进而需要不断加大政府引导资金的投入，进而有助于解决技术研发的外部性难以内化为研发机构或者农业企业的直接收益的问题，尤其是有助于从事生态循环农业技术的拓展研究和集成推广相关企业突破动力不足的阻碍。

二是产业化规模化偏小，生态循环农业的高效发展受到制约。实践表明，农业适度规模经营是中国乡村经济发展的必然趋势，但我国人口多、耕地少，全国乡村户均耕地不足 8 亩，基于人地矛盾比较突出且耕地分布不均衡性的基本格局，客观上是难以全面发挥资源循环利用规模化与产业化的聚集效应。目前大部分乡村都存在小规模与大市场的矛盾，难以对接现代循环农业的多层次递进生产与多样性开发经营，不仅造成资源浪费，影响了土地产出率，而且致使成本增加，降低了劳动产出率；尤其是分散化与小规模生态循环农业的农户经营，难以在当年取得显著的经济效益，进而限制了生态循环农业产业化整体发展新格局的形成，这既抑制了乡村农民发展生态循环农业的积极性，又是先进技术难以转化现实生产力的重要因素（图7-5）。由于分散的家庭农场经营规模偏小，以及当年实施生态循环农业开发的直接经济效益偏小，故无法直接激励生产者主动应用循环农业生产模式，乡村农业企业也缺乏实施循环农业集成技术的内在动力。大部分农户实行家庭联产承包责任制，一家一户安排年度农业生产，往往存在较大随意性与盲目性；加上农业生产经营规模过小，则易于发生过度掠夺农业资源；现有的土地管理与小农生产都将限制现代循环农业技术的规模化推广，进而需要深化乡村土地经营权流转与管理机制创新。

图7-5　典型山区传统小农生产布局

三是单纯追求经济利益，制约了生态循环农业持续发展（刘静暖，2014）。实际上，乡村家庭农场单一生产模式与单纯追求经济效益的偏好，无疑是影响生态循环农业模式与技术集成应用的外因之一。就农民群体而言，其既是生产者，又是消费者。作为生产者是渴望能够获得最大产出，力求收入最大化。例如当种植或者养殖过程发生病虫害之时，如果没有便捷且可替代的绿色防治技术或者低成本低毒无公害的农药，通常农民仍会把习惯使用的农药作为最佳选择，以保证减少损失而获得更高产量。作为消费者是渴望以低成本获得生产资料，力求付出最小化。例如农民通常认为所生产的产品并不都为自己消费，因而产品优质与质量安全就难以成为重点目标。对目前经济状况仍不宽裕的大多数乡村农民来说，如果面临经济利益（增加农产品产量）和食品安全（减少农产品污染）的选择时，一般农户都自觉或者不自觉地偏好于经济利益为先，进而直接选择效果较好的化学防治方法，而基本不选择成本相近但防控效果迟缓的生物防控方法，更难以推广需要大量投入并建设基础设施的生态循环农业模式及其配套技术。这在很大程度上反映了农民既是缺乏战略思维，更是缺乏经济实力。

四是推广机制相对落后，制约了生态循环农业全面发展。技术推广存在两个方面障碍，一方面是技术性制约，生态循环农业技术具有特定的集成性，这就需要基层科技人员接受新观念与新知识；另一方面是机制性制约，具有公益性的生态循环农业技术，需要政府农业管理部门组织技术推广，而目前大多数农业技术推广机构正在职能转换，也面临科技人员缺乏与推广经费不足的难题，况且目前推广组织管理正处于转型升级的阶段，农业技术推广人员的内在素质亟待提升。很显然，乡村农业推广旧机制改革仍然未完全到位，目前生态循环农业规模化集成推广的主要障碍依然是机制创新。涉农的中小企业和农民合作经济组织（包括家庭农场）在生态循环农业技术推广之初，由于在短期内难以获得更大利益，进而缺乏利益回报的驱动效应。实践表明，只有聚集农企结合优势，实施梯度推进策略，才能做强做大生态循环农业产业，也才能有效扭转大规模集成推广与有效应用举步维艰的局面（李玲玲，2015）。

在农业生态系统中，通常只有符合人类经济要求的生物学性状诸如高产性、优质性等被保留和发展，其优化的生物种群构成是人类选择的结果，也只有在特定的环境条件和管理措施下，农业生产的高产与优质特性才能得到体现（刘朋虎，2018）。一旦管理措施不能及时得到满足，或者环境条件发生较大变化，农作物的适应性和抗逆性将受到影响，其生长发育就会失去有效条件的保障，最终导致产量和品质下降。现代农业生产的高度集中选择将使生物种类趋于减少，食物链环节简化，这显然不利于农业生态系统自我调节能力的优化发挥，促使农业复合系统内部不同生物之间相生相克的平衡关系被轻易破坏。各种投入要素与自然条件难以匹配，将会导致农业生态系统的不稳定性或波动性。就此，生产者需要采取各种技术措施，对系统进行优化调节与合理控制，力求有效减少这种不利于正向叠加的波动性频繁产生（黄国勤，2015），力求保障生产体系与生态系统稳定性，力求保障产业质量与食品安全持续性。

第三节　乡村生态循环农业振兴的若干发展思路

实际上，实施乡村生态循环农业与绿色开发项目，是促进乡村生态经济与农民增收的有效措施。生态循环农业技术体系构建与生产经营环节有效链接，需要遵循"4R"技术原则：一是资源循环化（Recycle）原则，其重点是优化构建光、热、水等可更新资源的高效循环利用体系，同时合理创立种植业、养殖业、加工业的要素有序链接与物质有效循环体系。二是废物再利用（Reuse）原则，即在农业生产与产品加工过程中，有效构建秸秆、粪便、废渣等可再生资源的多级再利用技术体系。三是投入减量化（Reduce）原则，即通过农业内部生产环节的有序链接，充分利用生产过程废弃物资源，力求有效减少来自农业系统外部化肥、农药、机械等购买性资源的投入（李尚宁，2017）。四是技术可控化（Regulate）原则，即有效减少农业系统内部温室气体排放以及物质淋洗流失，通过废弃物资源化循环利用，降低生产成本，防控二次污染。

从乡村发展实际出发，目前生态循环农业基本技术有六大类型：农田秸秆直接还田循环技术、复合生物系统高效循环技术、农业废弃物多层级循环技术、农牧有机结合循环生产技术、农林复合高效循环农业技术、乡村农业企业循环经营技术。近年来，人们高度重视并着力支持乡村生态循环农业发展，从2006年开始，连续12年的中央一号文件都明确强调要深入探索与大力发展生态循环农业。科技部从2007年起设立了"循环农业科技工程"重大项目，在全国范围启动了生态循环农业的技术协同攻关与集成应用行动。国家"十一五""十二五"科技支撑计划项目先后在全国18个省区展开技术攻关与集成推广，创立并完善了现代循环农业新模式、新技术、新工艺、新设施、新机具、新标准等600多项。重点改造并优化创建了不同地理尺度、不同生产地区、不同农业类型的高效循环农业生产模式及其配套技术体系，其中现代生态循环农业模式的优化创立与集成应用，是至今被认为具有广泛性与普适性的技术集成体系，其肥料减少15%—25%，农药减少20%—30%，节本增效15%—20%，农田能量效率提高10%以上，秸秆当季利用率达到85%以上，节能减排效果十分明显。

我国是作物种植、畜禽养殖、产品加工大国，外源性投入增多，化学品消费巨大，面源性污染扩延，率先走出富有中国特色的生态良性循环与高效节能减排的现代农业发展路子势在必行。面对全球气候变化的巨大挑战与负面影响，我国政府及时提出了应对措施并庄严承诺，到2020年减少40%—45%单位GDP的二氧化碳排放量，力求使非化石能源占一次能源消费比重超过15%。按照乡村振兴要求，因势利导发展现代生态循环农业，需要科学制定产业发展规划，同时要着力构建技术支撑体系。以发展现代生态循环农业促进乡村产业绿色振兴的整体思路要体现"整体、循环、优质、高效"的内涵，既要突出资源节约，又要突出环境友好，既要注重把握四项技术原则（资源循环化原则、废物再利用原则、投入减量化原则、技术可控化原则），又要着力促进四个有机结合（农林结合、农牧结合、农菌结合、农企结合），进而形成生产环节相互连接与农业资源高效利用的新格局，有效保障"四个安全"（粮食安全、食品安全、社会安全、生态安全），着力提高"四个效率"（土地产出率、劳动生产率、资源利用率、污染防控率），全面促进乡村产业绿色振兴与农民增收致富，实现绿色家园与美丽乡村建设目标。

很显然，在全国乡村优化发展生态循环农业的重大意义是不言而喻的。其主要优势体现在5个方面：一是充分利用农牧废弃资源。发展生态循环农业有助于解决全国每年将近50亿t的作物秸秆与畜禽粪便的转化利用的现实命题，使之变弃为用、变废为宝、变害为利，走出一条农业废弃物高效利用与有效保护生态环境的双赢之路。二是有效实现农业节能减排。发展生态循环农业可减少农业温室气体排放、降低农业生产外源投入消耗，为积极探索富有中国特色的低碳农业发展新路积累经验（李晓龙和徐鲲，2014）。三是发展环保型农业新业态。发展生态循环农业，促进传统型养殖企业与加工企业转型升级，加快实现农业龙头企业的技术装备更新换代，增强农业龙头企业引领作用与竞争实力。四是促进乡村绿色产业振兴。发展乡村生态循环农业，有助于支撑带动高效有机肥研发、乡村生物质能源、农牧菌产业结合、立体复合型开发等新兴产业发展，促进乡村绿色产业转型升级（刘朋虎等，2016）。五是促进乡村科技精准扶贫。"绿水青山就是金山银山"的科学论断，既是乡村绿色发展主导思路，更是我国生态循环农业发展的最终目标。如何把良好的"绿水青山"变成农民的"金山银山"，对于经营者而言，即要把生态优势转化为产业优势，要把环境效益转化为经济效益，要把绿水青山转化为金山银山，则必须从产业布局、生产方式、经营机制和技术创新等方面予以深入探索，还必须从优化结构、增加就业、提高收入等方面予以重点突破。成功生产与管理实践，予以人们深刻的启示，即可以用"产业优、生态好，技术新、机制活，农民富、乡村美"来概括生态循环农业发展的愿景（图7-6为农业生产景观生态布局）。

事实表明，农业生态系统与社会经济领域有着不可分离的内在密切关系（杨起全等，2012）。其作为一种人工生态系统，一方面大量的化肥农药、动力能源、农业机械等物资投入作为辅助能量，从经济社会系统源源不断地输入到农业生产领域，另一方面农业系统生产的大量农产品则又源源不断地输入到经济社会领域。这种物能投入的效率与产品数量及质量都将会因投入利用效率高低、技术创新创业水平、

图 7-6　平原地区农业生产景观生态布局

农业有效经营方式不同而呈现各异效应，即不同的经济投入条件与生产经营方式都将明显影响农业产量与产品质量。毫无疑问，农业生态系统的稳定性与环境因素变化的波动性，一方面受到自然生态规律的制约，另一方面也受到社会经济规律的支配（黄国勤，2015）。生态循环农业兴起与发展，其主要目的是促进现代农业高效生产并保障生态环境安全，通过有序与有效的循环转化，实现农业废弃物的资源化再利用，实现变废为宝并有效防控污染。成功实践业已表明，通过生态农业多层次有序循环和物质多途径综合利用，有助于降低生产成本与提高综合效益，有助于促进乡村就地创业与农民增收致富，有助于促进农业绿色生产与保护生态环境（李彦，2015）。

发展生态循环农业，防控农业面源污染，保障产品质量安全，既要实现农业生产高优与高效的目标，又要有效维护生态平衡和改善乡村环境，促进传统农业向高效生态农业的绿色发展转型升级（张玉夔等，2013）。当前，中国现代农业发展取得了巨大成就，但也面临着农业资源过度开发、农业生态环境遭受破坏等一系列问题（曲凌夫，2007）。面对新形势和新挑战，要如何转变发展方式，提高资源利用效率；要如何改善生态环境，实现绿色和谐发展？这无疑是农业高质量发展面临的新命题。发展生态循环农业是一项新的探索，其目的在于全面推动农业生产生态化、良好生态产业化、产业衔接有序化、资源利用高效化、废物处理资源化、绿色发展持续化。实践证明，推动生态循环农业发展，不仅符合新时代乡村振兴的目标，而且顺应绿色兴农与质量强农要求，其作为遵循循环经济理论的乡村新生产方式与发展途径探索，要注重突破合理节约资源与高效循环利用的技术瓶颈，着力拓展有效开发空间并延伸农业产业链，为建设资源节约型与环境友好型的美丽乡村做出贡献（王艳红和胡伟，2015）。需要强调的是，生态循环农业本质特征是产业高优发展与生态环境保护统一性得以充分发挥，以发展现代绿色农业来践行"绿水青山就是金山银山"的先进理念。推动现代生态循环农业发展，要注重配套现代智能设施、现代科学技术、现代管理措施、现代机械装备，同时要强化农民素质提高与科技创业辅导（彭先勇，2014）；要着力满足乡村对生态环境保护日益增长的强烈需求，以资源高效利用与优质产品生产为重点，因地制宜创立富有区域特色的现代生态循环农业生产与经营体系，把乡村建成具有显著经济效益、社会效益和生态效益的高效开发与持续发展基地（王超，2013），实现产业转型升级与农民增收致富，保障乡村环境友好与区域生态安全。在乡村产业振兴战略实施过程，要秉承绿色发展理念，整体推进现代生态循环农业建设。这是一项较为复杂的系统工程，其中涉及乡村供给侧结构性改革、巩固"三去一降一补"经营改革、增强微观主体活力、提升产业链接水平、畅通乡村经济循环等宏观策略层面。

就具体发展思路而言（图7-7），要注重把握以下6个重要环节。

一是完善多元投入机制，实施农企结合项目带动。强化各级政府投资主渠道建设，在稳定基础设施投入之时，要不断拓展集体、个体、企业投入渠道，创新并完善多元化投入机制，力求多渠道筹集发展资金。要使农业科技财政性投入增幅逐年提高，全面发挥政府对农业科技投入的引导作用；同时龙头企业的农业科技研发投入占年度总产值的比重也要做到逐年提高，注重鼓励并引导有实力企业增加项目投资力度，力求建立投入稳定增长的长效机制。发展乡村生态循环农业产业，需要获得农村金融的支撑，既要鼓励银行业与金融机构完善涉农贷款的便捷管理机制，同时要加大农村金融政策支持力度并持续增加农村信贷投入；要因势利导鼓励民间资本进入乡村金融服务领域，构建多元化成分优化组合的乡村金融服务体系；要结合实际创新并完善涉农生产贷款与加工税收的激励机制，健全县域金融机构助力乡村产业振兴与科技创业开发的服务评价及其考核办法，提高基层金融机构创新服务水平与效率，强化乡村信贷的保障能力与服务质量。

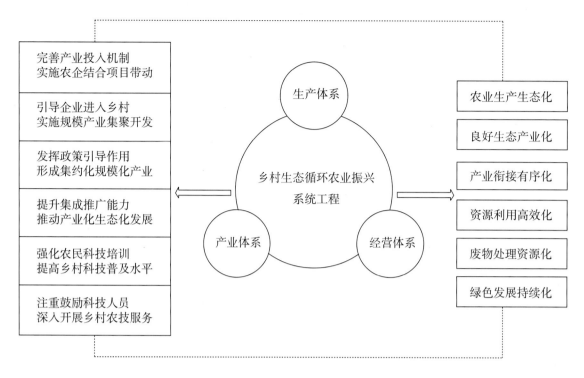

完善产业投入机制
实施农企结合项目带动

引导企业进入乡村
实施规模产业集聚开发

发挥政策引导作用
形成集约化规模化产业

提升集成推广能力
推动产业化生态化发展

强化农民科技培训
提高乡村科技普及水平

注重鼓励科技人员
深入开展乡村农技服务

生产体系

乡村生态循环农业振兴
系统工程

产业体系　　经营体系

农业生产生态化

良好生态产业化

产业衔接有序化

资源利用高效化

废物处理资源化

绿色发展持续化

图 7-7　乡村生态循环农业振兴系统工程与发展思路框架图

　　二是引导企业进入乡村，实施规模产业集聚开发。要加大对乡村科技创业型企业或创新性经营模式的有效支持力度，强化科技特派员的供需对接与实施科技创业的便捷信贷服务，拓展农业科技成果应用与科技创业的贷款新途径，开辟技术专利质押融资业务的新渠道；强化对农业成果转化与创业的资金支持力度。国家和省级科研院所应发挥先进科技研发优势，与乡村专业合作组织、农业龙头企业合作，深入开展协同创新与联合攻关，重点包括优良品种选育、生物农药研发、病虫生物防治、高效有机肥料、简单适用机械、优质产品加工等高新技术的研究与开发；充分利用先进的信息工程技术、生态工程技术、机械工程技术，构建现代生态循环农业技术体系，为现代高效生态农业与乡村循环经济持续发展提供有效支撑（赵明远，2016）。

　　三是发挥政策引导作用，形成集约化规模化产业。发展生态循环农业需要合理的农地产权制度支持，集约化生产可以有效地消除技术集成应用的外部性障碍，有助于乡村专业合作组织应用生态循环农业集成技术。实现农业的适度规模经营与集约化生产，不仅是农业现代化的客观要求，而且是促进生态循环农业技术集成开发的必要条件。发展农业适度规模经营与生态循环农业的产业化生产，可以让更多农户在产业开发中获得更高的综合效益，进而有利于激发农户集成应用生态循环农业技术的积极性。要依法引导土地承包经营权流转，按照自愿与有偿使用的原则，发展多种形式的集约化生产合作与农业综合开发的适度规模经营，促进种养加高效经营模式与乡村绿色农业产业化技术创新。加强土地承包经营权流转过程法律服务，健全土地承包经营过程纠纷调解与依法依规仲裁制度，尤其要注重引导农企有效结合与循环农业开发经营指导，力求为从事生态循环农业产业化开发与规模化绿色生产经营的企业提供有效保障。

　　四是提升集成推广能力，推动产业化生态化发展。整体推进乡村生态循环农业发展，要注重利用技术创新与规模效应，并形成具有区域经济与生态特色的产业优势，优化构建并培育壮大乡村生态循环农业产业集群。就此，政府农业管理部门要强化科技推广及其服务体系建设，予以专项经费支持，不仅要强化基层公益性农技推广服务，充分发挥创业企业与推广基地的示范引领作用，而且要着力提高开发企业与基层农技推广组织的服务能力，引导并推动家庭农场绿色农业的高优经营与持续发展，注重采用先进科技和生产手段经营高效循环农业的开发实体。

五是强化农民科技培训，提高乡村科技普及水平。现代生态循环农业是现代农业与循环经济有效结合的发展新业态，涉及多学科理论与多专业技术，需要联合攻关与集成推广。要强化并健全乡村产业化经营、种养业疫病防控、农产品质量监管等公共管理与技术服务组织，尤其要结合产业生态化与生态产业化的新业态发展趋势而设立公共服务体系。一方面吸引优秀人才加入推广队伍，另一方面要强化培训乡村创业人才，鼓励先进，推动工作。要创新乡村农技推广方式与服务手段，顺应乡村振兴战略实施的要求，充分利用现代信息技术与新型媒体传播方式，为乡村农民提供简洁扼要、直观明了、高效便捷、双向互动的常态化服务。

六是注重鼓励科技人员，深入开展乡村农技服务。推动生态循环农业发展，一方面要引导高等学校、科研院所科技人员积极参与，强化服务"三农"职责，完善激励创业机制，鼓励科技人员投入生产一线，使之成为公益性农技推广的重要力量，为科技兴农与质量强农做出应有贡献；另一方面要积极鼓励基层农技推广人员扎根乡村、服务农民、提供知识、奉献智慧，同时要切实改善基层农技推广工作条件，落实推广绩效奖励和下乡工作补贴政策，切实提高基层科技人员经济待遇水平，力求做到业绩大补贴多与贡献大奖励多。要进一步完善基层农业公共服务机构并创新管理体制机制，按种养规模和服务绩效安排推广工作经费，强化县域农技推广工作的管理和指导。

促进现代农业生产与保护生态系统健康，是现代生态循环农业发展的核心要义。长期以来农业生产的单纯高产目标追求，客观上扭曲了生物学性状选择与生产方式定向。倡导现代生态循环农业发展，除了引入绿色发展理念之外，关键是生产模式创新与先进技术应用，其中技术的集成创新是至关重要的环节，涉及经济发展、组织方式、经营管理等理论创新，涉及种植模式、健康养殖、有效链接等技术应用，进而保障生态循环农业生产的高产性与优质性得以统一体现，保障生态循环农业的产业化与生态化得以有机结合。通过物质循环利用与生态有效保护的统筹兼顾，强化农业生态系统的高效生产功能与自我调节能力，即强化不同生物之间的相互制约和相互促进的平衡，确保高效生产功能与良好生态保护在现代农业发展得以和谐统一（王超，2013）。

第四节　生态循环农业绿色振兴技术攻关与对策

自 20 世纪 80 年代开始，世界上一些发达国家掀起了现代生态农业的探索热潮，其研究成果与应用成效引起了各国普遍关注，现代高效生态农业的发展呈现了不可阻挡之势。著名的生态专家威利·德沃尔德曾经预言：由于欧洲经历了损失惨重的"疯牛病"，在 5—10 年内全世界的现代生态农业必将呈现一个快速发展的高潮，预计现代生态农业产品将会比过去增长 25% 以上。如今我国蓬勃兴起的现代生态循环农业是伴随着农业绿色生产的不断发展而逐步形成的一种全新农业形态。就发展意义认识，现代生态循环农业的实质就是要优化构建高效生态农业生产技术模式，同时要按照生态学和经济学原理，运用现代科技成果和先进管理手段以及传统农业的有效经验而创立的产业经营体系，力求获得较高的经济、生态和社会效益。

很显然，如今发展的生态循环农业仍需要不断完善与提升，尤其需要应用科学技术去减少或弥补高效生态农业循环过程的集成技术的短板与经营管理的不足。生态循环农业是按照绿色发展要求设计，继承传统农业的有益经验与技术精华，有效运用现代科学技术以及先进管理手段而建立起来的生产与经营体系，生态循环农业的发展实质是"三高农业"（高产量、高质量、高效益的现代化农业），其主要目标是追求经济、社会效益与生态效益的有机统一，力求确保"三大安全"（粮食安全、食品安全、生态安全），提高"四大效率"（土地产出率、劳动生产率、资源利用率、污染防控率），促进农业高效优质生产步入持续发展的良性循环轨道（图 7-8）。

● 1 主要的技术工程

1.1 完善与提升秸秆多层次循环利用工程

全国每年秸秆产生量超过 7 亿 t（李香敏，2008），合理的循环利用，其可以变废为宝。要突破传统的秸秆处理模式，要重点实施产业化与规模化秸秆机械还田（包括留田利用与有效循环模式创新）和青贮黄化饲料生产与综合利用技术；要注重创立新型的秸秆集中气化供气发电技术体系、制备固化成形秸秆燃料供热技术、材料致密成型的便捷化高效利用模式（尹昌斌，2018）；同时要结合不同区域农业生产实际，系统研发并合理配置秸秆还田深翻、秸秆粉碎等机械与装备设施（李国强，2016）。

1.2 完善与提升农膜回收利用与治理工程

农膜覆盖技术应用为现代农业发展做出重要贡献，但使用量加大且残膜污染问题已引起人们极大关注。要防控残膜污染，一方面要注重推广加厚型地膜与引导使用可降解农膜；另一方面要优化布局并配套建立废旧地膜回收网点，创建废旧农膜再利用加工厂；同时要强化政策引导，以强化示范引领，全面启动全国农田残膜回收与再利用示范乡村建设。在规模化农业生产过程减少化学农药使用的同时，要实施农药包装物定点回收处理，建设包装废弃物无害化处理站点，构建农药包装物的无害化处置体系，提高污染危害的有效管理能力与治理效率（冯海发，2015）。

1.3 实施小流域污染防控与有效治理工程

在典型地理流域或者重点农业生产区域，全面推广测土配方与合理施肥，保障农田"双减"技术实施成效，在强化有机肥料应用与培育地力之时，推广种肥同播、缓释肥料与化肥深施等技术；开展沟渠

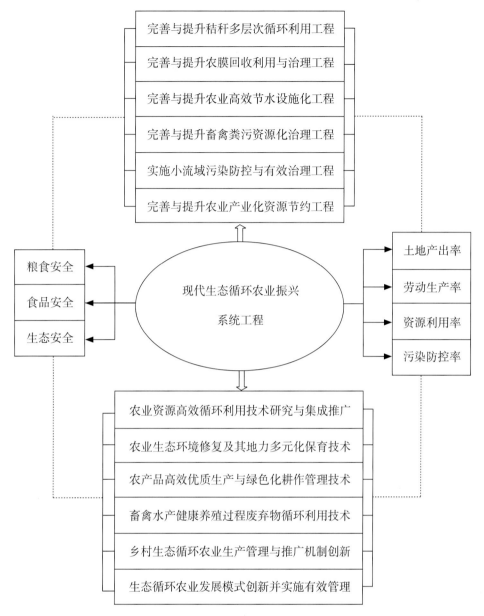

图 7-8　促进乡村现代生态循环农业振兴系统工程建设的技术对策路线图

整理、设立格栅栏和透水坝；优化配套设施、清挖淤泥与加固边坡；合理引入适应性强的水生植物群落，实现平缓型农田的氮磷阻控与净化；同时要强化实施农药减量控害，应用高效低毒农药和高效植保机械，全面实施病虫害专业化统防统治管理并推广绿色防控技术。

　　1.4 完善与提升畜禽粪污资源化治理工程

　　全国每年养殖业废弃物产生量高达 40 亿 t，弃之不用是污染源，循环用之则是资源。进而要因地制宜地按照干湿分离、雨污分流、种养结合的原则，强化污染严重的养殖场和养殖密集区治理工作；优化布局并重点建设畜禽粪污原地收集储存转运与污水高效生物处理等设施，重点突破固体粪便无害化集中处理或能源化、肥料化的循环利用加工技术；在畜禽养殖优势区域，全面实施规模化畜禽养殖场废弃物处理与资源化利用技术，建设一批以乡镇为单位的示范开发基地，提高养殖密集区畜禽粪污资源化利用能力和高效有机肥集约化生产效益。

1.5 完善与提升农业高效节水设施化工程

在干旱缺水地区实施现有滴灌设施改造升级，尤其要着力创新并研发玉米、小麦等旱作产业与山地果茶种植园地等高效喷灌及其滴灌设施，重点发展管道输送与节水智能化灌溉，双垄沟播与机械化全膜覆盖、集雨节灌与水肥一体化设施；因地制宜创立旱作节水节肥技术体系；在南方山地重点推广管道输水、高效用水设施、优化滴灌技术；在水稻区推广优良品种与种养结合措施，加快稻区一水多用与防污回用型灌区的优化建设。

1.6 完善与提升农业产业化资源节约工程

在技术创新层面上，要强化地力保育并提高耕地质量、减少面源污染与有效防控蔓延、畜禽粪便转化利用与变废为宝、秸秆资源化与多途径循环利用、有效回收废旧地膜与再生利用、环境有机污染防治等方面技术研发与集成应用（潘丹，2014）。在管理创新层面上，要着力健全生态循环农业发展与管理制度，创立农业资源市场化配置体系，尤其是完善促进农业绿色发展的激励机制，强化与提升种养结合型产业协调发展效率。在机制创新层面上，要针对农业废弃物资源化循环利用水平较低的现状，创新并健全农业生态补偿机制，明确农业污染责任主体，强化并实施严格的监督管理；要严格评估农业资源的经济社会价值并完善定价机制，强化生态环境保护的利益补偿机制和有效开展农业废弃物资源化循环利用的奖励机制（朱守银，2017）。

● 2 主要的技术对策

2.1 农业资源高效循环利用技术研究与集成推广

在耕作栽培方面，重点研发作物生态调控与节水栽培技术、便捷集雨设施研发及高效利用、肥水一体设备与智能控制系统、测墒节水灌溉与自动调控体系、高效集约循环与有序转化链接等技术。在双减技术方面，重点研发肥料农药减施与有效替代、高效有机肥料与生物农药、循环增效理论与利用途径、新型肥料工艺与生产设备（包括水溶肥、液体肥、生物肥、缓释肥、复合肥并着力提升有机肥、沼粪肥、废液肥制备工艺与关键设备等）（李新华，2017）。在循环利用方面，重点提升健康养殖效益与废弃物资源化、草原生态恢复与人工草地建植、山地生态恢复与立体种养技术、农区草业资源与环境承载评估、农牧有效结合与废液消纳匹配等生态循环利用模式与绿色高效生产技术。

2.2 农业生态环境修复及其地力多元化保育技术

在维护农田生态环境与农业绿色生产方面，要注重研发低毒低残留高效农药及其系列施药机械化装备、生物农药及高效有机肥与乡村面源污染有效防控、作物秸秆多途径转化与废弃物资源化循环利用、废旧地膜便利化回收与可降解地膜高效循环利用等方面技术。在畜禽健康养殖与粪便处理方面，畜禽粪便与病死畜禽收集处理与资源化转化利用技术，包括机械化、减量化、无害化和高效化处理技术。在生态环境保育与景观利用方面，重点攻关宜居乡村的生态环境保育技术，研发农村垃圾分类处理和生态景观优化构建技术等。

2.3 农产品高效优质生产与绿色化耕作管理技术

就优化产业结构与耕作制度而言，要因地制宜拓展"合理休耕轮作"与"高效套种间作"等种地养地相结合的生态种植技术领域，创新粮经饲"三元"型发展模式，构建与其相配套的产业化集约经营及其生产技术体系；要深入研究并优化创立光、热、水、养分等资源优化配置及其绿色生产与种植经营模式,重点解决主要农作物高产优质品种选育与有效配套立体栽培技术,提高土地产出率与资源利用率(图7-9)。就农田绿色栽培与质量强农而言,进行重点作物高产高效生产实践探索,一方面丰富绿色耕作栽培理论,另一方面深入研究并创新高优生产模式。力求重点突破5个技术环节:周年均衡增产与精确施肥用药、土壤质量提升与农田精细耕作、作物绿色栽培与产品安全追溯、总结灾变规律与农业减损防控、面源污染治理与农田环境保护等技术。就生产过程管理与开发经营而言,要完善适应于机械化、标准化、信息化、规范化的循环农业的规模生产体系、绿色产业体系与高效经营体系,因地制宜创立现代生态循环农业评价标准体系,引导区域循环农业的高产优质高效产业化发展。

图7-9　山区优质稻生产

2.4 畜禽水产健康养殖过程废弃物循环利用技术

在实施规模化健康养殖方面,要集中解决集约化、精准化、轻简化生产管理技术难题,重点突破集约化健康养殖模式(包括畜禽与水产)、标准化绿色防控技术、智能化养殖管理技术;重点研发健康养殖标准化装备、高质量产品加工工艺、废弃物循环利用设施;创新研制高效安全型与生态环保型饲料及其添加剂,加强饲料质量与兽药安全的严格监管体系建设。在推进废弃物循环利用方面,需要重点研发的关键技术与配套装备包括8个方面:营造健康养殖环境与精准调控技术(杨飞云,2019)、保障空气水体质量与持续运营技术、养殖业废弃物减排与循环利用技术(李志等,2015)、保护良好生态环境与消纳净化技术、应用环境信息数据与智能采集技术、养殖防疫管理体系与过程监控技术(黄秀英等,2016)、病死动物定点处理与便捷设施制备(范利辉和张基明,2013)、废弃物资源化转化与高效接口技术等。

2.5 乡村生态循环农业生产管理与推广机制创新

就法律规程与标准规范而言，各地农业管理部门要协同相关单位，按照国家发布的循环经济促进法、秸秆禁烧和综合利用管理办法、畜禽养殖污染防治管理办法的要求，严格制订种植业、养殖业、水产业、加工业的污染物排放控制标准。同时因地制宜将生态循环农业技术研究成果转化为生产标准与管理规范，更加丰富生产技术规程与生产技术标准体系；与此同时，要进一步完善农药、肥料、饲料、兽药等农业投入品严格管理制度，规范农业废弃物资源化循环利用的过程监控与奖惩制度；力求健全有利于促进生态循环农业发展的法律保障体系，进一步扩大推广规模与应用范围，以求取得良好成效。要强化部门监督与有效管理，除了要明确与落实管护责任之外，更为重要的是建立发展乡村生态循环农业责任制，要将发展乡村生态循环农业的具体责任目标与设施有效管护的任务落实到各个经营主体，全面指导并促进经营主体实施经营项目管理与基础设施管护，为整体推进生态循环农业产业化开发与集约化绿色发展提供基础保障；另一方面要强化完成目标任务考核，因地制宜创立乡村发展生态循环农业经济评价指标体系并制定对应的评价考核制度，并作为科技人员与管理人员年度业绩评价内容（宋成军等，2016）。

2.6 生态循环农业发展模式创新并实施有效管理

一要建立终端产品研发的补贴制度（邱天朝和尹磊，2013）。围绕资源节约、环境友好、持续发展的目标，因势利导制定并建立健全终端产品补贴制度，尤其要强化政策引领并优先落实6个方面补贴力度：研发秸秆还田高效机械、推广高效低毒低残农药、开发新型施药机械装备、推广应用绿色防控技术、有机肥料规模替代化肥、研发可降解型农膜产品等；着力创新并完善现行的补贴方式，实施应用效果评价与现场验收制度，力求将点上的项目制改为面上的普惠制，建立目标责任制，创新便捷化过程管理与精准化效果评价等机制。二要建立市场主导与示范引领策略。要实施生态循环农业的产业化发展与集约化开发，需要创立市场主导、政策引领、多方参与的利益驱动机制；力求在完善财政投入与导向调节措施的同时，积极鼓励金融机构与龙头企业加大实施项目投入，力求予以多元化开发资金的支持，对发展农林循环经济的重点项目和示范工程要优先保障与更大支持（刘金山，2015），金融服务机构要结合实际，积极拓展抵押担保范围，创新融资投入方式等。三要加大农业污染第三方治理扶持（尹建锋等，2017；谢海燕，2014）。要在初步探索基础上，力求在更大范围引入PPP（Public-Private Partnership，政府和社会资本合作）的管理经验与农业污染有效治理模式。四要建立富有激励效应的考核体系。整体推进生态循环农业发展，要注重抓好生态循环农业整体推进工作的监督检查，力求将资金投入效应与项目实施成效等相关业绩作为评价考核重要指标，着力建立绩效考核方法和制度。

我们要将"绿水青山就是金山银山"的绿色发展理念落实在现代农业产业振兴之中，因地制宜推动乡村绿色产业与生态循环经济的规范化、集约化、高效化持续发展。进一步推动生态产业化与产业生态化的有机融合，无疑是富有中国特色的生态循环农业整体发展的重要目标。其关键在于要从政策导向、管理制度、创业机制和技术创新等方面加强探索，将技术优势转化为开发效益，将生态优势转化为产业优势，将环境效益变成经济效益，实现农业高效生产与生态环境保护的高度统一，为乡村振兴与美丽家园建设贡献重要力量。

● 3 主要的攻关重点

完善与提升生态循环农业发展质量，构建循环产业体系需要强化关键技术攻关。

一是要因势利导优化构建高效经营的产业体系。主要包括：①增强碳汇功能，要完善秸秆直接还田循环利用生产模式，既要便捷应用又要高效收益。②减少碳素排放，要改进或完善减少化肥和农药用量技术，既要节约资源又要环境友好。③减少面源污染，要完善并发展农牧结合型高效循环模式，既要高效优质又要绿色发展。④延长产业链条，要完善并发展农牧菌高效循环生产模式，既要提高收入又要振兴产业。⑤增加多样功能，要研究并完善生物多样性复合循环模式，既要生产效率又要生态效益。⑥培育新兴产业，要探索并发展农业生物质能源循环模式，既要促进生产又要开辟新业。⑦实现产业循环，要扶持产业化企业型循环产业生产模式，既要节能减排又要产业聚集。

二是要深化研究与重点突破高效循环系列技术。①生态循环农业转型升级与集成技术。包括集约化生产与智能化管理集成技术协同攻关，同时配套机械化运营设施与技术集成体系，力求有效提高劳动生产率与土地产出率。②农业生态系统水循环及其高效利用技术。因地制宜创立农田复合系统"四水"循环利用技术体系，有效提高降雨水、灌溉水、土壤水、地下水的循环利用效率，减少水资源的无效消耗。③生态循环农业节能降耗及高效耕作技术。重点研究省工省时耕作，合理间作套种，探索并完善保护性耕作技术体系；深入探索节能降耗的种植技术，注重解决农田生产机械能耗高与能效低的突出问题，提高农业机械化效率。④生态循环过程废弃物资源便捷利用技术。深入研究并创立农田秸秆循环利用方式，重点突破秸秆直接还田（高效腐解菌株筛选）、机械翻埋还田（便捷组装机械研发）、堆沤腐解还田（就地发酵便捷设施）等秸秆多样分解与有效培育地力的技术难点，探索并创新畜牧业和加工业废弃物的循环利用与高效转化技术，建立快速高效、省工适宜的再生资源集成利用技术体系，提高农业生态系统的废弃物循环利用效率（图7-10）。⑤生态循环过程再生资源利用接口性技术。科学设计并优化设立农

图 7-10 南方丘陵地区秸秆还田

业废弃物多层次循环的接口与叠加利用环节，合理创建并扩展延伸农业可再生资源的有序递进与高效转化途径，提高农业生产过程的废弃资源综合开发与循环利用效益。重点突破种植业废弃物再利用与高值化生产技术（如生物能源、秸秆菌业等开发）；畜牧业废弃物的多层次与高效益循环利用技术（如珍稀食用菌、专用有机肥、堆制肥工艺等高效利用技术）；乡村生活废弃物便捷处理与高效循环利用技术，尤其要突破农村生活废水与生活垃圾的收集处理及其有效转化技术工艺。⑥生态循环农业光热资源高效性循环技术。要充分发挥不同生物与环境之间的互补效应，合理配置农田生态系统的作物多熟制与立体化种植技术等；力求通过生物措施与循环链接，增强农田耕作系统的生态多样性与生产稳定性，提高生产物质产出率与光热资源周年高效利用效率，实现农田物质转化与能量利用效益最大化。⑦生态循环农业产业要素耦合关联技术。要重点研究农牧菌草肥结合技术、农产品精深加工技术，全面促进农作物生产、畜牧养殖、农产品加工的耦合链接，并有效突破废弃物资源的能源化利用技术，形成便捷化与智能化的循环利用体系。⑧循环利用过程有害生物高效阻控技术。除了要注重减少农田生态系统化学合成农药的输入量，同时要重点研究并集成应用病虫草害的生态调控、生物防治等环境友好型关键技术与生物农药等系列制剂，保障农田生态健康与生产过程安全。⑨循环过程温室气体减排及污染防控技术。重点研究并突破农业系统 CO_2、CH_4、N_2O 等气体减排技术，同时集成推广污染土壤的植物性修复、有效防控农业面源污染、利用微生物降解残留农药等系列技术，尤其要重点突破农田重金属轻度污染的生物消减、阻断循环过程有害物质二次污染、可降解地膜研制与便捷回收及其重复利用等技术（杨虹和王柯菲，2016）。⑩生态循环农业智能化装备与便捷化技术。重点研究农田多茬复合机械作业、工厂化养殖的机械作业等配套技术，实现立体化种养模式与智能化设施装备升级，如秸秆菌业设施化技术集成、稻田养鱼（鸭）技术模式的标准化改造等。研发适于生态循环农业生产应用的节水、节地、节肥、节种、节药、节劳和节能等减量化机械与智能化管理体系，重点研究开发脱水干燥、规模发酵、残膜回收等便捷机械与秸秆回收打包等机械设备，构建农产品初精加工机械作业与产业链延伸的智能化标准化技术体系。

三是要精准把握循环产业阶段性发展的步骤环节。从目前生态循环农业发展需求分析，我们建议要注重把好3个实施环节：一是把好优化设计关。生态循环农业必须从理念设计与模式构建方面予以提升，重点是生物技术、信息技术、工程技术在区域生态循环农业发展规划中的优化应用，尤其要优化设计适于乡村家庭农场应用以及适合于农业企业规模生产的有效模式，使之更为合理有效。二是把好有效评价关。我们既要借鉴国外关于循环经济、低碳经济的理论，在完善与强化发展模式与技术体系的同时，要从国情农情出发，研究并构建区域生态循环农业发展评价技术体系，重点研究农业经济、系统工程、生态环境等学科方法在区域生态循环农业发展模式评价中的集成应用，为区域发展模式优化设计与循环利用绩效评估提供科学根据。三是把好政策引领关。注重进一步优化设计生态循环农业的发展框架，重点研究扶持生态循环农业发展的相关政策，推动法律法规的制定并做好宣传教育工作。强化区域生态循环农业示范基地建设，不断深化推广机制研究，因地制宜地创立科技成果的高效转化与推广应用成效的评价机制，有效促进先进科学技术运用于生态循环农业的生产经营与高效管理方面，开辟一条富有中国特色的生态循环农业产业发展之路。

参考文献：

[1] Li Wenhua，Liu Moucheng，Min Qingwen. China's ecological agriculture: progress and perspectives[J].

Journal of Resources and Ecology，2011，32(1)：1-7.

[2] 安洁,梁玉婷,杨锐,等. 现代生态循环农业园区建设与评价标准化路径研究[J]. 中国标准化,2018(1)：64-68.

[3] 本刊通讯员. 解读《"十二五"循环经济发展规划》[J]. 资源节约与环保,2013(1)：2.

[4] 杜志雄,金书秦. 中国农业政策新目标的形成与实现[J]. 东岳论丛,2016,37(2)：24-29.

[5] 范利辉,张基明. 对国家建立病死动物无害化处理长效机制的思考[J]. 兽医导刊,2013(12)：57-58.

[6] 冯海发. 着力实施农业生态环境保护建设重大工程[J]. 农村工作通讯,2015(12)：21-23.

[7] 高旺盛. 坚持走中国特色的循环农业科技创新之路[J]. 农业现代化研究,2010,31(2)：129-133.

[8] 郭喜铭,邱长生. 浅谈生态农业的可持续发展[J]. 现代农业,2014(11)：72.

[9] 韩长赋. 大力发展生态循环农业[J]. 农村牧区机械化,2015(6)：9-11.

[10] 胡清秀,张瑞颖. 菌业循环模式促进农业废弃物资源的高效利用[J]. 中国农业资源与区划,2013,34(6)：113-119.

[11] 黄钢,沈学善,屈会娟,等. 发展低碳农业的关键技术领域[J]. 中国软科学,2010(S1)：1-7.

[12] 黄国勤. 农业生态学：理论、实践与进展[M]. 北京：中国环境科学出版社,2015.

[13] 黄国勤. 中国南方农业生态系统可持续发展面临的问题及对策[J]. 中国生态农业学报,2017,25(1)：13-18.

[14] 黄秀英,刘长清,张婷婷. 家禽养殖场防疫工作关键点及控制措施[J]. 北方牧业,2016(10)：29-30.

[15] 黄子强,张侗冬,温婉虹. 苏州市城镇化进程中的主要生态问题及对策[J]. 经济研究导刊,2014(3)：280-282.

[16] 减排或成贸易壁垒"保护伞"[EB/OL].http://cankaoxiaoxi.tietai. com/plus/view.php?aid=6524,2009-09-30.

[17] 金晶,曲福田. 循环农业经济体系的内涵及其构建[J]. 中国人口·资源与环境,2006,16(6)：57-61.

[18] 冷志明,丁建军,殷强. 生态扶贫研究[J]. 吉首大学学报（社会科学版）,2018,39(4)：70-75.

[19] 李成慧,况觅,王莉莉,等. 循环农业的原理与应用前景分析[J]. 中国园艺文摘,2017(4)：224-226.

[20] 李国强. 关于对《吉林省农业可持续发展规划（2016—2030年）》的解读[J]. 吉林农业,2016(13)：29-33.

[21] 李君茹. 推进我国农业可持续发展的制约因素及对策[J]. 信阳农林学院学报,2003,13(1)：26-28.

[22] 李玲玲. 发展生态友好型农业——以成都循环农业为视角[J]. 经营管理者,2015(1)：179.

[23] 李尚宁. 生态农业解构与可持续发展空间福利的探究[J]. 当代经济,2017(3)：10-15.

[24] 李香敏. 秸秆产业——农村新的经济增长点[J]. 河北农机,2008(6)：16.

[25] 李晓龙,徐鲲.连片特困地区扶贫攻坚的战略选择[J].南京林业大学学报（人文社会科学版）,2014(2)：61-68.

[26] 李新华. "十三五"石化和化学工业发展方向[J]. 化工管理,2017(4)：17-22.

[27] 李彦. 以生态种养循环农业推动农民集中居住研究——基于成都市安龙村的模式改进[J]. 中国集体

经济，2015（10）：9-10.

[28] 李志，于海霞，付永利. 畜禽养殖场废弃物处理的控源减排措施与对策研究 [J]. 当代畜牧，2015（12）：45-47.

[29] 刘金山. 生态化产业体系：广东的政策选择与支持系统 [J]. 发展改革理论与实践，2015（4）：4-8.

[30] 刘静暖，孙媛媛，杨扬，等. 新型农业生产能力：理论诠释与创新驱动 [J]. 税务与经济，2014（3）：10-16.

[31] 刘朋虎，罗旭辉，陈华，等. 推广生态循环农业 助力乡村科技扶贫 [J]. 发展研究，2018（12）：41-47.

[32] 刘朋虎，仇秀丽，翁伯琦，等. 推动传统生态农业转型升级与跨越发展的对策研究 [J]. 中国人口·资源与环境，2016，16（S2）：178-182.

[33] 穆楠，刘巍. 中国发展循环农业的科技状况初探 [J]. 中国科技论坛，2007（8）：109-113.

[34] 潘丹. 考虑资源环境因素的中国农业绿色生产率评价及其影响因素分析 [J]. 中国科技论坛，2014（11）：149-154.

[35] 彭先勇. 浅析推动农业现代化策略 [J]. 新农村：黑龙江，2014（6）：48-49.

[36] 钱洁，张勤. 低碳经济转型与我国低碳政策规划的系统分析 [J]. 中国软科学，2011（11）：22-28.

[37] 邱天朝，尹磊. 建立适合国情的农产品反周期补贴制度 [J]. 中国科技投资，2013（8）：29-32.

[38] 曲凌夫. 发展我国现代农业所面临的问题及对策 [J]. 安徽行政学院学报，2007（11）：24-26.

[39] 宋成军，赵学兰，田宜水，等. 中国农业循环经济标准体系构建与对策 [J]. 农业工程学报，2016，32（22）：222-226.

[40] 王超. 论科学技术与农业现代化 [J]. 中国集体经济，2013（25）：3-4.

[41] 王世凤. 低碳经济下畜牧业发展中存在的问题及对策 [J]. 中国畜禽种业，2014，10（5）：23-24.

[42] 王艳. 发展生态循环农业 推进新农村建设 [J]. 农民致富之友，2013（8）：12-13.

[43] 王艳红，胡伟. 现代物理农业工程的创新与发展 [J]. 农业工程，2015，5（S1）：1-10.

[44] 翁伯琦，陈奇榕，丁中文，等. 循环经济与现代农业 [M]. 北京：中国农业科学技术出版社，2006.

[45] 吴乐，孔德帅，靳乐山. 生态补偿有利于减贫吗？——基于倾向得分匹配法对贵州省三县的实证分析 [J]. 农村经济，2017（9）：48-55.

[46] 席建峰，高飞，房苏清，等. 我国生态循环农业发展现状及对策研究 [J]. 中国西部科技，2012，11（9）：47-48.

[47] 谢海燕. 环境污染第三方治理实践及建议 [J]. 宏观经济管理，2014（12）：61-62.

[48] 杨飞云，曾雅琼，冯泽猛，等. 畜禽养殖环境调控与智能养殖装备技术研究进展 [J]. 中国科学院院刊，2019，34（2）：163-173.

[49] 杨虹，王柯菲. 重金属污染场地土壤修复技术初探 [J]. 环境保护与循环经济，2016（1）：58-61.

[50] 杨起全，张峭，刘冬梅，等. 如何才能加快推进农业科技创新 [J]. 中国科技论坛，2012（3）：5.

[51] 尹昌斌. 加大技术创新和制度创设 推进生态循环农业发展 [J]. 民主与科学，2018（4）：21-24.

[52] 尹建锋，刘代丽，习斌. 中国农业面源污染治理市场主体培育及国际经验借鉴 [J]. 世界农业，2017（8）：25-29.

[53] 张国兴，张培德，修静，等. 节能减排政策措施对产业结构调整与升级的有效性 [J]. 中国人口·资源与环境，2018，28（2）：123-133.

[54] 张莹，姜昊旻. 利用农业后备资源发展生态循环农业的效益和路径研究 [J]. 现代经济探讨，2018，440（8）：133-138.

[55] 张玉夒，骆高远，牛若玲. 现代农业园区发展研究——以鹰潭市白鹤湖农业示范园区规划为例 [J]. 湖南农业科学，2013（21）：108-112.

[56] 张玉坤，马俊贵，柴新君. 现代物理农业技术在生态循环农业发展中的应用 [J]. 农业工程，2014，4（6）：34-38.

[57] 赵明远. 浅析开封市农业面源污染现状和治理对策 [J]. 河南农业，2016（22）：21-22.

[58] 朱琳敏，王德平，邓楠楠. 生态循环农业研究综述 [J]. 现代农业科技，2016（16）：224-227.

[59] 朱鹏颐. 农业生态经济发展模式与战术探讨 [J]. 中国软科学，2015（1）：14-18.

[60] 朱守银，段晋苑，薛建良，等. 深入推进农业供给侧结构性改革　加快培育农业现代化建设新动能——2017 年中央一号文件学习体会 [J]. 农业部管理干部学院学报，2017（2）：7-18.

（刘朋虎　高承芳　翁伯琦）

第八章

山水林田湖草生命共同体与绿色发展

红壤侵蚀区水土保持 - 循环农业耦合技术模式与应用

习近平总书记提出"山水林田湖草是生命共同体"的重要论断，蕴含着十分深刻的哲理，其简洁明了的理论观点，丰富了生态文明思想内涵。实践表明，生命共同体中山、水、林、田、湖、草各要素既各自独立，又相互联系；既功能各异，又相互影响（张笑千等，2018）。通常而言，山为水之命脉，水为田之命脉，田为人之命脉，土为山之命脉，林（草）为土之命脉，生命共同体的绿色活力与持续运营，无疑是人类生存发展的重要物质基础。众所周知，生态是相互协调与辩证统一的自然系统，更是相互依存与紧密联系的有机链条（赵美玲和刘思阳，2018）。"生命共同体－命脉维系论"是习近平总书记生态文明思想的重要组成部分。很显然，递进与关联的命脉维系论是生命共同体本质内涵，也是人类社会持续发展的重要基础与协同动力（杨军，2018）。就此，如何在实施乡村振兴战略与促进农业绿色发展过程中，有效治理山水林田湖草生态系统，持续建设良性循环的生命共同体，因地制宜构建乡村生态经济集群，促进幸福家园建设与全面奔小康，这无疑是坚持农业农村优先发展与创新创业的重要命题。

山水林田湖草系统是生命共同体，其有效保护与持续建设的实践，就是要从本质上深刻地揭示人与自然生命过程之根本。要尊重自然、顺应自然，就是要认识不同自然生态系统间能量流动、物质循环和信息传递的变化规律，进而更好地保护与合理利用与人类紧紧依存、生物多样性丰富、更大区域尺度优势叠加的生命共同体。本章在论述山水林田湖草生命共同体的理论内涵及其实践意义的基础上，深入分析了以有效保护与利用生态资源来引领生命共同体建设的路径与作用，阐述了推进山水林田湖草的生态环境保护与生命共同体系统修复建设需要把握的 6 个重要原则，并结合"纵向贯通—横向融合—优化结构—集成一体"的发展实际与建设思路，提出了以山水林田湖草生命共同体的建设助力乡村农业绿色振兴的系列对策。

第一节　山水林田湖草生命共同体的理论内涵及其实践意义

习近平总书记提出并系统论述的"绿水青山就是金山银山"绿色发展理念，深刻揭示了建设山水林田湖草生命共同体的理论内涵与本质规律，人与自然和谐共生的共同体建设理论是推动绿色发展的实践之基。中国拥有多山地理与多水流域的资源禀赋，山水林田湖草遍布各地城乡，绿水青山是自然与生态财富，又是社会与经济财富。我们要深入践行"绿水青山就是金山银山"的绿色发展理念，更加主动地爱护"绿"，让城乡自然资本持续有效地增值；更加深刻地懂得"绿"，让绿水青山不断转化为金山银山；更加全面地用好"绿"，让绿色创业赢得更加厚实的红利，努力实现生态美与百姓富两者有机的统一。

从和谐发展的理论内涵认识，"山水林田湖草是生命共同体"的论断，包括了整体系统观，即注重强调对自然生态系统的统筹治理；还包括了共赢全球观，即和谐发展共谋全球生态文明建设之路；两者的核心内容是"共同体"建设，突出强调生态文明建设，这无疑是人类社会共同进步的重要标识，其已成为全世界共同关注与积极应对的共性问题。构建生命共同体将成为推动全国乃至全球生态文明建设的重要切入点，以生命共同体建设为主要载体，促进人与自然和谐共生，其必然是建设"人类命运共同体"的重要内容与基础工程。从全局角度审视，建设山水林田湖草生命共同体，既是人类共同的责任，又是人类共同的利益。人们要更加明确认识到保护自然生态是其核心要义，全面实施"共同体"建设的作用，必将在推动生态环境保护与全球生态文明建设方面得以充分体现，持续与成功的实践将为全球生态文明建设贡献中国智慧和中国方案。就此，我们要凝聚共识，逐年逐年扎实干；要汇聚力量，逐件逐件踏实做，让祖国地更绿、水更清、天更蓝、空气更清新。

从美丽中国的建设意义认识，山水林田湖草生命共同体建设必须从生态保护与持续修复做起，而且要突出整体性、系统性和功能性特征。坚决打好打赢防治污染攻坚战，这不仅是党中央部署的重大政治任务，而且是建设山清水秀美丽中国的必然要求（高敬和董峻，2018）。要坚持绿色发展，突出问题导向；要坚持源头防控，突出责任到位。很显然，如果将污染总量／生态保护的比值作为评判系数，其调控的重点是显而易见的，既要对分子做好减法——有效降低污染物排放量，更要对分母做好加法——有效扩大环境容量，进而实现协同发力与有效治理。既要严格管控环境承载底线，更不可触动生态保护红线，全面实施山水林田湖草生命共同体的建设与整个系统的全过程监管。要推进城乡生态廊道与洁净增绿工程建设，使广大群众享有绿韵惬意的良好环境，让城乡百姓享受快乐愉悦的美好生活。建设山清水秀美丽中国，既是目标也是过程，既是理念更是实践，贵在实干，重在实效。

从系统工程的治理实践认识，要积极寻求环境治理方式与生态修复措施，需要全方位统筹规划，不能头痛医头、脚痛医脚；需要全地域协同攻关，不能各管一摊、相互掣肘；需要全过程落实到位，不能谋而不断，半途而废；必须统筹兼顾、防控结合，整体施策、多措并举，全面并系统开展山水林田湖草生命共同体建设。以保护区域水环境与治理乡村水污染为例（林晓梅等，2009），需要全面统筹水系的整体防控规划，具体包括左右岸地、上中下游优化治理；在污染防治上，需要科学统筹全区域陆地水面、地表地下；在生态保护上，需要统筹兼顾全国性水系的生态环境、河流海洋；要力求达到区域或者流域系统的水治理的最佳效果。就整体建设要点而言，需要从以往的末端治理转变为以防为主与防治结合的多要素并举策略，让资源在保护中开发，在开发中保护，力求实现生态系统服务功能优化提升与社会经济持续发展的整体目标。在建设山水林田湖草生命共同体的整个过程，各生态因素在整个系统中的作用各异，既有特定功能又是普遍联系的，例如山区、水系、草木、矿物、土壤、生物等自然资源要素既相互依存又互为影响。对自然资源保护与利用，要统筹兼顾，不可顾此失彼；对自然资源经营与管理，要注重协同，不可盲目分割。

从经济社会的持续发展认识，要深入实施山水林田湖草生命共同体的生态保护和环境修复，需要把握3个方面工作环节：一是深入持续开展国土绿化行动。要坚持生态优先，强化水土流失防控，强化荒漠化与石漠化综合治理。二是推动江河流域生态经济发展。要坚持齐抓共护，避免流域盲目开发，涉及大江大河的一切经济活动都要以保护生态环境为前提，统筹兼顾自然资源保护与利用的统一。三是要坚持生态经济与绿色发展。促进产业生态化与生态产业化的有机融合，不可因小失大、顾此失彼，避免对生态环境造成系统性、长期性破坏，要学会算宏观账、算长远账、算整体账、算综合账，从根本上实现保护与开发"双赢"目标的辩证统一。实际上，山水林田湖草生命共同体是人类社会紧密相依、生物多样性丰富、区域尺度更大的生命有机体，也是不同自然生态系统间能量流动、物质循环和信息传递的有机整体，其内在变化规律则深刻地揭示了人与自然生命过程之根本（王波和王夏晖，2017）。很显然，山水林田湖草作为一个相互紧密联系的生命共同体，具有整体相关性、系统耦合性和功能互补性特征。

值得注意的是，生态系统的有序管理，要着眼于全局性与持续性制定科学规划，注重研究系统性与综合性的解决方案，要因地制宜地根据相关要素功能联系及空间影响范围制定实施计划，而不是对单一要素治理分别采取简单措施，需要综合系统全面的对策予以统筹协调。就综合治理工程而言，各地要充分发挥自身优势，形成人人踊跃参与实践、部门依法履职尽责，有效推进城乡生态环境保护工作，为加快山清水秀美丽中国建设贡献智慧和力量。在工作方法上则要运用系统思维，强化山水林田湖草的大系统治理（吴浓娣等，2018）。就此，人们需要着力把握以下 4 个重点实施与有效管理环节。

一是着力解决突出生态环境问题。实施生态保护与环境修复工程，要通过分析区域生态环境现状，系统梳理各个层次存在的环境问题，进行规划与安排。要以解决环境问题和恢复生态功能为导向，以山水林田湖草生命共同体建设为切入点。要聚焦"山上""水里"，兼顾"天上""地里"；持续深化"建""治""管""改"结合，强化"源头严防""过程严管""后果严惩"，用好法治、科技、教育等手段，集中力量打好城乡环保重大战役，有效解决突出环境问题。要把防范杜绝污水偷排、直排、乱排摆在突出位置，强化明察暗访，依法打击违法行为，让污染环境者受到严惩。

二是划定生态保护修复责任片区。要针对区域或者流域存在的影响生态平衡与环境污染危害的突出问题，深入分析并有效确立解决环境污染与恢复生态功能的问题导向，按照生态系统综合调查评估结果和生态保护修复技术特点，明确主要生态功能定位，划定生态保护与修复工程区域。因地制宜地制定生态保护修复工程的空间布局与实施方案，要根据地理特征、区域特点、空间分布、资源禀赋、水文地质、山地植被、耕地土壤等自然环境要素，统筹协调并优化布设生态修复工程片区，并延伸确定以流域为单元的环境保护与生态经济发展示范区。以"选择若干区域、设立系统工程、选择有效技术、解决突出问题、保障持续发展"的工作思路，形成区域或者流域的生态环境保护的整体方案，优化构建生态环境修复工程的技术体系。

三是加强生态修复工程技术研究。在调研并明确经济社会发展与生态环境保护之间存在不和谐的基础上，充分分析主要矛盾与引发动因，力求因地制宜地优化生态要素匹配，实施资源种类保护治理的工作模式，因势利导地全面开展水域环境治理、农业用地保护、水土流失防控、开采矿山恢复、生物多样性保护等治理工程的实施，构建并完善绿色廊道建设、优化选择树种、绿色植被恢复、保障水质净化等具有针对性复合治理举措，并延伸创立适用性与有效性双兼顾的持续保育模式，创新研发并集成推广便捷高效的生态功能发挥与环境健康修复技术，提升山水林田湖草生命共同体的生态服务功能与区域生态经济持续发展能力，保障人与自然和谐共生与持续发展。

四是建立健全工程实施保障制度。山水林田湖草的大系统是不可分割的整体，其各要素之间相互影响又相互制约的生态过程是比较复杂的，既受到内在规律制约，又受到外部因素影响。进而要将山水林田湖草作为一个完整的区域生产与生态复合系统，实施整体性修复与保护性开发，实现生产能力与生态功能的持续提升。生产发展与生态保护是一个复杂系统工程，其是涉及多部门、多学科、多专业的长期性工作，进而要在深入实地调研生态产业化与产业生态化有效耦合的基础上，按照我国生态文明建设战略和供给侧结构性改革的总体要求，从科学规划、建设布局、统筹协调、多元投入、基础设施等方面强化组织实施，同时从监测预警、有效监督、信息公开、广泛参与、绩效考核等方面强化全过程全方位的管理，创新生态经济持续发展与生态服务功能修复的联动机制，明确生产生态生活有序融合的方向、任务和路径。

科学审视全球经济社会发展趋势，要着眼于绿色转型升级的总体目标，重建生态环境保护新秩序。如今十分迅猛的世界经济一体化发展潮流正冲击着传统格局，同时也为发达国家布局全球市场，进而乘势转移低端工业提供了便利条件，但作为承接方的发展中国家将难以抵挡经济收益的驱使，难以把控对自然资源的过度利用行为，这无疑将加剧环境污染与生态破坏。发展中国家在工业化进程中，仅是被动依靠承接低端产业，再加上疏于防范污染转移，必然对国内生态环境造成极大危害。就生态文明建设内涵认识，其以人与自然、人与社会和谐共生为追求目标，同时也以物质良性循环、人的全面发展、社会持续繁荣为基本宗旨。很显然，生态文明不仅是人类社会文明发展的一个新阶段，也是遵循人类—自然—社会和谐发展的客观规律运作，并在共生发展中取得物质与精神成果总和。在新的发展时期，我们全面探索并实践生态文明建设，力求构建物质丰富、社会稳定、政治平等、文化繁荣、和谐发展的新格局，其根本目标就是要努力创立中国特色社会主义新型文明之路。

第二节　以有效保护与利用生态资源来引领生命共同体建设

实施山水林田湖草生态修复与保护建设工程，建立持续保障机制与工程技术体系是至关重要的。生态保护和修复工程是一个非常复杂的系统，涉及流域地貌、上中下游、左右岸线、植物动物等方面（张惠远等，2017）。需要把整个流域看成一个整体来谋划，作为一个系统工程来实施，优化生态保护和环境修复工程布局，全面拓展水体保护与生态恢复。要按照全国生态保护与环境建设的总体要求，统筹规划山水林田湖草的生命共同体建设，实施生态保护与环境修复工程，需要破除行政区划限定，需要行业管理部门协同，优化生态要素组合，统筹协调保护开发需求，保障共同体的整体运营维护、生态功能发挥、综合治理水平与持续发展能力。

推进山水林田湖草的生态环境保护与生命共同体的系统建设，要着力把握6个原则：一是坚持改革创新，健全体制机制。坚持改革是推进生命共同体建设的基本动力，探索并创立国土空间开发新模式，不断创新资源节约利用、生态环境保护的体制机制，实行最严密的法制、最严格的制度，才能为生命共同体建设提供可靠保障。二是遵循自然规律，坚持和谐发展。实践表明，破坏自然无疑就是损害人类自己，保护自然显然就是保护人类自己。我们要始终秉承顺应自然、保护自然、利用自然的和谐发展理念，注重把人类活动控制在自然能够承载的限度内，实现人与自然和谐共生与持续发展。三是坚持统筹协调，实行双赢目标。要按照在发展经济与城乡建设中保护生态环境，在保护生态环境中发展经济与建设城乡的基本要求，统筹协调经济社会发展与生态环境保护之间的关系。很显然，和谐发展是硬道理，这是解决经济社会与百姓富裕的重要环节，有效保护则是实现可持续发展的关键要点，两者不可偏废，力求走出一条经济发展与生态保护"双赢"之路（李可福，2017）。四是坚持节约优先，合理循环利用。建设生命共同体，要以节约资源、环境友好为主要目标，以保护生态、持续发展为基本方针，以自然恢复、人工治理为重要措施，坚持节约与循环利用资源，坚持保护与改善生态环境，力求从源头上扭转生态环境恶化趋势。五是坚持绿色发展，优化调整结构。要把推动城乡循环经济与绿色低碳发展作为重要抓手，力求在转方式、调结构、上水平方面取得新的突破，合理构建资源节约和环境友好的持续发展新格局，优化产业结构与消费模式，转变生产方式与生活方式，全面增强经济社会的持续发展能力。六是坚持政府主导，全民参与行动。各级政府要发挥引导、支持和监督作用，形成企业主体、多方参与、齐心协力、全民行动的基本工作格局，尤其是企业要积极承担重要责任和义务，让每个人都要为和谐发展做出贡献，营造自觉保护生态环境的良好氛围。

优化构建并创新完善与"山水林田湖草生命共同体"理念相适应的体制及其保障机制，打破条块化管理的制约，着力破除制度瓶颈，为山水林田湖草的生命共同体建设与生态保护修复工程顺利实施提供持续支撑。就生命共同体的建设与生态保育工程实施而言，不仅分别涉及山、水、林、田、湖、草各个要素，而且各个要素之间既相互联系又相互影响，山－水之命脉，水－田之命脉，田－人之命脉，土－山之命脉，林（草）－土之命脉，命脉维系链的绿色活力与生命共同体的持续运营将是人类生存发展的重要基础。维护整体平衡与保持命脉活力，需要把握以下5个方面重要环节。

●1 科学规划，统筹兼顾；耦合联动，提高效益

实施山水林田湖草生命共同体建设，注重生态环境修复是重要的基础工程，其更是一项长期性与系统性的工作。必须坚持绿色发展理念，立足持续发展，结合区域实际，科学合理规划。以山、水、林、田、湖、草各个要素分别设计与科学组合为侧重点进行系统规划（图8-1）。以山-水之命脉的组合为例，要合理运用商品林、公益林"两类林"政策，为国家提高森林覆盖率与增加森林蓄积量做出贡献；但随着时间推移和形势发展，出现了很多需要改进与完善之处。在山区划定"两类林"必须到山头地块勘察，要以实现保障生态安全与发展山区经济"双赢"目标作为统筹点，既不可多划，更不能乱划。对于偏远山地或者生态脆弱地区，要注重地形地貌、山地朝向、林木类型、品种特性，生态功能等要素的合理搭配，尤其是对从近到远的采伐地，不可将粗大的"山帽子"树林地划为了商品林，因为这些林地被砍伐后几百年都恢复不了。相反，对于河套子、平原种得密密匝匝的人工林，其属于间伐经营类，不要划为生态公益林。山-林系统是相互联系，也是相互影响的，需要统筹协调林区、山地的生态环境保护与生态经济开发区域划定，实行合理经营与管理，确保资源持续利用。

图 8-1　山-水-林-草

●2 政策引领，联防联控；权责明确，协同共建

山水林田湖草大系统的生态修复，涉及多部门与多学科的内容。需要在政策制定、组织引导、实施方案、创新管理上下功夫。尤其是要构建区域之间、部门之间的联防联控和协同共建机制，做到归属清晰、权责明确、监管有效；要进一步健全自然资源资产产权和合理使用的有效管控法律法规体系，同时要研发与创立资源环境承载能力监测预警体系和生态补偿机制（张高丽，2014）。以水-田之命脉组合为例，

要在水系生态保护与修复方面注重协同共建，一方面要注重水资源合理利用，另一方面要有效保护沿岸自然景观，在为人们生活提供良好洁净的水源之时，保障经济社会持续发展与生物生存繁衍的良好环境。实践表明，合理采用生态措施护理岸线，合理保持河道自然弯曲的环境功能属性，可以避免使用单纯的工程措施治理和简单的水泥硬化河道不利影响（吴宁华，2016）。如果天然河道系统被硬化成为混凝土河道和排水渠系统，河道无法发挥水流的调蓄和对地下水的补给功能，水驳岸的生态型和亲水性几乎丧失。较好的解决方法是进行河道整治工程，将笔直混凝土排水渠恢复为弯曲、自然式河流。同时使用土壤生态工法技术，充分利用植物和自然材料，增加生物多样性。河道改造还要融入雨水管理设计，科学利用雨水资源，促进耕地与农田水的良性循环。

● 3 因势利导，优势互补；强化管理，注重共享

建设山水林田湖草生命共同体，各地资源禀赋不同，生态条件各异，进而需要因地制宜制定发展规划，因势利导统筹建设重点，需要突出优势互补，需要突出区域特色，需要强化机制创新（图8-2）。以林（草）-土之命脉组合为例，要因势利导构建山、林、草、水管理体制与机制，有效解决区域治理中突出的水土流失防控的问题，实施林草先行，以发展山地草业递进实现植被恢复—地力恢复—生产力恢复的目标，保护土层，涵养水分，维护生态，保持平衡。在更大区域范围，要遵循生态学规律来科学划分边界，解决分散管理、资源保护与森林管理目标不协调等问题。由国家公园管理、森林草原、野生动物和土地管理等部门组成委员会，统筹协调国家公园生态系统的分析评估、决策机制、项目实施等事项；并根据保护重点设置分项专业委员会，构建跨区域跨部门的统筹协调与高效管理机制，建立信息发布平台和数据共享机制，加强区域协同递进和运营反馈响应（吴承照等，2014）。

图8-2　山、水、草、牧和谐共生

● 4 发挥优势，自然修复；统筹兼顾，持续递进

生态系统是具有自净化属性和特征的系统，要充分利用其自适应与自修复性。人工干预如果超越了生态系统的阈值和边界，生态系统的净化功能就会削弱（唐海萍等，2015）。因此治理理念与规划思路、技术路线不能违背自然规律，不能忽视生态保护修复的系统性、整体性、功能性。要按照山水林田湖草生命共同体的逻辑递进规律与绿色发展理念，创新生态经济持续发展思路与和谐社会统筹协调路径（成金华和尤喆，2019）。成功的实践业已表明，山水林田湖草生态保护修复的核心是修复人与自然的和谐共生关系。以林-田-水组合为例，在具体修复方法选择上，尤其要注重制定近自然修复方案并采用生态化治理技术。建立以生态功能提升为目的的生态保护修复模式，对生态功能重要和脆弱地区进行保护保育和修复治理，以自然恢复为主，人工治理措施为辅，构建人与自然和谐格局。例如要依靠河流自净功能恢复生态，过多地进行河床硬化等工程措施，或者过于强调人为干预措施，将会破坏河流生态功能。以水-田-河（湖）组合为例，河道整治应与农田整治与设施建设相配套，着力推荐并集成推广"拟自然"修复技术进行河道治理及农田改造，应用绿色设计理念并优化蜿蜒河体的滞洪结构，在非洪涝时间利用河道修复段为城乡居民开辟亲水游乐区、沙滩休闲区；而在洪涝期间则可提供功能完善的滞洪空间，提升城乡滨河空间的自然属性与利用功能（宛天月，2017）。农田与耕地整治不能忽略土壤生态修复的功能性，要避免盲目整治工程布局或基建治理工程项目，在很多南方地区，只需要封山净化就可以实现生态修复，特别是要避免实施过多的人工干预工程。

● 5 纵向贯通，横向融合；优化结构，集成一体

山水林田湖草的生态系统保护与修复是新生事物，要注重以点带主，点面结合，力求做到空间布局匹配、目标定位准确、考核监督到位。因此，各地要按照"纵向贯通，横向融合；优化结构，集成一体"整体建设思路，组织编制区域山水林田湖草生态保护修复的专项实施方案，明确山水林田湖草生态保护修复的空间布局、类型组成、责任体系，明确山水林田湖草生态保护修复的分区分类、目标定位、任务要求，明确山水林田湖草生态保护修复的进度安排、链接环节、分期目标。深入研究生态恢复过程经济持续发展的驱动力作用，力求阐明各个要素之间存在的相互影响和内在互动关系，深入探索并注重分析生态系统演替规律及其影响因素，力求有效评价生命共同体建设效应并注重预测未来的变化趋势，为生态环境保护和持续保育管理提供科学决策支撑。应把生态文明理念融入区域经济社会发展与建设之中，集思广益寻求对策，实现共商、共建、共享的共赢目标；各尽所能贡献力量，打造人类利益共享的命运共同体；充分发挥各方优势并挖掘内在潜能，让生态文明建设成果更为丰硕，并且更广泛更公平地惠及全国乃至世界人民。

第三节　以山水林田湖草生命共同体建设助力乡村绿色振兴

　　很显然，人类社会对自然无度无序或者没有底线开发的结果就是生态环境遭受严重破坏，其主要矛盾产生方是人，而不在自然。我们倡导生命共同体建设，关键要点是纠正人的不当行为，既要从根本上树立绿色发展理念，避免盲干危害自然，杜绝人为破坏行为，又要从行动上推动充分尊重自然、顺应自然内在规律、有效保护利用自然的自觉实践（云南省中国特色社会主义理论体系研究中心，2014）。我们着力推动生态文明建设，首先是选择正确的发展方式。建设生态文明是为了更好地发展，既要推进共生和谐发展（绿色发展、循环发展），又要注重高质量的发展（低碳发展、持续发展）。我们致力倡导生态文明建设，尤其要注重防治污染与实施循环利用，力求从源头上减少污染物产生和排放，实现资源节约与环境友好。同时要构建并完善生态文明建设的法律制度，不仅要强化并完善合理改造自然与有效约束盲目开发行为的依法治理体系，而且要强化并完善加快产业绿色发展与低碳循环的高质量经营的法律法规保障。要注重生态文明的法律体系建设，将立法、执法、司法的出发点集中在有效约束和优化调整人的行为上，实现依法管理。而依法管理的立足点是从源头上约束人们不合理的开发行为，加强政府对自然资源开发利用的有效管理，进而避免由于注重经济发展而对自然生态系统造成的破坏，从根本上保护生态环境和人体健康。我们要以山水林田湖草生命共同体的建设助力乡村绿色振兴，就发展对策而言，需要注重强化以下 5 个方面工作。

● 1 坚持绿色发展，提高资源利用效率

　　要从根本上协调好人与自然的共生互利关系，牢固树立尊重自然与保护自然的意识，在追求物质财富之时，注重减少人们对自然生态系统的伤害；在保障社会福祉之时，力求在生态环境有效承载范围壮大经济产业；在实现社会公平之时，促进自然资源可更替再生并实现代际平衡。坚持绿色发展，要注重把握 3 个关键环节：一要降低自然资源消耗强度，提高效率。要大力推行降低单位 GDP 能源消耗强度，减少二氧化碳排放数量，力求提高资源利用率。二要实现自然资源循环利用，变废为宝。力求在减少资源消耗与废物循环利用基础上，在生态环境承载能力允许范围内，有效促进经济增长并保障绿色发展；要注重有效把握增长速度与环境容量的关系，经济发展速度控制在资源消耗总量和生态环境承载底线之内；坚持优先保护自然，要着力控制能源消耗总量、耕地保护红线；要着力有效控制用水总量、守护生态红线，为经济社会绿色发展与生态环境保育提供有效保障。三是自然消耗要体现公平性，实现共享。坚持绿色发展，要让更多的人享用自然消耗带来的社会福利，同时要因地制宜地建立生态补偿制度，保证每一个人特别是贫困人口具有公平享用自然的权利。

● 2 坚持生态振兴，提高污染防控效率

　　就现代农业发展而言，没有良好的生态，就没有高优的农业。众所周知，农村环境直接影响城乡居民的米袋子、菜篮子、水缸子、花园子。要坚持因势利导地创立环保农业模式。要按照"生态 +"理念，找准抓实产业发展与生态保护的结合点，促进生态要素向生产要素、生态财富向经济财富转变，着力探索产业生态化与生态产业化新路子。要坚持农业绿色化与智能化相互促进。要运用大数据智能化手段，加快传统产业转型升级，培育新动能；着力推进智能制造产业，培育新业态；着力引领绿色经济发展，

培育新产业。由于有些地方对乡村生态环境治理认识不到位，未能及时转变传统的发展观念，进而在实施乡村振兴过程中仍存在项目开发与有效保护脱节的倾向。要着力落实国家"一控双减三基本"的技术战略，在农业用水不超标的同时，注重减少化肥用量，增加有机肥使用比重；注重减少农药用量，增加生物农药用量；同时着力完善废旧地膜回收与便捷处理技术。要实现全国行政村全覆盖环境整治，有效开展生态宜居家园与乡村环境治理，基本解决农村的垃圾分类、污水管网、厕所改造等问题，营造与美丽乡村相匹配的生态景观，为百姓留住令人回味的融融乡愁与鸟语花香的田园风光（图8-3）。

图 8-3　美丽乡村生态景观

● 3 坚持改革创新，提高土地产出效率

深化农业供给侧结构性改革，大力发挥农业多功能作用，因地制宜推动区域高效生态农业发展，因势利导促进乡村产业"接二连三"的有效融合，振兴农村的绿色产业，为农民增收致富与美丽乡村建设奠定基础。要用足用好乡村生态与文化两种重要资源，发挥生态景观与农耕文化优势叠加作用，促进农旅融合、文旅融合、乡旅融合，打造乡村休闲旅游产业的升级版，让更多的人到乡村行千里、到田野致广大。实施乡村振兴战略已成为农业农村优先发展的重要组成部分，各地按照习近平总书记提出的产业、人才、文化、生态、组织等五大振兴的目标要求，因地制宜地探索富有区域特色的乡村振兴与绿色发展新路。同时要坚持因地制宜地优化农业投入结构，从根本上扭转破坏自然、忽视自然的观念与行为，要以山水林田湖草生命共同体建设为载体，进一步强化乡村生态产业化与产业生态化的有机融合。注重"两化"融合发展，讲求在保护生态环境基础上，转变资源利用方式并提高循环经济效益。要按照减量、循环、再生、可控的"4R"原则，深化乡村产业供给侧结构性改革，从根本上将"资源—产品—废物"单向线

性模式转变形成"资源—产品—废物—资源"递进循环闭合的产业经济发展新格局，从而减少污染物累积，避免对生态环境的损害，实现资源高效利用。注重产业生态化与生态产业化的融合发展，需要最大限度地提高资源的利用率，促进物能转化效率并提高农业生产力，在注重发展乡村经济的同时，要合理配套技术措施，着力减缓由于二氧化碳排放而对气候变化产生不利的影响。

● 4 坚持两化融合，提高劳动生产效率

乡村生态产业化与产业生态化的融合发展，其创意是源于乡土，有助于促进人与自然和谐共生的乡村绿色产业振兴；其模式是发展于乡土，有助于推动绿色产业振兴与生态环境保护的统筹协调。要增强广大农民群众保护绿水青山与发展绿色农业的意识，构建引领乡村振兴的生态循环经济体系，不断提供优质生态产品与生态服务功能，增强新时代乡村振兴的可持续性。就此，一方面要推进乡村生态经济产业建设。要着眼于市场供求导向，充分满足群众生活需求，注重发挥具有区域特色的高优产业功能并挖掘绿色农业生产潜力，面向市场生产独具区域特色的原生态产品。如今发展的循环农业产业园区、山地生态果园建设、农草牧菌产业结合等模式，蕴含着丰富的生态文明思想，即尊重自然法则、顺应自然规律、保护自然资源。因地制宜发展乡村休闲观光农业，促进景观多样性与生态功能性有机融合，积极塑造既易于传播又让群众喜闻乐见的乡村旅游活动与生态景观产品（图8-4），不仅有利于发挥乡村生态文化产业增收作用，而且有利于增强城乡百姓生态环境保护意识，力求在支撑乡村产业发展同时，注重弘扬生态文化，其虽具有浓烈的乡土气息，但生态文化的独特魅力将悠然引人，其与区域生态服务功能一样将发挥特有的作用，有助于促进乡村生态与文化振兴。另一方面要培育乡村生态文化新业态。要以乡村绿色生态为本色、以农耕文化为载体、以农旅结合为平台，创立乡村生态文化新业态，既要借助乡村的森林、河流、田园等生态环境资源，又要提供具有浓郁生态气息的乡村文化产品和科普教育服务。

图 8-4　乡村旅游

● 5 坚持环境友好，提高多赢发展效率

在资源节约的同时，注重城乡环境友好，既要充分发挥乡村生态产业与绿色资源功用，优化构建乡村生态经济体系；既要创新具有天然与绿色属性的乡土生态产品，又要优化构建生态景观体验环境；以生态经济振兴之力，拓展三产融合发展领域，同时提升乡土产品的附加值，力求取得更为丰硕收益，提升农民群众增收水平。坚持环境友好，一方面要注重生态宜居乡村建设，让富有地方特色的民居、牌坊、祠堂、戏台等乡村建筑成为人们见识乡村生态宜居的风貌，如许多乡村"依山而建、曲径通幽、临水开窗、朴实无华"的粉墙黛瓦平房，"前庭后院、花红树绿、小桥流水、错落有致"的乡居风貌，正是中国传统乡村生态文化的特有符号与魅力，也是人与自然和谐共生思想的代代传承与诠释。另一方面要通过引入市场化机制，丰富美丽乡村建设的投资主体，整合有形的物质资源和无形的精神资源，发展以乡村为单元的休闲观光产业，不仅有助于提升规模化的优质产品生产能力，而且有助于提高多样化的乡村生态服务水平。例如福建省漳平市永福万亩花海茶园建设，就是通过向市场化企业借力，开展樱花观赏与生态茶园的综合开发，以旅游观光主题的生态文化公园建设为平台，在山地茶园内套种樱花，并与食、宿、游、娱、购、养相结合，把茶园花海的生态文化优势转变为带动乡村发展、群众增收的生态文化产品与生态文化服务产业，收到了多赢的成效。

很显然，优化构建乡村振兴的产业生态化与生态产业化融合发展新体系，需要不断创新体制与机制，力求形成发展乡村生态经济产业体系与建设乡村生态文明的良好社会氛围，这既是城乡一体化发展与公共服务均等化的硬要求，同时又可为乡村"留住人、吸引人"营造宜居宜业的软环境（图8-5）。在美丽乡村建设或乡村治理改造中，实施优化设计与统筹协调，既要传承历史文化遗产，又要融入现代先进要素，要让人与自然和谐共生理念贯穿于绿色家园与美丽乡村建设全过程，为乡村百姓留住鸟语花香田园风光，让亿万农民群众共享乡村振兴的生态红利。

图8-5　乡村生态人居

第四节　山水林田湖草生命共同体建设的实践意义及其作用

　　生态环境是相互依存、紧密联系的统一的自然系统，其形成的有机链条富有自身变化规律。很显然，田是人的命脉，水是田的命脉，山是水的命脉，土是山的命脉，而林和草则是土的命脉，山水林田湖草生命共同体是人类生存与发展的重要物质基础（赵美玲，1998）。如何在实施乡村振兴战略与促进农业绿色发展过程中，有效治理山水林田湖草生态系统，持续建设良性循环的生命共同体，因地制宜构建乡村生态经济集群，促进幸福家园建设与全面奔小康，这无疑是坚持农业农村优先发展与乡村振兴及科技创新创业的重要命题。习近平总书记关于"绿水青山就是金山银山"重要论断，是对山水林田湖草生命共同体建设的理论内涵与本质规律的深刻揭示，是推动绿色发展的理论之基。中国拥有多山地理与多水流域的资源禀赋，山水林田湖草遍布各地城乡，绿水青山是自然与生态财富，又是社会与经济财富。我们要深入践行"绿水青山就是金山银山"的绿色发展理念，更加主动地懂得"绿"、护好"绿"、用足"绿"，让城乡自然资本不断增值，让绿色资源创造更多红利，让绿水青山源源不断转化为金山银山，努力实现产业优、活力强、百姓富、生态美的有机统一（凌云，2019）。

　　就本质意义而言，"山水林田湖草是生命共同体"的重要论断，形象说明并深刻揭示了人与自然的密切关系及其重要内涵。生命共同体蕴含两个方面的深层次要义，一方面表达了其是不同自然生态系统间能量流动与物质循环以及信息传递的有机整体，另一方面阐述了其是人与自然紧紧依存且生物多样性丰富以及更大区域尺度的生命有机体（王波和王夏晖，2017；李一楠，2017）。就实践意义而言，山水林田湖草生命共同体的核心是具有整体性、系统性和功能性特征，其建设要义是注重整体统筹与优化协同，要从过去的单一要素转变为以多要素构成的生态系统的持续保护与综合修复，着力提升系统生产能力与生态服务功能（王夏晖等，2018）。山水林田湖草生命共同体是一个各要素之间存在着普遍联系且又相互影响的复合大系统，既不能顾此失彼而独立存在，更不能实施人为分割管理。例如区域的森林、水系、矿藏、生物等多种自然资源组成互为依托与互为基础的生态系统，需要从全局视角设计、实施危害防控与系统管理。对受损的系统或者污染的环境，要根据空间影响范围及其相关要素功能联系进行整体性解决方案设计，而不是简单地对个别要素采取单一治理对策，需要采取系统综合与全面措施予以统筹解决（王静，2016）。

　　马克思主义生态观为人类社会的发展描绘了一幅人、自然、社会和谐发展的美好蓝图，坚持唯物主义的基本立场，为建设生态文明指明了理论方向（潘岳，2015）。生命共同体理论是习近平生态文明思想的重要组成部分。在经济社会发展理念问题上，坚持人与自然和谐共处的绿色理念，实现了从"以物为本"转向"以人为本"的理论创新；其强调人的全面发展需要良好自然生态保障的重要性，必须遵循的是把坚持生态环境保护的优先性作为生产力发展前提条件，阐明并应用生态系统各个要素相互影响的动态变化规律等核心内容，丰富与发展马克思主义生态观的基本理论（潘岳，2015）。马克思主义生态观致力于生态文明建设，处在文明发展重要转折点的新时代，应更加自觉以人与自然相统一的辩证思维，全面统筹经济建设、社会发展及生态环境保护之间适宜的量比关系，适应从"工业文明"转向"生态文明"的科学要求（王静，2016）。马克思主义生态观认为，要致力于构建人与自然和谐共生关系，保护生态环境是为了更好地发展生产力，而生产力的发展和绿色实践水平的提升则是强化生态环境保护的重要基础；建设富有中国特色的生态文明，既不能脱离发展生产力，也不能忽视生态环境有效保护，进而要坚持社会主义经济、社会与环境的和谐发展（吴浓娣等，2018）；我们倡导的生态文明建设是与马克思主义生态观一脉相承，其基本模式是绿色发展、循环发展、低碳发展。很显然，生态文明建设既要应用马克思主义矛盾辩证法理论，又要讲求矛盾双方相互转化的实践，其根本思路是要着力从"二元对立"转向"和谐共生"，同时更要注重矛盾双方的统一性和非对抗性，由此要摒弃人类征服自然的错误观点，从而形成人与自然和谐相处、和谐互动、和谐发展的"和谐共生"的思维模式（王静，2016；潘岳，2015）。

众所周知，存在决定意识是马克思主义哲学的基本观点之一。人类起源于自然，生物与环境、生存与发展就伴随人类出现且始终紧密联系。在人类与自然的大系统中，不同生物都在与环境对立统一中存在，而相互联系与相互影响更是无所不在的（周生贤，2013）。很显然，大多数的生态环境问题的显现，虽然表面上反映出来的是经济结构、生产方式和消费模式问题，但实质上是不合理的资源利用方式和失衡的经济增长模式的产物（周生贤，2014），更是人与自然之间的矛盾与不同程度的冲突。

回顾世界环保探索历程，人们充分认识和解决环境问题已走过3个阶段：一是失衡发展阶段——付出沉痛代价。实施工业革命之后带来经济社会的巨大变化，尤其是20世纪30年代开始的工业化快速发展，在创造丰富的物质财富的同时，不仅自然资源消耗过度，而且各种污染物大量排放，进而大范围破坏了生态环境，比利时、美国、英国、日本等发达国家曾相继发生了"马斯河谷烟雾""洛杉矶烟雾""伦敦烟雾""水俣病"等八大公害事件，震惊世人。随着科技进步与发展、商品经济壮大和工业化的快速推进，极大提高了人类的生产力水平，也增强人类征服和改造自然的能力（周生贤，2013）。但滥用征服能力与失衡发展，其付出的沉痛代价予以人们深刻的启示。二是统筹发展阶段——唤起世人觉醒。曾先后有《寂静的春天》《增长的极限》《只有一个地球》3本著名的书出版，起到重要的警示作用。美国生物学家蕾切尔·卡逊撰写的《寂静的春天》，深刻揭露了人类为追求利润而滥用农药造成惊人危害的事实，并发出了强烈呼吁——不解决环境问题，人类将生活在幸福的坟墓之中；1972年由几十位科学家、教育家和经济学家联合撰写并出版《增长的极限》的战略发展报告，提及的事实与观点引发人们高度关注，其警示性名言是"没有环境保护的繁荣是推迟执行的灾难"（周生贤，2013）；1972年经济学家芭芭拉·沃德和生物学家勒内·杜博斯接受联合国第一次人类环境会议秘书长莫里斯·斯特朗委托，共同研究并撰写的《只有一个地球》报告，鲜明表达了"不进行环境保护，人们将从摇篮直接到坟墓"重要观点（周生贤，2014），持续呼唤人们对日趋严重的环境问题的觉醒。三是绿色发展阶段——推动持续奋起。随着人类对环境问题认识的强化，世界各国也在不同程度地反思与变革经济社会发展方式，开始共同研究并注重解决环境问题（李玉梅，2013）。沉痛的代价唤起了宝贵的觉醒，1972年6月在瑞典斯德哥尔摩召开的联合国人类环境会议，世界各国会议通过了《人类环境宣言》。以此次会议为标志，人类对环境问题的认识发生了历史性变化，确定每年6月5日为世界环境日，提示人们对生态环境保护的极大关注，目的在于确立了人类对生态环境问题的共同看法和管理原则。1992年6月在巴西召开的联合国环境与发展大会，明确提出了经济增长与环境保护有机结合可持续发展战略，并将"共同但有区别的责任"作为国际环境与发展合作的基本原则，并在全世界范围启动了环境保护事业。2002年8月在南非召开的可持续发展世界首脑会议，提出了以促进经济增长、社会进步同环境保护与生态平衡相协调为核心内容的世界可持续发展的战略框架（周生贤，2013）。2012年6月在巴西召开的联合国可持续发展大会，大会通过《我们憧憬的未来》的重要文件，确立了推动绿色经济与实现可持续发展目标的重要举措。

人们已经深刻认识到正确处理环境与经济关系是至关重要的。纵观经济社会发展历史，每一次重大环境事件的发生，都会引发重新调整环境与经济关系的新热潮。主要措施包括 3 个方面：一是注重依法治理。从 20 世纪 70 年代开始，许多发达国家陆续实施了经济发展与环境保护相协调的战略，强化了环境污染综合治理工作，依靠技术进步改造传统生产，积极推进经济结构调整，并制定一系列环境法律予以保障（周生贤，2014）。进入 90 年代，许多发达国家的空气、河流等生态环境质量得到明显改善。二是注重环境优先。以日本二战后工业经济发展为例，其虽然呈现了高速发展态势，但日趋严重的环境污染造成了频频爆发的公害事件，引发了世人的普遍关注。而仅顾全经济发展的小范围环境保护，则难以摆脱连锁污染的厄运。自 20 世纪 70 年代开始，经过几十年持续不懈的努力，日本制定实施了环境保护优先的战略，严格实行环保法律和防控标准，基本扭转了工业污染蔓延的格局（周生贤，2013）。三是注重绿色发展。以新加坡为例，其在城市化规划建设初期，就严格按照功能实行分区管理，建设完善的城市环境基础设施，优化分离工业区与居住区，有效避免市区环境受到污染，保持清洁环境和优美生态，持续实施并使之成为闻名于世的"花园式城市"。

实际上，许多发达国家先期觉醒，付出巨大努力来解决环境危机问题，基本阻控了传统工业化带来的环境污染危害。然而，如今全球范围的生态环境依然是发达地区有所缓解、总体仍在蔓延，局部甚至继续呈现恶化的态势。就主要问题而言，全球性气候变化、生物多样性锐减、水资源严重危机、化学品持续污染、土地退化在加剧等危机依然存在且并未得到有效遏制。尤其是大多数发展中国家的人口不断增长、工业化和城镇化的发展、承接发达国家的污染转移等因素，致使环境负担与质量趋恶的态势仍在加剧，进一步加大污染累积，治理难度呈现加大（周生贤，2013）。发展中国家决不能重蹈"先污染后治理、牺牲环境换取经济增长"覆辙，必须积极探索经济增长与环境保护相结合的可持续发展新路。

坚持绿色发展的 4 点基本经验值得学习与借鉴：一是要建立严格的环境保护法律法规体系。依法管理，严格执法，实行环境责任终身追究。二是要着力经济发展与环境保护双赢目标。要优化调整产业经济结构，加快转变经济发展方式，从经济高质量发展中寻找转型升级之路，以绿色发展推进高效率的生态环境保育，力求从根本上解决生态环境危机（周生贤，2013）。三是充分发挥科技创新及其有效支撑作用。以发展生态经济与绿色发展政策为引领，以科技创新创业为支撑，注重环境成本核算与绿色产品生产。四是要形成全社会推进环境保护强大合力。要坚持秉持绿色发展理念，形成政府、企业、公众共同参与新格局，注重采取和谐共生的价值取向，全面实施区域生态文明建设，全面促进绿色经济发展与生态环境保护。

建设山水林田湖草生命共同体的意义与作用是多方面的。从系统工程的视角认识，生态环境保护决不能再走头痛医头、脚痛医脚、各管一摊的老路，而必须采取统筹兼顾、多措并举、整体施策的方针，积极寻求生态修复、环境治理与经济发展有机结合的新途径，推进全过程、全地域、全方位的山水林田湖草生命共同体建设（习近平，2019）。以治理水污染与保护水环境为例，在整体规划上就需要全面统筹水系的左右岸地、上中下游，在污染防治上就需要科学统筹全区域陆地水面、地表地下，在生态保护上就需要统筹兼顾全国性水系生态、河流海洋，要达到系统治理的最佳效果。就持续发展的视角认识，要深入实施山水林田湖草一体化生态保护和修复，需要把握 3 个重要环节：一是要开展大规模整体绿化行动。要坚持生态优先，实施有效防控，加快区域水土流失防控和荒漠化石漠化的有效治理。二是要推动流域生态经济带发展。要坚持共抓生态环境保护，注重引领生态经济开发，涉及大江大河流域的一切经济活动都要以不破坏生态环境为前提，统筹兼顾自然资源保护与利用的统一（李周，2018）。三是要坚持生态经济与绿色发展。促进产业生态化与生态产业化的有机融合，不可因小失大、顾此失彼，避免对生态环境造成系统性、长期性破坏，要学会算大账、算长远账、算整体账、算综合账，从根本上实现保护与开发"双赢"目标的辩证统一。

就美丽中国建设而言，山水林田湖草生命共同体建设必须从生态保护与持续修复做起，而且要突出整体性、系统性和功能性特征。坚决打赢打好污染防治攻坚战，保护蓝天碧水与绿色原野，这是按照党中央部署而必须认真完成的重大政治任务，也是保护山清水秀的生态环境与建设美丽中国的必然要求。要坚持绿色发展，突出问题导向；要坚持源头防控，突出责任到位。显而易见，要处理好分子与分母的关系，要对污染防治这一分子做好降低污染物排放量的减法，对生态保护这一分母做好扩大环境容量的加法，协同发力，减少污染危害的比值（习近平，2019）。要全过程强化山水林田湖草系统的监管，有效实施生态保护红线管控。要全面加强城镇洁净增绿工程建设，让城乡百姓享有惬意生活休闲空间（图8-6）。建设山清水秀美丽中国，既是目标也是过程，既是理念更是实践，贵在实干，重在实效。

图 8-6　秀美乡村建设

第五节　区域生态经济学研究及其生产实践进展与重要启示

实际上，自20世纪40年代起，生态学理论就开始应用于生产实践。20世纪60年代之后，随着世界范围的森林破坏、水土流失、土地退化和环境污染等日益趋重，再加上人口增加、粮食供应和自然资源逐步趋紧的压力，给经济发展、社会稳定和人类生活造成了巨大冲击（马世骏，1990）。如何有效地解决经济发展与资源利用的矛盾，如何有效避免环境污染与生态失衡的危害，无疑已成为经济与生态领域科学家们共同面临的严峻挑战（李周，2008）。生态与经济是紧密相连、相互影响的。20世纪80年代国内首次提出了研究与实践生态经济的命题，并开始建立我国生态经济学的目标体系。生态经济学的理论内核是注重资源优化配置，生态经济学实践要义是社会最优解与企业最优解的强烈互补性，这就是生态经济学有别于其他经济学分支的一个显性的特征。就发展意义而言，生态经济研究不仅涉及生态产业化与产业生态化，还具体涵盖了生态产业、生态恢复、生态保护等重点领域，并相应延伸形成了产业生态经济学、恢复生态经济学、保护生态经济学3个重要分支。

我国生态经济学研究与应用同样也经历了3个阶段。一是起步阶段，注重以着力于维护生态平衡为核心的研究与应用。1978年出台的《中共中央关于加快农业发展若干问题的决定》曾明确指出："过去我们狠抓粮食生产是对的，由于忽视经济作物、林业、畜牧业、渔业协调发展，尤其是没有注意保持生态平衡，造成了生态系统的损害，这是一个很大的教训"。1983年发布的《当前农村经济政策的若干问题》指出，"实现农业发展目标，必须注意严格控制人口增长，合理利用自然资源，保持良好的生态环境"，要力求在保障上述三大前提条件的框架下，深入研究并优化布局生态经济产业，力求创立具有中国特色的持续农业发展模式。生态经济学最初的研究核心则是发展经济如何遵循经济规律和生态规律。二是深入阶段，注重以生态与经济协调发展为核心的研究与应用。从1984年起，有更多的经济、生态、环保、农林等行业专家学者加入生态经济的研究与开发行列，聚集力量，形成共识，并创立了中国生态经济学会，构建了经济社会与生态环境协调发展的体系，为深化生态经济的基础理论与应用技术奠定重要基础（李周，2018）。至20世纪90年代初，生态与经济协调发展已成为我国生态经济发展的主导理论。三是提升阶段，注重以科技兴农推动农业绿色发展的研究与应用。重点是探索生态产业化与产业生态化融合发展，以科技创新带动乡村产业，着力创建乡村生态经济产业体系、生产体系与经营体系，推进乡村生态经济产业集群的优化构建，在保障乡村产业持续发展之时，保护良好生态环境，实现生态与经济双赢的目标。

就理论研究而言，生态经济学有3个主要切入点：一是发展模式研究。其研究的主体是整个生态系统，深入探讨并有效评估人类活动对生态环境的影响，并利用数学方法构建生态经济发展模型，重点包括如何精确测算生态系统顺向演替带来的价值叠加，及其逆向演替造成的价值损失，力求在阐明系统内在关系与过程变化规律基础上，优化创立保护生态、改善环境与发展经济相协调且富有成效的模式（李周，2008）。二是发展机制研究。统筹经济与生态协调发展、实现人类与自然和谐共生，无疑需要管理制度与技术创新作为保障，统一企业和个人的自利目标与利他目标，规范生产企业和城乡居民的行为，优化构建经济社会与生态环境之间的双赢关系。三是发展政策研究。我国的生态经济学研究始于20世纪80年代初，许涤新等老一辈生态经济学家最早提出了鲜明观点：在生态保护与经济发展之间如何保持平衡，在很大程度上，主导的一方是前者。如果生态平衡受到破坏，或者环境遭受严重破坏，必然造成直接或者间接的经济损失，甚至是长期性的影响（中国生态经济学会，2000）。生态经济学家们从利益相关者的内在关系与影响因素方面，阐明了自然规律和经济规律之间的内在关系（云南省中国特色社会主义理论体系研究中心，2014）。发展政策研究属于管理学范畴，即要在全面界定利益相关者的基础上，通过充分协商，形成共同目标，开展密切合作，朝着双赢乃至多赢的方向推进生态经济开发，全面树立经济与生态协同发展的导向，从而形成相互促进与和谐共生的约定，力求共同遵守。很显然，生态经济的发展与成效予以人们3个方面的重要启示。

● 1 促进乡村生态经济与区域环境保护融合发展

广大乡村要因地制宜创立经济与生态相协调的可持续发展道路，必须坚持绿色发展理论与生态经济实践的有效结合。就决策机制而言，全面地实施可持续发展战略，要实现依法决策的目标，需要以核规制度替代核定制度，力求避免核定过程中的主观随意性。就考核机制而言，要制止各种不负责任的行为，实现权责对称的目标；要实施自下而上方式与自上而下相配合的管理措施，实现科学决策与民主监督的目标。就评价考核机制而言，注重制度面前人人平等的严格考核评价，构建并完善评价标准和考核指标体系，起到正确导向与引领作用（滕藤，2005）。中国农村分布广泛，正确处理乡村经济发展与区域生态保护关系是至关重要。美丽乡村建设与绿色农业发展，需要良好生态环境作为保障，进而政策的引导作用不可或缺（图8-7）。近十几年来，国家先后实施了生态恢复工程，主要包括退耕还林、退牧还草、天然林保护、风沙源治理、防护林体系、自然保护区建设及野生动植物保护等工程建设，涉及面覆盖了

图8-7　乡村自然水美

全国 90% 以上的县（滕藤，2004）。就整体发展而言，需要从经济社会持续发展与区域生态经济开发两个层面铺展生态经济建设，其范围之大、内容之多、投资之巨，都将创下当今世界生态建设之最，进而为发展乡村经济与绿色农业起到主要推动作用。

● 2 生态强省建设是区域可持续发展的重要平台

自 1999 年开始，国家启动申报生态强省建设，先后批准了海南、吉林、黑龙江、福建、浙江、山东、安徽、广东等 8 个省为生态强省建设试点。生态强省建设是在开展生态环境现状调查的基础上，着力以制度创新和组织创新为动力，注重以适用技术和高新技术为支撑，引导并强化经济与生态协调发展。生态强省建设是区域可持续发展的重要平台，聚集力量，发挥区域内独特的资源优势和生态环境优势；凝练目标，以提高人民收入水平和生活质量为出发点；广泛运用生态学理论与经济学原理，对区域内空间布局、主导产业，重点工程、结构优化，环境保护、生态恢复，城乡建设、社会发展等进行统筹规划，形成经济布局优化、防控生态风险、环境可以承载的产业体系，把生态优势转变为产业优势，让绿水青山变为金山银山，促进人与自然和谐共生的现代化建设，实现省域经济与生态协调发展（滕藤，2004）。生态强省建设的经历与经验表明，分阶段开展递进建设有助于持续推动。一是初期启动阶段（2001—2010 年）。科学规划与强化重点，主要目标是遏制生态环境恶化的趋势，搭建生态经济产业的主体框架，形成生态强省的科技创新与多元投入的支持体系。二是全面推进阶段（2011—2020 年）。发挥优势与创新机制，实施重点是建设经济与生态复合系统并步入良性循环，资源高效循环利用和废弃物资源化开发要达到先进水平，着力加快并有效推进城乡生态化进程，全面提高公众综合素质和保护生态意识（贾克平，2005）。三是持续提升阶段（2021—2050 年）。长期坚持与监督考核，实施重点是要以高新技术和适用技术创新为有效支撑，完善以绿色产业开发为主体的高效生态经济体系，着力实现生态与经济高度融合、相互协调、统筹发展的目标，形成物质文明与精神文明相统一、制度文明和生态文明相映衬的发展新格局（李周，2008）。

● 3 循环经济是省域产业可持续发展的重要载体

创立具有中国特色且富有成效的循环经济体系，其核心内涵是资源的高效循环利用，主要原则是突出把握"减量、可控、循环、再生"的资源化技术环境，基本特征是低消耗、低排放、高效率。实践表明，循环经济秉承可持续发展理念，力求从根本变革以往大量生产、大量消费、大量废弃的传统增长模式，创立高效低耗的资源节约型与环境友好型的新经济增长模式。注重资源高效循环利用，需要开辟多层次与多样性的利用途径，梳理相互派生、相互依存、相互支撑的层次递进关系。要充分利用生态环境的自净能力，实现自然循环；同时要避免有害物质在循环利用过程造成梯次污染而损害人类自身健康；加快实现从"资源—产品—弃物"的直线型流程到"资源—产品—资源"的闭环型流程的转换，最终将排放的"废弃物"控制在环境自净能力的阈值之内，有效扭转资源匮乏而难以为继且又资源浪费造成污染的局面（贾克平，2005）。就乡村生态经济发展而言，要因地制宜构建三大生产与经营体系，一是以乡村家庭农场为单元，构建农业清洁生产体系，建立"点"上生产经营小循环；二是以农业企业为单元，有效延长农业产业链条，建立"线"上生产经营中循环；三是以产业集群为单元，建立共生互利生态经济体系，建立"面"上生产经营的大循环，进而创建具有区域规模效应的生态经济产业与高效经营体系（滕藤，2004）。乡村循环经济确立的目标是节能减排与环境友好，实现乡村经济发展与生态环境保护双赢目标。

第六节　基于生命共同体建设的乡村绿色产业振兴对策研究

建设生态文明，最为紧迫的是要纠正人的不当行为，必须从征服自然、损害自然、破坏自然的经济开发行为转向尊重自然、顺应自然、保护自然的和谐发展作为。事实上，保护生态环境，就是要避免人类对自然无度无序没有底线地开发，除了培育人们良好习惯以外，实施依法管理至关重要。要完善生态文明的法律制度，包括立法、执法、司法的体系构建，其出发点是有效约束和规范人的行为。只有从源头上约束人们不当的开发行为，才能防控破坏自然生态现象发生，从而有效保护生态环境和人体健康；依法加强自然资源的管理，才能从根本上避免对自然生态系统的破坏。

如今，人民群众期盼山更绿、水更清、环境更优美，绿色和生态成为老百姓追求幸福生活的新期待、新需求，良好的生态环境已成为影响幸福指数的重要因素。实际上，生态文明与工业文明的区别在于有效防控污染，生态文明建设倡导源头防止，不是事后治理，更不是出了污染危害再来补救，而是要严格防范破坏自然现象发生（杨伟民，2015）。应该用法律有效约束的开发行为，主要包括盲目开发、过度开发、无序开发，尤其要有效约束违背自然规律、并对自然资源实施掠夺性经营、破坏并引致自然灾害的盲目开发。山水林田湖草是统一的自然系统，也是一个完整的生命共同体。中国是多山的国家，山区面积占69%以上，进而必须把改善山地生态与发展山区林业作为立足之本，努力为中华民族永续发展创造良好的生态条件，打造更为厚实的生态空间。很显然，如果破坏了山，砍光了林，就严重破坏了水，先是变成了秃山洪水、水土流失，再呈现出泥沙俱下、沟壑纵横，随后演变为不毛之地、荒无人烟，势必对区域尺度空间内的人口、经济、就业、设施、工厂、城市等造成接连不断的危害，更难以成为一个相互催生需求和提供供给的生态—经济系统。

建设生态文明，首先要以生态经济的方式实现绿色发展，力求从源头上减少污染物产生和排放。绿色发展讲求3个基本要求：一要注重提高效率，降低对自然资源的消耗强度。近年来，我国正在全面实行降低单位GDP能源消耗强度和二氧化碳排放强度的行动，并将其作为各级政府的硬性考核指标，保障区域绿色发展基本目标的实现。二要注重控制总量，提高自然资源高效利用水平。区域经济增长必须控制在自然承载能力之内，当经济增长超出生态环境与自然资源保护红线时，经济增长速度要让位于自然保护优先。全国实行控制能源消耗总量、划定耕地保护红线、水资源总量的控制、区域生态环境红线等强有力措施，目的都在于从管理机制上保障区域绿色发展。三要注重体现公平，平衡代际自然资源利用格局。人类对自然的消耗要体现公平性，就是让更多的人享用自然消耗带来的社会福利，保证当代人与后代人都享有公平地利用自然资源的权利。为此，在资源与环境保护方面，生态文明的法律制度构建，不仅要求从单纯注重利用资源转变为有效约束人盲目的开发行为；在经济开发方面，还要求从促进加快发展，转变为促进绿色发展。绿色发展讲求人与自然和谐共生与持续发展。就绿色发展的本质而言，就是人类在追求物质财富、社会福祉、社会公平的同时，要尊重自然与保护自然，减少对自然的伤害，在资源与环境可承载、资源可更替再生的基础上实现和谐发展。

坚持人与自然和谐共生。和谐的内涵体现在尊重自然规律与遵循经济规律的基础上，着力寻求经济与生态彼此互补发展的提升之道；共生的内涵体现在摒弃人类中心主义思想，决不以牺牲生态环境为代价而谋求一时一地的盲目发展。实现乡村低碳经济与绿色农业发展，目的就是要最大限度提高能源的生产率，强化碳的生产力，在优化绿色发展的同时，着力减缓对气候变化的负面效应。要着力减少高碳的化石能源使用，强化农业清洁生产，在推广应用风能、太阳能、生物质能等可再生能源同时，注重发展低碳产业，生产低碳产品，营造低碳乡村。绿色发展既不是光讲绿色而不注重发展，关键是要找准实现目标的支点，不能再走肆意掠夺自然的老路；对传统农业进行绿色化改造，必须以乡村产业结构调整为支点，大力发展生态循环经济，发展乡村绿色产业；推动形成与我国国情相适应的绿色生活方式，必须以绿色消费为支点，形成更加理性与合理的消费模式；要支持并推动绿色商业模式创新，必须以绿色市场建设为支点，完善绿色行业标准体系和市场准入制度；同时以绿色金融为支点，要在贷款额度、优惠利率、偿还期限等方面对绿色发展项目进行倾斜，进而引领绿色农业发展。要实现乡村绿色振兴，要强化以下 5 个方面的管理措施与技术对策。

● 1 要坚持绿水青山就是金山银山的发展理念

"绿水青山就是金山银山"的朴素语言表达了保护生态环境就是发展生产力的深刻内涵。习近平总书记的这一重要论断形象阐明了生态优势与经济优势相互转化的科学规律。要坚持生态修复保护为先，只有绘就向金山银山转化的浓绿本底，才能拓宽绿色发展的实现路径。为了绿水青山等丰富的生态资源更好对接发展生态经济相匹配需求，力求创造更为便捷转化条件，需要加大诸如交通、通信等基础设施建设力度。要制定科学规划，因地制宜创立生态环境资源向乡村生态产品转化的载体，因势利导挖掘潜力并优化构建乡村特色产品生产生态耦合体系。要坚持绿色发展理念，发挥农业生态服务功能，催生特色生态经济产业，拓宽自然资本增值路径；要遵循市场规律，汇集放大客户需求，发展精细绿色农业，促进农业转型升级。咬定青山不放松，依靠聚集创业优势，把生态产品转化成为支撑区域发展的优势产业。绿水青山就是金山银山，正确处理好人与自然的关系，充分反映了人们对生态文明和自然演化相互作用的正确认识的结果（王依和李新，2013）。随着技术进步，人们利用资源的强度增大，浪费资源与单向利用是现代农业转型升级中必须面对的挑战，因此必须着力提高经济发展与自然保护的协调性，以生态文明建设规范与绿色发展先进技术改造传统农业，促进现代农业的高产、优质、高效、安全、生态的生产经营目标实现，实现资源节约、环境友好和持续发展的目标。

我们坚持农业绿色发展，建设乡村生态文明，需要深刻改变人们的思想观念。生态兴则文明兴，生态衰则文明衰。习近平总书记深入运用马克思主义理论，吸取人类文明积极成果，发挥中国传统文化的优势，在中国特色社会主义建设伟大实践的基础上，提出来生态文明建设的系统理论，不但使之在中国大地生根，而且在全球范围内积极发挥作用，成为构建人类命运共同体思想和实践的重要组成部分。习近平总书记提出的建设生态文明思想，不仅站位高，而且内容丰富，深刻回答了为什么建设生态文明、建设什么样的生态文明、怎样建设生态文明的重大理论和实践问题。认真学习习近平生态文明思想，需要深刻理解核心内涵价值。生态文明建设一系列理论是习近平新时代中国特色社会主义思想的重要组成部分，其为生态环境保护与区域绿色发展提供了方向指引和根本遵循。我们要站在实现中华民族伟大复兴中国梦的战略高度，深刻领会习近平生态文明思想的精髓要义，并落实到具体行动与日常工作之中，促进社会经济发展，促进生态环境保护。

● 2 要坚持良好生态环境是最普惠的民生福祉

建设农业生态文明，根本目标是不断提高乡村百姓的生活质量与幸福指数。以人民为中心发展思想凝聚了我们党执政为民的情怀，创造良好生态环境、满足人民群众对美好生活的需要，是践行"五位一体"战略布局的具体体现。实施政府引导和大家共同参与，加大环境整治、保护修复等各种生态环境项目建设力度，扩大生态产品覆盖率。构建区域合作与全民共享机制，有效统筹沿海与山区、城市与乡村、上游与下游等区域生态环境保育，发挥生态系统服务功能作用，提高生态产品生产能力，实现责任与权利共担共享。探索代际共享的保障机制，研究并建立区域生态补偿制度，既要反映市场供求规律，又要优化调控区域资源互补，构建生态价值量化指标体系和代际持续利用资源的保障机制，有效解决生态补偿的类别标准、资金渠道、保障方式和体系建设等一系列问题，为持续发展留下一个良好的生存发展环境。在生态文明建设框架中，人们坚持绿色转型与持续发展，追求的是生态保护与经济发展的双赢目标，不仅讲求经济发展的高质量，而且追求人民群众福祉的最大化（周生贤，2013）。很显然，生态文明不仅是一种既要生态保持平衡又要有利生存发展的文明形态，而且是一种在良好的生态环境下人民生活得更舒适、更幸福的内心感受（翁伯琦和张伟利，2013）。注重乡村生态文明建设，必须要统筹处理好发展与保护的关系。强调生产与生态的和谐关系，实质是如何促进生产生态化与生态产业化的相互依存、相互促进、融合发展。值得关注的是，坚持农业绿色发展与建设乡村生态文明是一个整体的两个方面，这是生命共同体建设的重要任务，进而必须因地制宜地优化构建现代农业绿色发展的评价指标体系，严格要求、强化监管，力求从根本上消除经济活动对自然系统的稳定构成不利影响，力求为优化构建与生态相融合的生产、生活与消费方式奠定厚实的基础。

我们坚持农业绿色发展，建设乡村生态文明，需要深入开展项目实施带动。要将"绿水青山就是金山银山"的理念渗透到生产、流通、分配和消费的全过程，推进现代农业生产、乡村生活消费等向着有利于资源节约与环境友好的方向发展。将发展区域生态经济的要求体现在价格、财税、金融和贸易的政策中，加快从农业大国向绿色农业强国转变的历史进程，创立富有中国特色的绿色农业现代化发展道路。深刻改变人们思想观念，需要从落实"人与自然和谐共生"的本质要求开始，树立"绿水青山就是金山银山"的发展理念，弘扬"良好生态环境是最普惠民生福祉"的宗旨精神，建设"山水林田湖草是生命共同体"的系统工程，要以"最严格制度最严密法治保护生态环境"作为法理保障。党的十八大以来，以习近平同志为核心的党中央对生态文明建设高度重视，作为"五位一体"总体布局的重要内容，提出了一系列新理念新思想新战略，目前重要的工作是贯彻落实与有效实施，要通过具体项目形成与有效实施，将科学理念与系列理论变为社会经济实践及其持续发展成果。

● 3 要持之以恒建设山水林田湖草生命共同体

实践表明，人类赖以生存的经济–社会–自然复合系统是普遍联系的统一有机整体，在山水林田湖草的有机整体或者自然系统中，各个要素之间存在着相互依存、相互影响的内在关系。要着力实现这一宏大系统中不同要素优势的有序叠加并向服务绿色发展转型，在很大程度上取决于系统内各组成部分之间的协同耦合与统筹联动。进而，一要加快推进空间协同耦合。合理构建人、财、物及其信息双向互利流动格局，在不同地区或不同流域形成科学、适度、有序的国土空间优化布局体系。二要加快推进产业协同耦合。力求从源头、过程、产出全生命周期把控绿色化产业发展，着力改造传统产业，注重提升特色产业，培育壮大新兴产业。三要加快推进供需协同耦合。优化建立包括高效生态农业、先进绿色工业和良好服务产业耦合体系，推出一系列优质绿色产品与高值生态产品，构建并完善生产、交换、分配、消费全方位绿色化产业经营体系，实现生态产业化与产业生态化有机融合。不言而喻，只有实现绿色发展才是硬道理。而现代农业绿色发展的核心要义则包括 3 个重要方面：①要注重发展与保护的统一。在保护山水林田湖草生命共同体前提下，不仅要实现乡村经济振兴，而且要有效保护生态环境。②要注重实现人的全面发展。乡村经济振兴是可持续发展的重要基础，生态环境有效保护则是乡村持续发展的必要条件，只有人的综合素质提高与人的全面发展，才能保障乡村绿色经济与社会和谐共生目标的实现。③要注重乡村生态文明建设。坚持乡村绿色发展，必须讲求人与自然的和谐相处。而人与自然和谐相处既是生态文明的核心价值，更是乡村绿色振兴的根本保障（图8-8）。

我们坚持农业绿色发展，建设乡村生态文明，需要处理好发展与保护关系。实践证明，良好的生态环境是现代农业绿色发展最宝贵的资源、最重要的品牌、最核心的竞争力，巩固生态优势是区域发展之基，保护生态环境是人类生存之本，释放生态潜力是乡村振兴发展之要。我们要准确把握生态文明建设的新目标与新任务，正确研判乡村生态环境保护的新形势与新要求，深入查摆美丽乡村建设过程生态环境保护的老问题与新表现。要明确乡村产业绿色振兴中存在的弱项和短板，持续放大资源禀赋和发展潜力，把现代农业绿色发展与乡村生态环境建设向更高质量、更高层次、更高效益推进。我们要结合美丽乡村振兴与农业绿色发展的实际，学深悟透精神实质，准确把握内涵要义，不断推进乡村生态文明建设迈上新台阶。

图8-8 乡村廊桥文化

● 4 要坚持以严格的制度与法规保护生态环境

通过构建产权清晰、多元参与、系统完整的生态文明制度体系，实施激励与约束并重的措施，以有效的制度刚性约束和激励机制发展驱动绿色发展。因地制宜构建符合绿色发展要求的顶层设计、目标体系、考核办法、奖惩措施等，力求将经济发展、资源消耗、环境保护、生态效益纳入经济社会发展评价体系（牛敏杰，2016）。国家正在制定和修订长江流域生态保护、海洋生态环境保护、规范国家公园建设、湿地生态环境监测、自然资源综合利用、空间优化布局规划等方面法律法规，目的在于强化生态环境保护与违法犯罪行为的制裁惩处力度。实际上，趋紧的资源约束、严重的环境污染、退化的生态系统等压力相互叠加，我国现代农业发展呈现负重前行的多重困难，面对各种内外挑战，只有通过质量、效率、动力的有效变革，才能构建高质量的现代化生态经济体系，才能坚定不移地走好绿色发展之路，也才能实现中华民族的伟大复兴。很显然，我们要站在生态文明建设的高度，建立以企业为主体、市场为导向、产学研相结合的绿色发展的技术创新体系；同时要着力于摆脱现实发展困境的转型升级，增强区域生态经济发展的使命感、紧迫感，加快经济社会的绿色发展步伐；注重创新绿色发展技术，注重创立科技创业新机制，力求打通绿水青山向金山银山转化的通道，创立科技进步成果向经济发展领域转移的途径，全面提升生态经济产业发展水平与整体效益。

我们坚持农业绿色发展，建设乡村生态文明，需要深入开展机制创新实践。福建是习近平生态文明思想的重要孕育地。习总书记在闽工作期间，就把生态环境保护与持续利用作为一项重大工作来抓，极具前瞻性地提出了建设生态省的战略构想。我们要始终牢记总书记的嘱托，认真学习习近平总书记生态文明思想，贯彻到全省生态文明建设的全过程和各方面，努力把福建建成践行习近平总书记生态文明思想的示范区。很显然，正确思想是行动的先导，我们要以习近平生态文明思想为根本遵循，认真学习领会总书记的绿色发展精神、战略眼光和底线思维。机制创新是活力的来源，我们要以习近平生态文明思想为主导理念，结合实际贯彻总书记的全面小康建设、五位一体与双赢战略，实施依法治理、机制创新、统筹协调、双赢共进、持续发展。

● 5　要以科技创新支撑乡村现代生态经济发展

当前，我国乡村产业振兴与农业绿色发展，依然面临着自然资源约束矛盾凸显、产品供求关系偏紧的多重压力。怎样弥补人多地少的短板，突破资源紧缺制约呢？如何创新生产经营机制，加强市场竞争能力呢？研究认为，按照优质高效生产与农民增收致富的要求，加快现代农业的绿色振兴与转型升级，着力发展乡村生态经济与现代绿色农业，无疑是正确的选择与有效的途径。就宏观对策而言，一要应用高新技术提升绿色生产水平。加强良种选育、绿色生产、健康养殖、智能农业、生产机械、高效设施、资源利用等方面技术创新，以高新技术替代传统技术，着力提高自然资源利用率。二要应用现代经营方式拓展农业生产。着力提高种养大户集约经营开发水平与经济效益，按照规模化、专业化、标准化、高优化、品牌化的现代农业经营目标，注重扶持农业龙头企业，注重项目带动引领作用，培育壮大农业生产经营主体，着力提高劳动生产率。三要应用现代组织方式推动农业发展。优化创立集约化与专业化相结合的乡村专业合作组织及其新型经营体系，优化提升新型农民组织化程度与社会化服务水平，力求解决小生产与大市场之间不相适应的矛盾，引导并支持多种形式的生态经济发展，力求有效整合农业资源，着力提高农业整体竞争力。四要应用科技普及推进农业发展。要有效解决农业技术推广中供需对接问题，必须强化高新技术应用和科技推广普及，因地制宜构建农业技术推广体系，实现推广主体多元化、推广形式多样化，着力提高科技成果转化率。五要应用生态文明理念引领农业。随着技术进步，人们利用资源的强度增大，浪费资源与单向利用是现代农业转型升级中必须面对的挑战，要注重提高人与自然协调性，以生态文明理念引领农业绿色发展，着力于现代农业的转型发展与升级改造，实现资源节约、环境友好和持续发展。

我们坚持农业绿色发展，建设乡村生态文明，需要福建创新路并走在前列。近年来，习近平总书记对福建省生态文明建设多次做出重要指示，强调"生态资源是福建最宝贵的资源，生态优势是福建最具竞争力的优势，生态文明建设应当是福建最花力气的建设"。始终保持壮士断腕的决心、背水一战的勇气、攻城拔寨的拼劲，扎实做好生态环境保护和国家生态文明试验区建设各项工作，大胆推进体制机制创新，为全国生态文明体制改革和构建生态文明体系积极探索、积累经验，完成好中央交给福建的光荣而艰巨任务。习近平生态文明思想及总书记对福建生态环境保护工作的系列重要指示，是我们建设生态文明新福建的宝贵精神财富。福建省要创新路求实效，不仅要集中力量攻克百姓身边的突出生态问题，有效防范生态环境风险，而且要全面部署生态环境治理与有效保育水平，推进经济社会绿色发展。

● 6 要推进绿色振兴与美丽乡村建设融合发展

在新的发展时期，我们更加深刻认识到，习近平总书记站在人类发展命运的立场上做出加强生态文明建设战略判断和总体部署是至关重要的，从生态价值、生态文化、生态思维等方面直面主题，在生态经济、生态社会、生态市场等领域破茧而出。要推进绿色振兴与美丽乡村建设融合发展，必须着力将生态文明建设与生态农业、美丽乡村，生态文明建设与生态生活、休闲旅游，生态文明建设与生态产品、绿色工业等有机联系起来，沿着科技创新、文化修养、现代健康与社会公平的路径上开拓进取。在宏观政策层面上，需要建立完善管理体系，转变传统环保模式，加大乡村环保投入，培育生态循环典型，探索长效工作机制，确保打好打赢美丽乡村环境保护与现代农业绿色振兴这场持久战，打造高优绿色农业与生态优美乡村的大平台，为实现全面小康与美丽中国建设贡献更大的力量。在技术创新层面上，需要把握8个重要环节：一要打好打赢绿色振兴机制创新战，实施统筹发力，突破制约瓶颈，破解关键难题。二要打好打赢防控土壤污染阵地战，实施有效发力，强化保育工程，严格污染管控。三要打好打赢乡村清新田野保卫战，实施集中发力，强化基础设施，丰富田园风光。四要打好打赢维护洁净碧水持久战，实施持续发力，要保护好"活水"，要治理好"污水"。五要打好打赢种养废弃物利用战，实施聚焦发力，促进资源转化，强化有效循环。六要打好打赢农村人居环境整治战，实施协同发力，治理生活垃圾，整治村容村貌。七要打好打赢秸秆综合高效利用战，实施创业发力，发展高效菌业，促进转型升级。八要打好打赢乡村污染防治攻坚战，实施精准发力，保育区域生态，治理乡村环境。

我们坚持农业绿色发展，建设乡村生态文明，需要人们持之以恒奋力拼搏。"绿水青山就是金山银山"已成为当代中国的发展共识，我们要在"保护"上再加力，要在"利用"上拓路径，要在"统筹"上下气力，以期有效保障广阔乡村环保事业大踏步地前进，有效保障美丽乡村绿色发展实现新的跨越。新时代的农业工作者，不仅肩负科技创新与服务创业的重任，而且担当保护环境与生态文明的建设。就此，必须齐心协力，持之以恒；必须统筹协调，创新拼搏；着力推进绿色振兴与美丽乡村建设的融合发展，为建设机制活、产业优、百姓富、生态美的新农村做出新的更大的贡献。

参考文献：

[1] 贲克平. 谋求以生态经济学理论创新为指导的生态省建设和循环式经济的发展 [J]. 学会，2005（3）：46-50.

[2] 成金华，尤喆. "山水林田湖草是生命共同体"原则的科学内涵与实践路径 [J]. 中国人口资源与环境，2019（2）：1-6.

[3] 高敬，董峻. 建设美丽中国的总部署——专家解读《中共中央国务院关于全面加强生态环境保护 坚决打好污染防治攻坚战的意见》[J]. 共产党员（河北），2018，847（13）：24-26.

[4] 李可福. 中国特色社会主义生态文明研究 [J]. 时代报告，2017（26）：175-176.

[5] 李一楠. 基于生态学的人与自然相互依赖思想研究 [D]. 郑州：河南大学，2017.

[6] 李玉梅. 坚持不懈探索环境保护新路 [N]. 学习时报，2013-08-19.

[7] 李周. 生态经济理论与实践 [J]. 学理论，2008（11）：17-19.

[8] 李周. 生态经济理论与实践的启示 [N]. 中国社会科学院院报，2008-03-25.

[9] 李周. 生态经济理论与实践进展（续）[J]. 林业经济，2018（10）：6-11.

[10] 林晓梅，刘宁，吴小庆，等. 基于水环境容量的开发区水污染控制对策研究——以镇江新区为例 [J]. 环境保护科学，2009，35（2）：74-77.

[11] 凌云. 努力实现百姓富生态美有机统一 [N]. 人民政协报，2019-01-30.

[12] 马世骏. 展望九十年代的生态学 [J]. 中国科学院院刊，1990（1）：29-32.

[13] 牛敏杰. 基于生态文明视角的我国农业空间格局评价与优化研究 [D]. 北京：中国农业科学院，2016.

[14] 潘岳. 马克思主义生态观与生态文明 [J]. 中国生态文明，2015（3）：10-13.

[15] 唐海萍，陈姣，薛海丽. 生态阈值：概念、方法与研究展望 [J]. 植物生态学报，2015，39（9）：932-940.

[16] 滕藤. 以科学发展观推进生态省建设及循环经济的实践，发展生态经济学 [J]. 中国生态农业学报，2005，13（3）：1-5.

[17] 滕藤. 以科学发展观为指导　推进生态经济学的发展 [C] ∥ "科学发展观与生态经济研究"——中国生态经济学会 2004 年学术年会论文集，2004.

[18] 宛天月. 滨水古村落——西溪南村保护性旅游开发探讨 [J]. 治淮，2017（2）：50-51.

[19] 王波，王夏晖. 推动山水林田湖生态保护修复示范工程落地出成效——以河北围场县为例 [J]. 环境与可持续发展，2017，42（4）：11-14.

[20] 王静. 论马克思主义生态观与生态文明 [J]. 新西部，2016（15）：3-9.

[21] 王夏晖，何军，饶胜，等. 山水林田湖草生态保护修复思路与实践 [J]. 环境保护，2018，46（3）：17-20.

[22] 王依，李新. 深刻理解生态文明　深入推进生态文明建设 [J]. 环境保护与循环经济，2013，33（1）：4-7.

[23] 翁伯琦，张伟利. 坚持绿色发展　建设美丽乡村 [J]. 福建理论学习，2013（7）：4-7.

[24] 吴承照，周思瑜，陶聪. 国家公园生态系统管理及其体制适应性研究——以美国黄石国家公园为例 [J]. 中国园林，2014（8）：21-25.

[25] 吴宁华. 水土保持生态理念在福建省安溪县虎邱镇河道整治工程中的应用 [J]. 亚热带水土保持，2016，28（3）：57-60.

[26] 吴浓娣，吴强，刘定湘. 系统治理——坚持山水林田湖草是一个生命共同体 [J]. 水利发展研究，2018，18（9）：29-36.

[27] 习近平. 推动我国生态文明建设迈上新台阶 [J]. 奋斗，2019（3）：10-14.

[28] 杨军. 论习近平生态文明思想的哲学特质 [J]. 湖南科技学院学报，2018（5）：65-70.

[29] 杨伟民. 用严格的法律制度保护生态环境 [J]. 党建研究，2015（5）：17-20.

[30] 云南省中国特色社会主义理论体系研究中心. 用严格的法律制度保护生态环境的基本要求是什么？[J]. 新长征（党建版），2014.

[31] 张高丽. 大力推进生态文明 努力建设美丽中国 [J]. 环境保护，2014（2）：10-16.

[32] 张惠远，郝海广，舒昶，等. 科学实施生态系统保护修复 切实维护生命共同体 [J]. 环境保护，2017，45（6）：31-34.

[33] 张笑千，王波，王夏晖. 基于"山水林田湖草"系统治理理念的牧区生态保护与修复——以御道口牧场管理区为例 [J]. 环境保护，2018，46（8）：58-61.

[34] 赵美玲. 我国现行农地制度的弊端和新农地制度研究 [J]. 南开经济研究，1998（6）：15-20.

[35] 赵美玲，刘思阳. 习近平生态文明思想的四个特质 [J]. 内蒙古社会科学（汉文版），2018（5）：196-199.

[36] 中国生态经济学会. 我国生态经济学 20 年回顾 [C]. 中国生态经济学会第五届会员代表大会暨全国生态建设研讨会论文集，2000.

[37] 周生贤. 我国环境保护的发展历程与主要成效 [N]. 中国环境报，2013-07-10.

[38] 周生贤. 我国环境保护的发展与探索历程 [J]. 人民论坛，2014（6）：10-13.

（刘朋虎　任丽花　翁伯琦）